Astrid Gehrig

# Nationalsozialistische Rüstungspolitik und unternehmerischer Entscheidungsspielraum

## Vergleichende Fallstudien zur württembergischen Maschinenbauindustrie

R. Oldenbourg Verlag München 1996

Gedruckt mit Mitteln aus dem Leibniz-Programm der Deutschen Forschungsgemeinschaft.

Die Deutsche Bibliothek – CIP-Einheitsaufnahme

**Gehrig, Astrid:**
Nationalsozialistische Rüstungspolitik und unternehmerischer Entscheidungsspielraum : vergleichende Fallstudien zur württembergischen Maschinenbauindustrie / Astrid Gehrig. – München : Oldenbourg, 1996
(Nationalsozialismus und Nachkriegszeit in Südwestdeutschland ; Bd. 5)
Zugl.: Tübingen, Univ., Diss., 1995
ISBN 3-486-56255-X
NE: GT



Gedruckt auf alterungsbeständigem Papier.
Umschlaggestaltung: Dieter Vollendorf
Gesamtherstellung: WB-Druck, Rieden

ISBN 3-486-56255-X

# Inhalt

# Danksagung

Die vorliegende Untersuchung wurde im Sommersemester 1995 von der Geschichtswissenschaftlichen Fakultät der Eberhard-Karls-Universität zu Tübingen als Dissertation angenommen.

Für die Betreuung der Arbeit bin ich in besonderem Maße Prof. Dr. Dieter Langewiesche zu Dank verpflichtet. Er hat die Untersuchung nicht nur angeregt, sondern sie auch von den ersten Anfängen bis zur Fertigstellung mit so viel Engagement und kritischem Rat begleitet, wie es durchaus nicht selbstverständlich ist. Seiner Fürsprache und der von Prof. Dr. Klaus Schönhoven verdanke ich es auch, daß meine Studie in die Reihe »Nationalsozialismus und Nachkriegszeit in Südwestdeutschland« aufgenommen wurde. An dieser Stelle sei ebenso Prof. Dr. Hans-Peter Ullmann herzlich gedankt, der mir als zweiter Gutachter wesentliche Hinweise zur Verbesserung des Textes gab. Für Anregungen, Hinweise und konstruktive Kritik möchte ich auch Dr. Cornelia Rauh-Kühne von Herzen danken. Sie hat mein Arbeitsvorhaben in den vergangenen Jahren mit großem Interesse verfolgt, mein Manuskript gelesen und es ebenso kritisch wie hilfreich kommentiert. Zu Dank verpflichtet bin ich außerdem meinen Kolleginnen Christine Arbogast, Petra Bräutigam und Dr. Gudrun Silberzahn-Jandt für Hilfe und Anregung während der Zeit, in der diese Studie entstand. Danken möchte ich ferner Dr. Götz Rübsaamen und Andreas Gawatz für ihre wertvolle computertechnische Hilfestellung. Für die freundliche und sachkundige Beratung und ihr großes Entgegenkommen bei der Beschaffung der einschlägigen Akten danke ich den Damen und Herren bei den verschiedenen Archiven und Bibliotheken, in denen ich arbeiten konnte. Nicht zuletzt danke ich meinem Mann, Dr. Alexander Gehrig, ohne dessen Verständnis und Geduld diese Studie nicht entstanden wäre. Ihm und unserem kleinen Sohn Johannes möchte ich meine Arbeit widmen.

Stuttgart, im Mai 1995 *Astrid Gehrig*

# Einleitung

Daß die nationalsozialistische Unrechtsherrschaft erst durch die militärische Niederlage beseitigt werden konnte und nicht schon vorher an ihren polykratischen Strukturen, der chaotischen Macht- und Kompetenz-Konkurrenz des Systems zerbrochen ist, lag zu einem großen Teil an der Kooperation der gesellschaftlichen Eliten, wobei den »mittleren Gruppen spezialisierter Fachleute« besondere Bedeutung zukam.[1] Denn erst das »Mitmachen« dieser Funktionselite[2] in den verschiedensten Bereichen von Staat und Gesellschaft ermöglichte die »Herrschaft der Wenigen und der Machteliten«.[3] Damit verlagert sich das Forschungsinteresse von der obersten Ebene des NS-Staates, von den Spitzenzirkeln und Spitzenpersonen auf die unteren Ebenen, dorthin also, wo die Funktionseliten ihren Berufen nachgingen und wo der Herrschaftsalltag gestaltet und erfahren wurde.[4]

Diesen Überlegungen ist auch die vorliegende Studie verpflichtet. Sie beschäftigt sich mit dem Verhalten und Handeln von drei Unternehmern[5] der württembergischen Maschinenbaubranche: Rolf Boehringer von der gleichnamigen Göppinger Werkzeugmaschinenfabrik, Max Knorr von den Fortuna-

---

[1] Alf Lüdtke, Funktionseliten: Täter, Mit-Täter, Opfer? Zu den Bedingungen des deutschen Faschismus, in: ders., (Hrsg.), Herrschaft als soziale Praxis. Historische und anthropologische Studien, Göttingen 1991, S. 559-590, S. 574. Zur polykratischen Struktur des NS-Herrschaftssystems: Peter Hüttenberger, Nationalsozialistische Polykratie, in: GG 2 (1976), S. 417-442.

[2] Unter Funktionselite werden im folgenden jene mittlere Gruppen von Fachleuten verstanden, die »unterhalb der Führungszirkel und -kräfte durch ihre berufliche Tätigkeit dazu beitrugen, daß die NS-Herrschaft relative Stabilität erreichte« (Lüdtke, Funktionseliten, S. 582). Dazu zählen Beamte, Juristen, Ärzte, Lehrer, Wissenschaftler ebenso wie Unternehmer und Ingenieure.

[3] Ebd., S. 567. Lüdtke verweist auf die Selbstrechtfertigung von Albert Speer, der in seinen 1969 erschienenen Erinnerungen den »Typus des kritiklosen Befehlsempfängers« als Folge des »autoritäre(n) System(s) in der Zeit der Technik« beschrieb. Albert Speer, Erinnerungen, Frankfurt a.M. 1969, S. 522.

[4] Zur Begründung von kleinräumlichen Studien vgl. u.a. Eike Hennig, Regionale Unterschiede bei der Entstehung des deutschen Faschismus. Ein Plädoyer für »mikroanalytische Studien« zur Erforschung der NSDAP, in: PVS 21 (1980), S. 152-173; Kurt Düwell, Die regionale Geschichte des NS-Staates zwischen Mikro- und Makroanalyse. Forschungsaufgaben zur »Praxis im kleinen Bereich«, in: Jahrbuch für westdeutsche Landesgeschichte 9 (1983), S. 287-344.

[5] Was die Größe ihrer Betriebe betrifft, so waren diese zwischen mittelständischen Betrieben und Großbetrieben angesiedelt. Eine klare Abgrenzug »mittelständischer Betriebe« von Klein- und Großbetrieben ist nicht möglich. Auch statistische Abgrenzungen - z.B. durch die Beschäftigtenzahl 20 bis 200, wie es die Reichsstatistik vornimmt - vernachlässigen beispielsweise den Umstand, daß sich mitunter auch bedeutendere Unternehmer, vor allem wenn es sich um Inhaber alteingesessener Familienunternehmen handelte, dem Mittelstand zugehörig fühlten.

Werken in Bad Cannstatt und Otto Fahr von der Firma Werner & Pfleiderer in Stuttgart-Feuerbach. Sie standen während der gesamten Dauer der nationalsozialistischen Herrschaft an der Spitze ihrer Betriebe.[6] Damit rücken drei Repräsentanten einer Sozialgruppe ins Blickfeld, die von der Forschung lange vernachlässigt worden ist.[7] Zwar gibt es für die NS-Zeit eine ganze Reihe von Unternehmensstudien[8], Arbeiten zum Verhalten der Wirtschaftselite und individualbiographische Studien sind indes Mangelware.[9] Gerade für die Sozialgruppe der mittelständischen Unternehmer bietet Württemberg angesichts der von kleineren und mittleren Betrieben geprägten Gewerbelandschaft eine günstige Untersuchungsregion.[10] Wichtig für die Auswahl der drei Unternehmer Boehringer, Knorr und Fahr war, daß sie Betrieben der gleichen Branche, dem Maschinenbau, vorstanden. Gleichwohl treten die Unterschiede hervor in den Ausgangspositionen und in der Entwicklung, die Werkzeugmaschinenhersteller (Firmen Boehringer und Fortuna) und Anbieter von Maschinen und Öfen für die Lebensmittel- und chemische Industrie (Firma Werner & Pfleiderer) während der NS-Zeit durchliefen. Alle drei Unternehmer hatten durch ihre Positionen im NS-Wirtschaftslenkungsapparat wirtschaftspolitische Schlüsselstellungen inne, die mit für das Funktionieren des Regimes sorgten. Die politische Bedeutung der Industrie und ihrer Vertreter erschließt sich, wie Hans-Erich Volkmann betont, nicht erst aus dem bereitwilligen Erfüllen der kriegsbeding-

---

[6] Zwar leitete keiner der drei Unternehmer seinen Betrieb alleine - Rolf Boehringer stand sein Cousin zur Seite, der jedoch ab 1938/39 bis Kriegsende an der Front war, Max Knorr teilte sich die Aufgaben mit seinem Vorstandskollegen Lilienfein, und Otto Fahr war einer von drei Direktoren, wenngleich ab 1940 deren Vorsitzender -, da sie aber 1934 zum »Betriebsführer« ernannt wurden, waren sie in der NS-Zeit die maßgebende Person im Betrieb.

[7] Vgl. insbesondere Fritz Blaich, Die bayerische Industrie 1933-1939. Elemente von Gleichschaltung, Konformismus und Selbstbehauptung, in: Martin Broszat/Elke Fröhlich (Hrsg.), Bayern in der NS-Zeit, Bd. 2, München/Wien 1979, S. 237-280; Gerhard Hetzer, Unternehmer und leitende Angestellte zwischen Rüstungseinsatz und politischer Säuberung, in: Martin Broszat/Henke, Klaus-Dietmar/Woller, Hans (Hrsg.), Von Stalingrad zur Währungsreform. Zur Sozialgeschichte des Umbruchs in Deutschland, 3. Aufl. München 1990, S. 551-591; für den südwestdeutschen Raum die Beiträge in Cornelia Rauh-Kühne/Michael Ruck (Hrsg.): Regionale Eliten zwischen Diktatur und Demokratie. Baden und Württemberg 1930-1952, München 1993, sowie Paul Erker, Industrie-Eliten in der NS-Zeit. Anpassungsbereitschaft und Eigeninteresse von Unternehmern in der Rüstungs- und Kriegswirtschaft 1936-1945, Passau 1994.

[8] Vgl. zuletzt (mit der weiteren Literatur) Erker, Industrie-Eliten.

[9] Vgl. Volker Berghahn, Unternehmer und Politik in der Bundesrepublik, Frankfurt a.M. 1985; Bernd Schmalhausen, Berthold Beitz im Dritten Reich. Mensch in unmenschlicher Zeit, Essen 1991.

[10] Spät in den Industrialisierungsprozeß eingetreten, entwickelte sich Württemberg bis zum Vorabend des Ersten Weltkrieges zu einer prosperierenden Industrieregion, in der die verarbeitende Industrie dominierte und für die eine starke Durchmischung von ländlichen Gebieten mit Gewerbebetrieben charakteristisch war. Während der Zwischenkriegszeit lag die Beschäftigtenquote in mittleren Betrieben weiterhin über dem Reichsdurchschnitt, obwohl auch hier der Anteil der in Großbetrieben Beschäftigten überdurchschnittlich stieg. Auch nach dem Ersten Weltkrieg gehörte Württemberg weiterhin zu den industriellen Wachstumsregionen. Vgl. mit genauen Daten und Literatur: Klaus Megerle, Württemberg im Industrialisierungsprozeß Deutschlands. Ein Beitrag zur regionalen Differenzierung der Industrialisierung, Stuttgart 1982.

ten Erfordernisse, sondern aus dem »in der NS-Zeit praktizierten Prinzip sogenannter unternehmerischer Selbstverwaltung und Selbstverantwortung«, deren Organe eine »Zwitterstellung« als »Sprachrohr der Industrie« einerseits und »Transmissionsstelle staatlichen Willens« andererseits eingenommen hätten.[11] Hier sei den Industriellen ein »erheblicher Handlungsspielraum« zugestanden worden, obwohl über »das Maß der entfalteten wirtschaftspolitischen Initiativen in dem sogenannten Ausschußsystem in der Historiographie noch weitgehend Unklarheit« bestehe.[12] Diese Lücke ist vorerst nur durch Einzelfallanalysen zu schließen, wie es die vorliegende Studie anhand des Arbeitsausschuß- und Arbeitsringleiters Boehringer, des Bezirksbeauftragten des Hauptausschusses Maschinen Knorr und des Rüstungsobmannes Fahr versucht. Und schließlich sprach für die Beschränkung auf diese drei Unternehmer, daß sie im Laufe des Jahres 1944 zum sogenannten »Fahr-Kreis« stießen, der es sich zum Ziel gesetzt hatte, im letzten Kriegsjahr die widersinnigen und apokalyptischen Anordnungen des Regimes, welche die Wirtschaft betrafen, regional abzumildern oder ganz zu sabotieren.

Der vergleichende individualbiographische Ansatz verspricht am ehesten Aufschluß über die Einstellungen von Unternehmern zum NS-Herrschaftssystem. Zu fragen ist nach den Grenzen des totalitären Machtzugriffs und nach Formen von Nonkonformität und Opposition; zum anderen gilt es herauszuarbeiten, in welchen Bereichen Unternehmer und NS-Regime zusammenwirkten und in welchen Formen sich die Anpassung an das Regime vollzog. Weitere Leitfragen sind: Welche Konsequenzen hatte die nationalsozialistische Wirtschafts- und Sozialpolitik[13] für die ökonomischen und innerbetrieblichen Hand-

[11] Hans-Erich Volkmann, Zum Verhältnis von Großwirtschaft und NS-Regime im Zweiten Weltkrieg, in: Waclaw Dlugoborski (Hrsg.), Zweiter Weltkrieg und sozialer Wandel, Göttingen 1981, S. 87-116, S. 88.

[12] Ebd., S. 93.

[13] Zu Wirtschaftspolitik und -system des nationalsozialistischen Deutschland mit weiterer Literatur: Fritz Blaich, Wirtschaft und Rüstung im Dritten Reich, Düsseldorf 1983; Ludolf Herbst, Der Totale Krieg und die Ordnung der Wirtschaft. Die Kriegswirtschaft im Spannungsfeld von Politik, Ideologie und Propaganda 1939-1945, Stuttgart 1982; Alan S. Milward, Die deutsche Kriegswirtschaft 1939-1945, Stuttgart 1966; ders.; Der Einfluß ökonomischer und nicht-ökonomischer Faktoren auf die Strategie des Blitzkrieges, in: Friedrich Forstmeier/Hans-Erich Volkmann (Hrsg.), Wirtschaft und Rüstung am Vorabend des Zweiten Weltkrieges, Düsseldorf 1975, S. 189-201; Richard J. Overy, »Blitzkriegswirtschaft«? Finanzpolitik, Lebensstandard und Arbeitseinsatz in Deutschland 1939-1942, in: VfZ 36 (1988), S. 379-436; Dietmar Petzina, Autarkiepolitik im Dritten Reich. Der nationalsozialistische Vierjahresplan, Stuttgart 1968; Hans-Erich Volkmann, Die NS-Wirtschaft in Vorbereitung des Krieges, in: Das Deutsche Reich und der Zweite Weltkrieg, hrsg. vom Militärgeschichtlichen Forschungsamt, Bd. 1: Ursachen und Voraussetzungen der deutschen Kriegspolitik, Stuttgart 1979, S. 117-368; Rolf-Dieter Müller, Die Mobilisierung der deutschen Wirtschaft für Hitlers Kriegsführung, in: ebd., Bd. 5/1: Kriegsverwaltung, Wirtschaft und personelle Ressourcen, Stuttgart 1988, S. 349-689; Bernhard R. Kroener, Die personellen Ressourcen des Dritten Reiches im Spannungsfeld zwischen Wehrmacht, Bürokratie und Kriegswirtschaft 1939-1942, in: ebd., S. 3-345; ders.: Der Kampf um den »Sparstoff Mensch«. Forschungskontroversen über die Mobilisierung der deutschen Kriegswirtschaft 1939-1942, in: Wolfgang Michalka (Hrsg.), Der Zweite Weltkrieg. Analysen, Grundzüge, Forschungsbilanz, München/Zürich 1989, S. 402-417. Zur Sozialpolitik: Marie-Luise Rek-

lungsspielräume der drei Industriellen, und wie reagierten sie? Gab es ökonomisch oder weltanschaulich motivierten Dissens, und welches waren seine konkreten Ursachen? In welchen Bereichen fand sich ein hohes Maß an Zustimmung zur nationalsozialistischen Politik; auf welchem Gebiet trafen sich die Interessen der Unternehmer und des Regimes?

Um diese Fragen angemessen beantworten zu können, ist es notwendig, nicht nur die Entwicklung der einzelnen Betriebe während der NS-Zeit zu verfolgen, sondern sich auch ihre Geschichte von ihrer Gründung bis zur »Machtergreifung« der Nationalsozialisten zu vergegenwärtigen. Denn in der Regel entstanden Entscheidungen und Reaktionen der drei Unternehmer aus der entsprechenden ökonomischen Situation ihrer Firmen heraus oder sind nur aus der historischen Entwicklung der Unternehmen her zu verstehen. Deshalb muß die Studie auch ein Stück weit Unternehmensgeschichte schreiben.

Bewußt wird daher die traditionelle Epocheneingrenzung 1933 bis 1945 überschritten. Dazu zwingt auch der biographische Ansatz, der nicht auf die NS-Zeit eingeengt werden kann. Doch auch für ein differenziertes, über 1933 und 1945 hinausweisendes Bild der NS-Ära - vor allem Martin Broszat hat dies nachhaltig gefordert[14] - kommt der Frage nach den gesellschaftlichen Kontinuitätslinien über die traditionellen Zäsuren hinweg besondere Bedeutung zu. Das besondere Interesse gilt in diesem Zusammenhang zum einen dem Entnazifizierungsverfahren[15] der drei Unternehmer. Zum anderen soll die berufli-

ker, Nationalsozialistische Sozialpolitik im Zweiten Weltkrieg, München 1985; Wolfgang Spohn, Betriebsgemeinschaft und Volksgemeinschaft. Die rechtliche und institutionelle Regelung der Arbeitsbeziehungen im NS-Staat, Berlin 1987; Tilla Siegel, Rationalisierung statt Klassenkampf. Zur Rolle der deutschen Arbeitsfront in der nationalsozialistischen Ordnung der Arbeit, in: Hans Mommsen/Susanne Willems (Hrsg.), Herrschaftsalltag im Dritten Reich. Studien und Texte, Düsseldorf 1988, S. 97-224; dies., Leistung und Lohn in der nationalsozialistischen »Ordnung der Arbeit«, Opladen 1989; Carola Sachse, Betriebliche Hausarbeit. Betriebliche Sozialpolitik unter dem Nationalsozialismus, in: dies./Tilla Siegel/Hasso Spode u.a., Angst, Belohnung, Zucht und Ordnung. Herrschaftsmechanismen im Nationalsozialismus. Mit einer Einleitung von Timothy W. Mason, Opladen 1982, S. 209-274; dies., Betriebliche Sozialpolitik als Familienpolitik in der Weimarer Republik und im Nationalsozialismus. Mit einer Fallstudie über die Firma Siemens, Berlin/Hamburg 1987; Matthias Frese, Betriebspolitik im »Dritten Reich«. Deutsche Arbeitsfront, Unternehmer und Staatsbürokratie in der westdeutschen Großindustrie 1933-1939, Paderborn 1991.

[14] Martin Broszat, Plädoyer für eine Historisierung des Nationalsozialismus, in: ders., Nach Hitler. Der schwierige Umgang mit unserer Geschichte, hrsg. von Hermann Graml/Klaus-Dietmar Henke, München 1988, S. 266-281.

[15] Zur Entnazifizierung mit weiterer Literatur: Clemens Vollnhals (Hrsg.), Entnazifizierung. Politische Säuberung und Rehabilitierung in den vier Besatzungszonen 1945-1949, München 1991; Lutz Niethammer, Die Mitläuferfabrik. Die Entnazifizierung am Beispiel Bayerns, 2. Aufl. Berlin/Bonn 1982 (zuerst 1972 unter dem Titel: Entnazifizierung in Bayern. Säuberung und Rehabilitierung unter amerikanischer Besatzung); Klaus-Dietmar Henke, Die Trennung vom Nationalsozialismus: Selbstzerstörung, politische Säuberung, »Entnazifizierung«, Strafverfolgung, in: ders. (Hrsg.), Politische Säuberung in Europa. Die Abrechnung mit Faschismus und Kollaboration nach dem Zweiten Weltkrieg, München 1991, S. 21-83; ders., Politische Säuberung unter französischer Besatzung. Die Entnazifizierung in Württemberg-Hohenzollern, Stuttgart 1981; Cornelia Rauh-Kühne, Die Entnazifizierung und die deutsche Gesellschaft, in: AfS 35 (1995), S. 35–70; speziell zu Unternehmern: dies., Die Unternehmer und die Entnazifizierung der Wirtschaft in Württemberg-Hohenzollern, in: dies./Ruck (Hrsg.), Regionale Eliten, S. 305-331.

che - betriebliche wie außerbetriebliche - Karriere der drei Industriellen im Nachkriegsdeutschland beleuchtet werden. Hier ist insbesondere zu prüfen, ob sie an die Tätigkeiten im Verbandswesen der Maschinenbaubranche, die sie während der NS-Zeit im Rahmen der sogenannten industriellen Selbstverwaltung ausgeübt hatten, nach 1945 anknüpfen konnten. Neben dem weiteren Werdegang der Unternehmerpersönlichkeiten soll auch kurz die Entwicklung der drei Betriebe nach 1945 betrachtet werden. Bedeuteten das Kriegsende und die Nachkriegsjahre für die drei Unternehmer und für die von ihnen geleiteten Betriebe in ökonomischer Hinsicht eine Zäsur, oder profitierten sie langfristig von Entwicklungen wie Typenverminderung oder »Ersatzstoff«-Gewinnung, die während der NS-Zeit besondere Bedeutung gewonnen und an denen sie mitgewirkt hatten?

Das erste Kapitel gibt Aufschluß über den Werdegang Boehringers, Knorrs und Fahrs bis 1933, und es verfolgt die Entwicklung der drei Firmen bis zu diesem Zeitpunkt. Die folgenden Kapitel II, III und IV bilden den Schwerpunkt der Untersuchung. Hier stehen Handeln und Verhalten von Boehringer, Knorr und Fahr als Unternehmer, nationalsozialistische »Betriebsführer« und als Funktionäre des NS-Wirtschaftslenkungsapparates im Mittelpunkt.

In Kapitel II geht es um die Entwicklung der drei Firmen Gebr. Boehringer, Fortuna-Werke und Werner & Pfleiderer im Nationalsozialismus sowie das Verhalten Boehringers, Knorrs und Fahrs als Unternehmer und damit als (Mit)Inhaber der Verfügungsgewalt über die Produktionsmittel. Nach einem kurzen Abriß der politisch-ökonomischen Rahmenbedingungen des deutschen Maschinenbaues in den Jahren nach 1933 werden zunächst Veränderungen im Produktionsprogramm und die Ausweitung der Produktion dargestellt. Dabei gilt es, die große Spannweite in den Entwicklungsbedingungen der drei Unternehmen herauszuarbeiten. Die beiden Werkzeugmaschinenhersteller (Boehringer und Fortuna) produzierten mittels Reihen- und Fließfertigung, während Werner & Pfleiderer als Hersteller von Maschinen für die Nahrungsmittel- und chemische Industrie seine Maschinen vornehmlich einzeln anfertigte. Erschwerend kam für die Verantwortlichen der Firma Werner & Pfleiderer hinzu, daß sich ein Großteil des Firmenkapitals in britischem Besitz befand - also nach Kriegsbeginn 1939 eine vom NS-Regime unerwünschte Beteiligung eines Kriegsgegners. Welche Folgen dies für das Unternehmen hatte, wird in einem eigenen Unterkapitel dargestellt. Hinsichtlich der Produktionsausweitung werden die verschiedenen Wege nachgezeichnet, welche die Unternehmer beschreiten konnten, um ihren aufrüstungs- und kriegsökonomischen »Pflichten« nachzukommen: Vergrößerung der eigenen Produktionsanlagen und Vergabe von Unteraufträgen an Drittfirmen im In- und besetzen Ausland. Es wird zu untersuchen sein, ob neben reinem Profitinteresse auch andere Gründe - wie etwa die Konkurrenz durch staatliche Großbetriebe - zu dem Entschluß geführt haben könnten, die eigenen Kapazitäten zu vergrößern.

Das Kapitel II widmet sich außerdem dem Engagement der Unternehmer Boehringer und Fahr - die Firma Fortuna hielt sich davon fern - an der zwangsweisen wirtschaftspolitischen Integration der europäischen Staaten in ein von

NS-Deutschland beherrschtes europäisches Wirtschaftssystem. Der großdeutsche blockadesichere Wirtschaftsraum war Voraussetzung der Kriegsführung und Kriegsziel zugleich.[16] Um die europäische Wirtschaft auf die deutschen Kriegs- und Nachkriegsinteressen auszurichten, setzte das Regime auf die Mithilfe der Privatwirtschaft. Die Verschränkung wirtschaftlicher und politischer Interessen führte zu einem »Prozeß der schrittweisen Anpassung«, in dem die »konservativen Eliten in Bürokratie, Wehrmacht, Industrie und Wissenschaft zunehmend in das nationalsozialistische Lager« übergingen, weil sie sich »hier die Verwirklichung ihrer langgehegten außenwirtschaftspolitischen Erwartungen erhofften«.[17] Zwischen effektiver Hochrüstung, »Blitzkrieg«-Strategie und Ausplünderung der besetzten Gebiete im Dienst der Kriegswirtschaft und zur sozialen Befriedung der deutschen Gesellschaft bestand ein unmittelbarer Zusammenhang.[18] Gleichwohl bedeutete ökonomische Ausplünderung nicht für jedes besetzte Land das gleiche. Hier gilt es vor allem zwischen den westlichen Industriestaaten und den Ländern Ost- und Südosteuropas zu unterscheiden.[19] Die Firmen Boehringer und Werner & Pfleiderer ließen in den Kriegsjahren in den besetzten westlichen Industriestaaten Frankreich, Belgien, den Niederlanden und Dänemark produzieren bzw. übernahmen einzelne Betriebe in sogenannte »Patenschaft«. Werner & Pfleiderer erwarb darüber hinaus eine tschechische Firma, und ein Betrieb in der Ukraine ging in ihre Verfügung über. Welche Interessen die deutschen Firmen dabei verfolgten, gilt es zu prüfen.

Schließlich wendet sich Kapitel II den in den Jahren 1943/44 wegen der alliierten Luftangriffe notwendig gewordenen Verlagerungen von kriegswichtigen Betriebsteilen zu. Betroffen waren die beiden im Großraum Stuttgart angesiedelten Firmen Fortuna und Werner & Pfleiderer. Es geht vor allem darum zu analysieren, unter welchen Umständen eine solche Verlagerung vonstatten ging. Wer ergriff die Initiative? Welchen Branchen gehörten die Betriebe an, die Fertigungsfläche zur Verfügung stellen mußten? Hatte ein als nichtkriegwichtig eingestufter Betrieb die Verantwortung über seinen gesamten produkttechnischen Bereich an eine »Patenfirma« abzutreten?

---

[16] Vgl. Berndt-Jürgen Wendt, Großdeutschland. Außenpolitik und Kriegsvorbereitung des Hitler-Regimes, München 1987.

[17] Eckart Teichert, Autarkie- und Großraumwirtschaft in Deutschland 1930-1939. Außenwirtschaftspolitische Konzeptionen zwischen Weltwirtschaftskrise und Zweitem Weltkrieg, München 1984, S. 261; vgl. Volkmann, Verhältnis, S. 100-108.

[18] Siehe dazu Milward, Kriegswirtschaft; ders., Der Einfluß, in: Forstmeier/Volkmann (Hrsg.), Wirtschaft, S. 189-201; Herbst, Der Totale Krieg.

[19] Vgl. etwa die Studien von Michael Riemenschneider, Die deutsche Wirtschaftspolitik gegenüber Ungarn 1933-1944. Ein Beitrag zur Interdependenz von Wirtschaft und Politik unter dem Nationalsozialismus, Frankfurt a.M./Bern 1987, Manfred Nebelin, Deutsche Ungarnpolitik 1939-1941, Opladen 1989, Martin Broszat, Nationalsozialistische Polenpolitik 1939-1945, Stuttgart 1961, und Holm Sundhausen, Wirtschaftsgeschichte Kroatiens im nationalsozialistischen Großraum 1941-1945. Das Scheitern einer Ausbeutungsstrategie, Stuttgart 1983. Zur Bedeutung der südosteuropäischen Staaten im NS-Konzept der »Großraumwirtschaft«: Berndt-Jürgen Wendt, Südosteuropa in der nationalsozialistischen Großraumwirtschaft. Eine Antwort auf Alan S. Milward, in: Gerhard Hirschfeld/Lothar Kettenacker (Hrsg.), Der »Führerstaat«. Mythos und Realität, Stuttgart 1981, S. 414-428.

Stehen also in Kapitel II Boehringer, Knorr und Fahr als privatkapitalistische Unternehmer im Mittelpunkt, geht es im folgenden Kapitel um die drei als nationalsozialistische »Betriebsführer«. Es untersucht die konkreten Formen, in denen sich die proklamierte »Betriebsgemeinschaft« zeigte. Wann und aus welchen Gründen von den drei Unternehmern die Parteimitgliedschaft erworben wurde, ist ebenso zu prüfen wie die innerbetriebliche Umsetzung der nationalsozialistischen Betriebs- und Sozialideologie. Daß die Situation in den Betrieben von sozialer Kontrolle und Integration, Zugeständnissen und Zwangsmaßnahmen gleichermaßen geprägt war, ist in der Forschung unumstritten.[20] Zentrale Fragen werden sein: Welche Rolle spielte die Deutsche Arbeitsfront (DAF) in den Betrieben, und inwieweit gelang es ihr, auf die betrieblichen Arbeitsbedingungen Einfluß zu nehmen und somit die »Betriebsgemeinschaft« mitzugestalten? Wie reagierten die drei Unternehmer auf die vielfältigen DAF-Initiativen, gab es neben Zustimmung auch den Versuch, sich dem Totalitätsanspruch dieser NS-Organisation zu entziehen? Die rassistische bzw. »rassehygienische«[21] Fundierung der betrieblichen Sozialpolitik im Nationalsozialismus bedeutete, daß nur die als rassisch wertvoll anerkannten »Gefolgschaftsmitglieder« in den Genuß der betrieblichen Sozialleistungen kamen, während bestimmte Beschäftigtengruppen wie etwa alle ausländischen Arbeitskräfte von diesen Fürsorgemaßnahmen von vornherein ausgeschlossen waren und gegen »Leistungsunfähige« (in der NS-Terminologie »Arbeitsscheue« und »Arbeitsbummelanten«) brutal vorgegangen werden konnte. Hier zeigt sich die enge Verbindung zwischen sozialer Disziplinierung und »rassehygienischer Ausmerze« besonders deutlich.[22] Deshalb wird in Kapitel III nicht nur die Inszenierung von »Betriebsgemeinschaft« analysiert, sondern auch nachgezeichnet, wie sich die drei Unternehmer gegenüber »Bummlern« und politisch oppositionellen Arbeitern verhielten, und auf welche Arbeits- und Lebensbedingungen die ausländischen Zwangsarbeiter und Kriegsgefangenen in den drei Betrieben trafen.

Kapitel IV untersucht Aufgaben, Entscheidungskompetenzen und Handlungsspielräume der drei Männer als Funktionäre im NS-Wirtschaftslenkungsapparat. Knorr und Fahr können als Schlüsselfiguren in der regionalen Kriegswirtschaftsadministration angesehen werden; Boehringers Aufgabengebiet war überregional ausgerichtet. Zentrale Fragen werden sein: Inwieweit entsprachen die drei Industriellen dem von Hans-Erich Volkmann entworfenen Bild einer

---

[20] Knappe Zusammenfassung des Forschungsstandes bei Michael Prinz, Die soziale Funktion moderner Elemente in der Gesellschaftspolitik des Nationalsozialismus, in: ders./Rainer Zitelmann (Hrsg.), Nationalsozialismus und Modernisierung, Darmstadt 1991, S. 297-327.

[21] Zur Biologisierung der sozialen Normabweichungen und der als gesellschaftliche Fehlentwicklungen klassifizierten Erscheinungen vgl. Informationsdienst Rassepolitisches Amt der NSDAP-Reichsleitung, Nr. 126 vom 20.6.1942, in: Ernst Klee, »Euthanasie im NS-Staat«, Frankfurt a.M. 1983, S. 357.

[22] Dazu grundlegend Ulrich Herbert, Fremdarbeiter. Politik und Praxis des »Ausländer-Einsatzes« in der Kriegswirtschaft des Dritten Reiches, Berlin/Bonn 1982, sowie Detlev Peukert, Volksgenossen und Gemeinschaftsfremde. Anpassung, Ausmerze und Aufbegehren unter dem Nationalsozialismus, Köln 1982.

»Transmissionsstelle staatlichen Willens« einerseits und dem »Sprachrohr« der Industrie andererseits?[23] Erschöpfte sich die Funktion der Arbeitsausschußleiter (Boehringer) und Bezirksbeauftragten (Knorr) in der Umsetzung der von den entsprechenden Hauptausschüssen kommenden Anordnungen, oder konnten sie eigene wirtschaftspolitische Initiativen entfalten? Nutzten Boehringer und Knorr ihre Funktionen, um den eigenen Betrieben Vorteile zu verschaffen? Vor allem durch die Analyse der Tätigkeit Knorrs als Bezirksbeauftragter des Hauptausschusses Maschinen für Württemberg-Hohenzollern wird es möglich sein, ein differenziertes Bild der in dieser Region traditionell stark vertretenen Maschinenbauindustrie während der Kriegsjahre zu zeichnen. In den Blick kommen hier nicht nur verschiedene Maßnahmen zum regionalen »Arbeitskräfteeinsatz«, sondern auch zur Produktionslenkung, die das NS-Regime - vermittelt durch die entsprechenden Organe der sogenannten industriellen Selbstverwaltung - ergriff. Mittels Stillegungen oder durch die Belegung der Betriebe mit eher branchenfremder Fertigung griffen die NS-Wirtschaftslenkungsorgane wirksam in die Branchenstruktur des Maschinenbaus ein. Wie reagierten die betroffenen Firmen? Wie stark war Knorrs Position als Bezirksbeauftragter, inwieweit konnte er sich mit seinen Vorstellungen gegenüber anderen regionalen Organen der Wirtschaftslenkung wie dem Wehrkreisbeauftragten und Vorsitzenden der Rüstungskommission oder Rüstungsinspektion und -kommandos durchsetzen? Gerade durch die Analyse von Einzelfällen läßt sich zeigen, wie die für das NS-Regime charakteristischen Streitigkeiten zwischen den verschiedenen Herrschaftsträgern und auch innerhalb der einzelnen Gruppierungen bis auf die betriebliche Ebene hinabreichten und was sie dort bewirkten.

1944 trafen sich die Wege der drei Unternehmer. Knorr und Boehringer wurden Mitglieder des von Otto Fahr initiierten und geleiteten »Fahr-Kreises«, in dem - beschränkt auf den engbegrenzten Bereich der Industrie in Württemberg-Hohenzollern - Gegenmaßnahmen zu den im letzten Kriegsjahr apokalyptischen Befehlen des NS-Regimes beschlossen wurden. Welche konkreten Anlässe führten zur Gründung des Kreises, wer gehörte ihm an, und welche Maßnahmen wurden beschlossen? Erleichterten Fahrs Tätigkeit als Rüstungsobmann und seine insbesondere gegen den Wehrkreisbeauftragten gerichtete Amtsauffassung die persönliche Wendung zur Opposition? Welches waren die Motive bei Knorr und Boehringer?

Kapitel V schließlich beleuchtet die Zeit nach dem Zusammenbruch des NS-Regimes. Die Lebenswege von Boehringer, Knorr und Fahr sowie die Entwicklung der drei Betriebe werden über die politische Zäsur von 1945 hinaus verfolgt. Dabei ist die Frage nach Kontinuität von zentraler Bedeutung. Welche Folgen hatte der Untergang des Regimes für diese drei Vertreter der ökonomischen Funktionselite? Konnten auch sie aufgrund der zur »Mitläuferfabrik«[24] geratenen Entnazifizierung ihre Unternehmerkarriere bruchlos fortsetzen? Ge-

---

[23] Volkmann, Verhältnis, S. 88.
[24] So der bezeichnende Titel des Buches von Niethammer, Mitläuferfabrik.

lang es ihnen darüber hinaus, im Verbandswesen des Maschinenbaues die aus der NS-Zeit mitgebrachten Erfahrungen einzubringen und an ihre alten Funktionen anzuknüpfen? Auch bei der Betrachtung der Firmenentwicklung steht die Frage nach den Folgen des Kriegsendes, nach Veränderung und Bewahren im Mittelpunkt. Gab es in den Jahren nach 1945 eine entscheidende Neuausrichtung des Produktionsprogrammes, oder konnten die Firmen ihr traditionelles Produktionsprogramm und langjährige Geschäftsverbindungen aufrechterhalten?

Die Untersuchung stützt sich zum überwiegenden Teil auf ungedruckte Quellen wie Firmen- und Spruchkammerakten. Die Firmenarchive Boehringer, Fortuna-Werke und Werner & Pfleiderer verfügen über umfangreiches Material nicht nur zu Betriebsinterna, sondern auch - dies gilt insbesondere für die Firmen Boehringer und Fortuna - über die außerbetrieblichen Aufgaben und Funktionen ihrer »Betriebsführer«. So findet sich etwa im Bestand der Firma Fortuna die Korrespondenz Max Knorrs in seiner Eigenschaft als Bezirksbeauftragter des Hauptausschusses Maschinen mit den ihm unterstellten Firmen, und die Akten der Firma Boehringer enthalten den entsprechenden Schriftwechsel des Arbeitsausschußleiters Rolf Boehringers. Aufgrund der Fülle dieser Archivalien ist es möglich, nicht nur die betrieblichen Probleme und innerbetrieblichen Abläufe mittelständischer Unternehmen des Maschinenbaus in der Wirtschaft des »Dritten Reiches« in den Blick zu nehmen, sondern auch genaue Informationen zum Geschäftsgebaren und zum politisch-sozialen Verhalten der Unternehmensleitungen zu gewinnen. Gleichwohl ist einschränkend zu sagen, daß es die jeweilige Überlieferungssituation nicht immer zuläßt, einen bestimmten Sachverhalt vergleichend für alle drei Betriebe darzustellen. Zu bedenken ist auch, daß die erwähnten Korrespondenzen Knorrs und Boehringers unvollständig überliefert sind. Ob gezielt Unterlagen vernichtet worden sind, ist leider nicht festzustellen. Doch muß diese Möglichkeit bei der Interpretation bedacht werden.

Eine Ergänzung zu den Firmenakten bieten die Spruchkammerakten. Herangezogen wurden nicht nur die Akten der drei Unternehmer, sondern - sofern sie für wissenschaftliche Zwecke zugänglich sind - auch die Akten von Firmenangestellten, die in der NS-Zeit leitende Positionen innehatten. Die Probleme, die bei der Auswertung von Spruchkammerakten zu bedenken sind, müssen hier nicht erneut ausgebreitet werden. Zu beachten ist vor allem der Rechtfertigungszwang, unter dem die Betroffenen standen, die sich zu entlasten suchten, um Strafmaßnahmen abzuwenden. Gleichwohl bieten diese Akten unverzichtbares Quellenmaterial. Sie enthalten nicht nur wichtige Informationen zur Biographie der betroffenen Person. Sie lassen im Falle von Boehringer, Knorr und Fahr auch das Selbstverständnis dieser Männer als Industrielle erkennen, wenngleich auch dies nicht unverstellt. Verglichen, ergänzt und korrigiert durch entsprechende Firmenakten oder Archivalien aus anderen staatlichen Archiven, tragen Verhandlungsprotokolle, Zeugenaussagen, wirtschaftliche Gutachten und eidestattliche Erklärungen, die im Rahmen der Spruchkammerverfahren angefertigt und abgegeben wurden, dazu bei, Verhalten und Handeln der hier untersuchten drei Repräsentanten der ökonomischen Funktionselite während der NS-Zeit zu erhellen.

Ergänzende Informationen über den betrieblichen Alltag boten die DAF-Akten der Kreiswaltung Göppingen. Auch Bestände des Bundesarchivs in Koblenz waren von Bedeutung. Sie wurden ergänzt um die im Bundesarchiv/Militärarchiv Freiburg verwahrten Akten der zuständigen Rüstungskommandos und der Rüstungsinspektion V. Diese Quellen ermöglichen es, das Verhalten der drei Unternehmer und die Entwicklung ihrer Betriebe eingehend zu untersuchen. Ein Gesamtbild der Persönlichkeit wird sich allerdings nicht zeichnen lassen. Das erlauben die Quellen nicht. Sie geben nur den Blick frei auf den Unternehmer - sei es im Betrieb oder im wirtschaftlichen Lenkungsapparat.

# I. Die Jahre vor der Machtübernahme der NSDAP

## 1. Werdegang der Unternehmer Otto Fahr, Rolf Boehringer und Max Knorr bis 1933

»Wenn ich Aufgaben übernommen oder mir selbst gestellt habe, habe ich diese in sittlicher Verpflichtung erfüllt. Angesichts des Unausdenkbaren, was in Deutschland geschehen ist, bin ich bestrebt, Wahrhaftigkeit zu üben um zur Wahrheit beizutragen. In dieser Selbstkritik und Wahrhaftigkeit komme ich zu der Feststellung, daß ich wieder so handeln würde, weil ich nicht anders handeln konnte.«[1] Diese Worte stellte Otto Fahr seinen biographischen Ausführungen vor der Spruchkammer Stuttgart voran, vor der er sich als Geschäftsführer und stiller Gesellschafter der Firma Werner & Pfleiderer im Juni 1948 zu verantworten hatte. Fahr, Jahrgang 1892, studierte nach dem Abitur 1910 aus »Neigung zum Ingenieursfach und in Anbetracht der elterlichen Fabrik« Maschinenbau an der Technischen Hochschule Stuttgart. Einen großen sportlichen Erfolg feierte Otto Fahr zwei Jahre später, als er 1912 als zwanzigjähriger Student bei den Olympischen Sommerspielen in Stockholm die Silbermedaille im 100-Meter-Rückenschwimmen gewann. Überhaupt habe er durch »die Einflüsse und Erziehung zusammen mit der sportlichen Betätigung« nicht nur »Selbstzucht, Hingabe an ein selbst gestelltes Ziel« und »Menschenkenntnis« erworben, so Fahrs nachträgliche Selbsteinschätzung, ebenso sei er »durch das Zusammenkommen mit ausländischen Sportlern« zu »Aufgeschlossenheit gegenüber anderen Völkern« gelangt. Nach vier Jahren Unterbrechung durch den Ersten Weltkrieg - Fahr diente zunächst als einfacher Soldat, ab 1915 als Leutnant -, nahm er das Studium 1918/19 wieder auf und legte 1919 sein Examen ab. Noch im gleichen Jahr trat Fahr seine erste Stelle als Betriebsingenieur bei den Vereinigten Kugellagerfabriken Norma in Stuttgart-Bad Cannstatt an. Zwei Jahre später wechselte er, nunmehr auch promoviert, zur Firma Werner & Pfleiderer. Diesem Unternehmen blieb er bis zu seinem Tod im Jahr 1969 verbunden.

Werner & Pfleiderer gehörte Anfang der zwanziger Jahre, als Otto Fahr in der Firma seine Arbeit aufnahm, zu den in seiner Branche - Maschinen für die chemische und Nahrungsmittelindustrie sowie Ofenbau - führenden Unternehmen in Deutschland. Es hatte jedoch entscheidende Positionsverluste auf dem internationalen Markt erlitten, da seine amerikanische Zweigfabrik sowie seine

---

[1] Protokoll der mündlichen Verhandlung der Spruchkammer am 17., 18. und 21.6.1948. Spruchkammerakten Otto Fahr. StAL, EL 902/20 Bü 37/17/7952. Dort auch das folgende Zitat. Soweit nicht anders angegeben, sind die Daten zu Fahrs Lebenslauf diesen Akten entnommen sowie WABW, B 11, Bü 306 und 307.

Beteiligung an Werner & Pfleiderer in England während des Ersten Weltkrieges beschlagnahmt und dann verkauft worden waren.[2] Um diese Wettbewerbsnachteile auszugleichen, suchte man bereits kurz nach Kriegsende Kontakt zu der nunmehr rein britischen Firma, an der Werner & Pfleiderer ehemals beteiligt gewesen war. Durch eine 1921 getroffene marktregelnde Absprache konnten für das deutsche Unternehmen Werner & Pfleiderer die Folgen der Verluste ihrer Standorte in den USA und in Großbritannien abgemildert werden. Otto Fahrs Wechsel zu Werner & Pfleiderer im Jahr 1921 hatte unmittelbar mit diesem Abkommen zwischen Werner & Pfleiderer und der englischen Firma Joseph Baker Sons and Perkins Ltd.[3] zu tun. Zunächst hospitierte Fahr ein halbes Jahr beim englischen Partner, um das dortige Kalkulationsystem kennenzulernen und es anschließend bei Werner & Pfleiderer einzuführen.[4] In der Folgezeit wurde er eine Art Liaison-Offizier seiner Firma bei den »Credo-Konferenzen« genannten regelmäßigen Treffen der Vertragspartner. Ein freundschaftliches Verhältnis entwickelte sich zu seinem Pendant auf englischer Seite, G.E. Toulmin.[5]

Nach einem einjährigen Aufenthalt in den USA 1924/25[6] erhielt Fahr 1926 Prokura, wurde 1928 zum Direktor ernannt und rückte 1931 in die Geschäftsleitung von Werner & Pfleiderer auf. Die 1931 - mitten in den Krisenjahren - durchgeführte grundlegende Neuorganisation der Geschäftsleitung sah die Leitung des Unternehmens nunmehr durch eine zunächst fünf-, ab 1935 dreiköpfige Direktion vor. Seit 1940 hatte Fahr den Vorsitz bei den Direktionssitzungen inne.[7] Offensichtlich verlangte die wirtschaftlich bedrohliche Lage des Be-

[2] Auf die Feindvermögensbehandlung im Ersten Weltkrieg geht kurz ein: Stephan H. Lindner, Das Reichskommissariat für die Behandlung feindlichen Vermögens im Zweiten Weltkrieg. Eine Studie zur Verwaltungs-, Rechts- und Wirtschaftsgeschichte des nationalsozialistischen Deutschlands, Stuttgart 1991, S. 10ff. Auf die Firmengeschichte wird ausführlich im nächsten Kapitel eingegangen.

[3] Im folgenden als Baker Perkins Ltd. bezeichnet.

[4] Zu den marktregelnden Absprachen gehörten auch eine entsprechende Verteilung der dadurch erzielten Gewinne. Dies setzte jedoch eine gleiche und verläßliche Selbstkostenrechnung voraus, über die Baker Perkins Ltd. im Gegensatz zum deutschen Partner bereits verfügte. WABW, B 11, Bü 334.

[5] »Baker Perkins and WP worked closely together in the same branche of engineering from 1921 until the outbreak of war. Throughout that time an important part of your work and mine was to act as 'liaison-officers' between the two concerns.« Schreiben von G.E. Toulmin, Direktor von Baker Perkins Ltd., 20.5.1946. StAL, EL 902/20 Bü 37/17/7952; vgl. WABW, B 11, Bü 334.

[6] Hier widersprechen sich die Unterlagen leicht. Fahr selbst gibt in seinem Entnazifizierungsverfahren das Jahr 1925/26 an, während in allen anderen Quellen der USA-Aufenthalt auf das Vorjahr datiert wird.

[7] Vertraglich festgelegt wurde die Änderung in der Geschäftsführung allerdings erst im zweiten Gesellschaftsvertrag vom März 1936. Gutachten zur Vorlage bei der Spruchkammer über die wirtschaftlichen Verhältnisse des Herrn Dr. Richard Werner, Stuttgart, erstellt von Wilhelm Rieger am 11.2.1948. Spruchkammerakten Otto Werner, StAL, EL 902/20 Bü 37/1512677. Dieses Gutachten wird im folgenden als Rieger-Gutachten I bezeichnet. Bevor Otto Fahr 1940 den Vorsitz übernahm, hatte ihn ein Direktionskollege inne, der 1940 aus der Firma ausschied. Da dessen Ehefrau Jüdin war, ist ein Zusammenhang zwischen diesem Umstand und dem Ausscheiden denkbar. Ebd.; Schreiben von Fahrs Rechtsanwalt an die Spruchkammer, 18.5.1948. StAL, EL 902/20 Bü 37/17/7952.

triebes Anfang der dreißiger Jahre ein entsprechendes Krisenmanagement. Die Leitung des Unternehmens lag nun anschließend in den Händen von ausgewiesenen Fachleuten, in der Mehrzahl Ingenieure.[8] Otto Fahrs Aufstieg in die Etage der Geschäftsleitung vollzog sich im Schatten der Weltwirtschaftskrise und der daraus resultierenden Betriebskrise bei Werner & Pfleiderer.

Eine vergleichbare Bildungsqualifikation wies der um neun Jahre jüngere Rolf Boehringer auf. 1901 geboren, studierte er nach dem Abitur in Göppingen von 1921 bis 1926 an der Technischen Hochschule in Hannover. Die Promotion erfolgte allerdings erst 1938 an der Technischen Hochschule Berlin-Charlottenburg.[9] Im Anschluß an das Studium verbrachte er eineinhalb Jahre in den USA sowie in Japan und China, um berufliche Erfahrung zu sammeln.[10]. 1928 trat Rolf Boehringer als Betriebs- und Verkaufsingenieur gemeinsam mit seinem etwa gleichaltrigen Cousin in die in Göppingen ansässige Firma Gebr. Boehringer ein, und zusammen übernahmen sie zwei Jahre später die Geschäftsführung.[11] Daß zwei oder mehrere (männliche) Verwandte gemeinsam das Unternehmen führten, hatte bei der Firma Boehringer seit ihrer Gründung 1844 Tradition. Rolf Boehringer und sein Cousin übernahmen 1930 die Leitung des Betriebes aus den Händen ihrer Väter, die ihrerseits das Unternehmen von 1899 bis 1930 gemeinsam geleitet hatten. Somit übernahm der im Jahr 1930 neunundzwanzigjährige Rolf Boehringer in der vierten Generation den von seinem Urgroßvater gegründeten Betrieb. Der Zeitpunkt der Übernahme fiel auch in diesem Fall mit den Krisenjahren zusammen.[12]

Rolf Boehringer trat aber nicht nur bei der Übernahme der Geschäftsführung in die Fußstapfen seines Vaters, sondern »erbte« auch dessen Ämter in Organisationen des Maschinen- bzw. Werkzeugmaschinenbaus. In dieser Hinsicht war Rolf Boehringers Vater eine nicht nur in Württemberg bekannte und geschätzte Persönlichkeit. Von 1911 bis 1933 Mitglied der Industrie- und Handelskammer Reutlingen und langjähriges Vorstandsmitglied des Vereins Deutscher Werkzeugmaschinenfabriken (VDW), der ihn 1933 zum Ehrenmitglied ernannte,[13] war Vater Boehringer für seine Verdienste um die württembergische Wirtschaft bzw. den Werkzeugmaschinenbau 1916 vom württembergischen

---

[8] Leistungsbericht 1940/41. WABW, B 11, Bü 310.

[9] Die Drehzahlnormung und ihre wirtschaftliche Auswirkung in Drehbanken, Sonderdruck der gleichnamigen Dissertation, Berlin 1939. WABW, B 10, Bü 16. Sein wissenschaftlicher Betreuer war Prof. Dr.-Ing. Otto Kienzle. Vgl. Stadtarchiv Göppingen. Das Boehringer Werk, Werkszeitschrift, Heft 3/4 (1975). Zu Kienzle vgl. S. 72, 103.

[10] Spruchkammerakten Rolf Boehringer. StAL, EL 902/8 Bü 16/1/15066.

[11] WABW, B 10, Bü 324 und 305. Danach und nach den Spruchkammerakten (Anm. 10) alle folgenden Angaben.

[12] Der plötzliche Tod des zweiten Geschäftsführers neben Rolf Boehringers Vater im Jahr 1930 war sicherlich mit ausschlaggebend für den Generationswechsel gewesen.

[13] Fritz Kappel, 75 Jahre VDW 1891-1966, hrsg. vom Verein Deutscher Werkzeugmaschinenfabriken e.V., Frankfurt a.M. 1966, S. 80. Daß die Tätigkeit von Kommerzienrat Boehringer in diesen Organisationen 1933 ein so plötzliches Ende fand, hing nicht zuletzt mit seiner politischen Haltung zusammen. Er wurde weder Mitglied der NSDAP noch einer ihrer Nebenorganisationen. Aufgrund seiner politischen Unbelastetheit wurde er im November 1948 vorübergehend als verantwortlicher Geschäftsführer der Firma Boehringer reaktiviert.

König der Titel eines Kommerzienrates und 1922 die Ehrendoktorwürde der Technischen Hochschule Stuttgart verliehen worden. Sein ältester Sohn Rolf rückte für ihn 1933 nicht nur in den Vorstand des VDW nach, er führte auch die Geschäfte in der von seinem Vater mitinitiierten zweiten Erfahrungsaustauschgruppe weiter. Diese innerhalb des VDW erstmals 1928 konstituierte Gruppe »Erfahrungsaustausch« (ERFA) war ein Zusammenschluß von VDW-Mitgliedsfirmen, deren Erzeugnisse nicht miteinander konkurrierten, »zum Zwecke des Austausches von Erfahrungen auf den verschiedensten Gebieten der Konstruktion, der Fertigung, des Vertriebs und der Verwaltung«.[14] An der Gründung einer zweiten ERFA-Gruppe im Jahr 1930 hatte Kommerzienrat Georg Boehringer maßgeblichen Anteil.[15] Mitgliedsfirmen waren neben Boehringer die Fortuna-Werke AG, die Collet & Engelhard AG sowie die Maschinenfabrik Weingarten und die Wanderer-Werke AG.[16]

Auch für den dritten Unternehmer dieser Untersuchung, Max Knorr, gilt, daß er in gewisser Hinsicht in die Fußstapfen seines Vaters trat. 1894 geboren, begann er nach der Mittleren Reife eine Mechanikerlehre bei der Fortuna-Werke AG, mit der er bis zu seinem Tod im Jahr 1970[17] verbunden blieb.[18] Max Knorrs Vater, seit 1909 bei der Firma Fortuna, hatte dort zunächst den Posten eines Prokuristen und Leiters der Finanzbuchhaltung inne, bevor er später zum Kaufmännischen Direktor und Vorstandsmitglied avancierte. Max Knorr nahm nach abgeleistetem Militärdienst 1913/14 wie Otto Fahr am Ersten Weltkrieg teil. Bereits nach wenigen Wochen verletzt, geriet er in französische Kriegsgefangenschaft, aus der er erst 1918/19 zurückkehrte. So konnte er erst nach dem Krieg, fast sechsundzwanzigjährig, sein Ingenieursstudium an der Höheren Ingenieursschule in Esslingen aufnehmen. Seine berufliche Laufbahn begann Mitte der zwanziger Jahre in der Fertigungsplanung der Firma Robert Bosch in Stuttgart. 1926 zum Betriebsleiter des Bosch-Lichtwerkes in Feuerbach berufen, wechselte Max Knorr nur ein Jahr später als Betriebsleiter mit Prokura zur Firma Fortuna. Nachdem sein direkter Vorgesetzter 1928 ausgeschieden war, konnte Max Knorr alleinverantwortlich die notwendigen Schritte zur Umstellung des Betriebes auf die Fertigung des neuen Produktes, Schleifmaschinen, in die Wege leiten.

In den für das Unternehmen kritischen Jahren der Weltwirtschaftskrise wurde Max Knorr 1931 als Betriebsdirektor in den Vorstand der Fortuna-Werke AG

---

[14] Jahresbericht 1928/29, zit. nach Fritz R. Glunk, Ein Jahrhundert VDW 1891-1991. Zeitgeschichte, Vereinsgeschichte, Werkzeugmaschinengeschichte, München 1991, S. 74.

[15] Ebd.; Max Knorr, Erfahrungsaustauschgruppen im Werkzeugmaschinenbau, Vortrag vom Mai 1938. WABW, B 10, Bü 356.

[16] WABW, B 10, Bü 349.

[17] Ende 1963 schied Knorr aus dem Vorstand aus, behielt aber weiterhin den Vorsitz im Aufsichtsrat. Vgl. Fortuna-Werkszeitschrift »Wir bei Fortuna«, Hefte 64 (1969) und 69 (1971). Archiv des Fortuna-Betriebsrates.

[18] Soweit nicht anders angegeben, sind alle Angaben zu Knorrs Lebenslauf den folgenden Unterlagen entnommen: Spruchkammerakten Knorr. StAL, EL 902/20 Bü 37/05/4073; Fortuna 1903-1953. Beitrag zur Geschichte eines schwäbischen Fabrikunternehmens, zusammengestellt und bearbeitet von Dr. Max Löffler, Stuttgart 1953, S. 105ff.

berufen. Diesem gehörten seit 1928 - damals war der Betrieb in eine Aktiengesellschaft umgewandelt worden - sein Vater als kaufmännisches und ein weiterer Direktor als technisches Vorstandsmitglied an. Drei Jahre lang arbeiteten Vater und Sohn anschließend gemeinsam in der Leitung des Unternehmens. Erst als Vater Knorr 1934 in den Ruhestand trat, wurde die vakante Stelle des Kaufmännischen Direktors und Vorstandsmitgliedes mit dem Sohn des Firmengründers und Hauptaktionärs Lilienfein neu besetzt.[19] 1936 wurde Knorr die »verantwortliche Oberleitung des technischen Betriebes«[20] übertragen, zwei Jahre später übernahm er nach dem Ausscheiden des zweiten technischen Vorstandmitgliedes als nunmehr alleiniges Vorstandsmitglied für den technischen Bereich auch die Verantwortung für die konstruktive Entwicklung.[21]

Die drei Unternehmer - so läßt sich zusammenfassen - stammten entweder aus Unternehmerfamilien (Rolf Boehringer und Otto Fahr) oder hatten einen Vater, der als leitender Angestellter tätig war (Max Knorr). Während Boehringer direkt die Leitung des Familienbetriebes von seinem Vater übernahm, Knorr sieben Jahre in der gleichen Firma wie sein Vater in leitender Position tätig war, hatte Otto Fahr zur Firma Werner & Pfleiderer keine familiären oder verwandtschaftlichen Verbindungen. Der Grund für seinen Wechsel zu Werner & Pfleiderer dürfte daher in seiner fachlichen Qualifikation zu sehen sein.

Alle drei verfügten über eine vergleichbare Bildungsqualifikation, und alle waren Ingenieure. Boehringer und Fahr besaßen Abitur, hatten studiert und waren promoviert. Knorr hatte zwar einen geringeren Schulabschluß, konnte nach seiner abgeschlossenen Lehre jedoch ebenfalls studieren. Zwei gehörten der Generation der im Jahrzehnt vor der Jahrhundertwende Geborenen an, die in den Ersten Weltkrieg ziehen mußten. Dem Dritten, 1901 geboren, war dies erspart geblieben, doch auch er hatte als Jugendlicher die Auswirkungen des Krieges erlebt. Als sie die Verantwortung in ihren Betrieben übernahmen, waren sie zwischen 29 und 39 Jahre alt. Sie gehörten also zu Beginn der NS-Zeit zur mittleren Generation der Dreißig- bis Vierzigjährigen, die prädisponiert waren, Führungspositionen in der Industrie zu übernehmen.

---

[19] Der 1907 geborene Theodor Lilienfein absolvierte zunächst eine kaufmännische Lehre bei der Firma Fortuna (1925-1927), erwarb sich während vier Semestern an verschiedenen Hochschulen auch theoretische Kenntnisse in den Betriebswissenschaften (1927-1929), bevor er nach kurzer Tätigkeit als Kaufmannsgehilfe bei den Fortuna-Werken von November 1929 bis Dezember 1931 zu einer zweijährigen Weltreise aufbrach, die ihn u.a. nach Nord- und Südamerika sowie nach Asien führte. Die Reise diente der »Erfahrung und Kenntnisse von Absatzgebieten« ebenso wie dem »Besuch besonders wichtiger Kunden« und der Schaffung einer »engere(n) Verbindung zwischen dem Werk und den einzelnen Vertreter- und Abnehmerkreisen«, wie es im firmeneigenen Jubiläumsbuch heißt. Fortuna 1903-1953, S. 108-110, S. 110.

[20] Gutachten über die Einkommens- und Vermögensverhältnisse des Max Knorr, erstellt vom Stuttgarter Wirtschaftsprüfer Karl-Heinz Hilmer, 16.12.1946. StAL, EL 902/20 Bü 37/05/4073. Im folgenden als Hilmer-Gutachten bezeichnet.

[21] In den Jahren 1938 bis 1942 bestand der Fortuna-Vorstand aus Max Knorr als technischem und Theodor Lilienfein als kaufmännischem Vorstandsmitglied. Von 1942 bis 1945 kam mit dem Technischen Direktor Hermann Danner ein drittes, wenngleich nur stellvertretendes Vorstandsmitglied hinzu. StAL, EL 902/20 Bü 37/05/4890.

Fragt man nach den wirtschaftlichen und politischen Gestaltungs- und Einflußmöglichkeiten der Unternehmer, spielen die Betriebsgröße und die Höhe ihres Kapitalanteils oder ihrer Gewinnbeteiligung eine wichtige Rolle. Die drei Unternehmen zählten zu den auf ihrem Feld führenden Firmen. Die Göppinger Firma Gebr. Boehringer gehörte spätestens seit ihrem kartellartigen Zusammenschluß mit drei anderen Werkzeugmaschinenfirmen zu den Vereinigten Drehbankfabriken (VDF) im Jahr 1927 zu den in Deutschland führenden Anbietern von Drehbänken. Die Fortuna-Werke waren im Bereich Schleifmaschinen einer der Branchenführer, und Werner & Pfleiderer hatte sich einen führenden Namen auf dem Gebiet der Maschinen für die chemische und Lebensmittelindustrie erworben. Letztere erwirtschaftete 1929 mit einer Belegschaft von mehr als 1500 Personen einen Jahresumsatz von über 16,8 Mio. RM[22]; die Firma Boehringer erreichte im selben Jahr mit über 900 Mitarbeitern einen Umsatz von 5,1 Mio. RM[23] und Fortuna mit 486 Beschäftigten 3,4 Mio. RM.[24] Nach einem krisenbedingten Einbruch Anfang der dreißiger Jahre gelang es den drei Unternehmen in der NS-Zeit, ihre Umsätze wesentlich zu steigern und ihre wirtschaftliche Position auszubauen.[25]

Die Beteiligungsverhältnisse gestalteten sich zwar unterschiedlich, jedoch war jeder der drei Unternehmer am Kapital und am Gewinn der von ihm geführten Firma beteiligt. Bei der Firma Boehringer, seit 1922 eine Gesellschaft mit beschränkter Haftung, befanden sich die Anteile je zur Hälfte im Besitz der beiden Gründerfamilien.[26] An der seit 1927 als Kommanditgesellschaft eingetragenen Firma Werner & Pfleiderer war neben den Brüdern Werner die englische Firma Baker Perkins Ltd. beteiligt. Otto Fahr wurde 1935 als stiller Gesellschafter aufgenommen und seitdem als solcher ebenfalls am Gewinn des Unternehmens beteiligt; darüber hinaus standen ihm als eines der drei Direktionsmitglieder Tantiemen zu.[27] Das Aktienkapital der Fortuna-Werke AG von insgesamt 1,2 Mio. RM (ab 1943 zwei Mio.) lag ebenfalls mehrheitlich in den Händen der beiden Gründerfamilien Hirth und Lilienfein. Max Knorr und sein Vater hielten zusammen Aktien im Wert von 59 000 RM. Als Technischer Direktor war Max Knorr ab 1936 zudem durch Tantiemen am Gewinn des Unternehmens beteiligt.[28]

---

[22] Rieger-Gutachten I, StAL, EL 902/20 Bü 37/1512677.

[23] Wirtschaftsgutachten, erstellt von Wilhelm Rieger, 20.3.1948. Spruchkammerakten Werner Boehringer, StAL 902/8 Bü 16/1/13881. Im folgenden als Rieger-Gutachten II bezeichnet.

[24] WABW, Bestand Fortuna, Karton: Berichte TL.

[25] Zur Entwicklung der Betriebe während der NS-Zeit siehe Kapitel II dieser Arbeit.

[26] Rieger-Gutachten II. StAL, EL 902/8 Bü 16/1/13881.

[27] Zu den Kapitalverhältnissen sowie der Gewinn- und Verlustverteilung bei der Firma Werner & Pfleiderer vgl. Rieger-Guachten I. StAL, EL 902/20 Bü 37/1512677. Von dem der Direktion zustehenden Gewinnanteil erhielt Otto Fahr 40, die beiden anderen Direktionsmitglieder je 30 Prozent. Gutachten der Schwäbischen Treuhand-Aktiengesellschaft (Schitag), Wirtschaftsprüfungsgesellschaft, Stuttgart, über die Einkommens- und Vermögensverhältnisse von Otto Fahr, 27.2.1948. StAL, EL 902/20 Bü 37/15/2677. Im folgenden wird es als Schitag-Gutachten bezeichnet.

[28] Die Aktien der Fortuna-Werke AG waren Namensaktien und wurden nicht an der Börse gehandelt. Bei der Umwandlung in eine Aktiengesellschaft 1928 entstand eine »Art Fami-

Gemeinsam ist den drei verheirateten Unternehmern[29] außerdem, daß sie in den Jahren der Weltwirtschaftskrise in die oberste Führungsetage ihres Unternehmens aufstiegen. Es war ihre Aufgabe, ihre Betriebe durch diese kritische Zeit zu bringen und wieder auf Erfolgskurs zu führen. Das bedeutete zwangsläufig, sich auf die Wirtschaftspolitik des NS-Staates einstellen zu müssen.

## 2. Entwicklung der Unternehmen Gebr. Boehringer GmbH, Werner & Pfleiderer KG und Fortuna-Werke AG bis 1933

### *Gebr. Boehringer GmbH*

Der industrielle Aufstieg im mittleren Neckarraum war eng verbunden mit dem Entstehen zahlreicher Schlossereien und mechanischer Werkstätten, deren wirtschaftliche Existenz auf dem anfallenden Reparatur- und Zulieferbedarf der nahe gelegenen Fabriken basierte. Nicht die vereinzelt bereits als Großbetriebe gegründeten Maschinenfabriken, sondern diese Vielzahl von handwerklich-mechanischen Werkstätten bildeten die Wurzeln der heutigen Werkzeug- und Maschinenindustrie in diesem Raum.[30] Zu den ältesten württembergischen Betrieben, die auf einen solchen handwerklichen Ursprung zurückgehen, gehört die Göppinger Firma Boehringer.

Die Anfänge dieses Unternehmens reichen in das Jahr 1844 zurück, als in einer mechanischen Werkstätte die an Textilmaschinen von Webereien und Spinnereien anfallenden Reparaturen ausführt wurden.[31] Nachdem kurze Zeit später eine eigene Eisengießerei eingerichtet worden war, ging der junge Betrieb dazu über, die Textilmaschinen selbst herzustellen. Als Ende der 1860er Jahre der Absatz der Textilmaschinen wegen der starken englischen Konkurrenz stockte, nahm die Firma den Bau von Werkzeugmaschinen auf. Als auch hier die Konkurrenz zu stark wurde, erfolgte um die Jahrhundertwende eine Spezialisierung auf Drehbänke und Hobelmaschinen.

---

lien-AG., deren Aktionäre (...) aus den (...) schon bisher an verantwortlicher Stelle stehenden Mitarbeitern der Fortuna-Werke« bestanden. Fortuna 1903-1953, S. 95; vgl. Bericht der Fortuna-Geschäftsleitung über die Lehrwerkstätte Losheim, 13.2.1947. WABW, Bestand Fortuna, Karton: Losheim II und Hilmer-Gutachten. StAL 902/20 Bü 37/05/4073.

[29] Angaben über die privaten Verhältnisse sind in den Quellen nur spärlich überliefert. Knorr hatte zwei, Fahr drei Kinder; Rolf Boehringers Ehe war kinderlos. Vgl. StAL, EL 902/20 Bü 37/05/4072 und Bü 37/17/7952; StAL, EL 902/8 Bü 16/1/15066 und WABW, B 10, Bü 0.

[30] Zum Aufstieg des mittleren Neckarraumes zum Industriestandort am Beispiel der den gesamten Raum schließlich prägenden Werkzeug-, Maschinen- und elektrotechnischen Industrie vgl. Willi A. Boelcke, Industrieller Aufstieg im mittleren Neckarraum zwischen Konjunktur und Krise. Das Beispiel der Werkzeug-, Maschinen- und elektrotechnischen Industrie, in: ZWLG 43 (1984), S. 287-326; ders., Wege und Probleme des industriellen Wachstums im Königreich Württemberg, in: ZWLG 32 (1973), S. 469-471 und 478-480; zur Industrialisierung in Württemberg vgl. Megerle, Württemberg.

[31] Soweit nicht anders angegeben, sind alle Angaben zur Firmengeschichte den folgenden Unterlagen entnommen: WABW, B 10, Bü 305 und 351.

Bereits die erste Entscheidung, sich in den neuen Produktbereich Werkzeugmaschinen hineinzuwagen, um die wirtschaftliche Existenz der Firma zu sichern, hatte sich gelohnt. Mitte der 1870er Jahre exportierte die Firma Boehringer bis zu 80 Prozent ihrer Produktion über eine Mailänder Vertretung nach Italien. In den achtziger Jahren ging der italienische Exportanteil wegen wachsender Konkurrenz zwar zurück, dafür konnten der Absatz in Deutschland und die Ausfuhr in die Schweiz, nach Österreich und insbesondere nach Rumänien beträchtlich gesteigert werden. Und auch die Entscheidung, das Unternehmen um die Jahrhundertwende auf den Bau von nur noch zwei Werkzeugmaschinengruppen auszurichten, erwies sich als erfolgreich, denn der »rapide Aufschwung der deutschen Metall-, Maschinen- und elektrischen Industrie half uns über die ersten schweren Jahre hinweg und als der Aufstieg des Automobilbaus begann, hatten wir gewonnenes Spiel«.[32] Motoren der durchweg günstigen konjunkturellen Phase in den Jahren vor dem Ersten Weltkrieg[33] waren insbesondere die aufkommende Automobil- und elektrotechnische Industrie. Das Göppinger Unternehmen belieferte in dieser Zeit fast die gesamte französische, aber auch die italienische und österreichische Automobilindustrie mit Drehbänken. So konnte die Firma im ersten Jahrzehnt nach der Jahrhundertwende wieder über die Hälfte der Produktion exportieren. Vertretungen in Rußland und Schweden wurden eröffnet, um für den sich dort abzeichnenden großen Bedarf an Werkzeugmaschinen gerüstet zu sein. In die Zeit vor den Ersten Weltkrieg fiel auch die Entscheidung der Unternehmensführung, angesichts der großen Nachfrage nach Maschinen für die Massenherstellung geeignete Revolverdrehbänke und Automaten zu produzieren.

Diese positive Entwicklung schlug sich in entsprechenden Umsatz- und Belegschaftszahlen nieder. Um die Jahrhundertwende beschäftigte die Firma rund 300 Mitarbeiter, bis 1914 hatte sich deren Zahl auf 800 beinahe verdreifacht. Die gute Geschäftslage führte zum Ausbau der Produktionsanlagen. Auf dem alten Firmenareal an der Lorcher Straße entstand 1911 ein Verwaltungsneubau, auf einem neu erworbenen Grundstück an der Stuttgarter Straße, das über einen Gleisanschluß verfügte, wurden 1910 eine Gießerei und 1913 eine Montagehalle gebaut. In letzterer nahm die Firma die Serienfabrikation von kleinen und mittleren Drehbänken auf.

An der Kriegskonjunktur partizipierte auch das Göppinger Unternehmen. Zwar fehlen für die Kriegsjahre verläßliche Angaben über Gewinne, Belegschaftszahlen, Investitionstätigkeit oder die Marktanteile im In- und Ausland. Da während »des Weltkrieges (...) die Konjunktur im Werkzeugmaschinenbau allgemein eine sehr starke« war, wie es in der firmeneigenen Chronik zutreffend hieß,[34] kann davon ausgegangen werden, daß die Firma Boehringer ihre Produktion - sie bestand nun vornehmlich aus Geschoßbearbeitungsmaschinen und Kanonenrohrbohrbänken - steigern konnte. Denn sie besaß wie die anderen

[32] Firmengeschichte, 10.1.1931. WABW, B 10, Bü 351.
[33] Zum Konjunkturverlauf im einzelnen vgl. Boelcke, Industrieller Aufstieg.
[34] wie Anm. 32.

Unternehmen des Werkzeug- und Maschinenbaus eine Produktpalette, die sich relativ leicht vom Friedens- auf den Kriegsbedarf umstellen ließ. Allerdings hätten sich die beiden verantwortlichen Geschäftsführer, unter ihnen Rolf Boehringers Vater, geweigert, die Betriebsanlagen für eine reine Rüstungsfertigung zu vergrößern, erklärte Rolf Boehringer in seinem Spruchkammerverfahren 1948.[35] Die Umstellung ihres Werkzeugmaschinenangebotes vom Kriegs- auf den Friedensbedarf gelang dem Unternehmen offensichtlich in den Nachkriegsjahren ohne Probleme. Die gute konjunkturelle Phase habe in den »Inflationsjahren« angehalten, so die Firmenchronik, die Mitarbeiterzahl sei bis 1926 auf 1400 gestiegen.[36] Ob sich infolge des Krieges, als die deutschen Unternehmen von den ausländischen Märkten abgeschnitten wurden, das Exportaufkommen der Göppinger Firma stark verringerte, läßt sich aufgrund fehlender Unterlagen zwar nicht nachweisen, ist aber zu vermuten. Denn die dominante Vorkriegsposition, die der deutsche Maschinenbau bei der weltweiten Maschinenausfuhr noch 1913 innehatte, war im Krieg und in der Nachkriegszeit verloren gegangen. Noch 1925 lag der deutsche Maschinenexport weit abgeschlagen auf dem dritten Platz hinter den USA und Großbritannien, und erst vier Jahre später übertraf er den britischen, blieb jedoch noch immer weit hinter dem amerikanischen zurück.[37]

Offensichtlich stimuliert durch das Vorbild der rasch expandierenden amerikanischen Industrie, die rationeller und moderner Maschinen in größeren Betriebseinheiten produzierte, entfaltete die Firma Boehringer eine beachtliche Aktivität, um neue Produkte zu entwickeln. Es galt nicht nur »die durch die Not der Kriegszeit erzwungenen Unterlassungen in den eigenen Entwicklungs-, Erzeugungs- und Verbesserungsarbeiten nachzuholen«, wie es im Leistungsbericht der Firma von 1942 rückblickend hieß, sondern darüber hinaus auch »den beträchtlichen Vorsprung, den die Vereinigten Staaten im Ausbau ihrer Werkzeugmaschinenindustrie (...) im Kriege und seiner Folgezeit erlangt hatten«, aufzuholen.[38] 1923 präsentierte das Unternehmen auf der Leipziger Frühjahrsmesse die erste Drehbank mit eingebautem Gleichstrom-Reguliermotor und ein Jahr später eine Drehbank mit angeflanschtem Drehstrommotor.[39]

Die gute Geschäftslage der Firma fand im Jahr 1926 ein abruptes Ende, als es zu einer auf Deutschland beschränkten tiefgreifenden Krise als Folge der Währungsstabilisierung von 1923 kam.[40] Wie dramatisch der wirtschaftliche Einbruch gewesen sein muß, belegt der Rückgang der Belegschaftszahl um mehr als die Hälfte von 1400 auf 650. Um die Wiederherstellung ihrer Wettbewerbs-

---

[35] Protokoll über mündliche Verhandlung der Spruchkammer Göppingen vom 9.8.1948. Spruchkammerakten Rolf Boehringer. StAL, EL 902/8 16/1/15066.

[36] wie Anm. 32.

[37] Vgl. Ludolf Herbst, Der Krieg und die Unternehmensstrategie deutscher Industrie-Konzerne in der Zwischenkriegszeit, in: Martin Broszat/Klaus Schwabe, Die deutschen Eliten und der Weg in den Zweiten Weltkrieg, München 1989, S. 72-134, S. 83.

[38] Leistungsbericht 1942. WABW, B 10, Bü 305.

[39] Ebd.

[40] Vgl. Fritz Blaich, Die Wirtschaftskrise 1925/26 und die Reichsregierung. Von der Erwerbslosenfürsorge zur Konjunkturpolitik, Kallmünz 1977.

fähigkeit bemüht, nahm die Firma die Verhandlungen mit drei ihrer von der Krise ebenso betroffenen Konkurrenten auf dem Gebiet des Drehbankbaues auf. Ein Jahr später, 1927, kam es zur Gründung der »Fabrikations- und Vertriebs-Gemeinschaft«[41] Vereinigte Drehbankfabriken (VDF). Der Druck der Krise verstärkte offensichtlich die Bereitschaft, Organisationsstrukturen und Fertigungsmethoden nach dem Muster der rationeller produzierenden amerikanischen Industrie zu ändern. Der Trend zu Konzentration und Zentralisierung, Rationalisierung und Kartellisierung erhielt in den Jahren nach dem Ersten Weltkrieg einen neuen Schub. Deutschland entwickelte sich nun zum »höchstkartellisierten Land der Welt«.[42] Versteht man unter Kartellisierung »eine Organisierung des Marktes durch horizontale Absprachen zwischen Unternehmen der gleichen Branche, durch die der Wettbewerb eingeschränkt werden«[43] soll, und unterscheidet man infolgedessen Preis-, Gebiets- und Kontingentierungskartelle[44], führte die Gründung der VDF zu einem umfassenden Kartell. Denn man setzte Preise fest, grenzte die Märkte regional ab, und anstelle ihrer unterschiedlichen Drehbankkonstruktionen bauten die vier beteiligten Firmen[45] eine gemeinsame sogenannte »VDF-Einheitsdrehbank«. Diese Maschine »größter Leistung und höchster Präzision« sollte sich »durch zusätzliche Sondereinrichtungen auch als Spezialmaschine für Massen- und Einzelfertigung eignen« und vor allem durch »Groß-Serienfertigung und wirtschaftliche Arbeitsmethoden« zu einem »so niedrig wie möglich gehaltenen Verkaufspreis« angeboten werden.[46] Die vier VDF-Firmen hatten bei der Konstruktion dieser Drehbank das im Zuge der Normierungsbewegung in den zwanziger Jahren entstandene Baukastenprinzip erfolgreich aufgegriffen, wel-

[41] 10 Jahre VDF, hrsg. von den Vereinigten Drehbankfabriken o.O., o.J., S. 6.

[42] Volker Berghahn, Unternehmer und Politik in der Bundesrepublik, Frankfurt a.M. 1985, S. 27. Zur Zunahme der Konzentration in der deutschen Industrie ab 1925 mit Einzelbeispielen: Herbst, Der Krieg und die Unternehmensstrategie, S. 88ff. Einen Überblick über die Rolle der deutschen Industrie in den internationalen Kartellen bei: Verena Schröter, Die deutsche Industrie auf dem Weltmarkt 1929 bis 1933, Frankfurt a.M. 1984, S. 290ff. Vgl. auch Robert A. Brady, The Rationalization Movement in German Industry. A Study of Economic Planing, Berkeley 1933.

[43] Berghahn, Unternehmer, S. 27.

[44] Vgl. Herbst, Der Krieg und die Unternehmensstrategie, S. 96.

[45] Neben dem Göppinger Unternehmen waren dies: 1. die 1868 in Hamburg gegründete Werkzeugmaschinenfabrik Heidenreich & Harbeck, die sich um 1900 auf die Herstellung von Drehbänken spezialisiert hatte und 1926 mit einer Belegschaft von 550 Mann ausschließlich Schnelldrehbänke in vier Größen mit 180 bis 300 mm Spitzenhöhe sowie Wellendrehbänke und Kegelräderhobelmaschinen baute; 2. die 1872 gegründete Drehbankfabrik und Eisengießerei H. Wohlenberg KG in Hannover beschränkte ihr vielfältiges Produktionsprogramm in den neunziger Jahren ebenfalls auf den Bau von Drehbänken und fertigte seitdem Schnelldrehbänke (190 bis 500 sowie 520 bis 800 mm Spitzenhöhe), Plan- und Röhrendrehbänke sowie verschiedene Sonderdrehbänke. 1926 waren 550 Arbeiter bei Wohlenberg beschäftigt; 3. die 1867 in Zerbst gegründete Franz Braun AG fertigte 1926 ebenfalls nur noch Drehbänke und Radialbohrmaschinen in Reihenfertigung und beschäftigte 530 Arbeiter. Vgl. G. Schlesinger, Die Arbeitsstätten des deutschen Werkzeugmaschinenbaues, in: Werkstattstechnik 20 (1926), Heft 5, S. 153f. (Heidenreich & Harbeck), 159 (Wohlenberg); 21 (1927), Heft 5, S. 135f. (Franz Braun); zu den einzelnen VDF-Firmen vgl. auch 10 Jahre VDF, S. 20ff.

[46] 10 Jahre VDF, S. 9.

ches die Bauteile normierte und nur aufgrund der Kombination dieser Bauteile eine Maschine zu einer »Spezialmaschine« machte. Die 1927 vereinbarte Spezialisierung, die zugleich mit einer die Normung aufgreifenden Typenreduktion verbunden war, bot den vier beteiligten Firmen in den folgenden Jahren die Möglichkeit zu einer umfassenden Rationalisierung. Bei der gemeinsamen Konstruktion der Drehbank wurde erstmals die Drehzahlnormung bei dem wichtigsten und teuersten Bauelement, dem Spindelkasten, eingeführt. Die dadurch mögliche Standardisierung dieses Bauteiles ließ es etwa bei der Firma Boehringer zu, den Spindelkasten auch bei anderen Maschinenarten wie Revolverdrehbänken, Bohrbänken und Hobelmaschinen einzusetzen.[47] Der Aufbau der Einheitsdrehbänke und der verschiedenen Drehbankvarianten nach dem Baukastenprinzip ermöglichte es den VDF-Firmen, ihr Produktionsprogramm auf dieser Grundlage auszubauen. Bei der Firma Boehringer stellte man seither die wesentlichsten Maschinenteile in einheitlicher Bauart und in Reihenfertigung nach dem Fließprinzip[48] her. Durch die bereits »beim Entwurf aller Maschinen weitgehend durchgeführte Aufteilung der einzelnen Maschinenteile nach dem Baukasten-Grundsatz«, erläuterte ein Boehringer-Ingenieur 1939 in einer Fachzeitschrift das Produktionsverfahren seiner Firma, sei es möglich geworden, »durch Verwendung von nur wenigen Einzelteilen oder gemeinsamen Einrichtungen eine Vielzahl von Sondermaschinen zu schaffen«.[49] Die Drehbankproduktion teilten die vier VDF-Firmen anschließend untereinander auf. Seitdem stellte die Firma Boehringer Drehbänke nur noch in zwei Spitzenhöhenklassen her.[50] Sie konnte aber den VDF-Universalspindelkasten auch in andere Werkzeugmaschinen gleicher Größe einbauen und so die Voraussetzung für eine moderne Fabrikationsweise schaffen, in der Einzelfertigung, Reihenfertigung[51] und »Fließprinzip« effizient ineinandergriffen und in der es gelang, bei den standardisierten Bauteilen zu größeren Serien zu kommen. Den einzelnen Firmen brachte das Kartell zusätzliche Einsparungen durch Marktabsprachen (Aufteilung der Märkte und der Vertreterbezirke), und es ermöglichte eine gemeinsame Werbung.[52] Bis 1926/27 hatten sich zehn Unternehmen, die

---

[47] J. Irtenkauf, Die Drehzahlnormung. Anwendung und Auswirkung bei spanabhebenden Werkzeugmaschinen, in: Maschinenbau 12 (1933), Heft 2, S. 39-43. Irtenkauf war seit 1922 bei der Firma Boehringer beschäftigt, seit 1934 Chefkonstrukteur und seit 1940 Technischer Direktor. StAL, EL 902/8 Bü 16/1/12237.

[48] Von Fließfertigung spricht man dann, wenn ein Werkstück vom Beginn seiner Bearbeitung an ohne zeitliche Unterbrechung bearbeitet wird und bis zu seiner Fertigstellung in einem steten »Fluß« bleibt. Damit reduzierten die Betriebe die oftmals langen Produktionszeiten pro Stück.

[49] J. Martin, Vom Rohwerkstoff zur fertigen Boehringer-Maschine, in: Werkstattstechnik und Werksleiter 33 (1939), Heft 5, S. 122-126, S. 126. Martin war bei der Firma Boehringer als Oberingenieur und Prokurist tätig. StAL, EL 90278 Bü 16/1/15066.

[50] Modellbezeichnungen: E1/V1, E4 und E 5. Vgl. WABW, B 10, Bü 338, und 10 Jahre VDF, S. 13.

[51] Reihen- oder Serienfertigung liegt dann vor, wenn eine große Menge gleichartiger Erzeugnisse hergestellt wird, die Produktion aber auf einen relativ kurzen Zeitraum beschränkt bleibt.

[52] Jeder VDF-Firma wurde ein ihrer geographischen Lage entsprechendes Verkaufsgebiet zu-

Drehbänke mit 27 verschiedenen Spitzenhöhen herstellten, gegenseitig Konkurrenz gemacht, ein - wie Rolf Boehringer 1942 erklärte -, seinerzeit »nicht mehr verantwortbarer Zustand« für Hersteller und Maschinenanwender gleichermaßen.[53] Durch die Marktabsprache der vier VDF-Firmen wurden der Binnenmarkt und die wichtigsten ausländischen Exportmärkte aufgeteilt und organisiert, eine Zusammenarbeit mit Drehbankherstellern über nationale Grenzen hinweg wurde jedoch nicht ins Auge gefaßt.

Konnte die erneute Spezialisierung der Firma Boehringer so durch Formen überbetrieblicher Zusammenarbeit abgesichert werden, boten diese zudem den organisatorischen Rahmen für umfangreiche Rationalisierungsmaßnahmen, um die 1926 auch im Inland erlittenen Positionsverluste wettzumachen. Bei der Firma Boehringer wurde der Drehbankbau aufgrund der Spezialisierung in den folgenden Jahren energisch rationalisiert.[54] Der Anstieg der Belegschaft auf über 900 Mitarbeiter und Jahresumsätze von über fünf Mio. RM in den Jahren 1928 und 1929 belegen den Erfolg dieses Schrittes.[55]

Die Einheits-Drehbänke sowie Automaten und Revolverdrehbänke wurden in der 1913 auf dem Gelände an der Stuttgarter Straße errichteten Fabrik gefertigt. In den freigewordenen Fabrikationsräumen der - alten - Fabrik in der Lorcherstraße wurden die Werkzeugmaschinen gebaut, die wie Räderfräs-, Hobel- und Spezialmaschinen in der Regel »als Einzelmaschinen oder in kleinen Serien«[56] bestellt wurden. Hier begann die Firma 1929 auch die Herstellung von Räderfräsmaschinen. Die Modelle, Zeichnungen und Vorrichtungen hatte sie von der Chemnitzer Firma Liebscher übernommen.

Der Rationalisierungserfolg war jedoch nicht von langer Dauer. Schon 1930 ging der Jahresumsatz krisenbedingt auf 4,8 Mio. RM zurück, und 1931 fiel er auf 4,1 Mio. RM. Der eigentliche Einbruch erfolgte 1932, als sich der Jahresumsatz im Vergleich zum Vorjahr fast halbierte und nur noch knapp über zwei Mio. RM lag. 1933 sank der Jahresumsatz unter die Zwei-Millionen-Marke. Der Betrieb reagierte mit Massenentlassungen, die Belegschaftszahl ging von über 800 im Jahr 1931 auf unter 500 in den beiden Folgejahren zurück.[57]

In den Jahren der Weltwirtschaftskrise erzielte die Firma Boehringer einen immer größeren Anteil des insgesamt schrumpfenden Absatzes im Ausland. Zwar wurden bereits 1928 78 Prozent des Umsatzes durch Export erzielt, in den Krisenjahren 1931/32 erhöhte sich dieser Anteil jedoch auf über 90 Prozent.[58] Der steigende Außenhandelsanteil schwächte die Wirkungen der Weltwirtschaftskrise zwar ab, konnte aber die Produktionseinbußen im Inland nicht

---

gewiesen. Die Firma Boehringer betreute nunmehr für die VDF den »Bezirk Süd-Deutschland«, Braun den »Bezirk Mittel- und Südost-Deutschland«, Heidenreich & Harbeck war für den Norden und Wohlenberg für den Westen zuständig. Ähnlich wurde die Bearbeitung der Exportmärkte unter den vier Firmen aufgeteilt. 10 Jahre VDF, S. 13.

[53] Leistungsbericht der Firma Boehringer 1942. WABW, B 10, Bü 305.

[54] Martin, Rohwerkstoff, S. 126.

[55] Rieger-Gutachten II. StAL, EL 902/8 Bü 16/1/15066.

[56] wie Anm. 32.

[57] Rieger-Gutachten II. StAL, EL 902/8 Bü 16/1/15066.

[58] WABW, B 10, Bü 329.

wettmachen. Für das wirtschaftliche Überleben des Betriebes spielte der Export dennoch eine ganz entscheidende Rolle, »denn die Jahre vor 1933 zählen zu den schlechtesten (...), die die Fa. Gebr. Boehringer seit ihrem Bestehen überhaupt mitgemacht hat«.[59] Eine herausragende Bedeutung hatte der Rußlandhandel, der bei dem Unternehmen 1932 über 80 Prozent und auch 1933 noch immer über die Hälfte des Exportgeschäftes ausmachte. Dahinter rangierten vornehmlich traditionelle westeuropäische Industriestaaten wie Frankreich, die Schweiz, Norwegen, Belgien/Luxemburg und auch die Tschecheslowakei, während die Märkte in Südosteuropa für die Firma Boehringer nur geringe Bedeutung hatten.[60]

### *Werner & Pfleiderer KG*

Nach einem ersten Gründungsboom in den 1830/40er Jahren wurden im mittleren Neckarraum erneut in den sechziger und siebziger Jahren zahlreiche mechanische Werkstätten gegründet.[61] In diese Zeit gehen die Anfänge der ebenfalls aus einem Handwerksbetrieb hervorgegangenen Maschinenfabrik Werner & Pfleiderer zurück.

Bereits Anfang der 1870er Jahre vertrieb eine Firma Hermann Pfleiderer Knetmaschinen, die sie in einer mechanischen Werkstätte in Stuttgart herstellen ließ.[62] Wegen besserer Absatzmöglichkeiten in England verlegte der Unternehmer Paul Pfleiderer in den siebziger Jahren seinen Wohn- und Geschäftssitz nach London und vertrieb dort die in Stuttgart gebauten Kneter. Der Verkaufserfolg in England war Grund dafür, daß Pfleiderer zusammen mit seinem Studienfreund Hermann Werner 1879 - im letzten Jahr der Gründerkrise der siebziger Jahre - in Bad Cannstatt eine eigene Werkstätte mit vier Mitarbeitern aufmachte, um die Knetmaschinen in größerer Stückzahl zu produzieren. Dies war die Geburtsstunde der Firma Werner & Pfleiderer. Während Pfleiderer weiterhin vornehmlich für die Abwicklung des englischen Geschäftes zuständig war, übernahm Werner die Verantwortung für den Absatz in Deutschland und für die Verkaufbüros in Frankreich und Rußland. Werner blieb auch in der Folgezeit an der englischen Firma beteiligt, Pfleiderer hingegen schied noch vor der Jahrhundertwende aus dem deutschen Betrieb aus.

---

[59] Bericht des Geschäftsführers, 10.4.1946. WaBW, B 10, Bü 331. Zur Bedeutung des Ausfuhrgeschäftes für die deutsche Industrie während der Krise vgl. Herbst, Der Krieg und die Unternehmensstrategie, S. 102ff.

[60] WABW, B 10, Bü 329. Zur zentralen Rolle des Rußlandhandels vor allem für die deutsche Maschinenindustrie: Herbst, Krieg und Unternehmensstrategie, S. 112f. Allgemein vgl. Werner Beitel/Jürgen Nätzold, Deutsch-sowjetische Wirtschaftsbeziehungen in der Zeit der Weimarer Republik, Baden-Baden 1979, S. 94ff; zur Unterstützung des Rußlandhandels durch den Staat: Manfred Pohl, Die Finanzierung der Russengeschäfte zwischen den beiden Weltkriegen, Frankfurt 1975.

[61] Vgl. Boelcke, Industrieller Aufstieg, S. 290f.

[62] Soweit nicht anders angegeben, sind alle Angaben zur Firmengeschichte den folgenden Unterlagen entnommen: 75 Jahre WP (1879-1954). Zur Feier des 75jährigen Bestehens der Firma Werner & Pfleiderer (...) zusammengestellt von Otto Werner, Stuttgart 1954; Rieger-Gutachten I. StAL, EL 902/20 Bü 37/1512677.

Erst nach dem kurz vor der Jahrhundertwende erfolgten Zusammenschluß des Londoner Vertriebsbüros mit der englischen Firma A.M. Perkins, welche Öfen für Bäckereien und Brotfabriken baute, zur Firma Werner, Pfleiderer & Perkins[63] wurde der Bau des Kneters auch in England aufgenommen, zunächst in London, 1904 dann am neuen Firmenstandort in Peterborough. Unter Verwendung der Perkins-Heißwasserheizung gelang es Hermann Werner, einen Einschießdampfbackofen zu konstruieren, mit dem sich die Firma Werner & Pfleiderer einen neuen, dem bisherigen Fertigungsprogramm benachbarten Produktbereich erschloß: Backöfen für den Bäckereibedarf. Erfolgsgarant und Verkaufsschlager blieb aber weiterhin die sogenannte Universal-Knetmaschine, die sich aufgrund der Vielfalt ihrer Anwendungsmöglichkeiten mit jeweils konstruktiven Abwandlungen in verschiedenen Zweigen der Lebensmittelindustrie (Bäckereien, Teigwaren- und Keksindustrie) und in der chemischen Industrie einsetzen ließ. So konnte nur zehn Jahre nach der Firmengründung bei Werner & Pfleiderer in Bad Cannstatt der Bau der zweitausendsten Maschine und 1896 der Bau von Kneter Nr. 5000 gefeiert werden. 1906 verließ bereits die Nr. 12000 den Betrieb.

Ausgehend von der Anwendungvielfalt der Knetmaschine wurde die Produktpalette sukzessiv horizontal ausgeweitet. Die Firma führte neue Produkte ein, die mit dem bisherigen Produktionsprogramm in sachlichem Zusammenhang standen und für die sie in der Regel auf ihre alten Abnehmerkreise zurückgreifen konnte. Kurz nach der Jahrhundertwende lohnte es sich für die Firma bereits, eine eigene Teigwaren-Abteilung aufzubauen, in der vor allem Teigwaren-Pressen gebaut wurden. Hiervon und von der Einführung der Knetmaschine in der Teigwarenindustrie gingen wiederum starke Impulse für die Konstruktion von hydraulischen Maschinen aus, so daß 1912 eine eigene Abteilung Hydraulik eingerichtet wurde. Kurz darauf brachte die Firma die ersten Teigwaren-Pressen mit Druckluftakkumulatoren heraus. Die Erfahrungen aus dem Backofenbau wurden für die Konstruktion von Trockenöfen insbesondere für die blechverarbeitende Industrie genutzt. Mit der Übernahme der in Dresden ansässigen und im Trockenofenbau führenden Firma Lehmann im Jahr 1909 verschaffte sich die Firma Werner & Pfleiderer das noch fehlende technische Know-How und die Fachleute. Die damals gegründete Abteilung Trokkenofenbau war von der Weltwirtschaftskrise ganz besonders stark betroffen; 1931 mußte sie vorübergehend ganz aufgelöst werden. Als sie Ende 1932 wieder öffnete, standen Neukonstruktionen zur Verfügung, die auf dem Markt Erfolg hatten. Das Unternehmen bot nun Trockenofen-Anlagen zum Spritzlakkieren und Trocknen von Maschinenteilen für Fahrräder, Nähmaschinen und Kraftfahrzeuge an.[64]

---

[63] Auch an diesem Unternehmen war Hermann Werner beteiligt. Sein Kapitalanteil wurde nach seinem Tod von seinen Söhnen Richard und Otto übernommen. Rieger-Gutachten I. StAL, EL 902/20 Bü 37/151277.

[64] Berichte von R. Elmar Baker aus dem Jahr 1937. WABW, B 11, Bü 385.

Innovation und Diversifikation hatten sich schon zuvor bei der Bewältigung wirtschaftlicher Krisen bewährt. In der Depression Anfang der 1890er Jahre[65] berichtete der Betrieb von einem steigenden Absatz, der aber nur »durch Einführung einiger neuer Spezialitäten und durch bedeutende und kostspielige Anstrengungen« möglich gewesen sei.[66] Im Unterschied zur Firma Boehringer, die damals den Weg der lateralen Diversifikation beschritten hatte, indem sie mit Werkzeugmaschinen Produkte in ihr Programm aufnahm, die in keinem sachlichen Zusammenhang mit ihrer bisherigen Produktion - Textilmaschinen - standen, bevorzugte man bei Werner & Pfleiderer die risikoärmere horizontale Erweiterung durch Maschinen und Anlagen, die an das bisherige Programm anschlossen. Diese vorsichtige Strategie erwies sich auch beim Erschließen von Auslandsmärkten und bei der Errichtung von Niederlassungen bzw. Zweigfabriken als erfolgreich. Im Januar 1890 gründete die Firma Werner & Pfleiderer ihre erste Filialfabrik in Wien, in der Bäckereimaschinen und Backöfen sowie diverse Misch- und Knetmaschinen hergestellt wurden.[67] Nur wenig später erfolgte der Vorstoß nach Übersee. Hermann Werner fuhr 1893 zur Weltausstellung nach Chicago, auf der seine Firma ihre Produkte ausstellte. Die guten Verkaufsaussichten in den Vereinigten Staaten bewogen ihn daraufhin, in Saginaw (Michigan) 1896 eine weitere Fabrik aufzumachen.[68]

Wie erfolgreich die Firma mit ihren Produkten war, zeigt ein Blick auf die Entwicklung der Beschäftigtenzahl. 1890, rund zehn Jahre nach Firmengründung, zählte das Unternehmen bereits 50, nach der wenig später erfolgten Aufnahme des Ofenbaus 90 Mitarbeiter. Als das Unternehmen kurz vor der Jahrhundertwende auch hydraulische Pressen und Pumpen zu bauen begann, stieg ihre Zahl bis 1900 auf 200. Nur fünf Jahre später beschäftigte die Firma 334 Mitarbeiter.[69] Begünstigt durch die damalige allgemeine Hochkonjunkturphase hatte sich also die Zahl der Beschäftigten von 1890 bis 1905 mehr als versechsfacht. Der Umsatz im Jahr 1900 belief sich auf 1,6 Mio. RM,[70] und in den folgenden Jahren erweiterten sich die Absatzmöglichkeiten der Firma. Bereits 1905 wurde in dem genügend Ausdehnungsmöglichkeiten bietenden Feuerbach ein großes Grundstück gekauft, auf dem vor dem Ersten Weltkrieg ein erstes Fertigungsgebäude für den Bau von Öfen und Maschinen für die Kleinbäckerei[71] errichtet wurde.

---

[65] Vgl. Hans Rosenberg, Große Depression und Bismarckzeit. Wirtschaftsablauf, Gesellschaft und Politik in Mitteleuropa, Berlin 1967, S. 43f; Reinhard Spree, Wachstumstrends und Konjunkturzyklen in der deutschen Wirtschaft von 1820 bis 1913, Göttingen 1978, S. 99f.

[66] Zit. nach: Boelcke, Industrieller Aufstieg, S. 296.

[67] Vgl. 75 Jahre WP Wien, o.O. 1965. Anlaß zu der Firmengründung war die österreichische Patentgesetzgebung, die vorschrieb, patentierte Maschinen in dem Land herzustellen, welches das Patent erteilt hatte. Um die Patente für ihre Maschinen auch in Österreich zu erhalten und die neuen Verkaufsmöglichkeiten zu nutzen, eröffnete Werner & Pfleiderer in Wien eine Filiale.

[68] 75 Jahre WP, S. 9; Rieger-Gutachten I. StAL EL, 902/20 Bü 37/1512677.

[69] Kurzgefaßte Geschichte von WP. WABW, B 11, Bü 306.

[70] Ebd.

[71] Bei diesen Maschinen hoffte man am ehesten eine Serienfertigung erreichen zu können.

Von einer einschneidenden Umstellung ihres Produktionsprogrammes auf - branchenfremde - Rüstungsfertigung während des Ersten Weltkrieges blieb die Firma Werner & Pfleiderer weitgehend verschont. Da ihre Erzeugnisse als »kriegswichtig« galten und »für die Ernährung der Bevölkerung von Bedeutung« gewesen seien, sei »das Werk größtenteils mit eigenen Erzeugnissen« ausgelastet gewesen.[72] An die Stelle von Teigwarenpressen, Öfen und Knetmaschinen für Bäckereien trat nun verstärkt die Herstellung von Pulverpressen, die auf einer ähnlichen Konstruktion wie die Teigwarenpressen beruhten,[73] sowie Öfen bzw. Knetmaschinen für Feldbäckereien. Entsprechend unproblematisch gestaltete sich nach Kriegsende die Umstellung auf die Friedensproduktion.[74]

Schwer wog dagegen der kriegsbedingte Verlust sowohl der Zweigfabrik in den Vereinigten Staaten als auch der Beteiligung an der in England ansässigen Firma Werner, Pfleiderer & Perkins, die seit 1919 den Namen Joseph Baker Sons and Perkins Ltd.[75] führte. Die Kapitalbeteiligung in Großbritannien und das Werk in den USA waren während des Krieges zunächst als feindliches Vermögen sequestriert und anschließend von Baker Perkins Ltd. gekauft worden. Der verlorene Krieg bedeutete für die Firma Werner & Pfleiderer - bis auf das Zweigunternehmen in Wien - den Verlust sämtlicher ausländischer Zweigbetriebe, Beteiligungen und Verkaufsorganisationen.[76] Damit verlor man nicht nur Produktionsstätten und die gesamte für das Ausland zuständige Verkaufsorganisation, sondern auch die Kunden in England, Frankreich und in den USA. Die ersten nach Kriegsende einsetzenden zaghaften Versuche der Kontaktaufnahme mit der britischen Firma standen daher ganz unter dem Motto, zu retten, was zu retten war. Richard Werner[77] bemühte sich um eine Verbindung zur in England lebenden Witwe Paul Pfleiderers und ihren beiden Söhnen, ein leitender Mitarbeiter des Betriebes wurde als »Friedensbote«[78] nach Peterborough geschickt. Im Juni 1920 kam es zu einem ersten Treffen in Köln zwischen den leitenden Herren der Firma Werner & Pfleiderer und den beiden Verantwortlichen[79] bei Baker Perkins Ltd., bei dem eine beiderseitige Bereit-

Dennoch machte die »große Zahl unserer den vielseitigen Bedürfnissen angepaßten Konstruktionen (...) noch lange das Festhalten an Einzelausführungen« notwendig. 75 Jahre WP, S. 11.

[72] Ebd., S. 12.

[73] Bericht über die Teigwaren-Abteilung. WABW, B 11, Bü 385.

[74] WABW, B 11, Bü 385.

[75] Während des Krieges entstand aus dem »Zusammenschluß« der Firmen Werner, Pfleiderer & Perkins Ltd. mit Joseph Baker and Sons das neue Unternehmen Joseph Baker Sons and Perkins Ltd. mit Sitz in Peterborough (England). WABW, B 11, Bü 334.

[76] Das Verhältnis von Werner & Pfleiderer zu Baker-Perkins nach 1918, zusammengestellt von einem Mitarbeiter der Firma, Februar 1966. WABW, B 11, Bü 334.

[77] Nach dem Tod Hermann Werners 1906 übernahm sein 1878 geborener Sohn Richard, der bereits seit 1905 Teilhaber war, die Geschäftsführung. Sein sieben Jahre jüngerer Bruder Otto trat 1908 als weiterer Gesellschafter in die väterliche Firma ein. 75 Jahre WP, S. 10; Spruchkammerakten Richard und Otto Werner. StAL, EL 902/20 Bü 37/913445 und Bü 37/1512677.

[78] wie Anm. 76.

[79] Der zweite Mann bei Baker Perkins Ltd. war nicht nur deutscher Abstammung, sondern seit

schaft zur Zusammenarbeit festgestellt wurde. Man müsse »einsichtig genug sein, daß sich während des Krieges manches geändert« habe, schrieb Richard Werner im September 1920 an einen der beiden Söhne Paul Pfleiderers, seine Firma sei auch »bereit, darauf Rücksicht zu nehmen«, doch, so umriß er seinen Standpunkt, »müssen wir sehen, daß unsere Verkaufs- und Produktionsbasis erhalten« bleibe.[80] Nach mehreren Gesprächen kam es im Januar 1921 zwischen Werner & Pfleiderer, Baker Perkins Ltd. und der französischen Firma A. Savy Jeanjean & Cie.[81] zu einem Abkommen, das neben einem gegenseitigen Erfahrungsaustausch und technischer wie kaufmännischer Hilfestellung insbesondere eine Aufteilung der Märkte vorsah. Die Kartellabsprache zwischen einem deutschen und zwei ausländischen Unternehmen diente dem »Endziel, sich weitmöglichst dem Weltmarkt (...) anzupassen«.[82] Sie wurde für den Binnenmarkt ebenso wie für die Auslandsmärkte getroffen.[83] Noch im gleichen Jahr, 1921, kam es zur ersten praktischen Zusammenarbeit. Gemeinsam wurde in Lissabon eine Brotfabrik eingerichtet, wobei Baker Perkins Ltd. die Großbrotanlage lieferte und Werner & Pfleiderer die Ausstattung mit Knetmaschinen, Gärschränken und Öfen übernahm.[84]

---

1894 auch enger Mitarbeiter von Paul Pfleiderer in London bzw. Peterborough gewesen. Dieser Umstand dürfte die Kontaktaufnahme wesentlich erleichert haben. Er habe »mit viel Geduld und Geschick die Vermittlungen zwischen beiden Parteien« übernommen: »Das, was Paul Pfleiderer in England in Jahrzehnten an 'good will' für das Stammhaus aufgebaut hatte, trug jetzt seine Früchte und kam W.P. zugut(!). Herz und Verstand siegten über Vorurteile, die der Krieg etwa noch hinterlassen hatte.« Das Verhältnis von Werner & Pfleiderer zu Baker-Perkins nach 1918. WABW, B 11, Bü 334.

[80] Ebd.

[81] Unmittelbar nach der Fusion der beiden Betriebe zur Joseph Baker Sons and Perkins Ltd. 1919 war die Zusammenarbeit mit der französischen Konkurrenzfirma Savy in der Süßigkeitenproduktion beschlossen worden. Während Richard Werner es noch 1920 vorgezogen hätte, die durch den Krieg ebenfalls verlorengegangene Vertretung seines Unternehmens in Frankreich wiederaufzubauen, war er ein Jahr später bereit, seinen langjährigen Vertreter sowie die gesamte Verkaufsorganisation in Frankreich an den neuen Partner Savy abzutreten. WABW, B 11, Bü 334; vgl. auch den Vertrag zwischen Baker Perkins Ltd. und Werner & Pfleiderer einerseits und A. Savy Jeanjean & Cie. andererseits zur Schaffung einer gemeinsamen Verkaufsvertretung in Frankreich, deren Leitung Savy übertragen wurde. WABW, B 11, Bü 373.

[82] wie Anm. 76.

[83] So übernahm bei den von den drei beteiligten Firmen hergestellten Maschinen für den Bäckereibedarf und die Biskuitproduktion das englische Unternehmen Baker Perkins Ltd. den Verkauf in Großbritannien, Irland, den USA und den Staaten des Commonwealth; die französische Firma Savy war für den Verkauf in Frankreich und Werner & Pfleiderer in den übrigen Staaten Kontinentaleuropas zuständig. Um die anderen Auslandsmärkte kümmerte sich eine zusätzliche Verkaufsorganistion, ein sogenannter »W&P-Pool«. Ähnlich wurde auch der Markt bei den Maschinen für die chemische Industrie aufgeteilt. Hier war jedoch das deutsche Unternehmen, und nicht Baker Perkins Ltd., für den US-amerikanischen Markt zuständig. Bei den Maschinen für die Süßwarenindustrie umfaßte das Verkaufsgebiet von Werner & Pfleiderer neben Deutschland und Österreich auch Schweden, Finnland und Ungarn. Ein sogenannter »Savy-Baker-Pool« kümmerte sich um die anderen kontinentaleuropäischen Staaten, ein »Werner-Baker-Pool« betreute die übrigen neutralen Länder. WABW, B 11, Bü 373.

[84] Das Verhältnis von Werner & Pfleiderer zu Baker Perkins nach 1918 (wie Anm. 76).

Wurden durch die Kartellabsprache von 1921 die Absatzbedingungen der Produkte der drei aus der gleichen Branche stammenden Unternehmen vornehmlich durch eine regionale Marktaufteilung reguliert, stand dahinter doch auch das vor allem auf deutscher Seite deutlich werdende Bestreben, das durch den verlorenen Krieg zerrissene internationale Netzwerk wieder zusammenzuflicken. Ob für die Entscheidung der ausländischen Unternehmen, sich in einem solchen Gebietskartell zusammenzufinden, das Ziel eine Rolle gespielt hat, die europäische Industrie gegenüber der amerikanischen zu stärken, läßt sich in den Unterlagen nicht nachweisen.[85] Die nur wenige Jahre nach Kriegsende getroffenen Vereinbarungen, die 1927 durch ein zweites Abkommen bestätigt wurden,[86] brachten der Firma Werner & Pfleiderer wesentliche Vorteile. Nicht nur wurde dem Konkurrenzdruck von seiten der Firmen Baker Perkins Ltd. und Savy frühzeitig die Spitze genommen, auch konnte der Verlust der Beteiligung in England sowie des Werkes in den USA und der Verkaufsorganisation in Frankreich durch die Marktaufteilung leichter verschmerzt werden. Die Zusammenarbeit mit den beiden branchengleichen Betrieben ermöglichte dem deutschen Unternehmen nach Kriegsende den schnellen Zugriff auf den britischen, französischen und vor allem den amerikanischen Markt. Angesichts des großen technischen Vorsprungs der USA wird verständlich, warum der Verlust gerade dieses Marktes bei Werner & Pfleiderer als so schwerwiegend empfunden wurde. Die Rückkehr des Unternehmens auf die Auslandsmärkte, die durch die Liquidierung seiner ausländischen Werke und Verkaufsorganisationen außerordentlich erschwert worden war, konnte durch die Kartellabsprache wesentlich beschleunigt werden.

Aufgrund der guten Geschäftslage in der ersten Hälfte der 1920er Jahre - das Unternehmen meldete bis 1925 »gute Umsätze«[87] - wurde 1922/23 ein Hallenneubau auf dem Feuerbacher Firmengelände in Angriff genommen. Durch diese Investition, über Kredit finanziert, geriet die Firma in der Stabilisierungskrise von 1925/26 in schwere finanzielle Bedrängnis. Als infolge des dramatischen Auftragsrückgangs von 15 auf 9 Mio. RM im Jahr 1926[88] die Bankschuld nicht wie vorgesehen getilgt werden konnte, kam Hilfe von der englischen Firma Baker Perkins Ltd. Es sei das »große Verdienst der Männer von Peterborough« gewesen, daß sie in dieser für Werner & Pfleiderer äußerst kritischen Situation bereit gewesen seien, »ihr Schicksal mit dem von Werner u. Pfleiderer zu verbinden«, würdigte noch 1966 ein Mitarbeiter der Firma Werner & Pfleiderer den damaligen Schritt von Baker Perkins Ltd.[89] Die zuvor als Offene Handelsgesellschaft eingetragene Firma Werner & Pfleiderer[90] wurde

[85] Zur internationalen Kartelldiplomatie, die eben diese Absicht verfolgte: Herbst, Der Krieg und die Unternehmesstrategie, S. 96ff.

[86] Trading Agreement 1927. Kurze Zusammenstellung des Inhalts von Otto Werner, 29.6.1951. WABW, B 11, Bü 375.

[87] wie Anm. 76.

[88] Zu einem vergleichbaren Einbruch war es in diesem Jahr auch bei der Firma Gebr. Boehringer gekommen. Vgl. S. 29f.

[89] wie Anm. 76.

[90] Rieger-Gutachten I. StAL, EL 902/20 Bü 37/1512677.

1927 in eine Kommanditgesellschaft umgewandelt. Die Kommanditeinlage von Baker Perkins Ltd. betrug 5,4 Mio. RM (1,2 Mio. als Stamm- und 4,2 Mio. als Vorzugskommanditeinlage), das Komplementärkapital von Richard und Otto Werner 2,8 Mio. RM. Durch diese Finanzspritze konnten die Bankschulden in Höhe von über 4,2 Mio. RM abgetragen und das Unternehmen, das 1927 einen Auftragseingang in Höhe von 14 Mio. und ein Jahr später von 18 Mio. RM verzeichnete,[91] finanziell auf eine solide Basis gestellt werden. Zugleich war beschlossen worden, Werner & Pfleiderer im Gegenzug auch am britischen Unternehmen in Form von »shares« (Aktien) im Wert von 60 000 englischen Pfund zu beteiligen. Gemäß der in den 1927 geschlossenen Vertrag aufgenommenen »Kriegsklausel«, nach der im Kriegsfalle die gegenseitige Beteiligung durch Stammkommanditeinlage und Aktien aufgelöst werden sollte, wurden die englischen Aktien von Werner & Pfleiderer nicht direkt, sondern über ihre 1922 gegründete Schweizer Tochtergesellschaft (Wepe AG, Schaffhausen) erworben und von der Fides-Treuhandvereinigung in Zürich verwaltet. Letzterer oblag auch die Verwaltung des Anteils von Baker Perkins Ltd. an Werner & Pfleiderer.[92]

Mit dem Einstieg von Baker Perkins Ltd. bei der Firma Werner & Pfleiderer und der neuen Unternehmensform war die Übernahme der branchennahen Mannheimer Draiswerke[93] verbunden. Drei Jahre später wurde die Firma Seemann in Berlin erworben, die 1906/7 aus der ehemaligen Berliner Vertretung der Draiswerke als eigenständiges Unternehmen hervorgegangen war.[94] Daneben besaß die Firma Werner & Pfleiderer das Aktienkapital ihrer Zweigfabrik in Wien[95] sowie die Aktienmehrheit bei der 1922 gegründeten Holdinggesellschaft Wepe AG in Schaffhausen und bei der Stockholmer Verkaufsgesellschaft, die 1921 als Werner & Pfleiderer AG gegründet worden war. Darüber hinaus bestanden laut Bilanz vom Dezember 1930 unterschiedlich hohe Beteiligungen an verschiedenen deutschen Unternehmen wie beispielsweise die Aktienmehrheit bei der Kornwestheimer Maschinenfabrik Stotz AG sowie die seit 1927 bestehende Beteiligung bei Baker Perkins Ltd.[96]

Das hohe Auftragsvolumen der Jahre 1927 und 1928 schlug sich 1929 in einem Rekordumsatz von über 16,8 Mio. RM nieder. Doch bereits im folgenden Jahr sank der Umsatz krisenbedingt auf 14,7 Mio., 1931 schrumpfte er auf knapp über acht Mio. und erreichte 1933 seinen tiefsten Stand mit nur noch 4,8

---

[91] wie Anm. 76.

[92] Otto Fahr an württembergischen Oberfinanzpräsidenten, 1.4.1940. BA/K, R 87/1177; Das Verhältnis von Werner & Pfleiderer zu Baker-Perkins nach 1918 (wie Anm. 76).

[93] Richard Werner hatte den 1896 unter dem Namen »Drais Fahrradwerke GmbH Waldhof-Mannheim« gegründeten, seit 1904/05 aber auf den Bau von Misch- und Knetmaschinen für die chemische und die Nahrungs- und Genußmittelindustrie spezialisierten Betrieb bereits 1906/07 erworben, diesen Besitz aber erst im Rahmen des Gesellschaftsvertrages 1927 an die Firma Werner & Pfleiderer KG abgetreten. WABW, B 11, Bü 397.

[94] WABW, B 11, Bü 397.

[95] 75 Jahre WP Wien; Rieger-Gutachten I. StAL, EL 902/20 Bü 37/1512677.

[96] Rieger-Gutachten I. StAL, EL 902/20 Bü 37/1512677; WABW, B 11, Bü 91: Geschäftsberichte.

Mio. RM. Die Mitarbeiterzahl von über 1500 im Jahr 1929 ist auch in den Jahren des Nationalsozialismus nicht wieder erreicht worden. Bis 1933 ging die Zahl der Beschäftigten auf 615 und der Umsatz auf 28 Prozent des Wertes von 1929 zurück.[97]

Von den Produktbereichen des Unternehmens[98] erlitten 1930 insbesondere die Teigwaren- und die Chemieabteilung dramatische Einbußen. Der Auftragseingang schrumpfte dort von einer Mio. 1929 auf 0,15 Mio., in der Chemieabteilung von 3,5 auf 1,7 Mio. RM.[99] Um der Krise in den Bereichen Groß- und Kleinbäckerei entgegenzusteuern, setzte die Firma auf das bewährte Mittel der Innovationen. Ein neuer Großbackofen, eine neue Knetmaschine (Rotex) und ein Gasumwälzungsofen wurden auf den Markt gebracht. Zwar konnte 1930 auch hier ein Umsatzrückgang nicht verhindert werden, doch hielt er sich mit 16 bzw. zehn Prozent weniger als im Vorjahr noch in Grenzen.[100] Auf die wirtschaftlich kritische Phase Anfang der dreißiger Jahre reagierte man bei Werner & Pfleiderer mit vielfältigen Sparmaßnahmen, um die Betriebskosten zu senken. So wurden 1931 die beiden Betriebsstandorte Bad Cannstatt und Feuerbach endgültig nach Feuerbach zusammengelegt. In Bad Cannstatt verblieben jedoch vorläufig noch die gesamte Verwaltung und die Konstruktionsbüros. Von diesem Schritt erhoffte sich die Firmenleitung insgesamt eine »rationellere Ausnutzung der Betriebsanlagen, Verminderung des Personalbedarfs und des Lagers«.[101] Im Geschäftsbericht für 1931 wurde festgehalten, daß sich dieser Schritt »gut ausgewirkt« habe.[102] Außerdem kam es in allen Produktbereichen zu Entlassungen und Kürzung der Gehälter.[103]

In einem engen Zusammenhang mit den dramatischen Umsatzeinbrüchen stand auch die Neuorganisation der Unternehmensführung im Jahr 1931. Der Betrieb bekam nunmehr ein dem Vorstand einer Aktiengesellschaft vergleichbares geschäftsführendes Direktorium (zunächst fünf, ab 1935 drei Mitglieder), das über erweiterte Vollmachten verfügte und dem die Brüder Werner nicht angehörten. Der im Rahmen der Umwandlung des Unternehmens in eine Kommanditgesellschaft 1927 eingerichtete Verwaltungsrat, in dem neben den Brü-

---

[97] Rieger-Gutachten I. StAL, EL 902/20 Bü 37/1512677.

[98] Das Unternehmen hatte sechs bzw. sieben Produktbereiche: Kleinbäckerei, Großbäckerei, Trockenofen, Teigwaren, Chemie-Hydraulik (zunächst ein Bereich, später in zwei Abteilungen aufgeteilt) und Biskuit.

[99] Den Rückgang bei den Teigwarenmaschinen empfand man bei Werner & Pfleiderer als relativ normal, denn seit Jahren stagnierte hier der Umsatz, und das außergewöhnlich gute Ergebnis des Jahres 1929 resultierte vornehmlich aus einem gewinnbringenden Auftrag aus der UdSSR. Für die hohen Einbußen bei den Maschinen für die chemische Industrie hingegen wurde die »Conzernbildung« der IG Farben und die damit verbundene rationellere Ausnutzung der einzelnen Anlagen sowie die Zurückhaltung in der Maschinenanschaffung verantwortlich gemacht. Hinzu kam, daß die Nachfrage aus der Kunstseideindustrie neuerdings ebenfalls »fast restlos« zum Erliegen gekommen war. Geschäftsbericht für 1930. WABW, B 11, Bü 91.

[100] Ebd.

[101] Ebd.

[102] Ebd. und Geschäftsbericht für 1931. WABW, B 11, Bü 91.

[103] Vgl. Rundschreiben der Direktion wegen Gehälterkürzungen 1930. WABW, B 11, Bü 305.

dem Werner und einem von ihnen zu benennenden Mitglied auch zwei Herren von Baker Perkins Ltd. saßen, blieb bestehen. Seit 1931 waren die beiden persönlich haftenden Gesellschafter, die Brüder Werner, nicht mehr in die eigentliche Geschäftsführung eingebunden, ein Schritt, der nach Ansicht der Brüder Werner auf Druck des englischen Partners zustandegekommen war.[104] Zwar mußten sie unter Bekanntgabe der Tagesordnung zu allen Direktionssitzungen schriftlich eingeladen werden, hatten dort aber nur beratende Stimme. Sie verfügten zudem bei allen geschäftlichen Vorgängen über ein Vetorecht, das aber nur wirksam war, wenn der Einspruch von beiden erfolgte.[105]

Trotz dieser Maßnahmen hielt die ökonomische Talfahrt weiter an. Das Jahr 1932 schloß mit einem Verlust von über zwei Mio. RM. Im Geschäftsbericht wurde die »zwingende Notwendigkeit zum Export« beschworen, denn selbst »eine nennenswerte Hebung des Inlandsmarktes, die wir dringend erhoffen, würde nicht in der Lage sein, den Ausfall an Arbeitsmöglichkeit für unsere Gesamtbelegschaft auszugleichen, wenn unser Absatz nach dem Ausland sich weiter verringern würde«.[106] Besonders exportabhängig waren die Abteilungen Teigwaren, Chemie/Hydraulik und Trockenöfen/Biskuit. Hier wurden 1932 jeweils über die Hälfte des Umsatzes im Ausland erzielt. Hatte die Exportquote bei Werner & Pfleiderer im Jahr 1928 bei 39 Prozent gelegen, erhöhte sie sich bis 1931 auf über 48 Prozent und ging bis 1933 leicht auf 40 Prozent zurück.[107] Wenngleich es bei der Firma Werner & Pfleiderer infolge der Weltwirtschaftskrise zu einem Anwachsen des Exportgeschäftes kam, erreichte der Außenhandel nicht den Stellenwert, den er während dieser Zeit bei der Firma Boehringer erlangte. In weitaus geringerem Maße als dem Göppinger Unternehmen gelang es Werner & Pfleiderer, durch verstärkten Export die Produktionseinbußen im Inland zumindest teilweise auszugleichen. Das Jahr 1933 markierte schließlich mit einem Gesamtumsatz von 4,8 Mio. RM den wirtschaftlichen Tiefpunkt. Bis auf die Produktbereiche Kleinbäckerei und Trockenofen/Biskuit, die sich - wenngleich auf niedrigem Niveau - stabilisieren konnten, gingen die Umsätze in den übrigen Bereichen nochmals zum Teil kräftig zurück, wobei die Abteilungen Großbäckerei und Chemie/Hydraulik die größten Einbußen hinnehmen mußten.[108]

### *Die Fortuna-Werke AG*

Das jüngste der drei Unternehmen ist die Fortuna-Werke AG in Stuttgart-Bad Cannstatt. In der Hochkonjunkturphase um die Jahrhundertwende gründete Albert Hirth[109] in Stuttgart 1898 sein Konstruktionsbüro für automatische Spe-

[104] »Um den Engländern zu willfahren haben wir damals die Direktion selbständig gemacht und RW./OW. [Richard und Otto Werner] zogen sich zurück.« Richard oder Otto Werner an ihren Rechtsanwalt, 4.8.1937. WABW, B 11, Bü 96.

[105] StAL, EL 902/20 Bü 37/913445; Rieger-Gutachten I. StAL, EL 902/20 Bü 37/1512677.

[106] Geschäftsbericht für 1932. WABW, B 11, Bü 91.

[107] WABW, B 11, Bü 191.

[108] Geschäftsbericht für 1943. WABW, B 11, Bü 91; Rieger-Gutachten I. StAL, EL 902/20 Bü 371512677.

[109] Zur Person Albert Hirth vgl.: Die Westdeutsche Wirtschaft und ihre führenden Männer, Bd. II, Teil 2, Frankfurt a.M. 1960, S. 81f.

zialmaschinen, Vorläufer für die 1903 gemeinsam mit Emil Lilienfein eröffneten Fortuna-Werke in Bad Cannstatt. Dazu hatte Hirth die von Benno Fischer betriebene Spezialfabrik für Lederbearbeitungsmaschinen erworben und diese zunächst als Einzelfirma unter dem Namen Fortuna-Werke, Albert Hirth, weitergeführt.[110] Bereits 1907 waren alle Verbindlichkeiten gegenüber Benno Fischer abgegolten - ihm waren aus der Stundung des Kaufpreises Zinsen, Gewinnanteile und Lizenzgebühren zugeflossen -, so daß 1908 einer Umwandlung der Firma in eine Offene Handelsgesellschaft (OHG) nichts mehr im Wege stand und Emil Lilienfein auch de jure zweiter Gesellschafter werden konnte.

Gefertigt wurden zunächst neben Kaltsägen und der Flaschen-Plombier- und Etikettiermaschine »Rapid« vor allem die von Fischer übernommene Lederschärfmaschine »Fortuna«. Letztere konnte schon kurz nach der Firmenübernahme in Serienfabrikation hergestellt werden. Mit der fortlaufend verbesserten »Fortuna« gelang der jungen Firma der entscheidende Durchbruch. Die im wesentlichen nach dem Baukastenprinzip vorgenommene Konstruktion dieser Maschine, eine »der Zeit vorauseilende Fertigungsmethode«,[111] ermöglichte es dem Betrieb noch in den 1950er Jahren, für Maschinen, die vor Jahrzehnten verkauft worden waren, »einwandfrei passende Ersatzteile in die entlegensten Länder der Welt«[112] zu liefern. 1909 verließ die fünftausendste und 1913 die zehntausendste Lederschärfmaschine das Werk. 1928 waren bereits 23 000 »Fortuna«-Maschinen hergestellt worden. Ähnliches galt für die »Rapid«-Maschine, die Anfang der 1950er Jahre noch das gleiche Konstruktionsprinzip aufwies wie die im Oktober 1903 an die Brauerei Leicht in Vaihingen gelieferten ersten Modelle.

Neue Produktionsgebiete für die Firma Fortuna ergaben sich aus der gemeinsam von Albert Hirth und einem deutsch-amerikanischen Ingenieur im Juli 1904 zunächst als »Studiengesellschaft« für die Kugellagerfabrikation gegründeten »Norma Compagnie GmbH«.[113] Aus der engen Zusammenarbeit Hirths mit dem neuen Unternehmen resultierten zwei für die Fortuna-Werke bedeutsame Erfindungen. 1906 konstruierte er eine Kugellager-Präzisionsschleifspindel, die erstmals die für hochwertige Schleifarbeit notwendigen Drehzahlen ermöglichte. Außerdem hatte die steigende Nachfrage nach Präzisionskugellagern und die mit ihrer Massenherstellung verbundene Schleifarbeit die Konstruktion eines Kontroll- und Meßverfahrens immer dringlicher werden lassen, mit dessen Hilfe die feinsten Maßabweichungen festgestellt werden konnten. Diese Lücke schloß Hirths zweite Erfindung, das 1906 patentierte Hirth-

---

[110] Soweit nicht anders angegeben, sind alle Angaben zur Firmengeschichte den folgenden Unterlagen entnommen: Fortuna 1903-1953; WABW, Bestand Fortuna, Karton: Berichte TL; Leistungsbericht der Firma Fortuna 1940/41, Archiv des Betriebsrates der Fortuna-Werke.

[111] Fortuna 1903-1953, S. 45.

[112] Ebd.

[113] Bis 1911 beherbergten die Fortuna-Werke die Versuchswerkstatt der Norma, in welcher die entsprechenden Vorarbeiten für die Konstruktion, Herstellung und Anwendung von Kugellagern geleistet wurden. Erst sieben Jahre nach ihrer Gründung bezog die Firma Norma einen eigenen, nach Osten an das Gelände der Fortuna-Werke angrenzenden Neubau.

Minimeter, ein Fühlhebel für Genauigkeitsmessungen. Dieser rief - so jedenfalls die Einschätzung durch seinen Kompagnon - in der Fachwelt zunächst Bestürzung hervor, da es »allen Industriellen, die sich auf ihre Leistungen in 'Präzision' bisher etwas einbildeten, einen heillosen Schrecken« einjagte, weil es deutlich machte, »wie windig es seither mit der Präzision bestellt« gewesen sei.[114] Für die Serien- und Massenherstellung von Präzisionsteilen waren beide Fortuna-Konstruktionen, Schleifspindel und Hirth-Minimeter, wichtige Voraussetzungen.

Hatte man bei den Fortuna-Werken mit der Fertigung der Schleifspindel und des Hirth-Minimeters neue, bislang nicht geführte Produkte in das Fertigungsprogramm aufgenommen und dem Unternehmen damit die entscheidende Neuorientierung in Richtung Schleif- und Feinmeßtechnik gegeben, war es ein naheliegender Schritt, nunmehr auch eigene Schleifmaschinen zu konstruieren. Mit dieser horizontalen Erweiterung seines Fertigungsprogrammes erschloß sich das Unternehmen mit raschem Erfolg einen völlig neuen Markt. Schleifmaschinen wurden nun zu seinem eigentlichen Fertigungsschwerpunkt. Die erste Universal-Rundschleifmaschine wurde mitten im Krieg, 1916, gebaut. Nur drei Jahre später konnten die Schleifmaschinen bereits in Reihenfertigung produziert werden. Die erste in Europa gebaute hydraulische Außenrundschleifmaschine wirkte 1925 ebenso bahnbrechend wie zuvor das Hirth-Minimeter. Mit dieser Konstruktion, so Theodor Lilienfein rückblickend 1938, sei es seinem Betrieb gelungen, sich »mit einem Schlag an die Spitze des deutschen Schleifmaschinenbaues« zu setzen, und das, obwohl der Betrieb »vorher als jüngste Schleifmaschinenfabrik noch keine größere Bedeutung errungen« hatte.[115] Gleichzeitig gelang es damit, in einen von amerikanischen Firmen beherrschten Markt vorzudringen. Der Anteil der hydraulischen Maschinen an der Gesamtzahl der verkauften Schleifmaschinen stieg bei der Firma Fortuna von neun Prozent 1926 auf 40 Prozent 1928. 1929 lag der Schleifmaschinenumsatz bei über 1,3 Mio. RM und machte damit fast ein Drittel des Gesamtumsatzes (3,4 Mio. RM) aus.[116]

Die hydraulische Schleifmaschine wurde bei Fortuna zum neuen Haupterzeugnis. Bereits 1922 hatte man die Kaltsägen-Produktion in eine eigene Fabrik nach Untertürkheim verlegt und dieses Unternehmen seither als Aktiengesellschaft unter dem Namen Sägemaschinenfabrik Fortuna AG geführt, dessen Kapital vollständig bei den beiden Fortuna-Gesellschaftern Hirth und Lilienfein lag. 1928 trennte man sich ganz von diesem Produktbereich.[117] Seither umfaßte das Fertigungsprogramm der Fortuna-Werke Schleifmaschinen, Schleifspindeln, die Meßtechnik sowie die »alten« Fortuna-Erzeugnisse wie die Lederschärf- oder Etikettiermaschinen. Mit der gewählten lateralen Diversifikation habe sich die Produktpalette des Unternehmens »in ganz eigenartiger Weise«

---

[114] Emil Lilienfein an Albert Hirth, 1910, zit. nach: Fortuna 1903-1953, S. 59.
[115] Bericht von TL, 25.2.1938. WABW, Bestand Fortuna, Karton: Berichte TL.
[116] Bericht vom 1.10.1936. Ebd.
[117] Fortuna 1903-1953, S. 95, 207.

erweitert, befand zwar die Fachwelt 1927.[118] Wie erfolgreich dieser Schritt jedoch gewesen ist, zeigt die Jahresleistung des Unternehmens aus dem Jahr 1925. Außer 1500 Kaltsägen und über 900 »Sondermaschinen zum Lederabschärfen, Krispeln und Etikettieren« hatten 100 Rundschleifmaschinen und rund 200 Schleifspindeln das Werk verlassen.[119]

Die zunehmende Prosperität schlug sich auch in baulichen Maßnahmen nieder. Ein Jahr nach der Firmengründung wurde das aus zwei Stockwerken bestehende Werksgebäude um zwei Etagen aufgestockt und 1905 ein benachbartes Fabrikgebäude erworben, das als Verwaltungsgebäude genutzt wurde. Die 1904 eröffnete Werkskantine und die zwei Jahre später ins Leben gerufene Lehrwerkstatt belegen den wirtschaftlich erfolgreichen Kurs der Fortuna-Werke ebenso wie die 1909 gegenüber dem Werkstor eingerichtete neue Straßenbahnhaltestelle »Fortuna-Werke«. Nach dem Ersten Weltkrieg vergrößerte sich der Betrieb weiter. Der 1918 begonnene vierstöckige Werkstättenbau wurde bereits ein Jahr später bezogen. Zehn Jahre danach entstand ein weiterer Neubau, in dessen Räumen man die schweren Schleifmaschinen und ihre Baugruppen montierte.[120]

Während des Ersten Weltkrieges auf Kriegsproduktion umgestellt, fertigte das Unternehmen neben Prüf- und Meßgeräten vornehmlich branchenfremde Erzeugnisse wie Verschlußkapseln an Granaten, Gewehrschloßteile oder Gurtfüller und war mit diesen Aufträgen »voll beschäftigt«.[121] Insbesondere das Hirth-Minimeter, das auf Weisung militärischer Stellen bei der Herstellung und Prüfung kriegswichtiger Präzisionsteile wie Waffen verwendet wurde, fand in der Rüstungsindustrie - der größte Abnehmer war hier die Gewehrfabrik Spandau - guten Absatz. Aber auch die traditionsreiche »Fortuna«-Lederschärfmaschine wurde von lederverarbeitenden Betrieben weiterhin stark nachgefragt, um sie nunmehr für die Herstellung von Militärstiefeln und sonstiger lederner militärischer Ausrüstungsgegenstände einzusetzen.[122] Während die Firma mit der noch im Krieg begonnenen Produktion von Schleifmaschinen den Grundstein für ihren späteren Produktionsschwerpunkt legte und die Umstellung auf die Friedensproduktion so leichter bewerkstelligen konnte, hatte der Krieg auch für dieses Unternehmen den Verlust seines Auslandsbetriebes zur Folge. Er war 1907 im englischen Leicester als »The Fortuna-Machine Co. Ltd.« gegründet worden. Ebenso büßte es sämtliche in England erworbene Patentrechte ein. Mit dem Kriegseintritt der Vereinigten Staaten 1917 war der Firma auch der 1904 durch die vertragliche Zusammenarbeit mit der New Yorker Fortuna Machine Company gelungene Zugriff auf den US-amerikanischen Markt verloren gegangen.[123]

[118] G. Schlesinger, Die Arbeitsstätten des deutschen Werkzeugmaschinenbaues, in: Werkstattstechnik 21 (1927), Heft 5, S. 126.
[119] Ebd.
[120] Fortuna 1903-1953, S. 49, 54, 66ff.
[121] Ebd., S. 78.
[122] Ebd.
[123] Bei der amerikanischen Firma handelte es sich um den von Benno Fischer mit der Verwertung seiner amerikanischen Patente beauftragten Betrieb. Ebd., S. 50ff, 65f.

Als in den Jahren der Weltwirtschaftskrise der Absatz der von Fortuna bevorzugt gebauten schweren Größenklasse bei Schleifmaschinen zunehmend schwieriger wurde, rüstete das Unternehmen auch die mittleren und kleinen Rundschleifmaschinen mit dem hydraulischen System aus, da »nur mit solchen Maschinen (...) vorerst ein Geschäft zu machen« war.[124] 1932 wurde die erste Serie dieser kleineren Maschinen aufgelegt und ein Jahr später auf der Leipziger Messe der Öffentlichkeit präsentiert. Die Fähigkeit, in einem konjunkturellen Tief neue Produkte anzubieten, bewährte sich also, wenngleich nicht verhindert werden konnte, daß im Jahr 1932 der Gesamtumsatz mit nur noch knapp über 1,6 Mio. RM auf einen Tiefpunkt sank. Der Schleifmaschinenumsatz war dabei auf weniger als eine halbe Mio. RM zurückgegangen. Die Exportquote, die 1932 mit 75 Prozent ihren Höchststand erreichte, konnte den katastrophalen Einbruch etwas abfedern. Wichtigster ausländischer Absatzmarkt wurde die UdSSR.[125] Die Beschäftigtenzahl ging ebenfalls krisenbedingt von 386 im Jahr 1930 auf unter 300 zwei Jahre später zurück. Doch bewirkten bereits die auf der Frühjahrsmesse 1933 erzielten Verkaufserfolge mit den neuen Schleifmaschinen, daß die Firma Fortuna die Kurzarbeit wieder aufheben konnte.[126] Während für die Firmen Boehringer und Werner & Pfleiderer das Jahr 1933 noch keine wesentliche Besserung der Geschäftslage brachte, stiegen bei Fortuna die Beschäftigtenzahl und der Umsatz. Die Exportquote ging zwar auf knapp 50 Prozent zurück, blieb damit aber immer noch auf einem sehr hohen Niveau.[127] Wie tief der Einbruch in der Weltwirtschaftskrise jedoch gewesen war, zeigt der Rückgang der Beschäftigtenzahl. Arbeiteten 1929 noch 486 Menschen bei den Fortuna-Werken, fanden 1932 dort nur noch 298 Personen Beschäftigung. 1933 hatte sich diese Zahl bereits wieder um 53 auf 351 erhöht.[128]

Daß man bei den Fortuna-Werken in den zwanziger Jahren verstärkt auf Präzisionserzeugnisse setzte,[129] schlug sich auch im Firmennamen nieder. Seit 1928 nannte sich das Bad Cannstatter Unternehmen »Fortuna-Werke Spezialmaschinenfabrik AG«. Die neue Rechtsform war vornehmlich wegen der leichteren Kapitalbeschaffung gewählt worden.[130] Zu diesem Zweck fusionierte die

[124] Ebd., S. 119.

[125] 1932 wurde die Hälfte des Exportgeschäftes mit der UdSSR abgewickelt, drei Jahre zuvor hatte das Rußlandgeschäft nur 1/9 des Auslandsumsatzes betragen. Bericht vom 1.10.1936. WABW, Bestand Fortuna, Karton: Berichte TL.

[126] Fortuna 1903-1953, S. 119.

[127] Bericht vom 1.10.1936. WABW, Bestand Fortuna, Karton: Berichte TL.

[128] Fortuna 1903-1953, S. 147.

[129] Trotz der skizzierten Neuorientierung verfügte das Unternehmen auch weiterhin über seine herkömmlichen Produkte wie die »Fortuna« und die »Rapid«. So unterteilte es im Leistungsbericht von 1940/41 sein Fertigungsprogramm in zwei Hauptgebiete. Während unter die Rubrik »Maschinen und Apparate für die Metallbearbeitung« Produkte wie »Genauigkeits-Außen- und Innenschleifmaschinen, Schleifspindeln, Schleifvorrichtungen, Minimeter-Meßgeräte und hydraulische Getriebe« fielen, wurden »Lederschärfmaschinen, Lederspaltmaschinen, Kantenbrennmaschinen und Flaschen-Etikettiermaschinen« unter der Bezeichnung »Maschinen und Apparate für Sondergebiete« aufgeführt. Leistungsbericht der Firma Fortuna 1940/41. Archiv des Fortuna-Betriebsrates.

[130] Fortuna 1903-1953, S. 95.

seit 1922 als eigenständige Aktiengesellschaft geführte Sägemaschinenfabrik Fortuna mit der bisherigen Fortuna-Werke GmbH und erhöhte so deren Grundkapital auf 1,5 Mio. RM. Aktionäre des neuen Unternehmens wurden die beiden bisherigen Gesellschafter Hirth und Lilienfein sowie leitende Mitarbeiter. An der Börse wurden die Fortuna-Aktien nicht gehandelt.[131]

[131] Ebd.

# II. Von den Krisenjahren zu Rekordumsätzen: Unternehmensentwicklung in der NS-Zeit

## 1. Politische und ökonomische Rahmenbedingungen des deutschen Maschinenbaus nach 1933

Die politischen und ökonomischen Rahmenbedingungen des deutschen Maschinenbaus änderten sich nach 1933 entscheidend. In den Jahren nach dem Ersten Weltkrieg hatte er noch unter Überkapazitäten gelitten und hohe Exportquoten erzielt. Nach 1933 setzte eine konstant hohe Binnennachfrage ein, bedingt u.a. durch die Aufrüstung, und der Zugang zu den Auslandsmärkten wurde zunehmend politisch reglementiert. Wenngleich der Export zunächst stieg, fiel er doch gegenüber dem Binnenmarkt stark zurück.[1] Machten Inlandsaufträge 1932 lediglich 51 Prozent des gesamten Auftragseingangs aus, stieg ihr Anteil im Jahr 1934 auf 84 Prozent. Die Industrie war bestrebt, »die in den Krisenjahren vielfach unterlassenen Ersatzbeschaffungen oder die Auswechslung alter Maschinen gegen zeitgemäße, wirtschaftlicher arbeitende nachzuholen«, wie in einer Fachzeitschrift vermerkt wurde. Sie führte des weiteren die hohe Inlandsnachfrage »auf unmittelbare Arbeitsbeschaffungsmaßnahmen von behördlichen Stellen und auf die im Kampfe um die deutsche Rohstoffversorgung nötig werdenden Betriebserweiterungen und -umstellungen« zurück.[2] Für 1936 ergab sich eine Gesamtversorgung der deutschen Wirtschaft mit Maschinen im Wert von 2,36 Mrd. RM, woran der Inlandsabsatz mit 2,33 Mrd. und die Maschineneinfuhr mit 30 Mio. RM beteiligt waren. Für den Ersatzbedarf dürften rund 1,9 Mrd. RM jährlich veranschlagt werden, so daß sich der für Neuinvestitionen aufgebrachte Wert um 460 Mio. RM bewegte.[3]

Im Maschinenbau schlug sich die NS-Rüstungskonjunktur in unterschiedlichen Wachstumsraten der einzelnen Zweige nieder. Gewinner der staatlich gesteuerten Konjunktur waren der Werkzeug- und Landmaschinenbau sowie die Hersteller von Aufbereitungs- und Baumaschinen. Hier lag die Produktionsmenge 1938 jeweils weit über dem Vergleichswert von 1928. Im mittleren Wachstumsbereich rangierten die Druckluftindustrie, Lokomotiven-Hersteller

---

[1] Vgl. Kapitel I.2 sowie Joh. Seb. Geer, Der Maschinenbau in der Staatskonjunktur, in: Maschinenbau 15 (1936), Heft 13/14, S. 365f; ders., Der deutsche Maschinenbau im Jahre 1936, in: Maschinenbau 16 (1937), Heft 1/2, S. 3f; Herbst, Krieg und Unternehmensstrategie, S. 105ff.

[2] R. Boye, Die Maschinenindustrie im Wirtschaftsaufschwung, in: Maschinenbau 14 (1935), Heft 13/14, S. 393f.

[3] Geer, Der deutsche Maschinenbau, S. 4.

und die Produzenten von Hütten- und Walzwerkseinrichtungen. Eindeutig unter den Werten von 1928 blieben die Sektoren Textil-, Näh- sowie Schuh- und Lederindustriemaschinen, aber auch die Bereiche Wäscherei-, Papierherstellungs- und Druckmaschinen. Der Bereich Maschinen für die Nahrungsmittelindustrie verzeichnete zwischen 1933 und 1938 zwar eine Zunahme der Produktionsmenge um 53 Prozent, insgesamt lag der Wert 1938 aber deutlich unter dem für 1928.[4] Die staatliche Rüstungspolitik sorgte also für einen starken wirtschaftlichen Aufschwung, der sich bei Investitionsgütern in höheren Wachstumsraten niederschlug als bei Verbrauchsgütern.[5] Vor allem aber veränderte sie das Investitionsgefüge in der Volkswirtschaft zugunsten der für die Rüstung wichtigen Industrien. Entfielen 1928 65,7 Prozent der Gesamtinvestitionen der Industrie auf die Produktionsgüterindustrie, waren es 1939 über 81 Prozent. Im gleichen Zeitraum gingen die Investitionen in der Konsumgüterindustrie von 34,3 Prozent auf 18,9 Prozent zurück.[6]

Der Werkzeugmaschinenbau partizipierte am konjukturellen Aufschwung nach 1933. Die Produktionsmenge wuchs bis 1938 von 66,5 Tausend Tonnen auf 253,6 Tausend Tonnen (1928: 127,7 Tausend Tonnen).[7] Bereits 1934 lag der gesamte Auftragswert doppelt so hoch wie im Vorjahr, und auch der Export stieg von 1934 bis 1935 um mehr als die Hälfte.[8] 1936 schließlich konnte der deutsche Werkzeugmaschinenbau »auf eine Belebung und Zunahme des Auftragseingangs zurückblicken, wie er bisher in der Geschichte der industriellen Entwicklung wohl noch nie zu verzeichnen« gewesen war.[9] So betrugen die Lieferzeiten führender Werkzeugmaschinenhersteller 1937 bereits 18 bis 20 Monate.[10] Allerdings kann der Aufschwung nicht allein durch die staatlich gesteuerte Konjunktur erklärt werden. Denn auch der Export gewann wieder zunehmend an Bedeutung. Die deutsche Maschinenindustrie hatte 1938 mit 15,7 Prozent den größten Anteil am deutschen Gesamtexport und der Werkzeugmaschinenbau mit 20,1 Prozent den weitaus größten Anteil an der Maschinenausfuhr. Der Auftragseingang bei der Werkzeugmaschinenindustrie entwickelte sich seit 1933 aber dennoch zuungunsten des Exportgeschäftes. Die Inlandsaufträge stiegen zwischen 1933 und 1938 von rund 57 auf 83,6 Prozent, während die Aufträge aus dem Ausland von 43 auf 16,4 Prozent fielen. Obwohl sich die Bestellungen aus dem Ausland zwischen 1933 und 1938 verfünffachten, sank ihr prozentualer Anteil am Gesamtauftragseingang, weil die Aufträge aus dem Inland in der gleichen Zeit um das Zwanzigfache zunahmen.[11] Auch im Werk-

[4] Blaich, Wirtschaft, S. 67.
[5] Vgl. Werner Sörgel, Metallindustrie und Nationalsozialismus, Frankfurt a.M. 1965, S. 26, 67.
[6] Fritz Blaich, Wirtschaft und Rüstung in Deutschland 1933-1939, in: Karl Dietrich Bracher/Manfred Funke/Hans-Adolf Jacobsen (Hrsg.), Nationalsozialistische Diktatur 1933-1945. Eine Bilanz, Düsseldorf 1983, S. 285-316, S. 303.
[7] Blaich, Wirtschaft, S. 67.
[8] Geer, Staatskonjunktur, S. 365f.
[9] Karl Haase, Aufgaben des deutschen Werkzeugmaschinenbaues, in: Werkstatt und Betrieb. Zeitschrift für Maschinen-, Schnitte- und Werkzeugbau 70 (1937), Heft 5/6, S. 57-59, S. 57.
[10] Ebd.
[11] Fritz Kappel, Die Exportbedeutung der Werkzeugmaschine, in: Der Vierjahresplan 3 (1939), 20. Folge, S. 1192.

zeugmaschinenbau wurde der Aufschwung also vornehmlich von der hohen Binnennachfrage getragen - eine Folge vor allem der staatlich gelenkten Rüstungskonjunktur.

Der Beginn des Zweiten Weltkrieges bedeutete für die deutsche Wirtschaft zunächst keinen radikalen Bruch, denn erst mit dem Amtsantritt Albert Speers 1942 habe, so Rolf Wagenführ, eine wirkliche »Kriegsproduktion« begonnen.[12] Während nun einerseits die Einschränkungen im Verbrauchsgüterbereich erheblich zunahmen, wurde andererseits die Rüstungsproduktion beträchtlich von 22,5 Prozent der gesamten Industrieleistung 1942 auf 39,8 Prozent 1944 gesteigert. Ab Mitte 1944 setzte jedoch ein dramatischer Rückgang sowohl in den Verbrauchsgüterindustrien als auch bei der Rüstungsendfertigung ein. Erreichte letztere noch im Juli 1944 ihren Höchststand, stürzte sie innerhalb der nächsten acht Monate auf den Stand von Juni 1942 ab.[13]

Von 1939 auf 1940 sank die Produktionsmenge des Maschinenbaus zunächst um 13 Prozent und nahm im Folgejahr um lediglich drei Prozent zu. Nur der Werkzeugmaschinenbau verzeichnete auch in den ersten Kriegsjahren eine deutliche Produktionssteigerung. Die Produktionsmenge lag 1941 um 24 Prozent über dem Stand von 1938. Ab 1941 nahm jedoch die jährliche Produktionsmenge in der Maschinenindustrie (ohne Werkzeugmaschinenbau, Fahrzeugbau, Kessel- und Heizanlagen) sukzessive ab - von 1941 auf 1942 um 5, im folgenden Jahr um 20 und von 1943 auf 1944 um nochmals 33 Prozent -, so daß 1944 mit 987 000 Tonnen nur noch die Hälfte der Produktionsmenge von 1941 erreicht wurde. Vergegenwärtigt man sich zudem, daß im Herbst 1943 der Anteil der Kriegsgerätefertigung am Umsatz des Maschinenbaus 33 Prozent betrug, sind dies deutliche Zeichen für die zunehmende Konzentration der Kriegswirtschaft auf die Rüstungsendfertigung.[14] Ein ähnliches Bild ergibt sich für den Werkzeugmaschinenbau. Hier sank die jährliche Produktionsmenge von 315 000 Tonnen 1941 sukzessive auf 218 000 Tonnen 1944, die jährliche Stückzahl sogar von 197 950 auf 110 388. Damit lag die Produktionsmenge an Werkzeugmaschinen 1944 sowohl hinsichtlich der Stückzahl als auch gemessen

---

[12] Vgl. dazu Milward, der in der »Blitzkriegswirtschaft« das wirtschaftliche Gegenstück zur militärischen Strategie des Blitzkrieges sah. Alan S. Milward, Die deutsche Kriegswirtschaft 1939-1945, Stuttgart 1966; ders., Der Einfluß ökonomischer und nichtökonomischer Faktoren auf die Strategie des Blitzkrieges, in: Forstmeier/Volkmann (Hrsg.), Wirtschaft, S. 189-201; ders.: Der Zweite Weltkrieg. Krieg, Wirtschaft und Gesellschaft 1939-1945, München 1977; eine entgegengesetzte Wertung nimmt Rolf-Dieter Müller vor, wenn er das ständige Schwanken des NS-Regimes im Bemühen um eine Mobilisierung von Gesellschaft und Wirtschaft für den Krieg als Ergebnis der eigenen Unfähigkeit, »die eigenen Möglichkeiten und Reserven in vollem Maße zu erkennen«, und der »Neigung, dem Immobilismus des Entscheidungssystems und der vermeintlichen Sachzwänge durch Expansion zu entfliehen«, interpretiert. Rolf-Dieter Müller, Die Mobilisierung der deutschen Wirtschaft für Hitlers Kriegsführung, in: Das Deutsche Reich und der Zweite Weltkrieg, Bd. 5/1: Kriegsverwaltung, Wirtschaft und personelle Ressourcen 1939-1941, Stuttgart 1988, S. 349-689 (Zitate: S. 689); einschränkend auch Herbst, Der Totale Krieg, S. 98f.

[13] Rolf Wagenführ, Die deutsche Industrie im Kriege 1939-1945, hrsg. vom Deutschen Institut für Wirtschaftsforschung, Berlin 1954, S. 25, 27, 29, 36f, 49, 67, 111.

[14] Ebd., S. 37, 162, 58, 44.

am Gewicht der Maschinen sowie am Wert deutlich unter den Werten von 1941.[15]

## 2. Aufschwung durch die hohe Binnennachfrage

*Firma Boehringer*

Als Rolf Boehringer 1930 zusammen mit seinem Cousin die Geschäftsleitung der gleichnamigen väterlichen Firma übernahm, steuerte er das Unternehmen in den folgenden drei Jahren durch seine wohl kritischsten Jahre. Der Jahresumsatz fiel 1933 auf ein Rekordtief von unter zwei Mio. RM, und die Zahl der Mitarbeiter ging von über 1100 im Jahr 1930 auf durchschnittlich 468 1933 zurück. Doch schon im Folgejahr tätigte die Firma Gebr. Boehringer wieder einen Jahresumsatz von 4,7 Mio. RM. In den folgenden Jahren stiegen die Jahresumsätze sukzessive an, wobei das Jahr 1944 mit einem Rekordumsatz von über 26 Mio. RM den Höhepunkt markierte.[16]

*Tabelle 1: Umsatzentwicklung Boehringer 1929-1944*

| Jahr | Mio. RM |
|---|---|
| 1929 | 5,1 |
| 1930 | 4,8 |
| 1931 | 4,1 |
| 1932 | 2,1 |
| 1933 | 1,8 |
| 1934 | 4,7 |
| 1935 | 7,5 |
| 1936 | 9,1 |
| 1937 | 10,0 |
| 1938 | 11,8 |
| 1939 | 12,4 |
| 1940 | 14,1 |
| 1941 | 16,2 |
| 1942 | 16,1 |
| 1943 | 19,6 |
| 1944 | 26,2 |

Mit den Umsätzen wuchs die Belegschaft. 1934 wurden bereits wieder über 600 Mitarbeiter beschäftigt, vier Jahre später hatte sich diese Belegschaftsstärke verdoppelt. Erstmals wurden im Jahr 1941 über 1600 Mitarbeiter beschäftigt. Diese Zahl hielt sich bis 1943, 1944 lag sie bei rund 1500. Die Zusammensetzung der Belegschaft veränderte sich aber infolge des wachsenden Anteils ausländischer Arbeiter stark.[17]

[15] Ebd., S. 163, 162, 59.
[16] Rieger-Gutachten II. StAL, EL 902/8 Bü 16/1/13881. Dort auch die folgenden Angaben.
[17] Vgl. dazu Kapitel III.

*Tabelle 2: Belegschaftsentwicklung Boehringer 1929-1944*

| Jahr | Belegschaftszahl |
|---|---|
| 1929 | 981 |
| 1930 | 1128 |
| 1931 | 840 |
| 1932 | 494 |
| 1933 | 468 |
| 1934 | 662 |
| 1935 | 878 |
| 1936 | 1018 |
| 1937 | 1115 |
| 1938 | 1241 |
| 1939 | 1386 |
| 1940 | 1543 |
| 1941 | 1653 |
| 1942 | 1626 |
| 1943 | 1651 |
| 1944 | 1541 |

Nur zwei Jahre nach seinem wirtschaftlichen Tiefpunkt konnte das Göppinger Unternehmen 1935 also wieder den Umsatz von 1928/29 erreichen, ein Jahr später wurden - wie schon 1929/30 - rund 1000 Mitarbeiter beschäftigt.[18] Der allgemeine, von der Binnennachfrage getragene konjunkturelle Aufschwung, der nach 1933 in der Maschinenbauindustrie einsetzte, prägte auch die Entwicklung bei der Firma Boehringer. Gingen 1933 noch weit über die Hälfte aller Maschinen ins Ausland und nur 38 Prozent ins Inland, kehrte sich dieses Verhältnis bereits im Folgejahr ins Gegenteil um. Fast 95 Prozent der Maschinen wurden nun in Deutschland abgesetzt, Japans Anteil am Gesamtversand war mit 1,6 Prozent der höchste ausländische. 1935 bis 1938 verringerte sich allerdings der Inlandsanteil sukzessive von 84 auf den immer noch sehr hohen Wert von 68,9 Prozent. Im Gegenzug gewann der Export wieder an Bedeutung. Zum wichtigsten europäischen Auslandsmarkt in diesem Zeitraum entwickelte sich Italien, in Übersee waren es Japan und Brasilien. Ab 1939 nahm die Bedeutung des Binnenabsatzes jedoch wieder stark zu und erreichte 1942 bis 1944 Werte von über 90 Prozent des Gesamtversandes. Bei einem insgesamt schrumpfenden Exportgeschäft konnte Italien seine starke Position - lediglich 1941 von Rußland[19] und 1943 von Ungarn überholt - bis 1943 halten. 1944 verschwand auch Italien aus der Firmenstatistik.[20]

---

[18] Rieger-Gutachten II (wie Anm. 16).

[19] Hierbei handelt es sich offensichtlich um Geschäfte, die bis Juni 1941 getätigt wurden.

[20] WABW, B 10, Bü 329.

*Kampf um den italienischen Exportmarkt*

Zu ersten wirtschaftspolitischen Auseinandersetzungen Rolf Boehringers mit Institutionen des NS-Regimes kam es in eben jenen Jahren, als bei dem Unternehmen die Inlandsaufträge am Gesamtauftragsvolumen prozentual abnahmen und das Exportgeschäft entsprechend wuchs. Der italienische Exportmarkt war für den Betrieb nicht nur traditionell besonders wichtig;[21] seit dem Zusammenschluß zu den Vereinigten Drehbankfabriken (VDF) im Jahr 1927 war das Göppinger Unternehmen zudem auch für den Verkauf der Erzeugnisse der drei anderen VDF-Firmen in Italien zuständig. Damit sei die Firma Boehringer »wohl mit der größte Werkzeugmaschinenexporteur nach Italien«, so Rolf Boehringer 1940.[22] Aufgrund der 1936 einsetzenden Bestrebungen der italienischen Regierung, eine eigene Werkzeugmaschinenindustrie aufzubauen, trat die Firma S.A. Officina Mecanica S. Andrea Novara (O.S.A.) an die Firma Boehringer wegen einer Lizenzfertigung der VDF-Einheitsdrehbank heran. Da die italienische Seite zugleich auch mit der Schweizer Konkurrenzfirma Oerlikon Gespräche führte, machte man sich bei Boehringer gegenüber der Wirtschaftsgruppe Maschinenbau für eine Lizenzvergabe nach Italien stark. Schon allein »in Anbetracht der schweren Konkurrenz, die uns durch die Fabrikation der Oerlikonbank in Italien entstehen würde und in Rücksicht darauf, daß wir durch viele und langjährige Bemühungen im Export nach Italien wohl die besten Erfolge erzielen konnten«, so die Argumentation, »möchten wir die Vorteile, die wir durch über fünfzigjährige Bearbeitung der italienischen Kundschaft erworben haben, nicht aufgeben und uns durch die Oerlikonbank dort so nach und nach aus dem Geschäft drängen lassen«.[23]

Im August 1936 verbot jedoch die Wirtschaftsgruppe, die Verhandlungen mit der italienischen Firma fortzusetzen, da Italien politisch unzuverlässig und das gesamte Vorhaben volkswirtschaftlich unzweckmäßig sei.[24] Rolf Boehringer setzte sich nach Kräften gegen dieses Verbot zur Wehr. Hinter seiner hartnäkkigen Weigerung, die Position der Wirtschaftsgruppe anzuerkennen, stand nüchternes unternehmerisches Interesse. In einem an die Wirtschaftsgruppe gerichteten Schreiben verwies er zunächst auf die negativen Folgen, die zu erwarten waren. So habe man eine ähnliche Anfrage aus der Tschechoslowakei

---

[21] So ging nicht nur der erste nennenswerte Werkzeugmaschinenexport 1875 nach Italien, auch in den folgenden Jahrzehnten blieb Italien ein wichtiger Abnehmer der Boehringer-Maschinen. Vor 1914 wurde zum Teil über die Hälfte der Produktion nach Italien exportiert. Vgl. Firmenbericht von 1931. WABW, B 10, Bü 351; Rolf Boehringer an Fachgruppe Werkzeugmaschinenbau, 14.10.1940. WABW, B 10, Bü 403.

[22] Rolf Boehringer an Fachgruppe Werkzeugmaschinenbau, 14.10.1940. WABW, B 10, Bü 403.

[23] Kommerzienrat Boehringer an Wirtschaftsgruppe Maschinenbau, 22.7.1936. WABW, B 10, Bü 72.

[24] Wirtschaftsgruppe Maschinenbau an Kommerzienrat Boehringer, 7.8.1936. Ebd. In einem weiteren Schreiben erläuterte die Wirtschaftsgruppe, daß es nicht »in unserem Interesse liegen (könne), italienische Bestrebungen, Aufbau einer italienischen Werkzeugmaschinenindustrie und deren Ausfuhr, zu unterstützen.« Wirtschaftsgruppe Maschinenbau an Rolf Boehringer, 27.4.1939. Ebd.

1926 negativ beschieden und dann die Erfahrung gemacht, daß auch ohne Lizenz deutsche und andere Maschinen nachgebaut wurden und nun auf dem Weltmarkt eine nicht zu unterschätzende Konkurrenz darstellten. Der Export in die Tschechoslowakei sei daraufhin von knapp 300 000 RM 1929 auf 93 000 RM 1930 zurückgegangen, 1932 bis 1934 sei das Ausfuhrgeschäft ganz zum Erliegen gekommen. Eine ähnliche Entwicklung wollte Rolf Boehringer in Italien verhindern. In seinem Schreiben rief er die deutsche Wirtschaft auf, in Italien »zu retten, was es zu retten gibt«, um diesen Exportmarkt nicht ganz zu verlieren. Sodann gab er offen seiner Überzeugung Ausdruck, daß in der momentanen Rüstungskonjunktur lediglich ein zeitlich begrenzter Aufschwung zu sehen sei, auf den allein kein seriöser Unternehmer setzen könne: »Wir wissen ganz genau, wie notwendig die ausländischen Absatzmärkte für die Aufrechterhaltung unserer Produktion sind. Wir wissen auch ganz genau, daß die augenblickliche Hochkonjunktur im Inland nicht ewig weitergehen wird und daß sie durch einen gesunden Export allmählich abgelöst werden muß.« Im »Interesse der gesamten deutschen Wirtschaft« und nicht etwa »aus irgendwelchen eigennützigen Interessen heraus« wollte Rolf Boehringer die Lizenzvergabe an die italienische Firma verstanden wissen.[25]

Nachdem die Wirtschaftsgruppe eine Beteiligung der Firma Boehringer an der italienischen Firma ebenfalls strikt untersagt hatte, verhandelte Boehringer mit dem italienischen Betrieb trotzdem »so weiter (...), als ob wir von uns aus freie Hand hätten«. Vielleicht, so seine vage Hoffnung, würde sich »aufgrund der politischen Verhältnisse auch die Ansicht der Wirtschaftsgruppe Maschinenbau bzw. des Wirtschaftsministeriums in den nächsten Monaten ändern«, die Frage der Fabrikation in Italien sollte daher »nicht als endgültig erledigt« betrachtet werden, sondern »in der Schwebe« bleiben.[26] Erst drei Jahre später, als Rolf Boehringer 1939 von seiner italienischen Vertretung in Mailand erfuhr, daß in Zukunft die in Italien in Lizenz hergestellten Maschinen nicht mehr nur ausschließlich für den italienischen Markt bestimmt sein, sondern auch exportiert werden sollten, sah er in den zuvor so vehement geforderten Lizenzmaschinen nunmehr eine potentielle und unliebsame Konkurrenz zu den in Göppingen gebauten Originalen auf den übrigen Auslandsmärkten. Wiederum aus rein ökonomischen Erwägungen war er nun bereit, endgültig auf eine Lizenzvergabe nach Italien zu verzichten.[27] Die Herren von der Wirtschaftsgruppe konstatierten diesen Sinneswandel mit einiger Erleichterung.[28]

Das Einschwenken Rolf Boehringers auf die Linie der Wirtschaftsgruppe kann jedoch nicht darüber hinwegtäuschen, daß er sich nach Kräften dagegen gewehrt hatte, sich seinen unternehmerischen Freiraum zur Kooperation mit ausländischen Firmen aus politischen Gründen beschneiden zu lassen. Mit dem drohenden Verlust eines wichtigen Exportmarktes wollte er sich nicht einfach

---

[25] Rolf Boehringer an Wirtschaftsgruppe Maschinenbau, 14.8.1936. Ebd.
[26] Bericht über Besuch bei der Firma O.S.A., 15.9.1936. Ebd.
[27] Rolf Boehringer an Wirtschaftsgruppe Maschinenbau, 13.4.1939. Ebd.
[28] Wirtschaftsgruppe Maschinenbau an Rolf Boehringer, 27.4.1939. Ebd.

abfinden. Zwar hatte das Göppinger Unternehmen an dem durch die staatliche Rüstungskonjunktur ausgelösten wirtschaftlichen Aufschwung teil, die Bedeutung des Exportes unter »normalen« konjunkturellen Bedingungen, mit deren Wiederkehr Rolf Boehringer 1936 fest rechnete, verlor er dabei aber nicht aus den Augen.

*Produktionsprogramm*

Das Produktionsprogramm der Firma Boehringer, das bereits 1926 auf den Bau von Drehbänken, Revolverdrehbänken, schweren Automaten und Hobelmaschinen beschränkt worden war, mit denen sie seither »in der ersten Reihe auf dem Weltmarkt« stand,[29] veränderte sich im Laufe der zwölfjährigen NS-Herrschaft nur geringfügig. »Wir sind unserem Fabrikationsprogramm, Werkzeugmaschinen zu fertigen, treugeblieben. Mit Ausnahme von kleinen Bestandteilen haben wir das Waffenfabrikationsprogramm abgelehnt. (...) Als Privatunternehmen hatten wir keine Lust durch die kriegsbedingte Konjunktur den Betrieb zu erweitern,« so Rolf Boehringer 1948.[30]

Zu den Hauptabnehmern von Boehringer-Werkzeugmaschinen im Inland zählten neben der gesamten Maschinenbauindustrie auch die Automobil- und Elektroindustrie, Lokomotiv-Reparaturwerkstätten, Bergbau- und Stahlwerke sowie Werften. Die während der NS-Zeit als direkte Wehrmachtlieferungen bezeichneten Umsätze spielten angeblich jedoch nur eine »untergeordnete Rolle« und sollen zwischen 1937 und 1945 insgesamt nur 4,5 Mio. RM betragen haben.[31] Bis 1937 seien direkte Wehrmachtaufträge an das Unternehmen nur in Ausnahmefällen vergeben worden, so die Firma Boehringer im September 1937 in einem Schreiben an das Amt für deutsche Roh- und Werkstoffe, »indirekt« sei sie jedoch »für die Wehrmacht und für den Vierjahresplan mindestens mit 75 % unseres Inlandsumsatzes an solchen Aufträgen beteiligt«.[32] Im September 1939 bezifferte Rolf Boehringer den Anteil der Wehrmachtteile an der monatlichen Gesamtlieferung im Wert von einer Mio. RM auf 60 Prozent, wobei allein das Heer monatlich Maschinen im Wert von 300 000 RM abnahm. Einen hohen Anteil verbuchte mit 27 Prozent jedoch auch der Export, während auf den allgemeinen Maschinenbau lediglich 0,3 Prozent entfielen.[33]

Früh, bereits 1934, ergingen an die Firma die ersten Aufträge des Oberkommandos des Heeres (OKH) zur Konstruktion von Spezialmaschinen für die

---

[29] Schlesinger, Arbeitsstätten, S. 155.

[30] Spruchkammerakten Rolf Boehringer. StAL, EL 902/8 Bü 16/1/15066; vgl. WABW, B 10, Bü 331. 1939 umfaßte das Werkzeugmaschinenprogramm des Unternehmens neben den VDF-Einheitsdrehbänken, den Revolverdrehbänken, Hobelmaschinen und Automaten noch folgende »Spezialmaschinen«: Kurbelwellendrehbänke, Schlicht-, Schrupp-, Vielschnitt- und Einspindelautomaten, Wälzfräsmaschinen und Tieflochbohrbänke. Vgl. J. Irtenkauf, Die Vorschubnormung bei den spanabhebenden Werkzeugmaschinen, in: Werkstattstechnik und Werksleiter 33 (1939), Heft 2, S. 25-31, S. 26.

[31] Rieger-Gutachten II. StAL, EL 902/8 Bü 16/1/13881.

[32] WABW, B 10, Bü 66.

[33] WABW, B 10, Bü 68.

Munitionsfertigung. Aufgefordert, eine kleine Revolverdrehbank für die ausschließliche Bearbeitung von Kartuschhülsen sowie eine Schruppmaschine zur Granatenbearbeitung zu entwickeln, konstruierte die Firma Boehringer zwei Automaten für unterschiedliche Kaliber. Anfang 1940 bekam das Unternehmen den OKH-Auftrag zur Entwicklung einer Schruppdrehbank zur Bearbeitung von Stahlguß-Granaten, die innerhalb weniger Wochen konstruiert und unter der Bezeichnung »Kriegsdrehbank« bekannt wurde. Gleichzeitig mit der Entwicklung der Schruppautomaten erfolgte die Konstruktion einer weiteren Sondermaschine für die Munitionsfertigung, der Schlichtautomat.[34] Da es sich bei diesen Entwicklungsaufträgen des OKH in der Mehrzahl um die Konstruktion von Spezialwerkzeugmaschinen handelte, die zur großen Familie der Drehbänke gehörten, war die Firma Boehringer in der Lage, diese Maschinen später ohne größere Schwierigkeiten in ihre Stammproduktion zu integrieren.

Profitierte das Unternehmen bis in die ersten Kriegsjahre hinein von der Verwendungsbreite seines Universalwerkzeugmaschinenangebotes und konnte es sein Fertigungsprogramm im wesentlichen durchhalten, änderte sich dies 1942. Von der unter Albert Speer durchgeführten Typenbereinigung im Maschinenbau war auch die Firma Boehringer betroffen, die ab 1943 die Herstellung von zwei VDF-Drehbankmodellen (E 1/V 1 und E 4) einstellen mußte und nur noch eines (E 5) fertigen sollte. Jedoch verzichtete das Unternehmen nicht auf die Maschinentypen als solche, sondern lediglich auf deren Fertigung in den eigenen Werkstätten. Ab 1943 übernahmen zwei sächsische Werkzeugmaschinenhersteller die Produktion der beiden VDF-Drehbankmodelle. Für den Vertrieb war ausschließlich die Boehringer-Tochter Bekoma zuständig.[35] Damit konnte die Typenbereinigung bei der Firma Boehringer leichter verschmerzt werden.[36]

In die Rüstungsproduktion einbezogen zu sein, erforderte zwar Umstellungen in der Produktionspalette, aber der Nutzen überwog, wie ein Schreiben der Firma aus dem Jahr 1944 verdeutlicht. Hinter der Fassade der relativen Beständigkeit des Fertigungsprogrammes tritt hier die Bedeutung der Boehringer-Produkte für die nationalsozialistischen Rüstungsprogramme deutlich hervor. Von den Maschinenbestellungen, die der Firma Boehringer und ihrer Tochter Bekoma im Dezember 1944 vorlagen, fielen die meisten in sogenannte »Dringlichkeits-Programme«[37]. So war ein Auftrag über 40 Automaten und Tieflochbohrbänke für das »Hochleistungs-Flugzeugprogramm« mit einer SS-Dringlichkeitsnummer[38] gekennzeichnet. Auch die innerhalb der ersten vier Monate

[34] Leistungsbericht 1942. WABW, B 10, Bü 305

[35] Siehe dazu ausführlich S. 218-232.

[36] Das auf diesem Wege bereinigte Fertigungsprogramm umfaßte Firmenangaben zufolge 1942 noch folgende Maschinen: eine Drehbanktype (E 5), zwei Revolverdrehbänke (R 26 und R 30), eine Hobelmaschine (SH 4) und drei Automaten (AE 48, 82, 108), außerdem eine Reihe von Spezialmaschinen - etwa für die Granatenfertigung oder die Bearbeitung von Kurbelwellen - sowie die Getriebefertigung. Prüfbericht. WABW, B 10, Bü 21.

[37] Firma Boehringer an Bezirksbeauftragten des Hauptausschusses Maschinen, Max Knorr, 20.12.1944. WABW, Bestand Fortuna, Ordner: BA A/B. Dort auch alle folgenden Angaben und Zitate.

[38] Bereits 1940 war das alte System der Dringlichkeiten des Wirtschafts- und Rüstungsamtes,

des Jahres 1945 zu liefernden Automaten und Revolverdrehbänke waren »zu über 90 % für die Hochleistungsflugzeuge, Panzer und Flakwaffen herstellenden Firmen bestimmt«. Nicht nur fand die Werkzeugmaschinenproduktion des Unternehmens beinahe ausschließlich in der Rüstungsindustrie ihre Abnehmer, auch die Getriebeabteilung produzierte in hohem Maße für militärische Zwekke. In das »Flakprogramm« fiel der Auftrag von 260 Getrieben für die 10,5 Flak 39, mit einer SS-Dringlichkeitsnummer war außerdem die Bestellung von 800 Getrieben für die Panzer »Tiger« und »Panther« versehen. Auch dem Tochterunternehmen Bekoma lagen im Dezember 1944 verschiedene vordringliche und mit einer SS-Nummer gekennzeichnete Bestellungen vor.[39]

*Getriebe für »Tiger« und »Panther«*

Ein Produkt des Unternehmens, das nahezu ausschließlich von militärischen Stellen nachgefragt wurde, war das stufenlos regelbare Flüssigkeitsdruckgetriebe, an dem man bei Boehringer seit 1925 gearbeitet hatte. Es war 1937 erstmals und zunächst nur in kleinen Stückzahlen aufgelegt worden.[40] Daß die Jahresumsätze 1939 bis 1944 von rund 374 000 RM auf über 4,6 Mio. RM enorm anstiegen,[41] war in erster Linie dem Interesse der Wehrmacht an diesen Getrieben zu verdanken.[42] Sie wurden zur Turmsteuerung der Panzer »Tiger« und »Panther« eingesetzt[43] und von der Firma Boehringer als einziger Herstellerin angeboten. Ende 1941 wurde die Produktion von monatlich 500 Getrieben (Boehringer-Sturm-Ölgetriebe L4S) allein für das »Adolf Hitler-Panzerprogramm« gefordert - eine Steigerung um das Achtfache. Da dies mit den vorhandenen Kapazitäten nicht zu leisten war, erstellte man bei Boehringer »sofort

---

die Bezifferung mit römischen Zahlen, abgewandelt und die vordringlichen Fertigungen mit S (Sonderstufe) bzw. SS gekennzeichnet worden. Darüber setzte Speer Mitte 1942 noch die Sonderstufe DE. Lediglich bei Bestellungen, die im Rahmen eines derartig gekennzeichneten Dringlichkeitsprogrammes erfolgten, konnte mit Rohstoffen und Arbeitskräften gerechnet werden. Vgl. Janssen, Ministerium Speer, S. 87.

[39] Darunter 89 Spezialmaschinen und 23 Bohr- und Ausstechautomaten (AU 7) für die Kugellagerindustrie, 8 Automaten (AM 7) für das Hochleistungs-Flugzeugprogramm, 100 Spezialmaschinen (SK 1) für das Flakmunitionsprogramm, 500 Spezialmaschinen für die Munitionserzeugung (vornehmlich für die Flak) und 14 Spezialmaschinen für die Kurbelwellenherstellung der Schnellbootmotoren.

[40] Leistungsbericht 1942. WABW, B 10, Bü 305. Ursprünglich standen die Entwicklungsarbeiten wohl eher damit in Zusammenhang, daß die Fortschritte bei den Schneidstoffen in den zwanziger Jahren eine Weiterentwicklung der Antriebssysteme notwendig machte, um die nun möglichen, sehr viel höheren Schnittgeschwindigkeiten zu realisieren.

[41] WABW, B 10, Bü 329.

[42] Außer in der Übernahme der stufenlosen Drehzahlregelung lag die Bedeutung des neuen Getriebes in der Teilsteuerung der angetriebenen Maschine, so daß sich die durch Anlauf- und Bremszeiten unproduktiven Maschinenzeiten verkürzten: »Das Anlassen, Bremsen und Umsteuern erfolgt weich und stoßfrei und unabhängig von der Geschicklichkeit des Bedienenden. Nutzt man zudem die Möglichkeit der Einhebelsteuerung aus, so ergibt sich ganz allgemein eine wesentliche Bedienungsvereinfachung und Leistungssteigerung der über Boehringer-Sturm-Ölgetriebe angetriebenen Maschinen und Vorrichtungen.« Leistungsbericht 1942. WABW, B 10, Bü 305.

[43] Rolf Boehringer an Rüstungsobmann Otto Fahr, 9.7.1943. WABW, B 10, Bü 26.

eine Planung für die notwendigen Bauten, Maschinen, sonstigen Betriebsmittel und die Arbeitskräfte« und erhielt nach »hartem Kampf« eine »GB-Bau-Nummer«.[44] Obwohl auch »Material und Arbeitskräfte von den Baufirmen sichergestellt werden konnten«, wie der Leiter der Getriebeabteilung 1943 weiter an Rolf Boehringer berichtete, »wurde nach 5 Monate langen Verhandlungen und Reisen unserer leitenden Herren von den örtlichen Stellen die Durchführung des Baues verboten«. Davon ließ man sich bei Boehringer aber nicht abhalten, im Gegenteil: Um Platz für die Getriebeproduktion zu schaffen, wurden zunächst Lager- sowie Wasch- und Ankleideräume der Belegschaft aus den eigentlichen Fertigungswerkstätten in Behelfsbaracken ausgelagert. Außerdem nahm man die Getriebefertigung auch in der Werkzeugmaschinenfabrik auf, weil man 1942 der Ansicht war, daß die Werkzeugmaschinenproduktion allgemein noch weiter zurückgefahren werden würde und »hier freie Kapazitäten zu erwarten waren«. Die monatliche Herstellung von bis zu 500 Getrieben für das »Adolf-Hitler-Panzerprogramm« würde also, das war den Boehringer-Herren klar, auf Kosten ihres traditionellen Fertigungsprogrammes gehen. Trotz Arbeitskräftemangel und beengten räumlichen Verhältnissen gelang es der Firma bis zum Sommer 1943, »alle Aufträge, wenn auch teilweise mit einigen Monaten Verspätung, durchzuführen«. Ab Herbst 1943 wurde sie etwas entlastet, denn nun begann die Getriebeproduktion auch bei den Firmen Braun AG und Planeta, die von Boehringer damit beauftragt worden waren.[45] Gleichwohl stiegen die Bestellungen der als »direktes Wehrmachtgerät« bezeichneten Getriebe 1943 von 112 im Monat Januar bis auf 565 im Dezember. Dagegen erreichten die Bestellungen aus dem (zivilen) Maschinenbau im gleichen Zeitraum eine Größenordnung zwischen 4 Getrieben im November und 30 im Juni. Daß der Lieferrückstand bei den militärisch genutzten Getrieben bis Herbst 1943 dennoch nicht allzu hoch war, führte der zuständige Abteilungsleiter bei Boehringer auf die »Abdrosselung aller Entwicklungsaufgaben und Ablehnung aller Aufgaben« zurück, die »nicht mit vollständig normalen Getrieben zu lösen« gewesen seien.[46] Allerdings hatten sich die Lieferzeiten für Getriebe, die von der Maschinenbauindustrie bestellt worden waren, im Laufe des Jahres verdoppelt und lagen nun bei rund einem halben Jahr.

Rolf Boehringer begründete gegenüber dem für den Wehrkreis V zuständigen Rüstungsobmann Otto Fahr den Rückstand mit einem Mangel an Arbeitskräften und forderte deshalb dringlich die beantragte Zuweisung von 30 Arbeitern. Wiederholt habe die Firma Boehringer »auch beim Munitionsministerium darauf hingewiesen, daß wir mit den uns zur Verfügung stehenden Arbeitern, trotz Tag- und Nachtschicht, Samstagnachmittag- und Sonntagarbeit, nicht in der

---

[44] Mit dieser Nummer hatte der Generalbevollmächtigte für die Bauwirtschaft (GB Bau) das Bauvorhaben genehmigt. Leiter der Boehringer-Getriebeabteilung an Rolf Boehringer, 7.6.1943. WABW, B 10, Bü 26. Dort alle folgenden Zitate.

[45] Rolf Boehringer an Rüstungsobmann Otto Fahr, 9.7.1943. WABW, B 10, Bü 26. Zur Vergabe der Unteraufträge an die beiden Betriebe siehe S. 233-235.

[46] Tätigkeitsbericht, 22.11.1943. WABW, B 10, Bü 26.

Lage sind unser Liefersoll zu erfüllen. Außerdem dürfen wir, da der Werkzeugmaschinenbau totalgeschützt ist, aus demselben keine Leute mehr in die Gerätefabrikation umsetzen. Denn letzten Endes bewirkt der BfM[47] (...) den Sonderschutz für den Werkzeugmaschinenbau ja nicht dazu, damit die Firmen nun ihrerseits intern dem Werkzeugmaschinenbau trotzdem Kräfte entziehen.«[48] Trotzdem versuchte man bei Boehringer, durch Überstunden im Werkzeugmaschinenbau Arbeitskräfte von dort in die Getriebefertigung umzusetzen. Daß er damit »entgegen den Interessen der obengenannten Dienststelle« handelte, gab Rolf Boehringer freimütig zu, dies geschehe aber »nur aus dem Wissen heraus, daß es unverantwortlich ist, nicht jede Gelegenheit erschöpft zu haben, um der mangelnden Ausbringung im Getriebebau gerecht werden zu können«. Hier nicht seine Pflicht als Rüstungsindustrieller zu erfüllen, war für Rolf Boehringer unvorstellbar, warte doch die »kämpfende Truppe im Osten« »sehnsüchtig auf jeden einzelnen Panzer, insbesondere der Typen Panther und Tiger«. Bis zum Jahresende 1943 hatte sich der Rückstand bei den Getriebelieferungen dann allerdings drastisch erhöht.[49]

Der im Laufe des Krieges ständig steigenden Nachfrage nach Boehringer-Getrieben stand also eine angespannte Personalsituation gegenüber, die ab Sommer 1943 für das Unternehmen durch den für den Werkzeugmaschinenbau verfügten »Totalschutz« (vor Abzug von Arbeitskräften) noch verschärft wurde. Wegen der knappen Personaldecke kam es im Juli 1943 zwischen Rolf Boehringer und dem Arbeitsamt Esslingen zu einem regelrechten Tauziehen um 10 bzw. 20 sowjetische Arbeitskräfte. Das Arbeitsamt hatte der Firma Boehringer Anfang Juli 20 weibliche russische Arbeitskräfte für die Getriebefertigung zugewiesen. Dafür sollte die Firma zehn bei ihr beschäftigte russische »Fremdarbeiter« abgeben. Boehringer nahm die Frauen entgegen, weigerte sich aber, die Männer zur Verfügung zu stellen, da diese als Gießerei-Hilfsarbeiter arbeiten würden, die durch weibliche Arbeitskräfte nicht zu ersetzen seien. Da das Arbeitsamt nicht nachgab, wandte sich Rolf Boehringer an das zuständige Referat beim BfM und erreichte zunächst, daß die Männer weiterhin seiner Firma zur Verfügung standen. Als das Arbeitsamt daraufhin die Rückgabe der 20 weiblichen Zwangsarbeiter verlangte, empörte sich Boehringer über die Vorgehensweise des Arbeitsamtes und bat, unterstützt durch einen nach Berlin geschickten leitenden Mitarbeiter, den Hauptring Produktionsmittel und Maschinenelemente um Hilfe: »Nunmehr sind die 20 Frauen seit 14 Tagen bei uns, fotografiert, eingekleidet, in Baracken kaserniert und seit ihrer Ankunft je von

---

[47] Der Bevollmächtigte für die Maschinenproduktion. Karl Lange wurde 1938 als BfM eingesetzt. Vgl. Petzina, Autarkiepolitik, S. 121, und S. 201f dieser Arbeit.

[48] Rolf Boehringer an Rüstungsobmann Otto Fahr, 26.8.1943. WABW, B 10, Bü 26. Dort auch die folgenden Zitate.

[49] Leiter der Boehringer-Getriebeabteilung an Rolf Boehringer, 27.12.1943. Ebd. Bei den Getrieben für das »Panther«-Turmschwenkwerk (L4S) war das Unternehmen mit 350, für das »Tiger«-Turmschwenkwerk (L4S1) mit 10 Stück und bei Getrieben für nichtmilitärische Abnehmer mit 22 Stück im Rückstand.

einem deutschen Gefolgsmann in Obhut genommen um angelernt zu werden. Bei dem derzeitigen Mangel an Arbeitskräften haben wir wirklich keine Zeit, solche Arbeiten und Aufwendungen nur zum Zeitvertreib zu machen, um die Russinnen dann nach 14 Tagen wieder abzugeben.«[50] Dieser Fall zeigt, wie Unternehmer in die menschenverachtende NS-Politik einbezogen wurden, ohne ideologische Überzeugungstäter sein zu müssen. Wer seinen Betrieb unter den Bedingungen der Kriegswirtschaft effizient und gewinnbringend führen wollte, ließ sich zwangsläufig darauf ein, in die rassistische Politik des NS-Regimes verstrickt zu werden.

Unter dem Abzug qualifizierter Mitarbeiter litten alle Abteilungen des Unternehmens. Besonders betroffen war die konstruktive Entwicklungsarbeit, und eingezogene Ingenieure konnten kaum ersetzt werden. Da »im gesamten Getriebebau der Mangel an Ingenieuren noch viel größer (...) als an anderen Arbeitskräften« war, leitete Rolf Boehringer als Leiter des Arbeitsringes für Flüssigkeitsdruckgetriebe »auf Wunsch« des Reichsministers für Bewaffnung und Munition im Juli 1943 eine »Sonderaktion« ein, um eingezogene Ingenieure von der Wehrmacht »zurückzuführen« und »für die Entwicklungsarbeiten, die im stufenlosen Getriebebau z.Zt. für die Wehrmachtteile vorliegen«, einzusetzen.[51] Er wandte sich an 13 »befreundete« Maschinenbaubetriebe mit der Bitte, ihm für einen »Sonderzweck« die Heimat- und Feldpostadressen von früher bei ihnen beschäftigten Ingenieuren, die sich augenblicklich bei der Wehrmacht nicht im Einsatz befänden, mitzuteilen. Fünf Firmen, die alle mit Boehringer in Geschäftsverbindung standen, nannten neun Adressen von Ingenieuren oder Technikern, die übrigen acht Unternehmen meldeten »Fehlanzeige«.[52] Neun Ingenieure, die vor ihrer Einberufung bei ihm beschäftigt gewesen waren, versuchte Rolf Boehringer durch ein Schreiben an das Rüstungslieferungsamt direkt zu sich dienstverpflichten zu lassen. Das beantragte er auch für einen weiteren Ingenieur, der Patente auf eine Neukonstruktion auf dem Gebiet der Flüssigkeitsdruckgetriebe angemeldet hatte und dessen Konstruktion im Auftrag des OKH bei der Firma Boehringer erstmals gebaut worden war. Da dieser Mann inzwischen als beratender Ingenieur tätig sei, könne man ihn, so folgerte Rolf Boehringer, »in Zukunft (...) ruhig auf dem Konstruktionsbüro der Fa. Gebr. Boehringer arbeiten« lassen. Nicht einzusehen sei es jedoch, daß Herr (...) praktisch beschäftigungslos herumläuft«. Auch ein vom eigentlichen Militärdienst befreiter Ingenieur, der nun in einer Innsbrucker Kaserne Flüssigkeitsdruckgetriebe entwerfe, »ohne zu wissen, was überhaupt auf dem Markte ist«, wäre zukünftig nach Ansicht Rolf Boehringers in einem Konstruktionsbüro weitaus besser eingesetzt.[53]

---

[50] Rolf Boehringer an Hauptring Produktionsmittel und Maschinenelemenete, 9.7.1943. Ebd.

[51] Rolf Boehringer an Rüstungsobmann Otto Fahr, 26.8.1943. Ebd.

[52] Rolf Boehringer gleichlautend an die Firmen Braun, Wohlenberg, Heidenreich & Harbeck, Fortuna, Wanderer, Raboma, Voith, Planeta, Badische Maschinenfabrik, Hilscher, Schaerer, Wafios und Roller. 31.7.1943. Ebd.

[53] Rolf Boehringer an Rüstungslieferungsamt, 30.7.1943. Ebd.

Die Versuche, eingezogene Ingenieure von der Wehrmacht für Entwicklungsarbeiten an den hydraulischen Getrieben freistellen zu lassen, scheiterten[54] ebenso wie der bereits kurz nach Kriegsbeginn erfolgte Vorstoß der Firma Boehringer bei den Wehrmachtteilen, »die dringend notwendigen Entwicklungsarbeiten, insbesondere die Prüfung der verschiedenen Getriebebauarten und Erfindervorschläge sowie ihre zweckmäßige Anwendung usw. zentral zusammen mit einem wissenschaftlichen Institut zu betreiben«.[55] Die Göppinger Firma hatte für diesen Zweck ihre eigenen, damals »noch freien geringen Fertigungskapazitäten« angeboten und um die Zuweisung einiger Ingenieure gebeten. Der Vorschlag sei damals zwar begrüßt, aber nicht umgesetzt worden, so der Leiter der Boehringer-Getriebeabteilung 1943: »Die Zersplitterung der Arbeiten blieb bestehen.« Dabei war nicht nur für ihn bereits 1938 klar gewesen, daß »auf dem Gebiet der Flüssigkeitsgetriebe sowie der allgemeinen Hydraulik noch umfangreiche Entwicklungsarbeit geleistet werden mußte, wenn es gelingen sollte, den Vorsprung des Auslandes insbesondere Nordamerikas einzuholen und zu überflügeln«. Zwar wurde 1942 in »Erkenntnis der zu erwartenden Schwierigkeiten auf dem Gebiet der Flüssigkeitsgetriebe« der Arbeitsring Flüssigkeitsdruckgetriebe ins Leben gerufen und Rolf Boehringer im November 1942 mit seiner Leitung betraut.[56] Die Schere zwischen den Anforderungen der Wehrmacht und der personellen Ausstattung der Getriebe produzierenden Betriebe vergrößerte sich dennoch weiter. Im Dezember 1943 wies Rolf Boehringer darauf hin, daß »die Anforderungen der Wehrmachtsteile auf Lieferungen der von Flüssigkeits-Druckgetrieben (....) in immer steigenden Maße« zunähmen und gegenwärtig an wichtigen Entwicklungen gearbeitet würde wie beispielsweise an Spezialgetrieben für die Steuerung von Panzern oder von Raupenschleppern. Aber das Arbeitsgebiet sei »jung«, und »kein Mensch kann im Augenblick vorhersagen, in welcher Richtung sich die Konstruktion weiterentwickeln« werde. Außerdem stellten nur wenige Firmen solche Getriebe bislang her, und »kaum mehr als als vielleicht 50 Ingenieure« seien mit Entwicklungsarbeiten beschäftigt.[57]

Bei der Firma Boehringer erschwerte die knappe Personaldecke in der Getriebeabteilung alle produkttechnischen Arbeiten, die in besonderer Weise vom Einsatz hochqualifizierter Fachkräfte abhingen. Dies führte zur »Abdrosselung aller Entwicklungsarbeiten und Ablehnung aller Aufgaben, die nicht mit vollständig normalen Getrieben zu lösen« waren.[58] Andererseits trugen diese Pro-

[54] Vgl. Tilla Siegel/Thomas von Freyberg, Industrielle Rationalisierung unter dem Nationalsozialismus, Frankfurt a.M./New York 1991, S. 197.
[55] Leiter der Boehringer-Getriebeabteilung an Rolf Boehringer, 7.6.1943. WABW, B 10, Bü 26. Dort auch die folgenden Zitate.
[56] Rolf Boehringer an Askania-Werke AG, 8.12.1942. Ebd. Zu Rolf Boehringers Tätigkeit als Leiter des Arbeitsringes siehe S. 233-235.
[57] USSBS-Documents Nr. 54a 2, Dr. RB/R., 21.12.1943, zit. nach Siegel/Freyberg, Industrielle Rationalisierung, S. 197.
[58] Leiter der Boehringer-Getriebeabteilung an Rolf Boehringer, 7.6.1943. WABW, B 10, Bü 26. Dort auch das Folgende.

bleme zu Standardisierung, Typisierung und Normierung in der Produkttechnologie bei, weil man den Bedarf an Facharbeitern bei der Herstellung senken wollte. Die »Leistungssteigerung« wurde bei Boehringer durch eine »Umstellung der Herstellungsverfahren« erreicht, namentlich durch eine »Vergrößerung der Serien« und durch die bereits erwähnte »Abdrosselung aller abnormalen Teile«, das heißt von Spezialgetrieben. Die so erreichte Produktivitätssteigerung ließ bei zwei für die Wehrmacht bestimmten Getrieben zwischen 1940 und 1943 eine Lieferpreissenkung um 60 Prozent zu.

### *Aufschwung bei Werner & Pfleiderer*

Werner & Pfleiderer erlitt, wie bereits dargestellt wurde, in der Weltwirtschaftskrise einen tiefen Einbruch. 1933 betrug der Umsatz mit 4,8 Mio. RM nur noch ein Drittel des Ergebnisses von 1929.[59] Dem Export kam damals auch bei diesem Unternehmen eine stabilisierende Rolle zu. Der Exportanteil, der bereits 1928 und 1929 bei rund 40 Prozent gelegen hatte, erhöhte sich 1932 bei sinkendem Gesamtumsatz auf 46 Prozent, wobei insbesondere die Produktbereiche Chemie/Hydraulik, Teigwaren sowie Biskuit/Trockenofen jeweils über die Hälfte ihres Umsatzes im Export erzielten.[60] 1934 machte das Auslandsgeschäft hingegen nur noch 31 Prozent des Gesamtumsatzes aus. Im Geschäftsbericht wurde diese Entwicklung zwar bedauert, sie habe sich jedoch trotz »all unserer gesteigerten Bemühungen und trotz der im Aufwand wie in Preisstellung gebrachten Opfer« nicht vermeiden lassen.[61] Der Rückgang des Exportgeschäfts ab 1933 spiegelt auch hier den durch die Aufrüstung angekurbelten wirtschaftlichen Aufschwung wider. Zwischen 1935 und 1940 war das Exportgeschäft bei Werner & Pfleiderer weiter rückläufig. Bis auf eine Ausnahme - 1936 stieg der Anteil von 21 Prozent, die im Vorjahr erreicht worden waren, auf 25 Prozent - sank der Exportanteil kontinuierlich von Jahr zu Jahr und lag 1940 bei nur noch 8,5 Prozent. 1941 bis 1943 erreichte er Werte zwischen 10 und 13 Prozent.[62]

Obwohl die Geschäftsleitung die Aussichten für 1934 zunächst sehr zurückhaltend beurteilt und sogar mit einem Verlust zum Jahresende gerechnet hatte,[63] übertraf der Umsatz 1934 mit rund 5,7 Mio. den des Vorjahres bereits um fast eine Mio. RM. In den folgenden Jahren stiegen die Umsätze rasch an. 1941 wurde mit über 17 Mio. RM der Höchststand erreicht.[64]

[59] Geschäftsberichte. WABW, B 11, Bü 91.
[60] Geschäftsberichte für 1929 und 1932. Ebd.
[61] Geschäftsbericht für 1934. Ebd.
[62] Rieger-Gutachten I. StAL, EL 902/20 Bü 37/1512677.
[63] Otto Fahr an Direktion, 16.3.1934. WAWB, B 11, Bü 86.
[64] wie Anm. 62. Dort auch die Zahlen in der Tabelle.

*Tabelle 3: Umsatzentwicklung[65] Werner & Pfleiderer 1929-1943*

| Jahr | Mio. RM |
|---|---|
| 1929 | 16,8 |
| 1930 | 14,7 |
| 1931 | 7,8 |
| 1932 | 5,5 |
| 1933 | 4,8 |
| 1934 | 5,7 |
| 1935 | 6,7 |
| 1936 | 9,1 |
| 1937 | 11,1 |
| 1938 | 12,4 |
| 1939 | 14,2 |
| 1940 | 14,9 |
| 1941 | 17,8 |
| 1942 | 14,5 |
| 1943 | 16,0 |

Noch in einem im Februar 1935 verfaßten Schreiben an seine Direktionskollegen hatte Otto Fahr einen Sechs-Millionen-Jahresumsatz »vorläufig als Durchschnitt« und eine »erhebliche Verbesserung des Ergebnisses« »bei unserer gegenwärtigen Struktur« zu diesem Zeitpunkt als nicht erreichbar bezeichnet. Deshalb hatte er eine »ernste Notwendigkeit« festgestellt, die Preis- und Kostengestaltung zu optimieren sowie die »Absatzbasis« des Unternehmens zu erweitern.[66] Wenig später eröffnete sich dem Betrieb ein neuer Markt im Zuge des Ausbaus der chemischen Industrie und der Ersatzstoffgewinnung. Neukonstruktionen für die Verarbeitung von Gummi, für die Herstellung von Zellwolle und im Bereich der Hydraulik[67] trugen maßgeblich dazu bei, daß die Produktbereiche Chemie und Hydraulik ab 1935/36 die höchsten Wachstumsraten verzeichneten. Zwar blieb 1934 der Produktbereich Kleinbäckerei der umsatzstärkste, jedoch wurde der Bereich Großbäckerei erstmals seit 1929 von seiner zweitstärksten Position durch die Abteilung Chemie/Hydraulik verdrängt. Ein Jahr später erzielte dieser Produktbereich mit knapp über drei Mio. RM bereits fast die Hälfte des Gesamtumsatzes. Diese Spitzenposition behielt der Bereich Chemie - ab 1936 werden Chemie und Hydraulik in den Geschäftsberichten als zwei getrennte Bereiche aufgeführt - bis 1943.[68] Dahinter konnte der Bereich Kleinbäckerei seine zweitstärkste Position bis 1939 halten, ab 1940 abgelöst durch die Abteilung Hydraulik. Umsatzschwächster Produktbereich blieb ab 1933 die Abteilung Teigwaren.[69]

[65] Angaben für 1944 liegen nicht vor.
[66] Otto Fahr an Direktion, 21.2.1935. WABW, B 11, Bü 86.
[67] Schitag-Bericht. StAL, EL 902/20 Bü 37/17/7952.
[68] Für 1944 liegen hierüber keine Unterlagen vor. Es ist jedoch anzunehmen, daß das Unternehmen mit dem Produktbereich Chemie auch in diesem Jahr den höchsten Umsatz erzielte.
[69] Weniger konstant hingegen präsentierten sich die übrigen Produktbereiche. So rangierte der

Die an den Umsatzzahlen der einzelnen Produktbereiche deutlich ablesbare Verschiebung des Produktionsschwerpunktes auf die Bereiche Chemie und Hydraulik ab 1935/36 spiegelt die vom NS-Regime im Rahmen des Vierjahresplans ab 1936 forcierte Produktion von Ersatzstoffen und damit den Ausbau der chemischen Industrie wider.[70] Die von Werner & Pfleiderer hergestellten Gummikneter, Kautschuk-Spalter, Viskose-Zerfaserer, Xanthat-Maschinen oder Bunafell-Schneideapparate fanden in der Buna-, Kautschuk- und Kunstseide- bzw. Zellwolleherstellung Verwendung. In diesem Produktbereich wurden allein 1939 vierzehn konstruktiv-technische Neuerungen bzw. neue Maschinen auf den Markt gebracht.[71] Daneben expandierte die Abteilung Hydraulik,[72] namentlich in den Kriegsjahren, am stärksten. Im Jahresbericht für 1939 wurde auf den Kriegsbeginn als entscheidende Zäsur verwiesen: »Die ganzen direkten und indirekten Wehrmachtsaufträge schoben sich plötzlich gegenüber den Aufträgen des Vierjahresplanes und der Privatindustrie in den Vordergrund.«[73] Zwar würden »die Besteller wechseln«, hieß es weiter, aber trotzdem - oder gerade deshalb - ging man bei Werner & Pfleiderer von einem weiter steigenden Auftragsvolumen aus. Die Umsätze der Hydraulik-Abteilung bewegten sich ab 1939 um Werte zwischen 2,6 und 2,8 Mio. RM, lediglich das Jahr 1941 bildete mit über 4,6 Mio. RM die Ausnahme.[74]

Die traditionellen Produktbereiche des Unternehmens hingegen, Maschinen für den Bäckereibedarf und der Ofenbau, verloren seit 1933 zunehmend an Bedeutung. Dieser Trend verstärkte sich in den Kriegsjahren. Was den Umsatz betraf, hatte der Produktbereich Kleinbäckerei mit der Abteilung Chemie bis 1938 fast Schritt halten, diese 1939 sogar noch einmal knapp übertreffen können. In den folgenden Jahren jedoch wurde die Schere zwischen beiden Produktbereichen immer größer. Der Umsatz, den Werner & Pfleiderer mit dem Produktbereich Chemie erzielte, erhöhte sich von 4,6 (1940) auf den Höchststand von 6,8 Mio. RM 1941, bevor er in den beiden folgenden Jahren auf 4,8 bzw. vier Mio. RM zurückging. Im Bereich Kleinbäckerei hingegen fiel der

---

Bereich Trockenofen von 1933 bis 1938 stets auf dem vorletzten Platz, bevor ab 1939 eine deutliche Geschäftsbelebung eintrat, die ihn in den Folgejahren zum viertstärksten Produktbereich avancieren ließ. Die Abteilung Biskuit, die von 1934 bis 1940 in der Regel den vierthöchsten Umsatz erzielt hatte, fiel ab 1942 auf den vorletzten Platz zurück. Mit dem Produktbereich Großbäckerei erzielte die Firma von 1933 bis 1936 die zweit- (1933), dritt- (1934 und 1936) und vierthöchsten Umsätze, ab 1937 lag diese Abteilung nur noch an vorletzter oder letzter Position. Vgl. Geschäftsberichte. WABW, B 11, Bü 91; Rieger-Gutachten I. StAL, EL 902/20 Bü 37/1512677.

[70] Dazu: Petzina, Autarkiepolitik.

[71] Jahresbericht der Abt. Chemie für 1939. WABW, B 11, Bü 86. So verkaufte die Chemie-Abteilung in dem Berichtsjahr u.a. 259 Universal-Knetmaschinen, 29 Gummikneter, 31 Bunafell-Schneideapparate, 8 mechanische Kautschukspalter, 50 Xanthat-Maschinen sowie 45 Zerfaserer und erzielte damit insgesamt einen Umsatz von über 3,5 Mio. RM.

[72] Das Unternehmen lieferte neben Akkumulatoren auch Pressen, Steuerungen sowie Pumpen und Kompressoren.

[73] Jahresbericht der Abteilung Hydraulik für 1939. WABW, B 11, Bü 86. Dort auch das folgende Zitat.

[74] Rieger-Gutachten I. StAL, EL 902/20 Bü 37/1512677.

Umsatz von 2,3 Mio. 1940 auf nur noch 1,7 Mio. RM 1943.[75] Gefragt waren hier zwar noch die verschiedenen Ofentypen, das Maschinengeschäft hingegen entwickelte sich stark rückläufig, ein Trend, den man bei Werner & Pfleiderer im übrigen bereits einige Jahre vor Kriegsbeginn beobachtete hatte. Deshalb setzte das Unternehmen auch 1939 auf die bewährte Strategie und brachte Neukonstruktionen sowie technische Verbesserungen an bereits eingeführten Maschinen auf den Markt.[76] Die Abteilung Trockenofen, die in der NS-Zeit ihren mit Abstand höchsten Umsatz 1939 durch die Lieferung großer Trockenanlagen an die Fahrzeugindustrie erzielte, setzte für 1940 verstärkt auf Aufträge aus der Blechverpackungsindustrie.[77] Die durch den Krieg stark eingeschränkten Absatzmöglichkeiten im Ausland beklagte man vor allem im Bereich Teigwaren. Denn während 1938 knapp ein Drittel des Umsatzes durch Export erzielt worden war, verringerte sich dieser Anteil im folgenden Jahr auf ein Sechstel. Hier bedauerte man außerdem, daß auch auf dem deutschen Markt der Verkauf durch wesentlich kürzere Lieferzeiten der Konkurrenz »noch immer stark behindert« war.[78]

Mit steigenden Umsatzzahlen wuchs die Belegschaftsstärke des Unternehmens. Die Zahl von über 1500 Mitarbeitern aus dem Jahr 1929 wurde freilich während der NS-Zeit nicht wieder erreicht.[79]

*Tabelle 4: Belegschaftsentwicklung Werner & Pfleiderer 1929-1944*

| Jahr | Belegschaftszahl |
|---|---|
| 1929 | 1574 |
| 1931 | 1031 |
| 1932 | 715 |
| 1933 | 615 |
| 1934 | 627 |
| 1935 | 715 |
| 1936 | 847 |
| 1937 | 1021 |
| 1938 | 1154 |
| 1939 | 1169 |
| 1940/41 | 1300 |
| 1942 | 1277 |
| 1943/44 | 1260 |

Bei einem Vergleich der Belegschafts- mit der Umsatzentwicklung (1929 = 100) fällt auf, daß in den Krisenjahren Anfang der dreißiger Jahre die Quote der Beschäftigten nicht im gleichen Maße zurückging wie der Umsatz. Einem

[75] Ebd.
[76] Jahresbericht der Abt. B I für 1939. WABW, B 11, Bü 86.
[77] Jahresbericht der Abt. Trockenofen für 1939. Ebd.
[78] Jahresbericht Abt. Teigwaren für 1939. Ebd.
[79] Rieger-Gutachten I. StAL, EL 902/20 Bü 37/1512677. Dort auch alle folgenden Angaben.

Umsatzindex von 28,2 stand im Jahr 1933 ein Beschäftigtenindex von 39,2 gegenüber. Offensichtlich war man bei Werner & Pfleiderer bemüht gewesen, trotz dramatischer wirtschaftlicher Einbrüche die Belegschaft so weit wie möglich zu halten. Erstmals war der Umsatzindex im Jahr 1936 (54,9) höher als der Wert für die Beschäftigten (47,8). Hielten sich beide Werte in den beiden darauffolgenden Jahren in etwa die Waage, stieg ab 1939 die Umsatzkurve deutlich schneller an als die Belegschaftszahl. 1941 stand einem Umsatzindex von 106,1 ein Beschäftigtenindex von 82,6 gegenüber.[80] Die Verdoppelung der Belegschaft von 615 (1933) auf 1250 (1943) war auch bei diesem Unternehmen mit einem tiefgreifenden Umbruch der bisherigen Belegschaftsstrukturen verbunden: Die eingezogenen Arbeiter wurden durch Kriegsgefangene und »Fremdarbeiter« ersetzt. Ohne diese ausländischen Arbeitskräfte wäre die skizzierte Entwicklung des Unternehmens in den Kriegsjahren nicht möglich gewesen.[81]

Auf die angespannte Personalsituation in den Kriegsjahren reagierte das Unternehmen zudem mit Anlern- und Umschulungsmaßnahmen vorhandener und neu hinzukommender Arbeitskräfte.[82] Gleichwohl mußte es 1942 einen deutlichen Produktionsrückgang hinnehmen,[83] der in erster Linie auf die 1941 und teilweise auch noch 1942 erfolgte »sprunghaft angestiegene Abgabe von Gefolgschaftsangehörigen an die Wehrmacht« zurückgeführt wurde.[84] Um mit den wachsenden Ausfällen von Facharbeitern fertig zu werden - bis Ende 1943 verlor Werner & Pfleiderer fast 500 Beschäftigte an die Wehrmacht[85] -, verzichtete man zunehmend auf die Einzelfertigung von Maschinen, da diese in besonderer Weise vom Einsatz hochqualifizierter Fachkräfte abhing. Bei der »immer schlechter werdenden Gliederung der Gefolgschaft (Ausländer, Russen usw.)«, so Otto Fahr 1943, sei in produktionstechnischer Hinsicht an Einzelfertigung gar nicht mehr zu denken, Vorrang habe vielmehr die Serienfertigung.[86] Durch die Einberufungswellen werde nicht nur der Anteil der deutschen Facharbeiter in seinem Unternehmen weiter gesenkt, es seien sogar Angehörige jüngerer Jahrgänge aus sogenannten Schwerpunktfertigungen herausgenommen worden, weshalb in Zukunft, so mutmaßte Fahr 1943, wegen der unzureichenden Zuweisung ausländischer Fachkräfte auch Arbeitskräfte aus »weniger dringlichen Fertigungen herausgezogen« werden würden.[87] Deshalb empfahl er seinen Direktionskollegen dringend, jeden einzelnen Auftrag auf seine Kriegswichtigkeit hin zu überprüfen. Darüber hinaus verwies er auf eine Anordnung

---

[80] Vgl. auch WABW, B 11, Bü 86, 91 und 288.
[81] Vgl. Kapitel III.
[82] Geschäftsbericht für 1940. WABW, B 11, Bü 91.
[83] Der Gesamtumsatz fiel von 17,8 Mio. 1941 auf 14,5 Mio. RM im Jahr 1942. Rieger-Gutachten I. StAL, EL 902/20 Bü 37/1512677.
[84] Geschäftsbericht für 1942. WABW, B 11, Bü 91..
[85] Geschäftsbericht für 1943. Ebd.
[86] Otto Fahr an Direktion, 26.1.1943 und 10.3.1944. WABW, B 11, Bü 86.
[87] Otto Fahr an Direktion, 26.1.1943. Dort auch das Folgende.

der Reichsminister Funk und Speer vom 11. Juni 1942, die es den Eisen und Stahl erzeugenden Betrieben ebenso wie den diese Rohstoffe be- oder verarbeitenden Unternehmen zur Pflicht machte, nicht mehr Aufträge anzunehmen, als diese nach ihrem »Leistungsvermögen unter Berücksichtigung der vorgeschriebenen oder zweckbedingten Lieferzeiten fristgemäß ausführen« konnten. Für die »strikte Befolgung« dieser Anordnung war der »Betriebsführer (...) persönlich verantwortlich«. Ausdrücklich wurde in der von Fahr wiedergegebenen Anordnung auf den engen Zusammenhang zwischen dieser und der »Verordnung des Führers zum Schutze der Rüstungswirtschaft« vom 21. März 1942[88] hingewiesen. Der darin erneut dekretierte Vorrang der Rüstungswirtschaft beim Einsatz der Arbeitskräfte und der Verteilung von Rohstoffen sollte dafür sorgen, die vorhandenen Ressourcen effektiver der Rüstungsproduktion zuzuteilen und Entwicklungsarbeiten an Friedensprodukten in den Unternehmen zu unterbinden.[89]

Das vielseitige Fertigungsprogramm und die traditionell vorherrschende Einzelanfertigung der Maschinen schlossen eine rationelle Serienfertigung oder gar Massenproduktion bei Werner & Pfleiderer von vornherein so gut wie aus. Darauf wies Otto Fahr in seinen Schreiben an seine Direktionskollegen spätestens ab 1943 wiederholt hin.[90] Nicht nur die durch die Einzelfertigung entstehenden »erheblichen Entwicklungsunkosten«,[91] sondern auch die traditionell schwere Ausführung ihrer Maschinen machten Erzeugnisse von Werner & Pfleiderer in der Regel teurer als die ihrer Konkurrenz. Dafür konnte das Unternehmen flexibler auf Kundenwünsche reagieren und hatte zudem den Vorteil, daß sich etliche Konstruktionen aus den »alten« Produktgruppen Bäckerei und Biskuit auch in der chemischen Industrie einsetzen ließen.[92] Als sich das Unternehmen Mitte der dreißiger Jahre außerdem mit Maschinen für die Milchwirtschaft[93] einen neuen Abnehmerkreis erschloß, war es in der Lage, »Gummi-Fabriken, die Kunstseide-Industrie, Gießereien, Färbereien, Pharmazeutische Fabriken, Molkereien, Pulverfabriken und die gesamte Industrie, wo geknetet und gemischt werden muß, zu beliefern«.[94] Seit 1935/36 hatte sich das Gewicht der Produktion zunehmend auf die für das NS-Regime unter autarkie- und rüstungspolitischen Gesichtspunkten wichtigen Bereiche der Maschinen für die chemische Industrie und der Hydraulik verlagert. Spätestens 1940 begann au-

---

[88] Verordnung des Führers zum Schutze der Rüstungswirtschaft vom 21. März 1942. RGBL I, 1942, S. 165.
[89] Vgl. ebd. und Herbst, Der Totale Krieg, S. 175ff.
[90] Vgl. WABW, B 11, Bü 86.
[91] Bericht von R. Elmar Baker über die Chemie-Abteilung im Rahmen seines Praktikums bei Werner & Pfleiderer 1937. WABW, B 11, Bü 385.
[92] Dazu gehörten beispielsweise der Spezialkneter »Rotex« zur schnellen Herstellung von Mischungen, die Rühr- und Schlagmaschinen »Ova« und »Ovamix«, die »Viennara«- Misch- und Knetmaschine sowie die Kleinsiebmaschine »Express«.
[93] So stellte es beispielsweise Milchabfüllapparate, Quark-Mischer und Quark-Passiermaschinen her.
[94] wie Anm. 91.

ßerdem die konsequente Ausrichtung der Produktion auf die »Notwendigkeiten des Krieges«[95]. Der steigende Anteil der Wehrmachtslieferungen am Gesamtumsatz zeigt, wie erfolgreich das Unternehmen damit war.

Erste Lieferungen von Feldbacköfen und Feldknetmaschinen an die Wehrmacht sind für das Jahr 1936 dokumentiert. Auch in den folgenden Jahren bis 1939 war die Wehrmacht Abnehmer dieser Maschinen, die bei Werner & Pfleiderer zwischen 4 und 9,6 Prozent des Gesamtumsatzes ausmachten.[96] Die Produktgruppe Kleinbäckerei wies in ihrem Jahresbericht für 1939 Lieferungen im Wert von 360 000 RM an Heeresverpflegungsämter aus,[97] und in einem für die Spruchkammerverhandlung von Richard Werner angefertigten Wirtschaftsgutachten wurde darauf hingewiesen, daß das Unternehmen »schon vor dem Krieg an Wehrmachtsstellen lieferte«, darüber jedoch »keine besonderen Aufzeichnungen« gemacht habe.[98] Hauptabnehmer der Erzeugnisse von Werner & Pfleiderer war diesem Gutachten zufolge ab 1940 das Oberkommando des Heeres (OKH). Außerdem habe der Betrieb »bis weit in den Krieg hinein« unter anderen das Heereszeugamt Naumburg, die Kriegsmarinewerft Wilhelmshaven, das Marinebauamt Gotenhafen, 66 Heeresversorgungsämter und 28 Feldpostnummer-Dienststellen mit »vorwiegend (...) zivilen Erzeugnissen« beliefert. Bereits 1940 hatte sich der Wert der Wehrmachtslieferungen mit 1,7 Mio. RM im Vergleich zum Vorjahr mehr als verdoppelt, was vor allem darauf zurückzuführen war, daß der Betrieb einen Auftrag zur Bearbeitung von Granaten übernommen hatte.[99] 1941 und 1942 erhöhte sich mit der neu aufgenommenen Herstellung eines Feldgerätewagens (HF 7) der Umsatz mit »direkten« Wehrmachtlieferungen weiter.[100] 1942 fielen unter diese Rubrik Öfen und Maschinen für die Nahrungsmittelindustrie im Wert von 27 000 RM und Feldbacköfen im Wert von rund 1,5 Mio. RM. Feldknetmaschinen brachten 172 000 RM, Gerätewagen 440 000 RM, und für 83 000 RM erledigte das Unternehmen »Lohnarbeit für Rüstungsbetriebe«.[101] Ein Jahr später hatten sich diese Werte nochmals deutlich erhöht. Für 196 000 RM lieferte Werner & Pfleiderer Öfen und

---

[95] Otto Fahr an Direktion, 5.3.1941. WABW, B 11, Bü 86.

[96] Schitag-Bericht. StAL, EL 902/20 Bü 37/17/7952.

[97] Jahresbericht der Abt. B I für 1939. WABW, B 11, Bü 86.

[98] 1938 waren laut Gutachten erstmals Lieferungen »geringen Umfangs an Feldbäckereimaschinen und Infanterie-Gepäckwagen« in den Unterlagen nachzuweisen gewesen. Rieger-Gutachten I. StAL, EL 902/20 Bü 37/1512677. Danach auch das Folgende.

[99] Aufgrund des bei der Firma Werner & Pfleiderer nicht vollständig zur Anwendung gekommenen Mob-Planes und der dadurch bedingten zeitweilig nicht vollen Auslastung des Betriebes im Jahr 1940, wurden in erheblichem Umfang Arbeitskräfte zur Wehrmacht eingezogen. Um dies künftig zu verhindern und das Unternehmen wieder auszulasten, erfolgte bis Ende 1940 die Hereinnahme von Aufträgen zur Granatenbearbeitung. Eidesstattliche Aussage von Rudolf Klett, 26.10.1947; Fahrs Rechtsanwalt an Spruchkammer, 18.5.1948. StAL, EL 902/20 Bü 37/17/7952.

[100] Schitag-Bericht. Ebd.

[101] Rieger-Gutachten I. StAL, EL 902/20 Bü 37/1512677. Bei den erwähnten »Lohnarbeiten« dürfte es sich um Aufträge anderer Firmen handeln, die von Werner & Pfleiderer als Unterlieferant ausgeführt wurden.

Maschinen der Nahrungsmittelindustrie, für rund 2,3 Mio. RM Feldbacköfen, für 769 000 RM Feldknetmaschinen und für rund 1,7 Mio. RM Gerätewagen. Die übernommenen »Lohnarbeiten« stiegen auf 217 000 RM. 1943 fertigte das Unternehmen auch Flugzeugteile im Wert von 239 000 RM.[102]

1942 und 1943 lagen die Werte für Lieferungen »an den zivilen Sektor« laut Wirtschaftsgutachten jeweils deutlich über denjenigen der Wehrmachtslieferungen.[103] So erzielte das Unternehmen 1942 mit Trockenanlagen, hydraulischen Pressen, Akkumulatoren und Pumpen, Maschinen für die chemische und Gummi-Industrie sowie mit Öfen und Maschinen für die Nahrungsmittelindustrie einen Umsatz von über 12,2 Mio. RM, was einem Anteil von 84,5 Prozent am Gesamtumsatz von knapp 14,6 Mio. RM entsprach. Nach diesen Berechnungen spielte 1942 der mit 15,5 Prozent angegebene Anteil der als Wehrmachtslieferungen bezeichneten Verkäufe am Gesamtumsatz eine eher untergeordnete Rolle.[104] Eine Übersicht über die vorliegenden Aufträge vom November 1942 zeigt jedoch deutlich, daß die Firma Werner & Pfleiderer in hohem Maße für »kriegswichtige Fertigungsprogramme«[105] produzierte.

Unter diese Rubrik fielen nach Firmenangaben überwiegend Aufträge des »Generalbevollmächtigten für Fragen der Chemischen Erzeugung« und der chemischen Industrie für Maschinen, die der Herstellung oder Bearbeitung von Buna, Sprengstoffen, Farben, Kunststoffen, Lederaustauschstoffen und Zellwolle dienten. Aber auch Aufträge aus dem Flugzeug- und Kraftfahrzeugbau, Panzer- und Motorenbau oder aus dem Bergbau waren hier vertreten. Zusammen mit den aus Geheimhaltungsgründen nicht genauer benannten kriegswichtigen Fertigungsprogrammen mit »geheime(r) Verwendung« machte diese Produktion rund 46,5 Prozent der Aufträge aus. Auf Heeresgeräte entfielen weitere 25 Prozent des Auftragbestandes. Lediglich 18,5 Prozent der Aufträge kamen aus dem Bereich »Lebensmittelversorgung«, und auch hier war die Wehrmacht als Kunde vertreten. Weitere 10 Prozent des Auftragbestandes machte das Ausfuhrgeschäft aus. Damit entfielen fast drei Viertel des für Mitte November 1942 berechneten Auftragbestandes auf die sogenannten kriegswichtigen Fertigungsprogramme sowie auf die Herstellung von Heeresgerät.

Entscheidend veränderte sich das Verhältnis zwischen »zivilen« und Wehrmachtslieferungen jedoch 1943 und 1944. Der Anteil der Wehrmachtslieferungen erhöhte sich 1943 auf 33,5 Prozent und ein Jahr später gar auf 49,5 Prozent des Gesamtumsatzes. Nicht nur erfuhr der für »Lohnarbeit« erreichte Wert

---

[102] Ebd.

[103] Daß auch diese Lieferungen zu einem großen Teil den rüstungsrelevanten Industrien zugute kamen, sollte nicht außer acht gelassen werden. Der Anteil der »indirekten Wehrmachtsaufträge« an den unter dem »zivilen Sektor« subsumierten Verkäufen läßt sich aber nicht bestimmen. Vgl. Schitag-Bericht, der - im Gegensatz zum Rieger-Gutachten I - auf diesen Punkt hinwies. StAL, EL 902/20 Bü 37/17/7952.

[104] Rieger-Gutachten I. StAL, EL 902/20 Bü 37/1512677.

[105] Auftragsgliederung, Stand 15.11.1942. WABW, Bestand Fortuna, Ordner: U-Z. Danach auch das Folgende.

1944 eine Steigerung auf über 1,4 Mio. RM, auch die Lieferung von Flugzeug- und U-Bootteilen sowie von Raketenteilen erhöhte sich auf rund 2,5 Mio. RM.[106] Entsprechend beurteilte man im Geschäftsbericht 1943 die Aussichten für das folgende Jahr. Die »weitere Steigerung des Anteils der Rüstungsfertigung an unserer Gesamtkapazität« werde »laufend betrieben«, und in dem Maße, in dem Kapazität »durch Fehlen wichtiger Aufträge auf Produktionsmittel frei« werde, komme »Rüstungsendfertigung herein«.[107]

Auch in diesem Geschäftsbericht wurde auf den Zusammenhang zwischen der weiter rückläufigen Zahl an Facharbeitern sowie der im Gegenzug steigenden Zahl angelernter und ungelernter ausländischer Kräfte und dem »Zwang« zur Serienfertigung hingewiesen. Für einen Betrieb wie Werner & Pfleiderer, der traditionell über keine Großserien- oder gar Massenfertigung verfügte und eine personalintensive und von Fachkräften stark abhängige Fertigung betrieb, übte diese Personalsituation offensichtlich einen verstärkten Druck zur Einschränkung der Produktvielfalt aus. Der Entschluß, im Zuge der fortgesetzten »Konzentrierung (...) auf die unmittelbare und mittelbare Rüstung« die Fertigung von Maschinen und Öfen für die Lebensmittelindustrie mit dem Monat Oktober 1943 auslaufen zu lassen, wurde im Geschäftsbericht 1942 als »konsequente Einstellung auf die weiteren Kriegsnotwendigkeiten« bezeichnet.[108] Gleichwohl blieb nach den Berechnungen Otto Fahrs sowohl der Kleinbäckerei- als auch der Großbäckereimaschinenbau im Feuerbacher Stammwerk mit Aufträgen jeweils bis Ende 1943 »voll belegt«.[109] Dies war jedoch nur scheinbar ein Widerspruch. Denn die für 1943 prognostizierte generelle Produktionssteigerung der Abteilung Heeresgerätebau sollte nicht auf Kosten der anderen Bereiche gehen. Diese wollte man vielmehr in die besetzten Gebiete verlagern.[110] Für das Stammwerk wies der Geschäftsbericht 1943 deshalb folgerichtig einen allgemeinen Produktionsmittelrückgang - ausgenommen die Bereiche Hydraulik, Trockenofen sowie Reparatur- und Ersatzteillieferungen - aus. Zugleich wurde - im Vergleich zum Vorjahr - eine Verdoppelung der Wehrmachtfertigung festgestellt.[111] Produzierte das Stammwerk also vornehmlich für die Rüstung, bezogen die Abteilungen, welche die Lebensmittelindustrie belieferten, ihre Maschinen auch 1944 vorwiegend aus sogenannten »Verlagerungslieferungen«, das heißt man hatte die Produktion an andere Firmen vergeben.[112]

---

[106] Rieger-Gutachten I. StAL, EL 902/20 Bü 37/1512677.
[107] Geschäftsbericht für 1943. WABW, B 11, Bü 91.
[108] Geschäftsbericht für 1942. Ebd.
[109] Otto Fahr an Direktion, 19.5.1942. WABW, B 11, Bü 86.
[110] Otto Fahr an Direktion, 26.1.1943. Ebd.
[111] Geschäftsbericht für 1943. WABW, B 11, Bü 91; vgl. Rieger-Gutachten I. StAL, EL 902/20 Bü 37/1512677. Zur Trennung zwischen Eigenfertigung und den in den besetzten Gebieten hergestellten Erzeugnissen vgl. Otto Fahr an Direktion, 5.3.1941 und 10.3.1944. WABW, B 11, Bü 86.
[112] Otto Fahr an Direktion, 10.3.1944. WABW, B 11, Bü 86.

*Auch bei den Fortuna-Werken geht es aufwärts*

Im Gegensatz zu den Firmen Boehringer und Werner & Pfleiderer, für die das Jahr 1933 jeweils den wirtschaftlichen Tiefststand markierte, verzeichneten die Bad Cannstatter Fortuna-Werke bereits 1933 eine leichte Erholung. Ab 1934 stiegen die Umsätze dann ständig an.[113]

*Tabelle 5: Umsatzentwicklung Fortuna-Werke 1929-1944*

| Jahr | Mio. RM |
|---|---|
| 1929 | 3,4 |
| 1932 | 1,6 |
| 1933 | 2,1 |
| 1934 | 3,6 |
| 1939/40 | 7,1 |
| 1943/44 | 9,2 |

Diese Steigerung wurde vor allem mit Schleifmaschinen erzielt. Bereits 1929 war mit diesen Maschinen ein Umsatz von 1,3 Mio. RM erzielt worden, ein Drittel des Gesamtumsatzes. 1932 war der Absatz von Schleifmaschinen jedoch besonders tief auf 488 000 RM eingebrochen, doch bereits im folgenden Jahr konnte mit über 1,2 Mio. Jahresumsatz an die Vorkrisenumsätze angeknüpft werden. Ab 1934 wurde der Schleifmaschinenumsatz von 1929 dann klar übertroffen: Er stieg von 2,3 Mio. im Jahr 1934 auf über 5,8 Mio. 1941.[114] Schleifspindeln und die Meßtechnik brachten dem Unternehmen in der NS-Zeit ebenfalls steigende Umsätze, sie blieben aber deutlich unter denen, die mit Schleifmaschinen erzielt wurden.[115] Die gute wirtschaftliche Entwicklung des Unternehmes während der NS-Zeit schlug sich in steigenden Beschäftigtenzahlen nieder. Der Tiefststand vom Jahr 1932 mit knapp 300 Mitarbeitern konnte bereits im folgenden Jahr überwunden werden, 1942 wurden erstmals über 1000 Menschen beschäftigt.[116]

---

[113] Bericht vom 1.10.1936 und Zahlenmaterial für die Sitzung des Engeren Beirats der Fachgruppe Werkzeugmaschinen, 9.11.1938. WABW, Bestand Fortuna, Karton: Berichte TL; Betriebsrat an Spruchkammer II, Stuttgart, 12.1.1948. Archiv des Fortuna-Betriebsrates, Ordner: Fragebogen. Dieses Schreiben befindet sich auch in den Entnazifizierungsakten Lilienfeins. StAL, EL 902/20 Bü 37/17/6606.

[114] Zahlen für die Jahre ab 1942 liegen leider nicht vor, aber es ist davon auszugehen, daß diese Entwicklung anhielt. Bericht vom 1.10.1936 und Schreiben Theodor Lilienfeins, 2.2.1942. WABW, Bestand Fortuna, Karton: Berichte TL.

[115] Der Schleifspindel-Umsatz lag 1939 bei etwas über einer Mio. RM (Schleifmaschinen-Umsatz 4,8 Mio.), erreichte 1941 1,7 Mio. (Schleifmaschinen-Umsatz 5,8 Mio.) und ging 1944 auf rund 1,6 Mio. RM zurück. Der mit Meßgeräten erzielte Umsatz bewegte sich 1939 bei 200 000 RM und hatte sich 1941 bereits verdoppelt. Schreiben Theodor Lilienfeins, 2.2.1942. Ebd. und Zusatzblatt zur Aufstellung des Umsatzes des Zweigwerkes Losheim für 1944. Ebd., Ordner: ZW Losheim Schriftverkehr.

[116] Fortuna 1903-1953, S. 147. Danach auch die Angaben in der Tabelle.

*Tabelle 6: Belegschaftsentwicklung Fortuna-Werke 1929-1944*

| Jahr | Belegschaftszahl |
|---|---|
| 1929 | 486 |
| 1930 | 393 |
| 1931 | 310 |
| 1932 | 298 |
| 1933 | 351 |
| 1934 | 455 |
| 1935 | 696 |
| 1936 | 730 |
| 1937 | 775 |
| 1938 | 830 |
| 1939 | 882 |
| 1940 | 962 |
| 1941 | 999 |
| 1942 | 1009 |
| 1943 | 1258 |
| 1944 | 1094 |

Die Entscheidung, das Fortuna-Fertigungsprogramm auf zwei Hauptgruppen - auf die zur Schleiftechnik gehörenden Erzeugnisse, also Schleifmaschinen, Schleifspindeln und die Meßtechnik, sowie die traditionellen Maschinen wie die Lederschärf- oder die Ettiketiermaschinen - auszurichten, wurde bereits in den zwanziger Jahren getroffen.[117] Spätestens seit 1927/28 war klar, daß die hydraulisch angetriebenen Fortuna-Schleifmaschinen das neue Hauptprodukt werden würden. Während des Nationalsozialismus veränderte sich das Fertigungsprogramm insofern, als die Verschiebung der Produktion zugunsten der Schleifmaschinen, Schleifspindeln und der Meßtechnik im Laufe der NS-Herrschaft deutlich zunahm und ihren Höhepunkt während des Krieges erreichte. Damals wurden Schleifspindeln und Meßgeräte »in bis dahin unerreichten Stückzahlen gebaut«, während der Bau von Lederbearbeitungs- und Etikettiermaschinen als nicht kriegswichtig verboten wurde.[118] Diese Maschinen waren bereits in den Umsatzstatistiken der Vorkriegsjahre nicht mehr erschienen. Das bedeutet aber nicht, daß Fortuna auf diesem Gebiet nicht mehr innovativ gewesen wäre. 1935 wurde eine Kantenbrennmaschine für die Oberlederbearbeitung von Schuhen auf den Markt gebracht. Drei Jahre später brachte Fortuna eine weitere Lederbearbeitungsmaschine, die Bandmesser-Feinspaltmaschine, heraus. Während des Krieges als nicht kriegswichtig deklariert, war das Unternehmen dann allerdings von einem Herstellungsverbot der »Rapid«-Etikettiermaschine, der Feinspalt- und der Kantenbrennmaschine betroffen,[119] wäh-

[117] Vgl. Kapitel I.2.
[118] Fortuna 1903-1953, S. 125.
[119] Wer dieses Verbot in diesem Fall ausgesprochen hatte, geht aus den Unterlagen nicht hervor. Zu Herstellungsverboten im Rahmen der Typisierung vgl. S. 210-218, 259-274.

rend für die Produktion der »Fortuna«-Schärfmaschine immerhin noch eine monatliche Höchstziffer zugestanden wurde. So wurden während der 25 Jahre zwischen 1928 und 1953 lediglich 12 000 Lederschärfmaschinen hergestellt, während in dem um zehn Jahre kürzeren Zeitraum von 1913 bis 1928 noch 13 000 Maschinen das Werk verlassen hatten.[120]

Während des Krieges wurde also der überwiegende Teil der Fertigungskapazität des Unternehmens für die Schleifmaschinenherstellung genutzt. Als in den ersten Kriegsjahren eine Fortuna-Konstruktion auf dem Gebiet der Meßtechnik auf das besondere Interesse der Wehrmacht stieß, kamen erste räumliche Probleme auf. In das Blickfeld der militärischen Stellen war ein ab 1939 serienmäßig hergestelltes automatisches Meß- und Steuergerät (späterer Name »Finitor«) geraten, das die Steuerung des gesamten Schleifvorganges ermöglichte und dadurch subjektive Fehler des Maschinenbedieners weitestmöglichst ausschaltete. Durch diese »aufsehenerregende Neuerung«[121] war die Massenfertigung von Präzisionsteilen auch durch angelernte Arbeitskräfte möglich, der Materialverschleiß wurde minimiert, und dadurch, daß zwei Maschinen gleichzeitig von einer Arbeitskraft bedient werden konnten, wurden überdies Arbeitskräfte eingespart. Wegen des großen Interesses des Militärs an diesem Steuergerät wurden bei Fortuna ab Dezember 1941 Pläne diskutiert, die Schleifspindelproduktion nach Losheim[122] zu verlagern, um die dadurch frei werdende Kapazität im Stammwerk zusätzlich für die Herstellung des Meß- und Steuergerätes einzusetzen. Da die Verlagerung mit einem Fabrikneubau verbunden war, der erst im Juni 1943 fertiggestellt werden konnte, war Fortuna in der Zwischenzeit nicht in der Lage, die steigende Nachfrage nach Meßgeräten zu befriedigen. Im Juni 1942 hieß es, momentan könnten lediglich monatlich drei bis vier Meßgeräte ausgeliefert werden, obwohl bereits Bestellungen für 80 Geräte vorlägen.[123] Nachdem das neue Gerät außerdem in verschiedenen Fachzeitschriften vorgestellt worden war, schnellte die Zahl der Anfragen nochmals in die Höhe.[124] Um die Notwendigkeit einer schnelleren Abwicklung des Baugesuches in Losheim zu unterstreichen, wandte sich Theodor Lilienfein, der Kaufmännische Direktor der Fortuna-Werke, mehrfach an einen Professor der Technischen Universität Berlin, der zugleich Mitarbeiter des Heereswaffenamtes war,[125] und fand in ihm einen engagierten Förderer. »Vom Standpunkt der Rationalisierung des Messens muß ich allergrößten Wert auf diese Einrichtung legen«, schrieb dieser im Juli 1942 an die Maschinen-Beschaffungsstelle beim Reichsministerium für Bewaffnung und Munition.[126] Ab Ende 1943 sollten

[120] Fortuna 1903-1953, S. 45f, 121, 125.

[121] Ebd., S. 120.

[122] In dem in der Nähe von Trier gelegenen Ort sollte Fortuna ab 1942 eine Lehrwerkstatt übernehmen. Dazu ausführlich S. 100ff.

[123] TL an Prof. Dr.-Ing. Otto Kienzle, 8.6.1942. WABW, Bestand Fortuna, Ordner: Schriftverkehr Zweigwerk Losheim.

[124] TL an Otto Kienzle, 17.8.1942. Ebd.

[125] Otto Kienzle war Mitarbeiter des Referates WAChefIng6 (Fabrikationsgruppe Werkzeugmaschinen, Lehren und Werkzeuge). Zur Organisation des Heereswaffenamtes vgl. Müller, Mobilisierung, S. 560.

[126] Otto Kienzle an Maschinen-Beschaffungsstelle, 11.7.1942. WABW, Bestand Fortuna, Ordner: Schriftverkehr des Zweigwerkes Losheim.

monatlich zunächst 24 Geräten gefertigt werden, nach einem halben Jahr, so die Planungen, sollte sich die Zahl bereits verdoppelt haben.[127]

*Das Exportgeschäft - eine »nationale Pflicht«?*

Wenngleich also auch bei den Fortuna-Werken der wirtschaftliche Aufschwung in erster Linie von der hohen Binnennachfrage getragen wurde, spielte dennoch das Exportgeschäft für das Unternehmen zumindest in den Anfangsjahren der NS-Herrschaft eine wichtige Rolle. Zwar sank der prozentuale Anteil der Ausfuhr am Gesamtumsatz nach und nach von 75 Prozent 1932 auf knapp 50 im Jahr 1933 und 1934 sogar auf 25 Prozent. In den beiden folgenden Jahren wurden jedoch bereits wieder rund 30 Prozent des Umsatzes durch Export erzielt.[128] Am Ausfuhrgeschäft hielt das Unternehmen selbst dann fest, als es feststellen mußte, daß für den hinter den Erwartungen zurückgebliebenen Gewinn des Geschäftsjahres 1935 auch der Export verantwortlich war. Denn trotz einer Steigerung des Gesamtumsatzes um 26 Prozent von 3,6 im Jahr 1934 auf knapp 4,5 Mio. RM im Folgejahr sowie des prozentualen Exportanteils von 24 (880 000 RM) auf 30 Prozent (1,3 Mio. RM),[129] kam Theodor Lilienfein zu dem Schluß, daß infolge »der ungenügenden Preise, die im Ausland im Wettbewerb gegen Konkurrenten aus Ländern mit entwerteter Währung nur erzielbar« seien, sich jegliche Exportsteigerung »mindernd auf den Gesamtumsatz« auswirke.[130] Diese Feststellung galt auch für die ersten fünf Monate des Jahres 1936, in denen der Gesamtumsatz und der Export gegenüber dem Vergleichszeitraum 1935 zwar jeweils um rund 50 Prozent zugenommen hatten, davon aber nach Einschätzung Lilienfeins »ca. die Hälfte ertragloser Export« war.

Dieser Ertragseinbruch im Auslandsgeschäft war kein Einzelproblem der Fortuna-Werke. Die deutsche Wirtschaft hatte zwar zwischen 1929 und 1932 beträchtlich davon profitiert, daß der durch die Weltwirtschaftskrise bedingte Preisverfall bei Importgütern erheblich größer gewesen war als der Rückgang bei den Exportwaren.[131] Seit 1933 hatte sich jedoch die Lage am Weltmarkt grundlegend geändert. Während der Preisverfall der Ausfuhrprodukte weiter anhielt, stabilisierten sich die Einfuhrpreise oder stiegen sogar stark an.[132] Trotz Preisverfalls werde und müsse sein Unternehmen aber das in »weitaus den meisten Fällen keinen Ertrag« bringende Exportgeschäft allein »im Interesse der Devisenbeschaffung zur Sicherung der Rohstoffversorgung« durchführen, so das Fazit Lilienfeins 1935.[133] Wenngleich er damit die offizielle nationalsozialistische Propanganda wiedergab, wonach der Vierjahresplan eine

---

[127] Schreiben eines Fortuna-Mitarbeiters an das Büro des BfM, 25.6.1943. Ebd.
[128] Bericht vom 1.10.1936. WABW, Bestand Fortuna, Karton: Berichte TL.
[129] Ebd.
[130] Bericht über das Geschäftsjahr 1935. Ebd. Dort auch das folgende Zitat.
[131] Statistisches Handbuch von Deutschland 1928-1944, hrsg. vom Länderrat des Amerikanischen Besatzungsgebietes, München 1949, S. 392.
[132] Vgl. Petzina, Autarkiepolitik, S. 30ff. und 110ff.
[133] Bericht vom 1.10.1936. WABW, Bestand Fortuna, Karton: Berichte TL. Dort auch das folgende Zitat.

Maßnahme zur Überwindung der Devisenkrise sei, erklärt dies das Festhalten des Unternehmens am Export dennoch nicht hinreichend. Denn die exportwillige Firma konnte sich zwar auf die offizielle Wirtschaftspolitik des NS-Regimes berufen, das Mitte der dreißiger Jahre angesichts negativer Handelsbilanzen und einer drohenden Devisenkrise die Unternehmen verstärkt zum Export aufrief, sie verfolgte damit aber auch eigene Interessen. Als Firma, die »von allen deutschen Schleifmaschinenfabriken weitaus den größten Export« hatte und »auf den Weltmärkten als (...) Hersteller der besten deutschen Schleifmaschinen anerkannt« war, hätte ein Rückzug aus dem Auslandsgeschäft den Verlust bedeutender Marktanteile bedeutet. Dazu war man bei Fortuna trotz glänzender Absatzmöglichkeiten im risikoärmeren Inlandsgeschäft offensichtlich nicht bereit. Vielmehr gelang es 1936 und 1937, den Exportumsatz absolut zu steigern: 1936 erzielte das Unternehmen bei einem Gesamtumsatz von über 6,1 Mio. 1,8. Mio. durch Export, 1937 war das Ausfuhrgeschäft mit 2,4 Mio. am Gesamtumsatz von 6,7 Mio. RM beteiligt.[134] Hierbei profitierte die Firma zweifellos von der sich seit Ende 1936 vergrößernden Weltnachfrage nach Investitionsgütern, so daß sich nach Jahren beinahe stagnierenden Welthandels die Exportmöglichkeiten für Deutschland als einem der bedeutendsten Lieferanten von Maschinen und Ausrüstungen stark verbesserten.[135]

Um so größer war die Empörung bei den leitenden Herren über die immer wieder gemachte Beobachtung, daß exportwillige Betriebe wie die Fortuna-Werke bei Inlandsaufträgen gegenüber Konkurrenten, die ganz auf die Binnennachfrage setzten und wenig oder gar nicht exportierten, vornehmlich wegen der längeren Lieferzeiten den kürzeren zogen. Die Benachteiligung der Exportindustrie bei der Vergabe von Inlandsaufträgen brachte sie gegen die NS-Wirtschaftspolitik auf. Die Unternehmensleitung versuchte, mit Beschwerdebriefen und persönlichen Unterredungen im Reichswirtschaftsministerium auf diese Situation aufmerksam zu machen und für Abhilfe zu sorgen.

Nach einem entsprechenden Schreiben Lilienfeins an das Reichswirtschaftsministerium vom März 1935 hatte dieses zwar die Wirtschaftsgruppe Maschinenbau und das Kriegsministerium darauf hingewiesen, daß Auslandsaufträge gegenüber allen Inlandsaufträgen Vorrang hätten. Es änderte sich jedoch nichts. Deshalb schlug der Kaufmännische Direktor in mehreren Verhandlungen mit dem Reichswirtschaftsministerium ein geradezu planwirtschaftlich anmutendes Verfahren vor: Über die Reichsgruppe Industrie sollten alle Wirtschaftsgruppen und Mitglieder gebeten werden, bei exportbedingten Verzögerungen von Inlandsgeschäften die Besteller aufzufordern, bei den zuständigen Behörden zu intervenieren, um für ihren Auftrag eine kürzere Lieferfrist offiziell zugewiesen zu bekommen. Den Kampf um die knappen Produkte wollte Lilienfein also den Kunden überantworten und von den Behörden entscheiden lassen.[136] Dieser

---

[134] Zahlenmaterial für eine Sitzung des Engeren Beirats der Fachgruppe Werkzeugmaschinen, 9.11.1938. WABW, Bestand Fortuna, Karton: Berichte TL.
[135] Vgl. Petzina, Autarkiepolitik, S. 110.
[136] Bericht vom 24.10.1935. WABW, Bestand Fortuna, Karton: Berichte TL.

Plan des Kaufmännischen Direktors, seine Unternehmenspolitik offiziell sanktioniert und zudem schriftlich bestätigt zu bekommen, daß die Firma Fortuna in Übereinstimmung mit den Zielen des NS-Regimes handelte, offenbart das Dilemma der Betriebsleitung. Wie konnte bei steigender Binnennachfrage und langen Lieferzeiten das Exportgeschäft nicht nur auf dem bestehenden Niveau gehalten, sondern möglichst noch ausgebaut werden, ohne dadurch wichtige Inlandskunden zu verlieren? In einem internen Bericht vom Oktober 1936 wurde unter dem Punkt »Wirkungen des Einsatzes für den Export« auf die praktischen Folgen aufmerksam gemacht.[137] So habe die Firma Krupp-Gruson in Magdeburg »wegen einer durch die Hereinnahme von Exportaufträgen unvermeidbaren Lieferverzögerung von 6 Wochen« die Geschäftsbeziehungen zu den Fortuna-Werken abgebrochen, die Daimler-Benz AG wolle aus den gleichen Gründen in Zukunft von Maschinenbestellungen bei Fortuna ebenfalls absehen, die Mannheimer Hommel-Werke hätten Fortuna »Landesverrat« vorgeworfen, weil diese angeblich Aufträge aus Italien vorgezogen hätte, und die Mitteldeutschen Motorenwerke (Auto-Union) hätten gar die »vernünftige Einstellung eines anderen Lieferanten« gelobt, der erklärt habe, »er habe Verständnis dafür, daß die Aufträge der Mitteldeutschen Motorenwerke wichtiger seien als Exportaufträge«.

Mit einem Vertreter der letztgenannten Firma kam es im September 1935 wegen der angeblich »willkürlichen Verschiebung der Liefertermine«[138] auf seiten der Firma Fortuna zu einer heftigen Auseinandersetzung, die zu der Grundsatzfrage eskalierte, wessen Aufgabe nun in einem höheren Staatsinteresse liege. Die Ankündigung, von der Auto-Union seien wegen der Nichteinhaltung der vereinbarten Liefertermine keine weiteren Aufträge mehr zu erwarten, parierte man bei Fortuna zunächst mit dem Verweis auf das Reichswirtschafts- sowie das Luftfahrts- und Kriegsministerium, die ihnen bestätigt hätten, »daß Auslandsaufträge allen Inlandsaufträgen voranzustellen seien«. Sodann bat man um Verständnis für die Schwierigkeiten, die aufgrund der »wenig erfreulichen Sachlage« entstanden seien, »daß die kleinen Kunden infolge unserer langen Lieferzeiten zu einer günstiger liegenden Konkurrenz abschwenken, daß unsere großen Kunden, die auf lange Sicht disponieren können, durch die Überschreitung der Lieferzeiten verärgert werden und ebenfalls mit Entzug ihrer Kundschaft drohen und daß schließlich die Auslandskunden, durch deren Berücksichtigung die Termine für die Inlandskunden nicht eingehalten werden können, uns infolge der günstiger anbietenden amerikanischen und englischen Konkurrenz nur Preise bewilligen können, mit denen wir nicht einmal unsere Gesamtselbstkosten zu decken in der Lage sind«. Der daraufhin vom Vertreter der Auto-Union vorgebrachte Einwand, andere Werkzeugmaschinenfabriken hätten eine andere Einstellung und bevorzugten Inlandsaufträge, bestätigte in den Augen der Fortuna-Herren ihre leidvolle Erfahrung, daß »nämlich eine

---

[137] Bericht vom 1.10.1936. Ebd. Dort auch die folgenden Zitate.
[138] Bericht über den Besuch des Direktors S. von der Firma Auto-Union AG am 23.9.1935. Ebd. Dort auch die folgenden Zitate.

große Anzahl deutscher Werkzeugmaschinenfabriken es vorziehen, den gut bezahlten Inlandsbedarf zu decken und die mühsame, Zeit und Geld kostende Förderung des ungenügenden Erlös bringenden Exports den ihrer Ansicht nach Dummen überlassen, die die nationalen Interessen ihren eigenen voranstellen«. Die Anschuldigung des Auto-Union-Vertreters, gerade die Firma Fortuna sei es doch, die ihn daran hindere, »seine nationale Pflicht zu tun«, parierten die Fortuna-Herren mit dem Verweis auf Berlin. Nur dort könne entschieden werden, wessen »nationale Pflicht« in einem höheren Staatsinteresse liege. Dieser Streit läßt erkennen, wie sich der Widerspruch zwischen der Privilegierung rüstungswichtiger Industrien durch die NS-Wirtschaftspolitik und den wirtschaftspolitischen Zielen von Reichswirtschaftsminister Schacht[139] auf die betroffenen Unternehmen auswirkte. Wenngleich wegen fehlender Unterlagen nicht geklärt werden kann, wie der geschilderte Streitfall letztlich ausging, scheint doch der Verlauf der Auseinandersetzung mit dem Vertreter der Auto-Union durchaus typisch gewesen zu sein. Beide Seiten reklamierten für sich, ihre »nationale Pflicht« zu erfüllen und von der jeweils anderen Partei daran gehindert zu werden. »Berlin« sollte deshalb auf Vorschlag der Fortuna-Geschäftsleitung die Funktion eines Schiedsrichters übernehmen.

Die langen Lieferfristen, die sich vor allem bei einer besonders stark nachgefragten Schleifmaschinentype (LSE 300) ergaben, waren auch in den folgenden Jahren Anlaß zu Ausseinandersetzungen zwischen der Firma Fortuna und ihren Kunden und deren Auftraggebern. Konnten Maschinen, die 1935 bestellt wurden, in der Regel noch im selben Jahr, spätestens aber 1936 ausgeliefert werden, war bei Bestellungen in den Jahren 1937 und 1938 erst zwei bis drei Jahre später mit der Lieferung zu rechnen.[140] Ende 1938 notierte Theodor Lilienfein für eine Sitzung des Engeren Beirates der Fachgruppe Werkzeugmaschinen einige »Bemerkungen zu den verschiedenen Maßnahmen, durch welche die (...) Werkzeugmaschinenindustrie veranlaßt werden soll, ihre Leistungen noch weiter zu steigern«.[141] Der Bevollmächtigte für die Maschinenproduktion (BfM) habe beispielsweise von seinem Unternehmen bereits zweimal für zwei Maschinen eine Lieferzeitverkürzung verlangt, da sie zur Produktionsausweitung der Bestellerfirmen dringend benötigt würden. Man habe ihm geantwortet, dies sei nur dann möglich, wenn im Gegenzug die Bestellung eines anderen Inlandskunden zurückgestellt würde. Daraufhin sei der BfM an die Firma Bosch herangetreten, die aber nun wiederum der Firma Fortuna bittere Vorwürfe mache, daß ausgerechnet eine von ihr bestellte Maschine von Fortuna als für eine Rückstellung in Frage kommend gemeldet worden sei. Derartige Aufforderungen, »vereinbarte Liefertermine abzukürzen, weil es sich um wichtige Aufträge für die Wehrmacht oder den Export« handle, häuften sich gerade in der letzten Zeit, so Lilienfein weiter. Der Erfolg dieser Vorstöße nehme sich

[139] Vgl. Petzina, Autarkiepolitik, S. 109f.

[140] Verzeichnis der bereits gelieferten und noch zu liefernden Maschinen. WABW, Bestand Fortuna, Karton: Berichte TL.

[141] Zahlenmaterial für die Sitzung des Engeren Beirats der Fachgruppe Werkzeugmaschinen, 9.11.1938. WABW, Bestand Fortuna, Karton: Berichte TL. Dort auch die folgenden Zitate.

dann aber eher bescheiden aus. Lilienfein konnte nur einen einzigen Fall nennen, bei dem der umfangreiche Briefwechsel, der daraufhin mit all diesen Stellen und Firmen geführt werden mußte, bewirkt hatte, daß eine Maschinenbestellung vorgezogen und dafür eine andere zurückgestellt worden war. In diesem einen Fall waren noch einmal mindestens sechs Briefe und die Einschaltung des Reichsluftfahrtministeriums nötig gewesen, nur um die von der Rückstellung ihrer Bestellung betroffene Firma dazu zu bewegen, die Entscheidung anzuerkennen.

Diese überhandnehmende und letztlich doch meist erfolglose Korrespondenz empörte Lilienfein, da sie die Verkaufsleitung der Fortuna-Werke »unverhältnismäßig stark« belaste. Dem BfM riet er, seine Bemühungen um Produktionssteigerung besser einzustellen, sollte er nicht in der Lage sein, hierfür einen anderen Weg als das Feilschen um Lieferzeitverkürzungen zu finden. »Es muß endlich in Berlin eindeutig festgelegt werden, welche Erzeugergruppen vordringlich zu beliefern sind, und welche zurückgestellt werden dürfen«, forderte Lilienfein. Sofern »eine diesbezügliche Untersuchung ergeben sollte, daß es keine Erzeugergruppe gibt, die zurückgestellt werden kann, weil jede direkt oder indirekt an den wichtigsten Aufgaben, nämlich dem Export, der Rüstung oder dem Vierjahresplan arbeitet, so ist eine Stelle zu bestimmen, an die Anträge wegen bevorzugter Belieferung mit bestimmten Maschinen zu richten sind, und allen übrigen Stellen wie auch der Industrie selbst zu verbieten, sich direkt an den Erzeuger zu wenden«. Damit wiederholte Lilienfein seine bereits 1935 vorgebrachte, offensichtlich jedoch ohne greifbaren Erfolg gebliebene Forderung, den Maschinenbestellern zu untersagen, sich wegen Lieferzeitverkürzungen direkt an die Maschinenhersteller zu wenden. Nach wie vor versprach er sich davon eine spürbare Entlastung auch seines Unternehmens: »Dadurch könnten die heute für diesen völlig wertlosen, dabei aber zeitraubenden und kostspieligen Briefwechsel verschwendeten Kräfte für erfolgversprechendere Bestrebungen, sei es die Förderung des Exportes, sei es die Rationalisierung der eigenen Erzeugung eingesetzt werden.«

Zu Beginn des Jahres 1941 gab das Thema Export wiederum Anlaß zur Klage, als per Rundschreiben der Vorprüfstelle Werkzeugmaschinenbau vom 2. Januar den Herstellern von sogenannten Engpaßmaschinen - Maschinen also, bei denen die Binnennachfrage größer war als das Angebot - vorläufig verboten wurde, Bestellungen aus dem Ausland anzunehmen. In einer schriftlichen Stellungnahme äußerte Lilienfein die Vermutung, daß dieses - offensichtlich nicht für die Sowjetunion geltende - Verbot »zur Befriedung der Russenforderungen« erlassen wurde, um durch die Verwendung der bei einzelnen Unternehmen ruhenden »Exportreserven« die Maschinenbestellungen aus der UdSSR termingerecht erfüllen zu können.[142] Zugleich gab er der Befürchtung Ausdruck, daß

[142] Stellungnahme von TL, 9.1.1941. WABW, Bestand Fortuna, Karton: Berichte TL. Danach alle folgenden Angaben und Zitate. Allein bei dieser Firma belief sich der zu Beginn des Jahres 1941 errechnete Bestand an Aufträgen aus der UdSSR auf über 1,2 Mio. RM. Verglichen mit dem Vorjahr war dies eine Zunahme um knapp 1 Mio. RM. Bedingt durch den Überfall des nationalsozialistischen Deutschlands auf die Sowjetunion im Juni 1941 sank das

sein Unternehmen dadurch eine große Beeinträchtigung des Exportgeschäftes werde hinnehmen müssen und die ausländischen Kunden vergällt werden könnten. Wie, so fragte Lilienfein, solle man das Verbot, ein Angebot zu unterbreiten, dem Auslandskunden gegenüber begründen? Er ging davon aus, daß viele Werkzeugmaschinenhersteller lediglich schrieben, ihnen sei die Hereinnahme von weiteren Aufträgen verboten worden, obwohl, wie er annahm, es doch sicherlich sehr fraglich sei, ob die auf diesem Wege erfolgende Information der Auslandskunden über den Inhalt des Rundschreibens »wünschenswert« sei. Sein Unternehmen tarnte deshalb die Absage besser. Um die ausländischen Kunden von einer Bestellung abzuhalten, teilte die Firma Fortuna diesen mit, daß aufgrund eines sehr hohen Auftragsbestandes mit Lieferzeiten von bis zu drei Jahren gerechnet werden müsse. Prinzipiell bereit, den politischen Vorgaben zu entsprechen und den Export von bestimmten Maschinen vorläufig einzustellen, war Lilienfein dennoch um Schadensbegrenzung bemüht. Er schlug vor, das zeitlich unbegrenzte »Totalverbot«, von dem die Sowjetunion offenbar ausgenommen war, durch ein auf die nächsten eineinhalb Jahre befristetes Verbot zu ersetzen. In dieser Zeit könnten die »Russenforderungen« befriedigt werden, und man müßte die übrigen Auslandskunden »nicht gar so heftig vor den Kopf stoßen«.

Überhaupt sollte die UdSSR nach Ansicht Lilienfeins ihren Bedarf an Engpaßmaschinen vornehmlich bei den Unternehmen decken, welche für das Jahr 1941 noch über einen hohen Anteil an unverkaufter Produktion verfügten und bei Inlandsaufträgen Lieferzeiten von wenigen Monaten in Aussicht stellen konnten. Denn diese Unternehmen produzierten in der Regel Werkzeugmaschinen minderer Qualität, und es gelte doch zu verhindern, daß »ein unverhältnismäßig großer Teil der Erzeugung der Spitzenfirmen im Werkzeugmaschinenbau nach Rußland geht, während sich die deutsche Rüstungsindustrie und die zu einem großen Teil für sie arbeitende Industrie des Auslandes mit den Erzeugnissen der Hersteller von Werkzeugmaschinen 2. und 3. Qualität begnügen« müßten. Deren wegen minderer Qualität »unverkaufte Kapazität« sollte, so Lilienfeins Plädoyer, »ausschließlich den Russen zugeteilt werden (...), weil die Zweitklassigkeit ihrer Erzeugung dort am wenigsten ins Gewicht« falle und der Ruf der deutschen Werkzeugmaschinenindustrie dann wenigstens nur auf einem Absatzmarkt Schaden nehmen könnte.

Die gleichzeitig mit dem Exportverbot für Engpaßmaschinen 1941 erstmals verfügte Festsetzung einer Exportquote für jedes Unternehmen stieß beim Kaufmännischen Direktor Lilienfein ebenfalls auf Skepsis. Nicht nur sei diese Maßnahme »reichlich spät«, zu einem Zeitpunkt, wo für das gesamte Jahr bereits disponiert gewesen sei, erlassen worden. Er befürchtete auch und vor allem erneut Schwierigkeiten mit den Auslandskunden, sollte die den Fortuna-Werken zugestandene Quote niedriger sein als der Anteil der bereits hereingenommenen Auslandsaufträge. In diesem Fall, so Lilienfein, könnten sich die

---

Auftragsvolumen im ersten Halbjahr 1942 auf rund 165 000 RM ab. Einen ähnlich hohen Auftragsbestand aus der UdSSR hatte 1941 auch die Firma Boehringer. Vgl. S. 51.

Konkurrenzunternehmen im Gegensatz zu seiner Firma abermals als »ehrbare Kaufleute« präsentieren, die nur soviele Aufträge annähmen, wie sie liefern könnten. Die für das Jahr 1942 neu festgelegte Exportquote bedeutete für das Unternehmen nicht nur eine Reduzierung ihrer Quote auf sechs Prozent ihres Umsatzes, vorgeschrieben wurde nun auch, daß es ein Drittel des Ausfuhrgeschäftes im ersten Halbjahr und zwei Drittel im zweiten Halbjahr 1942 abzuwickeln hatte. Nachdem die Fortuna-Werke trotz dieser Vorgaben gehäuft Exportaufträge bereits im ersten Vierteljahr erfüllt hatten, griff der Sonderausschuß Werkzeugmaschinen »strafend« ein, indem er mehrere Maschinen beschlagnahmte. Gegen die ungleiche Verteilung der Exportaufträge auf das Jahr und der daraus resultierenden zusätzlichen Behinderung der Exportindustrie kündigte Lilienfein 1942 den Widerspruch seiner Firma an.[143] Gegen die abermalige Senkung der Exportquote im Jahr 1943 auf nur noch 4 Prozent des Umsatzes war er jedoch machtlos.[144]

Weder bei der Firma Boehringer noch bei den Fortuna-Werken - so läßt sich zusammenfassen - zog der Wandel von der Friedens- zur Kriegswirtschaft eine produktionstechnische Programmänderung nach sich. Auch im Krieg bildeten die traditionellen Erzeugnisse die Grundlage der Fertigung. Dennoch waren beide Unternehmen intensiv in die Rüstungsproduktion einbezogen. Da ihre Werkzeugmaschinen zivil und militärisch genutzt werden konnten, war es ihnen möglich, sich am Rüstungsgeschäft zu beteiligen, zugleich aber für das Friedensgeschäft gerüstet zu bleiben. Dies zeigt das Engagement Rolf Boehringers und Theodor Lilienfeins für die Aufrechterhaltung ihres Exportgeschäftes. Für das dritte Unternehmen, Werner & Pfleiderer, gilt dieses Fazit hingegen nur begrenzt. Zwar wird auch hier das Bemühen der Firmenleitung deutlich, Stammproduktion und Rüstungsgeschäft miteinander in Einklang zu bringen. Wesentlich stärker als die beiden Werkzeugmaschinenhersteller wurde jedoch Werner & Pfleiderer mit branchenfremder Fertigung - Flugzeug-, U-Boot- und Raketenteile - belegt. Unterschiede lassen sich auch in anderer Hinsicht erkennen. Die Beschränkung des Fertigungsprogrammes auf einige wenige Werkzeugmaschinen, um diese in Serienfertigung herzustellen, war bei den Firmen Boehringer und Fortuna bereits in den zwanziger Jahren vorgenommen worden. Sie waren deshalb kaum zur Umstellung genötigt, als das Scheitern der Blitzkriegstrategie 1942 die Umstellung der Rüstungsproduktion auf standardisierte Serien und eine Typenreduktion nach sich zog. Dagegen sah sich die auf Einzelanfertigung spezialisierte Firma Werner & Pfleiderer mit ihrem breit gefächerten Produktangebot von der Politik der Typenreduzierung im Krieg sehr viel stärker betroffen. Der wachsende Ausfall von Facharbeitern zwang den Betrieb, zumindest im Stammwerk die Einzelanfertigung so gut wie ganz aufzugeben und vorrangig in Reihen und Serien zu produzieren, um nicht vom Einsatz hochqualifizierter Arbeiter abhängig zu sein. Das Verbot, Ma-

---

[143] T.L., 2.2.1942. WABW, Bestand Fortuna, Karton: Berichte T.L.

[144] Antwortschreiben der Fachgruppe Werkzeugmaschinen, 8.12.1942. WABW, Bestand Fortuna, Karton: Vorstandsangelegenheiten, Papiermappe »Verbände usw.«.

schinen und Öfen für die Lebensmittelindustrie im Stammwerk herzustellen, mußte den Betrieb in seiner Substanz treffen. Doch auch hier ließen sich die Folgen abmildern, da schon zuvor der Hauptteil dieser Produktion an Betriebe in den besetzten Westgebieten verlagert worden war. Nach 1945 kehrte man zur traditionellen Einzelfertigung zurück. Die verstärkte Reihenproduktion scheint also nur ein kriegsbedingtes Intermezzo gewesen zu sein.[145]

## 3. Die Firma Werner & Pfleiderer: ein Unternehmen mit »Feindkapitalanteil«

Im Unterschied zu den beiden Betrieben Boehringer und Fortuna, die sich in deutschem Besitz befanden, war an der Firma Werner & Pfleiderer ein britisches Unternehmen beteiligt. Seit 1927 hielt Baker Perkins Ltd. die Mehrheit des Gesamtkapitals.[146]

Erste Überlegungen, die Beteiligung an der britischen Firma bei gleichzeitiger Liquidierung ihrer Stammkommanditeinlage aufzulösen, stellte man bei Werner & Pfleiderer bereits im Juli 1937 an. Vor allem Richard Werner befürchtete, daß die »Auslandsbeteiligung« seines Unternehmens unter Umständen »trotz aller Vorsichtsmaßnahmen vom Deutschen Reich beschlagnahmt werden könnte«. Hingegen spreche die Dividendenausschüttung, »die uns bei schlechtem Geschäftsgang in CH. [Cannstatt] und bei Änderung des Währungsverhältnisses der Mark sehr wilkommen sein« könnte, für eine Aufrechterhaltung ihres Engagements, so sein zwiespältiger Befund.[147] Otto Fahr sprach sich zu diesem Zeitpunkt strikt gegen eine Liquidierung der gegenseitigen Kapitalbeteiligung aus. Das Engagement der Firma Werner & Pfleiderer an dem englischen Unternehmen liege nicht nur »im gesamtdeutschen volkswirtschaftlichen Interesse«, so sein Standpunkt, es sei zudem eine »sichere Anlage bei der sehr gut fundierten englischen BP [Baker Perkins] Ltd. mit ihren kapital- und ertragsmäßig eingeschlossenen Anteilen am nordamerikanischen Markt«. Außerdem machte er geltend, daß selbst bei einer gegenseitigen Aufhebung der Beteiligung in der Form, wie es die »Kriegsklausel«[148] vorsah, das britische Unternehmen weiterhin - lediglich in vermindertem Umfang - bei Werner &

---

[145] Gespräch mit Johannes Werner am 8.2.1995.

[146] Vgl. Kapitel I.2. Von der britischen Kapitalbeteiligung (5,4 Mio. RM, ab 1936 5,19 Mio. RM) waren zunächst 1,2 Mio., ab 1936 900 000 RM Stammkommanditeinlage und die restlichen 4,2 Mio. RM Vorzugskommanditeinlage. Damit hielt die Firma Baker Perkins Ltd. anfangs 65,8 Prozent, seit der Kapitalherabsetzung im Jahr 1936 69,2 Prozent des Gesamtkapitals bei dem deutschen Unternehmen. Im Gegenzug beteiligte sich die Firma Werner & Pfleiderer an dem englischen Unternehmen in Höhe von 60 000 Pfund. Vgl. Rieger-Gutachten I. StAL, EL 902/20 Bü 37/1512677.

[147] Dr. RW-Überlegungen, 3.7.1937. WABW, B 11, Bü 96.

[148] In die 1927 geschlossene Vereinbarung zwischen Werner & Pfleiderer und Baker Perkins Ltd. war eine »Kriegsklausel« aufgenommen worden, welche im Falle einer kriegerischen Auseinandersetzung zwischen den beiden Staaten die sofortige Auflösung der gegenseitigen Beteiligung mittels Aufrechnung von Stammkommanditeinlage gegen Aktien vorsah.

Pfleiderer beteiligt bliebe, das deutsche Unternehmen hingegen seine Anteile an der Firma Baker Perkins Ltd. vollständig aufgeben würde.[149] Darin sahen Otto Fahr und seine beiden Direktionskollegen eine »einseitige Benachteiligung« ihres Unternehmens.[150] Auch von britischer Seite kamen im Herbst 1937 und zu Beginn des Jahres 1938 entsprechende Vorschläge.[151] Letztlich blieb es aber beim Status quo. Erneut aktuell wurde die Frage der Liquidierung der gegenseitigen Beteiligung im September 1938, als die Kriegsgefahr in Zusammenhang mit der »Sudetenkrise« in greifbare Nähe gerückt war. Angesichts eines bevorstehenden Treffens mit dem Firmenchef von Baker Perkins Ltd. in Zürich zeigte man auf deutscher Seite Verständnis für die Besorgnis des britischen Partners. Sowohl Otto Fahr als auch Richard Werner äußerten die Ansicht, man müsse der Firma Baker Perkins Ltd. »eventuell entgegenkommen, um das Kapitalrisiko von Peterborough bei uns zu verringern«.[152] Man beschloß jedoch zunächst abzuwarten. Noch vor dem anberaumten Treffen war es Mitte September 1938 zur Unterredung Chamberlains mit Hitler in Berchtesgaden gekommen, deren Ergebnis auf den britischen Firmenchef offensichtlich einen beruhigenden Eindruck gemacht hatte. Denn als man sich in Zürich traf, sprach er die Vertragsänderung nicht an, und die Deutschen taten es auch nicht.

Bald darauf wurde jedoch aus dem britischen Partner ein Kriegsgegner, aus der britischen Kapitalbeteiligung das Engagement eines Feindes. Wie im Vertrag von 1927 festgelegt, führte der Kriegsbeginn automatisch zur Anwendung der »Kriegsklausel«, die für diesen Fall die Liquidierung der gegenseitigen Beteiligung vorsah. Am 5. September 1939 bewilligte die Fides-Treuhandvereinigung in ihrer Eigenschaft als eingetragene Kommanditistin die Herabsetzung der britischen Einlage um das auf 990 000 RM lautende Stammkapital, und wenige Tage später informierte die Schweizer Tochtergesellschaft von Werner & Pfleiderer (Wepe AG) das Stammwerk über die vollzogene Aushändigung der »shares« an die Firma Baker Perkins Ltd.[153] Übrig blieb jedoch eine Beteiligung des britischen Unternehmens an Werner & Pfleiderer in Form der Vorzugskommanditeinlage in Höhe von über vier Mio. RM.

Wie der NS-Staat feindliches Vermögen in Deutschland künftig behandeln würde, darüber herrschte bei der Firma Werner & Pfleiderer lange Unklarheit. Während in Großbritannien am 5. September 1939 der »Trading with the Enemy Act« erlassen wurde, der jeglichen Handel mit dem Feind verbot und das Handelsministerium ermächtigte, für feindlichen Besitz Verwalter zu bestellen,[154]

149 Stellungnahme Otto Fahr, 9.9.1937. WABW, B 11, Bü 96.

150 Ebd.; RW-Notiz, 24.9.1937. Ebd.

151 Für den britischen Betrieb war eine Herabsetzung sowohl der Stammkommandit- als auch der Vorzugskommanditeinlage denkbar. Da sich bei beiden Varianten wiederum eine einseitige Beteiligung der Firma Baker Perkins Ltd. an dem deutschen Unternehmen ergeben hätte, stieß der britische Vorstoß bei Werner & Pfleiderer auf einhellige Ablehnung. Vgl. RW-Notizen vom 22.10.1937 und 20.9.1938. Ebd.

152 RW-Notiz, 20.9.1938. Ebd.

153 Fides Treuhand-Vereinigung, Zürich, an WP-Direktion, 6.9.1939; Wepe AG an Firma Werner & Pfleiderer, 9.9.1939. Ebd.

154 Vgl. Arno Blum/Max Rosenbaum, The Law Relating to Trading with the Enemy, London 1940.

kam es in Deutschland bei Kriegsbeginn zu keiner gesetzlichen Maßnahme. Der Grund für diese »Abwartehaltung« lag in der vor allem vom Auswärtigen Amt vertretenen Haltung, Maßnahmen lediglich als Antwort auf entsprechende Schritte der Feindstaaten zu ergreifen.[155] Für die betroffenen Unternehmen bedeutete diese Position jedoch ein erhöhtes Maß an Unsicherheit. So erfuhr Richard Werner im Dezember 1939 eher zufällig von der Existenz eines nunmehr für »Ausländerbesitz« zuständigen Mitarbeiters im württembergischen Wirtschaftsministerium und von diesem wiederum lediglich, daß »die Ordnung der Angelegenheit beim Finanzministerium in Vorbereitung« sei und die Möglichkeit bestehe, daß bis »Ende des Jahres die Verordnung über das feindliche Vermögen« herauskomme.[156] Die umfassende Verordnung über die Behandlung des feindlichen Vermögens wurde im Januar 1940 vom Ministerrat für die Reichsverteidigung erlassen.[157] Demnach galten zwar unter anderen Großbritannien und Nordirland mit ihren überseeischen Besitzungen und Kolonien als feindliche Staaten, Unternehmen jedoch, die ihren Sitz oder ihre Hauptniederlassung im Inland oder in einem neutralen Staat hatten, waren keine Feinde im Sinne der Verordnung, auch wenn diese Firmen feindliche Kapitalanteile aufwiesen oder von »Feinden« geleitet wurden.[158] Den Zugriff auf diese Unternehmen ermöglichte jedoch der fünfte Abschnitt der Verordnung, wonach für Firmen, die im Inland ihren Sitz oder eine Niederlassung hatten, »zur Sicherstellung und Erhaltung des Vermögens ein Verwalter eingesetzt werden« konnte, »wenn das Unternehmen unmittelbar oder mittelbar unter maßgebendem feindlichen Einfluß« stand. In Zweifelsfällen hatte hier der Reichsjustizminister zu entscheiden.[159]

Für die von dieser Verordnung betroffene Firma Werner & Pfleiderer stellte Otto Fahr am 1. April 1940 beim württembergischen Oberfinanzpräsidenten (Devisenstelle) den Antrag, in der Jahresbilanz und den Firmenbüchern die Kommanditeinlage der Fides-Treuhandvereinigung um 990 000 RM herabsetzen zu dürfen und den Eintrag im Handelsregister entsprechend zu ändern. Ausführlich ging er auf die Gründe ein, die 1927 zur britischen Beteiligung geführt hatten, und versicherte, daß eine »Überfremdung der Firma Werner & Pfleiderer durch die englische Beteiligung (...) trotz der Höhe des englischen Kapitals durch entsprechende Gestaltung des Gesellschaftsvertrages sowie hin-

[155] Zur Vorgeschichte der Entscheidung zur Sequestration feindlichen Vermögens: Stephan Lindner, Das Reichskommissariat für die Behandlung feindlichen Vermögens im Zweiten Weltkrieg. Eine Studie zur Verwaltungs-, Rechts- und Wirtschaftsgeschichte des nationalsozialistischen Deutschland, Stuttgart 1991, S. 22-29.

[156] RW-Notiz, 13.12.1939. WABW, B 11, Bü 96.

[157] Verordnung über die Behandlung feindlichen Vermögens vom 15. Januar 1940. RGBL I, 1940, S. 191-195.

[158] Ebd., § 2 und 3.

[159] Zahlreiche Beispiele für betroffene Unternehmen bei Lindner, Reichskommissariat, S. 65-85; für die Adam Opel AG, eine Tochter von General Motors, vgl. Anita Kugler, Die Behandlung feindlichen Vermögens in Deutschland und die »Selbstverantwortung« der Rüstungsindustrie. Dargestellt am Beispiel der Adam Opel AG von 1941 bis Anfang 1943, in: 1999. Zeitschrift für Sozialgeschichte des 20. und 21. Jahrhunderts 3 (1988), Heft 2, S. 46-78.

sichtlich des Stimmrechtsverhältnisses, der Gewinnverteilung, wie der Organisation der Verwaltung und Leitung der Gesellschaft« von Anfang an ausgeschlossen gewesen sei. Außerdem habe die »englische Seite« nie »über Dinge, die im deutschen Interesse vor ihr geheimzuhalten waren, Auskünfte oder Berichte erhalten.« So sei beispielsweise jeder »wehrwirtschaftliche Auftrag (...) vor den englischen Mitgliedern des Verwaltungsrats mit peinlichster Sorgfalt geheimgehalten worden«. Da mit der der britischen Firma verbliebenen Vorzugskommanditeinlage kein Stimmrecht in den Gesellschafterversammlungen verbunden war und außerdem die beiden ihr vordem zugestandenen Sitze im Verwaltungsrat weggefallen waren, konnte Fahr abschließend feststellen, daß mit der nun vorgenommenen Streichung der Stammkommanditeinlage »vollends rechtlich und praktisch jede, auch die geringste Einflußnahme der Firma Baker Perkins ausgeschlossen« sei.[160]

Seinen Antrag hatte Otto Fahr gründlich vorbereitet. So hatte er bei einer Besprechung mit leitenden Mitarbeitern der Devisenstelle im Vorfeld die Punkte angesprochen, die in dem Antrag besonders geltend zu machen waren, um einen positiven Bescheid zu erhalten. Dazu zählte die vom britischen Unternehmen unabhängige und rein deutsche Geschäfsführung ebenso wie die strikte Geheimhaltung von Wehrmachtaufträgen gegenüber dem englischen Partner. Obwohl dem über den Antrag zu befindenden Oberfinanzpräsidenten letztlich der feindliche Einfluß bei Werner & Pfleiderer »*nicht* mehr als maßgeblich« erschien, hielt er dennoch die Einsetzung eines Verwalters für »unbedingt notwendig«.[161] Denn er sah ein Problem darin, daß die persönlich haftenden Gesellschafter, die Gebrüder Werner, »rechtlich und tatsächlich in der Lage« seien, »Verfügungen zu Lasten des feindlichen Vermögens zu treffen«, während Otto Fahr, »der die Gesellschaft (...) heute tatsächlich leitet«, dagegen »kein Einspruchsrecht« habe. Um das feindliche Vermögen sicherzustellen und zu erhalten, wie es die entsprechende Verordnung ausdrücklich formulierte, unterbreitete der württembergische Oberfinanzpräsident dem Reichswirtschaftsminister den Vorschlag, den ihm als »zuverlässig und vertrauenswürdig« bekannten Otto Fahr als Verwalter einzusetzen. Dieser Argumentation schloß sich der Reichskommissar für die Behandlung feindlichen Vermögens[162], an den das Schreiben zuständigkeitshalber weitergeleitet worden war, jedoch nicht an. Daß Werner & Pfleiderer als ein Unternehmen mit maßgeblichem feindlichen Einfluß zu betrachten sei, erschien dem Reichskommissar »zweifelhaft«.[163] Außerdem habe ihm die Leitung des deutschen Unternehmens mitgeteilt, daß ihr Betrieb »durch die Einrichtung einer Verwaltung insofern schwer geschädigt würde, als der von ihr immer bestrittene englische Einfluß nunmehr durch

---

[160] Otto Fahr an württembergischen Oberfinanzpräsidenten, 1.4.1940. BA/K, R 87/1177.

[161] Oberfinanzpräsident Württembergs, Devisenstelle, an Reichswirtschaftsminister, 22.4.1940 (Hervorhebung im Original). BA/K, R 87/1177. Dort auch das Folgende.

[162] Zur Einsetzung des Reichskommissars, seinen Aufgaben und Kompetenzen vgl. Lindner, Reichskommissariat, S. 48ff.

[163] Reichskommissar für die Behandlung feindlichen Vermögens an Oberfinanzpräsidenten Württembergs, 5.6.1940. BA/K, R 87/1177. Dort auch die folgenden Zitate.

staatlichen Hoheitsakt festgestellt und öffentlich bekannt gegeben würde«. Deshalb tendiere er eher dazu, von der Bestellung eines Verwalters abzusehen, sich aber in regelmäßigen Abständen von Otto Fahr »als Vertrauensperson« über »alle wichtigen Vorkommnisse« im Betrieb informieren zu lassen. Falls Schwierigkeiten auftreten sollten, sei die nachträgliche Umwandlung von Fahrs jetziger Stellung in die eines Verwalters jederzeit problemlos möglich.

Ende Juni 1940 wurde gemäß diesem Vorschlag entschieden. Die britische Kapitalbeteiligung wurde vom Deutschen Reich weder liquidiert noch konfisziert, auch wurde kein Verwalter bestellt. Otto Fahr mußte dem Reichskommissar vierteljährlich über die weitere Entwicklung des Unternehmens Bericht erstatten. Zudem bedurften grundlegende Maßnahmen - der Verkauf oder die Stillegung des Unternehmens oder von Unternehmensteilen, der Erwerb, Verkauf oder die Belastung von Grundstücken, wenn der Wert des Geschäftes 20 000 RM überstieg, Satzungsänderungen, Änderung der bestehenden Beteiligungsverhältnisse sowie Veränderungen von Konzern- oder Kartellbindungen - der Zustimmung des Reichskommissars. Fahr wurde auch verpflichtet, über Meinungsverschiedenheiten in der Geschäftsführung zu berichten und zwar insbesondere über Fälle, in denen »die persönlich haftenden Gesellschafter von ihrem Einspruchsrecht Gebrauch machen sollten« - hier schlug sich offensichtlich die Befürchtung des württembergischen Oberfinanzpräsidenten nieder.[164] Obwohl die Behörde des Reichskommissars im Normalfall dann eine Verwaltung anordnete, wenn die Hälfte des Kapitals oder mehr sich in Händen von Kriegsgegnern befand,[165] wich sie im Falle der Firma Werner & Pfleiderer von dieser Maßgabe ab. Durch die Auflagen war der Zugriff des NS-Regimes auf das deutsche Unternehmen aber dennoch sichergestellt. Zudem konnten deutsche Unternehmen mit feindlicher Beteiligung nicht wissen, ob das NS-Regime an der zunächst beschlossenen pfleglichen Verwaltung des Feindvermögens festhalten würde. Und tatsächlich kam es bei Kriegseintritt der USA zur Aufkündigung des Konsenses zwischen den maßgeblich beteiligten Ressorts. Zwar hatte letztlich die »treuhänderische, völkerrechtlichen Normen entsprechende Sequestation feindlichen Vermögens im Reich (...) bis zum Ende des Krieges Bestand«, die Jahre ab 1942 bargen aber dennoch für die betroffenen Firmen erhebliche Unsicherheiten.[166]

Nach dem Entscheid des Reichskommissars beschied wenig später auch die württembergische Devisenstelle den von Otto Fahr Anfang April gestellten Antrag positiv. Die Genehmigung war allerdings mit der Auflage verbunden, alles zu unternehmen, um die Herabsetzung der britischen Stammkommanditeinlage um den im Vertrag von 1927 ursprünglich vereinbarten Beitrag von 1,2 Mio. RM zu erreichen.[167] Ende Juni konnte dann der Eintrag ins Handelsregister erfolgen.[168] In den ersten Kriegsjahren bis 1941 zahlte das deutsche Unter-

[164] Reichskommissar für die Behandlung feindlichen Vermögens an Firma Werner & Pfleiderer, 26. oder 27.6.1940. BA/K, R 87/1177.
[165] Vgl. Lindner, Reichskommissariat, S. 57.
[166] Ebd., S. 164.
[167] Devisenstelle Stuttgart an Firma Werner & Pfleiderer, 13.6.1940. WABW, B 11, Bü 96.
[168] WABW, B 11, Bü 96. Der Streit zwischen der Firma Werner & Pfleiderer und der Fides-

nehmen die auf die britische Beteiligung - nach der Streichung ihres Stammkapitals war dies nur noch die Vorzugskommanditeinlage - entfallenden Gewinnanteile zinslos an die Konversionskasse für deutsche Auslandsschulden ein. Erstmals für das Jahr 1942 schlug Otto Fahr dem Reichskommissar für die Behandlung feindlichen Vermögens eine andere Form der Gewinnabschöpfung vor. Angesichts der »zunehmenden finanziellen Anspannung« seines Unternehmens und um der »Stärkung des finanziellen Status« des Betriebes willen sollte die der Firma Baker Perkins Ltd. zustehende Dividende »auf einem zinsfreien Sperrkonto der ausländischen Gesellschafterin« gutgeschrieben werden.[169] Mit Genehmigung des Reichskommissars wurde die dem britischen Unternehmen für das Geschäftsjahr 1942 zustehende Dividende im Mai 1944 auf einem Sperrkonto gutgeschrieben.[170] Es steht zu vermuten, daß dieses Verfahren auch für die Geschäftsjahre 1943 und 1944 angewandt werden sollte, das Kriegsende im Mai 1945 die Betriebe jedoch vor eine gänzlich neue Situation stellte.[171]

Bei der Frage, wie Unternehmen mit maßgeblicher feindlicher Beteiligung wirtschaftlich zu behandeln seien, konnte sich der erste amtierende Reichskommissar mit seiner Forderung, feindliche und deutsche Unternehmen grundsätzlich gleichzustellen, gegenüber den anderen beteiligten Ressorts nicht durchsetzen. Lediglich norwegisches, belgisches, niederländisches und luxemburgisches Vermögen war wie deutsches zu behandeln, so das Ergebnis einer Besprechung im Reichsjustizministerium vom 4. Juni 1940. Für britisches und französisches Vermögen hingegen bedeutete die in der Verordnung niedergelegte »Sicherstellung und Erhaltung ihres Vermögens«[172] keine Garantie, wie deutsches Vermögen behandelt zu werden. Staatliche Hilfeleistungen beispielsweise sollten von der kriegswirtschaftlichen Bedeutung des Unternehmens abhängig gemacht werden. Grundsätzlich war damit die Möglichkeit gegeben, Unternehmen mit feindlicher Kapitalbeteiligung zu schädigen oder gar zur Auf-

---

Treuhandvereinigung über die Höhe des herabzusetzenden Betrages hielt jedoch an. Während sich die Unternehmensseite auf den Standpunkt stellte, die im Vertrag von 1927 festgelegte Summe von 1,2 Mio. RM sei bei Anwendung der »Kriegsklausel« mit der Rückgabe der Aktien zu verrechnen, vertrat die Fides-Treuhandvereinigung die Auffassung, lediglich das - seit 1936 - auf 990 000 RM lautende Stammkapital sei zu streichen. 1948 wurde bei einer Konferenz der Gesellschafter von Werner & Pfleiderer im britischen Peterborough festgestellt, »daß vertragsgemäß die Kommandite nur um den Betrag der Stammkommandite von RM 990.000.- herabzusetzen« war. Damit wurde die Position der Fides-Treuhandvereinigung bestätigt. Der strittige Differenzbetrag wurde im nachhinein als Vorzugskommanditeinlage deklariert, woraus sich eine nachträgliche Forderung des britischen Unternehmens gegenüber den deutschen Gesellschaftern über die für diese Summe aufgelaufenen Dividenden ergab. Vgl. Bericht über die Entwicklung der gegenseitigen Kapitalbeteiligung, 14.9.1939. WABW, B 11, Bü 96; Bericht der Fides-Treuhandvereinigung, 6.1.1950. WABW, B 11, Bü 361.

[169] Otto Fahr an Reichskommissar für die Behandlung feindlichen Vermögens, 8.3.1944. BA/K, R 87/1178.

[170] Otto Fahr an Reichskommissar, 16.6.1944. Ebd.

[171] Zu den Diskussionen zwischen den beteiligten Ressorts über die Gewinnabschöpfung bei feindlichen Betrieben: Lindner, Reichskommissariat, S. 124ff.

[172] Verordnung über die Behandlung feindlichen Vermögens vom 15. Januar 1940, § 12,1. RGBL I, 1940, S. 193.

gabe zu zwingen, indem man ihnen Hilfen vorenthielt.[173] Eine andere Möglichkeit, Firmen zu schaden, bot Paragraph 13 der Kriegssachschädenverordnung vom 30. November 1940. Er sah für »Unternehmen mit erheblicher nichtdeutscher Beteiligung« eine Genehmigungspflicht bereits für den Antrag auf Entschädigung von Kriegssachschäden vor, was von einer höheren Verwaltungsbehörde mit erheblichen Einschränkungen oder gar nicht erteilt werden konnte.[174]

Auch Otto Fahr wandte sich in seinen Berichten an den Reichskommissar ab Ende 1943 zunehmend dem Problem zu, wie Kriegsschäden an seinem Unternehmen mit erheblicher nichtdeutscher Beteiligung behandelt werden sollten.[175] Er erbat eine grundsätzliche Stellungnahme des Reichskommissars. Im September 1943 ging es dabei um Schäden in Höhe von 700 000 RM, die bei einem Fliegerangriff im April 1943 an Produktionsanlagen in Feuerbach und Bad Cannstatt entstanden waren. Da Werner & Pfleiderer ein »Rüstungsbetrieb mit kriegswichtiger Fertigung« sei und deshalb »ein öffentliches Interesse an der Gewährung der Entschädigung« bestehe, war man bei dem Unternehmen der Auffassung, daß die vorgeschaltete Genehmigungsbehörde, das württembergische Innenministerium, mit dem Einverständnis des Reichsminister des Innern dem Entschädigungsantrag stattgeben könne - und zwar ohne Rückforderungsvorbehalt.[176] Mit der Zerstörung weiterer Betriebsanlagen durch alliierte Luftangriffe im Februar 1944 verschärfte sich das Entschädigungsproblem. Die am Firmenstandort Bad Cannstatt völlig ausgebrannte Modell- und Geräteschreinerei wurde in ein »Unternehmen der holzverarbeitenden Industrie außerhalb Groß-Stuttgarts« verlagert, die Produktionsausfälle im Feuerbacher Stammwerk konnten »durch beschleunigte Notmaßnahmen« auf wenige Wochen begrenzt werden.[177] Angesichts der »kriegswichtigen Bedeutung des wesentlichsten Teils der Fertigung des Unternehmens«, beharrte Fahr gegenüber dem Reichskommissar darauf, daß auch für die Entschädigung der Unternehmen mit feindlichem Kapitalanteil ein »Weg gefunden werden« müsse.[178] Ein persönliches Gespräch Anfang April 1944 mit einem Mitarbeiter des Reichskommissars in Bad Schandau, wohin die Behörde Ende 1943 evakuiert worden war, konnte die von Fahr gewünschte Änderung der bestehenden Verordnungen jedoch nicht beschleunigen. Fahr zeigte sich darüber im Oktober 1944, nachdem sein Betrieb wiederum schwer getroffen worden und die Produktion zunächst völlig ausgefallen war, sehr enttäuscht: »In dem Augenblick solch' schweren Fliegerschadens empfindet man die bestehende Anordnung über die Behandlung von Unternehmen mit maßgeblichem Feindkapitalanteil im

[173] Dazu: Lindner, Reichskommissariat, S. 58.

[174] Kriegssachschädenverordung vom 30.11.1940. RGBL I, 1940, S. 1547: Paragraph 13, Abschnitt 2; deutlicher wird die Dritte Durchführungs- und Ergänzungsverordnung zur Kriegssachschädenverordnung (Behandlung der Kriegsschäden nichtdeutscher Personen) vom 28.1.1942. RGBL I, 1942, S. 49.

[175] Otto Fahr an Reichskommissar für die Behandlung feindlichen Vermögens, 22.12.1943. BA/K, R 87/1178.

[176] Aktennotiz der Firma Werner & Pfleiderer, 13.9.1943. Ebd.

[177] Otto Fahr an Reichskommissar für die Behandlung feindlichen Vermögens, 12.4.1944. Ebd.

[178] Otto Fahr an Reichskommissar für die Behandlung feindlichen Vermögens, 8.3.1944. Ebd.

Kriegssachschädenrecht erneut und besonders enttäuschend und unbillig.« Als »wirklich verdienstvoll« empfände er es, wenn vom Reichskommissar »eine neue Initiative dazu ergriffen und die bestehende Anordung endlich in dem in Aussicht gestellten Sinne bereinigt werden könnte«. Um hier etwas zu bewirken, stellte sich Otto Fahr persönlich zur Verfügung, wenngleich, wie er einschränkend bemerkte, »es eigentlich nicht nötig sein sollte, daß man in eigener Sache in solchen Fällen vorgehen muß, nachdem wir so viele, die Betriebe betreuende Stellen haben.«[179]

Wenig später teilte ihm ein Mitarbeiter des Reichskommissars immerhin mit, daß »nach der neueren Praxis der Kriegsschädenämter die *vorbehaltlose* Genehmigung für Schäden an dem *Umlaufvermögen* solcher Unternehmen mit erheblicher nichtdeutscher Beteiligung erteilt« würde, »die in die deutsche Rüstungs- und Kriegswirtschaft eingespannt, deshalb hinsichtlich ihrer Produktion, Lagerhaltung, Preisgestaltung usw. weitgehend staatlichen Lenkungs- und sonstigen Zwangsmaßnahmen unterworfen und dadurch daran gehindert sind, ihr Umlaufvermögen gegen Kriegsschäden so zu sichern, wie sie es bei freier Entschließungsmöglichkeit tun würden«.[180] Allerdings war ihm nicht bekannt, ob dies ebenso für das Anlagevermögen galt. Dennoch empfahl er Otto Fahr, einen solchen Antrag auch für erlittene Kriegsschäden am Anlagevermögen zu stellen und sich der Unterstützung des Reichsministeriums für Rüstung und Kriegsproduktion sowie des zuständigen Sachbearbeiters beim Präsidenten des Reichsverwaltungsgerichtes zu versichern. In der Frage des Rückforderungsanspruches (der genehmigten Entschädigungsleistungen) des Reiches gegenüber Unternehmen mit maßgeblicher feindlicher Beteiligung sei in der nächsten Zeit aufgrund unterschiedlicher Standpunkte der beteiligten Ressorts ebenfalls nicht mit einer Änderung der bestehenden Regelung zu rechnen, informierte er Otto Fahr weiter. Fahrs Befürchtung, das von Kriegsschäden wesentlich stärker in Mitleidenschaft gezogene Anlagevermögen werde bei der Entschädigungsregelung nicht berücksichtigt werden, bestätigte sich. Das hieß aber, daß die Hauptschäden ausgeklammert blieben. Denn während der bis Ende 1944 entstandene Schaden am Umlaufvermögen von der Firma auf 186 000 RM geschätzt wurde, betrug der Kriegsschaden am Anlagevermögen mit über 2,5 Mio. RM ein Vielfaches davon.[181] »Damit müssen z.Zt. alle auch meinerseits bisher unternommenen Bemühungen um eine durchgreifend andere Behandlung des Kriegssachschadens bei Firmen mit erheblicher Feindbeteiligung als abgeschlossen gelten«, stellte Fahr in einem Schreiben an den Reichskommissar vom Dezember 1944 resigniert fest.

Der von Fahr im Dezember 1944 als »ernst« bezeichnete Substanzverlust seines Unternehmens war vor allem durch einen alliierten Luftangriff Ende

[179] Otto Fahr an Reichskommissar für die Behandlung feindlichen Vermögens, 22.12.1943, 8.3.1944 und 30.10.1944 (hier auch die Zitate). Ebd.

[180] Mitarbeiter des Reichskommissars für die Behandlung feindlichen Vermögens an Otto Fahr, 6.11.1944 (Hervorhebungen im Original). Ebd.

[181] Otto Fahr an Reichskommisar für die Behandlung feindlichen Vermögens, 15.12.1944. Ebd. Danach auch alle folgenden Zitate.

Oktober 1944 verursacht worden, der die Produktion zunächst vollständig zum Stillstand gebracht hatte. Bereits in der ersten Novemberwoche wurde jedoch wieder produziert, und Mitte Dezember erreichte der Betrieb wieder »rd. 60% des Normalausstoßes«. Zwar war sich Otto Fahr darüber im klaren, daß die frühere Leistungsfähigkeit aufgrund irreparabler Zerstörungen nicht wieder ganz erreicht werden konnte, er hoffte zu diesem Zeitpunkt aber noch auf einen »gewissen Ausgleich« durch die »vermehrte Einschaltung der Verlagerungsbetriebe«. Ein erneuter Fliegerangriff Ende Januar 1945 fügte dem Unternehmen jedoch »wieder erhebliche Schäden« zu, so daß eine weitere »Drosselung der Produktion« unausweichlich geworden sei, wie Fahr in seinem letzten Bericht vom März 1945 an den Reichskommissar für die Behandlung feindlichen Vermögens meldete.[182] Im übrigen habe er die »Bemühungen auf Zulassung zum Entschädigungsverfahren für Betriebe mit maßgeblichem Feindkapitalanteil« nun endgültig einstellen lassen, weil »der Vertreter des Reichsinteresses« diese neuerdings von einer Eigenbeteiligung des Unternehmens am entstandenen Schaden von pauschal 500 000 RM abhängig mache. Dieses Verfahren hielt Otto Fahr für »völlig abwegig«. Gegen die neue Bestimmung noch im März 1945 »anzugehen«, erachtete er jedoch zu Recht für »aussichtslos«.

## 4. Die Ausweitung der Produktion

Zu einer gezielten Kapazitätsausweitung kam es im Werkzeugmaschinenbau während des Nationalsozialismus offensichtlich nicht. Nach der Studie von Tilla Siegel und Thomas von Freyberg lag dies vornehmlich daran, daß es »bei allen Beteiligten kein ernsthaftes Interesse an einem solchen Eingriff in die Branchenstruktur der Werkzeugmaschinenhersteller« gab.[183] Bis 1942 orientierten sich die Maßnahmen zur Produktionsausweitung im Werkzeugmaschinenbau ausschließlich am einzelunternehmerischen Interesse. Und auch nach 1942, als es unter Albert Speer und dem neu geschaffenen Reichsministerium für Rüstung und Kriegsproduktion zu einer Reorganisation der Wirtschaftslenkung kam, fanden kaum nennenswerte Eingriffe in die Branchenstruktur des Werkzeugmaschinenbaus statt.[184]

### a. Vergrößerung der eigenen Betriebsanlagen

*Bei der Firma Boehringer*

Die Steigerung der Produktion erreichte das Unternehmen in den Vorkriegsjahren vor allem durch die Einstellung neuer Arbeitskräfte. Bereits 1936 hatte die Belegschaftsstärke wieder den Stand der Vorkrisenjahre erreicht.[185] Als es

[182] Otto Fahr an Reichskommissar für die Behandlung feindlichen Vermögens, 23.3.1945. Ebd. Dort auch die folgenden Zitate.
[183] Siegel/Freyberg, Industrielle Rationalisierung, S. 168.
[184] Ebd., S. 164ff.
[185] Rieger-Gutachten II. StAL, EL 902/8 Bü 16/1/13881.

ab 1936 insbesondere bei Metallarbeitern zu einem empfindlichen Engpaß auf dem Arbeitsmarkt kam und es ab Februar 1937 zur Einstellung eines Metallarbeiters einer schriftlichen Genehmigung des Arbeitsamtes bedurfte,[186] ergriff die Firma weitere Maßnahmen. Sie reichten von der »Umschulung berufsfremder Arbeiter« und der Einführung des Schichtbetriebes[187] über die Vergabe von Unteraufträgen an andere Betriebe bis zur Erweiterung der eigenen Produktionskapazitäten.[188]

Die erste Vergrößerung der Betriebsanlagen fiel in die Jahre 1937/38. Die neu ins Produktionsprogramm aufgenomme Getriebefertigung machte einen Neubau notwendig; ein zweiter Neubau diente der Unterbringung von Modellschreinerei, Modellager und Lehrwerkstätte. Diese »Erweiterung unserer Fabrikation« geschehe »wie der Ausbau aller Werkzeugmaschinenfabriken«, so die Betriebsführung 1937, lediglich »im Interesse des Vierjahresplanes«.[189] Von der Vierjahresplanbehörde waren auch die Baustoffkontingente für den zweiten Neubau bereitgestellt worden.[190] Sodann wurde 1939/40 auf Anweisung des Bevollmächtigten für die Maschinenproduktion (BfM) eine weitere Kapazitätsvergrößerung in Angriff genommen. Der im November 1938 vom Reichswirtschaftsminister zum BfM ernannte Karl Lange, gleichzeitig geschäftsführendes Präsidialmitglied der Wirtschaftsgruppe Maschinenbau und somit ein gewichtiger Vertreter der »industriellen Selbstverwaltung«, hatte zunächst die Aufgabe, die Produktion im Maschinenbau zu steigern und auf einen Stand zu bringen, »der die Befriedigung aller dringenden Bedarfsfälle der öffentlichen Bedarfsträger, insbesondere der Wehrmacht und des Vierjahresplans« gewährleistete.[191] Im Krieg wurden seine Befugnisse auf die generelle »Lenkung und Verteilung der Maschinen- und Apparate-Erzeugung« ausgedehnt.[192] Für Langes Aufgabe, die Produktion des Maschinenbaus und zwar vornehmlich des Werkzeugmaschinenbaus sowie den Kapazitätsausbau zentral zu lenken,[193] fehlten ihm aber von Anfang an wichtige Voraussetzungen wie die Entscheidungsbefugnis über Rohstoffkontingente und Arbeitskräfte.[194]

---

[186] Friedrich Syrup, Das Gesetz zur Regelung des Arbeitseinsatzes, in: RABL (N.F.), 14 (1934), Teil II, Nr. 15, S. 175-178, S. 175; vgl. auch ders., Arbeitseinsatz der Metallarbeiter, in: RABL (N.F.), 17 (1937), Teil II, Nr. 7, S. 97-100, S. 98ff. Bis 1939 war ein differenziertes Instrumentarium der Arbeitskräftelenkung entwickelt worden. Die »Militarisierung der Arbeitnehmer«, so Blaich, wurde »durch die Beschränkung des Arbeitsplatzwechsels vollendet, welche das Eingehen wie Lösen des Arbeitsverhältnisses von der Zustimmung des Arbeitsamtes abhängig machte.« Vgl. Blaich, Wirtschaft und Rüstung in Deutschland 1933-1939, S. 295.

[187] 1937 arbeiteten beispielsweise von 1133 Mann Belegschaft je 116 in zwei Schichten. Vgl. Rolf Boehringer an Hermann Göring, 22.9.1937. WABW, B 10, Bü 66.

[188] Rolf Boehringer an BfM, 24.2.1939. WABW, B 10, Bü 68.

[189] Betriebsführung an Fachgruppe Werkzeugmaschinen, 16.3.1937. WABW, B 10, Bü 66.

[190] BfM an Firma Boehringer, 3.8.1939. WABW, B 10, Bü 385.

[191] Rundschreiben der Wirtschaftsgruppe Maschinenbau, Reihe 1, Nr. 12, vom 1.2.1940. WABW, B 10, Bü 386.

[192] Ebd.

[193] Vgl. Sörgel, Metallindustrie, S. 69.

[194] Genau in diesen Bereichen sahen die Teilnehmer einer im November 1938, kurz nach der Ernennung Langes zum BfM, stattfindenden Sitzung der ERFA-Gruppe II in Berlin die

Zwei Monate nach seinem Amtsantritt führte der BfM eine Erhebung bei den Unternehmen des Werkzeugmaschinenbaus durch, um sich »über den notwendigen Einsatz an Menschen, Maschinen und Material ein zuverlässiges Bild« zu verschaffen, denn »die großen nationalwirtschaftlichen Aufgaben machen es notwendig, den deutschen Maschinenbau als Schlüsselindustrie und insbesondere die Werkzeugmaschinenindustrie in der Produktionsfähigkeit so zu steigern, daß die Gesamtleistung unserer Volks- und Wehrwirtschaft nicht mehr durch zu lange Lieferfristen für Maschinen gehemmt wird«.[195] Die bei Boehringer 1937 üblichen Liefertermine von 18 bis 24 Monaten[196] und von durchschnittlich 36 Monaten 1939 sowie ein hoher Auftragsbestand beispielsweise bei den Automaten, wo die Kapazitäten für über ein Jahr ausgelastet waren,[197] fügen sich hier ein in das Bild von der beträchtlichen Schere, die sich zwischen Bestellungen und Lieferungen im Werkzeugmaschinenbau seit 1937/38 auftat und ständig weiter auseinander ging.[198] Das Unternehmen bekundete gegenüber dem BfM seine Bereitschaft, die jetzige Leistung bei Drehbänken und Hobelmaschinen um 50 Prozent zu steigern, betonte aber ausdrücklich, daß dies nur für diese beiden Maschinenarten gelte.[199] Da die Möglichkeit, die Produktion mit den vorhandenen Kapazitäten zu steigern, von der Firmenleitung Anfang 1939 als erschöpft bezeichnet wurde, machte sie ihre prinzipielle Bereitschaft von der Erstellung von »Erweiterungsbauten oder sonstige(n)

---

größten Schwierigkeiten voraus. Die versammelten Unternehmer bezweifelten »bei allem Verständnis für die Ausweitungswünsche der Regierung und bei allem guten Willen«, ob die Pläne insbesondere in Anbetracht des Facharbeitermangels oder der Schwierigkeiten bei der Materialbeschaffung überhaupt durchführbar seien. Übereinstimmend wurde zu Protokoll gegeben, daß eventuelle »Zwangseingriffe in die Betriebe sehr gefährlich« seien und bereits heute »bei geringerer behördlicher Belastung« die Leistung der Unternehmen höher wäre. Sie sprachen sich außerdem dafür aus, die Produktionsausweitung auf jeden Fall »im Rahmen der eigenen Mittel« vorzunehmen, um zu gewährleisten, daß die »Selbständigkeit erhalten« bleibt. Protokoll der Chef-Sitzung, 18./19.11.1938. WABW, B 10, Bü 347. Zu den neben den Firmen Boehringer und Fortuna in der ERFA II-Gruppe zusammengeschlossenen Unternehmen vgl. S. 24.

[195] Rundbrief des BfM auch an die Firma Boehringer, 10.1.1939. WABW, B 10, Bü 68.

[196] Rolf Boehringer an Hermann Göring, 22.9.1937. WABW, B 10, Bü 66.

[197] Leistungsbericht 1942. WABW, B 10, Bü 305.

[198] Vgl. Siegel/Freyberg, Industrielle Rationalisierung, S. 165f.

[199] Aus Schreiben des BfM geht allerdings hervor, daß das Unternehmen nur ein Jahr später, im Frühjahr 1940, »in großem Umfang für die Programme der Wehrmacht, insbesondere für das Munitionsprogramm« produzierte und vor allem die Boehringer-Geschoßautomaten auf das Interesse der militärischen Stellen stießen. Da diese Automaten ebenfalls zu der großen Familie der Drehbänke gehören, steht zu vermuten, daß sich die zugesagte Produktionsausweitung bei den Drehbänken - zumindest zunächst - im wesentlichen auf Maschinen für die Munitionsfertigung bezog. Im Frühjahr 1940 waren die Vorbereitungen für den Westfeldzug in vollem Gange, und Hitler selbst hatte im November 1939 die Vorlage eines neuen umfangreichen Munitionsprogrammes gefordert und damit die »Munitionskrise« ausgelöst, die erst mit der Ernennung eines Munitionsministers im März 1940 beendet wurde. Anscheinend rechnete das NS-Regime mit großen Materialschlachten nach dem Vorbild des Ersten Weltkrieges, für die ein entsprechender Munitionseinsatz nötig sein würde. BfM an Landesarbeitsamt Stuttgart, 17.5.1940 (Zitat); ähnlich auch sein Schreiben an die Firma Boehringer, 30.5.1940. WABW, B 10, Bü 68; zur Drehbank-Familie vgl. Irtenkauf, Vorschubnormung, S. 26; zur »Munitionskrise« vgl. Müller, Mobilisierung, S. 408ff.

bauliche(n) Maßnahmen« abhängig.[200] Im Auftrag und mit dem Einverständnis des BfM wurden daraufhin entsprechende Erweiterungsbauten in Angriff genommen.[201] Da das notwendige Baugelände zur Verfügung stand und man bei Boehringer die Finanzierung aus eigenen Mitteln vorzunehmen gedachte,[202] hätte einem sofortigen Baubeginn eigentlich nichts im Wege gestanden. Aus den sich in zahllosen Schreiben an den BfM niederschlagenden Klagen Rolf Boehringers über die schleppende Bauausführung wird indes ersichtlich, welchen bürokratischen Aufwand der NS-Staat dem Unternehmer bei der Durchführung der Neubauten zumutete. Zugleich äußerte Boehringer darin unverblümt sein Unverständnis gegenüber ineffizienten Lenkungsorganen der NS-Wirtschaft, die sich gegenseitig blockierten.

So berichtete er im Juli 1939 empört von einem dreimonatigen »Kampf mit den verschiedensten württembergischen Behörden, um die Baugenehmigungen endlich zu erhalten.«[203] Einspruch war offensichtlich mehrfach von seiten des Landesplaners erhoben worden. Die Baupläne für das Gußlager, gegen die sich dieser insbesondere gewandt hatte, waren daraufhin bereits entsprechend abgeändert worden, als er im Juli wieder Bedenken, diesmal aus luftschutztechnischen Gründen, geltend machte. Diese erste, an den BfM gerichtete Beschwerde hatte durchaus Erfolg, denn wenige Tage später lagen die erforderlichen vier Baugenehmigungen und zwei Unbedenklichkeitsbescheinigungen vor.[204] Als nächstes reichte das Unternehmen die über das Landesarbeitsamt laufenden Gesuche auf Kontingentzuteilung für die nötigen Baustoffe beim Reichsarbeitsministerium ein.[205] Dieses beanstandete Mitte August jedoch den angeblich zu hohen Eisenverbrauch, obwohl zuvor das Göppinger Arbeitsamt den Neubauten eine besonders eisensparende Konstruktion attestiert hatte. Die Firma Boehringer reagierte prompt. Ein Gutachten des mit den Neubauten beauftragten Architekten und eine Stellungnahme des beim Landesarbeitsamt zuständigen Sachbearbeiters für industrielle Bauvorhaben, die beide bestätigten, daß die Eisenkonstruktion nicht leichter ausgeführt werden konnte, wurden an das Reichsarbeitsministerium geschickt. »Wir wissen uns nunmehr mit dem besten Willen nicht mehr zu helfen«, klagte Rolf Boehringer, denn die »Eisenkonstruktion« sei zwar bereits fertiggestellt, auch hätten »die Bagger (...) das Untergeschoß und die Fundamente schon ausgehoben«, nun fehle aber »das

---

200 Rolf Boehringer an BfM, 24.2.1939. WABW, B 10, Bü 68.

201 Dabei handelte es sich um den Anbau eines Gußlagers, die Erstellung einer Montagehalle und die Erweiterung des Verwaltungsgebäudes auf dem Gelände an der Stuttgarterstraße. Rolf Boehringer an BfM, 3.7.1939. WABW, B 10, Bü 68.

202 vgl. Anm. 194.

203 Rolf Boehringer an BfM, 3.7.1939. WABW, B 10, Bü 68.

204 Baugenehmigungen waren nötig von: Werkluftschutzbereichsvertrauensstelle, Luftschutzkommando, Landesplanungsamt und Wirtschaftsministerium; Unbedenklichkeitserklärungen von: Arbeitsamt und Baupolizei. Rolf Boehringer an BfM, 6.7.1939. WABW, B 10, Bü 68.

205 Rolf Boehringer an BfM, 8.7.1939. Ebd. Baustoffkontingente über das Reichsarbeitsministerium zu beziehen, klingt zwar ungewöhnlich, erklärt sich aber vermutlich dadurch, daß der BfM zumindest zu diesem Zeitpunkt über ein eigenes Kontingent verfügte, dieses jedoch vom Reichsarbeitsministerium verwaltet wurde. Bei der Firma Fortuna ergab sich 1942 die gleiche Situation. Vgl. S. 102f.

Eisenkontingent, ebenso das Bauholz und der Zement«. Sämtliche »Wände der Baugruben« seien mit »Balken und Brettern abgespriеßt, aber bei dem anhaltenden Regenwetter, das zurzeit in Süddeutschland« herrsche, bestünde jederzeit die Gefahr, »daß die ganzen Baugruben in sich zusammenfallen«. Aus dieser unhaltbaren Situation schloß Rolf Boehringer, daß, wenn es nicht gelingen sollte, »beim Reichsarbeitsministerium die umgehende Erledigung der dort liegenden Kontingentanträge durchzusetzen, und eine großzügigere Behandlungsweise als bisher zu erreichen«, es der »Industrie beim besten Willen nicht übel zu nehmen« sei, »wenn ihr dieser Papierkrieg hin und her endlich zu dumm wird, und wir dann ausweiten lassen wer will, selbst aber unter diesen Umständen zu dem ganzen Ausweitungsvorhaben keinen Finger mehr krümmen«. Und er fuhr fort: »Es ist wirklich unglaublich, welche Arbeiten, Reisen, Telefongespräche usw. notwendig sind, um heute ein solches Bauvorhaben durchzuführen. Seit März dieses Jahres bemühen wir uns nun um die endgültige Baugenehmigung, die wir erst nach Zuteilung der Kontingente erhalten können; jetzt ist es Mitte August, und wir haben noch gar nichts in Händen.«[206]

Der von Boehringer für die langwierige Beschaffung des Baumaterials verantwortlich gemachte »Wust von Formalitäten und Verzögerungen« hielt jedoch an. Zwar kam er dem Wunsch des Reichsarbeitsministeriums nach weiterer Einsparung von Eisen entgegen und reduzierte den Eisenbedarf von rund 404 auf 325 Tonnen,[207] erhielt Anfang September auch die Nachricht, daß das Reichsarbeitsministerium nunmehr mit den Bauvorhaben einverstanden sei und für den angegebenen Eisenbedarf entsprechende Kontrollnummern[208] vergeben habe, um dann jedoch empört festzustellen, daß die Kennziffern ohne das inzwischen notwendig gewordene Zusatzzeichen »Z« ausgestellt und somit praktisch wertlos geworden waren. Erneut wandte er sich umgehend an den BfM und machte seinem Ärger Luft: »Seit Monaten bemühen wir uns, die (...) nötigen Kontingente und Zuweisungen für Baustoffe zu erhalten und man muß schon sagen, daß für die Überwindung der verschiedensten Schwierigkeiten und zur Erfüllung der Wünsche der verschiedensten zuständigen Stellen eine Arbeit nötig ist, die weit über das normale und vernünftige Maß hinausgeht.«[209] Der »Schriftwechsel mit den verschiedensten kompetenten Stellen, sowie die Ausfüllung von verschiedensten Formularen«, so Boehringer weiter, grenze »beinahe an einen Papierkrieg«, welcher »entweder auf eine Über- oder Unterorganisation schließen« lasse. Er selbst plädierte für klare Verhältnisse, denn entweder »wir haben hier Material zur Verfügung, das ausreichend ist, um nötige Bauvorhaben auszuführen (...), oder es ist kein Material vorhanden, dann darf man auf keinen Fall anordnen, daß Erweiterungsbauten ausgeführt wer-

---

[206] Rolf Boehringer an BfM, 12.8.1939. WABW, B 10, Bü 68. Dort auch das folgende Zitat.
[207] Aktennotiz betr. Fabrikationsausweitung, o.D. WABW, B 10, Bü 67.
[208] Die im Februar 1937 angeordnete Kontingentierung von Eisen und Stahl durch Überwachungsstellen wurde zum Vorbild der in der Folgezeit erfolgenden »güterwirtschaftlichen Lenkung fast aller Rohstoffe und Halbzeuge« und zum staatlichen Hebel zur Lenkung der Investitionen. Blaich, Rüstung, S. 303. Vgl. Petzina, Autarkiepolitik.
[209] Rolf Boehringer an BfM, 25.9.1939. WABW, B 10, Bü 68. Dort auch die folgenden Zitate.

den«. Da sich die zuständigen NS-Lenkungsorgane aber offensichtlich zu einer solchen klaren Position nicht durchringen konnten, würden die Firmen heute, »wo man sich vor lauter Anordnungen kaum mehr auskennt und beinahe eigene Büros einrichten muß, die bloß derartige Anordnungen studieren, mit allen möglichen Fragebogen und Aufstellungen überlastet (...), die dann doch keinen Zweck« hätten. Vom BfM verlangte Rolf Boehringer nunmehr eine eindeutige Entscheidung darüber, ob bei seinem Unternehmen die Erweiterungsbauten weitergeführt werden sollten oder nicht, denn es habe »durchaus keinen Zweck immer wieder Versprechungen hinzunehmen, daß unser Bauvorhaben wichtig« sei und »daher die Materialien zur Verfügung gestellt werden, um dann nach einer gewissen Zeit wieder auf Schwierigkeiten zu stoßen und die ganze Sache von neuem zu beginnen und immer wieder neue Formulare auszufüllen«. Die Verärgerung von Rolf Boehringer muß so groß gewesen sein, daß er dem BfM in diesem Schreiben sogar eine Frist von 14 Tagen setzte, innerhalb derer die korrekten »Z-Kontingente« für Eisen einzutreffen hätten. Wenn dies nicht geschehe, »machen wir für die Ausweitung des Werkzeugmaschinenbaus keinen Finger mehr krumm«. Boehringer wollte mit seinem Schreiben dem BfM auch eine - schriftlich fixierte - Argumentationshilfe gegenüber dem Wirtschaftsministerium oder anderen Kontingentträgern an die Hand geben. Denn er ging davon aus, daß der BfM Interesse daran hatte, »die tatsächlichen Klagen von Seiten der Industrie möglichst deutlich schriftlich zu bekommen«, um bei der Weitergabe der Beschwerden auf entsprechende Unterlagen zurückgreifen zu können.[210]

Um die noch fehlenden Eisenkontingente zu bekommen, schaltete Rolf Boehringer nicht nur das Reichswirtschaftsministerium, sondern auch die drei Wehrmachtteile ein und führte ihnen vor Augen, welche Auswirkungen es auf die Rüstungsproduktion hätte, wenn auf die Fertigstellung der Boehringer-Neubauten verzichtet würde. Nicht nur wegen der »überaus starken Inanspruchnahme unseres Werkes durch die Wehrmacht« sei die Fertigstellung »vordringliches Bedürfnis«, argumentierte Boehringer, auch sei die »bevorzugte Lieferung« der von den österreichischen Steyr-Werken in Auftrag gegebenen 90 Automaten, die mit einer Kennziffer der Luftwaffe (WL) versehen seien, von der geplanten Vergrößerung der Betriebsanlagen abhängig, da seine Firma »über ein Jahr hinaus mit unserer gesamten Automatenlieferung überhaupt nur für Wehrmachtstellen belegt« sei.[211] Trotzdem vergingen nochmals mehr als zwei Monate, bis das Unternehmen im Dezember 1939 die Kontrollnummern mit dem Zusatzzeichen »Z« über den Bezug von 272 Tonnen Eisen aus dem Kontingent des Generalbevollmächtigten für die Bauwirtschaft erhielt.[212] So groß die Schwierigkeiten auch waren - das Unternehmen investierte in den Jahren 1939/40 »100 000ende von RM«, allein für neue Werkzeugmaschinen gab es nahezu eine Mio. RM aus.[213]

---

[210] Rolf Boehringer an BfM, 26.9.1939. Ebd.

[211] Rolf Boehringer an OKL, 27.9.1939 (Gleichlautend auch an die beiden übrigen Waffengattungen). Ebd.

[212] Aktennotiz. WABW, B 10, Bü 67.

[213] Rolf Boehringer an Reichsstelle für Eisen und Stahl, 19.7.1940. BA/K, R 123, Paket Nr. 183, 5. Ser, XL 226 (1940).

Im großen und ganzen sah Rolf Boehringer sich und die Gesamtheit der Industriellen im Hinblick auf die »angeordnete« Produktionsausweitung und die dadurch notwendig gewordene Erstellung von Neubauten jedoch als Leidtragende des Kompetenzwirrwarrs zwischen konkurrierenden Instanzen der Kriegswirtschaft und der Wehrmacht: »Es scheint uns, daß es auch bei den übrigen Bedarfsforderungen zwischen den obersten Behörden so ist: Der Bevollmächtigte für die Maschinenproduktion verlangt Eisen, Holz und Facharbeiter für die Ausweitung der Werkzeugmaschinenindustrie, der Bevollmächtigte für die Regelung der Bauwirtschaft schickt seine Beauftragten im ganzen Reich umher, um das genehmigte Material möglichst wieder zu entziehen, und das Militär verlangt aus den Betrieben selbst Facharbeiter, steckt sie in Uniform, und das alles wird auf dem Buckel der Industrie und der Industriellen ausgetragen, denen dann noch zum Schluß der Vorwurf gemacht wird, sie hätten ungenügend vergrößert und ihre Betriebe nicht genügnd ausgeweitet, und damit ihre Vaterlandspflicht versäumt.«[214] Aus diesen Zeilen spricht nicht nur ungebrochenes unternehmerisches Selbstbewußtsein, sondern auch Verständnislosigkeit gegenüber einem Lenkungsapparat, dessen verschiedene Instanzen sich gegenseitig lähmten.

Neben den Problemen bei der Beschaffung der Baumaterialien ergaben sich Schwierigkeiten auch auf einem anderen Gebiet. Bereits im Frühjahr 1939 hatte Rolf Boehringer im Zusammenhang mit den geplanten Erweiterungsbauten auf den Facharbeitermangel hingewiesen, den Göppinger Arbeitsmarkt als »überlastet« bezeichnet und die Wahrscheinlichkeit, durch das Göppinger Arbeitsamt die nach Fertigstellung der Neubauten benötigten zusätzlichen Arbeitskräfte - 200 Facharbeiter und rund 50 »angelernte bzw. zur Umschulung geeignete Arbeiter« - zugeteilt zu bekommen, als äußerst gering eingeschätzt. Aus diesem Grund hatte er zunächst dem BfM und anschließend auch dem Göppinger Arbeitsamt den Vorschlag unterbreitet, die aus dem Arbeitsbezirk Göppingen stammenden, aber außerhalb dieses Bezirks in Esslingen oder Stuttgart arbeitenden Maschinenfacharbeiter »in den hiesigen Bezirk zurückzuführen« und durch das Arbeitsamt der Firma Boehringer zuteilen zu lassen. Nach seiner Recherche waren die von ihm namentlich in einer Liste zusammengestellten rund 320 gelernten und angelernten Fachkräfte vornehmlich in der Automobil- und Elektroindustrie (Mercedes-Benz und Robert Bosch) beschäftigt, beides Branchen, in denen frühzeitig »durch die Typisierung (...) Arbeitsgänge stark mechanisiert wurden« und für die nach seinem Dafürhalten »nicht unbedingt Facharbeiter, insbesondere keine Maschinenfacharbeiter, erforderlich« waren. Deshalb könne der in diesen Branchen vorhandene hohe Facharbeiteranteil »zum größten Teil durch anzulernende Kräfte« ersetzt werden.[215]

---

[214] Rolf Boehringer an BfM, 20.1.1940. WABW, B 10, Bü 372.
[215] Rolf Boehringer an BfM, 24.2.1939. WABW, B 10, Bü 68; vgl. Aktenvermerk des Göppinger Arbeitsamtes, 20.3.1939. WABW, B 10, Bü 67.

Auf den empfindlichen Mangel an Facharbeiten gerade in den metallverarbeitenden Industrien hatte das NS-Regime unter anderem mit zwei im November 1936 erlassenen Anordnungen Görings reagiert, die einerseits eine »Rückführung von Metallarbeitern aus berufsfremder Arbeit in ihre alte Berufstätigkeit« und andererseits eine »stark vermehrte Facharbeiterausbildung« zum Ziel hatten.[216] Eine solche »Rückführung« der Göppinger Metallarbeiter schwebte wohl auch Rolf Boehringer vor. In der Tat lud das Göppinger Arbeitsamt Anfang 1940 einen Teil der in Boehringers Liste aufgeführten Facharbeiter vor, der Erfolg jedoch nahm sich bescheiden aus. Lediglich zwei von 110 Arbeitern erklärten sich nach Androhung einer Dienstverpflichtung bereit, in Zukunft bei Boehringer zu arbeiten. Obwohl eine Dienstverpflichtung auf unbegrenzte Zeit seit Februar 1939 möglich war,[217] äußerte die Unternehmensleitung die Ansicht, daß »die Verpflichtung von Arbeitskräften nur geringen Wert« hätte, weil »die Arbeitsfreudigkeit zweifellos darunter leiden« würde, und nahm von einer Dienstverpflichtung Abstand.[218] Wenig später zeigte sich Rolf Boehringer gegenüber dem Arbeitsamt zuversichtlich darüber, daß er die benötigten Arbeitskräfte durch die »Stillegungsaktionen nichtheereswichtiger Betriebe« zugewiesen bekommen würde.[219]

Durch die Einberufungswellen seit Kriegsbeginn kam es beim Innenausbau der Boehringer-Neubauten zu Verzögerungen der vereinbarten Liefer- und Fertigungstermine. Gefährdet schien so im März 1940 die termingerechte Ausführung der Schreinerarbeiten, weil befürchtet werden mußte, daß die letzten vier Facharbeiter der beauftragten Schreinerwerkstätte einberufen würden. Den von der Schreinerei beim Wehrmeldeamt Göppingen eingereichten Antrag auf uk-Stellung dieser vier Männer unterstützte Rolf Boehringer beim Wehrbezirkskommando in Ulm, er bat aber auch den für »Arbeitseinsatzfragen« zuständigen Sachbearbeiter bei der Wirtschaftsgruppe Maschinenbau um Hilfe. Kurz darauf sah er sich wiederum zu einer Beschwerde beim BfM veranlaßt. Diesmal beklagte er sich über das Verhalten des Wehrbezirkskommandos Ulm. Denn nur weil »auf dem üblichen Instanzenweg und bei örtlichen Verhandlungen« die Rückstellung von Fachkräften der mit der Bauausführung beauftragten Betriebe nicht erreicht werden konnte, habe er sich gemäß der Weisung des BfM an diesen mit der Bitte um Unterstützung gewandt.[220] Diese - offenkundig zahlreich erfolgten - Interventionen des BfM belasteten nun aber zunehmend das Verhältnis zu dem für Göppingen zuständigen Wehrbezirkskommando. Dieses habe ihm nämlich erklärt, daß die Chance auf eine erfolgreiche uk-Stellung

---

216 Vgl. Syrup, Arbeitseinsatz der Metallarbeiter, S. 98f.

217 Dazu vor allem: David Schoenbaum, Die braune Revolution. Eine Sozialgeschichte des Dritten Reiches, Köln 1968, S. 129; Timothy W. Mason, Sozialpolitik im Dritten Reich. Arbeiterklasse und Volksgemeinschaft, Opladen 1977, S. 147ff, 215ff, 269; Blaich, Rüstung, S. 291ff.

218 Aktenvermerk Arbeitsamt Göppingen, 20.3.1939. WABW, B 10, Bü 67.

219 Rolf Boehringer an Arbeitsamt Esslingen, 7.3.1940. WABW, B 10, Bü 67. Vgl. Herbst, Der Totale Krieg, S. 118ff.

220 Rolf Boehringer an BfM, 9.4.1940. WABW, B 10, Bü 68. Dort auch die folgenden Zitate.

durch das Eingreifen von Berlin sogar verringert würde. Den BfM forderte Rolf Boehringer in seinem Beschwerdebrief auf, Schritte zu unternehmen, »die den Wehrbehörden erklären, daß wir berechtigt handeln, wenn wir uns in einzelnen Fällen, in denen wir hier keine Abhilfe finden, an Sie wenden, und daß wir von Ihnen eigens hierzu beauftragt« seien. Denn inzwischen habe die Verärgerung der Wehrbehörde über ihn und seine Meldungen an den BfM solche Ausmaße angenommen, daß »der bloße Name Berlin« genüge, um die Militärs »zu bewegen, alles andere zu tun, als uns irgendwie entgegenzukommen«. Und er fuhr fort: »Sie verstehen gewiß, wie schwer es für uns ist, auf der einen Seite die Weisungen für einen raschen Fortschritt der Ausweitung zu erfüllen, um die Ausbringung im geforderten Maß zu steigern, und auf der anderen Seite täglich die sich immer mehr steigernden Reibereien mit den Wehrbehörden auszufechten.« Hier wird deutlich, zu welchen Spannungen zwischen Wehrmacht und Rüstungswirtschaft die »Menschenbewirtschaftung« führte.[221]

Die zahllosen Beschwerdebriefe Rolf Boehringers dokumentieren die Abhängigkeit des Unternehmers vor allem bei der Rohstoff- und Arbeitskräfteverteilung, und ihre Erfolglosigkeit zeigt, wie stark die unternehmerische Verfügungsgewalt über die Produktionsmittel eingeschränkt wurde. Übrig blieb der ständige Hilferuf an den BfM. Auch die dauernde Berufung Rolf Boehringers darauf, daß die Ausweitung lediglich auf Anweisung des BfM »und im Interesse der gesamten deutschen Industrie, ohne persönliche Vorteile« erfolge,[222] änderte nichts daran, daß der BfM zwar die Auflage erteilen konnte, diese aber weder finanziell noch vom Material her von diesem selbst gedeckt war.[223] So stellte seine Ausweitungsanweisung im Grunde nicht viel mehr als eine Unterstützung für die Göppinger Firma bei den für die Rohstoffe oder die Arbeitskräfte zuständigen Instanzen dar. Boehringers Beschwerdebriefe zeigen aber auch, daß es nicht die Indienstnahme seines Betriebes durch die »Wehrwirtschaft« war, die ihn gegen die Organe der Rüstungswirtschaft aufbrachte, sondern deren ineffektiven Organistationsstrukturen. Seine »Vaterlandspflicht«[224] als Rüstungsindustrieller hat Rolf Boehringer in dieser Zeit bereitwillig erfüllt.

Davon konnte ihn selbst eine auf Betreiben der Reichsstelle für Eisen und Stahl im Juli 1940 vom Reichswirtschaftsgericht verhängte Ordnungsstrafe wegen Überschreitung der Gußquote nicht abhalten. Da man nicht mehr »selbständig disponieren« könne, sondern sich »den Anordnungen bezüglich der Fabrikation und der Verteilung unserer Fabrikate fügen« müsse, so seine Argumentation, könne ein durch diese Anordnungen verschuldeter »Mehrverbrauch an Rohmaterialien« doch nicht dem Unternehmer zur Last gelegt werden.[225] Außerdem widerspreche es »einem gesunden Volksempfinden«, »wenn

[221] Dies arbeitet vor allem Bernhard R. Kroener, Die personellen Ressourcen, besonders S. 740ff, deutlich heraus.
[222] WABW, B 10, Bü 68.
[223] Selbst über das Baustoffkontingent konnte er nicht frei verfügen, da das Reichsarbeitsministerium als Verwalter zwischengeschaltet war.
[224] Rolf Boehringer an BfM, 20.1.1940. WABW, B 10, Bü 372.
[225] Rolf Boehringer an das Reichswirtschaftsgericht, 20.8.1940. BA/K, R 123, Paket Nr. 183, 5. Ser. XL 226 (1940). Dort auch das folgende Zitat.

wir für die Erfüllung unserer Pflicht noch mit einer Strafe belegt würden, nur weil irgend ein Paragraph der Anordnungen einer behördlichen Stelle nicht buchstabengemäß befolgt« worden sei. Ganz bewußt habe man daher die zugeteilte Gußquote überschritten, »um unserer nationalen Aufgabe nachkommen zu können«.[226] Obwohl die Boehringer-Geschäftsführung ein schuldhaftes Verhalten ihrerseits energisch bestritt und die Bezahlung der Ordnungsstrafe von 6 000 RM empört zurückwies, anerkannte das Gericht auf vorgesetztes und vorsätzliches Zuwiderhandeln. Denn im »Interesse einer geordneten Eisen- und Stahlbewirtschaftung« müsse »die Rohstoffquote unter allen Umständen gewahrt werden, selbst wenn noch so eilige und wichtige Aufträge, insbesondere für Rüstungszwecke« vorlägen, hieß es in der Urteilsbegründung.[227]

### *Ausbaumaßnahmen bei Werner & Pfleiderer*

Die drastischen Umsatzrückgänge bei Werner & Pfleiderer in den Krisenjahren der frühen dreißiger Jahre lösten eine durchgreifende Reorganisation des Unternehmens aus, zu der auch die konsequent betriebene Zusammenfassung der Produktionsstätten und der Verwaltung in Feuerbach gehörte. 1937 wurden Teile der neuen Fabrikbauten bezogen.[228] Zugleich wurde mit dem Bau eines Bürogebäudes begonnen und eine Bauzeit von zwei Jahren veranschlagt. Ein Versuchsbau - vor allem für die Trockenanlagen - mit neuer Schleiferei und Installationsabteilung sowie eine neue Heiz- und Kraftzentrale konnten im folgenden Jahr fertiggestellt werden. Investiert wurde 1938 aber auch in neue Werkzeugmaschinen und Einrichtungen, denn eine »weitere Erneuerung unseres Maschinenparks und damit Rationalisierung unserer Fabrikation muß nach wie vor eines unserer wichtigen Ziele bleiben«, hieß es im Geschäftsbericht.[229] Die 1938 vorgenommene Planung der Fabrikerweiterung, bei der die Betriebsleitung für das laufende Jahr 1938 von einem Umsatz von zwölf Mio. RM ausgegangen war, wurde von Otto Fahr bereits Anfang 1939 für überholt erklärt. Da die »Verpflichtungen« des Unternehmens weit über diesen geschätzten Umsatz hinausgingen, seien zur »Bewältigung dieser erhöhten Aufgaben« 1939 Neubauten mit einem Gesamtaufwand von rund 300 000 RM erforderlich.[230] Mit einer großen Zahl von Erweiterungs- und Neubauten war die sogenannte »Ausbaustufe I« des Werks in Feuerbach 1939 im wesentlichen abgeschlossen.[231] Die ebenfalls in diesem Jahr vorgenommene Verlegung des ge-

---

[226] Rolf Boehringer an Reichsstelle für Eisen und Stahl, 19.7.1940. Ebd.

[227] Beschluß des Reichswirtschaftsgerichtes vom 28.8.1940. Ebd.

[228] Dabei handelte es sich um einen Ausbau der bestehenden Fabrikanlage u.a. für die Großmontage und großmechanische Bearbeitung sowie um den Einbau einer Späneanlage. Im April 1937 waren die Baugenehmigungen für eine Schleiferei, Versuchsräume, Lagerhalle und die Stahlbau-Abteilung eingetroffen, während das Baugesuch für die Erweiterung der großmechanischen Werkstätte und das neue Treppenhaus mit Einbau der Späneanlage noch lief. Otto Fahr an Direktion, 27.4.1937. WABW, B 11, Bü 86.

[229] Geschäftsbericht für 1938. WABW, B 11, Bü 91.

[230] Otto Fahr an Direktion, 31.1.1939. WABW, B 11, Bü 86.

[231] Die wichtigsten baulichen Maßnahmen 1939 waren die Erweiterung des Versuchsbaues, der jetzt fast ausschließlich für die Heeresgerätefertigung genutzt wurde, auf das Doppelte, der

samten Verwaltungsapparates aus Bad Cannstatt in das neue Bürogebäude nach Feuerbach[232] schloß zudem die zu Beginn der dreißiger Jahre eingeleitete Konzentration auf einen Standort ab. Im alten Werk in Bad Cannstatt verblieben vorerst lediglich die Modell- und Werkschreinerei sowie das Modellager. Beides, der Ausbau und der Umzug, wurde als »notwendige organische Zusammenfassung aller Kräfte« bezeichnet.[233]

Bei der bis zu diesem Zeitpunkt mit der ersten Ausbaustufe erreichten Kapazität des Werkes sollte es eigentlich zunächst bleiben und die geplante »Ausbaustufe II« erst in »späterer Zeit« in Angriff genommen werden, so die Planungen im Jahr 1938. Erst wollte man die aufgenommenen Überbrückungskredite bis Ende 1940 tilgen.[234] Bereits deutlich optimistischer gab sich die Betriebsleitung in dem im Juli 1940 vorgelegten Geschäftsbericht für 1939. Bei den laufenden Bauplänen und Maschinenbeschaffungen sei man bereits über die im Vorjahr formulierte Selbstbeschränkung hinausgegangen, da sich die finanzielle Lage inzwischen verbessert habe und die Kredite bereits abgetragen seien.[235] Einen Grund, das »Tempo der Investierungen zu verlangsamen«[236], wie es der Verwaltungsrat 1938 angemahnt hatte, gab es nun offenbar nicht mehr. Unter den im Januar 1940 beantragten und bis Ende 1941 fertiggestellten Bauten befanden sich eine großmechanische Werkstatt, ein Gußlager im Freien sowie eine weitere Waschanlage.[237] Im November 1940 machte Otto Fahr in einem Schreiben an seine Direktionskollegen darauf aufmerksam, daß die Steigerung der mechanischen Fertigung in Verbindung mit dem Platzbedarf für die vorgesehenen zusätzlichen Großwerkzeugmaschinen den restlichen Ausbau des für die großmechanische Bearbeitung reservierten Platzes notwendig mache.[238] Die letzte, in den Unterlagen dokumentierte bauliche Maßnahme datiert vom August 1943, als ein Fabrikneubau »nach Überwindung aller Schwierigkeiten« in Betrieb genommen werden konnte.[239]

### *Erweiterungsmaßnahmen bei den Fortuna-Werken*

Ebenso wie bei den Firmen Boehringer und Werner & Pfleiderer verlief bei den Fortuna-Werken in Bad Cannstatt die räumliche Ausdehnung parallel zu den

---

Ausbau des Guß- und Schalenlagers, der Ausbau an Bau 14 für Wasch- und Umkleideräume sowie Garagen, eine neue Rohrbiegerei und die Fertigstellung des Verwaltungsgebäudes. Geschäftsbericht für 1939. WABW, B 11, Bü 91 und 312.

[232] Auf die Notwendigkeit, die kaufmännischen und technischen Büros ebenfalls so schnell wie möglich in Feuerbach anzusiedeln, wurde in den Geschäftsberichten immer wieder hingewiesen. Vgl. WABW, B 11, Bü 91.

[233] Geschäftsbericht für 1939. WABW, B 11, Bü 91 und Bü 312.

[234] Geschäftsbericht für 1938. WABW, B 11, Bü 91; auch das Schitag-Gutachten spricht von einem Absinken der Gewinne in den Jahren 1938 und 1939 durch Kostensteigerung aus »innerbetrieblichen Umstellungen«. Schitag-Gutachten. StAL, EL 902/20 Bü 37/17/7952.

[235] Geschäftsbericht für 1939. WABW, B 11, Bü 91.

[236] Geschäftsbericht für 1938. Ebd.

[237] Otto Fahr an Direktion, 2.1.1942. WABW, B 11, Bü 86.

[238] Otto Fahr an Direktion, 1.11.1940. Ebd.

[239] Otto Fahr an Reichskommissar für die Behandlung feindlichen Vermögens, 18.9.1943. BA/K, R 87/1178.

steigenden Umsatzzahlen. Vor 1933 waren die 1918 in Betrieb genommene neue Werkstätte sowie ein 1928 erstellter Neubau für den Schleifmaschinenproduktion und die Teilmontage die größten Investitionen gewesen.[240]

In den Jahren 1934 bis 1939/40 wurden vier größere Bauvorhaben realisiert. Somit erfolgten auch bei diesem Unternehmen die bedeutendsten Maßnahmen zur Vergrößerung der eigenen Produktionsanlagen in den Vorkriegsjahren. 1934 und 1936 wurde der aus dem Jahr 1918 stammende Werkstättenbau jeweils um zwei Stockwerke erweitert. In diesen Zeitraum fiel auch der Neubau einer großen Montagehalle, in der die Fortuna-Schleifmaschinen zusammengebaut werden sollten. 1938 erwarb das Unternehmen das Anwesen der benachbarten ehemaligen Melassefabrik Alexander & Cie. und verwandelte es in einen modernen Fabrikbau. Hier fanden die Modellschreinerei, der Fuhrpark, das Elektrolager und die Elektrowerkstatt neue Räume. Die 1939/40 errichtete Maschinenhalle, die - wie bei der Firma Boehringer - in einem direkten Zusammenhang mit den Ausweitungswünschen des BfM stand,[241] diente vornehmlich der Bearbeitung von Großgußteilen. In der Jubiläumsschrift zum fünfzigjährigen Bestehen des Unternehmens wird sie als »würdiges Gegenstück zu der nicht weniger imposanten Montagehalle« gepriesen.[242] Diese Kapazitätsvergrößerung brachte dem Betrieb jedoch für das Geschäftsjahr 1939 »erstmals seit vielen Jahren« Verbindlichkeiten gegenüber Banken ein. Diese Schulden, so lautete die Erklärung der Betriebsleitung, seien zum einen direkt durch die vom BfM angeordnete »erhebliche und über den Rahmen unseres eigenen Bauprogramms hinausgehende Ausweitung des Werkes und damit seiner Ausbringung« entstanden, zum anderen habe der Betrieb durch das kriegsbedingte Ausbleiben von Zahlungen »aus dem nunmehr feindlichen Ausland« Verluste erlitten.[243]

Die Vorkriegsjahre standen also bei den Fortuna-Werken ganz »im Zeichen einer regen Bautätigkeit«.[244] Wie bei den Firmen Boehringer und Werner & Pfleiderer hatten auch bei diesem Unternehmen steigende Umsatzzahlen und ein ständiger Auftragsüberhang, wie er in den langen Lieferfristen zum Ausdruck kommt, auf die Betriebsleitung zweifellos eine Sogwirkung, die bestehenden Kapazitäten zu vergrößern. Andererseits erforderte die zunehmende Verlagerung des Produktionsschwerpunktes auf den Schleifmaschinenbau, wie sie sich seit den späten 1920er Jahren abzeichnete, eine entsprechende räumliche und technische Ausstattung des Betriebes. So genügten beispielsweise die bisherigen Montageräume für den Zusammenbau der an Größe und Gewicht zunehmenden Schleifmaschinen nicht mehr, weswegen der Neubau einer Montagehalle notwendig wurde. Vermutlich spielten bei der Entscheidung zugunsten der Kapazitätsausweitung sowohl betriebstechnische Überlegungen als auch die konstant hohe Nachfrage eine Rolle. In den Jahren 1933 bis 1939/40

---

[240] Fortuna 1903-1953, S. 66f, 88f, 93f.
[241] Vgl. Leistungsbericht 1940/41. Archiv des Fortuna-Betriebsrates.
[242] Fortuna 1903-1953, S. 111f (Zitat: S. 112).
[243] Leistungsbericht 1940/41. Archiv des Fortuna-Betriebsrates.
[244] Fortuna 1903-1953, S. 112.

kam es durch Neu-, Um- oder Erweiterungsbauten bei dem Unternehmen insgesamt zu einer ganz beträchtlichen Vergrößerung der Produktionskapazitäten.

*Zweigwerk Losheim*

Seit Dezember 1941 gab es bei der Firma zudem Überlegungen, einer von ihr betriebenen Lehrwerkstätte in Losheim (Regierungsbezirk Trier) einen Produktionsbetrieb anzugliedern, in dem fortan die Fortuna-Schleifspindeln hergestellt werden sollten. Staatliche Lehrwerkstätten in Losheim und Malberg/Eifel waren 1938 durch den Reichsstock für Arbeit beziehungsweise das Landesarbeitsamt Rheinland errichtet und anschließend der Verwaltung und Leitung des Arbeitsamtes Trier unterstellt worden. Hinter der Gründung der Lehrwerkstätten habe der Gedanke gestanden, so die Fortuna-Geschäftsführung 1947, die Ausbildung von Industriefacharbeitern in »industriearmen Gegenden« zu fördern, da für die dortige männliche Jugend bislang in der Regel nur der Beruf eines Hilfsarbeiters in der Forstwirtschaft, beim Straßenbau oder in der saarländischen Bergbau- und Hüttenindustrie offengestanden habe. Nachdem sich jedoch sehr rasch gezeigt habe, daß das Arbeitsamt mit dieser Aufgabe überfordert war, seien Industrieunternehmen gesucht worden, die bereit gewesen seien, »eine Art Patenschaft« für die Lehrwerkstätten zu übernehmen. Daraufhin hätten sich drei »auf dem Gebiet der Nachwuchserziehung« führende Unternehmen gemeldet, unter ihnen die Fortuna-Werke, die im April 1940 die »Patenschaft« für die Lehrlingsausbildung in Malberg übernommen habe, während sich für Losheim die Hannoveraner Firma Hanomag fand.[245]

Als der Fortuna-Geschäftsführung Ende 1941 der offenbar von der NSDAP-Gauleitung Moselland ausgehende Plan zu Ohren kam, der Lehrwerkstätte in Losheim einen Produktionsbetrieb anzugliedern, und sie außerdem erfuhr, daß man bei der Firma Hanomag bereits abgewunken hatte, zeigte sie ihrerseits größtes Interesse.[246] Daß nach dem Verzicht von Hanomag vor allen anderen der Firma Fortuna das Recht auf Fertigungsverlagerung und -aufnahme in Losheim zustehen würde, sah man schon allein dadurch begründet, daß sich die Firmen Fortuna, Hanomag und Bosch an der Facharbeiterausbildung im Bezirk Trier zu einer Zeit beteiligt hatten, als dies »durchaus keine Selbstverständlichkeit« gewesen sei. Deshalb sei es nur »recht und billig«, meinte der Kaufmännische Direktor Theodor Lilienfein im Dezember 1941, wenn die in Losheim ausgebildeten Facharbeiter nunmehr für die Fertigung von einem dieser drei Betriebe eingesetzt würden.[247] Daß sein Unternehmen hierbei den Zuschlag erhalten sollte, dafür sprach nach seiner Ansicht insbesondere die Kriegswichtigkeit des Produktes, dessen Fertigung nach Losheim verlagert werden sollte. Die Fortuna-Schleifspindel war nämlich ein Werkzeug, das grundsätzlich »in

---

[245] Bericht der Geschäftsleitung, 13.2.1947. WABW, Bestand Fortuna, Karton: Losheim II.
[246] Ebd.
[247] Theodor Lilienfein an einen Mitarbeiter des Arbeitsamtes Trier, 16.12.1941. WABW, Bestand Fortuna, 1. Ordner: Schriftverkehr Zweigwerk Losheim. Dort auch die folgenden Zitate.

allen Rüstungsbetrieben, in denen geschliffen wird«, benötigt würde. Darüber hinaus argumentierte Lilienfein mit dem selbst in Friedenszeiten gesicherten Absatz der Spindeln, »zumal wie vor dem Krieg auch in Zukunft mit einem erheblichen Export von Schleifspindeln gerechnet werden« könne. Außerdem könnte die durch die Verlagerung freiwerdende Kapazität im Stammwerk sofort für die Fertigung des - ebenfalls kriegswichtigen - automatischen Meß- und Steuergerätes genutzt werden, das »alle Unterstützung des Industrierats beim Reichsmarschall« genieße. Deshalb liege es im »größten Interesse« des Reichsluftfahrtministeriums, daß die »zur Schaffung der notwendigen Kapazität notwendige Verlagerung« erfolge, damit »in möglichst kurzer Zeit mit dem Anlaufen der Neufabrikation im eigenen Werk begonnen werden« könne.

Die Fortuna-Werke erhielten den Zuschlag, Lilienfeins Argumentation hatte also Erfolg. Letztlich begründete im Juni 1942 auch der BfM »Zweck und Dringlichkeit« des Bauvorhabens in Losheim mit der durch die Verlagerung der Spindelproduktion möglich gewordenen Aufnahme der Meßgeräte-Fertigung in entsprechenden Stückzahlen im Bad Cannstatter Stammwerk.[248] Daß eine Verlagerung mit einem Neubau in Losheim verbunden sein würde, hatte Theodor Lilienfein dem Trierer Arbeitsamt bereits frühzeitig mitgeteilt. Der vorhandene Werkstattraum sei zu klein, weswegen es von »ausschlaggebender Bedeutung« für sein Unternehmen sei, die Genehmigung für einen Anbau an das bestehende Gebäude zu bekommen. Lilienfein kündigte an, daß sein Vorstandskollege Max Knorr beim nächsten Besuch in Berlin schon einmal entsprechende »Verhandlungen« führen würde.[249]

Die Verlagerung der Produktion der Fortuna-Schleifspindel nach Losheim fand nicht nur die Zustimmung des Trierer Arbeitsamtes, sondern auch die des für den Gau Moselland zuständigen Gauwirtschaftsberaters und des Gauleiters. Zur Vorlage beim Industrierat war ein Schreiben an Max Knorr vom Februar 1942 bestimmt, in dem Gauleiter Simon bestätigte, an der Verlagerung nach Losheim »außerordentlich stark« interessiert zu sein.[250] Seit langem bemühe er sich, der »Berufsnot der im Saargrenzgebiet wohnenden Bevölkerung« durch eine konsequente Industrieansiedlungspolitik zu begegnen, teilte Simon mit. Deshalb sei es sein Bestreben, in diesem Gebiet »kleine Industrieunternehmungen anzusiedeln, die der intellektuellen (!) Bevölkerung und vor allem der Jugend die Möglichkeiten geben sollen, in der Nähe ihres Wohnortes eine Arbeitsmöglichkeit zu finden und damit aus den bisherigen ärmlichen Verhältnissen aufzusteigen«. Zustimmung und die Bereitschaft, das Projekt zu unterstützen, signalisierte auch der Leiter der Berliner Verbindungsstelle der Gauleitung Moselland.[251]

---

[248] BfM an Firma Fortuna, 23.6.1942. Ebd.

[249] Theodor Lilienfein an das Trierer Arbeitsamt, 31.1.1942. Ebd.

[250] Gauleiter Simon an Max Knorr, 21.2.1942. Ebd. Dort auch die folgenen Zitate. Vgl. auch Max Knorr an Amtsbürgermeister von Losheim, 17.4.1942. Ebd.

[251] NSDAP, Gauleitung Moselland, Leiter der Berliner Verbindungsstelle, an Firma Fortuna, 30.12.1941. Ebd.

Jedoch wurde trotz - verbaler - Unterstützung von seiten der regionalen NS-Prominenz das Bauvorhaben von den zuständigen Stellen nicht bevorzugt behandelt. Die von der Firma Fortuna im April 1942 an das Arbeitsamt Trier geschickten Unterlagen, darunter das Baugesuch und die Baubeschreibung, wurden von dort zunächst an einen sogenannten Sparingenieur, einen Mitarbeiter im Rüstungskommando des Wehrkreises XII, weitergeleitet. Seine Aufgabe bestand vor allem darin zu überwachen, daß »den Kriegszwecken entsprechend so einfach und materialsparend wie möglich gebaut« wurde.[252] Auf das abschließende Gutachten des Sparingenieurs wartete man bei Fortuna ein Jahr lang - bis April 1943. Immerhin konnte durch einen persönlichen Besuch Max Knorrs beim Sparingenieur im September 1942 erreicht werden, daß dieser einen vorläufigen zustimmenden Bescheid ausstellte.[253] In diesem war die ursprünglich von den Fortuna-Werken angesetzte Bausumme von 98 000 auf 80 000 RM gekürzt sowie der Eisenbedarf von 78 auf 25,2 Tonnen und der Zementbedarf von 210 auf 132,2 Tonnen herabgesetzt worden.[254] Mit dem Vorprüfungsbescheid in Händen konnte der Betrieb sodann beim Kontingentträger, in diesem Fall beim Oberkommando des Heeres, eine Einstufung in die »Wehrkreisrangfolgeliste«[255] beantragen und beim Generalbevollmächtigten für die Bauwirtschaft eine vorläufige Baufreigabe für die Erdarbeiten erwirken.[256] In seinem endgültigen »Prüfungsbericht über Baustoffeinsparung« vom 14. April 1943 bestätigte der Sparingenieur, daß er mit dem Vorprüfungsbescheid der »vorgesehenen Ausführungsart« bereits grundsätzlich zugestimmt hatte, was ihn freilich nicht davon abhalten konnte, die Bausumme - durch Minderung des Postens »Unvorhergesehenes« - nochmals um 5000 RM auf nunmehr 75 000 RM zu reduzieren.[257]

Mit ein Grund für die Verzögerung des Gutachtens war die im August 1942 plötzlich wieder offene Frage der Kontingentzuteilung. Über den bisherigen Verlauf in der Frage der Kontingentzuteilung für den Erweiterungsbau in Losheim sei er »ungehalten«, teilte Max Knorr erbost dem Trierer Arbeitsamt mit. Denn ursprünglich seien ihm die notwendigen Baustoffe aus dem Kontingent des BfM zugesagt worden. In der Zwischenzeit habe der BfM jedoch sein gesamtes Kontingent dem Reichsarbeitsministerium zur Verwaltung übergeben müssen. Nun scheine es aber so zu sein, daß das Ministerium dieses Kontingent verbraucht habe, ohne die Firmen, die ihr Baukontingent vom BfM erhalten sollten, davon in Kenntnis zu setzen. Von dieser Sachlage habe er - und darauf-

[252] Die Organisation eines deutschen Rüstungskommandos. Vortrag eines Mitarbeiters des Rüstungskommandos Dresden vom 19.11.1942, S. 14. BA/MA, RW 19/537.

[253] Max Knorr an NSDAP, Gauleitung Moselland, Leiter der Berliner Verbindungsstelle, 9.9.1942. WABW, Bestand Fortuna, 1. Ordner: Schriftverkehr Zweigwerk Losheim.

[254] Vorprüfungsbescheid des Sparingenieurs, 2.9.1942. Ebd.

[255] Anträge von Bauten, die eine Bausumme von 5000 RM überschritten, waren als »Ausnahmegenehmigung vom Neubauverbot« zu behandeln und in die »Wehrkreisrangliste« aufzunehmen. Vgl. den Vortrag vom 19.11.1942 (wie Anm. 252).

[256] Vorprüfungsbescheid des Sparingenieurs, 2.9.1942. WABW, Bestand Fortuna, 1. Ordner: Schriftverkehr Zweigwerk Losheim.

[257] Prüfungsbericht des Sparingenieurs, 14.4.1943. Ebd.

hin auch erst der BfM - rein zufällig erfahren, nachdem sein Unternehmen beim OKH wiederholt wegen der beschleunigten Freigabe des vom Reichsarbeitsministerium bereitzustellenden Kontingentes vorstellig geworden sei.[258] Knorrs Vorstandskollege Lilienfein hatte inzwischen den Berliner Professor Otto Kienzle, Mitarbeiter des Heereswaffenamtes, eingeschaltet, um die Einreihung des Bauvorhabens in Losheim in eine »möglichst günstige Dringlichkeitsstufe« zu erreichen.[259] Lilienfeins Vorstoß war erfolgreich. Noch im selben Monat teilte Kienzle mit, daß das Losheim-Projekt nunmehr von seiner Dienststelle im Heereswaffenamt betreut und das Kontingent vom OKH bereitgestellt werden würde.[260] Denn von einer baldigen Produktionsaufnahme in Losheim hing der Produktionsanlauf des automatischen Meß- und Steuergerätes im Fortuna-Stammwerk ab, an dem das Heereswaffenamt allergrößtes Interesse hatte.

Nachdem die Kontingentfrage geklärt war, konnte Anfang Dezember 1942 mit dem Erweiterungsbau in Losheim begonnen werden, und ein gutes halbes Jahr später war der Anbau fertiggestellt.[261] Wegen der inzwischen erhöhten Luftkriegsgefährdung Stuttgarts trieb die Firma Fortuna die Verlagerung voran mit dem Ziel, daß der nunmehr als Zweigwerk Losheim geführte Betrieb bereits ab 1. Oktober 1943 fertige Spindeln liefern sollte.[262] Der offizielle »Verlegungsbescheid« ging der Firma Fortuna allerdings erst Anfang November 1943 vom Leiter des Hauptausschusses Maschinen zu.[263]

Wie schon bei der Firma Boehringer traten bei diesem Projekt parallel zur ungeklärten Baustoffrage Probleme bei der Aquirierung geeigneter Arbeitskräfte auf. Bereits geraume Zeit vor Baubeginn hatte das für Losheim zuständige Arbeitsamt Trier mit der »Werbung« luxemburgischer Facharbeiter für das neue Fortuna-Zweigwerk begonnen, die zunächst ein Jahr lang im Stammwerk eingearbeitet werden sollten. Nach den Vorstellungen Max Knorrs sollten - wegen der späteren Verwendung in Losheim und der dortigen Unterbringungsmöglichkeiten - bevorzugt unverheiratete Mechaniker, Dreher, Fräser und Schleifer »angeworben« werden.[264] Ab Sommer 1942 wurden 33 luxemburgische Arbeiter im Stammwerk eingearbeitet,[265] im April 1943 sollte dann die »Umsetzaktion« dieser Arbeitskräfte von Stuttgart nach Losheim beginnen, wobei die notwendige Verlängerung ihrer Dienstverpflichtung durch das Trie-

---

[258] Max Knorr an Arbeitsamt Trier, 25.8.1942. Ebd.

[259] Theodor Lilienfein an Otto Kienzle, 13.6.1942. Ebd.

[260] Otto Kienzle an Theodor Lilienfein, 28.8.1942. Vgl. Prüfungsbericht vom 14.4.1943 und Fortuna-Betriebsleiter an das Büro des BfM, 25.6.1943. Ebd.

[261] Baubericht vom Juli 1943. Ebd.

[262] Interne Mitteilung, November 1943. WABW, Bestand Fortuna, 2. Ordner: Schriftverkehr Zweigwerk Losheim.

[263] Mit diesem »Verlegungsbescheid« vom 2. November 1943 anerkannte das NS-Regime die - kriegsbedingte - Notwendigkeit der Verlagerung und machte diese dem Unternehmen im nachhinein zur Auflage. Nur mit diesem offiziellen Bescheid in Händen konnte der Betrieb anschließend entstandene Unkosten geltend machten. Verlegungsbescheid vom 2.11.1943. WABW, Bestand Fortuna, 2. Ordner: Schriftverkehr Zweigwerk Losheim.

[264] Arbeitsamt Trier an Firma Fortuna, 26.2.1942, und Antwortschreiben Max Knorrs, 2.3.1942. WABW, Bestand Fortuna, 1. Ordner: Schriftverkehr Zweigwerk Losheim..

[265] Arbeitsamt Trier an Firma Fortuna, 10.7.1942. Ebd.

rer Arbeitsamt veranlaßt wurde. Im Monat zuvor hatten bei einer Besprechung der drei leitenden Fortuna-Herren (Max Knorr, Theodor Lilienfein und der Betriebsleiter) mit zwei Vertretern des Arbeitsamtes Trier sich letztere zuversichtlich gezeigt, daß Gauleiter Simon, seit der Besetzung des Großherzogtums im Zuge des »Frankreichfeldzuges« zugleich Chef der luxemburgischen Zivilverwaltung, nun sicherlich keine »Sonderstellung des Bezirks Luxemburg« mehr wünsche und daher mit einer unbefristeten Dienstverpflichtung einverstanden sein werde.[266]

Einig waren sich die Herren zudem, daß die in Losheim benötigten Facharbeiter vom Fortuna-Stammwerk gestellt werden müßten. Darüber hinaus machte das Unternehmen einen Arbeiterbedarf von nochmals 60 Mann geltend. Hier sollte zunächst das Trierer Arbeitsamt prüfen, wieviele Arbeitskräfte es ab Juni zur Verfügung stellen könnte. Sowohl Fortuna als auch das Trierer Arbeitsamt gingen jedoch davon aus, daß die Arbeitskräfteanforderung auf diesem Wege nicht befriedigt werden würde. Deshalb vereinbarten sie, daß sich der Betrieb an das OKH wenden und um Zuteilung ausländischer Arbeitskräfte - möglichst »Flamen, Belgier oder Zivilfranzosen« - für das Trierer Arbeitsamt bitten sollte, nachdem ihr die Liste mit den verfügbaren Arbeitskräften vom Arbeitsamt zugegangen war. Sobald die Genehmigung des OKH vorliege, so die Absprache, werde man von Fortuna aus mit dem Arbeitsamt Stuttgart Verbindung aufnehmen und die Möglichkeit prüfen, bereits eingearbeitete ausländische Arbeitskräfte aus dem Stammbetrieb nach Losheim zu versetzen und dafür die vom OKH für Trier bewilligten Zwangsarbeiter in Bad Cannstatt einzusetzen. Insgesamt ging man zu diesem Zeitpunkt von einer Gesamtbelegschaft in Losheim von 100 bis 120 Arbeitskräften aus.

Doch drohte den im Stammwerk eingearbeiteten und seit Frühjahr 1943 in Losheim eingesetzten luxemburgischen Arbeitskräften im Juli 1943 die »Einziehung« zum Reichsarbeitsdienst. Die von Fortuna zunächst angestrebte Einschaltung von Gauleiter Simon wurde wieder fallengelassen, nachdem dessen Berliner Verbindungsmann geäußert hatte, daß es gerade der Gauleiter sei, der wünsche, daß »jeder Luxemburger zum Arbeits- und Wehrdienst gekrallt« würde.[267] Daraufhin setzte man bei Fortuna verstärkt auf die »Verbindungen von MK [Max Knorr] in Berlin«. Erfolg hatte es offensichtlich nicht, denn im September 1943 informierte der Fortuna-Betriebsleiter das Stuttgarter Arbeitsamt über die Absicht, eine vorübergehende Umsetzung von rund 30 Beschäftigten vom Fortuna-Stammwerk nach Losheim durchzuführen. Begründet wurde diese Maßnahme mit der Einberufung einer »größeren Anzahl« der luxemburgischen Arbeitskräfte. Der Verlust gerade dieser Arbeitskräfte in dem »erst seit einem 1/4 Jahr angelaufenen Zweigwerk« könne auch nicht durch die vom Trierer Arbeitsamt gestellten Ersatzkräfte, die noch »nie in einem eisenverarbeitenden Industriebetrieb tätig« gewesen seien, ausgeglichen werden. Für die

---

[266] Kurzbericht über Besprechung, 9.3.1943. Ebd. Dort auch das Folgende.

[267] ZL, 29.7.1943. WABW, Bestand Fortuna, 2. Ordner: Schriftverkehr Zweigwerk Losheim. Dort auch das folgende Zitat.

Anlernphase und zur »Sicherung der dringlichen Produktion« in Losheim sei es deshalb notwendig, einen Teil der Fortuna-Belegschaft in Losheim einzusetzen und im Gegenzug »ungeschulte Leute« von dort nach Bad Cannstatt zu holen.[268]

Im Rahmen dieser Maßnahme wurden ab November 1943 20 deutsche Arbeitskräfte vorübergehend und weitere 21 Arbeitskräfte (4 deutsche und 17 »Ausländer«) auf Dauer aus dem Stammwerk nach Losheim abgeordnet. Für die 21 dauerhaft versetzten Männer mahnte der Fortuna-Betriebsleiter bei der Losheimer Betriebsführung jedoch noch im Februar 1944 die von Losheim vereinbarungsgemäß zu stellenden Ersatzkräfte an. Bis jetzt hätte das Stammwerk nur für sechs Arbeitskräfte Ersatz bekommen, monierte er. Gerade weil das Stammwerk im Jahr 1944 in eine »Reihe dringlicher Fertigungen« eingeschaltet worden sei und sich zudem die Aufgaben gegenüber dem Vorjahr »wesentlich gesteigert« hätten, bedeute die Abordnung von insgesamt rund 40 Arbeitskräften eine »beträchtliche Schwächung« für das Stammwerk. Die Losheimer Betriebsführung forderte er auf, sich »mit Nachdruck« bei den »Betreuungsstellen« für eine schnelle Zuweisung von Arbeitskräften einzusetzen, um sowohl die von ihm angemahnten Ersatzkräfte stellen, als auch das Losheim »vorgeschriebene Programm 1944 unter allen Umständen einhalten zu können«. Die Produktion von Losheim liege »nach der neuesten Dringlichkeitseinstufung an vorderster Stelle«, informierte der Betriebsleiter. So werde die Fortuna-Schleifspindel im Rahmen der »Kugellager-Schnellaktion« für die Firmen Steyr und Kugelfischer eingesetzt, finde bei »dringliche(n) Werkzeugmaschinen« wie der Zahnflankenschleifmaschine der Firmen Deutsche Niles-Werke und Zahnradfabrik Friedrichshafen Verwendung und werde in Sonderschleifmaschinen für die Kugellagerindustrie eingebaut.[269]

Erneut wurden im Februar 1944, nachdem das Stammwerk in Bad Cannstatt bei Luftangriffen schwer beschädigt worden war und - zumindest vorübergehend - Produktionsausfälle hingenommen werden mußten,[270] weitere Arbeitskräfte nach Losheim abgeordnet. Im September 1944 folgte nochmals eine »große Anzahl Leute«.[271] In diesem Monat erreichte die Beschäftigtenzahl des Zweigwerkes mit 221 Arbeitskräften ihren Höchststand.[272] Die Belegschaft von Losheim wuchs im ersten Vierteljahr 1944 von 160 Arbeitskräften im Januar auf 189 im April. Dabei nahm die Zahl der technischen Angestellten (von drei auf sieben) und die der Facharbeiter (von 23 auf 35) ebenso zu wie die der angelernten Arbeitskräfte, die von 25 auf 47 stieg und sich damit fast verdoppelte. Leicht erhöhte sich in diesem Zeitraum auch die Zahl der in Losheim eingesetzten Zwangsarbeiter (von 21 auf 24). Während im Januar noch keine Kriegsgefangenen in die Produktion eingebunden waren, verfügte das Zweig-

---

268 Fortuna-Betriebsleiter an Stuttgarter Arbeitsamt, 16.9.1943. Ebd.

269 Fortuna-Betriebsleiter an Betriebsführung Losheim, 14.2.1944. Ebd.

270 Fortuna 1903-1953 S. 126f. Unter anderem wurde das Gebäude, in dem sich vormals die Spindelfertigung befunden hatte, völlig zerstört.

271 Angaben zu ZL. WABW, Bestand Fortuna, Ordner: Rückholung ZL und ZM.

272 Gefolgschaftsaufteilung von ZL, 23.9.1944. WABW, Bestand Fortuna. 2. Ordner: Schriftverkehr Zweigwerk Losheim.

werk drei Monate später über 26 kriegsgefangene Männer. Rückläufig war hingegen die Zahl der ungelernten Kräfte - in der Mehrzahl Frauen -, die von 68 auf 55 sank.[273] Damit lagen die Beschäftigtenzahlen in Losheim im Jahr 1944 stets deutlich über dem im Frühjahr 1943 geschätzten Bedarf von 100 bis 120 Beschäftigten.[274] Ob die erzielten Umsätze die Erwartungen ebenfalls übertrafen, läßt sich aufgrund fehlender Unterlagen zwar nicht genau sagen. Die Umsatzsteigerung von rund 44 660 RM im Januar 1944 auf über 266 000 RM im September 1944 zeugt jedoch von einer sehr guten Entwicklung.[275]

Die Vorkriegsjahre - so läßt sich zusammenfassen - standen bei allen drei Unternehmen im Zeichen einer regen Bautätigkeit; sie expandierten in räumlicher Hinsicht ganz beträchtlich. Ausschlaggebend dürfte dafür vor allem die gute und konstante Auftragslage gewesen sein. Aber auch die Verlegung des Betriebes an einen neuen Standort und die Fertigung neuer Produkte waren Gründe, Neubauten zu errichten. Bei den in Angriff genommenen Erweiterungsbauten beriefen sich zwar die beiden Werkzeugmaschinenhersteller Boehringer und Fortuna auf eine entsprechende Weisung des Bevollmächtigten für die Maschinenproduktion, doch weder dies noch die »nationale Pflicht«[276] als Unternehmer gaben den Ausschlag. Vielmehr sahen es die Industriellen offensichtlich als lohnend an, in Neubauten und Maschinen zu investieren.

### b. Produktionsausweitung durch Einspannen von deutschen Unternehmen

*Schnellpressenfabrik Frankenthal Albert & Cie.*

Um ihre Produktionskapazitäten zu vergrößern, ohne dafür die eigenen Anlagen noch stärker erweitern zu müssen, bemühte sich die Firma Boehringer Ende 1938 um den Kauf der Schnellpressenfabrik Frankenthal Albert & Cie., ein Unternehmen der Druckmaschinenbranche.[277] Als entscheidendes Hindernis stellte sich dabei jedoch die Kapitalbeteiligung des Gauwirtschaftsberaters der Saarpfalz an diesem Unternehmen und sein Einsatz für die Beibehaltung des Druckmaschinenbaus heraus.

[273] Von 44 weiblichen Belegschaftsmitgliedern, die im Januar 1944 in Losheim beschäftigt waren, fielen allein 39, im April 1944 von insgesamt 50 Frauen noch immer 34 in die Kategorie »ungelernt«. Der Anteil der Frauen bei den angelernten Kräften stieg in diesem Zeitraum hingegen von 1 auf 10. ZL an Arbeitsamt Trier, 31.1. und 14.4.1944. WABW, Bestand Fortuna, Ordner: Rückholung ZL und ZM.

[274] Kurzbericht über Besprechung, 9.3.1943. WABW, Bestand Fortuna, 1. Ordner: Schriftverkehr Zweigwerk Losheim.

[275] In den Monaten Juli und August 1944 war der Umsatz allerdings auf rund 140 000 bzw. 148 000 RM gesunken, ein Umstand, den sich Theodor Lilienfein nicht erklären konnte, und der seiner Ansicht nach für das Gesamtunternehmen »sehr ungelegen« gekommen war. Umsatz des Zweigwerkes Losheim/Donzdorf-Markgröningen 1944. WABW, Bestand Fortuna, 2. Ordner: Schriftverkehr Zweigwerk Losheim.

[276] Bericht über den Besuch des Direktors S. von der Firma Auto-Union AG am 23.9.1935. WABW, Bestand Fortuna, Karton: Berichte TL.

[277] Die Firma, 1934 in Konkurs gegangen, wurde seit 1935 von einer Auffanggesellschaft als GmbH weitergeführt. Einer der beiden Gesellschafter war der Gauwirtschaftsberater der Saarpfalz. Ihr Produktionsprogramm umfaßte 1939 in der Hauptsache verschiedene Druckmaschinen. Vgl. Maschinenbau-Handbuch 1939/40, S. 363.

Im Dezember 1938 signalisierte der Bevollmächtigte für die Maschinenproduktion, daß Gauleiter Bürckel mit dem Verkauf von Frankenthal unter der Bedingung einverstanden sei, daß der Druckmaschinenbau beibehalten würde, aber, so gab sich der BfM zuversichtlich, »die von Bürckel gestellte Bedingung (...) wird, glaube ich, kein Hindernisgrund sein, den in Aussicht genommenen Plan der Einschaltung von Frankenthal in Ihre Werkzeugmaschinenfabrikation auszuführen«.[278] Denn bei der nächsten Besprechung werde man ihn und den Gauwirtschaftsberater schon davon überzeugen, daß der Druckmaschinenbau im Laufe der Zeit ohne jede Gefährdung für das Unternehmen aufgegeben werden könnte. Dennoch sahen die Anfang Januar 1939 ausgehandelten Übernahmemodalitäten die Beibehaltung des Schnellpressenbaus bis zu einem monatlichen Umsatz von 300 000 RM vor. Daß der Unternehmer Boehringer eine solche Vereinbarung, die seinen Spielraum doch erheblich einschränkte, im Grunde ablehnte, verschwieg er nicht. Nachdem ihm der amtierende Direktor von Frankenthal im Februar 1939 die schwierige Absatzsituation bei Druckmaschinen geschildert hatte, erklärte Rolf Boehringer, daß es »einem Privatunternehmen nicht zugemutet werden« könne, »Fabrikationszweige auf ewige Zeiten beizubehalten, wenn durch eine solche Bedingung das Unternehmen in seinem Bestehen gefährdet« würde.[279] Deshalb plädierte er für die nachträgliche Aufnahme einer entsprechenden Kündigungsklausel in den Kaufvertrag, welche ihm den Ausstieg aus der vertraglich festgeschriebenen Pressenfabrikation ermöglichen sollte. Diese der NS-Führung im Gau Saarpfalz zugespielten Äußerungen brachten sowohl den Gauwirtschaftsberater als auch den Gauleiter gegen Boehringer auf. Beide waren der Ansicht, daß der Göppinger Unternehmer, ungeachtet des bestehenden Vertrages, den Druckmaschinenbau bei zu geringer Rentabilität sofort einstellen würde, weshalb sie die noch laufenden Verhandlungen über die Höhe des Kaufpreises sofort beendeten.

Rolf Boehringer sah sich durch diesen Vorgang als Unternehmer diskreditiert und der »schweren Verdächtigung« ausgesetzt, daß er sich »bei der Übernahme der Firma als rein liberalistisch und kapitalistisch eingestellt betätigen«, sich »weder um Parteidienststellen noch um einen bestehenden Vertrag kümmern« und »also glatt vertragsbrüchig« werden würde und daß »solchen Leuten natürlich ein Werk wie Frankenthal nicht anvertraut werden könne«. Hilfe versprach er sich auch in diesem Fall vom BfM, den er ersuchte, Schritte in die Wege zu leiten, um ihn von diesem Makel zu befreien. Gegenüber dem BfM beteuerte Boehringer nunmehr, daß er wie auch alle anderen leitenden Herren seiner Firma es gutgeheißen hätten, daß »das Fabrikationsprogramm und die Existenz der Firma Frankenthal nicht nur auf die Werkzeugmaschinenfabrikation, sondern auch auf den Schnellpressenbau aufgebaut« gewesen sei. Die nationalsozialistische Führung, insbesondere der Gauwirtschaftsberater und Gesellschafter von Frankenthal, ließ sich aber nicht umstimmen. Ende Januar

[278] BfM an Rolf Boehringer, 23.12.1938. WABW, B 10, Bü 70.

[279] Rolf und Werner Boehringer an BfM, 19.1.1939. WABW, B 10, Bü 70. Dort auch die folgenden Zitate.

1939 wurden die Verhandlungen zwischen den beiden Unternehmen endgültig eingestellt.[280]

*Schnellpressenfabrik Heidelberg*

Nachdem sich dieses Projekt zerschlagen hatte, schlug Rolf Boehringer einen anderen Kurs ein. Er versuchte es nunmehr mit der Vergabe von Unteraufträgen an ein zwar branchenfremdes, aber für die Werkzeugmaschinenfertigung geeignetes Unternehmen. Dies war ein Verfahren, das für die Göppinger Werkzeugmaschinenfabrik einen entscheidenden Vorteil hatte: Es erlaubte ihr, ohne größere finanzielle Belastung und vor allem ohne eigenes Risiko ihre Kapazitäten vorübergehend zu vergrößern.[281]

Mit der Schnellpressenfabrik Heidelberg fiel die Wahl erneut auf ein Unternehmen der Druckmaschinenindustrie. Im Oktober 1939 wurde vertraglich vereinbart, daß die Heidelberger Firma die Fertigung von 60 Boehringer-Einspindelautomaten (Gridley) pro Jahr übernehmen sollte. Wegen angeblich bei ihr doch nicht vorhandener technischer Voraussetzungen strebte die Geschäftsführung der Schnellpressenfabrik im Frühjahr 1940 jedoch eine Auflösung des Vertrages an. Sie hatte bereits für vollendete Tatsachen gesorgt und in der Zwischenzeit Unteraufträge von der Magdeburger Werkzeugmaschinenfabrik und der Gebr. Heinemann AG in St. Georgen zur Lizenzfertigung von insgesamt 1000 Drehbänken übernommen. Gegenüber dem BfM rechtfertigte die Heidelberger Firma ihr Vorgehen einerseits damit, daß sie für eine solche Produktion technisch eingerichtet sei, andererseits mit dem besonders dringlichen Bedarf an Drehbänken in der Munitions- und Flugzeugfertigung. Als Rolf Boehringer vom BfM Karl Lange in dieser Angelegenheit ein Machtwort anmahnte, erinnerte er auch an die »Bemühungen« seines Unternehmens »für eine Zusammenarbeit mit Frankenthal, die durch das Dazwischentreten finanziell interessierter Parteikreise nicht zustande« gekommen sei.[282] Daß nun eventuell wiederum »lediglich aus der Laune eines Einzelnen«, gemeint war der Direktor der Vertragsfirma, heraus die »langwierigen und zeitraubenden Bestrebungen mit Heidelberg zusammenzuarbeiten« scheitern könnten, war für

---

[280] WABW, B 10, Bü 70. In ihrem Bericht über die Fortschritte beim »strukturellen Umbau der saarpfälzischen Wirtschaft« berichtete die Bezirksausgleichsstelle für öffentliche Aufträge bei der Wirtschaftskammer Saarpfalz Ende Januar ebenfalls von den »in den letzten Tagen« geplatzten Verhandlungen zwischen den Firmen Frankenthal und Boehringer. Weiterhin sei man aber bemüht, Frankenthal auf den Werkzeugmaschinenbau umzustellen. Anlage zu einem Rundbrief des Reichswirtschaftsministers III W09/2667/39 vom 28.2.1939. WABW, A 5, Bü 327.

[281] Die Vergabe von Unteraufträgen war aus diesen Gründen auch bei der Firma Fortuna ein bereits seit 1935 praktiziertes Verfahren. Dabei habe man bevorzugt »Betriebe in Notstandsgebieten, z.B. die der Edelmetall-Industrie in Pforzheim und Schw(äbisch) Gmünd«, herangezogen, so daß zeitweise bis zu 24 Betriebe »mit Unterlieferungen betraut« gewesen seien, was »neben erheblicher Schulungsarbeit auch beträchtlichen Mehraufwand« - wohl finanzieller Art - verursacht habe. Vgl. Leistungsbericht der Firma Fortuna 1940/41. Archiv des Fortuna-Betriebsrates.

[282] Rolf Boehringer an BfM, 20.1.1940. WABW, B 10, Bü 372. Dort auch die folgenden Zitate.

Rolf Boehringer nicht nachvollziehbar. Zwar pochte er gegenüber Karl Lange auf Einhaltung des Vertrages und zog auch eine Klage auf Schadensersatz in Erwägung, schreckte aber letztlich vor einer gerichtlichen Entscheidung mit Rücksicht auf die ansonsten guten Geschäftsbeziehungen zur Heidelberger Firma zurück. Am Ende stand wiederum Boehringers Bitte an den BfM, sich einzuschalten.

Den beiden mißlungenen Versuchen, andere Betriebe für die eigene Produktion einzuspannen, konnte Boehringer aber dennoch etwas Gutes abgewinnen: Sie waren für ihn der anschauliche Beweis dafür, »wie dringend nötig es ist, die Ausweitung der bestehenden Werkzeugmaschinenfabriken durchzuführen«. Die negativen Erfahrungen verstärkten noch seinen Unmut gegenüber den vielfältigen Schwierigkeiten, die sich bei den Neubauten seines Unternehmens durch die staatliche Rohstoffbewirtschaftung ergaben. Denn nachdem ihm im Januar 1940 gerüchteweise zu Ohren gekommen war, daß die Schnellpressenfabrik Heidelberg mit anderen Firmen Verhandlungen führe, und er dadurch sein eigenes Abkommen gefährdet sah, war gerade erneut die »absolute Notwendigkeit« der Ausweitung der Betriebsanlagen seiner Firma von dem Stuttgarter Beauftragten des Generalbevollmächtigten für die Regelung der Bauwirtschaft in Zweifel gezogen worden - und dies, »trotzdem wir nach nahezu 10monatigem Würgen und Mühen endlich die Kontingentziffern für diesen Erweiterungsbau mit dem Zusatzzeichen Z erhalten« hatten. Unterdessen - und völlig im Widerspruch zu vorgenannten Beanstandungen - war gegen seine Firma offenbar der Vorwurf laut geworden, sie erweitere ihre Produktionsanlagen nicht in der notwendigen Größenordnung und komme somit ihrer »Vaterlandspflicht« nicht nach. In Berlin werde kolportiert, so Rolf Boehringer gegenüber dem BfM, »daß man die neue Fabrik der Wilhelm-Gustloff-Stiftung in Weimar nur deshalb bauen müsse, weil die Firma Gebr. Boehringer sich nicht genügend ausgeweitet habe, um den Bedarf befriedigen zu können, und weil bei dieser Firma an einer solchen Ausweitung ihres Werkes anscheinend kein Interesse bestehe«.[283] Diese Vorwürfe mögen für die Suche nach geeigneten Unterlieferanten und auch bei der Ausweitung der eigenen Produktionskapazitäten eine Rolle gespielt haben.

---

[283] Die 1898 gegründete Waggonfabrik wurde nach wechselvoller Geschichte 1934 als Waggon- und Maschinenfabrik AG, vormals Busch Bautzen-Werdau-Weimar wiedergegründet. Der Betrieb in Weimar wurde zwei Jahre später an die Berlin-Suhler-Waffen- und Fahrzeugwerke GmbH verkauft und im gleichen Jahr umbenannt in Wilhelm-Gustloff-Stiftung (Stiftungsführer war Fritz Sauckel, Gauleiter von Thüringen). Nach der Eingliederung des Vermögens der Berlin-Suhler-Waffen- und Fahrzeugwerke GmbH in die Wilhelm-Gustloff-Stiftung entstand 1939 die Nationalsozialistische Industriestiftung Gustloff-Werke. Das Weimarer Hauptwerk wurde als Fritz-Sauckel-Werk NS-Musterbetrieb und stellte hauptsächlich Waffen her. Ebenfalls 1939 wurde in Weimar eine Werkzeugmaschinenfabrik GmbH gebaut, die von den Gustloff-Werken gepachtet wurde. Beide Werke wurden nach Kriegsende sequestriert und bis Mai 1946 demontiert. Informationen des Thüringischen Hauptstaatsarchivs in Weimar.

### *Konkurrenz durch die staatlichen Wilhelm-Gustloff-Werke?*

In einer unter Rolf Boehringers Ägide entstandenen Stellungnahme der Vereinigten Drehbankfabriken (VDF) vom April 1939 bezogen die vier beteiligten Firmen entschieden Stellung gegen die geplante und mit öffentlichen Geldern finanzierte neue Drehbankfabrik in Weimar, denn es »widerspricht ja auch den gesunden wirtschaftichen Gepflogenheiten, daß die öffentliche Hand der bestehenden Industrie durch einen Großbetrieb (...) Konkurrenz macht und dadurch die Existenz der bestehenden Industrie« gefährde. Wenn schon eine neue Drehbankfabrik gebaut werden solle, so die einhellige Meinung, dann sollten dort die VDF-Einheitsdrehbänke und nicht Drehbänke nach einer völlig neuen Konstruktion hergestellt werden.[284] Die Unternehmensvertreter führten eine Reihe gewichtiger Argumente zu ihren Gunsten an, die von ihrer dominanten Marktposition und ihrer führenden Stellung im Export bis zu der bei ihnen bereits eingeführten Standardisierung von Bauteilen und der dadurch ermöglichten Serienfertigung reichten. Vor allem aber war es der Versuch zu verhindern, »daß in späteren Zeiten, wenn die Nachfrage nach Werkzeugmaschinen zurückgeht, durch die neue Konkurrenz die Existenz der bestehenden Werkzeugmaschinenfabriken gefährdet« werden könnte. Daß die neue Werkzeugmaschinenfabrik eine ernsthafte Konkurrenz für die VDF werden würde, wird allein daraus ersichtlich, daß die Planungen von einer monatlichen Produktion von 200 Drehbänken ausgingen, was in etwa derjenigen der vier VDF-Fabriken zusammen entsprach. Um ihre Marktanteile besorgt, unterbreiteten die Industriellen dem BfM Karl Lange den Vorschlag, anstelle neuer die bewährten und auf dem Markt eingeführten VDF-Konstruktionen in der Weimarer Fabrik herstellen zu lassen. Das »neue Werk als Eigentum der öffentlichen Hand« könnte zudem nach »Beendigung der Rüstungswelle« und der damit verbundenen Abnahme des staatlichen Interesses an Werkzeugmaschinen mit staatlicher Hilfe »auf einen (...) neuen Fabrikationszweig umgestellt werden«, versuchte Rolf Boehringer dem BfM den VDF-Vorschlag schmackhaft zu machen. Er ging davon aus, daß es im Interesse des Staates liege, das geplante Werk als eine Art »Pufferbetrieb« jederzeit »da einsetzen zu können, wo im Augenblick das dringendste Bedürfnis« vorlag.

Eine Ausweitung der eigenen Betriebsanlagen in einer Größenordnung, um die für Weimar vorgesehene Monatsleistung von 200 Drehbänken zu erbringen, stand dabei bei den vier VDF-Vertretern nicht zur Debatte. Ihre Zurückhaltung begründeten sie mit der ungeklärten Finanzierungsfrage, da ihnen die für die neue Fabrik in Weimar vorgesehenen Mittel in Höhe von 30 Mio. RM niemals zur Verfügung stehen würden, und mit dem Facharbeitermangel. Maßgeblich war jedoch die »Überlegung, ob die nunmehr durch die Beauftragung von Herrn Direktor Lange durchgeführte Ausweitung des Werkzeugmaschinenbaues für eine private Industrie auf die Dauer überhaupt tragbar« sei, und die in der

[284] Stellungnahme zu der geplanten Errichtung einer Werkzeugmaschinenfabrik durch die Wilhelm-Gustloff-Stiftung Heymer & Pilz in Mitteldeutschland, 4.4.1939. WABW, B 10, Bü 338. Dort auch die folgenden Zitate.

Fachgruppe Werkzeugmaschinen schon des öfteren vertretene Ansicht, »daß die gesamte auf der ganzen Welt existierende Werkzeugmaschinen-Industrie für normale Geschäftszeiten eher zu groß als zu klein« sei. Wenn die »heute die gesamte Maschinenindustrie der ganzen Welt beherrschende Rüstung durch politisch ruhigere Zeiten ihrem Ende« entgegengehe und die Werkzeugmaschinenindustrie dadurch zu einem »großen Prozentsatz brachliegen« müsse, so ihre Argumentation, sei es für jedes Unternehmen der Werkzeugmaschinenbranche »mit einem großen Risiko verbunden, (...) noch weiterhin ihre Fabrikation in dem Maß zu vergrößern, wie es durch die Bestrebungen der Wilhelm-Gustloff-Stiftung vorgezeichnet« sei.

Der Gedanke, »Betriebe nach dem Vorbild des Volkswagen-Werkes einzurichten«, um bestimmte Werkzeugmaschinen in »Groß-Serien« herzustellen, war damit aber noch nicht vom Tisch.[285] Im Juni 1939 richtete der BfM an die VDF ein Schreiben, in dem er sich wesentliche Argumente zu eigen machte, die Rolf Boehringer in der VDF-Stellungnahme zu Weimar formuliert hatte. Darin forderte er die VDF nunmehr auf zu überprüfen, inwieweit sie in der Lage wären, eine Drehbankfabrik mit einer monatlichen Ausbringung von 200 VDF-Einheitsdrehbänken zu errichten. Bevorzugter Standort sei Schlesien, um die dortige »Entvölkerung« zu stoppen.[286] Auch dieser Vorschlag wurde von den vier VDF-Firmen einhellig abgelehnt. Die »Errichtung des geplanten neuen Drehbankwerkes« - wo auch immer - sei in jedem Falle »unerwünscht«, lautete das Fazit der Unternehmer. Außerdem wäre es aufgrund des hohen Bedarfs an Fremdkapital mehr als wahrscheinlich, daß »auf das neue Werk von dritter Seite ein starker Einfluß ausgeübt« würde und damit »praktisch ein fünfter Partner im VDF« aufträte, was aber unbedingt auszuschließen sei.[287] Stattdessen schlugen die VDF-Vertreter dem BfM nun doch vor, die Produktion ihrer Betriebe zu steigern. Um binnen eineinhalb Jahren die Monatsproduktion der vier VDF-Firmen um 142 von derzeit 190 auf 332 Drehbänke zu erhöhen, seien nur in geringem Umfang Neubauten und zusätzliche Maschinen nötig. In dieser Größenordnung war - was ihren Unternehmensinteressen besonders entgegenkam - die Produktionssteigerung von den VDF-Firmen selbst zu finanzieren. Allein bei der Firma Boehringer wurde eine Verdoppelung der monatlichen Produktion von derzeit 60 auf 120 Maschinen in Aussicht gestellt. Doch die Verdoppelung der Drehbank- und Hobelmaschinenproduktion hatte das Unternehmen bereits im Februar 1939 zugesagt.[288]

So waren es verschiedene Faktoren, welche speziell die Firma Boehringer veranlaßt haben mochte, ihre Fertigungskapazitäten in den Jahren 1939/40 zu erweitern. Die wachsende Binnennachfrage ließ das Unternehmen an die Gren-

---

285 BfM an Firma Heidenreich & Harbeck, 14.6.1939. WABW, B 10, Bü 68.

286 Ebd. Mit dem Führererlaß über die Förderung der östlichen Grenzgebiete vom 1. Februar 1939 versuchte das NS-Regime durch eine bewußte Auftragsverlagerung die Rüstungsproduktion auch in den Grenzgebieten anzukurbeln. Vgl. Kroener, Die personellen Ressourcen, S. 767.

287 Protokoll über die VDF-Sitzung am 4. Juni 1939 in Göppingen. WABW, B 10, Bü 68.

288 Ebd.; vgl. Rolf Boehringer an BfM, 24.2.1939. Ebd.

zen seiner Kapazität stoßen und übte schon für sich genommen einen Sog aus, diese zu vergrößern. Dazu kamen die von den vier VDF-Firmen durchaus ernstgenommenen Bestrebungen des NS-Regimes, ihnen als Marktführer in Sachen Drehbänken durch ein staatliches Unternehmen Konkurrenz zu machen, so daß es für sie gute Gründe gab, diesen Plänen durch eine eigene Ausweitung soweit wie möglich die Grundlage zu entziehen.[289]

*Gründung der Boehringer-Tochter Bekoma*

Die in den Kriegsjahren konstant hohe Nachfrage nach Boehringer-Automaten, die in der Munitionsfertigung eingesetzt wurden, zog hingegen keine baulichen Maßnahmen nach sich. Hier zu investieren und die Kapazitäten für die Fertigung von Maschinen zu erweitern, nach welchen nur im Krieg Nachfrage bestand, konnte für ein Unternehmen unter den veränderten Bedingungen des Friedens zu einer Belastung werden. Anstelle der eigenen Ausweitung vergab man bei Boehringer seit Kriegsbeginn verstärkt Unteraufträge zur Fertigung jener Schrupp- und Schlichtautomaten sowie für Kurbelwellendrehbänke. Lieferfristen von bis zu drei Jahren waren hier bei der Firma Boehringer durchaus die Regel. Als Unterlieferanten wurden vornehmlich solche Maschinenbaubetriebe herangezogen, bei denen durch Drosselung oder Stillegung ihrer nicht kriegswichtigen Fertigung Kapazität frei wurde.[290] Sie konnten auf diese Weise ihre kriegswirtschaftliche Bedeutung unter Beweis stellen und zumindest teilweise ihre Produktion in Gang halten und ihren Personalbestand sichern.

Bereits im Sommer 1940 muß die Vergabe von Unteraufträgen bei Boehringer eine solche Größenordnung erreicht haben, daß es sich für das Unternehmen lohnte, eine eigene Firma zu gründen, welche die Abwicklung der Wehrmachtaufträge (OKH) nach Boehringer-Konstruktionen in den als Unterlieferanten herangezogenen Betrieben übernahm. Die unter dem Namen Bekoma Boehringer Kommanditgesellschaft gegründete, ebenfalls in Göppingen ansässige Firma, deren persönlich haftende Gesellschafter Rolf Boehringer mit einem Kapitalanteil von 15 000 RM und sein Cousin mit einer Einlage von 7500 RM waren,[291] vertrieb die von den Unterlieferanten gebauten Maschinen und

[289] Daß das NS-Regime bereit war, auch gegen den Widerstand der Industrie Staatsbetriebe zu gründen, hatte das Beispiel des 1937 erfolgten Aufbaus des staatseigenen Stahlkonzerns »Reichswerke Hermann Göring« gezeigt. Vgl. George W.H. Hallgarten/Joachim Radkau, Deutsche Industrie und Politik von Bismarck bis in die Gegenwart, Reinbek 1981, S. 255-258; Petzina, Autarkiepolitik, S. 104ff; zur wirtschaftlichen Entwicklung der »Reichswerke Hermann Göring«: Richard J. Overy, Göring's »Multi-national Empire«, in: Alice Teichova/P.L. Cottrell (Hrsg.), International Business and Central Europe 1918-1939, Leicester 1983, S. 269-298.

[290] In größerem Umfang waren die folgenden Betriebe in die Boehringer-Produktion eingebunden: die eigentlich auf Spezialmaschinen für die Drahtindustrie spezialisierte Maschinenfabrik Wafios in Reutlingen, welche für die Firma Boehringer Kurbelwellendrehbänke baute; die Chemnitzer Wirkmaschinenfabrik G. Hilscher; die auf Druckmaschinen spezialisierte Planeta AG in Dresden-Radebeul; die Badische Maschinenfabrik in Karlsruhe und die Firma A. Roller in Berlin. Vgl. Rieger-Gutachten II. StAL, EL 902/8 Bü 16/1/13881. Zu den Firmen vgl. auch Maschinenbau-Handbuch 1939/40, S. 254, 705, 722.

[291] Leistungsbericht 1942. WABW, B 10, Bü 305. Als Kommanditisten waren ebenfalls nur

besorgte die dafür notwendigen Rohstoffe. Konstruktionszeichnungen und sonstige technische Hilfestellung bei der Umstellung der Betriebe auf die Fertigung der Boehringer-Maschinen wurden von der Stammfirma zur Verfügung gestellt, die dafür von ihrer Tochter Bekoma jeweils vier Prozent des Auftragswertes vergütet erhielt.[292] Damit hatte sich die Firma Boehringer einen eigenständigen Unternehmensteil verschafft, dessen Aufgabe allein in der Abwicklung des wachsenden Rüstungsgeschäftes lag. In Friedenszeiten war so eine Auflösung oder Abtrennung der Bekoma ohne größere Eingriffe in das Stammunternehmen möglich.[293] Hinzu kamen als weitere Motive: Angst vor einer Beeinträchtigung des guten Rufes durch eventuell mindere Qualität der durch die Drittfirmen gefertigten Boehringer-Maschinen und der Wunsch nach einer bewußten Trennung zwischen Stammproduktion und Rüstungsgeschäft.[294] Dies kann jedoch die bei der Firma Boehringer generell bestehende Bereitschaft, an den durch die Rüstungsaufträge in Aussicht gestellten Gewinnmöglichkeiten teilzuhaben, nicht verdecken. Steigende Umsatzzahlen der Tochter Bekoma belegen dies. Von rund 5,2 Mio. RM im ersten Geschäftsjahr (1940/41) wuchs der Umsatz auf über 10,2 Mio. RM 1943/44, bevor er im Folgejahr um fast die Hälfte auf rund 5,4 Mio. RM zurückging.[295]

### c. Auftragsverlagerungen in die besetzten Gebiete

Unmittelbar nach der militärischen Niederlage Frankreichs begann das NS-Regime die Ressourcen der französischen Wirtschaft für seine Zwecke in Anspruch zu nehmen. Dies wurde im Zuge der beim Nürnberger Prozeß gegen die Hauptkriegsverbrecher ermittelten Tatbestände als »Ausbeutung« bezeichnet.[296] Daß unter »Ausbeutung« auch Wirtschaftsbeziehungen zu einem Land zu ver-

---

Mitglieder der Boehringer-Familie eingetragen. Rieger-Gutachten II. StAL, EL 902/8 Bü 16/1/13881.

[292] Erklärung des ehemaligen Geschäftsführers der Firma Bekoma, 10.2.1948. StAL, EL 902/8 Bü 16/1/15066.

[293] Nach Kriegsende kam es jedoch nicht zu einer Auflösung der Bekoma, vielmehr wurde an das alte Aufgabengebiet angeknüpft, als unter anderem mit der Maschinenfabrik Diedesheim GmbH und der in Hamburg ansässigen Maschinenfabrik Schule entsprechende Abkommen geschlossen wurden. Die Firma Boehringer fertigte für Diedesheim Gußstücke, dafür übernahm dieser Betrieb die Herstellung des Boehringer-Einspindelautomaten; das Hamburger Unternehmen baute in bestimmten Fällen Boehringer-Revolverdrehbänke. Für die Abwicklung beider Unteraufträge wurde der Boehringer-Vertriebsapparat unter Einschaltung bzw. Reaktivierung der Bekoma eingesetzt. Vgl. Stadtarchiv Göppingen. Das Boehringer-Werk. Werkszeitung Nr. 12 (1952), S.4f.

[294] Vgl. die Erklärung des ehemaligen Geschäftsführers der Firma Bekoma, 10.2.1948. StAL, EL 902/8 Bü 16/1/15066.

[295] Rieger-Gutachten II. StAL, EL 902/8 Bü 16/1/13881.

[296] Vgl. IMT (= Der Prozeß gegen die Hauptkriegsverbrecher vor dem Internationalen Militärgerichtshof), Bd. V. Nürnberg 1947, S. 445. In neueren Arbeiten zur Wirtschaftsgeschichte über die Beziehungen Deutschlands zu den besetzten Gebieten wird der Begriff wegen seiner Undifferenziertheit mit Vorsicht verwendet. Vgl. u.a. Johann Wuescht, Jugoslawien und das Dritte Reich. Eine dokumentierte Geschichte der deutsch-jugoslawischen Beziehungen von 1933 bis 1945, Stuttgart 1969; kritisch auch Wendt, Südosteuropa, S. 418ff.

stehen sind, die mehrere Phasen durchlaufen haben, dafür liefert Frankreich in den Jahren 1940 bis 1944 ein gutes Beispiel. Nach der Untersuchung von Harald Winkel folgte einer ersten Phase der »Ausräumung« (von Juni bis Oktober 1940) eine zweite, wesentlich längere Zeitspanne, in der die französischen Ressourcen ausgenutzt wurden. Nicht nur aus militärischen Gesichtspunkten heraus war für das NS-Regime in dieser zweiten Phase eine nachhaltige Intensivierung der Rüstungsanstrengungen geboten; auch stellte die hohe Zahl der Arbeitslosen im besetzten Frankreich für die Besatzungsmacht ein Risiko dar, das auf diese Weise entschärft werden konnte.[297] Um eine »möglichst intensive Durchdringung der holländischen und belgischen sowie in zweiter Linie auch der norwegischen und dänischen Wirtschaft durch deutsches Kapital auf breitester Grundlage« zu erreichen und um den »Erwerb von beherrschenden Wirtschaftspositionen in Frankreich« zu intensivieren,[298] bot sich insbesondere die Auftragsverlagerung als geeignetes Mittel an.

### *»Betreuung« der französischen Firmen Cazeneuve und GSP*

In dieser »zweiten Phase« der Wirtschaftsbeziehungen zwischen dem nationalsozialistischen Deutschland und dem besetzten Frankreich produzierten französische Betriebe auch für die Firma Boehringer. Im Juli 1940 war Rolf Boehringer von einer »Informationsreise« durch Belgien und Frankreich zurückgekehrt, die er »im Einvernehmen mit dem OKW« unternommen hatte.[299] Anschließend berichtete er dem Wehrwirtschafts- und Rüstungsamt, daß »die dortigen Werkzeugmaschinenfabriken einer fabrikationstechnischen Betreuung« bedürften und erklärte sich »gerne bereit«, für die »Betreuung« von zwei in Brüssel ansässigen Firmen zu sorgen, die ein ähnliches Fabrikationsprogramm wie sein Unternehmen hatten. Die »Betreuung« dieser beiden belgischen Betriebe übernahmen zwar letztlich die VDF-Firmen Heidenreich & Harbeck und Wohlenberg,[300] dafür nahmen im November 1940 die Vertragsverhandlungen zwischen Boehringer und der französischen Werkzeugmaschinenfabrik Etablissements A. Cazeneuve S.A. konkrete Gestalt an. Beide Unternehmen einigten sich darauf, das Programm der französischen Firma auf nur noch eine Drehbanktype zu beschränken.[301] Im Januar 1941 wurde die Firma Boehringer vom BfM Karl Lange offiziell mit der »Betreuung« auf dieser Grundlage beauftragt, und wenig später kam es zum Vertragsschluß. Darin verpflichtete sich die Boehringer-Tochter Bekoma, ab Juli 1941 die Cazeneuve-Drehbänke in Deutschland zu

---

[297] Harald Winkel, Die »Ausbeutung« des besetzten Frankreich, in: Forstmeier/Volkmann, Kriegswirtschaft, Düsseldorf 1977, S. 333-374.

[298] Göring an Funk, 17.8.1940, zitiert nach Gerhart Haas/Wolfgang Schumann (Hrsg.), Anatomie der Aggression. Neue Dokumente zu den Kriegszielen des faschistischen deutschen Imperialismus im zweiten Weltkrieg, Berlin (Ost) 1972, S. 81f.

[299] Rolf Boehringer an das Wehrwirtschafts- und Rüstungsamt beim OKW, 31.7.1940. WABW, B 10, Bü 377. Dort auch das folgende Zitat.

[300] Firma Wohlenberg an Firma Boehringer, 2.9.1941. WABW, B 10, Bü 339.

[301] Cazeneuve sollte in Zukunft nur noch die Type LO mit 190 mm Spitzenhöhe herstellen. Niederschrift über die Vereinbarung, 21.11.1940. WABW, B 10, Bü 377.

vertreiben und bereits bis Jahresende 250 dieser Maschinen bei der französischen Firma zu ordern.[302] Der Firma Cazeneuve wurde untersagt, eigenständig Maschinen zu verkaufen.[303] Ziel der »Betreuung« sei es, so der BfM in seiner Anweisung an die Firma Boehringer vom Januar 1941, »eine Steigerung der Ausbringung in wichtigen Drehbanktypen bei beiden Firmen«, Boehringer und Cazeneuve, zu erreichen.[304]

Bei der »Betreuung« von Cazeneuve handelte es sich also nicht um die Fertigungsverlagerung eines Boehringer-Produktes nach Frankreich. Vielmehr verbarg sich dahinter eine Art gemischter Kauf- und Werkvertrag,[305] in dem sich die deutsche Firma zum An- und Verkauf der Cazeneuve-Maschinen und zur technischen Beratung verpflichtete. So wurde der französischen Firma Einblick in die Konstruktionsarbeit der VDF, insbesondere in das mit Erfolg angewandte Baukastensystem, gewährt und ein Boehringer-Mitarbeiter zur Beratung nach St. Denis abgestellt.[306] Zu einer mit einer Auftragsverlagerung verbundenen Preisgabe sämtlicher Konstruktionspläne und des technischen Know-Hows an einen potentiellen Konkurrenten war Rolf Boehringer allerdings nicht bereit, gehörte Cazeneuve doch zu den ersten Adressen im französischen Drehbankbau.[307]

Diesem Prinzip blieb er auch bei der ein Jahr später, im Januar 1942, an ihn gerichteten Anfrage treu, ob er bereit wäre, die »Betreuung« einer weiteren französischen Firma, der Société Commerciale G.S.P. & Pégard in Paris[308], zu übernehmen. Dies kam für Rolf Boehringer nur dann in Frage, wenn damit keine Fertigungsverlagerung gemeint war.[309] Als sich wenig später jedoch abzeichnete, daß die Firma GSP in erster Linie Bohrmaschinen herstellen sollte, vermittelte Rolf Boehringer für ihre »Betreuung« erfolgreich die VDF-Firma Franz Braun AG, die bereits in Ungarn Bohrmaschinen herstellen ließ.[310]

Der zwischen der Franz Braun AG und der Firma GSP 1941 auf Kriegsdauer geschlossene Vertrag übertrug dem deutschen Unternehmen die Alleinvertre-

---

[302] Rolf Boehringer an Firma Cazeneuve, 21.1.1941. Ebd.

[303] Vorläufiges Abkommen zwischen den Firmen Bekoma Boehringer KG und Cazeneuve, o.D. StAL, EL 902/8 Bü 16/1/13881.

[304] BfM an Firma Boehringer, 22.1.1941. WABW, B 10, Bü 377. Zuvor hatte Cazeneuve der »Betreuung« durch die deutsche Firma Alkett (Altmärkische Kettenfabrik) unterstanden, einer Tochter von Rheinmetall-Borsig, welche für den Gesamtvertrieb der Cazeneuve-Maschinen zuständig gewesen war. Angeblich waren aber weder der BfM noch die »betreute« Firma selbst mit der Geschäftsführung der Firma Alkett »restlos zufrieden« gewesen, weswegen ein neuer »Betreuer« gesucht wurde. Eidesstattliche Erklärung von Rolf Boehringer, 8.9.1947. WABW, B 10, Bü 377.

[305] Vgl. Rechtsverhältnis hinsichtlich des mit der Firma Somua, Paris, abgeschlossenen Kaufvertrages, bestätigt von der Firma Bekoma am 14.12.1942. WABW, B 10, Bü 378.

[306] Firma Bekoma an das Deutsche Rückerstattungsamt, Nordrhein-Westfalen, o.D. StAL, EL 902/08 Bü 16/1/13881; Rolf Boehringer an den Frankreich-Beauftragten des BfM, 27.1.1942. WABW, B 10, Bü 374.

[307] Rolf Boehringer an IHK Reutlingen, 15.1.1941. WABW, B 10, Bü 377.

[308] Im folgenden Firma GSP genannt.

[309] Rolf Boehringer an den Frankreich-Beauftragten des BfM, 27.1.1942. WABW, B 10, Bü 374.

[310] Rolf Boehringer an den Vorstandsvorsitzenden der Braun AG, 10.10.1942. Ebd.

tung der französischen Maschinen (Radialbohr- und Räderfräsmaschinen) im In- und Ausland mit Ausnahme von Frankreich, den französischen Kolonien, Belgien und Holland, in denen die französische Firma den Verkauf ihrer Maschinen selbst übernahm. Braun hatte beim Kauf der französischen Maschinen Anspruch auf einen Wiederverkaufsrabatt von zehn Prozent des in Frankreich gültigen Verkaufspreises und eine insgesamt rund siebenmonatige Zahlungsfrist. Außerdem wurde eine Sondervergütung für Braun in Höhe von drei Prozent des von der Firma GSP getätigten Gesamtumsatzes festgelegt. Dafür übernahm das deutsche Unternehmen die Kosten für verkaufsfördernde Maßnahmen und für kleinere, während der sechsmonatigen Garantiezeit anfallende Reparaturen. Es verpflichtete sich auch zur Einrichtung eines speziellen Kundendienstes.[311]

Selbst wenn ein entsprechender Vertrag zwischen der Boehringer-Tochter Bekoma und Cazeneuve nicht überliefert ist, kann davon ausgegangen werden, daß er den Abmachungen zwischen den Firmen Braun und GSP glich. In beiden Fällen war nicht nur das Produktionsprogramm der französischen Firma vollständig den Bedürfnissen der deutschen Rüstungswirtschaft unterworfen worden, die Abhängigkeit der französischen Betriebe von ihren deutschen »Betreuern« zeigt sich auch darin, daß die reichsdeutschen Firmen als die einzigen Großabnehmer auftraten. In Deutschland fungierten die beiden VDF-Firmen Boehringer und Braun dann als jeweiliger General»importeur« der französischen Maschinen. Dem vom NS-Regime vorgegebenen Weg, »die in den besetzten Gebieten vorhandenen industriellen Kapazitäten der deutschen Kriegswirtschaft nutzbar zu machen«, da es insbesondere »bei der überragenden Bedeutung des Maschinenbaus in rüstungswirtschaftlicher Beziehung (...) aller Vernunft« widerspräche, »die in den besetzten Gebieten vorhandenen Produktionsstätten stillstehen« zu lassen,[312] folgte Rolf Boehringer uneingeschränkt. So bezeichnete er es im November 1940 »bei dem heutigen dringenden Bedarf« hinsichtlich der Firma Cazeneuve »als Sünde und Schande (...), wenn man die dort brachliegenden Kapazitäten nicht so rasch als möglich für die deutsche Rüstung mobilisieren würde«.[313] Die Verlagerung eines Teils seiner eigenen Fertigung in den französischen Betrieb lehnte er zwar ab und bevorzugte die für ihn mit weniger Risiko und geringerem Aufwand verbundene Alleinvertretung der französischen Drehbänke in Deutschland, sah sich damit aber durchaus in Einklang mit der Wirtschaftsgruppe Maschinenbau, die diesen Weg häufig als den effektiveren ansah. Denn »um zeitraubende und kostspielige Umstellungen in den ausländischen Betrieben zu vermeiden«, hieß es in einer ersten Bilanz der Auftragsverlagerung im Bereich Maschinenbau, sollte auch »der Ankauf betriebseigener Erzeugnisse der ausländischen Firmen, soweit sie als Ersatz für die von den verlagernden Firmen hergestellten Erzeugnisse in Betracht kom-

---

311 Vertrag zwischen der Firma Société Commerciale G.S.P & Pégard, Paris, und der Firma Franz Braun AG, Zerbst, o.D. Ebd.

312 Die Auftragsverlagerung im Bereich der Wirtschaftsgruppe Maschinenbau, 10.10.1941. BA/K, R 3/1404a.

313 Rolf Boehringer an BfM, 26.11.1940. WABW, B 10, Bü 377.

men«, angestrebt werden.[314] Dieses Verfahren habe zudem den Vorteil, daß es die häufig vorgebrachten Bedenken deutscher Unternehmer entkräfte, »durch die Auftragsverlagerung eigene Verfahren und Konstruktionserfahrungen preisgeben zu müssen und so möglicherweise die Entstehung ausländischer Konkurrenz fördern zu helfen«. Ebenfalls als »Auftragsverlagerung« gewertet, wurde dieses Verfahren in die Berechnungen der Wirtschaftsgruppe aufgenommen. Danach gingen in den ersten sieben Monaten des Jahres 1941 83,7 Prozent der gesamten Verlagerungen im Maschinenbau in die besetzten Westgebiete. Die Werkzeugmaschinenindustrie war dabei an der sich von Juni 1940 bis Juli 1941 ergebenden gesamten Auftragsverlagerungssumme mit einem Anteil von rund 36 Prozent Spitzenreiter.

Der Kauf oder eine Beteiligung an dem französischen Unternehmen stand für Rolf Boehringer dagegen nie zur Debatte,[315] obwohl die Wirtschaftsgruppe Maschinenbau auch diese Möglichkeit empfahl.[316] Darüber hinaus hatte er augenscheinlich nur an solchen Unternehmen Interesse, die aufgrund ihres Fertigungsprogrammes zu seinem Betrieb paßten.

### *Fall Somua*

Außer der Firma GSP war Boehringer im Sommer 1942 die »Betreuung« von zwei weiteren französischen Betrieben angeboten worden. Im Fall des Fräsmaschinenherstellers Huré lehnte die Firma Boehringer wegen des nicht zu ihr passenden Fertigungsprogrammes von vornherein ab, signalisierte aber Interesse an der Firma Somua (Société d'Outillage Mécanique et Usinage d'Artillerie) in St. Quen.[317] Nach einer Werksbesichtigung machte Rolf Boehringer die »Betreuungs«-Übernahme von folgenden Punkten abhängig: radikale Beschneidung des umfangreichen Werkzeugmaschinenprogrammes, Beschaffung der für eine rationellere Fertigung notwendigen Maschinen und Werkzeuge, Ausstattung des betreuenden Boehringer-Beauftragten vor Ort mit umfangreichen Vollmachten, um die Produktionsbereinigung und -steigerung auch gegen den Widerstand der französischen Firmenleitung durchsetzen zu können, sowie die Abwicklung des Verkaufs der Somua-Werkzeugmaschinen in Deutschland über die Boehringer-Tochter Bekoma.[318] In einem anschließenden Gespräch mit einem Mitarbeiter des BfM in Berlin erklärte sich dieser zwar mit der vorgeschlagenen Programmbeschneidung einverstanden, sah sich aber außerstande, die benötigten zusätzlichen (Engpaß)-Maschinen im Wert von 300 000 RM zur

---

[314] wie Anm. 312. Dort auch alle folgenden Angaben und Zitate. Zur Gewichtsverlagerung im deutschen Außenhandel durch die Einbeziehung Westeuropas in den europäisch-deutschen »Großraum« vgl. Milward, New Order, S. 283; ders., Der Zweite Weltkrieg, S. 272 (Tabelle 3); Herbst, Der Totale Krieg, S. 130ff.

[315] Vgl. seine eidesstattliche Erklärung, 8.9.1947. WABW, B 10, Bü 377; Rieger-Gutachten II. StAL, EL 902/8 Bü 16/1/13881.

[316] Vgl. Die Auftragsverlagerung im Bereich der Wirtschaftsgruppe Maschinenbau, 10.10.1941. BA/K, R 3/1404a.

[317] Bekoma-Mitarbeiter an Wirtschaftsgruppe Maschinenbau, 30.6.1942. WABW, B 10, Bü 378.

[318] Besuchsbericht von Rolf Boehringer, 29.7.1942. Ebd.

Lieferung nach Frankreich freizugeben. Wenn man bei der Firma Somua nicht bereit sei, diese Mittel selbst aufzubringen, die Maschinen zur Produktionssteigerung aber unabdingbar seien, so der Standpunkt im Büro des BfM, dann müsse die Ausweitung und die Betreuung durch eine deutsche Werkzeugmaschinenfabrik eben unterbleiben.[319]

Mit diesem Beschluß gab sich Rolf Boehringer zunächst zufrieden. Für den Fall, daß sich daran »in späterer Zeit« etwas ändern sollte, stellte er sich persönlich wie auch die beiden Firmen Boehringer und Bekoma »jederzeit wieder zur Verfügung«.[320] Boehringers Interesse an dem französischen Betrieb hing nicht zuletzt damit zusammen, daß er seit Anfang 1942 innerhalb des von Speer auf die gesamte Industrie ausgedehnten Ausschuß- und Ringsystems als Leiter des Arbeitsausschusses Drehbänke für die Lenkung des Drehbankbaus zuständig[321] und ihm deshalb die breite Produktpalette der Firma Somua ein Dorn im Auge war. Der Frankreich-Beauftragte des BfM ließ ebenfalls nicht locker. Eine an dem Vertrag zwischen Boehringer und Cazeneuve orientierte »Betreuung« der Firma Somua erschien ihm im September 1942 wieder überlegenswert. In diesem Fall hätte man, so führte ein Bekoma-Mitarbeiter aus, ein gutes Druckmittel, die noch im Monat zuvor verworfene Programmbereinigung bei dem französischen Betrieb auf kaltem Wege doch noch durchzuführen. Als Alleinvertreterin und einziger Großabnehmerin würde die Firma Bekoma solche Somua-Maschinen, die keine Engpaßmaschinen seien, bei der französischen Firma einfach nicht mehr bestellen und die Unternehmensleitung auf diesem Wege zwingen, nur noch die von Rolf Boehringer im August vorgeschlagenen Maschinen zu produzieren.[322]

Im November 1942 hatte Rolf Boehringer sein Ziel erreicht. Die französische Geschäftsführung hatte sich nicht nur mit der Beschneidung ihres Werkzeugmaschinenprogramms - auf eine Drehbank mit zwei Spitzenhöhen sowie eine Fräsmaschinengröße - einverstanden erklärt, sondern war außerdem bereit, selbst die Mittel zur Beschaffung der neuen Maschinen und Werkzeuge aufzubringen. Im daraufhin geschlossenen Vertrag verpflichtete sich die Boehringer-Tochter Bekoma für die Kriegsdauer zur Generalvertretung der Somua-Maschinen mit Ausnahme Frankreichs und seiner Kolonien, wofür ihr ein Wiederverkaufsrabatt von drei Prozent eingeräumt wurde. Außerdem hatte die Firma Boehringer für ihre »technische Hilfestellung« Anspruch auf drei Prozent von der Hälfte des Gesamtumsatzes des französischen Betriebes. Das Inkrafttreten des Kontraktes hing jedoch vom Zeitpunkt des Ausscheidens der Firma Alkett ab, welcher bislang - wie schon bei der Firma Cazeneuve - der Verkauf der Somua-Maschinen oblegen hatte. Bei Boehringer ging man davon aus, daß die Firma Somua noch das gesamte Jahr 1943 mit Alkett-Bestellungen ausgelastet sein und der neue Vertrag erst Anfang 1944 greifen würde.[323]

[319] Rolf Boehringer an Mitarbeiter des BfM, 25.8.1942. Ebd.

[320] Ebd.

[321] Siehe dazu ausführlich Kapitel VI dieser Arbeit.

[322] Bekoma-Mitarbeiter an Frankreich-Beauftragten des BfM, 16.9.1942. WABW, B 10, Bü 378.

[323] Leiter des Arbeitsausschusses Drehbänke, Rolf Boehringer, an BfM und Protokoll, 4.11.1942; Firma Bekoma an Firma Somua, 11.12.1942. Ebd.

Für das französische Unternehmen war darüber hinaus bereits im Juli 1942 bei einer Besprechung zwischen Vertretern des OKH, des BfM und der involvierten Unternehmen Boehringer bzw. Bekoma sowie Henschel festgelegt worden, daß es 57 Prozent seiner Kapazität für den Werkzeugmaschinenbau und 27 Prozent für den Bau von Panzern und Traktoren zur Verfügung zu stellen hatte. Lediglich sechs Prozent der Kapazität konnten für innerfranzösische Aufträge genutzt werden.[324] Trotz der für seinen Betrieb günstigen Vertragsmodalitäten stellte Rolf Boehringer als Leiter des Arbeitsausschusses Drehbänke im Februar 1943 die gesamte Drehbankkapazität von Somua zur Disposition. »Im Verfolg der Typnormung und Typenbereinigung im Drehbankbau (...) sowie im Hinblick darauf, daß die Fabrikation von Panzern so rasch wie möglich gesteigert werden soll«, beantragte er beim BfM Karl Lange, den Drehbankbau beim französischen Unternehmen aufzugeben und die frei werdende Kapazität für die Panzerproduktion heranzuziehen.[325] Für seine Firma entstand dadurch kein Verlust, denn bis zu diesem Zeitpunkt existierte zwar ein Vertrag mit Somua, der aber noch nicht in Kraft getreten war. Gegenüber der Firma Somua zog sich Rolf Boehringer allerdings nur auf den neuen Rüstungsschwerpunkt, das Panzerprogramm, und damit auf eine »durch höhere Erwägungen des Gemeininteresses gebotene(n) Entscheidung« zurück.[326] Als jedoch noch im Mai 1943 Unklarheit über das endgültige »Verhältnis zwischen Werkzeugmaschinen- und Panzer- bzw. Panzerteile-Fertigung« bei dem französischen Betrieb herrschte, kam man nach einem Gespräch zwischen Rolf Boehringer und den leitenden Herren bei Somua überein, daß der Verkauf der Somua-Drehbänke und Fräsmaschinen bis zu einer endgültigen Klärung wie vereinbart von der Firma Bekoma übernommen werden würde.[327]

Die deutsch-französischen Kollaborationsbemühungen - so ein vorläufiges Fazit - waren Teil einer seit Frühherbst 1940 und verstärkt nach dem Fehlschlagen des Blitzkrieg-Konzeptes zu beobachtenden Umorientierung der deutschen Wirtschaftspolitik. Nun ging man daran, die besetzten nord- und westeuropäischen Staaten den deutschen Wirtschaftsbedürfnissen unterzuordnen.[328] Die »Betreuung« der französischen Betriebe Cazeneuve, GSP und Somua durch die deutschen Betriebe Boehringer und Braun gehört in diesen Kontext. Für die Bereitschaft der französischen Unternehmer zur Kollaboration gab es plausible ökonomische Gründe. So litt nicht nur die Grundstoffindustrie, sondern auch der französische Maschinen-, Apparate- und Fahrzeugbau unter freien Kapazitäten durch das Ausbleiben französischer Rüstungsaufträge seit

---

[324] Protokoll, 4.11.1942. Ebd.

[325] Rolf Boehringer an BfM, 3.2.1943. Ebd. Erst etliche Tage später unterrichtete der BfM seinen Frankreich-Beauftragten darüber, daß ihn der Reichsminister für Bewaffnung und Munition gebeten habe, die Firma Somua »ganz für die Panzerproduktion freizugeben«. BfM an seinen Frankreich-Beauftragten, 24.2.1943. Ebd.

[326] Rolf Boehringer an Firma Somua, 15.4.1943. Ebd.

[327] Bekoma-Mitarbeiter an Firma Somua, 17.5.1943. Ebd.

[328] Dies hat besonders Alan S. Milward herausgearbeitet. Vgl. ders., The New Order, S. 43, 110f.

1940.[329] Der Bereitschaft auf französischer Seite, deutsche Aufträge zu übernehmen, um so die auslaufende Rüstungskonjunktur der Jahre 1938/39 durch Anschlußaufträge fortzusetzen, begegnete das Interesse des NS-Regimes, möglichst viele Aufträge im besetzten Frankreich unterzubringen. Hinter dem beiderseitigen Interesse standen aber unterschiedliche Motive. Die Firmenleitungen von Cazeneuve, GSP und Somua mußten sich zwar ihr Produktionsprogramm radikal beschneiden lassen, sie konnten aber durch die Vermittlung von technischem Know-How und die Zuführung neuester Produktionsmittel ihre Produktion steigern und ihren Personalbestand sichern. Darüber hinaus hatten sie für ihre Maschinen einen sicheren Abnehmer. Die Motivation für Rolf Boehringer und seinen Kollegen von der Firma Braun lag neben dem Profitstreben wohl vor allem darin, die deutsche Kriegsführung zu unterstützen, indem sie mit dazu beitrugen, daß ein optimaler Einsatz der deutschen und französischen Gesamtkapazität für die Kriegswirtschaft sichergestellt wurde. Daß sie sich 1940 für den kommenden europäisch-deutschen Wirtschaftsgroßraum zudem die besten Marktanteile sichern wollten, könnte ein weiterer Beweggrund gewesen sein. Ohne die Bereitschaft der Beteiligten zur Zusammenarbeit wäre diese Art unternehmerischer Liaison jedoch von vornherein zum Scheitern verurteilt gewesen.[330]

Ein »persönliche(s)« und »freundschaftliches« Verhältnis zwischen den Geschäftsleitungen der Firmen Boehringer und Cazeneuve bestätigte 1947 auch Rolf Boehringer. Dies habe sogar dazu geführt, daß der Sohn des französischen Geschäftsführers während des Krieges bei seinem Unternehmen in Göppingen ein Praktikum absolviert habe. Die »Zusammenarbeit zwischen Cazeneuve und Bekoma« sei dabei »so gut« gewesen, »daß Reibungen zwischen beiden Firmen nie entstanden« seien.[331] Um nach Kriegsende französischen Rückgabeansprüchen auf Cazeneuve-Drehbänken entgegenzutreten, erbat sich Rolf Boehringer im Frühsommer 1948 ein entsprechendes Schreiben vom Cazeneuve-Geschäftsführer. Dieser winkte jedoch ab. Angesichts einer ihm drohenden »Geldstrafe wegen Zusammenarbeit mit den Deutschen (...), die bis zum Vierfachen der Kriegsgewinne betragen könne«, bat er bei Boehringer um Verständnis für seinen abschlägigen Bescheid. Denn die Geldstrafe lasse sich »natürlich nur vermeiden, wenn er weiterhin glaubhaft nachweise, daß er sich nicht

---

[329] Vgl. Winkel, »Ausbeutung«.

[330] In vielen Arbeiten steht hingegen der Aspekt der Kontrolle, der Vermittlung technischen Wissens oder der Werksspionage im Vordergrund. Vgl. zur Frage der deutsch-französischen Unternehmenskooperation Milward, The New Order, S. 95-105; Eberhard Jäckel, Frankreich in Hitlers Europa. Die deutsche Frankreichpolitik im Zweiten Weltkrieg, Stuttgart 1966; Roger Frankenstein, Die deutschen Arbeitskräfteaushebungen in Frankreich und die Zusammenarbeit der französischen Unternehmen mit der Besatzungsmacht, 1940-1944, in: Dlugoborski (Hrsg.), Zweiter Weltkrieg, S. 211-223; Michel Margairaz, Deutschland, Vichy und die ökonomische Kollaboration, in: Gerhard Hirschfeld/Patrick Marsh (Hrsg.), Kollaboration in Frankreich. Politik, Wirtschaft und Kultur während der nationalsozialistischen Besetzung 1940-1944. Aus dem Englischen von Hans Günter Holl, Frankfurt a.M. 1991, S. 109-129.

[331] Eidesstattliche Erklärung Rolf Boehringers, 8.9.1947. WABW, B 10, Bü 377. Diese Erklärung findet sich auch in den Entnazifizierungsakten seines Cousins. StAL, EL 902/8 Bü 16/1/13881.

freiwillig für eine Zusammenarbeit mit den Deutschen zur Verfügung gestellt habe.«[332]

*Auftragsverlagerungen nach Belgien, Holland, Frankreich und Dänemark: Werner & Pfleiderer im Einsatz für die deutsche Kriegswirtschaft*

Ebenso wie die Firma Boehringer ließ auch Werner & Pfleiderer in den besetzten Westgebieten produzieren, während sich die Fortuna-Werke von einem solchen Engagement gänzlich ferngehalten zu haben scheinen.[333] »Mit der Verlagerung von dazu geeigneten Aufträgen zur Fabrikation in die besetzten Gebiete«, so »Betriebsführer« Otto Fahr im März 1942, »sorgen wir mit für die Erfüllung unserer Aufgaben«. Wie erwartet habe der Produktionsanlauf dort »sehr viel Mühe und Unterstützung durch uns gekostet« und »entsprechend lange Zeit gebraucht«.[334] Auch bei Werner & Pfleiderer führte man Ende September 1940 erste »Erkundungen bei geeigneten Werken des besetzten Gebiets« durch, die »Aufträge in Zellwolle-Maschinen unserer Originalkonstruktionen« übernehmen konnten. Da diese Maschinen stark nachgefragt wurden, war das Unternehmen daran interessiert, »eine zusätzliche Produktion in größtmöglichem Umfang sicherzustellen«.[335] Ob in diesem Zusammenhang »die Frage einer Beteiligung bei Produktionsstätten im besetzten Gebiet akut« werde, lasse sich, so Otto Fahr im Dezember 1940, »im Augenblick noch nicht übersehen«. Zwar sei ihm bekannt, daß auf eine solche Beteiligung »seitens der zuständigen Ministerien an sich Wert gelegt« würde, bei einem Unternehmen wie Werner & Pfleiderer bedürfe diese Entscheidung wegen der »Struktur der Kapitalzusammensetzung« jedoch einer ganz besonders sorgfältigen Prüfung.[336]

Im Unterschied zu Boehringer verlagerte Werner & Pfleiderer in der Tat Aufträge, das heißt bestimmte Maschinen ließ sie durch Drittfirmen in den besetzten Gebieten fertigen. Die ersten Auftragsverlagerungen gingen Mitte Januar 1941 nach Belgien, ab Juli folgten Verlagerungen in das besetzte Frankreich und ab dem Frühjahr 1942 auch nach Holland und Dänemark. Zunächst wurden Betriebe in den besetzten Westgebieten für die Fertigung von Maschinen für die chemische Industrie eingeschaltet, später verlagerte die deut-

---

[332] Vereinigung der Maschinenbauanstalten von Württemberg-Baden e.V. an Rolf Boehringer, 24.6.1948. WABW, B 10, Bü 377. In Boehringers Spruchkammerverhandlung spielte sein Engagement beim Einspannen von Betrieben im besetzten Frankreich in die deutsche Rüstungsproduktion keine Rolle. So wurde die Kollaboration mit der Firma Cazeneuve in Boehringers Spruch mit keinem Wort erwähnt. Vgl. Spruchkammerakten Rolf Boehringer. StAL, EL 902/8 Bü 16/1/15066.

[333] So Max Knorr in einem Schreiben an die Spruchkammer Degerloch, 30.9.1947. StAL, EL 902/20 Bü 37/05/4073. Es finden sich auch in den überlieferten Unterlagen keinerlei Hinweise auf eine Produktionsverlagerung in die besetzten Gebiete.

[334] Otto Fahr an seine Direktionskollegen, 31.3.1942. WABW, B 11, Bü 86.

[335] Otto Fahr an Reichskommissar für die Behandlung feindliche Vermögens, 16.12.1940. BA/K, R 87/1177.

[336] Ebd. Nach den zur Verfügung stehenden Unterlagen kam es zu keiner finanziellen Beteiligung des Unternehmens an den von ihm herangezogenen Betrieben in den besetzten Westgebieten.

sche Firma auch Aufträge der Branchen Bäckereibedarf, Teigwaren- und Biskuitindustrie. So war die Produktion von fünf Maschinen aus den Produktgruppen Chemie und Teigwaren, vier Maschinen und zwei Ofentypen für den Bäckereibedarf sowie zwei Maschinen der Produktgruppe Biskuit komplett in diese Drittfirmen verlagert.[337] Im November 1944 sei man gerade so weit gewesen, daß »wir den dringendsten Bedarf an Bäckerei-Maschinen und Öfen untergebracht hatten«, hieß es in einer internen Übersicht über die Verlagerungen. Vor allem für die Produktgruppen Bäckerei und Biskuit wäre der bei »voller Auswirkung der Verlagerung« zu erwarten gewesene Umsatz »von großer Bedeutung geworden, nachdem die Eigenfertigung hinter die Aufgaben der Rüstungsfertigung vollkommen zurücktreten mußte«.[338] Denn die zum Stichtag 30. November 1944 vorliegenden Bestellungen der Abteilungen Klein- und Großbäckerei bei den entsprechenden Verlagerungsfirmen beliefen sich auf über zwei Mio. RM. An zweiter Position rangierte das mit rund 1,1 Mio. RM bereits deutlich niedrigere Auftragsvolumen der Produktgruppe Chemie. Die übrigen Produktbereiche - Biskuit, Teigwaren und Trockenofen - hatten Bestellungen im Wert von insgesamt rund 247 000 RM verlagert. Bis zum 30. November waren von den georderten Maschinen für den Bäckereibedarf jedoch lediglich Maschinen im Wert rund 525 000 RM ausgeliefert worden, so daß sich hier ein Rückstand von über 1,5 Mio. RM ergab. Bei den Maschinen für die chemische Industrie wirkte sich hingegen der frühere Beginn der Auftragsverlagerung für das deutsche Unternehmen positiv aus. Am Stichtag betrug der Rückstand hier lediglich 211 000 RM.

Für Werner & Pfleiderer arbeiteten während des Krieges insgesamt drei französische, acht belgische, zwei niederländische Firmen und ein dänischer Betrieb, wobei das nach Belgien vergebene Auftragsvolumen mit über zwei Mio. RM das höchste war - beinahe das Doppelte der Bestellungen, die das Unternehmen im besetzten Frankreich plazieren konnte. Wegen der in »ziemlicher Breite« betriebenen Auftragsverlagerung habe diese bei seiner Firma »erheblich größere Anstrengungen und Umsicht« erfordert, als es bei Unternehmen nötig gewesen sei, die ihre Verlagerung auf »wenige Erzeugnisse der Serienfertigung« beschränkt hätten, resümierte Otto Fahr im Mai 1942.[339] Deshalb war er bestrebt, die einmal belegte Kapazität der Verlagerungsfirmen

---

[337] Die bei Werner & Pfleiderer im Frühjahr 1942 bestellten 400 Expreß-Siebmaschinen wurden bei der Firma Lamort Fils im französischen Vitry hergestellt; ein Anschlußauftrag für weitere 400 Maschinen war bereits vorgesehen. Ein weiterer Produktionsort für die Siebmaschinen war die belgische Firma Usines Meura in Tournai, bei der die Herstellung von ebenfalls 400 Maschinen untergebracht werden konnte. Auch an das französische Unternehmen Savy & Cie. in Courbevoie, mit dem Werner & Pfleiderer seit 1927 im Rahmen des damals geschlossenen Vertrages zusammenarbeitete, wurde 1942 ein Auftrag über 100 Siebmaschinen und 25 Rotex-Maschinen verlagert. Die Bestellung von 700 Schnecken und Schneckenrädern verschiedener Größen brachte man bei der Pariser Firma Et. Rollet & Cie. unter. Vgl. Otto Fahr an seine Direktionskollegen, 20.5.1942. WABW, B 11, Bü 86.

[338] Übersicht betr. Auftragsverlagerung in die besetzten Gebiete, 11.12.1944. WABW, B 11, Bü 86. Dort auch die folgenden Angaben.

[339] Otto Fahr an seine Direktionskollegen, 20.5.1942. Ebd. Dort auch die folgenden Zitate.

»durch laufende Anschlußaufträge«, wenn nötig »auch unter Umstellung auf jeweils andere Erzeugnisse« in Zukunft für sein Unternehmen sicherzustellen. Denn die Auftragsverlagerungen und die dadurch in Gang gekommene zwischenstaatliche unternehmerische Zusammenarbeit sollten Werner & Pfleiderer auch in kommenden Friedenszeiten nützlich sein. Mit Blick auf die vom nationalsozialistischen Deutschland dominierte »zukünftige europäische Wirtschaftsordnung« könnte, so überlegte Otto Fahr, aus dem momentan praktizierten Verfahren der Auftragsverlagerung eine dauerhafte »eingespielte wirtschaftliche Zusammenarbeit« werden und dem Unternehmen später »eine sehr wertvolle Verbreiterung unserer gesamten Basis bringen«.

In der Hoffnung auf eine europäische Wirtschaftsordnung unter deutscher Dominanz wird man einen der Beweggründe für die Zusammenarbeit mit ausländischen Betrieben sehen dürfen. Die Leitung von Werner & Pfleiderer stellte allerdings andere Motive in den Vordergrund. In einer eidesstattlichen Erklärung gab 1948 der seinerzeit für die Betreuung und Koordination der Auftragsverlagerungen zuständige Ingenieur an, daß der Betrieb zu Beginn des Krieges infolge der »geringen Rüstungsfertigung« zunehmend Arbeitkräfte an die Wehrmacht und durch Dienstverpflichtung auch an andere Betriebe habe abgeben müssen und deshalb eine »Zusammenarbeit mit Maschinenbaufirmen in Belgien und Frankreich gesucht« worden sei, welche »willens« gewesen seien, die »Friedenserzeugnisse von W&P herzustellen«.[340] Auf diese Weise konnte man das Stammwerk mit Rüstungsaufträgen belegen und den Personalbestand sichern. Die Auftragsverlagerung in die besetzten Gebiete sei für Werner & Pfleiderer die einzige Möglichkeit gewesen, ihre »Friedenserzeugnisse« weiterhin anbieten zu können. Er unterstrich die aus freien Stücken erfolgte Bereitschaft der Betriebe in den besetzten Gebieten, Aufträge zu übernehmen, und den seiner Ansicht nach großen Nutzen, den diese Betriebe aus der Zusammenarbeit mit dem deutschen Unternehmen gezogen hätten. So hätten die Verlagerungsfirmen nur »die ihnen liegenden Maschinen zur Fertigung aufgrund eigenen Kalkulationen« übernommen, und Werner & Pfleiderer sei auch bereit gewesen, höhere Herstellungskosten in Kauf zu nehmen. Profitiert hätten die Betriebe des weiteren in technisch-konstruktiver und betriebsorganisatorischer Hinsicht. Man habe sie etwa mit »modernen Arbeitsmethoden« vertraut gemacht. Durch die »lohnenden Aufträge« hätten sie ihre »wirtschaftliche Lage gesund erhalten« können und so ihre Belegschaft »für sich gesichert und deren Dienstverpflichtung nach Deutschland abgewendet«.

Unzweifelhaft zog das deutsche Unternehmen Werner & Pfleiderer - und damit das nationalsozialistische Deutschland, denn die Lieferungen waren in der Regel fürs Inland bestimmt - den größten Nutzen aus den Auftragsverlagerungen. Damit gelang es dem NS-Regime, die unternehmerische Initiative und das Profitstreben der Industriellen in seine Dienste zu stellen und die wirtschaftlichen Ressourcen der besetzten Westgebiete in Anspruch zu nehmen. Bei

[340] Eidesstattliche Erklärung des »Verlagerungs-»Ingenieurs bei Werner & Pfleiderer, 8.1.1948. StAL, EL 902/20 Bü 37/17/7952. Dort auch die folgenden Zitate.

»voller Auswirkung der Verlagerung« hätte Werner & Pfleiderer mit einem zusätzlichen jährlichen Verkaufsumsatz von etwa 1,5 Mio. RM rechnen können.[341] Doch auch die belgischen, französischen, holländischen und dänischen Unternehmer waren vor allem wegen der Vermittlung technischen Wissens und moderner Produktionstechniken Nutznießer dieses Verfahrens. So zeichnete der Präsident der französischen Firma Savy & Cie., die Verlagerungsbetrieb und langjähriger Partner von Werner & Pfleiderer war, 1946 ein positives Bild von der kriegsbedingten Zusammenarbeit insbesondere mit Otto Fahr: »Pendant l'occupation de notre pays, vous avez fait ce qu'il vous était possible pour aider vos amis français. D'accord avec nous, et pour nous éviter d'avoir à prendre des commandes d'armement, vous nous avez fait passer des ordres pour du petit matériel de boulangerie, sans jamais nous presser pour leur exécution.« Daß es zwischen dem Betrieb und dem »Verwalter allemand qui avait été chargé de contrôler notre affaire, en raison de la participation anglaise dans notre capital« zu keinen schwerwiegenden Auseinandersetzungen gekommen war, »nous le devons en grande partie aux démarches que vous avez faites auprès de cette personne en 1943«.[342] Die korrekte Durchführung der kriegsbedingten Geschäfte zwischen beiden Unternehmen bestätigte 1946 auch die französische Firma E. & M. Lamort Fils.[343] Hier gilt ebenfalls, was bereits für das Verhältnis zwischen Rolf Boehringer und den Unternehmern im besetzten Frankreich festgestellt wurde: Die Bereitschaft zur Kollaboration war offensichtlich auf beiden Seiten gegeben, weil sie beiden Seiten Nutzen versprach.[344] Deshalb greift die Einschätzung des Betriebsrates der Firma Werner & Pfleiderer zu kurz, der 1947 Otto Fahr vorwarf, die »zivile Fertigung, die ihm für seine Ziele hinderlich gewesen wäre, an 8-10 französische und belgische Fabriken« verlagert zu haben.[345]

### *Auftragsverlagerung in das »Protektorat«*

Die Firma Werner & Pfleiderer spannte jedoch nicht nur Betriebe in den westlichen Industriestaaten in ihre Produktion ein, sie orientierte sich auch nach Osten. Dabei zog der Kauf der »Erste(n) böhmische(n) Spezialfabrik für Farben, Seifen und Schokolade- und Margarine-Industrie«[346], die Prager Maschinenfabrik H. Vitous & Sohn,[347] im Jahr 1943 im Spruchkammerverfahren Otto

---

[341] Übersicht betr. Auftragsverlagerung in die besetzten Gebiete, 11.12.1944. WABW, B 11, Bü 86.

[342] Schreiben des Präsidenten der Firma Simonet-Savy Jeanjean & Cie., 7.6.1946. StAL, EL 902/20 Bü 37/17/7952.

[343] Firma E. & M. Lamort Fils, Ingénieurs-Constructeurs, Vitry-Le-François, an Otto Fahr, 12.7.1946. StAL, EL 902/20 Bü 37/17/7952.

[344] Wie schon im Fall Boehringer festgestellt, spielten der Einsatz der Industriekapazitäten in den besetzten Westgebieten für die deutsche Rüstung und die Beteiligung des Unternehmers Fahr an Auftragsverlagerungen in dessen Entnazifizierungsverfahren eine untergeordnete Rolle. Vgl. StAL, EL 902/20 Bü 37/17/7952.

[345] Zusatzblatt zum Arbeitsblatt von Otto Fahr, 3.7.1947. StAL, EL 902/20 Bü 37/17/7952.

[346] Als solche wird sie im Rieger-Gutachten I bezeichnet. StAL, EL 902/20 Bü 1512677.

[347] Im folgenden als Vitous bezeichnet.

Fahrs größere Aufmerksamkeit auf sich. Die Geschäftsverbindung war bereits im Frühherbst 1941 angebahnt worden, nachdem sich die Firma Vitous dem deutschen Unternehmen als Unterlieferant angeboten hatte.[348] Da die Firma Werner & Pfleiderer zu diesem Zeitpunkt an die Grenze ihrer Kapazität gestoßen war, schien die Vergabe eines Unterauftrages an die Prager Firma, welche ein Fertigungsprogramm aufwies, das dem ihrigen und dem der aufgekauften Mannheimer Draiswerke ähnlich war, opportun.[349] Bereits im Dezember 1941 war es zum Vertragsabschluß gekommen. In einer »Verpflichtungserklärung« gelobten beide Seiten, »alle überlassenen Unterlagen, wie Zeichnungen, Stücklisten, Modelle, Schablonen, Schnitte, Angaben über Materialverwendung, Verarbeitung, Arbeitsgänge, Fertigungsfolge und Fertigungszeiten' (...) im Sinne (...) des Gesetzes für unlauteren Wettbewerb zu behandeln«.[350] Zusätzlich hatte sich das deutsche Unternehmen mit einer Art Konkurrenzklausel abgesichert, die es dem Prager Betrieb untersagte, »der Fa. W&P auf die Dauer von 5 Jahren nach Lösung der Geschäftsverbindung auf dem Fachgebiet der Maschinen und allen sonstigen Einrichtungen für die Gebäckherstellung, soweit es sich vorläufig um Stahlbandofen, Ausstechmaschinen und Rotex-Teiler handelt«, Konkurrenz zu machen.[351] Eine solche »Verpflichtungsreverse« war offensichtlich durchaus üblich und wurde von der Firma Werner & Pfleiderer in der Regel von allen Verlagerungsbetrieben verlangt, um die unerwünschten »etwaigen Gefahren der Konkurrenz bzw. des Nachbaues« einzuschränken.[352]

Die Firma Vitous hatte fortan die Herstellung von »gewissen Spezialmaschinen für den zivilen Bedarf« - Rotex-Kneter und Rotex-Teiler, Stahlbandöfen und Ausstechmaschinen - übernommen, Werner & Pfleiderer überließ ihr zu diesem Zweck die nötigen Unterlagen wie Konstruktionszeichnungen, Modelle und Schnitte.[353] Lohnte sich die Verlagerung für das deutsche Unternehmen aus Gründen der Produktionssteigerung, war die Firma Vitous wohl insbesondere aufgrund ihrer kritischen finanziellen Lage bereit, diese Aufträge zu übernehmen. 1938 bis 1941 errichtete Neubauten für die Fertigung und Verwaltung waren ebenso wie die laufende Produktion zum größten Teil durch Fremdkapital - vornehmlich kurzfristige Kundenanzahlungen - gedeckt worden. Der Anteil des Eigenkapitals machte hingegen lediglich knapp über zwei Prozent des Gesamtkapitals aus. Am Ende des Jahres 1941 bilanzierte der Betrieb einen Verlust von über 1,8 Mio. Kronen.[354]

---

[348] Eidesstattliche Erklärung des »Verlagerungs-»Ingenieurs bei Werner & Pfleiderer, 8.1.1948. StAL, EL 902/20 Bü 37/17/7952.

[349] Dies bestätigen das Rieger-Gutachten I und das Schitag-Gutachten. StAL, EL 902/20 Bü 37/1512677 und Bü 37/17/7952.

[350] Rieger-Gutachten I. StAL, EL 902/20 Bü 37/1512677.

[351] Ebd.

[352] Otto Fahr an seine Direktionskollegen, 20.5.1942. WABW, B 11, Bü 86.

[353] Schitag-Bericht und eidesstattliche Erklärung des »Verlagerungs-»Ingenieurs bei Werner & Pfleiderer, 8.1.1947. StAL, EL 902/20 Bü 37/17/7952; Rieger-Gutachten I. StAL, EL 902/20 Bü 37/1512677.

[354] Rieger-Gutachten I. StAL, EL 902/20 Bü 37/1512677.

Im Juni 1942 ergab sich jedoch eine völlig neue Situation. Im Zuge der NS-Racheaktion wegen des Attentats auf Reinhard Heydrich war der Inhaber des Prager Unternehmens, Heinrich Vitous, »standrechtlich« erschossen und für seinen beschlagnahmten Betrieb ein »Treuhänder des Vermögensamtes beim Reichsprotektor in Böhmen und Mähren« bestellt worden.[355] Den eingesetzten Treuhänder beschrieb der ehemalige »Verlagerungs«-Ingenieur von Werner & Pfleiderer 1948 als »eine jener Erscheinungen«, »die dem deutschen Ansehen im Ausland außerordentlich geschadet« hatten, denn »vom Geschäft verstand er gar nicht(s), 'verwaltete' nur, indem er den Leuten jegliche Handlungsfreiheit unterband, selbst aber nichts arbeitete und sich nur gut bezahlen ließ«.[356] Offenbar entsprachen die von Werner & Pfleiderer vergebenen Unteraufträge nicht dem Produktionsprogramm, das nun für das Prager Unternehmen vorgesehen war. Laut Aussage des seinerzeit für die Verlagerungsbetriebe zuständigen Ingenieurs wollte der Treuhänder den Betrieb gänzlich zur »Kriegsfertigung« einspannen.[357] Außerdem mußte man bei Werner & Pfleiderer befürchten, daß nach der gängigen Praxis des Vermögensamtes, beschlagnahmtes Vermögen möglichst schnell wieder abzustoßen, das Prager Unternehmen verkauft werden und damit als Unterlieferant ganz ausfallen würde.[358]

Ein Jahr später, im Juli 1943, kaufte das deutsche Unternehmen die Firma Vitous. Denn nur durch einen Erwerb - so stellten es jedenfalls Firmenvertreter von Werner & Pfleiderer nach Kriegsende übereinstimmend dar - konnte die Abwicklung bereits vergebener Aufträge gewährleistet[359] und die hierfür geleisteten Anzahlungen[360] gesichert werden. Außerdem galt die Stadt Prag als ein nicht luftgefährdeter Standort, weshalb eine Erweiterung der Produktionskapazitäten dort von Werner & Pfleiderer als günstig eingeschätzt wurde. Eine nicht unerhebliche Rolle dürfte auch gespielt haben, daß das deutsche Unternehmen unbedingt verhindern wollte, daß Betriebsgeheimnisse wie etwa Konstruktionszeichnungen in die Hände Dritter fielen.[361] Weshalb die Übernahme allerdings erst ein Jahr nach der Beschlagnahmung erfolgte und nicht bereits zu einem früheren Zeitpunkt, geht aus den Unterlagen nicht eindeutig hervor. Zwar ist die Rede von »längeren Verhandlungen«[362] und von anderen Unternehmen, die sich um den Erwerb des Prager Betriebes »bewarben« und zum

---

[355] Ebd. Ob und inwieweit der Unternehmer Vitous an der Planung, Vorbereitung oder gar Durchführung des Attentats beteiligt gewesen war, muß wegen der unzureichenden Überlieferung offen bleiben.

[356] Eidesstattliche Erklärung des ehemaligen »Verlagerungs«-Ingenieurs, 8.1.1948. StAL, EL 902/20 Bü 37/17/7952.

[357] Ebd.

[358] Schitag-Bericht. StAL, EL 902/20 Bü 37/17/7952.

[359] Zu Beginn des Jahres 1943 hatte sich das Engagement der Firma Werner & Pfleiderer bei dem Prager Betrieb deutlich verstärkt. Ihre Unteraufträge machten nunmehr bereits 95 Prozent des Gesamtumsatzes von Vitous aus. Rieger-Gutachten I. StAL, EL 902/20 Bü 37/1512677.

[360] Die Anzahlungen hatten im November 1942 einen Wert von 300 000 RM erreicht, was ungefähr der Hälfte des Gesamtumsatzes des Prager Betriebes entsprach. Ebd.

[361] Schitag-Bericht. StAL, EL 902/20 Bü 37/17/7952.

[362] Ebd.

Teil »durch politische Beziehungen und durch den Treuhänder« ihr Ziel zu erreichen suchten,[363] die Firma Werner & Pfleiderer stand jedoch bereits im November 1942 »durch persönliche Entscheidung des Ministers für Wirtschaft und Arbeit beim Reichsprotektor für Böhmen und Mähren« als einzig verbleibender »Bewerber« fest.[364] Grund für die verzögerte Übernahme könnte die umstrittene Wertfestsetzung für den Prager Betrieb gewesen sein. Das vom (»Protektorats«-)Vermögensamt bei der Deutschen Allgemeinen Treuhand-Aktiengesellschaft (Datag) in Auftrag gegebene »Wertgutachten« über die Firma Vitous errechnete einen Verlust von über 1,5 Mio. Kronen (Stichtag 15.11.1942) sowie einen Gesamtwert des Unternehmens - abzüglich der Schulden - von rund 423 000 Kronen. Dieser Betrag wurde vom Vermögensamt aber offenbar als nicht angemessen angesehen, weshalb es die für Maschinen und Werkzeuge, die Betriebsausstattung und den Fuhrpark angesetzten Werte erhöhte und den Kaufpreis auf 500 000 Kronen heraufsetzte.[365] Otto Fahr berichtete noch im Juni 1943, daß es bei den vielen Verhandlungen in Prag »infolge Meinungsverschiedenheiten wegen des Berechnungsverfahrens« immer noch nicht gelungen sei, sich über die »Werteermittlung des zu erwerbenden Unternehmens« zu einigen.[366] Es liegt nahe anzunehmen, daß man bei Werner & Pfleiderer den vom Vermögenssamt festgesetzten Preis zu hoch fand und ihn in den Verhandlungen gesenkt sehen wollte.

Letztlich blieben die Bemühungen jedoch erfolglos. Im Juli 1943 erwarb das Unternehmen die vom Deutschen Reich beschlagnahmte Maschinenfabrik und Gießerei Vitous doch zu dem vom Vermögensamt festgesetzten Kaufpreis. Als Übernahmetag wurde rückwirkend der 15. November 1942, der Stichtag für die Datag-Bilanz, festgesetzt.[367] Weder der Reichskommissar für die Behandlung feindlichen Vermögens noch die Züricher Fides-Treuhandvereinigung in ihrer Eigenschaft als Vertreterin der englischen Mehrheitsbesitzerin bei Werner & Pfleiderer hatten gegen den Kauf etwas einzuwenden. Letztere habe darin vielmehr eine willkommene Investition gesehen, die ganz zu der seinerzeit mit Otto Fahr abgestimmten Strategie gepaßt hätte, »Überweisungen aus Dividenden und Zinsen zu Gunsten von Baker Perkins Ltd. an die Konversionskasse für deutsche Auslandsschulden in Berlin nach Möglichkeit zu vermeiden und die entsprechenden Beträge vielmehr für die Konsolidierung und den Ausbau der Firma Werner & Pfleiderer (...) zu verwenden«.[368] Den Kauf der Prager Firma

[363] Eidesstattliche Erklärung des »Verlagerungs«-Ingenieurs, 8.1.1948. StAL, EL 902/20 Bü 37/17/7952.

[364] Otto Fahr an Reichskommissar für die Behandlung feindlichen Vermögens, 13.3.1943. BA/K, R 87/1178.

[365] Dieser Schätzwert bezog sich jedoch nur auf die später von Werner & Pfleiderer erworbenen Vermögensteile. Für die nicht an das deutsche Unternehmen veräußerten Vermögensteile war ein Wert von knapp 500 000 Kronen angesetzt worden, so daß der eigentliche Gesamtwert des Betriebes entsprechend höher ausgefallen wäre. Vgl. Rieger-Gutachten I. StAL, EL 902/20 Bü 37/17/1512677.

[366] Otto Fahr an Reichskommissar für die Behandlung feindlichen Vermögens, 24.6.1943. BA/K, R 87/1178.

[367] Auszug aus dem Kaufvertrag. Ebd.

[368] Fides-Treuhandvereinigung an Otto Fahr, 30.10.1947. StAL, EL 902/20 Bü 37/17/7952.

bezeichnete die Fides-Treuhandvereinigung 1947 »als einen normalen Schritt des Weiterausbaus von Werner & Pfleiderer«, nachdem sie von Otto Fahr darüber informiert worden sei, daß es sich bei dem Kaufobjekt »um eine alte Geschäftsverbindung« handle.[369] Nachdem sich Otto Fahr beim Wirtschaftsminister des »Protektorats« persönlich erkundigt hatte, ob die englische Kapitalbeteiligung bei seinem Unternehmen ein Hinderungsgrund für den Erwerb des Prager Betriebes sein könnte, und man dies verneint hatte, war auch der einzige Vorbehalt des Reichskommissars für die Behandlung feindlichen Vermögens vom Tisch.[370]

Zum Zeitpunkt der Übernahme beliefen sich die Schulden der Firma Vitous nach Angaben des zuständigen Mitarbeiters von Werner & Pfleiderer auf über 13 Mio. Kronen - eine für »das Unternehmen mit seinen rund 210 Mann Belegschaft und einem seinerzeitigen Umsatz von rund 0,7 bis 1,0 Millionen Reichsmark« »drückende« Last.[371] Das Interesse Werner & Pfleiderers an der Prager Firma war so groß, daß man das hoch verschuldete Unternehmen zu einem nach Kriegsende als »stark überhöht« bezeichneten Kaufpreis übernahm.[372] Langfristige Entwicklungserwartungen haben wohl den Ausschlag gegeben. Auch die Firma Vitous sollte nach einem für Deutschland siegreichen Krieg weitergeführt werden, um sie »zusammen mit den befreundeten englischen, amerikanischen, französischen und belgischen Firmen in die Deckung des internationalen Bedarfs an W&P-Maschinen, Öfen usw. einzugliedern«. Daß diese Form der »Bedarfsdeckung« ebenso bei einer Niederlage Deutschlands vorgesehen war, beeilte sich 1948 der ehemalige Prager »Betriebsführer« hinzuzufügen, denn »daß Deutschland den Krieg 1939/1945 verlieren würde«, sei bereits »bei der Übernahme (...) in Rechnung zu stellen« gewesen.[373] Bei Werner & Pfleiderer habe man vor allem die Möglichkeit gesehen, von Prag aus »die Beziehungen zum südosteuropäischen Markte verbessern und erweitern zu können, die von dem Wiener Werk offenbar nicht tatkräftig und sorgfältig genug gepflegt worden« waren.[374]

Für die Leitung des nunmehr als Zweigniederlassung Prag firmierenden Unternehmens, dessen Belegschaft Ende 1943 231 »Mann« zählte,[375] setzte das deutsche Unternehmen einen von der Firma Vitous übernommenen tschechi-

---

[369] Ebd.

[370] Aktenvermerk des Reichskommissars für die Behandlung feindlichen Vermögens, 21.4.1943; Otto Fahr an Reichskomissar, 24.6.1943. BA/K, R 87/1178.

[371] Anlage zur eidesstattlichen Erklärung des »Verlagerungs«-Ingenieurs bei Werner & Pfleiderer, 8.1.1948. StAL, EL 902/20 Bü 37/17/7952. Dieser wurde nach der Übernahme durch Werner & Pfleiderer »Betriebsführer« des Prager Betriebes.

[372] Übereinstimmendes Urteil im Schitag-Bericht und Rieger-Gutachten I. StAL, EL 902/20 Bü 37/7952 und Bü 37/1512677.

[373] Eidesstattliche Erklärung des »Verlagerungs«-Ingenieurs, 8.1.1948. StAL, EL 902/20 Bü 37/17/7952.

[374] Rieger-Gutachten I. StAL, EL 902/20 Bü 37/1512677. Das 1890 gegründete Wiener Zweigwerk, von dem aus das Stammwerk den ost- und südosteuropäischen Markt betreute, hatte lange Zeit - von 1931 bis 1938 - mit Verlust gearbeitet. Es sei außerdem »räumlich nicht mehr ausbaufähig« und auch »personell nicht sehr glücklich besetzt« gewesen. Ebd.

[375] Geschäftsbericht für 1943. WABW, B 11, Bü 91.

schen Prokuristen sowie den bereits mehrfach erwähnten deutschen »Verlagerungs-»Ingenieur ein, wobei letzterer als »Betriebsführer« fungierte.[376] Trotz vielfältiger Investitionen der Firma Werner & Pfleiderer - beispielsweise in neue Werkzeugmaschinen, neue Betriebsräume und in die Errichtung einer Werkskantine - ergab sich für die ersten sechs Monate nach der Betriebsübernahme ein Verlust von über neun Mio. Kronen.[377] Auch ein Jahr später arbeitete der Betrieb noch immer mit Verlust, seine Verschuldung hatte nochmals zugenommen.[378] Die Prager Firmenleitung bemühte sich unterdessen verstärkt, die aus Zeiten vor dem Verkauf stammenden und trotz der Betriebsübernahme aufrechterhaltenen Kundenaufträge[379] für - zivile - Vitous-Maschinen, für die bereits Anzahlungen geleistet worden waren, auszuführen. So sollte der Schuldenberg von über 9,6 Mio. Kronen abgetragen werden. Die Abwicklung »ziviler« Aufträge aber sei zu dieser Zeit im »Protektorat«, wenn überhaupt, nur einer deutschen Firma möglich gewesen und selbst da habe es des »persönlichen Einsatzes« des deutschen »Betriebsführers« bedurft, um sich »bei den deutschen Stellen durchzusetzen«, erklärte der ehemalige »Betriebsführer« 1948. Einer »tschechischen Führung« wäre dies »unter den gegebenen Verhältnissen nie möglich gewesen«.[380]

Beide für Otto Fahr bzw. Richard Werner im Rahmen der Entnazifizierung 1948 angefertigten Wirtschaftsgutachten kamen abschließend zu dem Schluß, daß sich - gemessen an den Leistungen des Stammhauses - die Prager Gegenleistungen äußerst »bescheiden«[381] ausgenommen hätten. Daraus wurde gefolgert, daß der Vorwurf einer Nutznießung, der im Zusammenhang mit dem Erwerb der Prager Firma in Otto Fahrs Entnazifizierungsverfahren erörtert wurde, vollkommen haltlos sei.[382] Nutznießer, so definierte das »Befreiungsgesetz«, war unter anderem, »wer auf Kosten der politisch, religiös oder rassisch Verfolgten unmittelbar oder mittelbar, insbesondere im Zusammenhang mit Ent-

[376] Eidesstattliche Erklärung des »Verlagerungs-»Ingenieurs, 8.1.1948. StAL, EL 902/20 Bü 37/17/7952.

[377] Ebd.; Rieger-Gutachten I. StAL, EL 902/20 Bü 37/1512677.

[378] Otto Fahr an Reichskommissar für die Behandlung feindlichen Vermögens, 15.12.1944. BA/K, R 87/1178.

[379] Der ehemalige »Verlagerungs-»Ingenieur und spätere »Betriebsführer« des Prager Zweigwerkes erklärte 1948: »Die Kundschaft war, ebenso wie die Belegschaft von Vitous, sehr beruhigt darüber, daß eine seriöse Firma wie W&P das Unternehmen in die Hand genommen hatte und es nicht irgendeiner branchenfremden anderen Firma zugespielt worden war.« Und er fügte hinzu: »Das wiederhergestellte Vertrauen drückte sich darin aus, daß, mit ganz wenigen Ausnahmen, nun fast alle Firmen die Aufträge und damit die Anzahlungen bei der Firma Vitous beließen.« Eidesstattliche Erklärung, 8.1.1948, und Anlage zu dieser Erklärung. StAL, EL 902/20 Bü 37/17/7952. Auch die in Prag ansässige Böhmische Union-Bank räumte der Firma nun wieder Kredit ein, der bis Oktober 1944 auf insgesamt 8,8 Mio. Kronen stieg und im Februar 1945 durch das Stammwerk per Überweisung gedeckt wurde. Die Mittel für diesen Transfer konnte Werner & Pfleiderer nur durch eine entsprechende Kreditaufnahme aufbringen. Vgl. Schitag-Bericht. Ebd.

[380] Eidesstattliche Erklärung des ehemaligen »Verlagerungs«-Ingenieurs, 8.1.1948. StAL, EL 902/20 Bü 37/17/7952.

[381] Schitag-Bericht. StAL, EL 902/20 Bü 37/17/7952.

[382] Vgl. ebd. und Rieger-Gutachten I. StAL, EL 902/20 Bü 37/1512677.

eignungen, Zwangsverkäufen (....) übermäßige Vorteile für sich oder andere erlangte oder erstrebte«.[383] Auch die Spruchkammer konnte keinen Hinweis darauf finden, daß die Firma Werner & Pfleiderer und insbesondere Otto Fahr finanzielle Vorteile aus dem Kauf des Prager Betriebes gezogen hatten. »Schweren Herzens« habe sich Fahr seinerzeit zum Kauf der Prager Fabrik entschlossen, »wohl wissend, daß zur Rettung derselben erhebliche finanzielle Opfer erforderlich waren«, so die Spruchkammer in ihrer Begründung. Da der »Erwerb der Fa. V. (...) also durchaus auf Wunsch und im Interesse dieser Firma selbst« erfolgt sei, könne hieraus »in keiner Weise« eine »politische Belastung« Fahrs abgeleitet werden. Daraus, daß der »Betriebsführer« des Prager Werkes »bis 1. Mai 1945 völlig unbehelligt inmitten der Belegschaft und im Werk wohnen blieb«, schlossen die Beisitzer außerdem, daß »der Erwerb der Firma nicht zum Nachteil der tschechischen Belegschaft erfolgt« sein konnte.[384]

Die zu dieser Zeit gängige Auftragsverlagerung an eine im »Protektorat« ansässige Maschinenfabrik endete in diesem Fall also mit dem Kauf des Betriebes und seiner Weiterführung als Zweigunternehmen. Wie gesehen, gab es für Werner & Pfleiderer plausible Gründe, die beschlagnahmte tschechische Firma trotz Überschuldung zu erwerben. Dennoch ist es eher unwahrscheinlich, daß dieser Schritt von Anfang an von der Firmenleitung ins Kalkül gezogen worden war. Denn auch bei den in seine Produktion eingespannten Betrieben in den besetzten Westgebieten hat sich das Unternehmen nicht finanziell engagiert. Vielmehr scheinen es die besonderen Umstände vom Juni 1942 gewesen zu sein, die es Werner & Pfleiderer ratsam erscheinen ließen, den Prager Betrieb zu kaufen. Die zuvor vorgenommene Auftragsverlagerung jedoch als »Orientierung zu ausländischen Firmen« zu werten, die ganz »auf der traditionellen Linie« der Firma Werner & Pfleiderer gelegen hätte, wie dies in einem der beiden Wirtschaftsgutachten von 1948 zu lesen steht,[385] mißachtet die Herrschaftsverhältnisse während des Nationalsozialismus. Da Werner & Pfleiderer »von Anfang an auf internationale Zusammenarbeit eingestellt« gewesen sei,[386] war die Auftragsverlagerung und der spätere Kauf der Prager Firma Vitous dem Gutachten zufolge ein ganz normaler Geschäftsakt, der zudem die internationale Ausrichtung des deutschen Unternehmens unterstrichen habe. Hier wird eine Gleichheit der Geschäftspartner suggeriert, die es so nicht gab.

### *Treuhänderschaft über die ukrainische Maschinenfabrik Fastow*

Im Zuge des deutschen Vormarsches in die Sowjetunion und der wirtschaftlichen Ausbeutung der eroberten Territorien übernahm Werner & Pfleiderer im Juni 1943 die auf ein Jahr befristete »Treuhänderschaft« über die ukrainische

---

[383] Kommentar zum Gesetz zur Befreiung von Nationalsozialismus und Militarismus nebst Ausführungsbestimmungen, Durchführungsverordnungen u.a. von Johannes Priese und Karl Pokorny, Frankfurt a.M. 1946, Art. 9,3. Im folgenden »Befreiungsgesetz« genannt.
[384] Spruch vom 21.6.1948. StAL, EL 902/20 Bü 37/17/7952.
[385] Rieger-Gutachten I. StAL, EL 902/20 Bü 1512677.
[386] Ebd.

Maschinenfabrik Fastow.[387] Sie wurde von dem deutschen Unternehmen als Reparaturwerkstätte und Unterlieferant genutzt. Bereits ein halbes Jahr später, im November 1943, nachdem die Rote Armee erfolgreich begonnen hatte, die Ukraine zurückzuerobern, zog sich das deutsche Unternehmen wieder zurück, der ukrainische Betrieb wurde »verlassen«. Der Rückzug muß überraschend und in aller Eile vor sich gegangen sein, denn es war keine Zeit geblieben, Maschinen und Unterlagen zurück ins Stammwerk zu transportieren, selbst »die Buchhaltung wurde nicht mitgenommen«.

Wie es zur Übernahme der Treuhänderschaft gekommen war, konnte auch ein 1948 angefertigtes Wirtschaftsgutachten nicht klären. Für Zweifel an der Erklärung der Geschäftsführung, diese sei ihnen »mehr oder weniger aufgedrängt« worden, sah der Gutachter jedoch keinen Anlaß. Denn von den »maßgebenden Herren« des Unternehmens sei der Zusammenbruch der Ostfront zu dem Zeitpunkt, als man die Treuhänderschaft übernommen hatte, bereits in Rechnung zu stellen gewesen und die ukrainische Firma deshalb als »von vornherein verloren« angesehen worden. Aus diesem Grund habe Werner & Pfleiderer »in Fastow nur soviel getan, als unter dem Druck des Generalkommissars getan werden mußte«, referierte der Gutachter 1948 die Meinung der Firmenleitung. Den Tatbestand einer Nutznießerschaft »im Zusammenhang mit der Verwaltung ehemals besetzter Gebiete«[388], der bei den Spruchkammerverfahren gegen die Gebrüder Werner erörtert wurde, verneinte er ausdrücklich. Im Entnazifizierungsverfahren Otto Fahrs spielte das Engagement seines Unternehmens in der besetzten Ukraine keine Rolle.[389]

### d. Ausweichplanungen 1943/44

#### *»Patenschaft« über die Reutlinger Maschinenfabrik zum Bruderhaus*

Von den aus Luftschutzgründen in Württemberg seit 1943 laufenden Ausweichplanungen und -verlagerungen für kriegswichtige Fertigungen war auch das Feuerbacher Unternehmen Werner & Pfleiderer betroffen. Für einen Teil seiner als kriegswichtig eingestuften Produktion (Heeresgerätebau) kam es auf Vorschlag des Bezirksbeauftragten des Hauptausschusses Maschinen für Württemberg und Hohenzollern, Max Knorr, im September 1943 zu ersten Verhandlungen mit der Reutlinger Maschinenfabrik zum Bruderhaus.[390] Diese auf den Bau

[387] Die Leitung des 1880 von einem deutschen Kupferschmid gegründeten und 1920 verstaatlichten Unternehmens hatte nach der Besetzung Fastows durch die Wehrmacht im Juli 1941 zunächst wieder der Firmengründer übernommen, der als Verwalter eingesetzt worden war. Zwei Jahre später übernahm die Firma Werner & Pfleiderer gemäß Treuhandvertrag vom 23. Juni 1943 die Verwaltung des Betriebes. Vgl. Rieger-Gutachten I. StAL, EL 902/20 Bü 37/1512677. Dort auch die folgenden Zitate.

[388] »Befreiungsgesetz«, Art. 9,5.

[389] Vgl. StAL, EL 902/20 Bü 37/17/7952.

[390] Vgl. Otto Fahr an Direktor von Bruderhaus, 5.1.1944 (Anlage). WABW, Bestand Fortuna, Ordner: BA/U-Z. Die Maschinenfabrik zum Bruderhaus, 1851 vom Theologen Gustav Werner gegründet, war auf die Herstellung von Maschinen für die Papierherstellung spezialisiert. Seit 1925 war sie eine GmbH mit einer einzigen Gesellschafterin, der Gustav-Werner-Stif-

von Papiermaschinen spezialisierte Fabrik hatte sich vor Kriegsbeginn durch verstärkten Export über Wasser gehalten. Seit Kriegsbeginn machte ihre Friedensproduktion - in der Hauptsache Reparaturarbeiten und Ersatzteilbeschaffung - jedoch nur noch 30 Prozent der Gesamtproduktion aus, die übrige Kapazität nutzte der Betrieb für die Munitionsfertigung. So wurden u.a. seit Februar 1942 monatlich 10 000 bis 15 000 Granaten hergestellt. Nachdem feststand, daß die Granatenfertigung Ende 1943 »auslaufen« sollte, hatte sich das Reutlinger Unternehmen sofort und mit Erfolg »um einen Anschlußauftrag« für ihre »Rüstungsspezialabteilung« bemüht.[391] So waren ihre Kapazitäten im Herbst 1943 unter anderem mit einem Unterauftrag der Göppinger Firma Gebr. Boehringer zur Fertigung von insgesamt 420 Spindel- und Vorschubräderkästen belegt, welche für den Bau von Granaten-Schlichtautomaten und Flak-Ausbohrbänken benötigt wurden. Außerdem hatte die Reutlinger Maschinenfabrik - auf Betreiben Max Knorrs - bereits einen Teil ihrer Montagehalle an die ebenfalls in Reutlingen ansässige Firma Burkhardt & Weber vermietet, die hier Einzweck-Vielspindel-Bohrmaschinen für ein Luftwaffenprogramm montieren lassen wollte. Zusammen mit der Aufarbeitung des restlichen Rohlingsbestandes der auslaufenden Granatenfertigung sei damit ihr Fabrikationsraum »voll ausgenützt«, schrieb die Firmenleitung von Bruderhaus im Oktober 1943 an Max Knorr.[392]

Für eine zusätzliche Belegung mit der Serienfertigung von fahrbaren Feldbacköfen aus dem Programm von Werner & Pfleiderer[393] war demnach offensichtlich weder Raum noch Bedarf, obwohl bereits erste Verhandlungen geführt worden waren. Im Vormonat hatte Werner & Pfleiderer bei der zuständigen Rüstungsinspektion (Gruppe Verlagerung) den Antrag auf Zuweisung von 900 Quadratmetern Produktionsfläche bei der Reutlinger Maschinenfabrik gestellt und von dieser die Mitteilung erhalten, daß der Reutlinger Betrieb für sie »vorgemerkt« sei und man sich bemühe, die Belegung durch die Firma Burkhardt & Weber nach Möglichkeit wieder rückgängig zu machen. Auch war bereits mit dem Reutlinger Betriebsleiter ein Terminplan für die Verlagerung der Feldbackofenproduktion ausgearbeitet worden. Nach einer gemeinsamen Besichtigung der Reutlinger Firma durch Max Knorr, Otto Fahr und »Herren der Reutlinger Industrie« hatte man bei Werner & Pfleiderer schließlich Mitte

---

tung. Die Gewinne kommen seit Bestehen des Betriebes den Anstalten der 1881 gegründeten Gustav-Werner-Stiftung zugute, in denen Hilfsbedürftige versorgt und betreut werden. Vgl. Die Westdeutsche Wirtschaft und ihre führenden Männer, Bd. 2, Teil 2, Frankfurt a.M. 1960, S. 194-196. Gustav Werner, der Gründer der Maschinenfabrik zum Bruderhaus, und Hermann Werner, Mitbegründer von Werner & Pfleiderer, waren miteinander verwandt. Aufgrund dieser verwandschaftlichen Bande hatte Hermann Werners ältester Sohn Richard in der Zeit vor 1945, der jüngere Sohn Otto nach 1945 den Vorsitz im Stiftungsrat inne. Gespräch mit Johannes Werner am 8.2.1995.

391 Maschinenfabrik zum Bruderhaus an Max Knorr, 14.10.1943. WABW, Bestand Fortuna, Ordner: BA/M.

392 Ebd.

393 Dieses Produkt aus der Abteilung Heeresgerätebau sollte verlagert werden. Firma Werner & Pfleiderer an Max Knorr, 15.9.1943. WABW, Bestand Fortuna, Ordner: BA/M.

Oktober 1943 bei der Rüstungsinspektion den Antrag auf Genehmigung der Verlagerung gestellt.[394]

Ende des Monats verfügte der Leiter des Hauptausschusses Maschinen, Karl Lange, daß gemäß einer früheren Anordnung von ihm, die es untersagte, »die Kapazität von Maschinenbaufirmen ohne seine Zustimmung (...) mit Wehrmachtfertigung zu belegen«, die Firma Werner & Pfleiderer nicht einen Teil ihrer Heeresgerätefertigung, sondern ein Produkt ihres Maschinenbauprogrammes nach Reutlingen zu verlagern hätte.[395] Zugleich ordnete er an, daß diese künftig »in Übereinstimmung mit dem Bezirksbeauftragten des Hauptausschusses Maschinen« über »das Fabrikations-Programm und die Belegung der Werkstätten und Fertigungseinrichtungen« der Reutlinger Maschinenfabrik zu entscheiden hätten.[396] Gegen diesen Beschluß erhob die Reutlinger Betriebsleitung in einem Schreiben an Karl Lange sofort Einspruch. Es empörte sie nicht nur, daß »eine solche Entscheidung ohne Anhörung unserer Firma« getroffen worden war, sie stellte auch grundsätzlich die Notwendigkeit dieser »Patenschaft« genannten unternehmerischen Entmündigung in Abrede: »Die Verhältnisse unseres Unternehmens sind in jeder Hinsicht gesund und geordnet, bedürfen also unserer Überzeugung nach keiner Beaufsichtigung.«[397] Ebenso verwahrte sie sich gegen den Vorwurf, ihre Montagehallen seien »räumlich nicht voll ausgenützt«, mit dem die Notwendigkeit einer »Patenschaft« begründet worden war. Die Besonderheit ihrer Fertigung mit »ausgesprochenem Einzel- und Großmaschinenbau bzw. Anlagenbau« bringe es mit sich, daß bei der Montage »ungleich mehr Raum« benötigt werde als bei »irgendeine(r) Serienfertigung«. Daraus nun aber ein »Versäumnis« der Betriebsführung abzuleiten, sei »abwegig« und würde den wirklichen Verhältnissen »nicht gerecht«, befand man bei der Maschinenfabrik zum Bruderhaus. In der von Werner & Pfleiderer angekündigten »Patenschaft« sah die Reutlinger Unternehmensleitung, die darauf beharrte, auch in Zukunft weitere Aufgaben in der Kriegswirtschaft »in eigener Regie und Verantwortlichkeit« zu übernehmen, daher »eine unbegründete Diskreditierung unserer seitherigen Tätigkeit im Rahmen der Rüstungswirtschaft«. Eine Leistungssteigerung, so ihre Argumentation, ließe sich »ebensogut unter Wahrung unserer Selbständigkeit erreichen«.

Um die drohende »Patenschaft« abzuwenden, berief sich die Reutlinger Betriebsleitung gegenüber der zukünftigen »Patenfirma« Werner & Pfleiderer in den folgenden Wochen vor allem darauf, daß ihr keine schriftliche Anweisung aus Berlin vorliege und die lediglich mündlich angekündigte »Patenschaft« deshalb für sie nicht verbindlich sei. Bei Werner & Pfleiderer mahnte man daraufhin mehrfach beim Hauptausschuß Maschinen eine schriftliche Bestäti-

---

[394] Otto Fahr an Direktor von Bruderhaus, 5.1.1944 (Anlage). WABW, Bestand Fortuna, Ordner: BA/U-Z.

[395] Ebd.

[396] Die schriftliche Anordnung erfolgte erst im Dezember 1943. Leiter des Hauptausschusses Maschinen an Maschinenfabrik zum Bruderhaus, 16.12.1943. Ebd.

[397] Maschinenfabrik zum Bruderhaus an BfM, 20.11.1943. WABW, Bestand Fortuna, Ordner: BA/M. Dort auch die folgenden Zitate.

gung für die Übertragung der »Patenschaft« an, konnte aber Ende November noch »keine Fortschritte beim Bruderhaus« feststellen.[398] Erst im folgenden Monat ging der Reutlinger Maschinenfabrik ein entsprechendes Schreiben zu, in dem ihr offiziell die Einsetzung einer »Patenschaft« mitgeteilt wurde. In der Begründung Karl Langes, Leiter des Hauptausschusses Maschinen, hieß es, die »starke Einschränkung« der »Friedensfertigung durch Herstellungsverbote usw. und die mehrfachen nicht immer befriedigenden Bemühungen«, die »Betriebsanlagen zweckmäßig und vollständig auszunutzen«, sowie »andererseits die Notwendigkeit, wichtigste Fertigungen aus Luftschutzgründen zu verlegen,« hätten zu diesem Beschluß geführt.[399] Dabei hätten sich die maßgeblichen regionalen Stellen, der Beauftragte des württembergischen Reichsverteidigungskommissars, der Bezirksbeauftragte des Hauptausschusses Maschinen, Max Knorr, und die Rüstungsinspektion V, darauf verständigt, daß die Reutlinger Firma, was ihr Maschinenbauprogramm betraf, künftig ausschließlich Unteraufträge der Firmen Burkhardt & Weber und Werner & Pfleiderer ausführen sollte. Darüber hinaus seien sich Otto Fahr in seiner Eigenschaft als Rüstungsobmann und der Bezirksbeauftragte Max Knorr darin einig gewesen, so Karl Lange weiter, daß »die obengenannte Fertigung bei der Reutlinger Firma dann am schnellsten und reibungslosesten übernommen und durchgeführt werden« könnte, wenn die dazu »erforderliche enge Zusammenarbeit« zwischen ihr und den beiden anderen Unternehmen durch eine »Betreuung« in Form einer sogenannten »Patenschaft« sichergestellt würde. Zu diesem Zweck hatte Lange eine betriebstechnische Betreuung der Reutlinger Maschinenfabrik durch Werner & Pfleiderer angeordnet. Dies bedeutete, daß letztere dem Reutlinger Betrieb »mit ihren Erfahrungen, ihrem Rat und erforderlichenfalls vorübergehend auch mit Führungskräften und Fabrikationseinrichtungen zur Verfügung« stehen sollte. Die Entscheidungen über Art und Umfang der Produktion sollten in Zukunft jedoch nicht mehr in Reutlingen getroffen werden, sondern von Werner & Pfleiderer in Absprache mit Max Knorr.

Nun hoffte man bei Werner & Pfleiderer, daß die Verlagerung nach Reutlingen rasch vorankommen würde, zumal gerade Gespräche mit dem Oberkommando des Heeres über einen »äußerst dringenden« Auftrag zum Bau von 61 Pressen für die Munitionsherstellung geführt wurden.[400] Die Auftragsvergabe hatte das OKH aber von der Einschaltung zusätzlicher Fertigungsstätten abhängig gemacht, um so »die äußerst kurzfristigen Liefertermine« - mit der Auslieferung sollte bereits im März 1944 begonnen werden - überhaupt durchzusetzen. Eine derartige Fertigungsstätte sollte nach den Plänen Werner & Pfleiderers auch die Maschinenfabrik zum Bruderhaus werden. Verärgert beklagte Otto Fahr deshalb Anfang Januar 1944, daß es bislang trotz schriftlicher

398 Otto Fahr an Direktor der Maschinenfabrik zum Bruderhaus, 5.1.1944. WABW, Bestand Fortuna, Ordner: U-Z.

399 Leiter des Hauptausschusses Maschinen, Lange, an Maschinenfabrik zum Bruderhaus, 16.12.1943. Ebd. Dort auch alle folgenden Zitate.

400 Otto Fahr an den Direktor der Maschinenfabrik zum Bruderhaus, 5.1.1944. Ebd. Dort auch alle folgenden Zitate.

Weisung Karl Langes nicht gelungen war, die »Aufnahme der WP-Fertigung beim Bruderhaus (...) in dem durch die Zeitverhältnisse bedingten und nach der Belegung des Bruderhauses möglichen Umfang« durchzusetzen. Dabei empörte ihn besonders, daß der Reutlinger Direktor bei der Rüstungsinspektion versucht habe, »gegen die Verlagerung der WP-Fertigung zum Bruderhaus« vorzugehen, und dabei angeblich vorgebracht habe, »daß Herr Dr. Fahr seine Stellung als Rüstungsobmann in der ganzen Sache Bruderhaus benützt und dazu mißbraucht habe, daß WP letzten Endes die Maschinenfabrik zum Bruderhaus aufkaufen könne, wie es im Sommer 1941 zu einem ganz indiskutablen Preis schon beabsichtigt gewesen sei«. Diese Behauptungen wies Fahr in einem Schreiben an den Direktor der Reutlinger Maschinenfabrik als »völlig unzutreffend« zurück. Es gehe seinem Betrieb lediglich darum, das »Äußerste für die Rüstungsproduktion zu tun« und um Klarheit darüber, »ob die Verlagerung der WP-Fertigung zum Bruderhaus nunmehr Zug um Zug zustande kommt oder nicht«. Fahrs Aufforderung, die »Verlegung der WP-Fertigung zum Bruderhaus im Sinne der Weisungen des H.A. Maschinen nunmehr (zu) akzeptieren«, war sein letzter Versuch, in direkten Gesprächen mit der Firmenleitung in Reutlingen zu einer Einigung zu gelangen. Sollte er ergebnislos bleiben, kündigte Otto Fahr an, den Hauptausschuß Maschinen darüber zu informieren, »daß die von diesem angeordnete Zusammenarbeit unserer beiden Firmen nicht zustande« komme.

Daß es zwischen beiden Betrieben zu Schwierigkeiten kommen würde, hatte wohl auch Karl Lange geahnt. Wohlweislich hatte er deshalb seinen an beide Firmen gerichteten Appell, »mit Rücksicht auf die gemeinsame Aufgabe persönliche Empfindungen und Firmeninteressen in den Hintergrund treten (zu) lassen«, einerseits mit der Aufforderung an die Adresse Reutlingens verbunden, zu einer vertrauensvollen Zusammenarbeit mit der »Patenfirma« zu finden, und andererseits Werner & Pfleiderer dazu aufgerufen, »die Betreuung nicht in Form einer Bevormundung, sondern mit dem Ziel einer kameradschaftlichen Zusammenarbeit« durchzuführen.[401] Doch auch die Verpflichtung beider Betriebe auf »die gemeinsame Aufgabe«[402] konnte die divergierenden Unternehmensinteressen der beiden Firmen nicht beseitigen. Ging es Werner & Pfleiderer in erster Linie darum, so schnell wie möglich Teile ihrer kriegswichtigen Produktion in das weniger luftkriegsgefährdete Reutlingen zu verlagern, wehrte man sich bei der Maschinenfabrik zum Bruderhaus nach Kräften gegen die drohende betriebstechnische Betreuung durch die andere Firma. Während man in Reutlingen aufgrund der erheblichen Verzögerung im Eintreffen der schriftlichen Weisung Karl Langes wieder Hoffnung schöpfte, bedeuteten diese Wochen für Otto Fahr den Verlust »wertvollste(r) Zeit«[403]. Erschwerend kam für die Maschinenfabrik zum Bruderhaus hinzu, daß ihr Direktor zur fraglichen

[401] Karl Lange an Maschinenfabrik zum Bruderhaus, 16.12.1943. Ebd.
[402] Ebd.
[403] Otto Fahr an Direktor von Bruderhaus, 5.1.1944 (Anlage). WABW, Bestand Fortuna, Ordner BA/U-Z.

Zeit eingezogen war und nur indirekt in die laufenden Verhandlungen eingreifen konnte. Es muß offen bleiben, ob diese Personalsituation die Entscheidung zugunsten der Einsetzung einer »Patenschaft« mit beeinflußt haben könnte. Daß jedoch ausgerechnet Werner & Pfleiderer mit der »Patenschaft« über den Reutlinger Betrieb beauftragt wurde, könnte an den verwandschaftlichen Beziehungen zwischen beiden Firmen und am Vorsitz Richard Werners im Stiftungsrat von Bruderhaus gelegen haben. Belegen läßt sich dies allerdings nicht.

### *»Rückholung ZL«*

Als eine vorbeugende Maßnahme »zur Vermeidung von Störungen in der Rüstungsfertigung«[404] begann die Firma Fortuna Anfang September 1944 mit der »Rückholung«[405] - sprich Verlagerung ins militärisch sichere Reichsgebiet - ihres an der Westfront stark exponierten Zweigwerkes in Losheim. In einem Fernschreiben wies Max Knorr Ende August 1944 Generalkommissar Kessler in Schweinfurt (»Kessler«- bzw. »Kugellagerschnellaktion«) auf die angesichts der sich rapide verschlechternden Frontlage im Westen ungünstige Lage Losheims hin. Häufige Alarme und Angriffe auf die Verkehrsanlagen sowie die Meldung aus Losheim, daß die Bevölkerung des dortigen Gaues zum Ausbau des Westwalles aufgerufen worden sei, veranlaßten ihn, Kessler die vorsorgliche Verlagerung des Fortuna-Zweigwerkes ins »Landesinnere« vorzuschlagen.[406] Daß diesem an einem störungsfreien Weiterlaufen der Produktion gelegen sein mußte, ergab sich für Knorr aus der besonders kriegswichtigen Produktion des Betriebes in Losheim, der nach seiner Darstellung mehr als die Hälfte aller in Deutschland hergestellten Schleifspindeln fertigte und zu diesem Zeitpunkt vornehmlich Spindeln im Rahmen der »Kugellagerschnellaktion« für Sonderschleifmaschinen der Wälzlagerindustrie herstellte. Da die Rüstungsinspektion jedoch erst nach Vorlage einer offiziellen Aufforderung zur »Rückführung« befugt war, Räumlichkeiten für die verlagerte Fertigung zuzuweisen, bat Max Knorr um Stellungnahme zu seiner Überlegung.

Generalkommissar Kessler reagierte prompt. Nur einen Tag später ordnete er die sofortige Räumung an: »Die Fertigung ist nach dem Inneren sicher zu verlegen.«[407] Drei Tage später, am 4. September 1944, überbrachte auch der zuständige Wehrkreisbeauftragte (WKB) aus Koblenz einen Mobbefehl, wonach »die dringlichsten, nicht ersetzbaren Fertigungseinrichtungen aus dem hiesigen Gebiet abzuziehen und sicher zu verlagern« waren.[408] Während man bei Fortuna außerdem darauf bestand, die gesamte Belegschaft an den neuen

---

[404] Erlaß über die Verlegung kriegswichtiger Betriebe und Betriebsteile (Verlegungsgrundsätze) vom 26. August 1943, in: Deutscher Reichsanzeiger und Preußischer Staatsanzeiger, Nr. 203, 1.9.1943.

[405] »Rückholung ZL« ist die Aufschrift auf einem Ordner, in welchem die Firma die Unterlagen zu diesem Vorgang abgeheftet hat.

[406] Max Knorr an Generalkommissar Kessler, 30.8.1944. WABW, Bestand Fortuna, Ordner: Rückholung ZL und ZM.

[407] Generalkommissar Kessler an Max Knorr, 1.9.1944. Ebd.

[408] Rückholung ZL - Bericht über Besprechung mit WKB und Arbeitsamt, 4.9.1944. Ebd.

Standort mitzunehmen, hatten der WKB und das Arbeitsamt die Anweisung, nur einem Abzug der seinerzeit aus Bad Cannstatt »umgesetzten« Arbeitskräfte zuzustimmen und die übrige Belegschaft anderen Betrieben in der Gegend zuzuteilen. Für diesen Fall sah der mit der »Rückholung« beauftragte Fortuna-Betriebsleiter jedoch große Störungen in der Spindelfertigung voraus und prognostizierte einen Produktionsrückgang von 60 bis 70 Prozent. Er verwies auf die Kriegswichtigkeit dieser Produktion, die hauptsächlich der »Kugellagerschnellaktion« und dem »Jägerstabprogramm« zugute komme, und betonte, daß bei der »Rückholung« des Zweigwerkes privatwirtschaftliche Interessen keine Rolle spielten: »Wir haben uns bei der Aufnahme der Verbindung mit dem Generalkommissar nur von dem Gedanken leiten lassen, daß es notwendig ist, eine solche wichtige Fertigung für die Kugellagerindustrie nicht in die Hände des Feindes fallen zu lassen, sondern sie gegenüber seither sogar noch in verstärktem Ausmaß den Rüstungsbetrieben zur Verfügung zu halten«.[409] Nicht betriebsegoistische Erwägungen hätten Max Knorr demnach zu seinem Vorstoß bei Kessler motiviert, sondern lediglich die Sorge um die Aufrechterhaltung der deutschen Rüstungsproduktion. Gleichwohl liegt es auf der Hand, daß kein Unternehmer dem drohenden Verlust eines Zweigwerkes tatenlos zusehen konnte. Dieses Motiv ließ sich aber geschickt unter dem Mantel der Kriegsnotwendigkeiten verstecken.

Die Drohung des Betriebsleiters hatte Erfolg. Eine mit den Vertretern des WKB und des Arbeitsamtes wenig später erneut anberaumte Unterredung brachte das für die Fortuna-Werke erfreuliche Ergebnis, daß nunmehr neben den eigenen, nach Losheim dienstverpflichteten Arbeitskräften auch alle ausländischen Kräfte an den neuen Standort mitgenommen werden durften. Auch die Ortskräfte, denen »im äußersten Fall, falls sie nicht freiwillig abziehen möchten, eine Dienstverpflichtung zugemutet werden« konnte, sollten ihrem Arbeitgeber folgen. Alle unter 18jährigen Arbeitskräfte, ältere Mitarbeiter und solche, denen eine Versetzung aus gesundheitlichen oder familiären Gründen nicht zugemutet werden konnte, sollten jedoch nach wie vor in Losheim bleiben. Für diese stellte das Trierer Arbeitsamt der Firma Fortuna Ersatzkräfte - »Ostarbeiter« und »Ostarbeiterinnen« - in Aussicht.[410]

Nachdem dies geklärt war, räumte die Firma Fortuna ihr Zweigwerk binnen eines Monats. Am 3. Oktober 1944 meldete der Losheimer »Betriebsführer« der zuständigen Rüstungsinspektion XIIb in einem mit dem Zusatz »geheim« versehenen Bericht den Räumungsvollzug. Sämtliche Maschinen und Werkzeuge, aber auch Vorrichtungen, Lehren und Fertigfabrikate waren nach Markgröningen, dem neuen Produktionsstandort, transportiert worden.[411] Der Abtransport sei wegen der unmittelbaren Frontnähe »hektisch« verlaufen, erinnerte sich der ehemalige Losheimer Betriebsleiter 1946. Die letzte »LKW-Fuh-

---

409 Ebd.

410 Schreiben der Betriebsleiter der Firma Fortuna und des Zweigwerkes betr. Verlagerung des ZL in das Landesinnere, 7.9.1944. WABW, Bestand Fortuna, Karton: Losheim I.

411 »Betriebsführer« des Zweigwerkes an Rüstungsinspektion XIIb, Saarbrücken, 3.10.1944. WABW, Bestand Fortuna, Ordner: Rückholung ZL und ZM.

re« sei deshalb unterblieben, und mehrere Maschinen hätte man in Losheim zurücklassen müssen.[412] Von den insgesamt 188 Arbeitskräften (ohne Lehrlinge) wurden 113 an den neuen Standort - zunächst Donzdorf, dann Markgröningen - überführt. Bei 57 Kräften hatte das Arbeitsamt einer »Umsetzung« nicht zugestimmt, 14 Luxemburger und vier Russinnen waren angeblich geflohen.[413] Auch die 33 Mechaniker-Lehrlinge, die bis zur Festlegung des endgültigen Verlagerungsortes beurlaubt worden waren, verblieben zunächst in Losheim. Mitte Januar 1945 versuchten Theodor Lilienfein und der Fortuna-Ausbildungsleiter »die Eltern dazu veranlassen, die Lehrlinge zur Fortsetzung der Lehre nunmehr zu uns [ins Stammwerk nach Bad Cannstatt] in Marsch zu setzen«. Dazu konnten sich jedoch »die Eltern leider nicht entschließen«.[414] Daraufhin beantragte der Losheimer »Betriebsführer« im März 1945 bei der Gauwirtschaftskammer Stuttgart die Annullierung der Lehrverträge mit Wirkung von Ende Januar 1945.[415]

Gemäß dem Erlaß »über die Verlegung kriegswichtiger Betriebe und Betriebsteile« vom 26. August 1943 erhielten die Fortuna-Werke im Januar 1945 einen offiziellen »Verlegungsbescheid« vom Hauptausschuß Maschinen, der in diesem Fall »Bedarfsträger« und der »für die betreffende Fertigung federführende Auftragsgeber« war.[416] Erst nach der erfolgten Räumung und der abgeschlossenen Suche nach geeigneten Auffangkapazitäten beauftragte das Wirtschaftlenkungsorgan das Unternehmen also mit der Verlegung seiner »Fertigung von Sonderschleifmaschinen und Schleifeinrichtungen«, welche »ab sofort in die Räume der Fa. Seidenstoffweberei Markgröningen GmbH zu verlegen« war.[417] Es dürfte trotzdem keinen Zweifel darüber geben, daß die ganze Aktion zur »Rückholung« des Fortuna-Zweigwerkes in enger Abstimmung mit den Verantwortlichen beim Hauptausschuß vonstatten gegangen war. Die Initiative jedoch hatte offenbar das Unternehmen selbst ergriffen.

Wie weit die Vorbereitungen bereits gediehen waren, bevor der offizielle Verlegungsbescheid des Hauptaussschusses Maschinen ausgestellt wurde, zeigen die nachfolgenden Verhandlungen. Bereits Ende Oktober 1944 hatte das im Ministerium Speer angesiedelte Rüstungsamt eine »Sperre« der Räume der Seidenstoffweberei »gegen eine anderweitige Inanspruchnahme« zugunsten der Firma Fortuna angeordnet.[418] Mitte November war das Unternehmen von der zuständigen Rüstungsinspektion V darüber informiert worden, daß bis zum 23. Dezember bei der Markgröninger Firma eine Fläche von 1600 Quadratmetern für sie »gesperrt« worden sei. Umgehend müsse deshalb dem »Bedarfsträger«

---

[412] Erklärung des - ehemaligen - Losheimer Betriebsleiters, 28.11.1946. WABW, Bestand Fortuna, Karton: Losheim I.

[413] Ebd.

[414] Losheimer »Betriebsführer« an Gauwirtschaftskammer Stuttgart, 5.3.1945. WABW, Bestand Fortuna, 2. Ordner: Schriftverkehr Zweigwerk Losheim.

[415] Ebd.

[416] wie Anm. 404.

[417] Verlegungsbescheid des Hauptausschusses Maschinen an Firma Fortuna, 26.1.1945. WABW, Bestand Fortuna, 2. Ordner: Schriftverkehr Zweigwerk Losheim..

[418] Hauptausschuß Maschinen an Rüstungsamt des RMfRuK, 2.11.1944. Ebd.

eine Aufstellung darüber vorgelegt werden, welche Maßnahmen für »das Herrichten des Aufnahmeobjektes« ergriffen werden müßten. Erst dann könne vom Rüstungsamt »die Sicherstellung des Aufnahmeobjektes ausgesprochen« werden, und dies sei wiederum die Voraussetzung für den vom »Bedarfsträger« zu erteilenden »Verlegungsbescheid«.[419] Die Rüstungsinspektion war jedoch offensichtlich nicht darüber informiert, daß der »Bedarfsträger«, der Hauptausschuß Maschinen, dem Rüstungsamt bereits Anfang des Monats die erforderlichen Angaben vorgelegt hatte: Die Ausführung der notwendigen baulichen Veränderungen - so die Errichtung einer vorhandenen Kranbahn außerhalb des Gebäudes und der Einzug einer Trennwand - seien »gesichert« und die erforderlichen »maschinellen Anlagen« vorhanden, hatte es in dem Schreiben an das Rüstungsamt geheißen. Außerdem sei die Unterbringung der deutschen Gefolgschaftsmitglieder in Privatquartieren ebenso gewährleistet wie ihre Verpflegung durch die Übernahme eines stillgelegten Gasthofes.[420] Für die 70 bis 80 Ausländer sei die Zuweisung einer Baracke beim Wehrkreisbeauftragten (WKB) beantragt worden. Damit waren nach Darstellung des Hauptausschusses Maschinen »alle Voraussetzungen für die Durchführung der Verlegung« erfüllt, und es hatte das Rüstungsamt aufgefordert, den Aufnahmebetrieb »sicherzustellen« und der Verlegung seine endültige Zustimmung zu erteilen.[421]

Durch die insgesamt einen Monat dauernde Räumungsaktion kam die Spindelproduktion zwar nicht ganz zum Erliegen, der Umsatz lag mit 68 400 RM im September und mit 48 500 RM im Oktober 1944 jedoch weit unter den in den Monaten zuvor erreichten Werten. Doch bereits im November hatte man an dem neuen Produktionsstandort in Markgröningen Fuß gefaßt und einen Umsatz von über 150 000 RM erwirtschaftet. Dieser Wert wurde im folgenden Monat sogar noch um 25 000 RM übertroffen.[422] Da ein Teil der Losheim-Produktion jedoch nicht in Markgröningen, sondern in beschlagnahmten Räumen einer Donzdorfer Baumwollspinnerei untergebracht worden war,[423] kann der Anteil von Markgröningen am Umsatz nicht genau beziffert werden. In der Jubiläumsschrift des Unternehmens heißt es sogar, daß die Produktion in Markgröningen erst im Februar 1945 richtig angelaufen sei und sich »produktionsmäßig« nicht mehr ausgewirkt habe.[424]

In den beschlagnahmten Räumen der Markgröninger Seidenstoffspinnerei waren im Februar 1945 132 Arbeitskräfte für die Fortuna-Spindelproduktion im Einsatz: 41 männliche und 40 weibliche Deutsche, 34 »Zivilausländer«, fünf »Zivilausländerinnen« sowie 12 »Ostarbeiterinnen«. Obwohl die Unterbrin-

---

[419] Rüstungsinspektion V, Esslingen, an Firma Fortuna, 14.11.1944. Ebd.
[420] Max Knorr an Hauptausschuß Maschinen, 28.10.1944. Ebd.
[421] Hauptausschuß Maschinen an Rüstungsamt des RMfRuK, 2.11.1944. Ebd.
[422] Umsatz des Zweigwerkes Losheim/Donzdorf-Markgröningen. Ebd.
[423] Aus den Unterlagen geht zwar nicht ganz eindeutig hervor, was nun wo gefertigt wurde. Es ist aber anzunehmen, daß die Spindelproduktion hauptsächlich in Markgröningen und die Herstellung der Aufspannböcke in Donzdorf weitergeführt wurde. Vgl. Zusatzblatt zu Umsatz des Zweigwerkes Losheim/Donzdorf-Markgröningen, o.D. Ebd; Besuchsbericht des Markgröninger »Betriebsführers«, 13.11.1944. WABW, Bestand Fortuna, Karton: Losheim I.
[424] Fortuna 1903-1953, S. 128.

gung der Belegschaft vom Hauptausschuß Maschinen Anfang November als gesichert dargestellt worden war, bereitete diese doch Schwierigkeiten. Denn trotz Privatquartieren (57 Betten), einer Baracke (36 Betten), drei Räumen im Gasthof »Adler« (18 Betten) und dem günstigen Umstand, daß sieben Beschäftigte aus dem Ort stammten, fehlten 14 Betten. Da zudem täglich mit der Zuweisung von 25 angeforderten Arbeitskräften gerechnet wurde, waren Schlafmöglichkeiten für insgesamt 39 Beschäftigte zu besorgen. In seinem Antrag auf zusätzliche »Räume-Zuweisung«, den der Markgröninger - und vorige Losheimer - »Betriebsführer« beim Landratsamt Ludwigsburg im Februar 1944 stellte, schlug er ein Nebenzimmer im Gasthof »Bären« und einen Wirtschaftsraum im »Adler« als geeignete Objekte vor. Diese dienten augenblicklich einem Ludwigsburger Kaufhaus als Warenlager und würden von der Basler Lebensversicherungsgesellschaft genutzt - eine für den »Betriebsführer« angesichts der auch dem Landratsamt bekannten »Dringlichkeit« der Fortuna-Spindelfertigung krasse Fehlbelegung.[425]

Anfang April 1945 wurde auch das Zweigwerk in Markgröningen angesichts massiver »Feindannäherung« geräumt.[426] Kurz darauf sei der Ort von »den Franzosen überrannt« worden, hieß es in einem internen Bericht.[427] Es war jedoch noch Zeit geblieben, um die vom NS-Regime geforderten Maßnahmen zu ergreifen. So hatte man fast alle Maschinen »gelähmt«, also betriebsunfähig gemacht. Der Großteil der fertigen Spindeln war in den Fortuna-Verlagerungsbetrieb nach Donzdorf in Sicherheit gebracht worden, den Rest hatte man in Kisten verpackt und in verschiedenen Häusern in Markgröningen versteckt. Ebenfalls in Kisten verpackte Werkzeuge waren in den Heizkanälen versenkt worden. Um die versteckten Maschinen und Werkzeuge wiederzufinden, hatte der Markgröninger »Betriebsführer« eine genaue Aufstellung darüber angefertigt, was wo versteckt worden war.[428] Was in dieser Situation mit den ausländischen Arbeitskräften zu geschehen hatte, war dem »Betriebsführer« zunächst offensichtlich unklar. Die Empfehlung des Arbeitsamtes, diese ins Stammwerk nach Bad Cannstatt zu schicken, hatte er verworfen, da für die dortige Fertigung keine zusätzlichen »Ausländer« mehr benötigt würden und man außerdem keine Unterbringungsmöglichkeiten anbieten konnte. Anschließend sei von der Kreisleitung der NSDAP die Anordnung herausgekommen, daß ausländische Arbeitskräfte vom Volkssturm überwacht würden und ihre Quartiere nicht verlassen dürften, berichtete der Markgröninger »Betriebsführer« weiter. Vermutlich war dies das Schicksal auch der im Fortuna-Zweigwerk in Markgröningen eingesetzten »Fremdarbeiter«.

---

[425] Markgröninger »Betriebsführer« an Landratsamt Ludwigsburg, 24.2.1945. WABW, Bestand Fortuna, Karton: Losheim II.

[426] Bericht des Markgröninger »Betriebsführers«, 9.4.1945. WABW, Bestand Fortuna, Ordner: Rückholung ZL und ZM.

[427] Angaben zu ZL, o.D. Ebd.

[428] Dazu und zum Folgenden: Bericht des Markgröninger »Betriebsführers«, 9.4.1945. WABW, Bestand Fortuna, Ordner: Rückholung ZL und ZM.

Die Betriebsstätte in Markgröningen beschäftigte die Firmenleitung der Fortuna-Werke noch nach Kriegsende. Obwohl das Unternehmen bis Mitte März 1946 die von ihm aufgestellten Werkzeugmaschinen und sonstigen Einrichtungsgegenstände aus dem Maschinensaal der Markgröninger Seidenstoffspinnerei hatte abbauen und abtransportieren lassen, kam es anschließend zu Auseinandersetzungen zwischen beiden Betrieben. Der Streit entzündete sich insbesondere an der von der Markgröninger Firma erhobenen Forderung, die Fortuna-Werke hätten nach der »Rückverlagerung die Seidenstoffspinnerei wieder in ihren alten Zustand zu bringen«.[429] Damit war offenbar insbesondere die ordnungsgemäße Aufstellung der 1944 abgebauten und zwischengelagerten Textilmaschinen gemeint. Um dieser Forderung den nötigen Nachdruck zu verleihen, störe dieser Betrieb nun den Abtransport von den Fortuna-Werken gehörendem Material wie Holz oder Bretter, hieß es empört in einem internen Bericht vom März 1946.[430] Zur Rechtfertigung des damaligen Vorgehens erklärten im Jahr 1946 zwei ehemals leitende Fortuna-Angestellte, daß es im September 1944 darauf angekommen sei, unverzüglich mit dem Abbau der Textilmaschinen zu beginnen, »damit die anrollende Einrichtung aus Losheim gleich in der Seidenstoffweberei untergebracht werden« konnte. Die abmontierten Webstühle und Zubehörteile habe man zunächst im Bad Cannstatter Stammwerk, später bei der Firma Salamander in Kornwestheim untergestellt. Allerdings habe die Firma Fortuna dem Markgröninger Betrieb wie auch den beiden anderen Verlagerungsbetrieben in Donzdorf und Uhingen damals zugesichert, »Fachkräfte sowohl für den Abbau, als auch für die Wiedereinrichtung zur Verfügung zu stellen«, erklärten sie weiter. Für die »Wiedereinrichtung Markgröningen« bestehe daher für die Firma Fortuna in der Tat »eine gewisse Verpflichtung«. Für darüber hinausgehende Forderungen bestehe aber keinerlei Grundlage.[431]

### *Verlagerungen bei »bereits eingetretenem Kriegssachschaden«*[432]

Das Stammwerk der Firma Fortuna in Bad Cannstatt war durch alliierte Luftangriffe auf Stuttgart im Februar 1944 schwer beschädigt worden. In der Nacht zum 21. Februar brannten der vierstöckige sogenannte Alte Bau, in dem sich der Meßgeräte- und Spezialmaschinenbau sowie die Lehrlingsabteilung befunden hatten, und das Verwaltungsgebäude vollständig nieder. Zum Teil fielen auch Modellschreinerei und Kantine den Flammen zum Opfer, und der Werkstättenbau wurde zu über 50 Prozent zerstört. Bei dem nur wenige Tage später erfolgenden zweiten schweren Angriff wurde der vollbesetzte »Luftschutztunnel« getroffen, wobei sieben Menschen starben. Gebäude- und Sachschäden entstanden nun vor allem an der Montage- und Maschinenhalle.[433]

[429] Bericht über die Rückverlagerung Markgröningen, Stand 25.3.1946. WABW, Bestand Fortuna, 2. Ordner: Schriftverkehr Zweigwerk Losheim.

[430] Ebd.

[431] Schreiben des ehemaligen Fortuna-Betriebsleiters und des ehemaligen Markgröninger »Betriebsführers«, 2.4.1946. WABW, Bestand Fortuna, 1. Ordner: Schriftverkehr Zweigwerk Losheim.

[432] wie Anm. 404.

[433] Fortuna 1903-1953, S. 126f.

Die rüstungswichtige Fortuna-Produktion konnte jedoch durch mehrere Verlagerungen in Gang gehalten werden. So hatte man als erstes im Spätsommer 1943 einen »Teil des technischen Betriebs« vorsorglich in Räume der Spinnweberei Walter Otto nach Uhingen bei Göppingen verlagert, um dort die Herstellung des Fortuna-Traditionsproduktes, der Schleifmaschinen, zumindest zum Teil sicherzustellen.[434] Weitere Verlagerungen folgten. So wurde die Spindel- und Aufspannbockproduktion - wie gesehen - in Markgröningen und Donzdorf und der Meßgerätebau ebenfalls in Donzdorf fortgesetzt.[435] Damit wurden ab 1943/44 die umsatzstärksten und für das Unternehmen wichtigsten Produkte außerhalb des eigentlichen Werkes hergestellt. War die Produktion dieser Erzeugnisse durch Verlagerung sichergestellt, mußte das Unternehmen nach den verheerenden Luftangriffen vom Februar 1944 auch Abteilungen evakuieren, die nicht direkt in die Produktion eingebunden waren. Die Modellschreinerei und das Technische Büro wurden in die Nürtinger Maschinenfabrik Heller bzw. in die der Firma Heller zur Verfügung gestellten Räume der Nürtinger Strickwarenfabrik Jenisch verlegt. Für die Verkaufsabteilung fanden sich Räume zunächst in einem Stuttgarter Höhenrestaurant, nach dessen Ausbombung im Oktober 1944 bei der Schuhfabrik Kleinheinz in Mögglingen. Den Einkauf brachte man in der Stuttgarter Firma Fromm, später bei der Firma Werner & Pfleiderer unter.[436]

Nachdem die Produktionsanlagen für den Meßgerätebau im Februar 1944 ebenfalls zerstört worden waren, nutzten Max Knorr und Theodor Lilienfein diesen Produktionsausfall, um gegenüber dem Wehrkreisbeauftragten die Notwendigkeit einer vollständigen Nutzung der Kapazitäten der Uhinger Spinnweberei durch ihren Betrieb zu begründen. Die Meßgerätefertigung sollte, so ihre Vorstellung, in Räumen der Spinnweberei wieder aufgenommen werden, die zu diesem Zeitpunkt von der Uhinger Firma Allgaier belegt waren. Offensichtlich hatte es Bestrebungen der NS-Wirtschaftslenkungsorgane gegeben, »im Zuge der Typisierung und Zusammenlegung der Fabrikation« die Fortuna-Meßgerätefertigung nach der Zerstörung ihrer Produktionsanlagen ganz einzustellen. Um dies zu verhindern, hatte sich das Unternehmen bereit erklärt, beschädigte VKF-Maschinen zu reparieren.[437] Die forcierte Suche nach einem Ausweichstandort ist wohl ebenfalls in diesem Kontext zu sehen. Nach Gesprächen mit zwei Mitarbeitern der Abteilungen »Arbeitseinsatz« und »Fertigung« im Stab des Wehrkreisbeauftragten waren auch diese davon überzeugt, daß die »vollständige Belegung des Zweigwerkes Otto und die Angliederung des Meßgerätebaus an die ohnehin dort liegende Fertigung das einzig richtige wäre«.[438] Obwohl ihrer Darstellung zufolge dem WKB die in den von der

---

[434] Ebd., S. 126.
[435] Ebd.
[436] Ebd., S. 126ff.
[437] Theodor Lilienfein an R. Leuze, 24.4.1944. WABW, Bestand Fortuna, Karton: Losheim II, Mappe »Leuze«.
[438] Aktennotiz von Theodor Lilienfein, 22.3.1944. Ebd.

Firma Allgaier belegten Räumen durchgeführte Schulung von »Ostarbeitern« »sehr am Herzen« lag, erklärten sich seine Mitarbeiter dennoch bereit, nach anderen Räumen für die Firma Allgaier zu suchen.[439] Weichen mußte dann aber nicht die Firma Allgaier, sondern die Eigentümerin der begehrten Räume, die Firma Otto. Im März 1944 war ihre Stillegung beschlossene Sache,[440] der bislang noch von ihr selbst genutzte Raum sollte künftig den Fortuna-Werken zur Verfügung gestellt werden.[441] Diese verlagerte ihre Meßgerätefertigung aber nicht wie ursprünglich geplant nach Uhingen, sondern in die Baumwollspinnerei der Firma C.A. Leuze nach Donzdorf. Mit Erleichterung vermeldete Max Knorr bei einer Aufsichtsratssitzung im Mai 1944, daß die Weiterfabrikation des Meßgerätes durch die Verlagerung nach Donzdorf nunmehr gesichert und in die »Schnellstufe für Wälzlager« eingereiht worden sei.[442] Weshalb das Unternehmen diese Fertigung nicht nach Uhingen verlagerte, geht aus den Unterlagen nicht hervor.

Der von der Donzdorfer Firma Leuze daraufhin vorgelegte Mietvertrag, der für 651 Quadratmeter Nutzungsfläche eine Monatsmiete von 855 RM vorsah, wurde von der Fortuna-Firmenleitung als überteuert zurückgewiesen. Bereits aus dem dem Vertragsentwurf beigefügten Anschreiben, das mit dem Satz, »wenn Sie je mit dem Vertrag einverstanden sein könnten, bitten wir um Ihre Unterschrift«, endete, entnahm man bei Fortuna, daß auf seiten des Donzdorfer Betriebes fest mit einer Ablehnung gerechnet wurde.[443] Die Verzögerungstaktik der Firma Leuze blieb aber letztlich erfolglos. In den Erdgeschoßräumen ihrer Donzdorfer Spinnerei wurden im Sommer 1944 der Meßgerätebau und die Werkzeugmacherei von der Firma Fortuna untergebracht.[444]

Neben den Räumen in der Markgröninger Seidenspinnerei hatte die Rüstungsinspektion der Firma Fortuna zur Weiterführung ihrer in Losheim aufgegebenen Spindelproduktion auch Fertigungsfläche in der Donzdorfer Leuze-Spinnerei zugewiesen. In Donzdorf wollte man außerdem die ehemalige Losheimer Lehrwerkstatt neu aufziehen. Die von Fortuna für die Einrichtung der Lehrwerkstatt anvisierten Räume im Donzdorfer Gasthof »Agster« waren aber schon vom Stuttgarter Milchhof belegt worden. Obwohl dieses Unternehmen ursprünglich beim Landratsamt angegeben hatte, in den Räumen produzieren zu wollen und die Räume daraufhin von der Rüstungsinspektion zugewiesen bekommen hatte, habe man nun erfahren, daß die Firma Milchhof in dem Raum 20 »Ostarbeiter« und Verpackungsmaterial für Käse unterzubringen gedenke, schrieb der Markgröninger »Betriebsführer« in einem internen Bericht im No-

---

[439] Ebd.

[440] Notiz über ein Telefongespräch Max Knorrs mit einem Mitarbeiter der Rüsungsinspektion V, 29.3.1944. WABW, Bestand Fortuna, Karton: Losheim II, Mappe »Leuze«..

[441] Niederschrift über Aufsichtsratssitzung, 2.5.1944. WABW, Bestand Fortuna, Karton: Vorstandsangelegenheiten.

[442] Ebd.

[443] Theodor Lilienfein an R. Leuze, 24.4.1944. WABW, Bestand Fortuna, Karton: Losheim II, Mappe »Leuze«; Vertragsentwurf und Anschreiben, 3.5.1944. Ebd.

[444] Fortuna 1903-1953, S. 128.

vember 1944. Da die Firma Milchhof also »mit nicht ganz lauteren Mitteln gekämpft« habe, sollte seiner Ansicht nach die zuständige Rüstungsinspektion über den Vorgang informieren werden.[445] Einen Tag später bat Theodor Lilienfein den Göppinger Landrat, seinen Einfluß geltend zu machen und für die Firma Milchhof andere Räumlichkeiten zu finden.[446] Die Firma Fortuna war an den Räumen deswegen so interessiert, weil es zweckmäßig war, eine Lehrwerkstatt möglichst nahe an den Fabrikationsräumen unterzubringen, und die Fertigung der Aufspannböcke, in welche die Lehrlinge in Losheim überwiegend eingebunden waren, nunmehr in Donzdorf »so schnell wie möglich wieder in Fahrt kommen« sollte.[447] Zwar schreckte der ehemalige Losheimer - und nun Markgröninger - »Betriebsführer« im Kampf um die raren Verlagerungsobjekte selbst vor der Anschwärzung eines anderen Unternehmens nicht zurück, die Bemühungen Fortunas, im Gasthof »Agster« Räume für ihre Lehrwerkstatt freizubekommen, schlugen aber trotzdem fehl. Gespräche mit dem Göppinger Landrat und dem Donzdorfer Bürgermeister verliefen ergebnislos. Vor allem das in einem nicht von der Firma Milchhof belegten Teil des Gasthofes untergebrachte Kriegsgefangenenlager (22 französische Kriegsgefangene, die in der Landwirtschaft eingesetzt waren) konnte nach Meinung des Bürgermeisters in Donzdorf nicht verlegt werden.[448] Nachdem jedoch die Eltern der Lehrlinge nicht bereit waren, ihre Söhne nach Stuttgart bzw. Donzdorf zur Fortsetzung ihrer Lehre zu schicken, hatte sich das Problem gewissermaßen von selbst gelöst.[449]

Ab Herbst 1944 produzierte die Firma Fortuna also an vier verschiedenen Standorten. Außer im Stammwerk in Bad Cannstatt wurden ihre Erzeugnisse in Markgröningen (Spindeln und Aufspannböcke), Uhingen (Schleifmaschinen) und Donzdorf (Spindeln, Aufspannböcke und Meßgeräte) gefertigt. Zwar liegen die drei Orte vor den Toren Stuttgarts, die Entfernungen zwischen Stammwerk und Verlagerungsbetrieben waren also nicht allzu groß, dennoch bedurfte es großer organisatorischer und logistischer Anstrengung, um die Produktion unter diesen Bedingungen in vollem Umfang aufrechtzuerhalten. Auf einen Teil ihrer Erzeugnisse zu verzichten, kam für das Unternehmen, wie das Beispiel der Meßgerätefertigung gezeigt hat, jedoch nicht in Frage. Die Betriebe, welche die Fortuna-Fertigung aufnehmen mußten, waren ausnahmslos Spinnereien - Unternehmen also, deren Produktion als nicht kriegswichtig erachtet wurde.

---

[445] Besuchsbericht des Markgröninger »Betriebsführers«, 13.11.1944. WABW, Bestand Fortuna, Karton: Losheim I.

[446] Theodor Lilienfein an Göppinger Landrat, 14.11.1944. WABW, Bestand Fortuna, Karton: Losheim II.

[447] Besuchsbericht des Markgröninger »Betriebsführers«, 13.11.1944. WABW, Bestand Fortuna, Karton: Losheim I.

[448] Schreiben des Zweigwerkes Spindelbau, Donzdorf, 22.11.1944; Bericht des Markgröninger »Betriebsführers« über Besprechungen mit Bürgermeister und dem Leiter vom Milchhof, 15.12.1944. WABW, Bestand Fortuna, Karton: Losheim II.

[449] Losheimer bzw. Markgröninger »Betriebsführer« an Gauwirtschaftskammer Stuttgart, 5.3.1945. WABW, Bestand Fortuna, 2. Ordner: Schriftverkehr Zweigwerk Losheim.

Am Ende dieses Kapitels - so ein vorläufiges Resümee - drängt sich der Eindruck auf, daß die Kriegswirtschaft ein ständiges Provisorium war. Der aufwendige Planungs- und Entscheidungsapparat, den das NS-Regime eingerichtet hatte, war offensichtlich nicht in der Lage, die Entwicklungen zu steuern. Zahlreiche Institutionen konkurrierten miteinander, und die Firmen hatten keine Sicherheit, daß deren Anweisungen sich auch durchsetzen ließen. Letztlich blieb es der Energie der Firmenleitungen überlassen, sich in dem Wirrwarr an Kompetenzen und Interessen vielfältigster Art zu behaupten. Dazu waren sie genötigt, mit den jeweils einflußreichsten Instanzen des nationalsozialistischen Herrschaftssystems zusammenzuarbeiten und sich als unverzichtbar für die Rüstungswirtschaft darzustellen. Wer letzteres nicht schaffte, verlor den Kampf um die unternehmerische Selbstbehauptung, zu der auch die Planung für ein von Deutschland dominiertes Nachkriegseuropa gehörte.

# III. Boehringer, Knorr und Fahr als nationalsozialistische »Betriebsführer«

## 1. Parteimitgliedschaft

Während die drei württembergischen Unternehmer im wirtschaftspolitischen Lenkungsapparat des NS-Regimes aktiv wurden,[1] übernahmen sie nie ein Amt oder eine Funktion innerhalb der Partei oder der ihr angegliederten Verbände. Derartige Posten waren für Rolf Boehringer, Max Knorr und Otto Fahr offenbar wenig prestigeträchtig. Sie hätten zudem einen großen Zeitaufwand erfordert und den Umgang mit Kreisen erzwungen, zu denen sich ein Industrieller - aller Volksgemeinschaftsideologie zum Trotz - nicht hingezogen fühlte.[2] Darauf angesprochen, warum er nicht der Partei beitrete, erklärte Rolf Boehringer - seinen eigenen Angaben im Entnazifizierungsverfahren zufolge - dem Göppinger Kreisleiter Baptist 1939, daß er »mit einer Reihe von Leuten in der Partei in Göppingen erhebliche Differenzen« habe. Sich »von diesen Leuten«, die er »in keiner Weise achten könne, ablehnen zu lassen«, sei er »zu stolz« gewesen. Daraufhin habe ihm Baptist entgegnet, auch die Partei habe ihren Stolz, und er könne nicht erwarten, daß die NSDAP um seinen Eintritt regelrecht werbe.[3] Trotz dieser Vorbehalte reichte Boehringer noch im selben Jahr sein Aufnahmegesuch bei der Göppinger Kreisleitung ein.[4] Denkbar ist, daß die 1939 in greifbare Nähe gerückte Gefahr, als Nichtparteimitglied im wehrfähigen Alter eingezogen zu werden, für Boehringers Entschluß, die bis dahin geübte Distanz zur NSDAP aufzugeben, mitbestimmend war.[5] Er selbst aber, der 1946 zu Protokoll gab, sein Aufnahmegesuch unter Hinweis auf seine vielfältigen Verpflichtungen als Unternehmer an die Bedingung geknüpft zu haben, nie »an irgendwelchen Parteiveranstaltungen, Versammlungen, Aufmärschen« teilnehmen zu müssen, begründete seinen Antrag auf Parteimitgliedschaft vor der

---

[1] Vgl. Kapitel IV dieser Arbeit.

[2] Zu diesem Ergebnis kommen auch Niethammer, Mitläuferfabrik, S. 557, und Rauh-Kühne, Unternehmer und Entnazifizierung, S. 320.

[3] Meldebogen Boehringers, 23.4.1946. StAL, EL 902/8 Bü 16/1/15066.

[4] Ob das Gesuch vor oder nach Kriegsbeginn gestellt wurde, ist in den Quellen unterschiedlich überliefert. Während es von Boehringer in einer nach Kriegsende gegebenen Stellungnahme auf die Zeit vor September 1939 datiert wurde (StAL, EL 902/8 Bü 16/1/15066), ist in der Zentralkartei der NSDAP der Dezember 1939 als Datum vermerkt, an dem die Aufnahme beantragt wurde. BDC, Auszug aus der Zentralkartei der NSDAP.

[5] Daß dies kein Einzelfall gewesen wäre, belegen die Untersuchungen von Niethammer, Mitläuferfabrik, S. 557, Michael H. Kater, The Nazi Party. A Social Profile of Members and Leaders 1919-1945, Oxford 1983, S. 160f, und Rauh-Kühne, Unternehmer und Entnazifizierung, S. 326.

Spruchkammer damit, daß er es seiner Firma ermöglichen wollte, »sog. Musterbetrieb« zu werden. Er habe nicht mehr länger ein »Hindernis für die Entwicklung des Betriebes oder dem Betrieb zukommende Ehrungen sein« wollen.[6] Das Aufnahmegesuch sei auf »Drängen des Vertrauensrates und eines großen Teils der Arbeiterschaft« zustandegekommen.[7]

Boehringers Aufnahmeantrag deutet darauf hin, daß der Parteibeitritt für ihn vermutlich weniger politisches Glaubensbekenntnis als nüchterne Abwägung seiner geschäftlichen Interessen war. So dürfte es auch bei den Unternehmern Knorr und Fahr gewesen sein. Max Knorr, »Betriebsführer« der Fortuna-Werke in Stuttgart-Bad Cannstatt, wurde ebenfalls nach Kriegsbeginn - 1940 - Mitglied der NSDAP, nachdem die DAF-Gauwaltung an ihn »herangetreten« war, weil bis zu diesem Zeitpunkt - wie er 1948 erklärte - »keine der leitenden Personen unserer Firma Pg. war« und der Betrieb deshalb bereits »unliebsam aufgefallen« sei. Auch er gab zu Protokoll, geglaubt zu haben, den »Eintritt für mein Werk vollziehen zu müssen«.[8] Außer Knorr traten zu diesem Zeitpunkt Theodor Lilienfein, kaufmännisches Vorstandsmitglied, und der Technische Direktor der NSDAP bei.[9] Hingegen hatte sich Otto Fahr, »Betriebsführer« der Firma Werner & Pfleiderer, noch vor Kriegsbeginn zum Parteieintritt entschlossen. Doch standen auch in seinem Fall offenkundig geschäftliche Interessen im Vordergrund. So bezeugte ein leitender Vertreter der Mehrheitsbesitzerin des Unternehmens, die britische Firma Baker Perkins Ltd., nach Kriegsende, daß Otto Fahr 1937 auf ihr Anraten Mitglied der NSDAP geworden war.[10] Offensichtlich versprach sich das englische Unternehmen davon einen wirksameren Schutz seiner Auslandsbeteiligung,[11] besaßen doch von der

[6] Meldebogen Boehringers, 23.4.1946. StAL, EL 902/8 Bü 16/1/15066.

[7] Schreiben des Unterstützenden Prüfungssausschusses II in Göppingen betr. Vorstellungsverfahren Rolf Boehringers, 4.2.1946. Ebd.

[8] Aussage Knorrs. Protokoll der öffentlichen Sitzung der Spruchkammer Degerloch 25.2.1948. StAL, EL 902/20 Bü 37/05/4073.

[9] StAL, EL 902/20 Bü 37/17/6606 und Bü 37/05/4890.

[10] »The question whether you [Otto Fahr] should join the Nazi Party was often discussed between us. You resisted the repeated approaches made to you by the Party until (...) 1937, when you gave way. You were led to do so by business considerations, the Nazi Party being poorly represented in the top management of Werner & Pfleiderer. I am very sorry that Mr. Allan Baker and Mr. Ihlee, who were members of the Verwaltungsrat of Werner & Pfleiderer at that time are now both dead, as they would have confirmed this.« G.E. Toulmin an Otto Fahr, 20.5.1946. StAL, EL 902/20 Bü 37/17/7952.

[11] Eine ähnliche Situation ergab sich für die beiden Geschäftsführer der Deutschen Arkady-Gesellschaft in Hannover, einer Tochtergesellschaft der British Arcady Ltd. in Manchester. Nach Absprache mit dem Vorsitzenden des Aufsichtsrates bei der Hannoveraner Firma, Allan Baker, Direktor von Baker Perkins Ltd., traten die beiden Geschäftsführer zunächst dem NSKK und am 1. Mai 1937, nachdem das NSKK die Parteimitgliedschaft »*mit Nachdruck*« angemahnt hatte, auch der NSDAP bei. Bei dieser Gelegenheit habe Allan Baker auf die »parallele Situation in der Firma Werner & Pfleiderer« hingewiesen, bei welcher der Parteieintritt Otto Fahrs ebenfalls notwendig geworden sei, sollten für W&P nicht »weitere nachteilige Einbußen entstehen, da Werner & Pfleiderer ebenfalls mit erheblicher englischer Kapitalbeteiligung arbeitete«. Eidesstattliche Erklärung der beiden Geschäftsführer der Deutschen Arkady-Gesellschaft, 11.2.1946. StAL, EL 902/20 Bü 37/17/7952 (Hervorhebung im Original).

sechsköpfigen Führungsriege des Unternehmens bis zu diesem Zeitpunkt lediglich zwei das Parteibuch. Zwei weitere leitende Repräsentanten des Unternehmens wurden erst nach Kriegsbeginn Parteimitglied, ein Gesellschafter trat gar nicht bei.[12] Gesicherte Rückschlüsse auf die tatsächliche politische Einstellung der drei Unternehmer Boehringer, Knorr und Fahr lassen sich daraus jedoch nicht ziehen. Manches deutet darauf hin, daß ihr Parteieintritt vornehmlich aus Sorge um die eigene uk-Stellung, die angesichts ihres Lebensalters stets gefährdet war, und aufgrund geschäftlicher Interessen erfolgte. In Parteiämtern waren alle drei jedenfalls nicht anzutreffen. Nur ihr tatsächliches Verhalten als Unternehmer und als Wirtschaftsrepräsentanten während des Nationalsozialismus kann Aufschluß über ihre persönliche Einstellung geben.

Nach ihrer politischen Haltung vor 1933 gefragt, gaben Boehringer und Knorr an, der Deutschen Volkspartei nahe gestanden zu haben. Während der Göppinger Unternehmer einräumte, bei den März-Wahlen 1933 aufgrund der schwierigen wirtschaftlichen Lage im allgemeinen und seines Betriebes im besonderen für Hitler votiert zu haben, gab Knorr an, auch noch im März 1933 DVP gewählt zu haben.[13] Eine aktive Teilnahme am parteipolitischen Geschehen könne im Leben eines Unternehmers jedoch nur eine untergeordnete Rolle spielen - diesem Selbstverständnis gab Rolf Boehringer am deutlichsten Ausdruck. Aus »innerster Überzeugung heraus« habe er seine »Lebensaufgabe« ausschließlich »in der Erfüllung meines Berufes« gesehen und »nicht in der Betätigung auf irgendwelchem politischen Gebiet«.[14] Kein anderer »Wunsch und Ehrgeiz« habe ihn als Unternehmer erfüllt, so lautete sein Credo, als seiner Aufgabe als Geschäftsführer gerecht zu werden und »das meiner Leitung anvertraute Unternehmen auszubauen und gesund zu erhalten«.[15]

Dokumentierten Fahr und Knorr mit ihrem Parteieintritt 1937 bzw. 1940 zumindest äußerlich ihre Zugehörigkeit zum NS-Regime, wurde dieser Loyalitätsbeweis Rolf Boehringer bis Februar 1945 verwehrt. Denn nachdem der Göppinger Kreisleiter Baptist, bei dem Boehringer 1939 die Aufnahme beantragt hatte, um den Jahreswechsel 1939/40 zur Wehrmacht einberufen worden war, führte sein Stellvertreter Eugen Veil, ein Mann, mit dem Rolf Boehringer seiner Erinnerung zufolge bereits vorher »dauernd Differenzen«[16] gehabt hatte, die Geschäfte des Kreisleiters weiter.[17] Nach Aussage Boehringers, die in sei-

[12] Fragebogen der Firma Werner & Pfleiderer an die französische Militärregierung, 22.5.1945. WABW, B 11, Bü 314. In diesem von Otto Fahr unterzeichneten Dokument wurde für ihn allerdings »nur« eine seit 1. Januar 1938 bestehende Parteianwärterschaft geltend gemacht. Aus der Zentralkartei der NSDAP ergibt sich jedoch eindeutig eine Mitgliedschaft seit 1. Mai 1937. BDC, Auszug aus der Zentralkartei der NSDAP. Auch mußte sich Fahr nach Kriegsende einem Spruchkammerverfahren unterziehen, weil er Parteimitglied gewesen war. Michael Fichter stellte hingegen für Fahr lediglich eine Parteianwärterschaft fest. Michael Fichter, Aufbau und Neuordnung: Betriebsräte zwischen Klassensolidarität und Betriebsloyalität, in Martin Broszat u.a. (Hrsg.), Von Stalingrad, S. 469-549, S. 495.

[13] Meldebogen Boehringers, 23.4.1946. StAL, EL 902/8 Bü 16/1/1/15066; Angaben zu Knorr anläßlich seines Vorstellungsverfahrens 1946. StAL, EL 902/20 Bü 37/04/5072.

[14] Meldebogen Boehringers, 23.4.1946. StAL, EL 902/8 Bü 16/1/15066.

[15] Vorstellungsantrag Boehringers, 18.11.1945. Ebd.

[16] Meldebogen Boehringers, 23.4.1946. Ebd.

[17] Dem 1905 in Göppingen geborenen Eugen Veil, Pg. seit 1. Januar 1930 und seit Dezember

nem Spruchkammerverfahren von einem seiner leitenden Mitarbeiter bezeugt wurde,[18] war es vornehmlich auf diese Differenzen zurückzuführen, daß er als politisch unzuverlässig klassifiziert und deshalb in den folgenden Jahren nicht in die Partei aufgenommen wurde. Erst nachdem im September 1944 erneut ein Wechsel im Kreisleiteramt stattgefunden hatte, habe sich, so Rolf Boehringer, der Vertrauensrat seiner Firma eingeschaltet und einen - offensichtlich erfolgreichen - »Vorstoß« bei der Partei unternommen, um die »bisherige Ablehnung« seiner Person »zu beseitigen«. Im Februar 1945 sei ihm dann vom zuständigen Ortsgruppenleiter Finkbeiner mitgeteilt worden, daß »der neue Kreisleiter den Fall Rolf Boehringer überprüft« hätte und seiner Parteimitgliedschaft nunmehr nichts mehr im Wege stünde.[19] Zwar machte Rolf Boehringer nach Kriegsende geltend, die Initiative zur Parteimitgliedschaft im Jahr 1944 sei nicht von ihm, sondern von Teilen der Belegschaft ausgegangen, aber die späte Aufnahme in die NSDAP hatte er gleichwohl akzeptiert. Das Beitrittsdatum war dabei auf das Jahr 1940 rückdatiert worden. In den letzten Kriegsmonaten geboten persönliche und wirtschaftliche Überlegungen, sich angesichts der apokalyptischen Politik des Regimes möglichst unauffällig zu verhalten. Das warnende Beispiel eines Esslinger Bekannten vor Augen, der noch 1945 wegen seiner Weigerung, der NSPAP beizutreten, in ein »Strafbataillon an die Ostfront« eingezogen worden war, hielt es Boehringer für seine »Pflicht«, zu diesem Zeitpunkt, als die militärische Niederlage des NS-Regimes offenkundig war, »auf gar keinen Fall einen offenen Streit mit der Partei zu bekommen, um bei Annäherung der amerikanischen Truppen und der Besetzung unserer Stadt und unseres Werkes als Betriebsführer auf meinem Posten zu sein«.[20]

Ob tatsächlich, wie Boehringer später behauptete, Konflikte mit dem Kreisleiter seiner Aufnahme in die Partei im Wege standen, muß offen bleiben. Fest steht jedoch, daß es solche Konflikte gegeben hat. Zu einem ersten Eklat kam es im Sommer 1940, als Rolf Boehringers Einschätzung der politischen Lage nicht mit der der Kreisamtsleitung übereinstimmte. Denn der Unternehmer weigerte sich mit der Begründung, man könne »Siege erst dann feiern«, »wenn der letzte Schuß gefallen« sei, sich an den Kosten und am Material für die Ausschmückung der Stadt Göppingen zur Frankreich-Siegesfeier zu beteiligen.[21] Das Holz, das er zum Bau von Pylonen bereitstellen sollte, benötige er außer-

---

1933 hauptamtlicher Mitarbeiter in verschiedenen Funktionen bei der NSDAP-Kreisleitung Göppingen, wurden nach dem Einrücken des Kreisleiters Baptist zur Wehrmacht die Geschäfte des Kreisleiters überantwortet. Am 1. Mai 1940 zum - stellvertretenden - Kreisleiter ernannt, hatte Veil diese Position bis 1. Februar 1943 inne. StAL, EL 902/8 Bü 16/1/31365.

[18] Aussage des Technischen Direktors, 17.6.1947. StAL, EL 902/8 Bü 15/1/15066.

[19] Meldebogen Boehringers, 23.4.1946. Ebd.

[20] Ebd. Zu den Göppinger Kreisleitern: Im Februar 1943 wurde Veil von dem seit 1937 als Kreisleiter von Schwäbisch Gmünd amtierenden Wilhelm Oppenländer abgelöst, der bis September 1944 die Geschäfte des Göppinger Kreisleiters versah. Anschließend übernahm Gottlieb Huber, langjähriger Kreisleiter von Tuttlingen, die politische Führung des Kreises Göppingen. StAL, EL 902/7 Bü 14/40/59 und EL 902/20 Bü 37/7/10089.

[21] Aussage Boehringers. Protokoll der mündlichen Verhandlung der Spruchkammer Göppingen, 9.8.1948. StAL, EL 902/8 Bü 16/1/15066. Dort auch die folgenden Zitate.

dem »sehr dringend« zur Verpackung von Maschinen. Seine Weigerung brachte ihm von seiten der Parteidienststelle den Vorwurf ein, er habe »kein Verständnis für die Blutopfer der Soldaten«. Offenbar war zu diesem Zweck eine ziemlich große Geldsumme verlangt worden, denn der Technische Direktor der Firma, von Boehringer über das Ansinnen der Partei unterrichtet, quittierte es nach eigenen Angaben mit den Worten, daß »die Leute da oben wohl den Maßstab für die Dinge verloren« hätten und »wohl träumen« würden.[22] Nachdem Rolf Boehringer bei einer seiner zahlreichen Geschäftsreisen nach Berlin den Inhalt des Briefes von Kreisleiter Veil mit Empörung publik gemacht hatte, sei dieser Vorfall, mutmaßte der Technische Direktor später, auch höchsten Parteidienststellen zu Ohren gekommen, denn von dort müsse »über Stuttgart an die hiesige Kreisleitung ein ziemlich geharnischtes Schreiben« ergangen sein. Er sah in dieser von Rolf Boehringer »verschuldeten« Maßregelung der Göppinger Kreisleitung den eigentlichen »Anlaß zu einem offenen Bruch zwischen der hiesigen Parteileitung und Dr. Rolf Boehringer«. In Boehringers Entnazifizierungsverfahren gab auch ein ehemaliger Kreisamtsleiter der Göppinger Kreisleitung zu Protokoll, der Unternehmer sei aufgrund dieses Vorfalls »ab 1941 in der sogenannten Warnkartei« geführt worden, in der »solche Pg. und Pol.(itische) Leiter verzeichnet« gewesen seien, die »als politisch unzuverlässig« gegolten hätten.[23] Demgegenüber bestritt der ehemalige und für Boehringer zuständige Ortsgruppenleiter Finkbeiner 1947 energisch, daß man Rolf Boehringer in der Partei als politisch nicht zuverlässig angesehen habe. Er selbst habe seinerzeit Boehringers Aufnahmegesuch befürwortend unterschrieben, was andernfalls nicht geschehen wäre. Auch die Aushändigung der Mitgliedskarte an Boehringer, die Finkbeiner »erst etwa 1/2 Jahr vor dem Einmarsch« erhalten hatte, sie jedoch auf »ausdruecklichste Weisung der Kreisleitung (...) dem Boehringer (...) spaeter« übergeben mußte, wertete der ehemalige Ortsgruppenleiter als Beweis dafür, daß die Behauptung, Rolf Boehringer sei während des Nationalsozialismus »als politisch unzuverlässig in der sogenannten Warn-Kartei bei der Kreisleitung« geführt worden, »unglaubhaft« sei.[24] Allerdings konnte der ehemalige Ortsgruppenleiter keine Gründe für die lange Zeitspanne zwischen Boehringers Aufnahmeantrag und dem späten Erwerb der Parteimitgliedschaft nennen.

Zu einer weiteren direkten Konfrontation mit Kreisleiter Veil kam es, als der ehemalige Syndikus der Reutlinger Handelskammer als Kaufmännischer Leiter mit Prokura bei der Boehringer-Tochter Bekoma eingestellt werden sollte. Weil er bis 1933 der Reutlinger Freimaurerloge »Glocke am Fuße der Alb« angehört hatte und nicht Mitglied in der NSDAP war, wurde er im Frühjahr 1941 aus seinem bisherigen Amt als Syndikus entlassen. Kurz darauf fand er eine neue Anstellung als Kaufmännischer Leiter bei der Göppinger Firma.[25] Dies rief

[22] Aussage des Technischen Direktors bei der Firma Boehringer. Vernehmungsprotokoll vom 17.6.1947. Ebd. Dort auch die folgenden Zitate.

[23] Aussage eines ehemaligen Kreisamtsleiters. Vernehmungsprotokoll vom 16.6.1947. Ebd.

[24] Schriftliche Stellungnahme von Hermann Finkbeiner an die Spruchkammer Göppingen, 1.7.1947. Ebd.

[25] Um seine berufliche Stellung zu sichern, war der Syndikus 1933 der NSDAP beigetreten,

sofort Kreisleiter Veil auf den Plan. Obwohl er die umgehende Entlassung verlangte und Rolf Boehringer vorwarf, bewußt Logenangehörige zu begünstigen, beugte sich der Göppinger Unternehmer dem politischen Druck nicht. Der Kreisleiter hatte Boehringer unmißverständlich zu verstehen vergeben, die Einstellung eines »ehemaligen bekannten Freimaurers mit Logenamt« werde dessen ständige politische Überwachung nach sich ziehen und bedeute eine »politische Belastung für den Kreis«.[26] Diese Drohung hatte er mit dem Verbot verbunden, dem neuen Mitarbeiter Direktionsvollmachten zu übertragen und Prokura zu erteilen, und für den Fall der Mißachtung schwerste Nachteile für das Unternehmen angekündigt. Trotzdem blieb der ehemalige Syndikus bis zum Zusammenbruch des NS-Regimes Kaufmännischer Leiter bei der Firma Bekoma - allerdings ohne die ihm bei Dienstantritt fest zugesagte Prokura. Zu diesem Zugeständnis sah sich Rolf Boehringer wohl gezwungen, wollte er die Anstellung nicht insgesamt gefährden.[27]

An dem neuen Mitarbeiter war ihm offensichtlich sehr gelegen. In Zeiten des Arbeitskräftemangels war er nach eigenen Angaben »froh«, den ehemaligen Syndikus, dessen Fähigkeiten er zu schätzen gelernt hatte, als leitenden Mitarbeiter für die Tochterfirma Bekoma gewonnen zu haben.[28] Deshalb war Boehringer auch bereit gewesen, einen neuerlichen Konflikt mit der Göppinger Kreisleitung zu riskieren. Ob daneben noch andere als rein betriebliche Gesichtspunkte eine Rolle gespielt haben, muß offen bleiben. In Boehringers Spruchkammerverfahren würdigte der ehemalige Syndikus das Verhalten des Unternehmers und betonte ausdrücklich den »politischen Druck, unter den Herr Dr. Boehringer durch den mir als äußerst rücksichtslos bekannten (...) Kreisleiter Veil gesetzt« worden sei.[29] Das Verhältnis zwischen dem - parteilosen - Unternehmer und den Parteidienststellen blieb nicht nur unter Kreisleiter Veil, sondern auch unter dessen Nachfolger Oppenländer gespannt. Daß an der Hundertjahrfeier des Unternehmens im Mai 1944 außer einem DAF-Vertreter kein weiterer Parteifunktionär teilnahm, führten leitende Mitarbeiter der Firma später ebenso auf das gespannte Verhältnis zurück wie die Tatsache, daß der Betrieb trotz seiner herausragenden Leistungen auf sozialem Gebiet nicht als NS-Musterbetrieb ausgezeichnet worden war.[30]

---

aber bereits Ende 1934 durch einen Beschluß des NSDAP-Gaugerichts wegen seiner Logenzugehörigkeit wieder aus der Partei ausgeschlossen worden. Nachdem er 1940 in der Wehrmacht kurzfristig als Kriegverwaltungsrat in Paris eingesetzt war, wegen seiner früheren Logenzugehörigkeit dort aber ebenfalls entlassen wurde, mußte er aus demselben Grund im April 1941 auch aus seinem Amt bei der Reutlinger Handelskammer ausscheiden. Für seine Entlassung als Syndikus machte er in seinem Spruchkammerverfahren den Reutlinger Kreisleiter, Otto Sponer, und den Präsidenten der Reutlinger Industrie- und Handelskammer verantwortlich. Ab Mitte Mai 1941 arbeitete er bei der Firma Bekoma. StAL, EL 902/20 Bü 37/12/20687.

[26] Eidesstattliche Erklärung des ehemaligen Syndikus im Spruchkammerfahren gegen Rolf Boehringer, 3.12.1945. StAL, EL 902/8 Bü 16/1/15066.

[27] Eidesstattliche Erklärung von Rolf Boehringer im Spruchkammerverfahren gegen den ehemaligen Syndikus, 4.12.1945. StAL, EL 902/20 Bü 37/12/20687.

[28] Protokoll der mündlichen Verhandlung, 9.8.1948. StAL, EL 902/8 Bü 16/1/15066.

[29] Eidesstattliche Erklärung des ehemaligen Syndikus im Spruchkammerverfahren gegen Rolf Boehringer, 3.12.1945 Ebd.

[30] Übereinstimmende Zeugenaussagen des ehemaligen Betriebsdirektors und des ehemaligen

Während die Mitglieder der Geschäftsführung in der Regel Parteimitglieder waren, ergaben sich für die leitenden Mitarbeiter der drei Betriebe offenbar größere Spielräume. Bei der Firma Werner & Pfleiderer etwa war zwar nur einer der beiden Gesellschafter - seit 1941 - Parteimitglied, dafür gehörte seit 1940 die gesamte vierköpfige Geschäftsführung der Partei an.[31] Hingegen besaßen weder Betriebs- und Personalleiter des Unternehmens noch die Leiter der Zweigwerke in Wien und Prag sowie der Tochtergesellschaften in Berlin und Mannheim das Parteibuch.[32] Ein ähnlicher Befund ergibt sich für die Firma Boehringer. Auch hier war der neben Rolf Boehringer amtierende zweite Geschäftsführer 1937 der Partei beigetreten,[33] während Rolf Boehringers Aufnahme erst im Februar 1945 erfolgte. Der Technische Direktor sowie der Betriebsleiter des Unternehmens wurden 1941 bzw. 1943 Pg.,[34] während die Geschäftsleitung der Boehringer-Tochter Bekoma in den Händen eines Nicht-Parteimitglieds lag, dem 1941 mit dem ehemaligen Syndikus der Reutlinger Handelskammer als Kaufmännischen Leiter jemand zur Seite gestellt wurde, der sogar als ehemaliger Freimaurer aus der NSDAP ausgeschlossen worden war.[35] Bei den Fortuna-Werken trat hingegen 1940 mit einem Schlag nahezu die gesamte Führungsetage der NSDAP bei: Nicht nur der »Betriebsführer« Max Knorr, sondern ebenso sein Vorstandskollege Lilienfein, der Technische Direktor sowie der Betriebsleiter der Firma wurden zu diesem Zeitpunkt Pg.[36]

So bleibt die Frage, inwieweit die drei Unternehmer Boehringer, Knorr und Fahr, selbst wenn sie nach Kriegsende im Rahmen einer Säuberung, die sich am politischen Verhalten im engeren Sinne orientierte, nicht zu belangen waren,[37] nicht doch - selbst bei Distanz zu den politischen Organisationen des Regimes - in ihren beruflichen Funktionen zu seinen Mittätern wurden. Dies war nicht selten im betrieblichen Alltag der Fall. Hier ergab sich ein konformistisches Verhalten der drei »Betriebsführer« insbesondere auf sozialpolitischem Gebiet, wo sich Boehringer ebenso wie Knorr und Fahr hinter die Maßnahmen und Ziele des Regimes stellten.

---

Technischen Direktors bei der Firma Boehringer während der mündlichen Verhandlung der Spruchkammer, 9.8.1948. Ebd.

[31] Fragebogen der Firma an die französische Militärregierung, 22.5.1945. WABW, B 11, Bü 314.

[32] Schreiben von Fahrs Rechtsanwalt an die Spruchkammer, 20.5.1948. StAL, EL 902/20 Bü 37/17/7952.

[33] Spruchkammerakten von Werner Boehringer. StAL, EL 902/8 Bü 16/1/13881.

[34] Spruchkammerakten des Technischen Direktors. StAL, EL 902/8 Bü 16/1/12237; Spruchkammerakten des Betriebsdirektors. StAL, EL 902/8 Bü 16/1/16766.

[35] Eidesstattliche Erklärungen vom 10.2.1948 und 3.12.1945. StAL, EL 902/8 Bü 16/1/15066.

[36] Spruchkammerakten der drei. StAL, EL 902/20 Bü 37/05/4073, Bü 37/17/6606 und Bü 37/05/4890. Vgl. Archiv des Fortuna-Betriebsrates, Ordner Fragebogen.

[37] So kam etwa die Spruchkammer Göppingen im Fall Rolf Boehringer zu dem Ergebnis, daß Boehringer »politisch nicht in Erscheinung« getreten und das »politische Verhalten des Betroffenen tatsächlich einwandfrei« gewesen war. Er habe sich »von der Partei ferngehalten« und »nur das getan, was er nicht unterlassen durfte«. Spruch vom 9.8.1948. StAL, EL 902/8 Bü 16/1/15066.

## 2. Betrieblicher Alltag im Zeichen der Deutschen Arbeitsfront

Die Sozial- und Arbeitspolitik des NS-Regimes ist in den letzten Jahren verstärkt erforscht geworden. Dabei betonen die neueren Untersuchungen die Notwendigkeit einer differenzierten Sichtweise. Neben den vielfältigen Zwängen und dem Terror, die von seiten des Regimes und der Unternehmer auf die Arbeiterschaft ausgeübt wurden, rücken auch die Integrationsbemühungen der Deutschen Arbeitsfront (DAF), der Reichsbehörden und von Unternehmern in den Blickpunkt. Integration und Unterdrückung schlossen sich nicht aus, sondern »haben sich gegenseitig verstärkt, waren oft interdependent«.[38] Gleichwohl gilt es zu beachten, daß derartige Integrationsprozesse nur im Rahmen und als Folge der ständigen Repressionen und des Terrors möglich waren und die NS-Propagandamaschinerie dazu ebenso beitrug wie die weitgehend erfolgreiche Ausschaltung jedweden Widerstandspotentials. Darüber hinaus besaß das Regime die Fähigkeit, zu kritischen Zeitpunkten den ökonomischen Druck auf die Industriearbeiter zu lockern.[39] Materielle Konzessionen und Sozialleistungen an die Arbeitnehmer wurden eindeutig funktional eingesetzt, um einen möglichst störungsfreien Wirtschaftsablauf zu erreichen und die forcierten Rüstungsvorhaben einhalten zu können. Um die nationalsozialistische »Betriebsgemeinschaft«, die Sozialbeziehungen innerhalb des Betriebes, zu verwirklichen, spielten daher Zugeständnisse und Zwangsmaßnahmen ineinander.

Zwar gab es auf Unternehmerseite bereits während der Weimarer Republik Konzeptionen für einen störungsfreien Wirtschaftsablauf, und unternehmerische Betriebsgemeinschaftsideen wurden in der Schwerindustrie in den 20er Jahren auch durchgesetzt. Aber erst in den Jahren 1933/34 wurden die Weichen zur allgemeinen Übernahme des - wirtschaftsfriedlichen - Betriebsgemeinschaftskonzeptes gemäß den Vorstellungen der Ruhrschwerindustrie gestellt. Mit dem 1934 erlassenen »Gesetz zur Ordnung der nationalen Arbeit« (AOG)[40] wurde es gesetzlich verankert. Die Zerschlagung der Gewerkschaften, die Einrichtung der Treuhänder der Arbeit als staatliche Kontrollinstanz und die 1933 gegründete Deutsche Arbeitsfront markieren weitere tiefe Einschnitte in die betrieblichen Sozialbeziehungen.[41]

---

[38] Timothy W. Mason, Die Bändigung der Arbeiterklasse im nationalsozialistischen Deutschland, in: Carola Sachse/Tilla Siegel/Hasso Spode u.a., Angst, Belohnung, Zucht und Ordnung. Herrschaftsmechanismen im Nationalsozialismus, Opladen 1982, S. 11-53, S. 33. Zur Forschungslage vgl. den Bericht von Matthias Frese, Zugeständnisse und Zwangsmaßnahmen. Neuere Studien zur nationalsozialistischen Arbeits- und Sozialpolitik, in: NPL 32 (1987), S. 53-74. Zur Arbeiterschaft im Nationalsozialismus mit weiterer Literatur: Ulrich Herbert, Arbeiterschaft im »Dritten Reich. Zwischenbilanz und offene Fragen, in: GG 15 (1989), S. 320-360.

[39] Mason, Bändigung, S. 33.

[40] RGBL I, 1934, S. 45-56.

[41] Zur Verankerung der wirtschaftsfriedlichen Betriebsgemeinschafts-Konzepte aus der Weimarer Republik im Gesetz zur Ordnung der nationalen Arbeit (AOG) und der Neuordnung der betrieblichen Arbeitsbeziehungen 1933/34: Frese, Betriebspolitik, 10-113. Zur nationalsozialistischen Arbeitsverfassung vgl. auch Andreas Kranig, Lockung und Zwang. Die Arbeitsverfassung im Dritten Reich, Stuttgart 1983.

Im betrieblichen Alltag kam der DAF eine besondere Rolle zu, gelang es ihr doch, sich durch nahezu vollständige organisatorische Erfassung aller Arbeitnehmer, dank fehlender Konkurrenz und eines betrieblichen Funktionärsapparates fest in den Betrieben zu etablieren. Zentrale Felder ihrer Betriebsarbeit waren dabei neben der betrieblichen Organisation der DAF selbst unter anderem die Berufsausbildung, Maßnahmen zur Arbeitsplatzgestaltung (»Schönheit der Arbeit«) wie zur Unfallverhütung und zum Arbeitsschutz, die Freizeit- und Feierabendgestaltung, Betriebssport sowie die beiden von der DAF organisierten Wettkämpfe (Reichsberufswettkampf und Leistungskampf der Betriebe). Diese vielfältigen Versuche der DAF, auf die betrieblichen Arbeitsbeziehungen einzuwirken, konnten damit zu einer Konkurrenz für die eigenständige Sozialpolitik der Unternehmen werden.[42] Im folgenden soll versucht werden, die Haltung der drei württembergischen Unternehmer - zugleich »Betriebsführer« ihrer Beschäftigten - zu den vielfältigen DAF-Aktivitäten in ihren Betrieben zu beleuchten und unterschiedliche Interessen ebenso wie Übereinstimmung und Zusammenarbeit herauszuarbeiten.

### *»Betriebsführer«*

Die Unternehmer Boehringer, Knorr und Fahr waren seit Inkrafttreten des Gesetzes zur Ordnung der nationalen Arbeit (AOG) am 20. Januar 1934 zugleich »Betriebsführer« ihrer Beschäftigten.[43] Die Herrschaftsstellung des »Betriebsführers« gegenüber den Arbeitnehmern, die ihm durch das AOG eingeräumt worden war, resultierte vor allem aus seiner Entscheidungsbefugnis »in allen betrieblichen Angelegenheiten« (§ 2, 1 AOG), die nach der nationalsozialistischen Umgestaltung des Arbeitsverhältnisses weder durch die Mitwirkungsrechte eines Betriebsrates noch durch Tarifverträge oder Betriebsvereinbarungen eingeschränkt wurde. Das AOG verpflichtete die Unternehmer, »für

---

[42] Die Bereiche der nationalsozialistischen Lohnpolitik und Lohngestaltung, betrieblichen Familienfürsorge, des Werkwohnungsbaus und der betrieblichen Altersversorgung sind eingehend untersucht worden. Vgl. Recker, Sozialpolitik; Sachse, Hausarbeit im Betrieb; dies., Betriebliche Sozialpolitik; Wolfgang Zollitsch, Arbeiter zwischen Weltwirtschaftskrise und Nationalsozialismus, Göttingen 1990; Gerhard Th. Mollin, Montankonzerne und »Drittes Reich«. Der Gegensatz zwischen Monopolindustrie und Befehlswirtschaft in der deutschen Rüstung und Expansion 1936-1944, Göttingen 1988; Rüdiger Hachtmann, Industriearbeit im »Dritten Reich«. Untersuchungen zu den Lohn- und Arbeitsbedingungen in Deutschland 1933-1945, Göttingen 1989; Siegel, Leistung und Lohn. Zu den Auseinandersetzungen um eine gesetzliche Regelung der DAF und ihrer Kompetenzen auf oberster Ebene vgl.: Ronald Smelser, Robert Ley. Hitler's Labor Front Leader, Oxford 1988; Kranig, Lockung; Spohn, Betriebsgemeinschaft und Volksgemeinschaft.

[43] Vgl. AOG. RGBL I, 1934, S. 45. In der Regel wurde der Alleineigentümer zum »Betriebsführer« bestimmt. Bei juristischen Personen (z.B. GmbH, AG) oder bei Konstellationen, bei denen mehrere Personen Eigentümer waren (z.B. OHG), wurde empfohlen, ein Mitglied aus dem Kreis der gesetzlichen Vertreter zum »Betriebsführer« zu bestellen. Vgl. Spohn, Betriebsgemeinschaft und innerbetriebliche Herrschaft, vor allem S. 145ff. Die Firma Boehringer war eine GmbH, die Fortuna-Werke eine AG und die Firma Werner & Pfleiderer eine KG, so daß zu vermuten ist, daß hier die Bestellung des »Betriebsführers« nach der oben erwähnten Empfehlung vollzogen wurde.

das Wohl der Gefolgschaft« zu sorgen (§ 2, 1), und verpflichtete die Beschäftigten, ihrem »Betriebsführer« »die in der Betriebsgemeinschaft begründete Treue zu halten« (§ 2,1). Damit war das Arbeitsverhältnis zu einer auf »Treue« und »Fürsorge« beruhenden »Gemeinschaft« umdefiniert. Diese »Gemeinschaft« zwischen »Betriebsführer« und seiner »Gefolgschaft« war auf die »Förderung der Betriebszwecke« verpflichtet (§ 1). Obwohl die alten Interessenvertretungen der Arbeiter und Angestellten ausgeschaltet worden waren, konnte der Unternehmer im Nationalsozialismus dennoch seine Maßnahmen nicht ausschließlich am ökonomischen Prinzip der Leistungssteigerung und Profitmaximierung ausrichten. Die vielen Konflikte mit der DAF zeigen, daß diese nicht generell gewillt war, die Festsetzung der Löhne und der betrieblichen Sozialleistungen allein dem Unternehmer zu überlassen. In den hier untersuchten drei Unternehmen kam es allerdings nicht zu solchen innerbetrieblichen Konflikten, wohl aber führten andere Gründe zu Auseinandersetzungen. Diese werden in den folgenden Abschnitten dargestellt.

*Aufbau der DAF-Organisation in den Betrieben*

In ihrem Leistungsbericht aus dem Jahr 1940/41 konnte die Firma Fortuna bei 963 Beschäftigten mit nur 131 Parteimitgliedern - darunter 16 Parteianwärtern - aufwarten.[44] Dies bestätigte nach Kriegsende ihr Betriebsratsvorsitzender. Bei einer durchschnittlichen Belegschaftsstärke von 800 bis 900 Personen seien nur etwa 15 bis 20 Prozent Mitglied in der NSDAP gewesen.[45] Bei der Firma Boehringer hingegen seien 90 Prozent der Beschäftigten Pg. gewesen, erklärte ein bei dem Unternehmen angestellter Modellschreiner nach Kriegsende.[46] Überprüfen läßt sich diese Aussage allerdings nicht. Außerdem waren drei Mitarbeiter des Unternehmens, ein Prokurist, ein Ingenieur und ein SS-Obersturmführer[47], für den SD tätig. Damit seien nach Angaben des Württembergischen Gewerkschaftsbundes angeblich »fast alle SD-Leiter in Göppingen« bei der Firma Boehringer beschäftigt gewesen.[48] Der DAF hingegen gehörten die Belegschaften der drei Unternehmen vollständig an.[49] In der Neufassung der Betriebsordnungen von 1939/40 wurde die DAF-Mitgliedschaft der Belegschaft bei der Firma Boehringer vorgeschrieben und bei Werner & Pfleiderer zumindest ausdrücklich erwartet.[50] Die Pflichtmitgliedschaft für alle Beschäftigten in den Betriebsordnungen vorzugeben, war eines der zentralen Anliegen der DAF.[51]

---

[44] Leistungsbericht 1940/41. Archiv des Fortuna-Betriebsrates.
[45] Aussage des Betriebsratsvorsitzenden. Protokoll der öffentlichen Sitzung, 14.5.1948. StAL, EL 902/20 Bü 37/05/4073.
[46] Aussage während der mündlichen Verhandlung der Spruchkammer Göppingen im Verfahren gegen den ehemaligen Betriebsdirektor, 4.5.1948. StAL, EL 902/8 Bü 16/1/16766.
[47] Welche Betriebsfunktion dieser Mann hatte, konnte nicht geklärt werden.
[48] Spruch im Falle des ehemaligen Betriebsdirektors, 4.5.1948. StAL, EL 902/8 Bü 16/1/16766.
[49] Leistungsbericht der Firma Fortuna 1940/41. Archiv des Fortuna-Betriebsrates; Leistungsbericht der Firma Boehringer 1938. StAL, EL 902/8 Bü 16/1/15066; Leistungsbericht der Firma Werner & Pfleiderer 1940/41. WABW, B 11, Bü 310.
[50] Leistungsbericht der Firma Boehringer 1939/40. StAL, EL 902/8 Bü 16/1/15066; Betriebsordnung von Werner & Pfleiderer von 1940. WABW, B 11, Bü 285.
[51] Vgl. Frese, Betriebspolitik, S. 162-168.

Hinsichtlich des Aufbaus der innerbetrieblichen DAF-Organisation ist die Überlieferung in den drei Firmenarchiven sehr spärlich. Fest steht lediglich, daß in den drei Betrieben 1933/34 ein DAF-Betriebswalter bestellt wurde, der ab 1936 »Betriebsobmann« hieß und dessen Ernennung von der DAF 1938 in allen Betrieben mit mehr als fünf Beschäftigten zwingend vorgeschrieben wurde.[52] Mit dem ständig sich verbreiternden Aktionsfeld der DAF differenzierte sich ihr Funktionärsapparat stark. Nach und nach traten neben den Betriebsobmann Betriebsfunktionäre für besondere Aufgaben oder bestimmte Beschäftigtengruppen. So waren bei den Fortuna-Werken 1940/41 neben 46 Werkscharmännern u.a. ein Sportwart, ein KdF-Wart, ein Wanderwart, eine Büchereiwalterin, eine Betriebsfrauenwalterin und ein Betriebsjugendwalter zur, wie es in der damaligen Terminologie hieß, »Betreuung« der »Betriebsgemeinschaft« eingesetzt. Aus diesen letztgenannten sieben DAF-Funktionären setzte sich der »Vertrauensrat« der Firma zusammen. Dem Umstand, »jedem Vertrauensratmitglied einen bestimmten Werksteil zur besonderen persönlichen Betreuung überwiesen« zu haben, glaubte die Unternehmensleitung es verdanken zu müssen, daß »seit Jahren weder die DAF-Dienststellen noch die Arbeitsgerichte zur Regelung von Meinungsverschiedenheiten herangezogen werden mußten«.[53] Bei der Firma Werner & Pfleiderer waren 1940/41 insgesamt 40 DAF-Amtswalter tätig.[54]

Zum organisatorischen Kern der DAF innerhalb der Betriebe avancierten die sich aus Werkskapellen entwickelnden Werkscharen, in denen unter der Leitung des Betriebsobmannes die Betriebsfunktionäre zusammengefaßt waren.[55] So existierte bei der Firma Boehringer 1936 ein 18 oder 20 Mann umfassender »Musikzug«, der in den folgenden Jahren zur Werkschar ausgebaut wurde, wie der ehemalige Leiter der Boehringer-Werkschar 1948 erklärte.[56] Die Werkschar hatte sich seiner Aussage zufolge vornehmlich den Aufgabenbereichen »Schönheit der Arbeit« und Freizeitgestaltung gewidmet, während im Leistungsbericht der Firma von 1942 die »Ausgestaltung und Verschönerung der Betriebsfeiern« als ihr vornehmlichstes Betätigungsfeld genannt wurde.[57] Insgesamt, so die Firmenleitung 1942, stelle die Werkschar, die im Berichtsjahr vor allem im

---

[52] Ebd., S. 434f. Bei der Firma Boehringer legte der erste Betriebsobmann 1937 das Amt nach Auseinandersetzungen mit DAF-Kreisobmann Lange nieder. StAL, EL 902/8 Bü 16/1/6266. Bei den Fortuna-Werken schied der seit Ende 1933 amtierende Betriebsobmann, »Pionier im Aufbau der DAF-Organisation und ihrer Einrichtungen im Werk«, zum Jahresende 1941 aus der Firma und damit auch aus dem Amt des Betriebsobmannes aus. Nicht festzustellen war, wer sein Nachfolger wurde. Stellungnahme des Betriebsrates, o.D. Archiv des Fortuna-Betriebsrates, Ordner: Fragebogen. Bei der Firma Werner & Pfleiderer fand von 1934 bis 1945 kein Wechsel im Amt des Betriebsobmannes statt. StAL, EL 902/20 Bü 37/18/11685.

[53] Leistungsbericht der Firma Fortuna 1940/41. Archiv des Fortuna-Betriebsrates.

[54] Leistungsbericht der Firma Werner & Pfleiderer 1940/41. WABW, B 11, Bü 310.

[55] Zur Entwicklung der Werkscharen vgl. Frese, Betriebspolitik, S. 441-447.

[56] Aussage des ehemaligen stellvertretenden Betriebsobmannes und Werkscharführers bei der Firma Boehringer im Spruchkammerverfahren gegen den ehemaligen Betriebsdirektor des Unternehmens, Spruch vom 4.5.1948. StAL, EL 902/8 Bü 16/1/16766.

[57] Leistungsbericht der Firma Boehringer 1942. WABW, B 10, Bü 305.

Werkluftschutz eingesetzt war, auch nach ihrer Eingliederung in den politischen Stoßtrupp des Betriebes »eine jederzeit einsatzfähige, straff geführte uniformierte Truppe innerhalb der Betriebsgemeinschaft« dar.[58] Als straff durchorganisierte NS-Kaderorganaistion innerhalb der Betriebe wurden die Werkscharen 1939 der Partei unterstellt und die Werkscharmänner zu politischen Leitern der NSDAP ernannt.[59]

Konflikte zwischen betrieblichem DAF-Apparat und Unternehmensleitungen sind in den Unternehmensunterlagen nicht überliefert. Zu Auseinandersetzungen mit der DAF kam es bei der Firma Boehringer allerdings auf Kreis- und Gauebene. Ein Anlaß war die Neubesetzung des Postens des Betriebsobmannes Ende 1938. DAF-Kreisobmann Richard Lange äußerte im Februar 1939 vor der Göppinger Kreisleitung starke Bedenken gegen den von Rolf Boehringer vorgeschlagenen Mann, der ihm für dieses Amt »zu harmlos« erschien.[60] Seit längerem sei man nun schon »auf der Suche nach einem geeigneten Betriebsobmann, der die nötige Intelligenz« habe und zudem über die gewünschte »Verbindung mit dem Arbeiter« verfüge, führte Lange aus. Gegen das in Vorschlag gebrachte Parteimitglied, »Spielmannszugführer der Werkschar Boehringer«, liege zwar »nichts Nachteiliges« vor, aber trotz seiner »bisherigen Blockwaltertätigkeit« müsse er ihn als »unbeschriebenes Blatt« bezeichnen. Da jedoch seine Vorbehalte für eine Ablehnung nicht ausgereicht hätten, forderte Lange den Kreisleiter auf, entsprechende »Nachforschungen« über den Kandidaten in Betrieb und Ortsgruppe vorzunehmen, damit dieser, falls er als neuer Betriebsobmann eingesetzt würde, auf jeden Fall »die restlose Deckung der Partei« hätte. Zuvor hatte der Kreisobmann seine Vorbehalte vor der DAF-Gauwaltung präzisiert. Der Kandidat sei wieder »kein Mann aus dem Fabrikbetrieb«, sondern einer, der »auf dem Büro« sitze.[61] Dies lasse seine Eignung als Betriebsobmann »eines 1200 Mann starken Betriebes« in seinen Augen ebenso zweifelhaft erscheinen wie sein »begründeter Eindruck, daß der Firma ein (...) Betriebsobmann, der ihren Willen tut, lieber« sei »als ein »kämpferischer Nationalsozialist«. Daß er einem verdienten Parteisoldaten den Vorzug geben würde, daran hatte Lange in seinem Schreiben keinen Zweifel gelassen.

Nachdem der vorige Boehringer-Betriebsobmann wegen Auseinandersetzungen mit ihm sein Amt zur Verfügung gestellt hatte, war Kreisobmann Richard Lange sichtlich daran gelegen, einen verdienten DAF-Funktionär und eben kein »unbeschriebenes Blatt« als Nachfolger einzusetzen. Genau daran war aber offenbar Rolf Boehringer interessiert. Sein Kandidat konnte sich durchsetzen und von März 1939 bis Ende 1943 als Betriebsobmann bei der Göppinger Firma amtieren.[62] Anfang 1944 war das Amt des Betriebsobmannes erneut neu

[58] Ebd.

[59] Frese, Betriebspolitk, S. 444f. Zur Entwicklung während des Krieges vgl. Spohn, Betriebsgemeinschaft und Volksgemeinschaft, S. 248f.

[60] Kreisobmann Richard Lange an NSDAP-Kreisleitung Göppingen, 14.2.1939. StAL, PL 515/13, Bü 12, Nr. 2. Dort auch die folgenden Zitate.

[61] Kreisobmann Richard Lange an DAF-Gauwaltung, 16.1.1939. Ebd. Dort auch die folgenden Zitate.

[62] Kreisobmann Richard Lange an Firma Boehringer, 23.2.1939. WABW, B 10, Bü 267; innerbetriebliche Bekanntmachung von Anfang Januar 1944. WABW, B 10, Bü 265.

zu besetzen, da der bisherige Obmann zum Jahreswechsel 1943/44 zur Wehrmacht eingezogen worden war.[63] Auch jetzt soll Rolf Boehringer die Ernennung des neuen DAF-Funktionärs gegen den Willen der DAF durchgesetzt haben. Boehringer habe alles versucht, um den einst als »harmlos«[64] bezeichneten Amtsinhaber »wegzubekommen« und einen »gemäßigteren« einsetzen zu können, erklärte 1948 der ehemalige Betriebsdirektor. Die Belegschaft jedoch habe sich lange Zeit hinter den Obmann gestellt.[65] Über seinen Rechtsanwalt ließ Rolf Boehringer im selben Jahr wissen, es sei ihm wichtig gewesen, einen »ruhigen anständigen Menschen« als Betriebsobmann zu gewinnen, der »im Unterschied zu seinem Vorgänger keine NS-Werbung« im Betrieb betreiben würde.[66] Inwieweit Boehringer auf den Zeitpunkt der Einberufung des Betriebsobmannes Einfluß nehmen konnte, muß offen bleiben. In seiner Firma übten also drei Männer das Amt des Betriebsobmannes aus, und auch bei den Fortuna-Werken amtierten mindestens zwei Betriebsobmänner. Hingegen hatte bei der Firma Werner & Pfleiderer während der gesamten Dauer der nationalsozialistischen Herrschaft ein und derselbe Mann diese Funktion inne.

Zu einem anderen Konflikt zwischen der Firma Boehringer und der DAF kam es, als der Gauberufswalter der DAF daran Anstoß nahm, daß der Ausbildungsleiter der Firma Ende 1941 an einer von der Reichsgruppe Industrie durchgeführten Fortbildungsveranstaltung teilgenommen hatte. Der Boehringer-Ausbildungsleiter und der verantwortliche »Betriebsführer« trügen »Wasser auf zwei Schultern«, hieß es.[67] Deshalb und weil nicht geduldet werden könne, daß dieser Mann zugleich als Obmann für Qualitätsarbeit der Wirtschaftskammer fungiere, drohte der DAF-Funktionär mit der Abberufung des Boehringer-Mitarbeiters als Abteilungsleiter innerhalb des DAF-Berufserziehungswerkes im Gau Württemberg-Hohenzollern. Falls die Firmenleitung ihren Ausbildungsleiter nicht von seiner Aufgabe in der Wirtschaftskammer entbinde, hätte dies die Entziehung bzw. Nichtwiederverleihung des DAF-Leistungsabzeichens für vorbildliche Berufserziehung zur Folge. Rolf Boehringer, der sich nach diesem Vorfall an die Reichsgruppe Industrie wandte, verwies zunächst auf die enge und erfolgreiche Zusammenarbeit seines Betriebes mit der DAF bei der Berufsausbildung, bevor er deutlich machte, daß er für die »Divergenz« zwischen DAF und Reichsgruppe Industrie kein Verständnis habe, und seinem Bedauern Ausdruck gab, daß »die Mitarbeit bei den Bestrebungen der einen Stelle zu einer derartig scharfen Kritik der anderen Seite« führe. Er kündigte an, daß sich seine Firma solange von einer Zusammenarbeit mit der Reichs-

[63] Innerbetriebliche Bekanntmachung von Anfang Januar 1944. WABW, B 10, Bü 265.
[64] Kreisobmann Richard Lange an NSDAP-Kreisleitung Göppingen, 14.2.1939. StAL, PL 515/13, Bü 12, Nr. 2.
[65] Aussage des ehemaligen Betriebsdirektors. Protokoll der mündlichen Verhandlung, 9.8.1948. StAL, EL 902/8 Bü 16/1/15066.
[66] Boehringers Rechtsanwalt an Spruchkammer, 3.8.1948. Ebd. Die Ernennung des Nachfolgers wird durch eine innerbetriebliche Bekanntmachung von Januar 1944 bestätigt. WABW, B 10, Bü 265.
[67] Rolf Boehringer an Leiter der Reichsgruppe Industrie, 2.1.1942. WABW, B 10, Bü 316. Danach auch die folgenden Angaben und Zitate.

gruppe bei derartigen Fortbildungsveranstaltungen »für die Heranbildung leitender Ausbildungspersonen« zurückziehen werde, bis der Konflikt beigelegt sei. Seinen Ausbildungsleiter hatte Boehringer bereits angewiesen, seine Tätigkeit als Obmann mit sofortiger Wirkung niederzulegen. Auf die Nachfrage der Reichsgruppe Industrie, ob sich das Unternehmen denn auch von einer Zusammenarbeit mit der DAF zurückziehe, bis die gewünschte Einigung erfolgt sei,[68] antwortete Boehringer, daß dazu keinerlei Veranlassung bestehe. Nicht nur sei die Zusammenarbeit mit der DAF bislang eine äußerst »ersprießliche« gewesen, auch die »guten Beziehungen« zur Abteilung »Berufserziehung« wolle man wegen eines solchen Zwischenfalls keinesfalls aufs Spiel setzen.[69]

Geeignete Ausbilder gewannen mit der Ausweitung der systematischen Fach- und Spezialarbeiterausbildung an Bedeutung. Darauf versuchte die DAF mit eigenen Berufsbildungseinrichtungen ebenso Einfluß zu gewinnen wie die Reichsgruppe Industrie, die daran ging, die Ausbilder in eigenen Veranstaltungen zu schulen. Gegen den von der DAF proklamierten Totalitätsanspruch in der Berufsausbildung verstießen die Initiativen der Wirtschaft ebenso wie der einzelne Betrieb, der seinen Ausbildungsleiter, wenn auch in »bestem Treu und Glauben«, damit »der gesamten Frage der Lehrlingserziehung und -ausbildung (...) nur förderlich« gewesen zu sein,[70] zu Kursen der Reichsgruppe entsandte.[71] Wenngleich Rolf Boehringer keinen Hehl daraus machte, daß »wir alle zurzeit andere und dringendere Aufgaben zu lösen haben«[72] und sich entschieden dagegen wehrte, »diese Divergenzen zwischen der Deutschen Arbeitsfront und der Reichsgruppe auf unseren Schultern und den Schultern der Betriebsführer«[73] auszutragen, ordnete er sich in diesem Fall eindeutig der DAF unter. Vor einem handfesten Konflikt mit diesem aufgrund seiner Organisation auf Gau-, Kreis- und Betriebsebene omnipräsent scheinenden NS-Verband, der zudem seine Firma durch Entzug des Leistungsabzeichens »bestrafen« konnte, scheute der Unternehmer zurück. Ob er diese Einstellung über den Einzelfall hinaus auch später eingenommen hat, läßt sich wegen fehlender Unterlagen nicht nachprüfen. Ebenso muß offen bleiben, ob die für sein Unternehmen immer wichtiger werdenen Staatsaufträge (Wehrmacht und Vierjahresplan) ein entsprechendes Wohlverhalten notwendig erscheinen ließen. Anhand der Unterlagen ist diese Motivation allerdings nicht nachzuweisen, und es ist durchaus ungewiß, ob die Reichsgruppe Industrie oder die DAF über größeren Einfluß bei der Bürokratie verfügte. In Boehringers Spruchkammerverfahren gab der ehemalige Ausbildungsleiter an, daß sowohl er als auch Rolf Boehringer die Schulungen der Reichsgruppe Industrie für die besseren gehalten und sie sich aus

[68] Reichsgruppe Industrie an Firma Boehringer, 19.1.1942. Ebd.

[69] Rolf Boehringer an DAF-Gauwaltung Württemberg-Hohenzollern, Abt. für Berufserziehung und Betriebsführung, 28.2.1942. Ebd.

[70] Ebd.

[71] Zu den DAF-Konzeptionen bei der Berufsausbildung und ähnlichen Konflikten um den Monopolanspruch der DAF im Ausbildungswesen vgl. Frese, Betriebspolitik, S. 251-333.

[72] Rolf Boehringer an den Leiter der Reichsgruppe Industrie, 27.1.1942. WABW, B 10, Bü 316.

[73] Rolf Boehringer an den Leiter der Reichsgruppe Industrie, 2.1.1942. Ebd.

diesem Grund bewußt gegen eine Teilnahme an den von der DAF angebotenen Kurse entschieden hätten. Seinen Ausführungen zufolge hatte die DAF dies als »glatten Affront« aufgefaßt und seine Ablösung als Ausbildungsleiter bei der Firma Boehringer verlangt.[74] Allein dem Einsatz Boehringers für seine Person habe er es zu verdanken gehabt, daß er auf seinem Posten verbleiben konnte.

*Leistungsabzeichen und Gaudiplome: die drei Firmen im »Leistungskampf der deutschen Betriebe«*

Zwar hatte das 1934 erlassene Arbeitsordnungsgesetz die alleinige Entscheidungsbefugnis in innerbetrieblichen Angelegenheiten ausschließlich dem »Betriebsführer« zugesprochen,[75] der Deutschen Arbeitsfront gelang es in den folgenden Jahren aber, sich als Organisation in den Betrieben zu etablieren und über ihre Ämter und deren Aktionen, insbesondere bei Maßnahmen der Freizeitgestaltung und den verschiedenen Leistungswettbewerben, unentbehrlich zu machen. Der Durchsetzung ihres Totalitätsanspruches bei der Regelung der betrieblichen Angelegenheiten diente der im August 1936 von Hitler auf Drängen von Robert Ley, Leiter der DAF, verkündete »Leistungskampf der deutschen Betriebe«. Der DAF stand hierbei nicht nur das Recht zum Vorschlag der Betriebe zu, sie erarbeitete auch die Beurteilungskriterien. Mittels eines detaillierten Forderungskataloges, der Betriebsinterna wie Maßnahmen zu »Schönheit der Arbeit«[76], Freizeitorganisation, Berufsausbildung und Gestaltung der »Betriebsgemeinschaft« ebenso abfragte wie Daten zur wirtschaftlichen Lage oder zum technischen Stand des Betriebes, sollte dann entschieden werden, welcher Betrieb als NS-Musterbetrieb auszuzeichnen sei. Ende April 1937 wurden bereits die ersten 30 Unternehmen prämiert. Das Reichswirtschaftsministerium unter Schacht stimmte jedoch erst im Sommer 1937 einer Teilnahme der Betriebe am Leistungskampf zu, nachdem sich Schacht mit der Forderung durchgesetzt hatte, daß zur Beurteilung des betriebswirtschaftlichen Teils der Auswahlkriterien nicht die DAF, sondern die Industrie- und Handels- bzw. die Wirtschaftskammern zuständig sein würden. Anschließend forderte auch die Reichswirtschafskammer ihre Mitglieder auf, sich zum Wettbewerb 1937/38 anzumelden. Seit 1. Mai 1937 vergab die DAF außerdem zusätzlich spezielle »Leistungsabzeichen« für herausragende soziale Einzelleistungen wie für »vorbildliche Gesundheitsfürsorge« oder »vorbildliche Berufserziehung« sowie das

---

[74] Eidesstattliche Erklärung des seit 1938 bis Kriegsende bei der Firma Boehringer amtierenden Ausbildungsleiters, 25.2.1948. StAL, EL 902/8 Bü 16/1/15066. Rolf Boehringer sprach in diesem Zusammenhang davon, daß die von der Reichsgruppe Industrie angebotenen Kurse »vorteilhafter« gewesen seien. Spruch vom 9.8.1948. Ebd.

[75] § 2 AOG, RGBL I, 1934, S. 45.

[76] Das als Abteilung der DAF-Freizeitorgananisation »Kraft durch Freude« im November 1933 gegründete Amt »Schönheit der Arbeit« reklamierte für sich die Verantwortung insbesondere bei der Einrichtung von Umkleide- und Aufenthaltsräumen, Kantinen, sanitären Anlagen, der Ausgestaltung der Arbeitsräume, bei Fragen der Beleuchtung oder Belüftung am Arbeitsplatz, der Anlage von Grünflächen und Sportanlagen. Vgl. Frese, Betriebspolitik, S. 334-351, und Chup Friemert, Produktionsästhetik im Faschismus. Das Amt »Schönheit der Arbeit« von 1933-1939, München 1980.

»Gaudiplom für herausragende Leistungen«. Diese Leistungsabzeichen wurden von der DAF als zwingende Voraussetzung für den Titel »NS-Musterbetrieb« dargestellt, obwohl sie nach der Intervention Schachts Anfang Februar 1937 nur noch als Orientierung dienen sollten und in der Praxis bei der Titelvergabe keine Rolle spielten.[77] Angesichts des - ebenfalls 1936 verkündeten - Vierjahresplanes, der die forcierte Aufrüstung sichern sollte, konnte Ley den Wettkampf um die Auszeichnung »Nationalsozialistischer Musterbetrieb« als notwendiges Mittel zur Straffung der innerbetrieblichen Sozialpolitik anführen.[78] Wie stark das NS-Regime und die DAF den sozialen Alltag im Betrieb prägten und wie erfolgreich sie versuchten, auf die betriebliche Sozialpolitik Einfluß zu gewinnen, um in diesem Bereich ihren totalitären Machtanspruch durchzusetzen, lassen auch die Leistungsberichte der Firmen erkennen. Man muß allerdings bedenken, daß sie bei der DAF eingereicht wurden in der Hoffnung, im »Leistungskampf der deutschen Betriebe« als »Musterbetrieb« prämiert zu werden.

Die Firma Boehringer nahm an dem Wettbewerb bereits 1937/38, dem ersten Wettkampfjahr, teil, und für die Jahre 1939/40 und 1942 bezeugen ihre Leistungsberichte ebenfalls eine Teilnahme.[79] Von den Fortuna-Werken und der Firma Werner & Pfleiderer sind nur Berichte aus dem Jahr 1940/41 überliefert.[80] Diese Quellenlage läßt keinen Rückschluß darauf zu, wie oft sich die drei Unternehmen tatsächlich am »Leistungskampf der deutschen Betriebe« beteiligt haben. Nur die Firma Fortuna wurde 1942 als nationalsozialistischer Musterbetrieb ausgezeichnet,[81] die beiden anderen Unternehmen mußten sich mit

---

[77] Zum »Leistungskampf« vgl. Frese, Betriebspolitik, S. 421-434, und Jürgen Reulecke, Die Fahne mit dem goldenen Zahnrad: Der »Leistungskampf der deutschen Betriebe« 1937-1939, in: Detlev Peukert/Jürgen Reulecke (Hrsg.), Die Reihen fast geschlossen. Beiträge zur Geschichte des Alltags unterm Nationalsozialismus, Wuppertal 1981, S. 245-269. Daß der Besitz all' dieser Abzeichen Voraussetzung für den Titel NS-Musterbetrieb war, betont Reulecke, Die Fahne, S. 254; dagegen Frese, Betriebspolitik, S. 425. Freses Ergebnisse werden durch die vorliegende Studie bestätigt. So wurde etwa die Firma Fortuna 1942 zum NS-Musterbetrieb ernannt, obwohl sie an dem Leistungskampf der Betriebe in diesem Wettkampfsjahr gar nicht teilgenommen hatte. Aussage Knorrs in seinem Spruchkammerverfahren. Protokoll der öffentlichen Sitzung, 25.2.1948. StAL, EL 902/20 Bü 37/05/4073. Dies wurde von Knorrs ehemaliger Sekretärin bestätigt. Ebd.

[78] So Frese, Betriebspolitik, S. 421; zur Parallelität von Vierjahresplan und Leistungskampf: Reulecke, Die Fahne mit dem goldenen Zahnrad, S. 250f.

[79] Leistungsberichte 1938/39 und 1939/40. StAL, EL 902/8 Bü 16/1/15066; Leistungsbericht 1942. WABW, B 10, Bü 305.

[80] Für Fortuna: Archiv des Fortuna-Betriebsrates; für Werner & Pfleiderer: WABW, B 11, Bü 310.

[81] Nach Aussage Knorrs erging 1940/41 an die Firma eine Aufforderung der DAF, einen entsprechenden Leistungsbericht einzuschicken, da der Betrieb als Musterbetrieb prämiert werden sollte. Die Auszeichnung sei wegen Differenzen zwischen ihm als »Betriebsführer« und der DAF allerdings erst im Jahr 1942 ohne weiteres Zutun »von selbst« erfolgt. Protokoll der öffentlichen Sitzung, 25.2.1948. StAL, EL 902/20 Bü 37/05/4073. Die Bewerbung 1940 wurde im Entnazifizierungsverfahren gegen den ehemaligen Technischen Direktor des Werkes bestätigt. StAL, EL 902/20 Bü 37/05/4890. Laut Fortuna-Betriebsrat waren dem Betrieb der Reihe nach folgende Auszeichnungen verliehen worden: »Musterbetrieb«, die goldene Fahne und das Kriegsverdienstkreuz zur goldenen Fahne. Anlage zum Arbeitsblatt

»Leistungsabzeichen« und »Gaudiplomen« begnügen. Und dies, obwohl etwa der Göppinger DAF-Kreisobmann der Firma Boehringer bereits Ende 1937 bescheinigt hatte, daß sie »auf dem besten Wege« sei, »ein Deutscher Musterbetrieb« zu werden.[82] Was die betriebliche Sozialpolitik betreffe, marschiere dieses Unternehmen »mit an der Spitze der Betriebe im Kreis Göppingen«, die Belegschaft werde über Tarif entlohnt und bekomme eine »ansehnliche« Weihnachtsgratifikation, und es herrsche allgemein ein »sehr guter Gemeinschaftsgeist«.[83] Außerdem, so hieß es 1937 im Schreiben der DAF-Kreiswaltung an den Gauwirtschaftsberater weiter, befänden sich unter den Angestellten »alte Kämpfer der Bewegung«, und in der »Judenfrage« handle der Betrieb »nach den Grundsätzen der NSDAP«.

Ihre erste Auszeichnung erhielt die Firma Boehringer im November 1938, als ihr in einer Feierstunde vom Gauobmann der DAF das Leistungsabzeichen für vorbildliche Berufserziehung verliehen wurde. In der Göppinger Presse wurde die Prämierung als eine »große Freude« bezeichnet, nicht nur für den Betrieb, sondern »für die ganze Industriestadt Göppingen, deren Namen nicht zuletzt durch die Boehringer-Qualitäts-Produkte in der ganzen Welt bekanntgeworden« sei.[84] Um die Lehrlingsausbildung besorgt zu sein, bezeichnete Rolf Boehringers als eine »Selbstverständlichkeit« für jedes »gutgeleitete Werk«.[85] Sein Unternehmen habe bereits vor 1914 entsprechende Anstrengungen unternommen, im Ersten Weltkrieg und in den Nachkriegsjahren sei die Frage der Nachwuchsausbildung jedoch vernachläßigt worden. So war zum Beispiel die 1913 eingerichtete Lehrlingsabteilung in den folgenden Jahren bis zum »Beginn unseres nationalen und wirtschaftlichen Wiederaufstieges als Folge der durch Adolf Hitler bewirkten Erneuerung des deutschen Geistes«[86] beinahe »zum Erliegen« gekommen.[87] Erst unter den Bedingungen der NS-Herrschaft und des sich abzeichnenden Facharbeitermangels in den Metallberufen bot die Firma Boehringer ab Herbst 1934 wieder Ausbildungsplätze in einer Lehrwerkstatt an, die unter Anwesenheit »zahlreicher Gäste der NSDAP, der Behörden und Wirtschaft« im Oktober feierlich eingeweiht worden war.[88] Im Frühjahr 1938 konnte die Lehrwerkstatt in neue, größere Räume umziehen, die gemäß den Grundsätzen von »Schönheit der Arbeit« gestaltet worden waren: Fenster auf beiden

---

von Max Knorr, 9.2.1948. StAL, EL 902/20 Bü 37/05/4078. Zu den Auszeichnungen im Krieg vgl. Matthias Frese, Vom NS-Musterbetrieb zum Kriegsmusterbetrieb. Zum Verhältnis von Deutscher Arbeitsfront und Großindustrie 1936-1944, in: Michalka (Hrsg.), Der Zweite Weltkrieg, S. 382-401.

[82] Bescheinigung des Keisobmannes vom 13.12.1937. StAL, EL 902/8 Bü 16/1/15066.

[83] Kreiswaltung an NSDAP-Gauleitung, Gauwirtschaftsberater, 19.10.1937. StAL, PL 515/13, Bü 12, Nr. 2. Hier auch die folgenden Zitate.

[84] Leistungsabzeichen für Gebr. Boehringer, in: Göppinger Nachrichten. Der Hohenstaufen, 7.11.1938. WABW, B 10, Bü 132.

[85] Leistungsbericht der Firma Boehringer 1942. WABW, B 10, Bü 305.

[86] Ebd.

[87] Leistungsabzeichen für Gebr. Boehringer, in: Göppinger Nachrichten. Der Hohenstaufen vom 7.11.1938. WABW, B 10, Bü 132.

[88] Leistungsbericht der Firma Boehringer 1942. WABW, B 10, Bü 305. Danach auch das Folgende.

Längsseiten garantierten den »ungehindert(en) Zutritt« des Tageslichtes, aus »Gründen der Zweckmäßigkeit, der Sauberkeit und der Schönheit« hatte man »sämtliche Gas-, Wasser- Luft- und (...) Stromleitungen unter Putz gelegt«, der »Holzzementbelag« für den Fußboden war nicht nur haltbar, sondern auch »trittsicher, elastisch und fußwarm«, und das künstliche Licht ermöglichte eine »gleichmäßige, schatten- und blendungsfreie (...) Allgemeinbeleuchtung von großer Helligkeit«. Damit war eine »klare, übersichtliche Gliederung« gegeben, die von einer »neuzeitliche(n) Lehrwerkstatt« verlangt würde und die von der Firmenleitung als Garant für »gute Lehrverhältnisse« bezeichnet wurde. Die »gesamte Überwachung des Lehrlingswesens« unterstand seit Anfang 1938 Rolf Boehringer persönlich.

Auf jeweils vor die NS-Zeit zurückreichende Maßnahmen in der Lehrlingsausbildung verwiesen auch die Firmen Fortuna und Werner & Pfleiderer. Bereits 1906 hatten die Fortuna-Werke eine Lehrwerkstatt ins Leben gerufen, die - so die Firma - die »älteste Lehrwerkstatt Württembergs« gewesen sei.[89] Im April 1937 wurde die Firma mit dem entsprechenden Leistungsabzeichen ausgezeichnet, und ein Jahr später gründete sie gemeinsam mit der Firma Robert Bosch und der Reichsanstalt für Arbeitsvermittlung eine zweite Lehrwerkstatt in Malberg/Eifel, um die Bemühungen der DAF zur Erhöhung der Facharbeiterzahl und die der Reichsanstalt »um Berücksichtigung der Notstandsgebiete« zu unterstützen. 1940/41 bildete das Unternehmen 85 Lehrlinge in seinem Bad Cannstatter Stammwerk und 21 in Malberg aus, hingegen war bei der Firma Boehringer bereits 1938 von 200 Lehrlingen die Rede.[90] Die Firma Werner & Pfleiderer, welche seit 1922 gewerbliche Lehrlinge ausbildete und 1929 an ihrem neuen Standort in Feuerbach 35 Ausbildungsplätze anbieten konnte, eröffnete ihre 1931 in der Weltwirtschaftskrise geschlossene Lehrwerkstatt 1936 mit 48 Ausbildungsplätzen wieder. Drei Jahre später bot das Unternehmen bereits 84 gewerbliche Ausbildungsplätze an. Auch hier war die Lehrwerkstatt gemäß den DAF-Vorgaben »durchgreifend neu gestaltet« worden: So gab es etwa für die Lehrlinge eigene Umkleideräume und sanitäre Anlagen.[91] Ob dies auch ohne die Einwirkung der DAF geschehen wäre, ist weder hier noch in anderen Fällen nachzuweisen. Das Leistungsabzeichen für vorbildliche Berufserziehung erhielt die Firma Werner & Pfleiderer trotz aller Bemühungen erst 1942 und damit wesentlich später als die Firmen Fortuna (1937) und Boehringer (1938).[92]

---

[89] Leistungsbericht der Firma Fortuna 1940/41. Archiv des Fortuna-Betriebsrates. Dort auch das Folgende.

[90] Vom Gußstück - zum kleinsten Zahnrad, in: Württembergische Landeszeitung, 5.11.1938; Leistungsabzeichen für Gebr. Boehringer, in: Göppinger Nachrichten. Der Hohenstaufen, 7.11.1938. WABW, B 10, Bü 132.

[91] Leistungsbericht der Firma Werner & Pfleiderer zur Verleihung des Leistungsabzeichens für vorbildliche Berufserziehung 1940/41. WABW, B 11, Bü 311.

[92] Initial Property Report, 5.10.1945. WABW, B 11, Bü 314.

*Gesundheitsfürsorge im Betrieb*

Neben der Berufsausbildung waren es vor allem Arbeitsplatzverbesserungen im Sinne des Amtes »Schönheit der Arbeit« und Maßnahmen zur Gesundheitsfürsorge im Betrieb, die sowohl für die Befriedung der Arbeitnehmer als auch für die Leistungssteigerung - besonders im Zeichen der forcierten Aufrüstung seit 1936/37 - zunehmend an Bedeutung gewannen. So hatte bei der Vergabe des Leistungsabzeichens für vorbildliche Berufserziehung eine Rolle gespielt, inwieweit das Unternehmen den Forderungen des Amtes »Schönheit der Arbeit« nachgekommen war. Die Einrichtung von Anlagen und Räumen, welche die »Betriebsgemeinschaft« fördern sollten, zählte bei der Verleihung des Leistungsabzeichens für vorbildliche Volksgesundheit als ein entscheidendes Beurteilungskriterium.

Die Fortuna-Werke erhielten 1940 bereits zum dritten Mal das »Gaudiplom für hervorragende Leistungen«,[93] die Firma Werner & Pfleiderer wurde 1941 und 1942 mit dieser Auszeichnung prämiert,[94] und die Firma Boehringer bekam das Gaudiplom in den Jahren 1939 bis 1942.[95] Sie wurde außerdem im Oktober 1943 vom Wehrkreisbeauftragten und vom DAF-Gauobmann für den »erbrachten Leistungseinsatz im bisherigen Kriegsverlauf« mit einer »Anerkennungsurkunde« ausgezeichnet,[96] die von der Betriebsführung als »erste Stufe zur Ernennung zum Kriegsmusterbetrieb« bezeichnet wurde.[97]

Im Bereich »Vorbildliche Sorge um die Volksgesundheit« konnte die Firma Boehringer den Anforderungen der DAF nicht genügen. Negativ vermerkt wurde bei der Beurteilung der allgemeinen Arbeitsplatzbedingungen insbesondere, daß noch kein Betriebsarzt eingestellt worden war. Der Göppinger Kreisobmann, der die Firma Boehringer 1940 für das Leistungsabzeichen vorschlug, erklärte dies mit dem »heutigen Ärztemangel«.[98] Die Firmenleitung beabsichtige sogar, einen »hauptamtlichen Zahnarzt« zu bestellen, der »später einmal regelmäßig die Arbeitskameraden auf den Zustand ihrer Zähne untersuchen« solle. Zwar wußte er, daß die Verleihung des Leistungsabzeichens an die Einstellung eines Betriebsarztes gekoppelt war, angesichts der herrschenden schwierigen Kriegszeiten plädierte er aber dafür, daß dieses Kriterium im Falle der Firma Boehringer für die Auszeichnung »nicht ausschlaggebend« sein sollte. Denn in vielerlei Hinsicht erfüllte dieses Unternehmen den DAF-Forderungskatalog. Ein seit 1938 eingestellter »Betriebsfürsorger« stand »allen kranken und sonstigen bedürftigen Gefolgschaftsmitgliedern mit Rat und Tat zur Seite«, führte in der ersten Woche der Erkrankung bei dem Betroffenen einen Kontrollbesuch durch und informierte die Betriebsleitung über das Ergebnis.[99]

[93] Leistungsbericht der Firma Fortuna 1940/41. Archiv des Fortuna-Betriebsrates.

[94] Amendments as effective May, 5th 1946 to Initial Property Report. WABW, B 11, Bü 314.

[95] WABW, B 10, Bü 300-304.

[96] WABW, B 10, Bü 306.

[97] Innerbetriebliche Bekanntmachung, 8.11.1943. WABW, B 10, Bü 268.

[98] Kreisobmann Wurster an die DAF-Gauwaltung Württemberg-Hohenzollern, Amt für Soziale Selbstverantwortung, 21.11.1940. StAL, EL 902/8 Bü 16/1/15066. Dort auch die folgenden Zitate.

[99] Leistungsbericht der Firma Boehringer 1939/40. StAL, EL 902/8 Bü 16/1/15066.

Als »vorbildlich« bezeichnete der Kreisobmann auch das durch die Akkordsätze festgelegte Arbeitstempo, das zu keiner »besonders starken Ermüdung« der Arbeiter führe, und er lobte die Lehrlingsbetreuung. Mit »Gymnastik und Spielen« werde unter der Leitung eines »ausgebildeten Sportwartes« Ausgleichssport getrieben, die Jugendlichen nähmen jedes Jahr an Wanderungen und Fahrten teil, und die Firma gewähre den HJ-Mitgliedern unter den Lehrlingen Zuschüsse, wenn diese an den sportlichen Aktivitäten dieser Organisation teilnahmen.[100] Die Einnahme eines Mittagessens in der Werkskantine sei für die Lehrlinge verpflichtend, außerdem gebe das Unternehmen für sie vormittags kostenlos Tee - vor Kriegsbeginn Milch - aus. Der Erhaltung und Stärkung der »Volksgesundheit« würden außerdem die neuerstellten sanitären Anlagen, die Klimaanlage in den neuen Büroräumen und die in den Neubauten eingerichteten Luftschutzräume dienen. Besonders erwähnenswert fand der Kreisobmann darüber hinaus die Einrichtung einer Werkskantine und die Existenz einer Betriebssportgemeinschaft sowie die Bereitstellung von Hockern, die den »Gefolgschaftsmitgliedern« »für die kleinen Pausen zur kurzen Rast« zur Verfügung standen.

Die zuständige Abteilung »Gesundheit und Volksschutz« bei der DAF-Gauwaltung erkannte daraufhin zwar die Bestrebungen der Firma Boehringer auf dem Gebiet der betrieblichen Gesundheitsfürsorge an, monierte aber, in den allermeisten Fällen handele es sich um noch nicht verwirklichte Pläne. So seien die sanitären Einrichtungen »einigermaßen in Ordnung« und die Lehrwerkstatt »vorbildlich«, die Werksküche »gut eingerichtet« und das Essen »preiswert und physilogisch (!) hergestellt«, keinesfalls genüge jedoch die Sanitätsstelle den Anforderungen und darüber hinaus sei das »Entscheidende, die Einstellung eines Betriebsarztes (...) bis jetzt nicht geschehen«.[101] Das Argument eines angeblichen Ärztemangels ließ die DAF-Abteilung nicht gelten, denn von ihr könne »jederzeit ein Betriebsarzt (...) nachgewiesen werden«. Der deshalb um ein Jahr zurückgestelle Antrag wurde jedoch auch im folgenden Jahr abschlägig beschieden.[102]

Die DAF wollte bei der möglichst flächendeckenden Einstellung von Betriebsärzten beteiligt werden, um ihren Einfluß auf die Personen und damit auf die betriebliche Gesundheitsfürsorge zu sichern. Ein solcher Zugriff blieb ihr bei der Firma Boehringer zumindest bis 1942 verwehrt. Indem der Betrieb einen Ärztemangel anführte, welcher der Realisierung des DAF-Vorhabens entgegenstehe, und sich die Firmenleitung nach Auffassung des zuständigen DAF-Amtes insgesamt nicht »geneigt« zeigte, einen hauptamtlichen Betriebssarzt einzustellen,[103] konnte der Betrieb seine Zuständigkeit bei den konkreten ge-

[100] Kreisobmann Wurster an die DAF-Gauwaltung Württemberg-Hohenzollern, Amt für Soziale Selbstverwaltung, 21.11.1940. Ebd. Dort auch das Folgende.

[101] DAF-Gauwaltung Württemberg-Hohenzollern, Abt. Gesundheit und Volksschutz, an Abt. Soziale Selbstverwaltung, 9.1.1941. Ebd. Hier auch das folgende Zitat.

[102] DAF-Gauwaltung, Abt. Gesundheit und Volksschutz, an DAF-Kreiswaltung Göppingen, 14.1.1942. Ebd.

[103] DAF-Gauwaltung, Abt. Gesundheit und Volksschutz, an Abt. Soziale Selbstverwaltung, 9.1.1941. Ebd.

sundheitspolitischen Maßnahmen wahren. Zwar »warb« die DAF mit dem Druckmittel »Leistungsabzeichen« für die Einstellung von Betriebsärzten, im konkreten Fall der Firma Boehringer hatte dies jedoch nicht den gewünschten Erfolg.[104] Ob ab 1942 ein Betriebsarzt eingestellt wurde, geht aus den Unterlagen nicht hervor. Zwar erwähnte nach Kriegsende ein Mitarbeiter der Firma einen Betriebsarzt,[105] ob es sich dabei aber um einen fest von der Firma angestellten oder um einen niedergelassenen Arzt handelte, welcher die Boehringer-Beschäftigten im Krankheitsfall behandelte, konnte nicht festgestellt werden.

Im Gegensatz zu dem Göppinger Unternehmen sind weder von den Fortuna-Werken noch von der Firma Werner & Pfleiderer Unterlagen überliefert, die darauf schließen ließen, daß sie für das Leistungsabzeichen für vorbildliche Volksfürsorge vorgeschlagen worden waren. Da betriebliche Gesundheitsfürsorgemaßnahmen jedoch ein Beurteilungskriterium im »Leistungskampf der deutschen Betriebe« darstellte, unterstrich beispielsweise die Firma Fortuna in ihrem Leistungsbericht 1940/41 ihre auf diesem Gebiet erbrachten Leistungen. Leider sei die Bestellung eines - nebenamtlichen - Betriebsarztes durch den Kriegsausbruch unmöglich geworden, hieß es dort, die 1939 geführten »Verhandlungen« wolle man nach Kriegsende jedoch wieder aufgreifen.[106] Ärztlich untersucht wurden deshalb nur die Lehrlinge und das Küchenpersonal. Beschäftigte, die häufig krank waren und bei der ihnen zugeteilten Arbeit körperliche Beschwerden geltend machten, ließ das Unternehmen seit Jahren auf seine Kosten von einem praktischen Arzt untersuchen. So sollte festgestellt werden, ob durch eine andersartige Beschäftigung eine Linderung der Beschwerden erreicht werden könnte oder - so könnte man anfügen - ob die Schmerzen nur simuliert waren. Darüber hinaus verfügte das Unternehmen über zwei vollausgebildete und ständig im Betrieb anwesende Sanitäter, die für Erste-Hilfe-Maßnahmen, Verbandswechsel und Massagen zuständig waren und darin von 23 »Laienhelfer« und 8 »Laienhelferinnen« unterstützt wurden. Durch einen »Fabrikfürsorger«, der kranke »Gefolgschaftsmitglieder« alle zwei Wochen besuchte, war die Firmenleitung außerdem stets über das Befinden und den Genesungsfortschritt ihrer Beschäftigten informiert. Aufgrund eines Abkommens mit der Stuttgarter Ortskrankenkasse ersetzten diese Besuche die sonst üblichen Kontrollbesuche der Krankenkasse. Weitere Aufgabenbereiche des »Fabrikfürsorgers« waren die Beratung der Erkrankten bei Überweisungen in »Krankenhäuser, Heilanstalten und bei Erholungsverschickung«, ihre Ver-

---

[104] Bereits Anfang 1937 hatte die DAF eine Kampagne zur flächendeckenden Versorgung der Unternehmen mit Betriebsärzten gestartet, wonach alle Betriebe mit über 2000 Beschäftigten einen hauptamtlichen, kleinere Firmen einen nebenamtlichen Betriebsarzt beschäftigten sollten. Vgl. Frese, Betriebspolitik, S. 356ff.

[105] Aussage vom 4.5.1948. Protokoll der mündlichen Verhandlung der Spruchkammer Göppingen gegen den ehemaligen Betriebsdirektor bei der Firma Boehringer, 4.5.1948. StAL, EL 902/8 Bü 16/1/16766.

[106] Leistungsbericht der Firma Fortuna 1940/41. Archiv des Fortuna-Betriebsrates. Danach auch alles Folgende.

tretung gegenüber der Krankenkasse und die Beratung des »Betriebsführers« über die Höhe der Zuwendungen, die bei Betriebsunfällen und länger andauernden Krankheiten aus der betriebseigenen Unterstützungskasse an die Betroffenen gezahlt wurden.

Zur betrieblichen Gesundheitsfürsorge zählten die Fortuna-Werke die seit 1905 bestehende Werkskantine, die in den Jahren 1940/41 erweitert und neu eingerichtet wurde. Für 30 bis 35 Reichspfennig konnte die Belegschaft hier ein warmes Mittagessen - »bestehend aus Suppe und Hauptgang (kein Eintopf)« - einnehmen, ein Angebot, das von durchschnittlich 400 bis 450 Beschäftigten genutzt wurde. Durch weitere während der NS-Herrschaft und im Zusammenhang mit den Aktionen der DAF ergriffene Maßnahmen, wie etwa die Neugestaltung der sanitären Anlagen, das durch Neuverputz und Streichen erreichte »freundliche Aussehen« der Werkstätten und Büroräume oder die Anlage eines »Gefolgschaftsgarten(s)« vor der Kantine, wurden vielfach die betrieblichen Arbeitsverhältnisse verbessert. Dies bestätigte der Betriebsratsvorsitzende der Fortuna-Werke 1948, als er die »sozialen Verbesserungen« ansprach, zu denen es im Betrieb im Zusammenhang mit den DAF-Aktionen und dem »Leistungskampf der Betriebe« gekommen war. Sie hätten »sich nicht immer zum Schaden, sondern auch zum Nutzen der Belegschaft bewährt«, seien aber »teuer erkauft« worden.[107] Insgesamt waren der »Leistungskampf der Betriebe« und die damit verbundenen Leistungsabzeichen nicht nur genuine Erfindungen der DAF, sondern in der Vorkriegszeit wohl ihre bedeutsamsten Schöpfungen zur ständigen Mobilisierung und Leistungssteigerung von Beschäftigten und Betrieben.[108]

### *»Bindeglieder der Betriebsgemeinschaft«: Freizeitveranstaltungen*

Ein weiteres Feld, das die DAF bzw. ihr Amt »Kraft durch Freude« (KdF) erfolgreich besetzen konnten, war der Bereich Freizeitveranstaltungen, dessen Organisation die drei Betriebe weitestgehend der NS-Organisation überließen. Freizeitveranstaltungen wie »Kameradschaftsabende«, Betriebssport, Betriebsausflüge sowie Theater- und Musikveranstaltungen standen im Mittelpunkt der Arbeit von KdF. Bei den Betriebsveranstaltungen ging es vor allem um sogenannte Kameradschaftsabende, die außerhalb der Arbeitszeit als Betriebsfeste durchgeführt wurden.

An dem von der DAF inaugurierten »Kameradschaftsabend«, der bei der Firma Boehringer alljährlich im Januar - erstmals 1934 im Göppinger »Drei-

---

[107] Anlage zum Arbeitsblatt von Max Knorr, 9.2.1948. StAL, EL 902/20 Bü 37/05/4073.

[108] Zu dieser Einschätzung gelangt Frese, Betriebspolitik, S. 433. Vgl. auch: Mason, Sozialpolitik, S. 252f; Reulecke, Die Fahne, S. 269; Hisashi Yano, Hüttenarbeiter im Dritten Reich. Die Betriebsverhältnisse und die soziale Lage bei der Gutehoffnungshütte Aktienverein und der Fried. Krupp AG 1936 bis 1939, S. 152; Gunter Mai, »Warum steht der deutsche Arbeiter zu Hitler?« Zur Rolle der Deutschen Arbeitsfront im Herrschaftssystem des Dritten Reiches, in: GG 12 (1986), S. 212-234, 227f. Zur Tradition der Hochschätzung der Arbeit in Deutschland, die in die NS-Maßnahmen eingeflossen sei: Joan Campbell, Joy in Work, German Work. The National Debate 1800-1945, Princeton 1989.

königssaal«, in den folgenden Vorkriegsjahren im »Stadtgarten« - stattfand, sollte der Belegschaft bei Musik und sonstigen kulturellen Darbietungen das Gefühl der Betriebsverbundenheit und des gemeinsamen Interesses von Beschäftigten und Betriebsführung am Betrieb vermittelt werden. Wie dem Programm der Feier von 1939 zu entnehmen ist, folgten dem ersten - »ernsteren« - Teil der Veranstaltung, bestehend aus Ansprachen des »Betriebsführers« Rolf Boehringer und des Betriebsobmannes sowie der Jubilarehrungen, ein zweiter geselliger Teil aus Vorführungen von Belegschaftsangehörigen und auswärtigen Künstlern, musikalische Darbietungen des Musikzuges der Boehringer-Werkschar und dem gemeinsamen Singen von Volksliedern.[109] Der Werkschor wirkte erstmals 1936 mit, vier Jahre später engagierte das Unternehmen das Landesorchester des Gaues Württemberg-Hohenzollern, und 1941 und 1942 waren die Werksfeiern mit einer Veranstaltung im Göppinger Staufentheater verbunden. Der zum geselligen Teil zählende Imbiß wurde in den Jahren nach Kriegsbeginn gestrichen; die Firmenleitung machte dafür die Lebensmittelbewirtschaftung sowie die stark angestiegene Größe der Belegschaft verantwortlich, die für jede Göppinger Gaststätte zu groß sei.[110]

Nicht nachzuprüfen war, inwieweit die Firma Boehringer schon vor 1933 Betriebsfeiern organisiert hatte. Deshalb kann nicht geklärt werden, inwiefern sich während des Nationalsozialismus in Zusammenhang mit KdF Ablauf und Durchführung der betrieblichen Veranstaltungen veränderten. Der Beginn des Krieges hatte zwar Auswirkungen auf den Ablauf des »Kameradschaftsabends« - Besuch einer Theater- oder Konzertveranstaltung anstelle des gemeinsamen Essens -, eingestellt wurde die alljährliche Geselligkeitsveranstaltung aber nicht. Daß die »Kameradschaftsabende« von der Betriebsleitung durchgängig als Betriebsfeiern bezeichnet wurden,[111] könnte ein Hinweis auf das Bestreben der Firma sein, die betrieblichen Veranstaltungen weitgehend in eigener Verantwortung zu gestalten.

Die »Kameradschaftsabende« bei der Firma Werner & Pfleiderer - wie bei der Firma Boehringer mit der Ehrung von Jubilaren verbunden, die in der Regel von den beiden Gesellschaftern vorgenommen wurden - fanden zumindest in den Anfangsjahren unter Beteiligung von prominenten NSDAP-Vertretern statt. So waren im November 1935 mehrere Vertreter der DAF, darunter DAF-Gauwalter Friedrich Schulz, vertreten, ein Jahr später waren wiederum Schulz und auch der Treuhänder der Arbeit, Dr. Wilhelm Kimmich, Gäste beim »Kameradschaftsabend«.[112] Bei den Fortuna-Werken hingegen sind Werksfeiern bereits in den Jahren vor der Weimarer Republik nachzuweisen, und während der NS-Herrschaft fand bis Kriegsbeginn jährlich ein »Kameradschaftsabend« statt. Anschließend wurden derartige Veranstaltungen eingestellt und die dafür vor-

---

109 Vortragsfolge der Betriebsfeier (!) am 7.1.1939 im »Stadtgarten«. WABW, B 10, Bü 267.
110 Leistungsbericht der Firma Boehringer 1942. WABW, B 10, Bü 305.
111 Ebd. Ansprache von Rolf Boehringer bei der Betriebsfeier (!) am 13.1.1940: »Unser Kameradschaftsabend zu Beginn des neuen Jahres fängt ja schon an Tradition zu werden (...)«. WABW, B 10, Bü 292.
112 WABW, B 11, Bü 286.

gesehenen finanziellen Aufwendungen des Unternehmens für die betriebliche »Soldaten- und Soldatenfamilien-Betreuung« zur Verfügung gestellt.[113]

Im Unterschied zu den Firmen Boehringer und Werner & Pfleiderer nahmen die Fortuna-Werke ihre Jubilarehrung während der 1. Mai-Veranstaltung vor.[114] Die nationalsozialistische Inszenierung des 1. Mai, welche die einträchtige Abkehr von Arbeitgebern und Arbeitnehmern vom »Klassenkampf« der Weimarer Republik demonstrieren sollte, hatte nach dem Willen des NS-Regimes Anlaß für eine besondere Belegschaftsfeier zu sein. Bei der Firma Boehringer ging der eigentlichen 1. Mai-Veranstaltung im Jahr 1939 ein zwei Tage zuvor abgehaltener und circa fünfzehnminütiger Betriebsappell voran, dem das gemeinsame Anhören der im Radio übertragenen Rede Hitlers folgte. Die eigentliche Maifeier wurde morgens um acht Uhr mit der Möglichkeit einer Betriebsbesichtigung für die Angehörigen der Belegschaft eröffnet. Nach der Ansprache des Betriebsobmannes, eingerahmt von Darbietungen des Musik- und Spielmannszuges, erfolgte der »Abmarsch« der Beschäftigten »in Sechserreihen« zur Abschlußkundgebung.[115] An die »Übertragung des Festaktes« auf dem Göppinger Adolf-Hitler-Platz schloß sich abends eine Belegschaftsfeier an, die als »zwanglose Unterhaltung« angekündigt worden war und zu der auch die Familien der Beschäftigten eingeladen waren. An diesem besonderen Tag sollten »möglichst viele Werksangehörige zu ihrem Zivilanzug wenigstens die DAF-Mütze« tragen und ihre DAF-Abzeichen anstecken, wies Rolf Boehringer seine Belegschaft an. Ausgenommen von der Teilnahmepflicht an der zentralen Göppinger 1. Mai-Veranstaltung waren die auswärtigen Boehringer-Mitarbeiter, die an den Feierlichkeiten in ihren Wohnorten teilnehmen sollten. Trotzdem erwartete Boehringer, daß »eine große Anzahl unserer auswärtigen Gefolgschaftsmitglieder zum Appell und zum Umzug nach Göppingen kommen, um die Geschlossenheit unseres Betriebes, die Betriebszusammengehörigkeit, im Sinne des Gemeinschaftsgedankens, auch nach außen hin unter Beweis zu stellen«. Ganz ähnlich gestaltete sich der Ablauf der Veranstaltung bei der Firma Werner & Pfleiderer. Einem knapp einstündigem Konzert der Werkskappelle folgte der »Abmarsch« der Beschäftigten zur zentralen Kundgebung in der Adolf-Hitler-Kampfbahn. Dabei sollten die Beschäftigten ihre DAF-Mütze und - soweit vorhanden - den DAF-Anzug, ansonsten einen dunklen, festlichen Anzug tragen.[116]

Eine Ergänzung zu den Werksfeiern stellten die Betriebsausflüge dar, bei denen die DAF ebenfalls versuchte, ihren Einfluß auf diesen Bereich der Betriebspolitik auszuweiten, indem sie die Werksausflüge im Rahmen des »Leistungskampfes« als Standardrepertoire eines jeden Betriebes durchzusetzen versuchte und die Betriebe aufforderte, die Kosten ganz zu übernehmen.[117] Bei

[113] Leistungsbericht der Fortuna-Werke 1940/41. Archiv des Fortuna-Betriebsrates.
[114] WABW, B 11, Bü 286.
[115] Bekanntmachung der Betriebsführung, 27.4.1939. WABW, B 10 Bü 267. Hier auch die folgenden Zitate.
[116] Bekanntmachung der Beriebsführung No 14/1937 betr. Feier des 1. Mai 1937. WABW, B 11, Bü 286.
[117] Vgl. Frese, Betriebspolitik, S. 389ff.

der Firma Boehringer wurden die 1934 bis 1937 jährlich stattfindenden Betriebsausflüge als das »stärkste Bindeglied in der Betriebsgemeinschaft«[118] bezeichnet. 1934 führte der Weg an den Bodensee, 1935 und 1936 nach Heidelberg bzw. Nürnberg, und 1937 unternahm die Belegschaft einen »Omnibus-Ausflug über die Reichsautobahn in die nächste Umgebung«.[119] 1938 konnte der geplante Betriebsausflug zunächst wegen den in Göppingen aufgetretenen Fällen von Kinderlähmung nicht stattfinden, später scheiterte die Durchführung an Transportproblemen. Die für den Ausflug vorgesehenen Aufwendungen von RM 10 000 kamen 1938 einer Spende für Sudentendeutsche zugute. Im folgenden Jahr verzichtete das Unternehmen ganz auf Betriebsausflüge. Als Grund wurde die Belegschaftsstärke angegeben, die für diese Art von Betriebsveranstaltung inzwischen zu groß geworden sei. 1939 und 1940 kam die Unternehmensleitung nach Beratung mit dem Vertrauensrat und KdF zu dem Entschluß, ihren Arbeitnehmern statt eines Betriebsausfluges die Teilnahme an einer von KdF organisierten Fahrt zu ermöglichen. Die Hälfte der Belegschaft sollte 1939, die übrigen ein Jahr später auf Fahrt gehen. Je nach Dauer der Betriebszugehörigkeit konnten die Mitarbeiter an verschiedenen Tagesausflügen bis hin zu Fahrten von zehntägiger Dauer teilnehmen. Die gesamten Kosten übernahm die Firma Boehringer.[120]

Während die geplanten Fahrten 1939 tatsächlich durchgeführt wurden und somit wenigstens die Hälfte der Boehringer-Belegschaft in den Genuß eines KdF-Ausfluges kam, berichtete die Firma 1942, daß diese Veranstaltungsart ab 1940 wegen des Krieges ganz eingestellt und das hierfür vorgesehene Geld dem Roten Kreuz gespendet worden sei.[121] Inwieweit bereits bis 1937 die Betriebsausflüge im Rahmen des KdF-Angebotes organisiert worden waren, läßt sich anhand des Firmenarchivs nicht nachprüfen. Von Anfang an nachgekommen ist die Firma Boehringer einer zentralen Forderung der DAF: Sie trug die gesamten Unkosten der KdF-Fahrten. Das legt die Vermutung nahe, daß das Unternehmen auch zuvor die Kosten für die Werksausflüge übernommen hatte. Die von der Firma ausgewiesenen Aufwendungen für »Betriebsfeiern, Kameradschaftsabende und Betriebsausflüge« beliefen sich 1939 auf knapp 22 000 RM und machten damit den sechstgrößten Posten innerhalb der so-

---

118 Leistungsbericht der Firma Boehringer 1942. WABW, B 10, Bü 305.

119 Ebd.

120 Je nach Dauer der Betriebszugehörigkeit ergaben sich für das Jahr 1939 folgende Reiseoptionen: unter einem Jahr Betriebszugehörigkeit eine eintägige Fahrt nach Lichtenstein-Hohenzollern, bei einem bis fünf Jahren ein Tagesausflug nach Rothenburg-Dinkelsbühl, bei sechs bis zehn Jahren eine eintägige Fahrt an den Bodensee, bei elf bis 25 Jahren eine zweitägige Fahrt nach Füssen und Innsbruck, bei 26 bis 40 Jahren eine achttägige Fahrt nach Tirol, und bei einer Betriebszugehörigkeit von mehr als 40 Jahren bezahlte die Firma eine zehntägige Fahrt nach Oberbayern und Tirol. Leistungsbericht der Firma Boehringer 1939/40. StAL, EL 902/8 Bü 16/1/15066. KdF organisierte 1938 immerhin 10,3 Mio. Urlaubsreisen, so daß hier dem Regime der Aufbau einer Massentourismus-Organisation gelungen war. Vgl. Hasso Spode, Arbeiterurlaub im Dritten Reich, in: Sachse u.a, Angst, S. 275-328; Spode, »Der deutsche Arbeiter reist«. Massentourismus im Dritten Reich, in: Gerhard Huck (Hrsg.), Sozialgeschichte der Freizeit, Wuppertal 1982, S. 281-306.

121 Leistungsbericht der Firma Boehringer 1942. WABW, B 10, Bü 305.

genannten freiwilligen sozialen Leistungen aus,[122] zwei Jahre zuvor hatte die Firma für drei Betriebsveranstaltungen mit 16 300 RM eine nur wenig kleinere Summe ausgegeben.[123]

Einen jährlichen Werksausflug gab es auch bei den Fortuna-Werken, deren Betriebsleitung betonte, daß zu diesem nicht nur die Belegschaft, sondern ebenso Ehefrauen oder nahe Angehörige eingeladen waren. Großen Wert legte das Unternehmen auf die Teilnahme der Ehefrauen beim 1. Mai-Appell, bei den »Kameradschaftsabenden« und Werkskonzerten. Der Einfluß der Ehefrauen »auf die Einstellung des Mannes zur Betriebsgemeinschaft« sei »so groß«, meinte die Unternehmensleitung, »daß wir jede Gelegenheit wahrnehmen, um ihnen den Sinn, den Wert und die Notwendigkeit ihrer Mitarbeit klarzumachen«.[124] Bei der Planung der Fahrten nahm das Unternehmen die Hilfestellung der KdF-Dienststelle Stuttgart in Anspruch, die Organisation der Durchführung schließlich wurde dem DAF-Amt ganz überlassen.

Werksausflüge dienten ebenso wie »Kameradschaftsabende« dem Ziel, Werksverbundenheit und Loyalität zu erzeugen und zu festigen. Sowohl die DAF als auch die Unternehmen erhofften sich davon Arbeitszufriedenheit und Leistungsbereitschaft der Belegschaft. Die Frage nach der tatsächlichen Integrationskraft solcher Betriebsveranstaltungen muß allerdings offen bleiben. Zum einen sind Äußerungen von Arbeitnehmern der hier untersuchten Betriebe nicht überliefert. Zum anderen ist zu bedenken, daß »Kameradschaftsabende« oder Werksausflüge trotz ihres geselligen Charakters offizielle Veranstaltungen waren und - wie Lepsius betont - »institutionellen Charakter« trugen. Deshalb wäre es verfehlt, die Berichte über eine stets harmonische Gemeinschaft etwa beim »Kameradschaftsabend« wortgläubig als »Ausdruck besonderer gegenseitiger Verbundenheit oder Interesses an Gemeinschaft« zu werten.[125]

Einen ähnlichen Zweck sollten die von der DAF propagierten »Betriebssportgemeinschaften« erfüllten: Festigung der »Betriebsgemeinschaft« durch »Sportgemeinschaft« und Steigerung der allgemeinen Leistungsfähigkeit. Erst-

---

[122] Der größte Posten entfiel mit über 100 000 RM auf die Zuweisung aus dem Gewinn des Unternehmens an die firmeneigene Boehringer-Stiftung. 64 000 RM gab der Betrieb für Weihnachtsgeschenke aus, gefolgt von Aufwendungen für Gratifikationen mit 60 000 RM, Zahlungen für laufende Renten mit rund 44 000 RM und im Krankheitsfall mit rund 22 300 RM. Leistungsbericht der Firma Boehringer 1939/40. StAL, EL 902/8 Bü 16/1/15066.

[123] Leistungsbericht der Firma Boehringer 1937/38. Ebd.

[124] Leistungsbericht der Firma Fortuna 1940/41. Archiv des Fortuna-Betriebsrates.

[125] M. Rainer Lepsius, Strukturen und Wandlungen im Industriebetrieb. Industriesoziologische Forschung in Deutschland, München 1960, S. 26. In der neueren Forschungen stehen sich die Thesen von der erfolgreichen und der fehlgeschlagenen Integration direkt gegenüber. So kommt etwa Seebold für den Bochumer Verein zu dem Ergebnis, daß dessen Beschäftigte die Betriebsveranstaltungen »gern hatten«, während Yano einerseits im Anschluß an Tenfeldes Studie über das oberbayerische Penzberg die »stille Betriebsgemeinschaft« von Betriebsführung und Arbeitnehmern gegenüber KdF betont, andererseit aber auch konstatiert, daß die »Kameradschaftsabende« »allseits beliebt« waren. Gustav H. Seebold, Ein Stahlkonzern im Dritten Reich. Der Bochumer Verein 1927-1945, Wuppertal 1981, S. 261; Yano, Hüttenarbeiter, S. 148-150; Klaus Tenfelde, Proletarische Provinz. Radikalisierung und Widerstand in Penzberg/Oberbayern 1900-1945, in: Broszat u.a. (Hrsg.), Bayern in der NS-Zeit, Band 4, S. 1-382, S. 316.

mals wird in den Unterlagen der Firma Boehringer im Jahr 1938 eine Betriebssportgemeinschaft erwähnt,[126] und bei der Firma Werner & Pfleiderer wurde die »Neugründung der Sportabteilung« im Juni 1937 bekanntgegeben.[127] Auch bei den Fortuna-Werken bestand 1940/41 eine Betriebssportgemeinschaft, deren 310 Mitglieder aus einem vielfältigen Sportangebot wählen konnten, das von Gymnastik und Leichtathletik über Schwimmen, Fuß-, Hand- und Faustball bis hin zu Schießübungen mit Kleinkalibergewehren und Skilaufen reichte. Bei den besonders populären Sportarten wie Fußball und Handball fand eine innerbetriebliche Meisterschaft zwischen den einzelnen Abteilungen statt, in Freundschaftsspielen maß man seine Kräfte aber auch mit anderen Unternehmen. Um den Beschäftigten und ihren Angehörigen einen Anreiz zur Teilnahme an den Schwimm- und Gymnastikkursen zu schaffen, die in einem Stuttgarter Mineralbad stattfanden, übernahm die Firma die Häfte des Eintrittspreises. Spezielle Gymnastik- und Schwimmstunden für weibliche Beschäftigte gehörten ebenso zum Angebot wie Schwimmlehrstunden für Nichtschwimmer. Gemäß den DAF-Vorgaben finanzierten die Fortuna-Werke die Sportgeräte, und sie übernahmen die Kosten für den Anfang der 1940er Jahre innerhalb des Firmengeländes angelegten Sportplatz sowie die Sportkleidung der Lehrlinge, für deren körperliche Fitneß wöchentlich zwei Stunden Sport während ihrer Arbeitszeit Pflicht war. Auch hatte der Betrieb für die Organisation der »Sportgemeinschaft« und die Betreuung der Sportler einen »Betriebssportwart« eingesetzt, der Teil der betrieblichen DAF-Funktionärshierarchie war.[128] Unter dem Motto »Knochen dürfen nicht rosten« umfaßte bei der Firma Werner & Pfleiderer das außerhalb der Arbeitszeit liegende Angebot an Betriebssportkursen »Turnen und Spielen« in der Turnhalle der nahegelegenen Zuffenhausener Horst-Wessel-Schule, diverse Ballspiele und Leichtathletik auf der Sportanlage innerhalb des Firmengeländes sowie Schwimmen im Stadtbad Bad Cannstatt.[129] Der DAF-Forderung nach möglichst in der Nähe liegenden Sportanlagen, um den Beschäftigten die Teilnahme am Betriebssport möglichst ohne zusätzlichen zeitlichen Aufwand zu ermöglichen, kam das Unternehmen ebenso nach wie der Aufforderung, einen »Betriebssportwart« einzusetzen.

Um ihre Forderungen im Bereich Betriebssport durchzusetzen, führte KdF in den Betrieben jährliche Sportappelle durch. So trat im Juli 1942 die gesamte deutsche Belegschaft der Firma Boehringer frühmorgens um 6.45 Uhr zum Sportappell an. Zur Teilnahme an den Wettkämpfen waren alle deutschen Belegschaftsmitglieder über 18 Jahren verpflichtet. Zwangsarbeiter und Kriegsgefangene waren ausgeschlossen. Bewertet wurde etwa bei den Männern bis 35 Jahren ein 1000-Meter-Lauf, bei den älteren Männern bis 55 Jahren ein 500-Meter-Marsch mit Singen, an den sich nochmals dieselbe Distanz im Laufschritt anschloß. Die weiblichen Beschäftigten bis 30 Jahre mußten 400 Meter

---

[126] Leistungsbericht der Firma Boehringer 1942. WABW, B 10, Bü 305.
[127] Betriebsstunde der Firma Werner & Pfleiderer am 25.6.1937. WABW, B 11, Bü 286.
[128] Leistungsbericht der Firma Fortuna 1940/41. Archiv des Fortuna-Betriebsrates.
[129] Programm des WP-Sporttages am 13.9.1941. WABW, B 11, Bü 286.

singenderweise marschieren und anschließend nochmals 400 Meter im Laufschritt innerhalb von fünf bis sieben Minuten zurücklegen. Bei den Dreißig- bis Vierzigjährigen verringerte sich die im Laufschritt zu absolvierende Strecke um 200 Meter, dafür mußten sie zum Schluß diese Distanz nochmals marschierend zurücklegen. Die über vierzigjährigen Frauen starteten zu einem 800-Meter-Marsch mit Singen.[130] Beim Sportappell der Firma Werner & Pfleiderer 1941 hatten neben der Wurfdisziplin »Ballwerfen« ebenfalls Lauf- bzw. Gehwettbewerbe im Mittelpunkt gestanden. Frauen kämpften darüber hinaus in einem Gymnastikwettbewerb um die beste Plazierung. Neben diesen Einzelwettbewerben gab es Mannschaftswertungen etwa im Tauziehen oder beim Faust- und Fußball.[131]

Während bei der Firma Boehringer der militärische Charakter der Veranstaltung insbesondere durch die gewählten Sportarten - Laufen, Marschieren und Singen - deutlich wurde, verwies der Sportappell bei Werner & Pfleiderer darüber hinaus durch seine praktische Durchführung vom Antreten in Gruppen und Flaggenhissung über die Ansprache des »Betriebsführers« Otto Fahr auf militärische Vorbilder. Wie die von der DAF propagierten - und ebenfalls militarisierten - Betriebsappelle für die gesamte Belegschaft sollten auch die Sportappelle der Förderung und Demonstration von Werksverbundenheit dienen, darüber hinaus ermöglichten sie der DAF-Organisation KdF, jährlich zu überprüfen, wieweit die Durchsetzung ihrer Forderungen gelungen war.

Gewiß standen viele der während der nationalsozialistischen Herrschaft ergriffenen sozialen Maßnahmen der drei Betriebe Boehringer, Fortuna und Werner & Pfleiderer in einem engen Zusammenhang mit dem von der DAF ausgeschrieben »Leistungskampf der deutschen Betriebe« und den verschiedenen von ihr vergebenen Auszeichnungen. Mittels detaillierter Forderungskataloge, in dem spätestens seit Kriegsbeginn immer stärker der Aspekt der Leistungssteigerung des einzelnen und die betrieblichen Maßnahmen hierzu in den Vordergrund rückten, konnte die DAF Betriebsinterna abfragen und zugleich ihren totalitären Anspruch auf die Regelung der innerbetrieblichen Angelegenheiten untermauern. Wie gesehen, gelang es der DAF insbesondere im Bereich der Freizeitgestaltung, sich als Partner der Unternehmensleitungen fest zu etablieren. Zudem nahmen die drei Betriebe an den von der DAF inszenierten reichsweiten Wettbewerben teil. Ferner ermöglichten sie der NS-Organisation, auf ihre betrieblichen Sozialleistungen einzuwirken. Konflikte sind in diesen Bereichen zwischen den Unternehmensleitungen und der NS-Organisation in den ausgewerteten Quellen nicht nachzuweisen. So kann der Hinweis, ein Unternehmen mit langer sozialpolitischer Tradition zu sein, den alle drei Betriebe nach dem Zusammenbruch des NS-Regimes geltend machten,[132] nicht darüber

---

[130] Innerbetriebliche Bekanntmachung, 10.7.1942. WABW, B 10, Bü 270.

[131] Programm des WP-Sporttages am 13.9.1941. WABW, B 10, Bü 286.

[132] Auf diese Tradition seiner Firma verwies Otto Werner, Gesellschafter der Firma Werner & Pfleiderer, in einem Schreiben an die Spruchkammer Stuttgart, 22.1.1948. StAL, EL 902/20 Bü 37/1512677; der nach Kriegsende amtierende Betriebsratsvorsitzende der Fortuna-Werke erklärte, daß der Betrieb bereits vor 1933 in sozialpolitischer Hinsicht »Musterbetrieb« ge-

hinwegtäuschen, daß während des Nationalsozialismus die grundsätzliche Interessenidentität zwischen Industriellen und DAF hinsichtlich der Leistungssteigerung der Arbeitnehmer offensichtlich eine ausschlaggebende Rolle gespielt hat. Hingegen muß die Frage, inwieweit die Initiativen der DAF für die drei Unternehmer etwas wesentlich Neues gewesen sind, offen bleiben. Die Verweise der Betriebe auf ihre schon vor 1933 bestehenden Lehrlingsabteilungen und betrieblichen Sozialeinrichtungen wie Werkskantinen, betriebliche Altersversorgung oder Hochzeitsbeihilfen deuten darauf hin, daß die Neuerungen der DAF in der betrieblichen Sozialpolitik so neu nicht waren. Ebensowenig ließ sich klären, ob nicht beispielsweise der Neu- oder Ausbau von Wasch- und Aufenthaltsräumen, sanitären Anlagen und Kantinen ohnehin im Zuge der Werkserweiterung und der Zunahme der Belegschaft erforderlich gewesen war, und sich diese Maßnahmen daher im üblichen Rahmen bewegten und keineswegs »Errungenschaften« der DAF darstellten.

Nach Kriegsende stellten die drei Unternehmer hingegen die DAF-Initiativen als genuine Leistungen ihrer Betriebe und nicht der DAF dar. Wenn man eine »vorbildliche Lehrlingswerkstatt« und einen »mustergültigen Betrieb« gehabt habe, so sei es während des Nationalsozialismus »selbstverständlich« gewesen, daß sich »die sozialen Einrichtungen mit denen der DAF deckten«, gab etwa Rolf Boehringer 1948 zu Protokoll.[133] Dies, so seine Einschätzung, sei aber doch nicht als »Schuld« anzusehen. Einen ähnlichen Standpunkt vertrat Richard Werner, Gesellschafter der Firma Werner & Pfleiderer. Er ließ 1948 über seinen Rechtsanwalt erklären, daß sich im Bereich der betrieblichen Sozialpolitik die »NSDAP die Erfolge angesehener Unternehmen auf ihr NS-Konto buchte«, weswegen es falsch sei, aus den umfangreichen sozialen Maßnahmen seines Unternehmens den Schluß zu ziehen, seine Firma habe die »Anerkennung als Musterbetrieb durch die Partei angestrebt oder gar betrieben«.[134] Als Beispiel für eine eigenständige, von den Bestrebungen der DAF und der Partei unabhängige betriebliche Sozialpolitik nannte Rolf Boehringer die Maßnahmen seiner Firma im Bereich »Siedlungswesen«. Daß ihr trotz nachweislich »großer Aufwendungen für Siedlungsbauten und andere Wohnungen« das »Leistungsabzeichen für vorbildliche Wohnstätten« nicht verliehen worden war, führte Rolf Boehringer nach Kriegsende darauf zurück, daß sein Unternehmen »diese Bauten aus eigener Initative und ohne Einschaltung der Partei« erstellt hatte.[135]

---

wesen sei und die sozialpolitischen Maßnahmen während des Nationalsozialismus »noch weiter ausgebaut« worden seien. Protokoll der öffentlichen Sitzung, 25.2.1948. StAL, EL 902/20 Bü 37/05/7053. Zu diesen Maßnahmen zählten nach Firmenangaben der bereits vor 1918/19 eingeführte 9-Stunden-Arbeitstag ebenso wie die 1904 gebaute Werkskantine, Werksfeiern, Hochzeitsbeihilfen und eine betriebliche Altersversorgung. Leistungsbericht der Firma Fortuna 1940/41. Archiv des Fortuna-Betriebsrates.

133 Aussage Rolf Boehringers. Protokoll der mündlichen Verhandlung der Spruchkammer Göppingen, 9.8.1948. StAL, EL 902/8 Bü 16/1/15066. Hier auch das folgende Zitat.

134 Richard Werners Rechtsanwalt an Spruchkammer Stuttgart, 12.2.1948. StAL, EL 902/20 Bü 37/913445.

135 Berufungsantrag von Rolf Boehringer, 18.11.1945. StAL, EL 902/8 Bü 16/1/15066. Von der Firma waren 24 Wohnungen für Belegschaftsmitglieder gebaut und 1938/39 außerdem Ein-

Zwar hätte er sich über eine Anerkennung der DAF gefreut, gab Boehringer zu. Etwas »auf diesem Gebiet zu leisten« sei für ihn aber wichtiger gewesen, als »ein Plakat mehr am Fabrikgebäude anbringen zu können«, denn seine Firma habe Sozialpolitik nie betrieben, um DAF-Auszeichnungen zu erhalten, sondern um die »Pflicht gegenüber der Belegschaft zu erfüllen«.[136] Der Wunsch, qualifizierte Mitarbeiter halten zu können, wird hier ebenfalls ein Motiv gewesen sein.

Wollte Boehringer also auf der einen Seite die sozialen Verbesserungen als individuelle Leistung und nicht als Einschwenken auf die NS-Betriebsgemeinschaftsideologie verstanden wissen, bestritt er auf der anderen Seite nicht, daß die vielfältigen DAF-Initiativen bei ihm auf Resonanz gestoßen waren. Das »soziale Programm der NSDAP, propagiert durch Schönheit der Arbeit, Berufserziehung, Zusammenarbeit aller Werktätigen in Betrieb und Büro, Siedlungsbauten etc.« habe seiner »Einstellung« zum Beruf entsprochen, und auf diese Ziele habe er »mit Überzeugung hingearbeitet«.[137] Interessiert »an allen sozialpolitischen Fragen« sei auch er gewesen, erklärte Max Knorr im Jahr 1947.[138] Zu »Anfragen und Erkundungen der DAF« habe er deshalb stets Stellung genommen, zumal er den Eindruck gehabt habe, daß »die DAF-Organisation im Werk im allgemeinen von vernünftigen und nicht radikalen Arbeitern gestellt« wurde. Lediglich in zwei Fällen, die er allerdings nicht erläuterte, habe er sich als »Betriebsführer« »energisch jegliche Doppelregierung im Werk« verbeten.

Die Indienstnahme der eigenen Person oder des Betriebes durch die NS-Propaganda - etwa durch die DAF-Initiativen »Schönheit der Arbeit« oder »NS-Musterbetrieb« - aus politischen oder anderen Gründen zu verweigern, zogen die drei Unternehmer nicht in Erwägung. Denn Verweigerung hätte für Boehringer, Knorr und Fahr das von Hans Buchheim beschriebene Dilemma bedeutet, das für den einzelnen in einer totalitären Herrschaft dann entsteht, wenn er versucht, sich dem »in kleinste Alltagsforderungen aufgespaltetenen Gesamtanspruch des Regimes« zu entziehen, ohne zugleich das »naive Sozialempfinden« seiner Mitmenschen zu verletzen.[139] Wer sich als Unternehmer etwa den

---

familienhäuser für 28 Familien erstellt worden. Letztere bildeten in Göppingen eine zwei Straßen umfassende, gleichsam geschlossene Siedlung. Eine der beiden Straßen wurde anläßlich des 75. Geburtstages von Kommerzienrat Georg Boehringer, Rolf Boehringers Vater, in »Georg-Boehringer-Weg« umbenannt. Leistungsberichte aus den Jahren 1937/38 und 1939/40. StAL, EL 902/8 Bü 16/1/15066. Daß die Häuser und Wohnungen aus eigenem Antrieb und ohne Fremdkapital gebaut worden waren, bestätigte der ehemalige Betriebsdirektor der Firma Boehringer. Protokoll der mündlichen Verhandlung der Spruchkammer Göppingen, 9.8.1948. Ebd.

[136] Berufungsantrag, 18.11.1945. StAL, EL 902/8 Bü 16/1/15066. Boehringers Haltung wurde von einem seiner Mitarbeiter, einem technischen Kaufmann, bestätigt. Vernehmungsprotokoll vom 19.6.1947. Ebd.

[137] Berufungsantrag Boehringers, 18.11.1945. Ebd.

[138] Max Knorr an Spruchkammer, 30.9.1947. StAL, EL 902/20 Bü 37/05/4073. Dort auch die folgenden Zitate.

[139] Hans Buchheim, Die Lebensbedingungen unter totalitärer Herrschaft, in: Karl Forster (Hrsg.), Möglichkeiten und Grenzen für die Bewältigung historischer und politischer Schuld in Strafprozessen, Würzburg 1962, S. 89-106, S. 96.

DAF-Initiativen fernzuhalten versuchte, nachdem diese NS-Organisation sich in immer weiteren Bereichen des Betriebes fest etabliert hatte, galt auch in den Augen seiner Mitarbeiter als Sonderling, der sich anormal verhielt, oder gar als sozialer Außenseiter.[140] Gewiß lag die Durchführung der vielfältigen DAF-Aktionen etwa im Bereich der Berufsausbildung, Arbeitsplatzgestaltung, Unfallprophylaxe, Feierabend- und Freizeitgestaltung auch im Interesse der Unternehmer, denen an einer leistungsgerechteren und -fördernden Arbeitsplatzgestaltung ebenso gelegen war wie an einer Reduzierung der Arbeitsunfälle oder an der Kontrolle der Beschäftigten in der Freizeit. Da es jedoch zum Charakter des NS-Regimes gehörte, das »natürliche Sozialempfinden seiner Untertanen«[141] zu mißbrauchen, wurden auch die drei Unternehmer im betrieblichen Alltag in diesen Mißbrauch verstrickt. Die Indienstnahme des Betriebes zu den mit den Aktivitäten der DAF verbundenen Propagandazwecken des Regimes zu verweigern, sich seinem totalitären Anspruch hier zu entziehen, scheint für die drei Industriellen nicht möglich gewesen zu sein - und dies nicht so sehr, weil es zu gefährlich gewesen wäre, als vielmehr weil es zu »sozialen Aporien im kleinen Bereich des Alltagslebens«[142] geführt hätte. Das Dilemma, sich dem Gesamtanspruch des NS-Regimes kaum entziehen zu können, ohne zugleich das normale Sozialempfinden der Beschäftigten zu verletzen, führte im betrieblichen Alltag »viel öfter zu konformistischem Verhalten (...) als die Angst vor Überwachung und Denunziation« oder die Sympathie für die NSDAP und ihre Ziele.[143]

So stand der Antrag von Boehringer und Knorr, Mitglied in der NSDAP zu werden, in unmittelbarem Zusammenhang mit dem »Leistungskampf der deutschen Betriebe« und den von der DAF erteilten Auszeichnungen. Solange der »Kopf« des Unternehmens nicht Parteimitglied werde, sei die Ernennung zum nationalszialistischen Musterbetrieb unmöglich, gab der ehemalige Boehringer-Betriebsdirektor 1948 die Ansicht des damaligen DAF-Betriebsobmannes wieder.[144] Nachdem die von Rolf Boehringer zur Hundertjahrfeier seines Betriebes im Jahr 1944 offenbar erwartete Auszeichnung als Musterbetrieb wieder nicht erfolgt war, erklärte der als Gast an den Feierlichkeiten teilnehmende ehemalige Betriebsobmann, daß es eben »nicht nur auf schöne Arbeitsstätten und Parteimitgliedschaft« ankomme, sondern darauf, »in welchem Geist die Spitze

---

[140] Vgl. die Beispiele bei Gabriele Bluhm, »Wirtschaft am Pranger«: Die Berichterstattung des württembergischen »Kampfblatts« »Flammenzeichen« über unangepaßtes Verhalten von Gewerbetreibenden, in: Rauh-Kühne/Ruck (Hrsg.), Regionale Eliten, S. 247-262, und bei Cornelia Rauh-Kühne, Mittelständische Unternehmer in Konflikt mit Partei und Staat, in: Formen des Widerstandes im Südwesten 1933-1945, hrsg. von der Landeszentrale für politische Bildung Baden-Württemberg und dem Haus der Geschichte Baden-Württemberg, Ulm 1994, S. 105-113.

[141] Buchheim, Lebensbedingungen, S. 96.

[142] Ebd., S. 97.

[143] Ebd. Buchheim formulierte seine Überlegungen allgemein und nicht in bezug auf Unternehmer. Diesen Bezug stellte Cornelia Rauh-Kühne, Unternehmer und Entnazifizierung, S. 329f, her.

[144] Aussage des ehemaligen Betriebsdirektors. Protokoll der mündlichen Verhandlung der Spruchkammer Göppingen, 9.8.1948. StAL, EL 902/8 Bü 16/1/15066.

des Betriebes mitmarschieren« würde.[145] Sich einer DAF-Auszeichnung zu verweigern, meinte der ehemalige Betriebsdirektor noch 1947, wäre einem Verrat an der Belegschaft gleichgekommen, denn »die Arbeit leiste ja nicht die Geschäftsführung, sondern es sei ja dies das Verdienst der Belegschaft«.[146]

Wie schnell das »naive Sozialempfinden«[147] der Mitmenschen in einer konkreten Einzelsituation gekränkt werden konnte, zeigt ein Beispiel aus dem Jahr 1940. Die Geschäftsleitung der Firma Boehringer hatte zwei Herren des Oberkommandos des Heeres, die sich zu Gesprächen bei der Firma aufhielten, zum Mittagessen in ihre Werkskantine eingeladen. Daß es für die OKH-Delegation Forellen und als Dessert »Torte, Wein und Zigarren« gab, während die Belegschaft mit dem für diesen Tag vorgesehenen Menü - »Suppe mit Blumenkohlgemüse und Kartoffeln und zum Nachtisch Kirschkuchen«- Vorlieb nehmen mußte, veranlaßte den DAF-Betriebsobmann zu einer Beschwerde beim Betriebsdirektor.[148] Im »nationalsozialistischen Interesse« wäre es besser gewesen, wenn »diese Herren auch die einfache Kost unserer Gefolgschaft gegessen hätten«, erklärte er, auf jeden Fall hätte es »auf unsere Leute einen starken Eindruck« gemacht, wenn sie gesehen hätten, »wie diese Herren als Repräsentanten des nationalsozialistischen Wollens auch mit dieser Kost vorlieb genommen hätten«. Für den Betriebsdirektor zeigte sich hinter dieser Kritik hingegen eine längst überwunden geglaubte »proletarische Gesinnung«, und er gab seiner Geringschätzung mit den Worten Ausdruck, man solle »nicht päpstlicher sein wie der Papst«. Damit gab sich der DAF-Funktionär aber nicht zufrieden. Sowohl gegenüber dem Betriebsdirektor als auch im anschließenden Gespräch mit »Betriebsführer« Rolf Boehringer verwies er auf das Beispiel Hitlers, der »auch mit den einfachen Soldaten« aus der Feldküche verpflegt würde, und er untermauerte dies mit einem entsprechenden Foto. Der Einwand Boehringers, daß es sich um eine gestellte Aufnahme handeln könnte und selbst Hitler nicht während des gesamten Krieges aus der Feldküche essen würde, war für den Betriebsobmann Anlaß genug, diesen Vorfall nicht nur dem DAF-Kreisobmann, sondern auch dem Göppinger Kreisleiter zu melden. Indem sich Rolf Boehringer der sozialegalitären Ideologie des Regimes widersetzte und demonstrativ zu den Ressentiments, die gegen »Reaktion« oder »Bonzen« geschürt wurden, auf Distanz ging, verstieß er ganz offensichtlich gegen die Vorstellungen des Betriebsobmannes vom »normalen« Verhalten eines nationalsozialistischen »Betriebsführers«.[149] In seinem Sozialempfinden verletzt, wandte sich der DAF-Funktionär an die ihm vorgesetzten Stellen. Boehringer und er seien daraufhin von der NSDAP-Kreisleitung vorgeladen und »verhört« worden, wobei sich Boehringer einen »sehr scharfen Verweis« eingehandelt habe, erklärte der ehemalige Betriebsdirektor in einer eidestattlichen Erklärung 1947.[150]

---

[145] Vernehmungsprotokoll vom 17.6.1947. Ebd.

[146] Eidesstattliche Erklärung des ehemaligen Betriebsdirektors, 21.6.1947. Ebd.

[147] Buchheim, Lebensbedingungen, S. 96.

[148] Betriebsobmann an Kreisobmann Richard Lange und gleichlautend an Kreisleiter Eugen Veil, 5.7.1940. StAL, PL 515/13, Bü 12. Danach auch alles Folgende.

[149] Vergleichsfälle bei Rauh-Kühne, Mittelständische Unternehmer.

[150] Eidesstattliche Erklärung des ehemaligen Betriebsdirektors, 21.6.1947. StAL, EL 902/8 Bü 16/1/15066.

## 3. »Bummelanten« und politische Delinquenten - das untere Ende der betrieblichen Leistungshierarchie

Durch das Einfrieren der Tariflöhne auf dem Tiefstand der Weltwirtschaftskrise, verbunden mit weitreichenden lohnpolitischen Spielräumen der Arbeitgeber, ergab sich während der NS-Herrschaft eine Lohnentwicklung, die seit etwa 1936 dem »normalen konjunkturtypischen Verlaufsschema« entsprach. Charakteristisch dafür waren u.a. die Durchsetzung des Leistungsprinzips durch Akkordlöhne und der Ausbau betrieblicher Sozialleistungen als zusätzlicher Leistungsanreiz - freilich ohne tarifliche Verbindlichkeit.[151] DAF-Initiativen und betriebliche Leistungen wurden eingefügt in die nationalsozialistische Ideologie der Volks- bzw. Betriebsgemeinschaft, die an die Stelle der früheren Klassengesellschaft treten sollte. Jenseits aller Ideologie gilt es aber festzuhalten, daß die drei Unternehmen nicht unerhebliche Sozialleistungen boten. Wie die Firma Boehringer gewährten auch die beiden Firmen Fortuna und Werner & Pfleiderer beispielsweise finanzielle Unterstützung bei Heirat, Geburt und Todesfällen sowie Werksrenten.[152] Erstmals zum Jahresende 1935 kamen die Beschäftigten bei Werner & Pfleiderer in den Genuß einer »Erfolgsprämie«, welche die Belegschaft am Umsatz des Betriebes beteiligte und als Ansporn dienen sollte, durch »ihre Leistung weiter zum Erfolg des Geschäftes beizutragen«.[153] Gestaffelt nach Dienstjahren lag die im November 1935 erstmalig ausgezahlte Prämie für Arbeiter bei mindestens zehn RM, bei einer zehnjährigen Betriebszugehörigkeit waren es zwei Mark mehr. Dazu kamen Zuschläge für Verheiratete und Kinder.[154] Bei den Fortuna-Werken wurde ebenfalls in den Jahren, in

[151] Zollitsch, Arbeiter, S. 102-155 (Zitat: S. 154); Siegel, Lohnpolitik im nationalsozialistischen Deutschland, in: Sachse u.a., Angst, S. 54-139; dies., Leistung; Rüdiger Hachtmann, Lebenshaltungskosten und Reallöhne während des »Dritten Reiches«, in: VSWG 75 (1988), S. 32-73.

[152] Die 1936 gegründete und Ende 1939 mit rund einer halben Million RM ausgestattete Boehringer-Stiftung diente der Unterstützung der Beschäftigten bei Krankheit, »unverschuldeter« Arbeitslosigkeit und im Alter. Die Höhe der Unterstützung richtete sich dabei nach der Dauer der Betriebszugehörigkeit, der geleisteten Arbeit für den Betrieb und den individuellen Vermögens- und Einkommensverhältnissen. Rieger-Gutachten II. StAL, EL 902/8 Bü 16/1/13881. Demselben Zweck diente die 1938 gegründete Unterstützungskasse der Fortuna-Werke: zusätzliche Altersversorgung, Witwenrenten, Erziehungsbeihilfen für unmündige Kinder verstorbener Werksangehöriger, Unterstützung bei Krankheit und sonstigen außergewöhnlichen Notfällen. Leistungsbericht der Firma Fortuna 1940/41. Archiv des Fortuna-Betriebsrates. Auch bei Werner & Pfleiderer wurde 1938 ein Unterstützungsverein mit 100 000 RM Startkapital gegründet, der die Auszahlung einer Werksrente ermöglichte. Davon unabhängig existierte weiterhin die seit 1936 zum selben Zweck gebildete Wohlfahrtsrücklage von 200 000 RM. Geschäftsbericht für 1938. WABW, B 11, Bü 91; Betriebsstunde, 25.6.1937. Ebd., Bü 286. Die Gründung derartiger Stiftungen oder Unterstützungskassen diente den Unternehmensleitungen auch dazu, einen Teil ihrer Gewinne steuerfrei auf die Konten dieser Einrichtungen zu transferieren. Diese Feststellung soll aber nicht den Wert der Sozialleistungen für die Mitarbeiter herabsetzen.

[153] Otto Fahr an Direktion, 21.11.1935. WABW, B 11, Bü 86.

[154] Ebd. Wie der Betriebsordnung von 1940 zu entnehmen ist, belief sich der Grundbetrag der Prämie bei einer einjährigen Betriebszugehörigkeit zu diesem Zeitpunkt auf 15 RM. Zusätzlich wurden nun im Einzelfall »besonderer Einsatz und hervorzuhebende Leistung« beson-

denen das Unternehmen mit Gewinn arbeitete, eine - erstmalig bereits 1929 gewährte - »Leistungsprämie« gewährt, die sich wie bei der Firma Werner & Pfleiderer aus einem Grundbetrag, Zuschlägen für Verheiratete und Kinder sowie einer »Treueprämie« für die Dauer der Betriebszugehörigkeit zusammensetzte.[155] Ein Rechtsanspruch auf die »freiwilligen« sozialen Leistungen des Betriebes bestand nicht, wie in der Betriebsordnung von Werner & Pfleiderer aus dem Jahr 1940 ausdrücklich vermerkt wurde. Auch richtete sich die Höhe der Zuwendungen nach der jeweiligen Ertragslage des Unternehmens.[156]

Die betriebliche Honorierung von Leistung war während der NS-Diktatur generell untrennbar mit sogenannten »rassehygienischen« Perspektiven verknüpft. Die betriebliche Leistungshierarchie verwies ja nicht nur auf die aufgrund ihrer Arbeitsleistung und ihrer »rassischen« Eigenschaften besonders zu unterstützenden Belegschaftsangehörigen, sondern am unteren Ende der Skala auch auf die Leistungsunfähigen oder -unwilligen, die man sozialpolitisch aussondern wollte.[157] Deshalb erhielten betriebliche und soziale Verbesserungen, die aufgrund von DAF-Initiativen oder aus sozialpolitschem Engagement der Unternehmer durchgeführt wurden, nur diejenigen Beschäftigten, die nach nationalsozialistischen Kriterien als »rassisch wertvoll« galten. So dokumentieren beispielsweise 1937/38 die Kampagnen von Gestapo und Vierjahresplanbehörde gegen »Arbeitsscheue« die rassehygienische Fundierung der nationalsozialistischen Sozialpolitik.[158] Derartige Aktionen dienten nicht nur der sozialen Disziplinierung der Beschäftigten, sondern auch der Aussonderung der Arbeitskräfte, denen man infolge ihres sozialen Verhaltens den Wert für die NS-Volksgemeinschaft absprach. Auch das Vorgehen von Polizeibehörden und Kriegswirtschaftsadministration gegen »Bummelanten« und »Arbeitsscheue« in den Betrieben verweist auf diesen engen Zusammenhang.

---

ders berücksichtigt. Betriebsordnung der Firma Werner & Pfleiderer von 1940. WABW, B 11, Bü 285.

155 Leistungsbericht der Firma Fortuna 1940/41. Archiv des Fortuna-Betriebsrates.

156 Betriebsordnung der Firma Werner & Pfleiderer von 1940. WABW, B 11, Bü 285.

157 Zur in der Forschung lange Zeit vernachlässigten Verknüpfung von Arbeits- und Sozialpolitik mit Rassismus und Vernichtungspolitik: Herbert, Fremdarbeiter; ders., Der »Ausländereinsatz«. Fremdarbeiter und Kriegsgefangene in Deutschland 1939-1945 - ein Überblick, in: Jochen August/Matthias Hamann/ders. u.a., Herrenmensch und Arbeitsvölker. Ausländische Arbeiter und Deutsche 1939-1945, Berlin 1986; Peukert, Volksgenossen und Gemeinschaftsfremde, vor allem S. 246-279; ders., Arbeitslager und Jugend-KZ. Die »Behandlung Gemeinschaftsfremder« im Dritten Reich, in: Peukert/Reulecke (Hrsg.), Die Reihen, S. 413-434; Gisela Bock, Frauen und ihre Arbeit im Nationalsozialismus, in: Annette Kuhn/Gerhard Schneider (Hrsg.), Frauen in der Geschichte, I, Düsseldorf 1979, S. 113-149; Bock, Zwangssterilisation im Nationalsozialismus. Studien zur Rassenpolitik und Frauenpolitik, Opladen 1986, vor allem S. 21-76 und 301-368; Matthias Hamann, Erwünscht und unerwünscht. Die rassenpsychologische Selektion der Ausländer, in: August u.a., Herrenmensch, S. 143-180.

158 Vgl. Martin Broszat, Nationalsozialistische Konzentrationslager 1933-1945, in: Hans Buchheim/ders./Hans-Adolf Jacobsen (Hrsg.), Anatomie des SS-Staates, 6. Aufl. München 1994, S. 323-445, besonders S. 388-390.

So hatte der Beilsteiner Bürgermeister die Firma Werner & Pfleiderer aufgefordert, einen ihrer Mitarbeiter, den er als »arbeitsscheuen Menschen« klassifiziert hatte, zur pünktlichen Einhaltung seiner Arbeitszeit anzuhalten.[159] Trotz Verwarnungen fehlte der Mann anschließend wiederholt unentschuldigt, woraufhin der Leiter des zuständigen Arbeitsamtes seine Einweisung in ein Arbeitslager beantragte. Die Belegschaft von Werner & Pfleiderer wurde darüber in einem Anschlag am Schwarzen Brett informiert. Inwieweit der »Betriebsführer« Otto Fahr durch eine entsprechende Meldung beim Arbeitsamt oder bei der Gestapo die Einweisung des Arbeiters erst ermöglicht hatte, wie es der Betriebsrat nach Kriegsende vermutete, konnte in Fahrs Spruchkammerverhandlung nicht geklärt werden. In zwei anderen Fällen erfolgte die Meldung der »Bummelanten« an das Arbeitsamt hingegen eindeutig von seiten der Betriebsführung. Wegen unentschuldigtem mehrfachen Fehlens bei der Arbeit zeigte das Arbeitsamt die beiden Arbeiter daraufhin an. Sie wurden jeweils zu einer einmonatigen Gefängnisstrafe und zur Zahlung von 50 RM verurteilt. Die von der Firma Werner & Pfleiderer in beiden Fällen eingereichten Gnadengesuche wurden von der Oberstaatsanwaltschaft abgelehnt. Ob die beiden Arbeiter nach Verbüßung ihrer Strafe wieder bei ihrer alten Firma Beschäftigung fanden, geht aus den Unterlagen nicht hervor. Deutlich wird indes, daß die Beisitzer der Spruchkammer noch nach 1945 solche Urteile billigten. In ihrer zusammenfassenden Bewertung der drei Fälle in Fahrs Spruchkammerverfahren heißt es, bei diesen Männern habe es sich »um reine Bummelanten« gehandelt, »gegen die einzuschreiten im Interesse der Arbeitsdisziplin des ganzen Betriebes unumgänglich« gewesen sei, zumal dazu »eine gesetzliche Pflicht« bestanden habe.

Der Betriebsdirektor der Firma Boehringer zeigte 1941 zwei Arbeiter wegen unerlaubten Fernbleibens von ihrer Arbeit bei der Polizei an und beauftragte die Behörde, die »Bummler« zurück an ihren Arbeitsplatz zu bringen.[160] Einer der beiden Arbeiter, ein seit 1938 bei dem Unternehmen in der Gußputzerei beschäftigter Hilfsarbeiter, bestätigte dieses Vorgehen nach Kriegsende, wobei er einräumte, aufgrund eines Magenleidens oft und ohne Entschuldigung gefehlt zu haben.[161] Im August 1942 sah sich Rolf Boehringer veranlaßt, auf die offensichtlich zunehmend schlechter werdende Arbeitsdisziplin seiner Belegschaft mit einem scharfen Verweis zu reagieren. In den »letzten Wochen« habe das »Zuspätkommen einzelner Gefolgschaftsmitglieder wieder unhaltbare Formen angenommen«, ließ er in einer innerbetrieblichen Bekanntmachung verlautbaren, diese »Minuten, ja Viertelstunden und noch mehr tägliches Zuspätkommen« addierten sich jedoch »zu Stunden, die der Rüstungswirtschaft verloren« gingen, weshalb er sich gezwungen sehe, gegen diese »Lässigkeit« eine schärfere Gangart einzuschlagen.[162] Sollte diese Warnung nichts fruchten, wer-

[159] Spruch vom 21.6.1948. StAL, EL 902/20 Bü 37/17/7952. Dort auch das Folgende.

[160] Aussage des ehemaligen Betriebsdirektors. Spruch vom 4.5.1948. StAL, EL 902/8 Bü 16/1/16766.

[161] Protokoll über die mündliche Verhandlung der Spruchkammer Göppingen gegen den ehemaligen Betriebsdirektor, 4.5.1948. StAL, EL 902/8 Bü 16/1/16766.

[162] Bekanntmachung der Betriebsführung, 14.8.1942. WABW, B 10, Bü 270.

de er ab der folgenden Woche an den Samstagen bis 13 Uhr arbeiten lassen, um die verlorene Arbeitszeit aufzuholen. Wenige Tage später mußte Rolf Boehringer allerdings feststellen, daß sein Appell nichts genutzt hatte. Die einzige Abteilung, die er bei einem Kontrollgang morgens fünf Minuten nach Arbeitsbeginn komplett bei der Arbeit sah, war die Kalkulation. In einem neuerlichen Aushang am Schwarzen Brett wiederholte er deshalb seine Drohung.[163]

Eine andere Qualität hatte das Vorgehen des NS-Regimes gegen oppositionelle Arbeiter. Hier verhielten sich die Unternehmer in ihren Betrieben unterschiedlich. Ein seit 1928 bei der Firma Werner & Pfleiderer beschäftigter Installateur, der bis 1933 als Vorsitzender des Betriebsrates amtiert hatte, wurde 1939 von zwei seiner Arbeitskollegen beim stellvertretenden Betriebsobmann denunziert, sich abfällig über Ribbentrop geäußert zu haben.[164] Die vom stellvertretenden Betriebsobmann daraufhin erfolgte Anzeige bei der Gestapo wegen »Beleidigung von Regierungsmitgliedern« zog im April 1940 eine Anklage vor einem Sondergericht wegen Verstoßes gegen das 1934 erlassene »Heimtückegesetz« nach sich.[165] Während des Sondergerichtsverfahrens belastete ihn einer der beiden Arbeitskollegen unter Eid nochmals schwer. Der Angeklagte wurde zu einem Jahr Gefängnis verurteilt und stand anschließend weitere drei Jahre unter »Polizeiaufsicht«.[166] Otto Fahr, der sagte, von dem ganzen Vorfall bis zur Urteilsverkündung nichts gewußt zu haben, reichte - seinen Angaben zufolge - wiederum ein Gnadengesuch bei der Oberstaatsanwaltschaft ein, das allerdings ohne Erfolg blieb.[167] Auch der Verurteilte war nach Kriegsende der Ansicht, Fahr hätte, wenn er über die Anzeige und deren Folgen rechtzeitig informiert gewesen wäre, »die Sache abgebremst«, weil er auf ihn als Arbeitskraft nur ungern verzichtete.[168] Fahr hatte über den DAF-Betriebsobmann der Ehefrau des Verurteilten eine finanzielle Unterstützung der Firma zukommen lassen wollen. Sie habe von einer Unterstützung jedoch nichts wissen wollen,

---

[163] Bekanntmachung der Betriebsführung, 26.8.1942. Ebd.

[164] Er bestätigte in einem Schreiben an das Ministerium für politische Befreiung vom 9.8.1948, an seinem Arbeitsplatz geäußert zu haben: »Rippentrop (!) bringe das deutsche Volk ins Unglück, er sei ein politischer Hochstapler.« StAL, EL 902/20 Bü 37/18/11685.

[165] Brief des ehemaligen Betriebsobmannes an Spruchkammer Bad Cannstatt, 23.6.1948. Ebd. Zu den Sondergerichten: Peter Hüttenberger, Heimtückefälle vor dem Sondergericht München 1933-1939, in: Broszat u.a. (Hrsg.), Bayern in der NS-Zeit, Bd. 4, München/Wien 1981, S. 435-526; Klaus Bästlein, Die Akten des ehemaligen Sondergerichts Kiel als zeitgeschichtliche Quelle, in: Zeitschrift der Gesellschaft für Schleswig-Holsteinische Geschichte 113 (1988), S. 157-211; Anna Blumberg-Ebel, Sondergerichtsbarkeit und »Politischer Katholizismus« im Dritten Reich, Mainz 1990; Jürgen Sikinger/Michael Ruck, »Vorbild treuer Pflichterfüllung«? Badische Beamte vor dem Sondergericht Mannheim 1933-1945, in: Rauh-Kühne/Ruck (Hrsg.), Regionale Eliten, S. 103-124; Harald Mager, Gewerbetreibende als Angeklagte vor dem Sondergericht Mannheim, in: Rauh-Kühne/Ruck (Hrsg.), Regionale Eliten, S. 263-282.

[166] Schreiben an das Ministerium für politische Befreiung, 9.8.1948. StAL, EL 902/20 Bü 37/18/11685.

[167] Aussage Otto Fahrs. Protokoll der öffentlichen Sitzung der Spruchkammer 6 in Stuttgart im Spruchkammerverfahren gegen den ehemaligen Betriebsobmann, 14.7.1948. Ebd.

[168] Aussage des ehemaligen Häftlings. Ebd.

erinnerte sich der ehemalige Betriebsobmann 1948, und nur gesagt, daß sie ihren Mann wiederhaben wolle.[169] Zu einer Wiedereinstellung des Installateurs konnte sich Otto Fahr nach Ablauf der einjährigen Gefängnisstrafe jedoch nicht durchringen, weil - so sagte Fahr - eine »sofortige Wiedereinstellung im Betrieb wieder Staub aufgewirbelt hätte« und dessen »Feinde ihn nur wieder gemeldet« hätten.[170]

Hingegen soll der Boehringer-Betriebsdirektor trotz gegenteiliger Anordnung von Partei und DAF drei »aus dem Konzentrationslager entlassene kommunistische Arbeiter wieder (...) an ihre alten Arbeitsplätze« gestellt und einen von ihnen sogar zum Vorarbeiter befördert haben.[171] Auch Rolf Boehringer stellte einen in der Gießerei beschäftigten Arbeiter, nachdem dieser 1939 vor dem Kriegsgericht in Berlin angeklagt, jedoch für unschuldig befunden worden war, wieder in seinem Betrieb ein. Der Arbeiter hatte drei seiner Kollegen als »Sekkel« und »Schmarotzer« beschimpft, die sich »zu jeder Tages- und Nachtzeit heimschicken und holen«[172] ließen, als sich diese gerade für die Nachtschicht in der Gießerei umzogen. Die drei hatten daraufhin den Vorfall dem Gießereileiter gemeldet, und dieser wiederum hatte den Betriebsdirektor informiert. Bemüht, die Angelegenheit informell im Betrieb zu bereinigen, legten dieser und der hinzugezogene »Betriebsführer« Rolf Boehringer dem Arbeiter nahe, sich bei seinen Kollegen zu entschuldigen, und sie forderten ihn auf, ebenfalls für einige Zeit die Nachtschicht mitzumachen.[173] Dazu war dieser, der die ihm zur Last gelegten Äußerungen bis zuletzt bestritten hatte, aber offensichtlich nicht bereit gewesen, denn Rolf Boehringer zeigte ihn wegen Beleidigung bei der Polizei an. Die Betriebsleitung habe damals befürchtet, so Rolf Boehringer in einer Stellungnahme in seinem Spruchkammerverfahren 1948, daß sich der Mitarbeiter bei Nichtahndung des Vorfalls »seiner Äusserungen noch gebrüstet« und »ganz offen zur Arbeitsverweigerung« aufgerufen hätte.[174] Daß die Angelegenheit schließlich vor dem Kriegsgericht in Berlin wegen Zersetzung der inneren Wehrkraft anhängig wurde, war für alle Beteiligten offenbar überraschend ge-

---

[169] Schreiben des ehemaligen Betriebsobmannes an Spruchkammer Bad Cannstatt, 23.6.1948. Ebd.

[170] Aussage Otto Fahrs. Protokoll der öffentlichen Sitzung der Spruchkammer 6 in Stuttgart, 14.7.1948. Ebd.

[171] Sitzungsprotokoll des Unterstützenden Prüfungsausschusses II Göppingen betr. Vorstellungsverfahren des ehemaligen Boehringer-Betriebsdirektors, 4.2.1946. StAL, EL 902/8 Bü 16/1/66766.

[172] Aussage Rolf Boehringers. Protokoll der mündlichen Verhandlung der Spruchkammer Göppingen, 9.8.1948. StAL, EL 902/8 Bü 16/1/15066. Die Äußerungen wurden von einem der damals angegriffenen Arbeiter bestätigt. Aussage vom 14.11.1946 im Spruchkammerverfahren gegen Rolf Boehringer. Ebd.

[173] Laut Aussage von einem der drei beleidigten Gießereiarbeiter habe die gesamte zur Nachtschicht eingeteilte Gießereibelegschaft verlangt, daß der Arbeiter »für seine Äußerung auch einmal 3 Wochen Nachtschicht schaffen sollte, damit er auch einmal unter diese Schmarotzer« komme. Aussage im Protokoll der mündlichen Verhandlung der Spruchkammer Göppingen im Verfahren gegen den ehemaligen Betriebsdirektor, 4.5.1948. StAL, EL 902/8 Bü 16/1/16766.

[174] Stellungnahme von Rolf Boehringer, o.D. Ebd. Hier auch das folgende Zitat.

kommen. Als direkter Vorgesetzter des Angeklagten war der Boehringer-Gießereileiter bei der Verhandlung als einziger Zeuge geladen und hatte bei seiner Vernehmung die Frage, ob er hinter der Handlungsweise des Angeklagten politische Motive vermute, verneint. Aufgrund dieser entlastenden Zeugenaussage war der Boehringer-Arbeiter unter Anrechnung seiner Untersuchungshaft vom Kriegsgericht, das diesen Fall zudem als »Irrläufer« bezeichnete, der eigentlich gar nicht vor dieser Instanz, sondern in Göppingen hätte verhandelt werden müssen, freigesprochen worden. Anschließend kehrte der Arbeiter trotz der Befürchtung, von seinen Kollegen wegen des Vorfalls angefeindet zu werden, an seine alte Arbeitsstätte in der Boehringer-Gießerei zurück, hatte ihm doch Rolf Boehringer für diesen Fall die volle Unterstützung der Betriebsleitung zugesagt.[175] Dies ist jedoch der einzig überlieferte Fall bei der Firma Boehringer, in dem Streitigkeiten im Betrieb nicht mehr individuell und informell mit der Betriebsleitung und dem Meister gelöst werden konnten. Ansonsten scheint in den drei Betrieben doch eher gegolten zu haben, was Otto Fahr als Maxime für sein Unternehmen ausgegeben hatte: »Wir lehnen es ab, eine Filiale der Gestapo zu sein und regeln alle Schwierigkeiten als innerbetriebliche Angelegenheiten selbst.«[176]

Zur Wiedereinstellung dezidierter und am Ort prominenter Gegner des NS-Regimes kam es bei den Fortuna-Werken. Eugen Linse, Otto Bofinger und Karl Gaiser - sie arbeiteten seit Mitte der zwanziger Jahre bei der Firma Fortuna - gehörten seit dem Verbot der SPD einer illegalen Gruppe an, die bis zu ihrer Enttarnung 1935 als Anlaufstelle für Flugblätter und Zeitschriften, vor allem für die »Sozialistische Aktion« der Exil-SPD, fungierte.[177] Eugen Linse, SPD-Gemeinderat und Gesamtbetriebsratsvorsitzender bei den Fortuna-Werken bis 1933, bestätigte nach Kriegsende, daß es Max Knorr bei seiner ersten Verhaftung gelungen sei, ihn »den Krallen der Gestapo zu entreißen«.[178] Bei seiner zweiten Verhaftung im November 1936 wegen »Vorbereitung eines hochverräterischen Unternehmens«[179] - außer ihm seien weitere 21 Beteiligte festgenommen worden - war dies jedoch nicht mehr geglückt.[180] Zu den ebenfalls im November 1936 Verhafteten gehörten Linses Arbeitskollegen Bofinger und

---

[175] Übereinstimmende Aussagen nach Kriegsende von Rolf Boehringer, dem ehemaligen Gießereileiter und dem ehemaligen Betriebsdirektor. StAL, EL 902/8 Bü 16/1/15066 und Bü 16/1/16766.

[176] Eidesstattliche Erklärung eines Meisters bei der Firma Werner & Pfleiderer (Nicht-Pg.), 16.11.1947. StAL, EL 902/20 Bü 37/17/7952. Bestätigt durch eine eidesstattliche Erklärung eines Ingenieurs des Unternehmens (Nicht-Pg.), 5.2.1948. Ebd. Eine ganz ähnliche Aussage findet sich auch bei Max Knorr in einem Schreiben an die Spruchkammer, 30.9.1947. StAL, EL 902/20 Bü 37/05/4073.

[177] Zur Tätigkeit der Stuttgarter Gruppe der SPD vgl. Roland Müller, Stuttgart zur Zeit des Nationalsozialismus, Stuttgart 1988, S. 165ff.

[178] Aussage von Eugen Linse. Protokoll der öffentlichen Sitzung der Spruchkammer Degerloch, 14.5.1948. StAL, EL 902/20 Bü 37/05/4073.

[179] Bescheinigung von Eugen Linse, 13.2.1948. Ebd.

[180] Aussage von Eugen Linse. Protokoll der öffentlichen Sitzung der Spruchkammer Degerloch, 14.5.1948. Ebd.

Gaiser. Zu Haftstrafen von rund zweieinhalb (Gaiser), drei (Bofinger) und eineinhalb Jahren (Linse) verurteilt, fanden alle drei nach ihrer Entlassung in den Jahren 1938/39 wieder Arbeit bei ihrer alten Firma.[181] Während seiner Inhaftierung habe Knorr seine Ehefrau im Werk beschäftigt und seinen Sohn als Lehrling eingestellt, führte Bofinger nach Kriegsende aus[182] - und hatte damit für ein Auskommen der Familie gesorgt. Doch es blieb nicht bei der bloßen Wiedereinstellung. Vielmehr wurde Linse 1943 zum »Lehrlingsmeister« befördert und war in dieser Funktion bis zu seiner Einberufung zur Wehrmacht 1944 im Fortuna-Zweigwerk in Losheim eingesetzt.[183] Trotz seiner Vorbestrafung sei ihm also die Ausbildung von Jugendlichen anvertraut worden, so Linse 1948, und dies habe »im größten Gegensatz« zur allgemeinen »nazistischen Einstellung und Auffassung gestanden«.[184] Bofinger stieg zum »Vormann« bei den Fortuna-Werken auf.[185] Nach 1945 war er der erste Betriebsratsvorsitzender der Nachkriegszeit bei den Fortuna-Werken.[186] Linse arbeitete seit August 1945 im Stuttgarter Arbeitsamt und Gaiser zunächst beim Wirtschaftsamt Zuffenhausen, 1947 im Ministerium für politische Befreiung.[187] Außer diesen drei »prominenten« Dissidenten stellten die Fortuna-Werke noch zwei weitere, seit 1934 im Unternehmen beschäftigte Mitarbeiter nach ihrer Haftentlassung 1936 bzw. 1939 wieder ein.[188]

Die Weiterbeschäftigung von als oppositionell bekannten und bereits einschlägig vorbestraften Arbeitern bei der Firma Fortuna kann mit dem 1938/39 herrschenden Arbeitskräftemangel nicht erklärt werden. Eugen Linse etwa erinnerte sich 1948 daran, daß er nach seiner Entlassung aus der Haft von »Betriebsführer« Max Knorr in einer Weise begrüßt worden sei, aus der er entnahm, daß sich an Knorrs wohlwollender Einstellung ihm gegenüber nichts geändert hatte.[189] In dieser Aussage schwingt neben Dankbarkeit auch Anerkennung für Knorrs Haltung mit. Knorr habe in seinem Fall »menschlich alles getan, was er nur konnte«, erklärte er. Zwar steht außer Frage, daß dem »Be-

---

181 Bescheinigungen von Eugen Linse, 13.2.1948, und von Otto Bofinger, 8.11.1945. Ebd. Zu Karl Gaiser: Schreiben Theodor Lilienfeins an Spruchkammer II in Stuttgart, 30.9.1947. StAL, EL 902/20 Bü 37/17/6606.

182 Bescheinigung von Otto Bofinger, 8.11.1945. StAL, EL 902/20 Bü 37/05/4073.

183 Bescheinigung von Eugen Linse, 13.2.1948. Ebd.

184 Ebd.

185 Bescheinigung von Eugen Linse, 13.2.1948, und Schreiben Max Knorrs an Spruchkammer Degerloch, 30.9.1947. Ebd. Ebenso Theodor Lilienfein an Spruchkammer II in Stuttgart, 30.9.1947. StAL, EL 902/20 Bü 37/17/6606.

186 Bescheinigung von Otto Bofinger, 8.11.1945. StAL, EL 902/20 Bü 37/05/4073. Vgl. auch Archiv des Fortuna-Betriebsrates, Ordner: Betriebsversammlungen.

187 Theodor Lilienfein an Spruchkammer II in Stuttgart, 30.9.1947. StAL, EL 902/20 Bü 37/17/6606; Bescheinigung von Eugen Linse, 13.2.1948. Hierin firmierte er als Abteilungsleiter. StAL, EL 902/20 Bü 37/05/4073.

188 Übereinstimmende Aussagen von Knorr und Lilienfein. StAL, EL 902/20 Bü 37/05/4073 und Bü 37/17/6606.

189 Aussage von Eugen Linse. Protokoll der öffentlichen Sitzung der Spruchkammer Degerloch, 14.5.1958. StAL, EL 902/20 Bü 37/05/4073. Dort auch das folgende Zitat.

triebsführer« Knorr am Verlust dreier altgedienter, qualifizierter Mitarbeiter nicht gelegen sein konnte. Ihnen jedoch den direkten Wiedereinstieg und sogar einen innerbetrieblichen Aufstieg zu ermöglichen, spricht für die Annahme, daß Knorr in der Personalpolitik seines Unternehmens freie Hand behalten wollte und er Linse, Bofinger und Gaiser auch als Menschen schätzte. Ob er die drei darüber hinaus wegen ihrer politischen Überzeugungstreue achtete oder gar für ihre Einstellung Sympathie empfand, läßt sich den Quellen nicht entnehmen.

## 4. Zwangsarbeiter und Kriegsgefangene

Die sozialpolitischen Maßnahmen im Betrieb sind sicher auch als Versuche des Regimes zu werten, diejenigen Arbeiter, die der nationalsozialistischen Herrschaft distanziert oder oppositionell gegenüberstanden, nicht nur politisch zu neutralisieren, sondern darüber hinaus zumindest einige von ihnen für sich zu gewinnen.[190] Inwieweit aber durch die betriebliche Sozialpolitik die intendierte Integration der Arbeiterschaft in die NS-Betriebsgemeinschaft tatsächlich gelang, ist schwer festzustellen.[191] Das Regime unternahm bis zuletzt große Anstrengungen, die Arbeiterschaft sozial ruhig zu halten. Diesem Zweck diente die Einbindung deutscher Arbeitskräfte in die »Volksgemeinschaft« ebenso wie die Abwälzung der Kriegslasten auf die Bevölkerung der eroberten Gebiete.[192] Im Herbst 1939 angesichts des bedrohlichen Ausmaßes des Arbeitskräftemangels vor die Alternative gestellt, entweder deutsche Frauen dienstzuverpflichten oder ausländische Arbeitskräfte zum »Arbeitseinsatz« ins Reich zu bringen, entschied sich das NS-Regime trotz der damit verbundenen ideologischen und sicherheitspolitischen Probleme für die zwangsweise Rekrutierung von ausländischen Kräften. Kriegswirtschaftlich schien diese Maßnahme ebenso geboten wie zur Loyalitätssicherung gegenüber der deutschen Bevölkerung, sie verstieß aber in eklatanter Weise gegen die nationalsozialistische Rassenideologie.[193]

[190] Dazu: Mason, Sozialpolitik, S. 157ff.; ders., Bändigung; Recker, Sozialpolitik; Volker Henschel, Geschichte der deutschen Sozialpolitik 1880-1980. Soziale Sicherung und kollektives Arbeitsrecht, Frankfurt a.M. 1983, S. 119-141.

[191] Zollitsch hebt hervor, daß die Bindung der Arbeiter an ihren Betrieb seit dem Ende der Weltwirtschaftskrise gewachsen sei und führt dies auf die Krise, die NS-Arbeitsverfassung und das Fehlen überbetrieblicher Organisationen zurück. Zollitsch, Arbeiter, S. 156-263.

[192] In welchen Dimensionen dieses Prinzip längerfristig durchschlagen sollte, zeigt sich am deutlichsten in den kriegswirtschaftlichen Vorbereitungen auf den Einmarsch in der UdSSR. Vgl. dazu: Jürgen Förster, Hitlers Entscheidung für den Krieg gegen die Sowjetunion, in: Das Deutsche Reich und der Zweite Weltkrieg, hrsg. vom Militärgeschichtlichen Forschungsamt, Bd. 4: Der Angriff auf die Sowjetunion, Stuttgart 1983, S.3-37; Rolf-Dieter Müller, Von der Wirtschaftsallianz zum kolonialen Ausbeutungskrieg, ebd., S. 98-189, und Jürgen Förster, Das Unternehmen »Barbarossa« als Erorberungs- und Vernichtungskrieg, ebd., S. 413-447.

[193] Zur Beschäftigung von ausländischen Zivilarbeitern und Kriegsgefangenen grundlegend und mit weiterführender Literatur Herbert, Fremdarbeiter; zum Arbeitseinsatz von KZ-Häftlingen in der Rüstungsindustrie: Falk Pingel, Häftlinge unter SS-Herrschaft. Widerstand, Selbstbehauptung und Vernichtung im Konzentrationslager, Hamburg 1978; für die Spätphase des

Die NS-Ausländerpolitik versuchte diesen Widerspruch zu kompensieren, indem sie die Belegschaften in den Betrieben nunmehr nach »rassischen«, das heißt nationalen Zugehörigkeitskriterien staffelte. Ganz oben in der »Rassenhierarchie« stand der deutsche Arbeiter, gefolgt von Arbeitern »germanischer« Abstammung, etwa Dänen oder Holländern, am untersten Ende der Skala standen die polnischen und sowjetischen Zwangsarbeiter sowie die sowjetischen Kriegsgefangenen. Die Lebens- und Arbeitsbedingungen der einzelnen ausländischen Arbeitergruppen richtete sich nach ihrer Stellung in dieser Hierarchie. Dem deutschen Arbeiter wurde durch die Millionen von ausländischen Zwangsarbeitern und Kriegsgefangenen seine »Höherwertigkeit«, die ihm der Nationalsozialismus versprach, somit tagtäglich vor Augen geführt.

Bei der Firma Boehringer waren seit Sommer 1939 120 Arbeiter aus dem »Protektorat Böhmen und Mähren« eingesetzt, Männer, die selbst nach einer halbjährigen Einarbeitungszeit von der Betriebsleitung nicht als »vollwertige Arbeitskräfte« angesehen wurden.[194] Man wolle die neuen Arbeitskräfte »kameradschaftlich« aufnehmen und ihnen die »Trennung von ihrer Familie und ihrer Heimat« erleichtern, hatte die Betriebsleitung bei dem anläßlich der Zuteilung der neuen Arbeitskräfte durchgeführten Betriebsappell erklärt und zugleich deutlich gemacht, daß sich die tschechischen Arbeiter ihrerseits »in die Betriebsgemeinschaft einzufügen« und »genau wie ihre deutschen Arbeitskameraden und zu denselben Bedingungen ihre Pflicht gegenüber dem Betrieb und der Betriebsgemeinschaft« zu erfüllen hatten. Man verlange von ihnen nicht, »daß sie Nationalsozialisten werden«, wohl aber daß sie sich den »Gesetzen, den Vorschriften und den Gebräuchen des nationalsozialistischen Staates« anpaßten. Probleme bereitete der Betriebsleitung allerdings noch die Frage, inwieweit die tschechischen Arbeiter in die NS-Betriebsgemeinschaft integriert werden sollten. Durften sie etwa an den 1. Mai-Feierlichkeiten teilnehmen, und konnten sie Mitglieder der Werkskapelle werden? Mit diesen von der Firma Boehringer aufgeworfenen Fragen beschäftigten sich auch die Vertreter der zur Erfahrungsgruppe II (ERFA) zusammengeschlossenen Firmen auf ihrer Sitzung im Sommer 1939. Hier war man der Meinung, daß die Tschechen vollwertige »Gefolgschaftsmitglieder« und keine »Gefolgschafts-Mitglieder zweiter Klasse« seien. Von der »Betriebsgemeinschaft« dürften sie nicht ausgeschlossen werden, wenn sie lernen sollten, »was eine nationalsozialistische Betriebsgemeinschaft« ausmache.[195]

---

Krieges und den Gesamtkomplex der Verwendung von KZ-Häftlingen in der Rüstungsindustrie wichtig ist Rainer Fröbe, »Wie bei den alten Ägyptern«. Die Verlegung des Daimler-Benz Flugmotorenwerkes Genshagen nach Obrigheim am Neckar 1944/45, in: Das Daimler-Benz-Buch. Ein Rüstungskonzern im »Tausendjährigen Reich«, hrsg. von der Hamburger Stiftung für Sozialgeschichte des 20. Jahrhunderts, Nördlingen 1987, S. 392-470.

[194] Leistungsbericht der Firma Boehringer 1939/40. StAL, EL 902/8 Bü 16/1/15066. Dort auch die folgenden Zitate. Zu den zahlreichen tschechischen Arbeitskräften, die seit 1938 ins Reich geholt wurden: Miroslav Karny, Der »Reichsausgleich« in der deutschen Protektoratspolitik, in: Ulrich Herbert (Hrsg.), Europa und der »Reichseinsatz«: Ausländische Zivilarbeiter, Kriegsgefangene und KZ-Häftlinge in Deutschland 1938-1945, Essen 1991, S. 26-50.

[195] Sitzungsbericht der Chef-Sitzung der ERFA-Gruppe II, 30.6./1.7.1939. WABW, B 10, Bü 347.

Mit Kriegsbeginn stieg der Arbeitermangel im Reich rapide an. Nun wurden, weltanschaulichen und sicherheitspolizeilichen Bedenken zum Trotz, polnische Kriegsgefangene und Zivilarbeiter, nach dem Waffenstillstandsabkommen mit Frankreich 1940 auch französische Kriegsgefangene als Arbeitskräfte nach Deutschland gebracht. Ab August 1940 waren rund 60 kriegsgefangene Franzosen bei der Göppinger Firma Boehringer im Einsatz.[196] In einer innerbetrieblichen Bekanntmachung wies die Geschäftsführung darauf hin, daß Kriegsgefangene »gerecht behandelt« werden sollten, daß aber das Verhalten ihnen gegenüber keinesfalls »von Mitleid oder Rührseligkeit« bestimmt sein dürfe. Gegenüber Franzosen müsse der »deutsche Volksgenosse« »Abstand zu wahren wissen«, der, »ohne verletzend zu sein, keinen Zweifel darüber aufkommen« lasse, daß »der Kriegsgefangene nicht zu unserer Gemeinschaft gehört«.[197]

Daß ausländische Arbeitskräfte in der sogenannten Blitzkriegsphase bis zum Sommer 1941 in den drei Industrieunternehmen jedoch noch keine große Rolle spielten,[198] zeigen die folgenden Zahlen. Ende 1939 beschäftigte Werner & Pfleiderer 742 deutsche und vier ausländische Arbeiter, 418 deutsche und drei ausländische Angestellte; ein Jahr später hatte sich die Zahl der ausländischen Zivilarbeiter und Kriegsgefangenen von vier auf 30 bzw. von drei auf vier erhöht.[199] Bei den Fortuna-Werken waren erstmals 1940 insgesamt 14 ausländische Zivilarbeiter eingesetzt.[200] Bis Herbst 1941 waren unter den drei Betrieben bei der Firma Boehringer mit 120 Tschechen und den ab 1940 eingesetzten 60 französischen Kriegsgefangenen die meisten ausländischen Arbeitskräfte und Kriegsgefangene in die Produktion eingebunden. Bei einer Gesamtbelegschaft von zwischen 1400 bis 1500 Beschäftigten 1939 und 1940[201] stellten sie ca. 12 Prozent.

Erst nachdem der deutsche Vormarsch nach Osten 1941/42 gestoppt worden war, sich die deutsche Rüstungswirtschaft auf einen längeren Abnutzungskrieg einstellen mußte und die Lücken in den Belegschaften auch durch die nun einsetzenden verstärkten Bemühungen um die Rekrutierung von Arbeitskräften aus den besetzten westeuropäischen Ländern nicht geschlossen werden konnten, entstand der kriegswirtschaftlich motivierte Druck zum Einsatz sowjetischer Kriegsgefangener und Zivilarbeiter. So stieg auch bei Werner & Pfleiderer ab 1941 die Zahl der ausländischen Arbeitskräfte sprunghaft an.[202]

---

[196] Darunter waren nach Firmenangaben nur 10 Metallfacharbeiter (1 Dreher und 9 Metallarbeiter). Sitzungsbericht der Chef-Sitzung der ERFA-Gruppe II, 24./25.1.1941. Ebd.

[197] Bekanntmachung der Betriebsführung, 23.8.1940. WABW, B 10, Bü 267.

[198] Dies galt generell für die Industrieunternehmen im Reich. Vgl. Ulrich Herbert, Einleitung, in: ders. (Hrsg.), Europa und der »Reichseinsatz«, S. 10.

[199] Geschäftsberichte für 1942 und 1943. WABW, B 11, Bü 91.

[200] Max Knorr an Spruchkammer Degerloch, 30.9.1947. StAL, EL 902/20 Bü 37/05/4073.

[201] Zahlen zur Gesamtbelegschaft in: Leistungsbericht der Firma Boehringer 1942. WABW, B 10, Bü 305.

[202] Geschäftsbericht für 1943. WABW, B 11, Bü 91; Fragebogen der amerikanischen Militärregierung, o.D. Ebd., Bü 313. Danach auch die Angaben in der Tabelle. Eine Differenzierung nach Kriegsgefangenen und Zwangsarbeitern ist nicht möglich. Die Unterlagen erlauben auch keine Aussage über die Nationalität der eingesetzten Arbeitskräfte.

*Tabelle 7: Ausländische Beschäftigte bei Werner & Pfleiderer*

| Jahr | Belegschaft | Kriegsgefangene und »Fremdarbeiter« |
|---|---|---|
| 1939 | 1169 | 7 |
| 1940 | 1305 | 34 |
| 1941 | 1301 | 108 |
| 1942 | 1277 | 247 |
| 1943 | 1268 | 297 |
| 1944 | 1261 | 290 |

Der Rückgang der deutschen Belegschaft um 189 von 1160 im Jahr 1939 auf 971 im Jahr 1943 hielt sich dagegen in Grenzen. 1943 war mit 1160 deutschen und 297 ausländischen Arbeitskräften fast ein Viertel der Beschäftigten Ausländer. Anfang 1945 lag die Ausländerquote bei der Firma Werner & Pfleiderer sogar bei über 50 Prozent (847 deutsche und 432 ausländische Arbeiter).[203]

*Tabelle 8: Ausländische Beschäftigte bei der Firma Boehringer*[204]

| Jahr | Belegschaft | Kg. | »Fremdarbeiter« | Insgesamt |
|---|---|---|---|---|
| 1939 | 1386 | | 120 Tschechen | 120 |
| 1940 | 1543 | 60 frz. Kg. | | 170 |
| 1941 | 1653 | | | 170 |
| 1942 | 1626 | 69 frz. + 40 russ. Kg. | 27 Tschechen, 22 Polen, 20 Italiener, 8 Ungarn, 5 Belgier, 4 Jugoslawen, 2 Slovaken, 1 Kroate, 1 Schwede, 1 Rumäne, 1 Ukrainer, 158 Russen | 359 |
| 1943 | 1651 | 108 | 415 | 523 |
| 1944 | 1541 | 60 | 411 | 471 |

Ein ähnliches Bild ergibt sich bei den beiden anderen Betrieben. Bei der Firma Boehringer verdoppelte sich von 1941 bis 1942 binnen eines Jahres die Zahl der eingesetzten Ausländer. 1942 waren auch erstmals »Fremdarbeiter« in die Produktion eingebunden, die in der nationalsozialistischen »Rassenhierarchie«

[203] Angaben der Firma in einem Fragebogen der französischen Militärbehörden, 30.5.1945. WABW, B 11, Bü 314. Die Schwankungen bei den für ein Jahr angegebenen Zahlen sind vermutlich auf unterschiedliche Stichtage zurückzuführen, an denen die Angaben erhoben wurden.

[204] Die Angaben in der Tabelle stammen aus folgenden Unterlagen: Leistungsbericht 1939/40. StAL, EL 902/8 Bü 16/1/15066; Leistungsbericht 1942. WABW, B 10, Bü 305; ebd., Bü 21, 329 und 347. Für 1940 und 1941 war eine Aufschlüsselung nach Kriegsgefangenen und »Fremdarbeitern« größtenteils unmöglich. Aussagen über die Nationalität waren ebenso nur begrenzt möglich.

ganz unten standen: 22 Polen und 158 Russen.[205] 1943 und 1944 erhöhte sich die Zahl der ausländischen Arbeitskräfte bei der Firma Boehringer weiter, während sich der Rückgang der deutschen Belegschaft von 873 im Juni 1943 auf 724 im Dezember 1944 in diesem Zeitraum in Grenzen hielt. Der Zahl der weiblichen Beschäftigten innerhalb der Arbeiterschaft blieb auf einem konstant niedrigen Niveau. 1943 und 1944 waren es zwischen 81 und 100 deutsche Frauen.[206]

Auch bei den Fortuna-Werken schnellte der Anteil der ausländischen Arbeitskräfte an der Belegschaft ab 1942 in die Höhe. 1943 wurden erstmalig 68 in der NS-Terminologie »Ostarbeiter« bzw. »Ostarbeiterinnen« genannte russische Zivilarbeiter und Zivilarbeiterinnen eingesetzt. Dadurch blieb die Ausländerquote bei der Firma Fortuna auf dem Vorjahresniveau. Während sich bei Werner & Pfleiderer und Boehringer auch 1944 der Ausländeranteil weiter erhöhte, meldeten die Fortuna-Werke bereits wieder rückläufige Zahlen. Neben zwei kriegsgefangenen Franzosen befanden sich im Laufe des Jahres 1944 dort »nur« noch 79 »Fremdarbeiter« im Arbeitseinsatz.[207]

*Tabelle 9: Ausländische Beschäftigte bei den Fortuna-Werken*

| Jahr | Belegschaft | Kg. | »Fremdarbeiter« | Insgesamt |
|---|---|---|---|---|
| 1940 | 962 | | 8 Flamen, 3 Jugoslawen, 2 Tschechen, 1 Ungar | 14 |
| 1941 | 999 | 12 frz. Kg. | 24 Flamen, 2 Italiener, | 38 |
| 1942 | 1109 | 10 frz. Kg. | 11 Flamen, 60 Franzosen, 26 Luxemburger, 1 Ungar, 1 Jugoslawe, 4 Bulgaren, 7 Italiener, 4 Tschechen, 1 Holländer, 5 Kroaten, 1 Spanier | 131 |
| 1943 | 1258 | 5 frz. Kg. | 7 Flamen, 44 Franzosen, 3 Polen, 1 Italiener, 1 Tscheche, 5 Holländer, 5 Ungarn, 68 »Ostarbeiter« und »Ostarbeiterinnen« | 139 |
| 1944 | 1095 | 2 frz. Kg. | 5 Flamen, 22 Franzosen, 1 Italiener, 2 Holländer, 1 Ukrainer, 48 »Ostarbeiter« und »Ostarbeiterinnen« | 81 |

[205] Leistungsbericht der Firma Boehringer 1942. WABW, B 10, Bü 305. Vgl. zu Zwangsarbeitern in Göppingen: Matthias Storr, Zwangsarbeit. »Ausländereinsatz« in Göppingen 1939-1945, Göppingen 1993.

[206] Industrieberichterstattung der Firma Boehringer an die amerikanische Militärbehörde. WABW, B 10, Bü 329.

[207] Max Knorr an Spruchkammer Degerloch, 30.9.1947. StAL, EL 902/20 Bü 37/05/4073. Danach auch die Tabelle (Zahlen zur Gesamtbelegschaft aus: Fortuna 1903-1953, S. 147) und alle folgenden Angaben sowie Zitate.

Die Lebensbedingungen der einzelnen Ausländergruppen unterschieden sich durch ihre Stellung in der »Rassenhierarchie«. Leider kann dies, da andere Quellen fehlen, nur anhand der Angaben in den Spruchkammerverfahren dargestellt werden. Lebten die bei der Firma Fortuna eingesetzten Zivilarbeiter aus den besetzten westeuropäischen und den sogenannten befreundeten Ländern wie Ungarn, Rumänien oder Kroatien zunächst »in vom Werk beschafften Einzelzimmern in der Stadt«, wurden sie nach den alliierten Luftangriffen auf Stuttgart im Jahr 1944 in Baracken auf dem Werksgelände untergebracht. Sie erhielten nach Knorrs Aussage ungefähr die gleichen Lebensmittelrationen wie die Deutschen in vergleichbaren Stellungen, seien in der Werkskantine mitverpflegt worden und hätten Anspruch auf tariflichen Jahresurlaub gehabt, den sie in ihrer Heimat verbringen konnten. Die kriegsgefangenen Franzosen hingegen lebten in einem Lager der Nachbarfirma VKF, in dem sie nach Arbeitsende von einer Militärwache des Stalag Ludwigsburg bewacht wurden. Sie wurden zumindest mittags ebenfalls in der Werkskantine verpflegt, abends hingegen mußten sie ihre Abendverpflegung mit ins Lager nehmen. Dort standen ihnen - wie Max Knorr vor der Spruchkammer geltend machte - ein Klavier und Turngeräte zur Verfügung.

Daß die Arbeitskräfte aus dem Osten, vor allem Russen, im Gegensatz zu denen aus den westeuropäischen Staaten erheblich schlechter gestellt waren, zeigt sich nicht nur an ihrer Unterbringung - so lebten russische Zwangsarbeiter bei der Firma Fortuna von Anfang an in Baracken auf dem Werksgelände -, sondern ebenso an den für sie bestimmten Lebensmittelrationen - Rolf Boehringer berichtete nach Kriegsende, daß die seinem Betrieb zugewiesenen russischen Kriegsgefangenen Hungerödeme hatten[208] - wie an ihrer Entlohnung. Dies zeigt ein Beispiel aus dem Fortuna-Zweigwerk in Losheim. Dort gab es im Fühsommer 1944 offensichtlich Unsicherheiten, was die korrekte Bezahlung der dem Werk zugeteilten russischen Zwangsarbeiterinnen betraf. Damit sein Losheimer Kollege die »jetzt hereingekommenen Ostarbeiterinnen richtig einstufen« könne, informierte ihn der Betriebsleiter des Fortuna-Stammwerkes über die dort geltenden Entlohnungsrichtlinien. Diese spiegeln nicht nur die nach Leistung differenzierte und hierarchisierte NS-Betriebsgemeinschaft wider, ebenso deutlich wird, wie diese Leistungshierarchie mit einer rassistisch motivierten Schlechterstellung von Ausländern, insbesondere sowjetischen Zwangsarbeitern, verknüpft wurde. Bei den Fortuna-Werken waren die »Einstellöhne« bei den gewerblichen Arbeitern nach acht Lohngruppen gestaffelt und altersabhängig. Generell galt, daß Anspruch auf den vollen Lohn nur hatte, wer über 21 Jahre alt war. Für ausländische Arbeitskräfte war vorgesehen, daß sich ihr Anfangslohn aus der jeweils nächstniedrigen Lohngruppe für deutsche Arbeiter ergab. Verdiente also ein über 21jähriger Deutscher in der untersten Lohngruppe 75 Rpf., so bekam ein Ausländer drei Pfennige weniger. In der höchsten Lohngruppe standen ihm 128, einer ausländischen Kraft 118 Pfennige zu. Die bei Fortuna beschäftigten Frauen verdienten wesentlich weniger als ihre

[208] Protokoll der mündlichen Verhandlung, 9.8.1948. StAL, EL 902/8 Bü 16/1/15066.

männlichen Kollegen. In der untersten Lohngruppe bekam eine über 21jährige deutsche Arbeiterin 50, eine ausländische Frau 48 Pfennige, in der höchsten Lohngruppe standen der Deutschen 65, der Ausländerin 60 Pfennige zu. Entsprechend diesen Richtlinien erhalte eine 1924 geborene »Ostarbeiterin«, so der Fortuna-Betriebsleiter in dem Schreiben an seinen Losheimer Kollegen, einen Lohn gemäß der - niedrigsten - Lohngruppe von 44 Pfennigen. Auf die eigentlich in dieser Eingruppierung vorgesehenen 48 Pfennige hatte die erst zwanzigjährige Frau aufgrund ihres Alters keinen Anspruch.[209]

Wie die sowjetischen Zwangsarbeiter in den drei Betrieben verpflegt und behandelt wurden, läßt sich aufgrund fehlender Unterlagen nicht mehr rekonstruieren. Es scheint jedoch, daß die einzelnen Unternehmer durchaus über Handlungs- und Ermessensspielräume verfügten. So hatten nach Aussage Knorrs die bei den Fortuna-Werken eingesetzten »Ostarbeiter« in den Baracken ihre eigene Küche und einen separaten Kantinenraum, »sie kochten sich selbst«.[210] Sie lebten also von den anderen Ausländergruppen auch in diesem Bereich getrennt. Für die Firma Werner & Pfleiderer bezeugte nach Kriegsende der im Betrieb seit 1939 eingesetzte »Geschäftsführer der Gemeinschaftsverpflegung« nicht nur, daß die Werkskantine »im ganzen Industriebezirk und darüber hinaus als sehr gut in puncto Qualität und Quantität« bekannt gewesen sei und »Betriebsführer« Otto Fahr besonderen Wert auf die »Gemeinschaftsverpflegung« gelegt habe, sondern auch, daß dieser hohe Standard ebenso für die Verpflegung der Kriegsgefangenen und russischen Zwangsarbeiter gegolten habe.[211] Otto Fahr habe stets die Ansicht vertreten, daß »dort, wo eine Arbeitsleistung verlangt werde, auch für ausreichendes Essen gesorgt werden müsse«.

Während der Arbeitszeit lag die Verantwortung für die ausländischen Arbeitskräfte der Firma Fortuna bei dem Betriebsleiter, in ihrer Freizeit unterstanden die Arbeiter aus den besetzten Westgebieten und den »befreundeten« südosteuropäischen Ländern einem speziellen »Ausländerbetreuer«.[212] Für die Bewachung der russischen Zwangsarbeiter nach Dienstschluß hatte das Unter-

---

[209] Fortuna-Betriebsleiter an ZL, 10.6.1944. WABW, Bestand Fortuna, 2. Ordner: Schriftverkehr Zweigwerk Losheim. Der »Generalbevollmächtigte für den Arbeitseinsatz«, Sauckel, hatte in einem Erlaß vom 22.6.1942 bestimmt, daß Frauen im Rahmen des ab 1942 für die gesamte metallverarbeitende Industrie verbindlich eingeführten »Lohnkataloges« lediglich in die vier unteren Lohngruppen eingestuft werden durften. Außerdem lagen die Grundlöhne der Frauen von vornherein um 25 Prozent unter denen der männlichen Arbeitskräfte. Vgl. Rüdiger Hachtmann, Industriearbeiterinnen in der deutschen Kriegswirtschaft 1936 bis 1944/45, in: GG 19 (1993), Heft 3, S. 332-366, S. 359f. Frauen aus der Sowjetunion stellten Ende September 1944 55,9 Prozent aller »Fremdarbeiterinnen«. Die sowjetischen »Fremdarbeiter« waren in ihrer Mehrheit weiblich (51,1%), während beispielsweise Franzosen oder andere Westeuropäer, die während des Krieges in Deutschland im »Arbeitseinsatz« waren, hauptsächlich Männer waren. Vgl. Herbert, Fremdarbeiter, S. 272.

[210] Max Knorr an Spruchkammer Degerloch, 30.9.1947. StAL, EL 902/20 Bü 37/05/4073.

[211] Schreiben vom 15.1.1948. StAL, EL 902/20 Bü 37/17/7952. Dort auch das folgende Zitat.

[212] Dieser »Ausländerbetreuer« war ein von 1935 bis zum Zusammenbruch des NS-Regimes bei den Fortuna-Werken beschäftigtes Parteimitglied. Er wurde in seinem Spruchkammerverfahren als entlastet eingestuft und war zum Zeitpunkt seiner Aussage im Spruchkammerverfahren gegen Max Knorr Angestellter der amerikanischen Militärregierung. Protokoll der öffentlichen Sitzung, 25.2.1948. StAL, EL 902/20 Bü 37/05/4073.

nehmen einen seit 1937 im Betrieb zunächst als Chauffeur, anschließend in der Härterei beschäftigten Mann zum Lagerleiter bestellt.[213] Max Knorr gab in seinem Spruchkammerverfahren an, daß die Bestellung dieses Mannes zum »Russenbetreuer« erfolgt sei, weil dieser ihm versichert habe, als gebürtiger Danziger »die Mentalität des ostischen Menschen zu kennen«.[214] Zu Mißhandlungen der ausländischen Arbeitskräfte ist es bei den Firmen Fortuna und Werner & Pfleiderer nach Ausagen aller von der Spruchkammer gehörten Mitarbeiter nicht gekommen.[215] Rolf Boehringer hingegen gab in seinem Spruchkammerverfahren zu, daß »leider« »ausländische Arbeiter geschlagen worden« seien.[216]

Von den drei Unternehmern berief sich rückblickend nur Max Knorr, »Betriebsführer« der Firma Fortuna, auf grundsätzliche Bedenken gegen den Einsatz von Kriegsgefangenen und Zwangsarbeitern. Zum einen machte er seine persönliche Erfahrung geltend, hatte er doch selbst während des Ersten Weltkrieges zwei Jahre lang als Kriegsgefangener in Frankreich Zwangsarbeit verrichten müssen und so die »Einstellung der KG zur Arbeit in Feindesland« am eigenen Leib erfahren.[217] Zum anderen war er der Meinung, daß in seiner Branche durch berufsfremde Arbeitskräfte nur »Hemmungen« entstehen würden. Erst nachdem das Stuttgarter Arbeitsamt ihm »kategorisch« erklärt habe, daß als Ersatz für Einberufene nur Ausländer in Frage kämen, und zudem die ersten Zwangsarbeiter »ohne Vorankündigung« seinem Betrieb zugeteilt worden seien, habe auch die Firma Fortuna ausländische Arbeitskräfte eingesetzt. Knorrs ablehnende Haltung wurde in seinem Spruchkammerverfahren vom ehemaligen Betriebsleiter bestätigt.[218] Aussagen von Zeitzeugen, die nicht so unmittelbar betroffen waren, stehen leider nicht zur Verfügung.

---

[213] Schreiben des Fortuna-Betriebsrates, 30.7.1947. Archiv des Fortuna-Betriebsrates, Ordner: Fragebogen.

[214] Aussage Max Knorrs. Protokoll der öffentlichen Sitzung der Spruchkammer Degerloch 25.2.1948. StAL, EL 902/20 Bü 37/05/4073.

[215] Zur Firma Fortuna: Übereinstimmende Aussagen von Fortuna-Mitarbeitern während der Spruchkammerverhandlung gegen Knorr. Ebd. Zur Firma Werner & Pfleiderer: Spruchkammerverhandlung gegen Otto Fahr. StAL, EL 902/20 Bü 37/17/7952.

[216] Da Boehringer hierfür den Betriebsobmann zur Rechenschaft gezogen haben will, ist anzunehmen, daß diesem die ausländischen Zivilarbeiter bei der Firma Boehringer unterstellt waren. Protokoll der mündlichen Verhandlung, 9.8.1948. StAL, EL 902/8 Bü 16/1/15066.

[217] Max Knorr an die Spruchkammer Degerloch, 30.9.1947. StAL, EL 902/20 Bü 37/05/4073. Dort auch die folgenden Zitate.

[218] Aussage des ehemaligen Fortuna-Betriebsleiters. Protokoll der öffentlichen Sitzung der Spruchkammer Degerloch, 25.2.1948. Ebd.

# IV. Arbeitsausschußleiter, Bezirksbeauftragter und Rüstungsobmann: die drei Unternehmer als Funktionsträger in der industriellen »Selbstverwaltung«

## 1. Staatliche Planung und industrielle »Selbstverwaltung«

Zu den die Forschungsdiskussion Ende der 1960er Jahre prägenden Fragen gehörte die nach dem Verhältnis von Wirtschaft und Politik.[1] Inzwischen hat sich die in der damaligen Kontroverse um den Primat der Wirtschaft oder Politik im Nationalsozialismus herausgebildete bipolare Begrifflichkeit als unbrauchbar erwiesen und einer neuen interpretatorischen Offenheit Platz gemacht, die das Wechselverhältnis von Politik und Wirtschaft aufzeigt und in diesem Verhältnis die polykratischen Strukturen in einem durch letztinstanzliche Führerentscheide geprägten Herrschaftssystem betont.[2] Nach dem bisher erschlossenen Quellenmaterial kann von einer weitgehenden Übereinstimmung zwischen NS-Regime und Großindustrie in den Zielen wie der »Zerschlagung der Organisationen der Arbeitnehmer«, der »Herbeiführung eines Wirtschaftsaufschwungs durch Aufrüstung oder der »wirtschaftliche(n) Ausbeutung besetzter Gebiete« ausgegangen werden.[3] Wie vor allem das Beispiel Werner & Pfleiderer gezeigt hat, gab es für deutsche Rüstungsfirmen in den besetzten Gebieten ein breites Spektrum an Handlungsmöglichkeiten, das mit »wirtschaftlicher Ausbeutung« wohl doch zu grob charakterisiert wird. Den deutschen Firmen ging es stets um den eigenen Nutzen und um langfristige Wettbewerbsvorteile für die Zeit nach dem Kriege, doch damit konnte durchaus verbunden sein, unter den gegebenen Kriegsverhältnissen auch im Interesse ausländischer Firmen zu handeln. Letztlich setzte sich der NS-Führungsanspruch gegenüber den Repräsentanten der Wirtschaft durch, doch zugleich behielten diese ein »breites Feld wirtschaftlicher Betätigung (...), welches die Industriellen zu ihrem eigenen Nutzen bestellen konnten.«[4] Die Instrumentalisierung der Wirtschaft für Aufrüstung und Krieg betont auch Hans-Erich Volkmann. Durch das

---

[1] Blaich, Wirtschaft, S. 145-150; vgl. Dieter Grosser, Die nationalsozialistische Wirtschaft, in: Das Argument 7 (1965), Heft 32, S. 1-11; Timothy W. Mason, Der Primat der Politik - Politik und Wirtschaft im Nationalsozialismus, in: Das Argument 8 (1966), Heft 41, S. 473-494; Eberhard Czichon, Der Primat der Industrie im Kartell der nationalsozialistischen Macht, in: Das Argument 10 (1968), Heft 47, S. 168-192; Timothy W. Mason, Primat der Industrie? - Eine Erwiderung, in: Das Argument 10 (1968), Heft 47, S. 193-209.

[2] Vgl. hierzu den Forschungsbericht von Michael Schneider, Nationalsozialistische Durchdringung von Staat, Wirtschaft und Gesellschaft. Zur Sozialgeschichte des »Dritten Reiches«, in: AfS 31 (1991), S. 526-535.

[3] Blaich, Wirtschaft, S. 145.

[4] Ebd.

praktizierte Prinzip der unternehmerischen Selbstverwaltung sei jedoch »der Dienst der Großindustrie am nationalsozialistischen Staat (...) nicht auf die Erfüllung kriegsökonomischer Forderungen und Erfordernisse beschränkt« geblieben: »Das Prinzip der Selbstverwaltung bedeutete nicht, daß der Staat befahl und der Unternehmer ausführte, sondern es schuf ein echtes Kommunikationsverhältnis, innerhalb dessen der Unternehmer sich zu artikulieren vermochte.«[5] Der deutschen Großindustrie sei in zunehmendem Maße wirtschaftspolitische Verantwortung zugefallen, da sich staatliche wie militärische Instanzen »von der Eigeninitiative und Eigenverantwortung der Großindustrie eine effektivere Kriegswirtschaft versprachen als von administrativer Kontrolle«.[6] Daraus leitet Volkmann ein »Zerfließen der Grenzen zwischen staatlicher Wirtschaftsadministration und privatwirtschaftlicher Sphäre« ab.[7] Auf der Grundlage der sehr weitgehenden Interessenidentität sei es dem NS-Regime möglich gewesen, »den Unternehmer in seinen unternehmerischen Funktionen zu erhalten« und doch »ganz in den Dienst des Staates zu stellen«.[8]

Entgegen den Behauptungen der eigenen Propaganda verfügte das NS-Regime weder vor noch in den ersten Kriegsjahren über eine zentrale Planungs- und Koordinationsinstanz für die Kriegswirtschaft.[9] Den Grundstein für eine Kriegswirtschaftsorganisation, in der sachliche Entscheidungen durch unklare Kompetenzabgrenzungen und Machtrivalitäten behindert wurden, legte das NS-Regime mit dem Reichsverteidigungsgesetz vom 21. Mai 1935, in dem die Verantwortung für die wirtschaftliche Mobilmachung zwischen zivilen und militärischen Behörden aufgeteilt und damit die Trennung der Verantwortung für die Vorindustrie und die Rüstungsendfertigung festgelegt worden war.[10] 1936 entstand mit dem Vierjahresplan eine weitere Behörde, die ebenfalls der Vorbereitung der Wirtschaft auf den Kriegsfall diente und der 1938 Wirtschaftsministerium und »Generalbevollmächtigter für die Kriegswirtschaft« untergeordnet wurden.[11] Auch nach der kurz vor Kriegsbeginn erfolgten Installation eines Ministerrates für die Reichsverteidigung blieben die partikularen Ressortinteressen weiter bestehen. Weiterhin wurde die Rüstungsindustrie von der Wehrmacht gelenkt, die Landwirtschaft und die nachgeordneten Gewerbebetriebe vom Reichsnährstand, und das Wirtschaftsministerium war für den übrigen Bereich der Wirtschaft zuständig. Und auch »der Vierjahresplan blieb ein Nebeneinander von Geschäftsgruppen und Bevollmächtigten, da es nicht gelang, die partikularen Macht- und Sachinteressen wirkungsvoll zusammenzufassen«.[12]

---

[5] Volkmann, Verhältnis, S. 88 und 111.
[6] Ebd., S. 110.
[7] Ebd., S. 111.
[8] Ebd., S. 112.
[9] Paul Körner, Straffste Lenkung der Kriegswirtschaft, in: Der Vierjahresplan 4 (1940), 1. Folge, S. 2f. Vgl. Wagenführ, Industrie, S. 27; Müller, Mobilisierung, S. 352-363; Herbst, Der Totale Krieg, S. 111-117.
[10] Vgl. Georg Thomas, Geschichte der deutschen Wehr- und Rüstungswirtschaft (1918-1943/45), hrsg. von Wolfgang Birkenfeld, Boppard/Rhein 1966, S. 75, der die »Teilung der Wirtschaft« als eine verhängnisvolle Entscheidung ansah.
[11] Zum Vierjahresplan grundlegend: Petzina, Autarkiepolitik.
[12] Ebd., S. 136. In der wissenschaftlichen Diskussion wurde zur Charakterisierung dieser Si-

Betrachtet man die Entwicklung der obersten Lenkungsgremien der Kriegswirtschaft, ist der Kompetenzzuwachs ziviler Stellen auf Kosten militärischer Instanzen auffällig. Markierte das Reichsverteidigungsgesetz 1935 hier den Anfang, setzte sich diese Tendenz in der Nominierung Görings als Chef der Vierjahresplanbehörde fort. Mit Kriegsbeginn trat auch im Bereich der Zivilverteidigung neben den militärischen Wehrkreiskommandeur der zivile Gauleiter als Reichsverteidigungskommissar.[13] Mit der Ernennung Fritz Todts zum Reichsminister für Bewaffnung und Munition im März 1940 wurde die Ausrüstung des Heeres einer zivilen Lenkungsstelle überantwortet, und unter Albert Speer führte diese Linie schließlich zur Integration des Wehrwirtschafts- und Rüstungsamtes beim Oberkommando der Wehrmacht in das Munitionsministerium. Der militärische Einfluß auf die Wirtschaft wurde somit nach und nach zurückgedrängt.[14]

Dabei wurde unter Munitionsminister Todt das bereits bei der Vierjahresplanbehörde praktizierte Verfahren, führende Industrievertreter mit Lenkungsaufgaben zu betrauen, fortgeführt. Als herausragendes Beispiel ist hier Direktor Krauch von den IG Farben zu nennen.[15] Nach einem vom Leiter der Reichsgruppe Industrie, Wilhelm Zangen, entworfenen System von industriellen Beiräten und Ausschüssen kam es auf Wehrbereichsebene zur Bildung von Arbeitsgemeinschaften der Unternehmer, die in der Munitionserzeugung tätig waren. Die Vorsitzenden der Arbeitsgemeinschaften bildeten dann den regionalen Munitionsausschuß.[16] Nachdem es nach dem »Frankreichfeldzug« zu einer Verlagerung des Rüstungsschwerpunktes gekommen und die Munitionsfertigung zugunsten des Luftwaffen- und U-Boot-Programmes in den Hintergrund gedrängt worden war, firmierten die Munitionsausschüsse als Rüstungsausschüsse. Auf Reichsebene faßten sogenannte Sonderausschüsse, die von führenden Industrievertretern geleitet wurden, größere Fertigungsbereiche der Rüstungsindustrie zusammen.[17]

Todts Nachfolger, Albert Speer, setzte die Kooperation mit industriellen Führungskräften konsequent fort und baute sie aus. Denn nach den militärischen Rückschlägen in Rußland 1941/42 und 1942/43 mußte sich das NS-Regime auf einen langen Verschleiß- und Materialkrieg einstellen. Das zwang zu einer eindeutigen Ausrichtung der gesamten Gesellschaft und insbesondere der Wirt-

---

tuation der Begriff Polykratie eingeführt. Vgl. Hüttenberger, Nationalsozialistische Polykratie, S. 421.

[13] Verordnung über die Bestellung von Reichsverteidigungskommissaren vom 1. September 1939. RGBL I, 1939, S. 1565f. Wie wichtig diese für die weitere Entwicklung im Kriege wurden, zeigt Peter Hüttenberger, Die Gauleiter. Studie zum Wandel im Machtgefüge in der NSDAP. Stuttgart 1969, S. 152ff.

[14] Vgl. Herbst, Der Totale Krieg, S. 111-117; Müller, Mobilisierung; Blaich, Wirtschaft, S. 44-48.

[15] Vgl. Petzina, Autarkiepolitik, S. 116-124.

[16] Karl-Heinz Ludwig, Technik und Ingenieure im Dritten Reich, Düsseldorf 1974, S. 352-360.

[17] Der Vorsitz des Panzerausschusses wurde beispielsweise dem Leiter der Vereinigten Stahlwerke, Walter Rohland, übertragen, die Leitung der für technische Entwicklungsarbeiten zuständigen Panzerkommission übernahm Ferdinand Porsche. Ebd., S. 367f.

schaft auf die Erfordernisse des Krieges. Zur Rationalisierung und Steigerung der Rüstungsproduktion und Erhöhung der Effektivität der Unternehmen »bedurfte es einer Straffung der Wirtschaftsverwaltung an der Spitze und gleichzeitig eines feinverästelten Apparates nach unten, mit dessen Hilfe alle Sparten und Industriezweige in die Kriegsfertigung eingespannt werden konnten und auch kontrollierbar waren«.[18] Die beste Garantie zur Erfüllung der kriegswirtschaftlichen Erfordernisse sah das Regime in der Privatinitiative und der Mobilisierung der Energien des Unternehmertums. Unter Speers Ägide wurden die von Todt für die Munitionsfertigung geschaffenen Selbstverwaltungseinrichtungen der Industrie auf die gesamte industrielle Produktion ausgedehnt. Sein im Frühjahr 1942 eingeführtes System der »industriellen Selbstverwaltung« sollte eine »straffe und wirksame Lenkung der Herstellung von Kriegsmaterial auf der Ebene der Betriebe«[19] ermöglichen. Bis Sommer 1944 entstanden auf dem Produktionssektor 21 Hauptausschüsse und zwölf Hauptringe, die wiederum in eine Vielzahl von Sonder- und Arbeitsausschüsse bzw. Sonder- und Arbeitsringe untergliedert waren und von industriellen Führungskräften geleitet wurden. Den Hauptausschüssen oblag die Steuerung der Rüstungsendfertigung, die Ringe sorgten für die notwendigen Zulieferungen.[20]

Diese »Selbstverwaltungsorgane« der Industrie waren ehrenamtlich tätige, nachgeordnete Instanzen des Speer-Ministeriums und an dessen Direktiven gebunden. Ungeachtet der bestehenden Organisation der Wirtschaft in Verbände und Fachgruppen schuf sich Speer damit sein eigenes dezentrales Lenkungssystem. Die von Volkmann konstatierte »Zwitterstellung« der neuen Organe ergab sich daraus, daß sie einerseits diejenigen Gremien waren, über die der staatliche Wille vermittelt wurde, andererseits aber auch als »Sprachrohr der Industrie« fungierten, über die das Unternehmertum seine Interessen an den Staat herantragen konnte.[21] Dazu trug auch die personelle und teilweise organisatorische Kontinuität des industriellen Verbandswesens vor und nach 1933 bei. So war die deutsche Maschinenindustrie vor 1933 im Verein Deutscher Maschinenbau-Anstalten (VDMA) organisiert, dessen Mitgliedsbetriebe rund 90 Prozent der deutschen Maschinenbauproduktion repräsentierten. Im Zuge der Gleichschaltung der Wirtschaft löste 1934 die Wirtschaftsgruppe Maschinenbau den VDMA als Spitzenorganisation der Maschinenindustrie ab. Trotz der nachweislich tiefen Eingriffe des NS-Regimes in die Verbandsstruktur allgemein[22] sei die innere Struktur der Organisation, so der Hauptgeschäftsführer des VDMA, Diplom-Ingenieur Stelter, 1952, »im wesentlichen unverändert«

---

[18] Volkmann, Verhältnis, S. 94.

[19] Blaich, Wirtschaft, S. 47.

[20] Dazu: Blaich, Wirtschaft, S. 44ff; Volkmann, Verhältnis, S. 87ff; Müller, Mobilisierung, bes. S. 453ff; Janssen, Das Ministerium Speer, S. 42ff. Milward, der die Leistung Speers relativiert und dafür Todt als den eigentlichen Urheber der industriellen Selbstverantwortung rühmt, konnte sich in der Forschung mit seiner These, Todt und nicht erst Speer habe den Übergang von der »friedensähnlichen« zur »totalen« Kriegswirtschaft bewerkstelligt, nicht durchsetzen. Vgl. Milward, Die deutsche Kriegswirtschaft.

[21] Volkmann, Verhältnis, S. 88.

[22] Vgl. Hans-Peter Ullmann, Interessenverbände in Deutschland, Frankfurt a.M. 1988.

geblieben.[23] Auch sei es gelungen, die verschiedenen neuen Lenkungsinstanzen, die im Krieg geschaffen worden waren, »immer wieder - wenn auch unter neuen Bezeichnungen - in der bewährten Organisation der Maschinenindustrie und ihrer Geschäftsführung« aufzufangen.[24] Das solcherart betonte Beharrungsvermögen des VDMA, der während der NS-Herrschaft in den neuen Organisationen strukturell und personell überlebte, war jedoch bereits bei der im Zuge der Gleichschaltungsmaßnahmen des Regimes als notwendig erachteten Auswechselung des Vorsitzenden an seine Grenzen gestoßen. 1934 mußte der seit 1923 amtierende Leiter des VDMA, Generaldirektor Wolfgang Reuter von der Duisburger Demag AG, Otto Sack von der gleichnamigen Leipziger Firma Platz machen. Sack leitete die neu gegründete Wirtschaftsgruppe Maschinenbau bis 1945. Der seit 1924 amtierende Geschäftsführer des VDMA, Karl Lange, wurde hingegen in dieser Funktion übernommen und hatte dieses Amt ohne Unterbrechnung bis 1955 inne. Mit Karl Lange verfügte die Spitzenorganisation des Maschinenbaus somit auch während der NS-Herrschaft über einen ihrer wichtigsten Vertreter.[25]

Weiter reichte die institutionelle Selbstbehauptung bei der Organisation der deutschen Werkzeugmaschinenbranche. Der 1891 gegründete Verein Deutscher Werkzeugmaschinenfabriken (VDW) blieb nämlich nach 1934 neben der neu gegründeten Fachgruppe Werkzeugmaschinen[26] bestehen. Beide Gremien teilten sich nun das VDW-Büro in Berlin, und auch in personeller Hinsicht bestand eine weitgehende Übereinstimmung. So gehörten etwa die Vorstandsmitglieder des VDW fortan dem Beirat der Fachgruppe an. Auf der Ebene der Vorsitzenden und Geschäftsführer wird die personelle Übereinstimmung zwischen beiden Gremien ebenfalls deutlich. Heinrich Möring war zugleich Leiter der Fachgruppe und Vorsitzender des VDW, Max Knorr sein Stellvertreter in beiden Organisationen und Fritz Kappel Geschäftsführer sowohl der Fachgruppe als auch des VDW.[27] »Da nach dem heutigen Stand der Dinge noch nicht alle Aufgabengebiete der alten Verbände auf die neuen Gliederungen der Wirtschaft übergegangen sind«, sei es erforderlich, daß für diese Bereiche - »im wesentlichen Fragen der Marktregelung, der Lieferbedingungen etc.« - der VDW auch weiterhin bestehen bleibe, begründete Fritz Kappel, Geschäftsführer der Fachgruppe und des VDW, im Jahr 1936 die Notwendigkeit von zwei Organisationen.[28] Wenngleich wichtige Aufgabenfelder an die Fachgruppe abgetreten wer-

[23] Zit. nach Sörgel, Metallindustrie, S. 62.
[24] Ebd.
[25] Handbuch der deutschen Maschinenindustrie. Die Mitgliedsfirmen des VDMA, hrsg. vom Verein Deutscher Maschinenbau-Anstalten, Darmstadt 1975, S. XV; zur Übernahme Langes vgl. auch Kappel, 75 Jahre VDW, S. 81. Über den Grund der Auswechselung Reuters gegen Sack ist in den Unterlagen nichts zu erfahren.
[26] Laut Organisationsplan der Wirtschaftsgruppe Maschinenbau vom April 1939 war die in eine Vielzahl von Fachabteilungen untergliederte Fachgruppe Werkzeugmaschinen eine von insgesamt 17 Fachgruppen innerhalb der Wirtschaftsgruppe. WABW, B 10, Bü 384.
[27] Glunk, Ein Jahrhundert VDW, S. 94f. Vgl. auch die eidesstattliche Erklärung von Prof. Dr.-Ing. Heinz Kiekebusch, 14.11.1946, im Spruchkammerverfahren gegen Max Knorr, der diese Kontinuität bestätigt. StAL, EL 902/20 Bü 37/05/4073.
[28] Zit. nach Glunk, Ein Jahrhundert VDW, S. 94.

den mußten, konnte eine Auflösung des VDW auf diese Weise verhindert werden. Unangetastet blieben nach 1934 auch die zwölf internen Ausschüsse des VDW.[29] Als ab 1942 unter Speer die gesamte Wirtschaft ihren Erzeugnissen entsprechend in dem Ausschuß- und Ringsystem zusammengefaßt wurde, habe dies auf die Organisationen des Maschinen- und Werkzeugmaschinenbaus »weder in seiner Arbeitsweise, noch in seiner Struktur, nicht einmal personell« Auswirkungen gehabt, begründete 1948 Heinz Kiekebusch[30], ein während der NS-Herrschaft hochrangiger Vertreter der Werkzeugmaschinenindustrie und Mitarbeiter im Speerschen Ausschußsystem, die personelle und institutionelle Stabilität der Verbände.[31] So hätten die Leitung der neuen Fachuntergruppen in aller Regel die »Herren des Engeren Vorstandes« des VDW übernommen, und

---

[29] Ebd. S. 91-105; vgl. auch Kappel, 75 Jahre VDW, S. 173; Maschinenbauhandbuch 1939/40, S. 17ff.

[30] Der 1902 geborene Heinz Kiekebusch studierte an der Technischen Hochschule Berlin-Charlottenburg und erhielt 1926 den Titel eines Diplom-Ingenieurs. Von 1926 bis 1934 war er an der TH Assistent von Professor Georg Schlesinger, einem der führenden Vertreter des Werkzeugmaschinenbaus in Deutschland. Nach vier Jahren Berufserfahrung als Oberingenieur und »Betriebsleiter« in der Maschinenfabrik Weingarten und in einer Eisenacher Karosseriefabrik erhielt Kiekebusch 1938 einen Ruf als Professor für den Werkzeugmaschinenbau an die Technische Hochschule Danzig und 1941 nach Dresden. Seit 1940 außerdem im Range eines Kriegsverwaltungsrates im Wehrwirtschafts- und Rüstungsamt des OKW als Fachberater für den Werkzeugmaschinenbau tätig, übernahm er 1943 im Hauptausschuß Maschinen die Leitung der Abteilung Fertigungseinrichtungen. Hier oblag ihm im wesentlichen die Lenkung und Steuerung der Werkzeugmaschinenindustrie. 1944 wurde die Abteilung kurzfristig in den Rang eines Hauptausschusses erhoben, gegen Ende des Jahres jedoch wieder als eine von fünf »Gruppen« in den Hauptausschuß Maschinen eingegliedert. Das Kriegsende erlebte Kiekebusch in Thüringen. Nach dem Rückzug der USA und der Übernahme Thüringens durch die sowjetischen Truppen erfolgte nach eigenen Angaben seine Verpflichtung in einer amerikanischen Wirtschaftskommission. Die nächste Spur von ihm findet sich Mitte 1946. Wohnhaft in Rottenburg am Neckar, arbeitete er als Referent in der Landesdirektion der Wirtschaft in Tübingen. Obwohl seit 1937 Mitglied der NSDAP und durch seine Funktionen in der industriellen »Selbstverwaltung« als wirtschaftspolitischer Spitzenfunktionär im NS-Regime formal belastet, sprach sich im Juni 1947 die Säuberungskommission des Staatssekretariats für das französisch besetzte Gebiet Württembergs und Hohenzollerns für ein Verbleiben Kiekebuschs in seinem Amt aus. Begründet wurde dies damit, daß Kiekebusch in der Partei nie aktiv tätig gewesen sei. Rund ein Jahr später informierte Kiekebusch den ihm freundschaftlich verbundenen ehemaligen Direktor der Maschinenfabrik Weingarten über sein Vorhaben, nach Argentinien überzusiedeln, um dort wieder in der Werkzeugmaschinenindustrie tätig zu werden. Die argentinische Regierung habe die Zustimmung des Alliierten Kontrollrates zu seiner Ausreise erwirkt, teilte Kiekebusch erfreut mit, nun könne er mit seiner Familie »ganz offiziell mit von Frankreich ausgestellten Pässen (...) Deutschland verlassen«. Aus einem weiteren Schreiben aus dem Jahre 1953 geht hervor, daß er innerhalb der Generaldirektion einer »Militärfabrik« in Buenos Aires an der Umstellung der Produktion auf zivile Fertigung arbeitete. Vgl. zur Person Kiekebusch seine eidesstattliche Erklärung, 20.1.1948, im Spruchkammerverfahren gegen Rolf Boehringer. StAL, EL 902/8 Bü 16/1/15066; ähnlich seine Erklärung im Verfahren gegen Max Knorr vom 14.11.1946. StAL, EL 902/20 Bü 37/05/4073; Fragebogen vom 25.5.1946. StASig, Wü 13, 18/7271 Nr. 2416; Abschriften von zwei Briefen Kiekebuschs (Zitate), in: August Wachter, Orientierung. Wie eine 34jährige Lebensarbeit mit unwahren Argumenten vernichtet wurde, o.D. Archiv der Maschinenfabrik Müller-Weingarten AG.

[31] Eidesstattliche Erklärung von Heinz Kiekebusch, 20.1.1948, im Spruchkammerverfahren gegen Rolf Boehringer. StAL, EL 902/8 Bü 16/1/15066.

auch in der Leitung der Berliner Geschäftsstelle, die nunmehr als Sonderausschuß Werkzeugmaschinen dem Hauptausschuß Maschinen untergeordnet war, habe sich nichts verändert.[32]

Als ein herausragendes Beispiel für die personelle Kontinuität kann Karl Lange gelten. Bereits vor 1933 Geschäftsführer des VDMA, gehörte er während des Nationalsozialismus zunächst der Wirtschaftsgruppe Maschinenbau als geschäftsführendes Präsidialmitglied an und wurde 1938 Bevollmächtigter für den Maschinenbau innerhalb des Vierjahresplanes. Im Zuge der verstärkten Ausrichtung des Vierjahresplanes auf einige wenige kriegswichtige Produkte ab 1938 hatte sich dessen Organisationsstruktur verändert. Die Einsetzung von aus der Industrie stammenden Bevollmächtigten als Organe des Vierjahresplanes, die mit Weisungsbefugnis gegenüber Reichsbehörden ausgestattet, selbst als Exekutive tätig und für einen relativ eng begrenzten Bereich verantwortlich waren, wurde nun zu einem wichtigen »Strukturmerkmal des Vierjahresplanes«[33]. Die Folge war die weitere Aufsplitterung der Vierjahresplanorganisation in Teilbereiche und konkurrierende Organe. Nicht zuletzt vergrößerte sich damit auch die Chance von Wirtschaftsgruppen, Einfluß auf die staatliche Wirtschaftspolitik zu nehmen. »Dieser Machtzuwachs«, so analysierte Dietmar Petzina, sei zunächst »zu Lasten der Wehrmachtsstellen« gegangen und habe damit »einen Prozeß der Veränderung der Herrschaftspositionen« signalisiert, »welcher schließlich mit der weitgehenden Verdrängung der Wehrmacht aus der Wirtschaftslenkung« geendet habe.[34]

Der am 1. November 1938 zum Bevollmächtigten für die Maschinenproduktion ernannte Karl Lange[35] sollte vor allem die Produktionssteigerung im Werkzeugmaschinenbau sicherstellen. Denn ohne Werkzeugmaschinen war auch für Karl Lange »eine Massenproduktion, wie sie der Krieg in ganz besonderem Maße fordert«, nicht denkbar.[36] Die in hohem Maße bestehende Abhängigkeit jeglicher Rüstungsendgüterproduktion von Werkzeugmaschinen galt Lange als eine Binsenweisheit. Die »Ausrichtung des Maschinenbaus auf Kriegsaufgaben«, erklärte er 1939, stelle deshalb »an die Werkzeugmaschinenindustrie ganz besonders hohe Anforderungen«.[37] Um seine Aufgabe zu erfüllen, setzte Lange vor allem auf die von ihm bereits Mitte der zwanziger Jahre vehement geforderte Senkung der Typenvielfalt und Spezialisierung der Betriebe.[38] Mit Kriegsbeginn erweiterte sich sein Zuständigkeitsbereich. Im Dezember 1939

---

[32] Ebd.; ähnlich seine Erklärung im Verfahren gegen Max Knorr vom 14.11.1946. StAL, EL 902/20 Bü 37/05/4073.

[33] Petzina, Vierjahresplan, S. 121.

[34] Ebd., S. 116-124, S. 122.

[35] Ebd., S. 121; Rundschreiben der Wirtschaftsgruppe Maschinenbau, Reihe I, Nr. 12, 1.2.1940. WABW, B 10, Bü 386.

[36] Karl Lange, Werkzeugmaschinen als Grundlage der Produktionssteigerung, in: Der Vierjahresplan 3 (1939), 19. Folge, S. 1133f, S. 1133.

[37] Ebd. Zu den - vergeblichen - Versuchen vor 1938, die Produktion von Werkzeugmaschinen zentral zu lenken, vgl. Siegel/Freyberg, Industrielle Rationalisierung, S. 166f.

[38] Vgl. Karl Lange, Die Verschärfung der Wirtschaftskrise und die Wege zu ihrer Überwindung, in: Maschinenbau 5 (1926), Heft 1, S. 29-32.

wurde er mit der umfassenden »Lenkung und Verteilung der Maschinen- und Apparate-Erzeugung« beauftragt. Seine Aufgabe war nicht nur, »die Betriebe, deren Fabrikation Engpässe darstellen, auszuweiten, sondern auch die Fabrikationsprogramme anderer Betriebe umzustellen, auf die Vergebung von Unterlieferungen unter Lizenzhergabe Einfluß zu nehmen und bei der Verteilung der Maschinen sicherzustellen, daß bestimmte vordringliche Programme der Wehrmacht und des Vierjahresplanes unter allen Umständen mit den dafür benötigten Maschinen unter Zurückstellung anderer bereits erteilter Aufträge termingerecht versorgt werden«.[39]

Damit empfahl er sich bei Rüstungsminister Speer für die Übernahme der Leitung des Hauptausschusses Maschinen.[40] Als solcher seit Frühsommer 1942 im Amt,[41] forcierte er in der folgenden Zeit die Verminderung der Maschinentypen in einem für Zeitgenossen »beschleunigten und verschärften Maße«.[42] Zugleich sei »in durchgreifender Weise« die Produktion auf diejenigen Betriebe konzentriert worden, welche »die besten Möglichkeiten für eine rationelle Herstellung« boten, hieß es 1943 in der Fachzeitschrift »Maschinenbau«. Die darin gezogene vorläufige Bilanz der Arbeit von Karl Lange verwies deutlich auf die auch langfristig und unter Friedensbedingungen bedeutsamen modernisierenden Auswirkungen der Typisierung und Rationalisierung auf die deutsche Maschinenbauindustrie: »Eine gewaltige Arbeit ist zu diesem Zweck im Gange in Form von Besichtigungen der Werke, Durchführung eines umfassenden Erfahrungsaustausches, eines Verzichtes fast jeder Firma auf die Herstellung eines Teiles der Erzeugnisse, die sie bislang gebaut hatte usw. Hier ist eine Neuverteilung der Fertigungsaufgaben innerhalb der deutschen Maschinenindustrie in Arbeit, die sich möglichst schnell für die Kriegsfertigung auswirken soll, aber auch für die Nachkriegsentwicklung von größter Bedeutung sein wird.«[43]

Karl Lange als Bevollmächtigter für die Maschinenproduktion (BfM) bzw. Leiter des entsprechenden Hauptausschusses wurde vor allem für die beiden württembergischen Unternehmer Knorr und Boehringer zu einem wichtigen Ansprechpartner. Eingebunden in das von Speer ausgebaute System der industriellen »Selbstverwaltung«, bekleideten die beiden Industriellen ebenso wie auch Otto Fahr unterschiedliche Ämter auf regionaler oder Reichsebene. In erster Linie gehörten Knorr und Boehringer zu dem Karl Lange unterstehenden feinverästelten Selbstverwaltungsapparat. Die Frage nach ihren Aufgaben, ihrer Amtsführung und -auffassung wird deshalb im Zentrum der folgenden Ausführungen stehen.

---

[39] Rundschreiben der Wirtschaftsgruppe Maschinenbau, Reihe I, Nr. 12, vom 1.2.1940. WABW, B 10, Bü 386.

[40] Bereits unter Speers Vorgänger Todt war es Ende 1941 zur Bildung eines Hauptausschusses Maschinen gekommen, dessen Leitung allerdings nicht Lange, sondern Benkert von der Firma Siemens-Halske übernommen hatte. Vgl. Ludwig, Technik, S. 396f.

[41] Janssen, Ministerium Speer, S. 46.

[42] J. Free, Maschinen, Organisation und Kriegspotential. Ein kurzer Rückblick auf 50 Jahre Entwicklung und ein Ausblick, in: Maschinenbau 22 (1943), Heft 1, S. 3.

[43] Ebd.

## 2. Rolf Boehringer: Arbeitsausschuß- und Arbeitsring-Leiter

Aufgrund seiner seit 1933 währenden Mitgliedschaft im Vorstand des VDW[44] wurde der Göppinger Unternehmer 1934/35 als Beirat in die neu geschaffene Fachgruppe Werkzeugmaschinen berufen und gehörte damit dem Gesamtvorstand der Fachgruppe an. Aus diesem neben Leiter, Geschäftsführer und Engerem Beirat bestehenden Organ der Fachgruppe rekrutierten sich die Leiter der zwölf Fachuntergruppen.[45] Rolf Boehringers Ernennung zum Leiter der Fachuntergruppe Hobel-, Stoß- und Räummaschinen erfolgte im April 1935.[46] Solchermaßen als Fachmann anerkannt, wurde ihm im Speerschen System der Ausschüsse und Ringe 1942 die Leitung des gleichnamigen Arbeitsausschusses übertragen.[47] Zugleich übernahm er mit der Leitung des Arbeitsausschusses Drehbänke die Verantwortung für ein weiteres Fachgebiet.[48] Daß er zum Zeitpunkt seiner Ernennungen nicht der NSDAP angehörte, war offensichtlich kein Hinderungsgrund. Bei der Auswahl der Ausschußleiter habe die Frage der Parteimitgliedschaft generell keine Rolle gespielt, erklärte nach Kriegsende der ehemalige Leiter des Hauptausschusses Maschinen, Lange, ausschlaggebend sei vielmehr ihre fachliche Qualifikation gewesen.[49]

War es dem NS-Regime im Rahmen des Systems der industriellen »Selbstverantwortung« also gelungen, die Energie Boehringers für die deutsche Rüstungswirtschaft zu mobilisieren, setzten die damit primär verbundenen Aufgaben der Typenbereinigung und Spezialisierung Entwicklungen der überbetrieblichen Rationalisierungspolitik des Maschinenbaus seit den zwanziger Jahren fort. Karl Lange hatte z.B. schon im Dezember 1925 auf einer Mitgliederversammlung des VDMA die Maschinenindustrie aufgefordert, angesichts der »Verschärfung der Wirtschaftskrise« ihr Heil in der »Rationalisierung der Fertigung« und »Herstellung weniger Typen in höchster Vollendung« zu suchen.[50] Seine Einschränkung, die Einführung moderner Fertigungsverfahren wie die

---

[44] Boehringer »erbte« damit gewissermaßen den Sitz seines 1933 ausgeschiedenen Vaters und war bis 1975 im Vorstand vertreten. Vgl. Glunk, Ein Jahrhundert VDW, S. 191.

[45] Ebd., S. 95-98.

[46] Ernennungsschreiben von Rudolf Blohm, Leiter der Hauptgruppe II der Reichsgruppe Industrie, 18.4.1935; Hermann Schoening an Rolf Boehringer, 6.5.1935; Rolf Boehringer an seinen zukünftigen Stellvertreter, Hans Billeter, 10.5.1935. WABW, B 10, Bü 30. Vgl. Glunk, Ein Jahrhundert VDW, S. 95. Leiter der Fachuntergruppe Drehbänke war 1938 Martin Harbeck, Unternehmer der Hamburger Firma Heidenreich & Harbeck. Dieser Betrieb gehörte wie auch die Firma Boehringer zu dem 1927 erfolgten kartellartigen Zusammenschluß Vereinigte Drehbankfabriken (VDF).

[47] Spruchkammerakten Boehringer. StAL, EL 902/8 Bü 16/1/15066.

[48] Ein entsprechender Ausweis des Arbeitausschußleiters ist auf den 1. Juni 1942 datiert. WABW, B 10, Bü 19. Rolf Boehringer an Fa. Heyligenstedt & Co., 26.6.1942. WABW, B 10, Bü 23. Vgl. auch Boehringers Spruchkammerakten. StAL, EL 902/8 Bü 16/1/15066.

[49] Eidesstattliche Erklärung Karl Langes in Boehringers Spruchkammerverfahren, 20.1.1948. StAL, EL 902/8 Bü 16/1/15066. Außerdem fungierte Boehringer von Februar bis Spätsommer 1944 für den Hauptausschuß Fertigungseinrichtungen als Länderbeauftragter für Italien beim Generalbeauftragten für Italien (General Leyers) des RMfRuK. Vgl. WABW, B 10, Bü 29.

[50] Lange, Die Verschärfung der Wirtschaftskrise, S. 29.

Serienfertigung habe aber solange keinen Zweck, wie sie »nicht Hand in Hand geht mit einer Verständigung unter den an einem bestimmten Gebiet beteiligten Fabriken über das Fabrikationsprogramm«, hatte er mit einem Plädoyer für überbetriebliche Zusammenschlüsse in »Interessengemeinschaften« verbunden. In diesen sollten sich für ein bestimmtes Fertigungsgebiet »eine Reihe leistungsfähiger Firmen, meist unter Aufrechterhaltung ihrer Selbständigkeit« zusammenschließen, um »Vertrieb und Produktion zu regeln«. Nur durch eine »vernünftige Selbstbeschränkung«, lautete Langes Fazit Mitte der 20er Jahre, sei der deutsche Maschinenbau langfristig wettbewerbsfähig.[51]

Die in den zwanziger Jahren zunehmende Normung von Bauteilen und Arbeitsfunktionen von Werkzeugmaschinen[52] und das dadurch ermöglichte Baukastenprinzip[53] wurden während der nationalsozialistischen Herrschaft noch intensiviert. Ein Erlaß des Reichswirtschaftsministers vom November 1936 brachte »eine erhebliche Belebung der Normungsfreudigkeit«, und 1939 wurde die rechtliche Grundlage für die Verbindlichkeitserklärung von Normen geschaffen.[54] Ohne Normung keine Typisierung - deshalb sah Karl Lange als Bevollmächtigter für die Maschinenproduktion in der »Durchführung einer weitgehenden Typisierung und Normung« seine vordringlichste Aufgabe, um seinen eigentlichen Auftrag, für eine »Steigerung und Lenkung der Werkzeugmaschinenerzeugung« zu sorgen, erfüllen zu können. Für sein altes Ziel einer durchgreifenden Rationalisierung im Maschinenbau konnte er nunmehr als Beauftragter des NS-Regimes arbeiten. Er hoffte, die im Rahmen der NS-Autarkie- und Aufrüstungspolitik geforderte Produktionssteigerung kriegswichtiger Erzeugnisse im Bereich des Werkzeugmaschinenbaues bereits durch eine bloße Beschränkung des Produktionsprogrammes auf bestimmte Maschinentypen erreichen zu können. Die bei den Firmen aus dem Programm gestrichenen Maschinen sollten nach seiner Vorstellung in Zukunft von geeigneten »Schwesterfirmen« hergestellt werden.[55] Aber erst als Leiter des Hauptausschusses Maschinen im Speerschen Ausschußsystem konnte Karl Lange ab 1942 mit der Typisierung und Spezialisierung im Werkzeugmaschinenbau auf breiter Front beginnen. Die neugebildeten Sonder- und Arbeitssausschüsse sollten »die Verminderung der Typen in beschleunigtem und verschärftem Maße betreiben«, außerdem war die Fertigung auf sogenannte Bestbetriebe zu konzentrieren.[56]

---

[51] Ebd., S. 31f.

[52] Vgl. E. Huhn, Der wirtschaftliche Erfolg der Normung, in: Maschinenbau 3 (1923), Heft 4, S. 89f.

[53] Vgl. Rolf Boehringer, Die Drehzahlnormung und ihre wirtschaftliche Auswirkung in Drehbanken, Sonderdruck seiner Dissertation, Berlin 1939; ders., Spezialisierung, Normung und Typung im deutschen Werkzeugmaschinenbau, in: Der Vierjahresplan 3 (1939), 18. Folge, S. 1067-1069; Martin, Vom Rohwerkstoff.

[54] Werner Reichardt, 25 Jahre Deutscher Normenausschuß, in: Maschinenbau 25 (1942), Heft 11, S. 485-490, S. 488f. Vgl. auch K. Hegner, Normung im Werkzeugmaschinenbau, in: Maschinenbau 20 (1937), Heft 5/6, S. 169, und speziell zur Drehzahlnormung J. Irtenkauf, Die Drehzahlnormung - Anwendung und Auswirkung bei spanabhebenden Werkzeugmaschinen, in: Maschinenbau 12 (1933), Heft 2, S. 39-43, S. 42.

[55] Lange, Werkzeugmaschinen als Grundlage, S. 1134.

[56] Free, Maschinen, S. 3. Hier auch das folgende Zitat.

Davon erhoffte er größere Serien und mehr Fließfertigung in den einzelnen Unternehmen. Darüber hinaus sollten dadurch Material gespart und die zur Verfügung stehenden Arbeitskräfte »aufs beste« eingesetzt werden.

Für Rolf Boehringer bedeutete dieser Kurs nichts Neues. Er hatte schon 1939 gefordert, jeder Werkzeugmaschinenhersteller solle künftig »nur noch eine einzige, ganz bestimmte Größe von Maschinen« herstellen.[57] Unter Hinweis auf eine entscheidende Kostensenkung der Werkzeugmaschine, wenn ein »Sonderwerk« beispielsweise alle »Spindelkästen für die in Deutschland hergestellten Drehbänke, Revolverdrehbänke usw. herstellen würde«, hatte er für eine durchgreifende Spezialisierung des Produktionsprogrammes in der Werkzeugmaschinenindustrie plädiert.[58] Da dies für den einzelnen Betrieb zunächst »den Verzicht auf einen namhaften bisherigen Kundenkreis bedeuten würde«, müßte zugleich sein Produktionsprogramm horizontal erweitert werden.[59] Ein Drehbankhersteller etwa könne sein Produktionsprogramm durch den gleichzeitigen Bau von Revolverdrehbänken und Bohrmaschinen oder durch die Herstellung von aus diesen »Universaltypen sich entwickelnde(n) Sondermaschinen« vergrößern.[60] Der entscheidende Vorteil einer Beschränkung auf den Bau von in Größe und Gewicht ähnlichen Maschinen lag für Rolf Boehringer jedoch darin, daß die Betriebe dadurch in die Lage versetzt würden, »viele Hunderte, vielleicht Tausende von Einzelteilen in viel größeren Reihen als bisher verwenden zu können«.[61] Mit diesen Überlegungen befand sich Boehringer in grundsätzlicher Übereinstimmung mit den Zielen, welche die Rationalisierungsbewegung seit den zwanziger Jahren propagiert hatte. Ihre Notwendigkeit begründete er jedoch nicht mehr mit der wiederherzustellenden Wettbewerbsfähigkeit des deutschen Maschinenbaues, wie es 1925 Karl Lange getan hatte, sondern mit dem Mangel an Facharbeitern und Rohstoffen.[62] Insofern waren die Forderungen »alt«, der Kontext, in dem sie erhoben wurden, hatte sich jedoch grundlegend gewandelt.[63]

Leistungssteigerung durch Zusammenschluß, gemeinsame Konstruktionen und anschließende Aufteilung des Fertigungsprogrammes - dies hatte Karl Lange bereits 1925 gefordert, und darin sah Rolf Boehringer im Jahr 1939 die einzige Möglichkeit, den gestiegenen Bedarf an Werkzeugmaschinen befriedigen zu können. Der für den Göppinger Unternehmer naheliegende Hinweis auf das erfolgreiche Konzept der Vereinigten Drehbankfabriken fehlte denn auch

---

[57] Rolf Boehringer, Die Drehzahlnormung, S. 27.

[58] Ebd., S. 28.

[59] Ebd., S. 29.

[60] Ebd.

[61] Ebd.

[62] Ebd., S. 27.

[63] Dies merkt Boehringer auch in seiner Arbeit an. »Heute liegen die Verhältnisse ganz anders. Wieder klopft die Not an die Tür, aber nicht mangelnder Absatz in den Werkzeugmaschinenfabriken ist es, sondern das Gegenteil. Der Bedarf und die Nachfrage an neuen Maschinen im In- und Ausland sind größer als die Leistungsfähigkeit der deutschen Werkzeugmaschinen-Industrie.« Ebd. Zur Kontinuität des Rationalisierungsgedankens vgl. Siegel/Freyberg, Industrielle Rationalisierung, S. 17-36.

nicht in seinen Ausführungen. Der »einfachste Weg«, um eine stärkere Vereinheitlichung und Typisierung zu erreichen, sei die »freie Vereinbarung zwischen den Herstellern selbst, wie sie als typisches Beispiel die vier Drehbankfirmen Boehringer, Braun, Heidenreich & Harbeck und Wohlenberg als Vereinigte Drehbankfabriken bereits im Jahre 1927 getroffen« hätten.[64] Deshalb gelte es, den »Zusammenschluß gleichgesinnter, in Konstruktion und Qualität der Erzeugnisse gleichwertiger bisheriger Konkurrenten zur Gemeinschaftsarbeit der Typung« zu fördern. Die Durchführung der Typisierung bezeichnete Boehringer als schwierig, da im Werkzeugmaschinenbau auch weiterhin aufgrund der »verschiedenen berechtigten Anforderungen der Kundschaft« allein für eine Drehbankgröße »hunderte und tausende verschiedene Ausführungsarten und Variationen konstruiert und hergestellt werden« müßten. Deshalb müsse eine Spezialisierung im Werkzeugmaschinenbau den vielfältigen Bedürfnissen und Wünschen der Anwender in ganz besonderer Weise Rechnung tragen. Allen Eingriffen in die Produktionspolitik der Werkzeugmaschinenindustrie zum Trotz sollte also nach den Vorstellungen Boehringers die Flexibilität der Branche oberstes Gebot bleiben. Daß dies möglich sei und sich die Typisierung für die Betriebe auch finanziell lohne, dafür spreche wiederum der Zusammenschluß zu den VDF und das Beispiel seines eigenen Betriebes. Nach der Umstellung auf die VDF-Einheitsmaschinen sei bei seiner Firma die »Ausbringung je Mann und Stunde« von drei RM 1928 auf fünf RM 1938/39 gestiegen.[65]

In diesem Zusammenhang wies Rolf Boehringer deshalb auf die Kontinuität der »Gemeinschaftsarbeit« in den Jahren vor und nach 1933 hin. Aus der »Grundidee der Gemeinschaftsarbeit« heraus, hieß es im Leistungsbericht seiner Firma aus dem Jahr 1942, habe das Unternehmen im Werkzeugmaschinenbau bereits »Vorbildliches« geleistet und werde dies auch in Zukunft tun. Als herausragendes Beispiel wurde erneut die Gründung der VDF 1927 genannt. Entsprach der Zusammenschluß der vier Drehbankfirmen zu den VDF seinerzeit den Forderungen Karl Langes zur Überwindung der nachinflationären Wirtschaftskrise, sah man sich 1942 durch die Bestrebungen des NS-Regimes ein zweites Mal bestätigt. Heute propagiere der Staat die »Beschränkung des Fabrikationsprogramms«, um die Rüstungsindustrie zu rationalisieren, und jetzt erst, »etwa 14 Jahre« nach Gründung der VDF, werde diese Maßnahme allmählich zum »Allgemeingut der deutschen Betriebe«. Deshalb gelte der Zusammenschluß zu den VDF »heute in Deutschland« völlig zu Recht »als ein Musterbeispiel der Typisierung«, befand die Boehringer-Betriebsleitung. Die Rolle der VDF als Schrittmacher lasse sich auch daran ablesen, daß »ähnliche Zusammenschlüsse in der Zwischenzeit verwirklicht« worden seien.[66] Als Beispiel wurde die 1930 gegründete Erfahrungsgruppe (ERFA-Gruppe) genannt,[67]

[64] Rolf Boehringer, Spezialisierung, S. 1069. Dort auch die folgenden Zitate.
[65] Rolf Boehringer, Die Drehzahlnormung, S. 28.
[66] Leistungsbericht 1942. WABW, B 10, Bü 305. Es gilt jedoch zu bedenken, daß der VDF-Zusammenschluß 1927 freiwillig geschehen ist und für die beteiligten Firmen durchweg positive Ergebnisse brachte. Ob dies von den Zusammenschlüssen, die während der NS-Herrschaft zustande kamen, auch gesagt werden kann, muß offen bleiben.
[67] Vgl. S. 24 dieser Arbeit.

eine Einrichtung, die »sich heute auch der Herr Reichsminister für Bewaffnung und Munition zu eigen gemacht und sie zur Förderung des Rationalisierungsgedankens in der deutschen Industrie zur Nachahmung vorgeschlagen« habe.[68] Aus der seit den zwanziger Jahren bestehenden Vorreiterrolle, welche die Firma Boehringer bei Projekten der »Gemeinschaftsarbeit« wie der Gründung der VDF oder der ERFA-Gruppe für sich in Anspruch nahm, leitete Rolf Boehringer während des Nationalsozialismus eine Art Sonderstellung seines Unternehmens ab, welches seiner Zeit stets voraus gewesen sei.

### a. Leistungssteigerung im Hobelmaschinenbau

Vor diesem Hintergrund bedeutete eine vom NS-Regime verfügte Maßnahme wie der Führer-Erlaß »zur Vereinfachung und Leistungssteigerung unserer Rüstungsproduktion« vom 3. Dezember 1941,[69] der auf die zu erwartende Auseinandersetzung mit den USA vorbereiten sollte, von denen man wußte, daß sie Serienproduktion in großem Stil praktizierten, für Boehringer lediglich eine unter fertigungstechnischen Gesichtspunkten längst fällige Entscheidung. Denn erstmalig wurde darin auch vom NS-Regime eine gründliche Rationalisierung der Fertigungsmethoden durch Typisierung und Normung und durch die Ausrichtung der Produktion an den Bestbetrieben gefordert. An Rolf Boehringer als Leiter der Fachuntergruppe Hobel-, Stoß- und Räummaschinen erging im Anschluß an diesen Erlaß die Aufforderung des BfM, Maßnahmen zur Produktionssteigerung durchzuführen. Dazu zählte zunächst die Zusammenfassung der Hersteller ihren Erzeugnissen entsprechend in »Firmengruppen« und eine anschließend vorzunehmende Abstimmung der Produktionsprogramme der einzelnen Firmengruppen, damit jede Firma künftig nur wenige Typen und Größen »in Großserienfertigung in der Bestzeit« herstellen sollte.[70] Ebenso war ein »gegenseitiger Austausch von Erfahrungen über rationellere Fertigungsmethoden« zwischen den Firmen herbeizuführen mit dem Ziel, »die Fabrikation aller Hersteller auf die bestfabrizierende Firma auszurichten«. Der »Hang« zur Geheimhaltung von betrieblichen Fertigungsabläufen, hieß es im Schreiben des BfM weiter, sei zwar »im Frieden in gewissem Grade verständlich«, müsse jedoch nun »im Interesse einer rationelleren Fertigung der Gesamtproduktion (...) zwecks schnellerer Erfüllung der Anforderungen der Rüstung bekämpft werden«. Schließlich sollte Rolf Boehringer in seinem Fachbereich die »Typnormung« »vollständig durchführen« und Vorschläge einreichen, bei welchen Maschinen die Herstellung eingeschränkt oder ganz eingestellt werden könnte.

Boehringer machte sich zunächst an die Aufgabe der Produktionsaufteilung bei den als Engpaßmaschinen geltenden Hobelmaschinen. Auf einer gemeinsamen Sitzung einigten sich die fünf wichtigsten Herstellerfirmen[71] auf eine ab

[68] Leistungsbericht 1942. WABW, B 10, Bü 305.

[69] Erlaß des Führers und Obersten Befehlshabers der Wehrmacht vom 3.12.1941. Thomas, Wehr- und Rüstungswirtschaft, S. 287.

[70] Karl Lange an Rolf Boehringer, 10.12.1941. WABW, B 10, Bü 33. Dort auch die folgenden Zitate.

[71] Firmen Blell in Zeulenroda, Waldrich in Coburg, Waldrich in Siegen, Billeter & Klunz in Aschersleben und Gebr. Boehringer in Göppingen.

1. April 1943 geltende Aufteilung ihrer Produktion. Der Forderung des BfM, jede Firma sollte in Zukunft nur noch eine Maschine bzw. Maschinengröße herstellen, kamen die fünf Unternehmen jedoch nicht nach. Sie alle hätten bislang verschiedene Größen gebaut, so daß ihr Maschinenpark mit der Herstellung von lediglich einer Größe nicht ausgelastet sein würde, lautete ihre Erklärung. Als vorläufiges Ergebnis seiner Bemühungen teilte Rolf Boehringer dem Bevollmächtigten für die Maschinenproduktion, Lange, im Februar 1942 deshalb mit, daß die Firmen Blell, Boehringer und Billeter & Klunz auch zukünftig je zwei, die Coburger Firma Waldrich sogar drei Größen bauen würden. Mit dem Bau von Hobelmaschinen mit mehr als zwei Metern Hobelbreite sei die Siegener Firma Waldrich beauftragt worden, die allerdings mit diesem Fertigungsprogramm künftig nicht mehr von ihm, Boehringer, sondern von der Fachuntergruppe Schwerwerkzeugmaschinen betreut werde. Wesentlich skeptischer stand Rolf Boehringer hingegen der geforderten Typnormung gegenüber. Dazu sei nicht nur eine - bislang nicht vorhandene - einheitliche Konstruktion notwendig, für die die erforderlichen Konstrukteure nicht zur Verfügung stünden, sondern auch die Umstellung der gesamten Produktion auf diese »Einheitstype«. Aufgrund des hohen Zeitbedarfs würde dies bei den Hobelmaschinenherstellern »zurzeit nur eine Produktionsverminderung, nicht aber eine Steigerung der Ausbringung nach sich ziehen,« gab Boehringer zu bedenken.[72]

Im Bereich Hobelmaschinen konnte man bei der Firma Boehringer ebenfalls auf den in der Tradition des Unternehmens verankerten Gedanken der »Gemeinschaftsarbeit« verweisen, hatten sich doch die beiden Firmen Billeter & Klunz und Boehringer zu einer 1939 erstmals erwähnten »Hobelmaschinenvereinigung« zusammengeschlossen.[73] Obwohl weitere Unterlagen fehlen, ist anzunehmen, daß es zwischen den beiden Unternehmen zu ähnlichen Absprachen gekommen ist wie im Drehbankbau zwischen den vier VDF-Firmen. Die Wahl des Partners könnte dadurch erleichtert worden sein, daß Hans Billeter bei der Gründung der Fachuntergruppe Hobel-, Stoß-, und Räummaschinen im Jahr 1935 zu Rolf Boehringers Stellvertreter ernannt worden war.[74]

### b. Verminderung der Typenvielfalt im Drehbankbau

Im folgenden Jahr, 1942, war nach Speers Amtsantritt und der damit eingeleiteten stärkeren Ausrichtung der Wirtschaft auf die Kriegserfordernisse eine grundlegende Senkung der Typenvielfalt auch im Angebot der Maschinenhersteller angeordnet worden. Zwar bezeichnete man diese Maßnahme innerhalb

---

[72] Rolf Boehringer an Karl Lange, 14.2.1942. WABW, B 10, Bü 33.

[73] Rolf Boehringer, Spezialisierung, S. 1068. Eine zweite »Vereinigung« entstand zwischen den Firmen Dr. Waldrich in Siegen und Oskar Waldrich in Coburg. Ebd. Vgl. auch Leistungsbericht 1942. WABW, B 10, Bü 305.

[74] Hermann Schoening an Rolf Bohringer, 6.5.1935. WABW, B 10, Bü 305. In der Gliederung der Fachuntergruppe von 1938 findet sich Hans Billeter ebenfalls noch als Stellvertreter. Glunk, Ein Jahrhundert VDW, S. 96.

der industriellen »Selbstverwaltungsorgane« als »Großschnitt«, verwies aber gleichzeitig darauf, daß diese Maßnahme in Einklang mit den seit 1933 und »erst recht seit Einsatz des Vierjahresplanes« durchgeführten »Gemeinschaftsarbeiten ganzer Industriezweige und Industrien« in Deutschland stehe.[75] Aus diesen »Gemeinschaftsarbeiten« hätten sich allmählich »Typenprogramme« entwickelt bzw. seien aufgrund staatlicher »Wirtschafts-, Normungs- und Typenlenkung« eingeführt worden, die mit dem »alten Zopf der unübersehbaren Vielfalt« Schluß gemacht hätten, hieß es in einem programmatischen Artikel im Organ der Vierjahresplan-Behörde weiter. Durch die »Typenabrüstung im Maschinenbau« werde unter Aufrechterhaltung der Selbständigkeit der einzelnen Unternehmen »lediglich« die Zahl der hergestellten Maschinentypen »stark eingeschränkt« und von jeder Type »nur noch wenige (...) Bauformen zugelassen«. Orientiere sich die Auswahl der »erlaubten« Typen auch zunächst an ihrer Kriegswichtigkeit, verfolge man damit doch das Ziel, »in weitem Maß Fortschritte, die bisher die Eigentümlichkeit einer Sondertype, vielleicht gar einer Einzelanfertigung« gewesen seien, »in Zukunft der ganzen Reihe zugute kommen« zu lassen. Die als »Abrüstungsschritt« bezeichnete Verminderung der Typenvielfalt betraf 1942 im Durchschnitt 60 bis 80 Prozent aller Maschinentypen und wurde als »hart« und »schmerzlich« bezeichnet.[76] Allerdings überwog in der Einschätzung des Organs des Vierjahresplans der langfristige Erfolg dieser Maßnahme. Denn so »hart der Abrüstungsschritt vielfach sein mußte, so sehr er in vielen Werken auch solche Bauarten traf, auf die das Werk in seiner jahrzehntelangen Entwicklung mit Recht stolz war, und so schmerzlich es deshalb oft sein muß, daß erfinderische und gestalterische Entwicklungen nun plötzlich von fremden Werken genutzt werden, mit denen das eigene Unternehmen vielleicht lange im Wettbewerb stand«, hieß es dort, »so weitgreifend und auf lange Sicht wirtschaftlichen Nutzen bringend werden die Folgen der Typen-Abrüstung sein«. Weiterhin wurde also der Königsweg für den deutschen Maschinenbau in der »Spezialisierung auf eine oder wenige Bauformen mit entsprechender Steigerung der Serie und den damit eintretenden Folgen einer schnelleren, größeren und noch wirtschaftlicheren Serienfertigung« gesehen. Daß sich durch eine staatlich verordnete Senkung der Typenvielfalt mannigfache Möglichkeiten boten, geradezu diktatorisch in die Produktionspolitik der Betriebe einzugreifen, und damit die unternehmerische Autonomie ein Stückweit preisgegeben werden würde, war hierbei kein Thema bzw. wurde der positiv beurteilten künftigen Gesamtentwicklung des Maschinenbaus eindeutig untergeordnet.

Für das NS-Regime standen freilich nicht fertigungstechnische Belange und die Verbesserung der Wettbewerbsfähigkeit dieser Branche als solche im Vordergrund, als vielmehr ihre Instrumentalisierung für eine intensivere Rüstungs-

---

[75] Heinrich Gesell, Typenabrüstung in der Maschinenindustrie, in: Vierjahresplan 6 (1942), Heft 8, S. 379. Dort auch die folgenden Zitate.

[76] Ders., Typenabrüstung in der Maschinenindustrie Teil II, in: Der Vierjahresplan 6 (1942), Heft 9, S. 426f. Dort auch die folgenden Zitate.

produktion. Die ersten Schritte in diese Richtung, durch eine umfassendere Mobilisierung von Menschen für den Einsatz an der Front und in der Rüstungsindustrie die eigenen Kriegsanstrengungen zu verstärken, waren im Winter 1941/42 unternommen worden. Die damals eingeleitete Rationalisierung der Rüstungsproduktion sollte nicht nur Rohstoffe, Maschinen und Energie einsparen, sondern auch einen effizienteren Einsatz von Arbeitskräften bewirken.[77] Kräfte für die Kriegswirtschaft und die Front sollten auch durch den Führer-Erlaß vom März 1942 freigemacht werden, der den unbedingten Vorrang der Rüstungswirtschaft beim Einsatz der Ressourcen feststellte.[78] Die 1942 unter Speer eingeleitete Verminderung der Typenvielfalt in der Maschinenindustrie zielte in die gleiche Richtung. Durchgeführt wurden die damit verbundenen Eingriffe in die Produktionsstruktur der Branche von den »Selbstverwaltungsorganen« der Wirtschaft.

*Erste Maßnahme: Stillegung des Drehbankbaus bei bestimmten Herstellern*

Im Frühsommer 1942 erging an den Leiter des Arbeitsausschusses Drehbänke, Rolf Boehringer, die Anweisung des Bevollmächtigten für die Maschinenproduktion, die auf dem »Fachgebiet Drehen arbeitenden Firmen auf ihre Einrichtung, Leistungsfähigkeit usw. zu überprüfen«.[79] Je nach Stellungnahme des Prüfers sollten die Betriebe »entweder ganz geschlossen oder ihre Fabrikate aus der Engpaßliste gestrichen oder den Firmen die Berechtigung genommen werden, sich OKW-Spezialbetrieb zu nennen«. Die Firma selbst sollte während der Überprüfung in Unkenntnis gelassen, ihr nichts über diesen Maßnahmekatalog mitgeteilt werden. Hintergrund der Überprüfungsaktion sei der Arbeitskräftemangel in der Rüstungs- und Maschinenindustrie, welche durch die »Aufhebung des Schutzes« für ihre Facharbeiter in den nächsten Monaten nochmals »mit einem größeren Entzug« rechnen müsse, erläuterte Rolf Boehringer. Ziel der Aktion sei es, die dadurch bei den »leistungsfähigen Firmen« »entstehenden Lücken« durch Zuweisung von Facharbeitern aus anderen - nicht so »leistungsfähigen« - Betrieben zu schließen. »Härten« seien dabei »manchmal« nur schwer zu vermeiden, so Boehringer weiter, jedoch sollten »auch kleine, leistungsfähige Betriebe unbedingt erhalten bleiben«. Dieser Zusatz macht deutlich, daß in der Regel größere Betriebe, deren Kriegswichtigkeit als über jeden Zweifel erhaben galt und deren technischer Stand und Einrichtung eine Rationalisierung und Modernisierung der Fertigungstechnik am ehesten ermöglichten, den Vorzug erhielten.

Mit der Durchführung sowohl der Typensenkung als auch dieser ersten, vorbereitenden Maßnahme waren die »mit der Lenkung der Maschinenerzeugung betrauten Ingenieure«[80], also die »Selbstverwaltungsorgane« der Wirtschaft be-

[77] Vgl. Herbst, Der Totale Krieg, S. 171-252.
[78] Verordnung des Führers zum Schutze der Rüstungswirtschaft vom 21. März 1942. RGBL I, 1942, S. 165.
[79] Rolf Boehringer an Direktor der Firma Heyligenstedt & Co., 26.6.1942. WABW, B 10, Bü 23. Dort auch die folgenden Zitate.
[80] Gesell, Typenabrüstung Teil II, S. 427.

auftragt worden. Dies veranlaßte Rolf Boehringer zu den mahnenden Worten, »die Überprüfung unter Zurücksetzung aller egoistischen Interessen (...) nach rein objektivem Maßstab vorzunehmen«.[81] Von den insgesamt über 100 in seinen Zuständigkeitsbereich fallenden Betrieben überprüfte Rolf Boehringer nur einen Teil selbst, vornehmlich württembergische Firmen. Mit der Kontrolle der übrigen Unternehmen beauftragte er »Vertrauensmänner« seiner Wahl wie etwa den Vorstandsvorsitzenden der VDF-Firma Braun.[82] Unter den ersten, im Juli 1942 überprüften 36 Betrieben befanden sich die württembergischen Firmen Schaerer-Werke in Karlsruhe, Schöttle in Reichenbach, Bühler & Co. in Wernau, Mailänder in Bad Cannstatt und Reichart & Scheuffelen in Göppingen.[83] Bis auf den Prüfbericht der Schaerer-Werke sind alle übrigen überliefert. In ihnen sprach sich Rolf Boehringer ausnahmslos für die Einstellung des Drehbankbaues in den betroffenen Betrieben aus.[84]

*Zweifel an der Objektivität des Ausschußleiters Boehringer*

Die von Rolf Boehringer überprüfte Reichenbacher Firma Robert Schöttle[85] beschäftigte 1942 knapp 200 Mitarbeiter und stellte seit Kriegsbeginn statt Haushaltsgeräte vornehmlich Elektromotoren her. Für ihre Drehbankproduktion war knapp ein Viertel der Belegschaft eingesetzt. Die von dem Unternehmen selbst stammende Konstruktion gehörte aber nicht zu den sogenannten Engpaßmaschinen, und Rolf Boehringer zählte sie »in ihrer konstruktiven Durchbildung und Ausführung höchstens zu den 2. und 3. klassigen Fabrikaten«.[86] Ein Produktionsverbot für die Schöttle-Drehbänke hielt er deshalb »unter weiterer Berücksichtigung der Beschränkung der Kontingentzuweisung« für das beste, und er schlug vor, die »bei Schöttle freiwerdenden Arbeitskräfte (...) den in der Nähe liegenden Werkzeugmaschinenfabriken, die Engpaßmaschinen herstellen«, zuzuweisen. Überhaupt verfüge der Betrieb über »einen großen Stamm an Facharbeitern«, der jedoch angesichts der bei dem Betrieb liegenden Massenfertigung für die Luftwaffe »zum Teil sicher durch angelernte Arbeiter oder Russen oder Arbeiterinnen« ersetzt werden könnte. Zwar gestand Rolf Boehringer zu, das Produktionsverbot könne angesichts des ansonsten »wirklich

[81] wie Anm. 79.
[82] Ebd. Vgl. die Prüfberichte. WABW, B 10, Bü 21 und 22.
[83] WABW, B 10, Bü 21.
[84] Vgl. die Prüfberichte. WABW, B 10, Bü 21 und 22.
[85] Der 1921 gegründete und seitdem in Familienbesitz befindliche Betrieb baute neben Präzisionsdrehbänken elektrische Staubsauger- und Bohnerapparate. 1937/38 beschäftigte er 80 Mitarbeiter. Maschinenbau-Handbuch 1939/40, S. 714.
[86] Prüfbericht vom 8.7.1942. WABW, B 10, Bü 22. Dort auch die folgenden Zitate. Laut einem Schreiben Rolf Boehringers vom Dezember 1942 wurden im Werkzeugmaschinenbau Listen erstellt, die zwischen sogenannten erstklassigen und solchen Betrieben unterschieden, deren Fertigung stark eingeschränkt oder ganz eingestellt werden sollte. So sei im Verlauf des Jahres 1942 die Drehbankfertigung bei den sogenannten zweitklassigen Firmen um über die Hälfte reduziert und die angeordnete Reduktion um 86 Prozent zumindest annähernd dadurch erreicht worden, indem die zweitklassigen Hersteller Produktionsverbot erhielten. Siegel/Freyberg, Industrielle Rationalisierung, S. 201f.

sehr guten und ordentlichen« Eindrucks des Betriebes »als eine gewisse Härte« erscheinen, er beharrte aber auf seinem Standpunkt, daß der Drehbankbau »wirklich nicht in diesen Betrieb« hineinpasse.[87]

Seiner Empfehlung schloß sich der Hauptausschuß Maschinen jedoch nicht vollständig an. Zwar kam das Aus für den Drehbankbau der Firma Schöttle, über den Einsatz der dadurch freigesetzten Arbeitskräfte gab es aber unterschiedliche Ansichten. Obwohl laut »ursprünglicher Abrede« zwischen Rolf Boehringer und den Herren des Sonder- und Hauptausschusses die Drehbankproduktion bei Schöttle untersagt und die freiwerdenden Arbeitskräfte der Firma Boehringer in Göppingen zugewiesen werden sollten, hatte der Hauptausschuß - sehr zum Ärger Boehringers - anders entschieden und den Einsatz der fraglichen Schöttle-Arbeitskräfte für eine »Teilefertigung« von Boehringer-Maschinen in ihrem angestammten Reichenbacher Betrieb angeordnet.[88] Rolf Boehringer machte keinen Hehl aus seiner Meinung, daß die Schöttle-Kräfte bei einer »Verpflanzung nach Göppingen« eine höhere Arbeitsleistung erbracht hätten und für seinen Betrieb produktiver hätten eingesetzt werden können. Zwar erledige man bei Schöttle die Boehringer-Aufträge »mit großem Eifer«, aber »Arbeiten außerhalb der Stammfirma« würden eben generell »langsamer aus- und durchgeführt«.

Als einer von elf württembergischen Herstellern von Engpaßwerkzeugmaschinen[89] war die Firma Boehringer nicht nur gegen einen Abzug ihrer Arbeiterschaft weitestgehend geschützt, sie hatte außerdem Anspruch auf bevorzugte Zuweisung von zusätzlichen Arbeitskräften. Die Möglichkeit, durch die ihm obliegenden Firmenüberprüfungen Einfluß auf die Verteilung der freigesetzten Arbeitskräfte ausüben und zugleich den Kreis der Konkurrenten beschneiden zu können, mußte auch Rolf Boehringer bewußt gewesen sein. War dies bei der Reichenbacher Firma Schöttle zunächst noch nicht ganz gelungen, bot sich Rolf Boehringer mit der Überprüfung eines in Göppingen ansässigen Betriebes erneut die Möglichkeit. Der in diesem Zusammenhang erhobene Vorwurf, Stillegungen zu befürworten, um auf diese Weise an die Arbeitskräfte zu kommen, kann deshalb kaum verwundern.

Nachdem die Firma Reichart & Scheuffelen bereits vor einigen Monaten vom BfM über eine eventuelle Stillegung informiert worden war, befürchtete sie - und nicht zu Unrecht, zumal einer der beiden Inhaber wegen seiner antinationalsozialistischen Gesinnung mehrfach im Gefängnis gewesen war[90] - von der Betriebsüberprüfung im Juli 1942 das endgültige Aus. Dagegen wehrten sich die Inhaber bereits im Vorfeld »mit Händen und Füßen«.[91] Sie waren der An-

[87] Rolf Boehringer an Sonderausschuß Werkzeugmaschinen, 14.7.1942. WABW, B 10, Bü 21.

[88] Rolf Boehringer an Max Knorr, 9.10.1942. WABW, B 10, Bü 23. Dort auch die folgenden Zitate.

[89] Vgl. S. 266f.

[90] Dies erwähnt der Beauftragte des Handwerks für den Gau Württemberg-Hohenzollern in einem Schreiben an die Gauwirtschaftskammer, Abt. Handwerk, vom 7.12.1943. WABW, Bestand Fortuna, Ordner: Bezirksbeauftragter N-Sch.

[91] Prüfbericht vom 8.7.1942 über die Firma Reichart & Scheuffelen. WABW, B 10, Bü 22. Dort auch die folgenden Zitate.

sicht, »daß es sich bei der ganzen Aktion um ein Abwürgen der Kleinbetriebe durch Mittelbetriebe« handle. In Absprache mit dem Leiter des Sonderausschusses Werkzeugmaschinen, Edgar Haverbeck, unterbreitete Boehringer bei der Betriebsüberprüfung einen »Vermittlungsvorschlag«, der die Schließung des Betriebes damit zu versüßen suchte, daß Reichart & Scheuffelen in Zukunft ihre Maschinen in Räumen der Firma Boehringer fertigen sollten und die Boehringer-Tochterfirma Bekoma den Vertrieb übernehmen würde. Dies wurde von der Firmenleitung abgelehnt, man wollte »fabrikatorisch selbständig« bleiben. Die Firmeninhaber befürchteten, daß - als Kriegsnotwendigkeit verbrämt - eine grundsätzliche Branchenbereinigung durchgeführt werden würde.[92] Boehringer mußte nach Ablehnung seines Vorschlages eingestehen, daß er nun keinen Weg mehr wisse, »wie dieser Fall bereinigt werden« solle, und er bat darum, die Angelegenheit »durch eine neutrale Persönlichkeit« erledigen zu lassen.[93] Er sah sich nämlich in der »Kleinstadt Göppingen« dem Gerücht ausgesetzt, daß »die Großbetriebe die Mittelbetriebe aus egoistischen Gründen zum Erliegen« brächten und insbesondere »Boehringer die Firma Reichardt & Scheuffelen stillegen lassen wolle, um die dort beschäftigten Arbeiter zu sich zu erhalten«. Daß auch die Betriebsinhaber von Reichart & Scheuffelen die »Schuld« für eine eventuelle und auf Kriegsdauer befristete Stillegung bei ihm suchen würden, hielt Rolf Boehringer indessen für unwahrscheinlich. Vielmehr hätten sie eingesehen, daß er »lediglich« der ihm »übertragenen Aufgabe gerecht« werden würde.

Von einer Stillegung des Betriebes wurde 1942 abgesehen. 1943 fertigte die Firma auf Anordnung des BfM ausschließlich Sondermaschinen für die Flugzeug- und Motorenwerke Junkers in Dessau.[94] Neuen Wirbel um die Firma gab es Ende 1943, als ihr vorgeworfen wurde, sich »eigenmächtig und entgegen den bestehenden Kriegsanordnungen in den Besitz von insgesamt rund 30 Werkzeugmaschinen« gebracht zu haben.[95] Da man bei Reichart & Scheuffelen die erforderlichen Nachweise über die Notwendigkeit der Maschinenbeschaffung offenbar nicht oder nur in ungenügender Form beibringen konnte, überprüfte die zuständige Stuttgarter Handwerkskammer den Betrieb. Das Ergebnis war für Reichart & Scheuffelen niederschmetternd: Gefordert wurde die Beschlagnahmung der angeschafften Maschinen »zu Gunsten des Staates wegen Hinterziehung in schwerster Kriegszeit« und die Absetzung sowie Bestrafung des »Betriebsführers«.[96] Bei einer zweiten Überprüfung Anfang Januar 1944, an der auch ein Beauftragter des Wehrkreisbeauftragten teilnahm, wurde der

---

92 Zu ganz ähnlichen Befürchtungen sollte es ein knappes Jahr später wieder kommen, als von der neuerlich angeordneten Stillegungswelle vornehmlich der selbständige Mittelstand betroffen war. Vgl. Herbst, Der Totale Krieg, S. 207-231.

93 wie Anm. 91. Dort auch die folgenden Zitate.

94 Firma Reichart & Scheuffelen an Rüstungsinspektion V, 14.7.1943; Max Knorr an Rüstungsinspektion V, 2.11.1943. WABW, Bestand Fortuna, Ordner: Bezirksbeauftragter N-Sch.

95 Aktennotiz der Rüstungsinspektion V, 11.8.1944. Ebd.

96 Beauftragter des Handwerks für den Gau Württemberg-Hohenzollern an Gauwirtschaftskammer, Abt. Handwerk, 7.12.1943. Ebd.

Betrieb als ungeordnet und unübersichtlich bezeichnet. Von einer Werkzeugmaschinenfabrik würde »im fünften Kriegsjahr« jedoch verlangt, »daß sowohl ihre Werkstatträume, als auch insbesondere ihr vorhandener Maschinenpark zweckmäßig und wesentlich besser ausgenützt« würden.[97] Sollte hier nicht »in kürzester Frist (...) Ordnung geschaffen« werden, drohten Vertreter der Handwerkskammer und des Wehrkreisbeauftragten im Januar 1944 mit dem Antrag auf Stillegung oder der Einsetzung eines kommissarischen »Betriebsführers« und der ausschließlichen Verwendung der Firma als Reparaturwerkstätte.[98] Aber noch ein halbes Jahr später war nichts Endgültiges entschieden. Daher schlug im August 1944 die Rüstungsinspektion V eine nochmalige Betriebsüberprüfung vor, um nunmehr definitiv zu klären, ob die Firma Reichart & Scheuffelen wie bisher weiterhin für Junkers arbeiten oder als Reparaturwerkstätte für Werkzeugmaschinen eingesetzt werden sollte.[99]

Nach Kriegsende nahm Rolf Boehringer in seinem Spruchkammerverfahren für sich in Anspruch, die Stillegung der Firma Reichart & Scheuffelen im Jahr 1942 verhindert zu haben, indem er den »Antrag auf Schließung des Betriebes« abgelehnt hätte, »um nicht als Nutznießer zu erscheinen«.[100] Ein Jahr später sei die Stillegung des Betriebes vom Wehrkreisbeauftragten angestrebt worden, einer nach Boehringers Dafürhalten »reinen Parteiinstanz«. Diese »parteiinstanzlichen Bestrebungen« hätten ihn jedoch nicht interessiert, für ihn sei der »fachliche« Entscheid des Sonderausschusses Werkzeugmaschinen aus dem Jahre 1942 maßgeblich gewesen, welcher von einer Stillegung abgesehen hätte. Als Grund für den zweiten Stillegungsversuch im Jahr 1943 machte Rolf Boehringer die politische Einstellung der Betriebsinhaber geltend, denn diese seien »als Gegner des NS bekannt« gewesen. In seinem Spruchkammerverfahren wollte Rolf Boehringer seine 1942 gegenüber der Firma Reichart & Scheuffelen eingenommene Haltung als »aktiven Widerstand« im Sinne des Artikels 13 des »Befreiungsgesetzes« - und damit als Entlastungsmoment - klassifiziert sehen. Auch in Max Knorrs Entnazifizierungsverfahren spielte die Firma Reichart & Scheuffelen eine entlastende Rolle. Es habe zu seinen Aufgaben als Bezirksbeauftragter des Hauptausschusses Maschinen gehört, den von ihm betreuten Unternehmen »Hilfestellung gegen unberechtigte und unsachliche Eingriffe durch die Behörden und Parteiinstanzen« zu gewähren, erklärte Knorr 1946. Er gab an, daß bereits im Jahr 1941 versucht worden sei, der Firma Reichart & Scheuffelen »einen Kommissar zu geben oder sie stillzulegen, nachdem der techn. Mitinhaber wegen unerwünschter Äußerungen eingesperrt« worden war. Als sein Verdienst rechnete sich Knorr an, dem Unternehmen Reichart & Scheuffelen während der gesamten Kriegsdauer »seine Selbständigkeit« erhalten zu haben. Ebenso wie Rolf Boehringer stufte er sein Verhal-

[97] Rüstungsinspektion V an Firma Reichart & Scheuffelen, 1.4.1944. Ebd.

[98] Aktennotiz der Rüstungsinspektion V, 11.8.1944. Ebd.

[99] Ebd. Entsprechende Bestrebungen, den Betrieb zur Reparaturwerkstätte umzufunktionieren, hatte es bereits im Frühjahr 1943 gegeben.

[100] Aussage Boehringers. Protokoll der mündlichen Verhandlung, 9.8.1948. StAL, EL 902/8 Bü 16/1/15066. Dort auch die folgenden Zitate.

ten als »aktiven Widerstand« ein.[101] Allerdings konnte sich Knorr im Gegensatz zu Boehringer auf eine eidesstattliche Erklärung des ehemaligen »Betriebsführers« von Reichart & Scheuffelen stützen. Darin bestätigte dieser den im Mai 1941 unternommenen Stillegungsversuch von seiten der Wirtschaftsgruppe Maschinenbau, hinter dem er neidische »Nazi-Bonzen« vermutete, die es nicht ertragen konnten, daß er sich »aus kleinen Verhältnissen (...) zu einem mittleren Betrieb« emporgearbeitet hatte. Denn zu diesem Zeitpunkt hätten auch andere Betriebe mittlerer Größe, deren leitende Herren eine ähnliche politische Einstellung wie er gehabt hätten, Stillegungsbescheide bekommen. Hilfesuchend habe er sich daraufhin an Max Knorr gewandt und festgestellt, daß Knorr »volles Verständnis für die Sorgen und Nöte von unseren Klein-Betrieben« gehabt habe.[102]

Diese Selbstaussage des ehemaligen »Betriebsführers« hinsichtlich seiner antinationalsozialistischen Einstellung wird durch andere Quellen bestätigt.[103] Dies allein hätte unter den Bedingungen des Nationalsozialismus normalerweise ausgereicht, um gegen den Betrieb vorzugehen. Warum es nicht geschah, geht aus den Unterlagen nicht hervor. Die nach 1941 einsetzenden Stillegungsbestrebungen erwähnte der ehemalige »Betriebsführer« von Reichart & Scheuffelen in seiner Erklärung mit keiner Silbe. Weder bestätigte er die laut Rolf Boehringer von ihm verhinderte Stillegung im Sommer 1942 noch die ab 1943 einsetzenden massiven Bestrebungen des Wehrkreisbeauftragten (WKB), den Betrieb zu schließen. Obwohl aus den überlieferten Unterlagen klar hervorgeht, daß es ab 1942 von verschiedener Seite - Hauptausschuß Maschinen, Handwerkskammer Stuttgart, WKB und Rüstungsinspektion - Versuche gegeben hat, den Betrieb entweder stillzulegen oder ihn als Reparaturwerkstätte umzufunktionieren, spielten diese für den ehemaligen »Betriebsführer« von Reichart & Scheuffelen drei Jahre nach Kriegsende keine Rolle mehr - zumindest nicht in Zusammenhang mit der Person Max Knorr. Möglicherweise wollte er Zweifel am politischen Hintergrund seiner Bestrafung nicht nähren, indem er darauf hinwies, daß ab 1942 die Art seiner Betriebsleitung Anlaß für die Stillegungsbestrebungen gewesen waren.

### *Weitere Fälle: die Firmen Model und Römer*

Daß von Stillegungen betroffene Firmen an der Objektivität des zuständigen Ausschußleiters Zweifel hatten, war offensichtlich kein Einzelfall. So verwehrte die Stuttgarter Firma Wilhelm Model dem Leiter des Arbeitsausschusses Maschinen für die Aufbereitung von Fleisch und pflanzlichen Nahrungsmitteln im August 1942 den Zutritt zu ihren Fabrikräumen. Erst nach einem umfang-

[101] Max Knorr an Spruchkammer, 12.12.1946. StAL, EL 902/20 Bü 37/05/4073. Dort auch die folgenden Zitate.

[102] Schreiben des ehemaligen »Betriebsführers« an den Gewerkschafts-Bund Stuttgart, 16.1.1946. Ebd.

[103] Beispielsweise in dem Schreiben des Handwerksbeauftragten für den Gau Württemberg-Hohenzollern an die Gauwirtschaftskammer, Abt. Handwerk, vom 7.12.1943. WABW, Bestand Fortuna, Ordner: Bezirksbeauftragter N-Sch.

reichen Schriftwechsel mit den zuständigen Ausschüssen konnte die vorgesehene Überprüfung des Betriebes, nunmehr unter Teilnahme Max Knorrs, im Oktober neu angesetzt werden. Auch in diesem Fall erwies sich die Tatsache, daß der zuständige Ausschußleiter zugleich eine leitende Position in dem Remscheider Konkurrenzunternehmen Alexanderwerk innehatte, als das entscheidende Hindernis. Die beiden Firmen, Model und Alexanderwerk, waren bereits in der Vergangenheit heftig aneinandergeraten. Das Remscheider Unternehmen hatte in den Vorkriegsjahren einen Prozeß gegen die Firma Model vor dem Stuttgarter Landgericht angestrengt, um ihr den Verkauf von Maschinen zu untersagen, deren Namen und Betriebsbeschreibungen angeblich ein Plagiat der Remscheider Firmenprodukte darstellten. Zwar hatte Alexanderwerk diesen Prozeß verloren, gegen das Urteil jedoch Berufung eingelegt. Aus diesen Vorkommnissen folgerte der Inhaber der Firma Model, daß die Remscheider Konkurrenz auch im Jahr 1942 - nunmehr mittels Betriebsüberprüfung - weiterhin ihre »Vorkriegsabsichten« verfolge, nämlich »meine Existenz zu untergraben und mir insbesondere die Herstellung von Universalmaschinen und -Anlagen sowie Passiermaschinen (...) schrittweise unmöglich zu machen«.[104] Gelänge ihr dies, schrieb er an den Hauptausschuß Maschinen, hätte die Remscheider Firma ihr bereits vor Jahren verfolgtes Ziel erreicht, nämlich »in der Lieferung dieser Art von Großküchenmaschinen eine Monopolstellung« einzunehmen. Daß ein solches Vorgehen durch die vom NS-Regime bereitgestellten Möglichkeiten überhaupt erst möglich geworden war, stand für die Firma Model außer Frage. Erst durch »die Gunst der Kriegsmaßnahmen«, so ihre Einschätzung, sei das Unternehmen heute »zugleich Partei und Richter (ein sonst bekanntlich unmöglicher Zustand)« und damit in der Lage, »das rechtskräftige Urteil vom Vorkriegsjahr praktisch umzustoßen und seine damaligen Absichten jetzt zu verwirklichen«.

Vor dem Hintergrund dieser Vorkommnisse wandte sich die Betriebsleitung hilfesuchend an den Gauwirtschaftsberater und an Max Knorr in seiner Eigenschaft als Bezirksbeauftragter. Den Vorschlag des Gauwirtschaftsberaters, Max Knorr mit der Überprüfung der Firma Model zu beauftragen, lehnte dieser unter Hinweis auf seine fachliche Inkompetenz ab. Knorr war nicht bereit, die dem zuständigen Ausschußleiter auferlegte »Verantwortung« abzunehmen, zumal dieser wie alle anderen Ring- und Ausschußleiter auch »die ernsten Ermahnungen von Reichsminister Speer, die Unparteilichkeit betreffend« kenne und deshalb »sein Ansehen kaum auf's Spiel setzen« werde.[105] Auch in diesem Fall unterblieb die Schließung des Betriebes, die ursprünglich bereits vor der für August 1942 angesetzten Betriebsüberprüfung festgestanden hatte.[106] Denn als im Herbst 1943, nur ein Jahr nachdem der Stuttgarter Betrieb eigentlich ge-

[104] Firma Wilhelm Model an Hauptausschuß Maschinen, 17.9.1942. WABW, Bestand Fortuna, Ordner: Bezirksbeauftragter M 1942-1945. Dort auch die folgenden Zitate.

[105] Max Knorr an Mitarbeiter des Gauwirtschaftsberater, 9.10.1942. Ebd.

[106] Daß die Schließung bereits vor der Überprüfung feststand, geht aus einem Schreiben des Leiters des zuständigen Arbeitsausschusses Maschinen für die Aufbereitung von Fleisch und pflanzlichen Nahrungsmitteln an Max Knorr vom 10.8.1942 hervor. Ebd.

schlossen werden sollte, die Produktion der Firma Alexanderwerk durch »Feindeinwirkung« vorübergehend ausfiel, versuchte man, durch eine Produktionssteigerung der von der Firma Model hergestellten »Großküchenmaschinen für die Verpflegung von Wehrmachtsdienststellen und vor allem von Ausländerläger (!)« den Ausfall der Remscheider Firma teilweise aufzufangen.[107] Gleichwohl müssen die Gründe, die letztlich zur Rücknahme des Stillegungsbeschlusses geführt haben, offen bleiben. Der von der Firma Model erhobene Vorwurf, der Ausschußleiter urteile parteilich und verschaffe seinem Unternehmen somit Vorteile, könnte dabei eine nicht zu unterschätzende Rolle gespielt haben.

Die gleiche Anschuldigung erhob im Jahr 1943 die Obertürkheimer Firma Ludwig Römer gegen den Leiter des Arbeitsausschusses Handmaschinen. Sie protestierte gegen das im Januar 1943 erlassene und mit unrationeller Fertigung begründete Produktionsverbot für ihre Holzbearbeitungsmaschinen, obwohl ihr mitgeteilt worden war, daß »die Entscheidung des Sonderausschusses Holzbearbeitungsmaschinen (...) endgültig und unumstößlich« sei, und es »vollkommen zwecklos« sei, »hiergegen etwas zu unternehmen«.[108] Weder war sie bereit, ihren »mühsam und mit erheblichen Kosten aufgebauten Kundenkreis« der Konkurrenz preiszugeben, noch hatte sie Verständnis dafür, daß ausgerechnet ihrem Betrieb die Produktion »vollständig« untersagt wurde, während andere und zum Teil kleinere Firmen weiterhin Holzbearbeitungsmaschinen herstellen durften.[109] Ein besonderes Ärgernis war für sie die Aisteiger Firma Mafell, deren Inhaber in Personalunion Leiter des Arbeitsausschusses Handmaschinen war und den man bei Römer für das Produktionsverbot verantwortlich machte. Dieser habe selbst nur »die Herstellung der sowieso heute nicht mehr benötigten Typen aufgegeben«, empörte sich die Firmenleitung im Juni 1943 bei Max Knorr, während die Herstellung jener Maschinen, die der Ausschußleiter bei Römer verboten hatte, bei der Firma Mafell und einigen anderen Betrieben ungestört weiterlaufe.

Nachdem ihre Proteste bei den »Selbstverwaltungsorganen« der Wirtschaft nichts genutzt hatten, man bei der Firma Römer das Herstellungsverbot jedoch weiterhin als »unbillige Härte« empfand, schaltete sie auf regionaler Ebene neben dem Bezirksbeauftragten Knorr auch das Landeswirtschaftsamt und den SD ein. Knorr setzte seinerseits Rüstungsobmann Fahr in Kenntnis, den er zugleich damit beauftragte, ihn in dieser Angelegenheit für die Dauer eines Kuraufenthaltes zu vertreten. Es gelte »also nur festzustellen«, faßte Knorr in seinem Schreiben an Fahr zusammen, »ob sachliche Gründe der Entscheidung zugrunde liegen oder ob tatsächlich, wie Römer andeutet, privatwirtschaftliche Gründe (Konkurrenz) beim Ausschußleiter maßgebend« gewesen seien.[110] Nachdem ihm aber vom Sonderausschuß Holzbearbeitungsmaschinen versichert worden

[107] Hauptausschuß Maschinen an das Stuttgarter Arbeitsamt, 14.10.1943. Ebd.
[108] Leiter des Arbeitsausschusses Handmaschinen an Firma Römer, 22.1.1943. WABW, Bestand Fortuna, Ordner: Bezirksbeauftragter N-Sch.
[109] Firma Ludwig Römer an Max Knorr, 7.6.1943. Ebd. Dort auch die folgenden Zitate.
[110] Max Knorr an Rüstungsobmann Fahr, 8.6.1943. Ebd.

war, daß das verfügte Produktionsverbot »absolut zu recht« und aus rein fachlichen Gründen erteilt worden und die Firma Römer inzwischen teilweise »zur Rüstungsfertigung übergegangen« war, lehnte es Max Knorr wenig später gegenüber dem BfM ab, sich weiter mit dieser Angelegenheit zu befassen.[111] Der SD ließ im Juli 1943 ebenfalls verlauten, daß er die Untersuchung wegen mangelnder Beweise gegen den Leiter des Arbeitsausschusses einstellen werde.[112] Im Unterschied zur Firma Model wurde der Stillegungsbeschluß in diesem Fall nicht rückgängig gemacht; die Firma Römer mußte mit dem 30. Juni 1943 die Produktion von Holzbearbeitungsmaschinen endgültig einstellen. Hatte der BfM dem Betriebsinhaber bereits im April geraten, »die Existenz Ihrer Firma dadurch zu festigen, daß Sie sich in kriegsentscheidende Aufträge so schnell und umfassend wie möglich einschalten«, da der Betrieb sonst mit dem Abzug von Arbeitskräften zu rechnen hätte,[113] berichtete Max Knorr im Sommer 1943 darüber, daß die Firma in der Tat »inzwischen teilweise zur Rüstungsfertigung übergegangen« war.[114] Im November überantwortete der Sonderausschuß Werkzeugmaschinen die durch das Herstellungsverbot freigewordene Kapazität bei der Firma Römer dem Bezirksbeauftragten Knorr, der diese in ihm »geeignet erscheinender Weise anderweitig« einsetzen sollte.[115]

### c. Typenbereinigung bei den Vereinigten Drehbankfabriken (VDF)

Angesichts der Bestrebungen zur Typisierung und Rationalisierung der Werkzeugmaschinenindustrie machten sich ab Dezember 1940 vor allem die beiden VDF-Firmen Gebr. Boehringer und Franz Braun für die Aufnahme eines fünften Unternehmens in die VDF stark.[116] Um die Gesamtproduktion des Firmenkartells »im Rahmen der besonders erhöhten Anforderungen«[117] zu steigern, sollte die Produktion des E1/V1-Modells der Einheitsdrehbank einem neuen Partner übertragen werden. Über den Nutzen eines solchen Vorhabens gingen innerhalb der VDF-Firmen die Meinungen indes weit auseinander. Sah man bei Franz Braun darin das geeignete Mittel, »allem weiteren Drängen von Seiten des Bevollmächtigten, weitere Firmen in den VDF aufzunehmen, von vornherein aus dem Weg zu gehen«, und erwartete ihr Vorstandsvorsitzender von einem derartigen Schritt, der »ja zweifellos in Richtung der von der Regierung gewünschten Entwicklung« läge und durch den die VDF-Gruppe »wiederum beispielgebend« wäre, eine Stärkung der VDF-Position im deutschen Drehbankbau,[118] befürchtete man bei Wohlenberg genau das Gegenteil. Es sei nicht nur dem Ansehen der VDF-Gruppe »sehr abträglich«, wenn sich die Aufnahme

[111] Max Knorr an BfM, 26.6.1943. Ebd.
[112] Rüstungsobmann Fahr an Max Knorr, 10.7.1943. Ebd.
[113] BfM an Firma Römer, 13.4.1943. Ebd.
[114] wie Anm. 111.
[115] Sonderausschuß Werkzeugmaschinen an Max Knorr, 13.11.1943. Ebd.
[116] Firma Braun an die übrigen VDF-Firmen, 19.5.1941. WABW, B 10, Bü 339.
[117] Firma H. Wohlenberg an die übrigen VDF-Firmen, 13.12.1940. Ebd.
[118] wie Anm. 116.

von Drittfirmen so leicht gestalte, gab man zu bedenken, auch müsse sich die Wirtschaftsgruppe Maschinenbau, »wenn sie ihre Anregungen so schnell erfüllt sieht«, ermuntert fühlen, die VDF-Firmen »auf diesem Wege weiter vorwärts zu treiben«.[119] Da die VDF-Einheitsdrehbank das von der Wehrmacht am meisten nachgefragte Modell sei, bestehe vor allem »in diesen Kreisen« der Wunsch nach einer Erweiterung der VDF-Produktionskapazitäten, »wie der VDF selbst später dabei fährt«, sei der Wehrmacht hingegen »gleichgültig«. Deshalb plädierte man bei der VDF-Firma Wohlenberg dafür, »*eigner Bauherr* seines Hauses« zu bleiben und keinen neuen Partner aufzunehmen. Ganz ähnliche Bedenken standen bei Heidenreich & Harbeck im Vordergrund. Auch diese VDF-Firma war nicht bereit, einem »Außenseiter« die mit der Zugehörigkeit zu der VDF-Gruppe verbundenen Vorteile ohne »Gegenleistung« zu gewähren. Anstelle einer Erweiterung schlug sie vor, die gestiegene Nachfrage nach VDF-Erzeugnissen durch »eigene Erweiterungen« oder Übernahme von Drittfirmen zu befriedigen.[120]

*Pläne mit den Firmen Heid und Hopfengärtner*

Trotz dieser unterschiedlichen Vorstellungen mündeten die von Rolf Boehringer ab Dezember 1940 eingeleiteten Erkundigungen über die Wiener Maschinenfabrik Heid AG[121] im Frühjahr 1941 in konkrete Verhandlungen. Sie sollte für die ausschließliche Fabrikation des VDF-Modells E1/V1 gewonnen werden. Dafür bot ihr Rolf Boehringer an, als »gleichberechtigtes Mitglied« in die VDF-Gruppe aufgenommen zu werden und den VDF-Vertrieb in der »Ostmark« und Ungarn zu übernehmen.[122] Bedingung aber war, daß die VDF-Firmen in den Besitz der Aktienmajorität gelangen würden oder aber zumindest ein Vorkaufsrecht eingeräumt bekämen. Hierbei setzte man bei Boehringer und Braun auf den Bevollmächtigten für die Maschinenproduktion und das Reichswirtschaftsministerium, die schon für den entsprechenden »Druck« auf den Majoritätsbesitzer, den Österreichischen Creditanstalt-Bankverein, sorgen würden.[123] Das Risiko einer eventuellen Übernahme der Aktienmehrheit durch einen VDF-Konkurrenten sollte damit von vornherein ausgeschlossen werden. Unter der Bedingung, daß die VDF-Gruppe »Inhaber« der Wiener Firma würde, konnte sich sogar die ansonsten sehr skeptische Firma Wohlenberg eine Zusammenarbeit mit Heid vorstellen.[124]

[119] Firma H. Wohlenberg an die übrigen VDF-Firmen, 29.5.1941. Ebd. Dort auch die folgenden Zitate (Hervorhebung im Original).
[120] Firma Heidenreich & Harbeck an die übrigen VDF-Firmen, 29.5.1941. Ebd.
[121] Das 1883 gegründete und seit 1901 als Aktiengesellschaft geführte Unternehmen stellte 1939/40 neben Werkzeugmaschinen, Kupplungen und Förderanlagen auch landwirtschaftliche Sondermaschinen her. Großaktionär mit 67% der Anteile war der Österreichische Creditanstalt-Bankverein. Maschinenbau-Handbuch 1939/40, S. 845. 1942 hatte die Firma ihr Produktionsprogramm vornehmlich auf die Herstellung von Drehbänken und anderen Werkzeugmaschinen beschränkt. Prüfbericht über die Firma Heid von 1942. WABW, B 10, Bü 21.
[122] Rolf Boehringer an die übrigen VDF-Firmen, 16.5.1941. WABW, B 10, Bü 339.
[123] Firma Franz Braun an die übrigen VDF-Firmen, 19.5.1941; vgl. Schreiben Rolf Boehringers an die VDF-Firmen vom 16.5.1941. Ebd.
[124] Firma Wohlenberg an die übrigen VDF-Firmen, 29.5.1941. Ebd.

Als der Firma Heid jedoch auf Vorschlag des BfM ein höherer Verkaufspreis für das E1/V1-Modell zugestanden werden sollte, als von den VDF-Firmen vorgesehen, formierte sich bei den Firmen Wohlenberg und Heidenreich & Harbeck wiederum der Widerstand gegen einen Vertragsabschluß. Die von den VDF-Partnern Boehringer und Braun vorgebrachten Vorteile, die mit einer Verlagerung der E1/V1-Produktion zu Heid und der Aufnahme dieses Unternehmens in die VDF-Gruppe verbunden seien, ließen sie nicht gelten. Zwar vermindere sich durch diesen Schritt das Drehbankangebot der beiden E1/V1-Hersteller Boehringer und Braun, hatte Rolf Boehringer seinen VDF-Partnern geschrieben, das »Opfer« wäre jedoch nicht »übermäßig groß«, da das Modell sowieso »preislich ungünstig« liege.[125] Für die VDF-Firmen Wohlenberg und Heidenreich & Harbeck ergebe sich durch die Verlagerung zudem die erfreuliche Situation, daß Heid die Produktion schwerer Drehbänke zugunsten des VDF-Modells aufgeben und als direkter Konkurrent ausfallen würde. Einen weiteren Pluspunkt sah Boehringer darin, daß die VDF-Gruppe künftig ein in der »Ostmark« ansässiges gleichberechtigtes Mitglied hätte, was »insbesondere nach Friedensschluß auch für den Export nach dem Balkan von bedeutendem Interesse« sein würde.

So sehr sich Rolf Boehringer auch bemühte, den beiden »Bremsern« innerhalb der VDF-Gruppe den Vertragsabschluß mit Heid schmackhaft zu machen, er hatte keinen Erfolg. So sah man bei Wohlenberg den ehernen Grundsatz der VDF, »das beste Fabrikat zum billigsten Preise« herzustellen, durch den Heid zuletzt zugestandenen höheren Verkaufspreis verletzt, und man bezeichnete die Wiener Firma schon allein wegen ihrer Preispolitik als »für den VDF nicht reif«.[126] Um die Forderung des BfM nach mehr kleinen und mittleren Drehbänken zu befriedigen, war nach Ansicht von Wohlenberg eine Verlagerung des E1/V1-Modells zu Heid nicht nötig. Diesen Wunsch könne die VDF-Gruppe durch die unter ihrer »Patenschaft« stehenden belgischen und französischen Betriebe leicht erfüllen: die Firma Boehringer durch »Cazeneuve-Bänke«, Heidenreich & Harbeck durch »Demoor-Fabrikate« und Wohlenberg durch die Maschinen der Firmen Le Progrès und Sculfort. Ebensowenig ließ Wohlenberg das Argument der Ausschaltung eines Konkurrenzunternehmens gelten, da man in der Firma Heid noch nie einen ernsthaften Konkurrenten gesehen habe. Unterstützung bekam Wohlenberg durch die Hamburger VDF-Firma Heidenreich & Harbeck. Sie teilte Wohlenbergs Auffassung uneingeschränkt und erklärte zudem, daß sich der Drehbankverkauf in der »Ostmark« durch ein neues, in Wien ansässiges VDF-Mitglied »kaum wesentlich« erhöhen würde. Sie sah dafür auch keine Notwendigkeit, befand sich doch das Exportgeschäft in die Balkanländer bei der Firma Braun für sie »in den allerbesten Händen«.[127] Wenngleich sich die Firma Braun ansonsten vorbehaltslos hinter einen Vertragsabschluß mit

---

[125] Rolf Boehringer an die übrigen VDF-Firmen, 28.8.1941. Ebd. Dort auch das folgende Zitat.
[126] Firma Wohlenberg an die übrigen VDF-Firmen, 2.9.1941. Ebd. Dort auch die folgenden Zitate.
[127] Firma Heidenreich & Harbeck an die übrigen VDF-Firmen, 2.9.1941. Ebd.

Heid stellte, sah sie in der Übernahme der Verkaufsgebiete »Ostmark« und Ungarn durch das Wiener Unternehmen eigene Interessen berüht. Sie sei selbst »sehr stark an dem Export nach Südosteuropa interessiert« und wolle dieses »Arbeitsgebiet« auch zukünftig beibehalten, ließ sie Rolf Boehringer wissen, weshalb entsprechende Zugeständnisse an Heid nicht zu weit gehen sollten.[128]

Die von Anfang an eher skeptischen Stimmen innerhalb der VDF-Gruppe scheinen sich durchgesetzt zu haben. Anfang Oktober 1941 stellte Rolf Boehringer die Verhandlungen mit der Firma Heid endgültig ein und begründete dies mit der nicht gegebenen Übernahmemöglichkeit der Aktienmehrheit.[129] Nur einen Monat später sah er sich in seiner Entscheidung vollauf bestätigt, nachdem ihn die Firmenleitung von Heid informiert hatte, daß »bereits beim Anschluß Österreichs an das Altreich« 1938 der Stuttgarter Händlerfirma Hahn & Kolb, die seitdem die Generalvertretung der Heid-Maschinen übernommen hatte, ein Vorkaufsrecht auf die Aktienmajorität eingeräumt worden war.[130] Auch für den Sonderausschuß Werkzeugmaschinen, mit dem Rolf Boehringer während der Verhandlungen ständig in Verbindung gestanden hatte, war das »Projekt Heid« nach dieser neuesten Wende endgültig gescheitert. Der für Drehbänke zuständige Referent im Sonderausschuß, Gentzcke, hatte aber sofort einen neuen Vorschlag parat. Die VDF-Firmen sollten nun die Möglichkeit prüfen, die Majorität einer zur böhmischen Firma BATA gehörenden Werkzeugmaschinenfabrik in Zlin zu übernehmen. Der »stellvertretende Reichsprotektor Heydrich«, gab Rolf Boehringer in einem Schreiben an die VDF-Firmen das Gespräch mit Gentzcke wieder, beabsichtige, die in »rein tschechischem Besitz befindlichen Fabriken so rasch wie möglich in deutsches Eigentum überzuführen«, und dies bedeute für die Firma BATA, daß sie zur Abgabe der Aktienmehrheit an ein deutsches Unternehmen »gezwungen« würde. Die vom BfM bei dieser Gelegenheit geplante Typenbereinigung bei den tschechischen Betrieben sollte im Fall BATA eindeutig zugunsten der VDF-Gruppe ausfallen: Die den VDF angebotene Werkzeugmaschinenfabrik würde in Zukunft als »reiner Produktionsbetrieb (...), d.h. ohne eigenen Verkauf« arbeiten und ausschließlich das VDF-Drehbankmodell E1/V1 herstellen.

Nach der vorangegangenen »Pleite« mit der Firma Heid war dieses Angebot für Rolf Boehringer offensichtlich sehr attraktiv, und er wußte sich auch in diesem Fall mit der Franz Braun AG in Übereinstimmung. Auf diese Weise könne die VDF-Gruppe eine Produktionssteigerung bei den Drehbänken und eventuell bei »Sonderfabrikaten« erreichen, »ohne einen weiteren Partner in die VDF-Gruppe aufnehmen zu müssen«, erläuterte er den übrigen VDF-Firmen. Bedingung sei freilich die Übernahme der Aktienmehrheit sowie die Einsetzung eines »Reichsdeutschen Betriebsführers«. Wenngleich der Vorstandsvorsitzende der Franz Braun AG die Firma BATA im Januar 1941 besuchte und

[128] Firma Franz Braun an Rolf Boehringer, 6.9.1941 (Zitate) und 1.9.1941. Ebd.

[129] Rolf Boehringer an Firma Heid, 6.10.1941. Ebd.

[130] Rolf Boehringer an die übrigen VDF-Firmen, 19.11.1941. Ebd. Dort auch die folgenden Zitate.

hinsichtlich ihrer Eignung als Hersteller des E1/V1-Modells unter die Lupe nahm,[131] scheint sich dieses Projekt gleichfalls zerschlagen zu haben. Dafür wurde für die Firmen Boehringer und Braun ein anderer böhmischer Betrieb interessant: die Maschinenfabrik Holobkau (vormals Max Hopfengärtner).[132] Der böhmische Betrieb sollte aber nicht nur in den VDF-Drehbankbau eingeschaltet werden, sondern auch, nach Absprache zwischen den Firmen Boehringer und Billeter & Klunz,[133] zur Produktion bestimmter Hobelmaschinen herangezogen werden. Über diesen Plan vom für Drehbänke zuständigen Referenten im Sonderausschuß informiert, meldete diesmal der Vorstandsvorsitzende der VDF-Firma Braun seine Zweifel über die Durchführbarkeit an. Zum einen sei die böhmische Maschinenfabrik keine »ausgesprochene Qualitätsfirma«, zum anderen würde sich bei ihr als Aktiengesellschaft wiederum die Frage der »kapitalmäßigen Beteiligung« stellen. Gleichwohl forderte er von seinen VDF-Partnern generell ein energischeres Vorgehen bei der Ausweitung der VDF-Produktion. Andere Werkzeugmaschinenhersteller seien auf diesem Gebiet »sehr rührig«, so daß für die VDF-Gruppe die Gefahr bestehe, »zu spät« zu kommen und feststellen zu müssen, daß die »besten Objekte« bereits Verbindung mit Konkurrenzfirmen aufgenommen hätten.[134]

Von der bei einer Sitzung der Fachgruppe Werkzeugmaschinen Anfang Januar 1942 in Berlin auf Veranlassung des BfM beschlossenen Typisierung im Drehbankbau, die im Verlauf des Jahres 1942 vorzubereiten war und 1943 in Kraft treten sollte, war auch die VDF-Gruppe betroffen. Sie sollte die Produktion ihrer Typen E1/V1 (Hersteller Boehringer und Braun) sowie E4/V4 (Hersteller Boehringer) zum Jahresende einstellen. Angesichts der bestehenden großen Nachfrage nach dem kleinen Modell regte der BfM-Mitarbeiter Gentzcke wiederum an, einer böhmischen Firma die Lizenzfertigung der E1/V1-Drehbank zu übertragen. Dabei war die Initiative zur Einschaltung von »Protektorats«-Betriebe in die Lizenzfertigung derartiger Maschinentypen offensichtlich von Rolf Boehringer ausgegangen. Er hatte beim BfM »generell angeregt«, den böhmisch-mährischen Werkzeugmaschinenherstellern für die Dauer des Krieges die Entwicklung von »normalen Serienmaschinen« zu verbieten, und diese vielmehr zur Lizenzherstellung von »gute(n) deutsche(n) Fabrikate(n)« heranzuziehen.[135] Die freigesetzten Konstrukteure sollten den Werkzeugmaschinenherstellern im Reich zur Verfügung gestellt werden. Von der Idee offensichtlich angetan, sprachen sich Karl Lange bzw. sein Mitarbeiter Gentzcke bei der Sitzung des Sonderausschusses Anfang Januar 1942 für die Verlagerung des

[131] Bericht vom 26.1.1942. WABW, B 10, Bü 341.
[132] Im folgenden Hopfengärtner genannt.
[133] Zur Hobelmaschinenvereinigung zwischen den Firmen Boehringer und Billeter & Klunz vgl. S. 208.
[134] Vorstandsvorsitzender der Firma Braun an Rolf Boehringer, 20.12.1941. WABW, B 10, Bü 341.
[135] Rolf Boehringer an die übrigen VDF-Firmen, 9.3.1942. Ebd. Ähnlich der Inhalt seines Schreibens an den Bevollmächtigten für die Maschinenproduktion (BfM) für Böhmen und Mähren, Kathke, 12.1.1942. Ebd.

VDF-Modells zu einer böhmischen Firma aus.[136] Was die inhaltliche Seite des abzufassenden Vertrages mit der »Protektorats«-Firma betraf, sollte sie sich stark an die 1939 zwischen der Firma Pittler und der in der Nähe von Prag ansässigen Werkzeugmaschinenfabrik Volman geschlossene Vereinbarung anlehnen. Durch den Vertrag mit einer Laufzeit von zehn Jahren war die Firma Volman zu einem reinen Produktionsbetrieb für Pittler-Revolverdrehbänke ohne eigenen Vertrieb geworden. Dieser Betrieb leiste nun »nur noch Lohnarbeiten für Pittler«, hatten die leitenden Herren der böhmischen Firma BATA abfällig geäußert, als sie der Vorstandsvorsitzende der VDF-Firma Braun bei seiner Inspektion im Januar 1942 auf das Pittler-Volman-Abkommen angesprochen hatte.[137] Damit wollten sie wohl anzudeuten, daß für sie eine derartige Zusammenarbeit mit einem »reichsdeutschen« Unternehmen nicht in Frage käme. Genauso stellten sich der BfM und seine Mitarbeiter sowie Rolf Boehringer jedoch die Zusammenarbeit mit einer »Protektorats«-Firma vor. Auf die Erhebung von Lizenzgebühren, wie es eigentlich bei Lizenzverträgen unter gleichberechtigten Geschäftspartnern üblich gewesen wäre, konnte man deshalb nicht nur bei Pittler getrost verzichten.[138]

Die Umsetzung des Boehringer-Vorschlages überließ der BfM der Privatinitiative der VDF-Gruppe. Ihr oblag die Kontaktaufnahme, die Verhandlungsführung sowie die Vertragsgestaltung. Nachdem Rolf Boehringer die Firma Hopfengärtner Ende Januar 1942 eingehend inspiziert hatte und auch schon eine erste Besprechung mit dem Bevollmächtigten für die Maschinenproduktion für Böhmen und Mähren, Kathke, in Prag stattgefunden hatte, berichtete der Göppinger Unternehmer im Februar, daß die Firma Hopfengärtner zwar »noch Schwierigkeiten« mache, er jedoch darauf vertraue, daß »der Bevollmächtigte Hopfengaertner vollends in den Rahmen hineinzwingt, in dem wir ihn gerne haben möchten«.[139] Bereits Anfang März 1942 konnte eine vorläufige mündliche Übereinkunft mit der Firma Hopfengärtner erzielt werden. Die auf fünf Jahre geschlossene Vereinbarung, die bei einem vorzeitigen Kriegsende gekündigt werden konnte, sah die ausschließliche Übernahme der E1/V1-Produktion durch die böhmische Firma vor, wobei die VDF-Firmen Boehringer und Braun eine entsprechende Auslastung der Hopfengärtner-Kapazitäten garantierten. Von der Firma Boehringer sollten alle benötigten Unterlagen, Modelle und Vorrichtungen zur Verfügung gestellt werden, der Verkauf der von Hopfengärtner hergestellten Drehbänke sollte über die Boehringer-Tochter Bekoma abgewickelt werden. Dafür hatte die böhmische Firma bei Inlandslieferungen 17 und bei Lieferungen ins Ausland 25 Prozent des Verkaufspreises an die Firma Bekoma abzuführen. Daneben übernahm die Firma Hopfengärtner

---

[136] Rolf Boehringer an die übrigen VDF-Firmen, 9.3.1942. Ebd.

[137] Besuchsbericht über die Firma BATA, 26.1.1942. Ebd.

[138] Rolf Boehringer an BfM für Böhmen und Mähren, Kathke, 12.1.1942. Besuchsbericht über die Firma BATA, 26.1.1942 (Zitat). Ebd. Zu dem Pittler-Volman-Vertrag vgl. auch: Wilhelm Fehse, 75 Jahre Pittler. Zusammenbruch und Wiederaufbau, München 1963, S. 32f.

[139] Rolf Boehringer an den Vorstandsvorsitzenden der Firma Braun, 10.2.1942. WABW, B 10, Bü 341.

auch die Lizenzfertigung von zwei Boehringer-Hobelmaschinen.[140] Darüber hinaus sah es zunächst so aus, als ob es Rolf Boehringer auch gelungen war, die Betriebsführung von Hopfengärtner zu einem sofortigen Ende ihrer Entwicklungsarbeiten auf konstruktiv-technischem Gebiet zu bewegen und die freiwerdenden Ingenieure für seinen Betrieb sicherzustellen. Zufrieden schrieb er an Karl Lange, er freue sich, durch die Abmachung den »Nachweis« erbracht zu haben, daß sich sein Vorschlag tatsächlich umsetzen lasse. Denn der Vertrag mit Hopfengärtner beweise nicht nur, daß eine Lizenzfertigung im »Protektorat« generell möglich sei, sondern auch daß dadurch technisches Personal freigesetzt werde, das wiederum »zur Durchführung von vordringlichen Konstruktionsarbeiten auf dem Gebiet der Spezialmaschinen« eingesetzt werden könne.[141] Karl Lange nahm den Abschluß der Verhandlungen mit »Befriedigung« zur Kenntnis und erteilte nun der Firma Boehringer das Produktionsverbot für das Drehbankmodell E1/V1 und die beiden Hobelmaschinengrößen.[142]

Neben der Gewinnung von technischem Personal, das unmittelbar seinem Unternehmen zugute kam, betonte Rolf Boehringer gegenüber seinen VDF-Partnern weitere, für die Firmengruppe wesentliche Bestandteile des Vertrages. Durch die Verlagerung habe man sich einerseits den Vertrieb des VDF-Modells E1/V1 sichern und andererseits das »Heranwachsen einer weiteren Konkurrenz« unterbinden können.[143] Von seinem Erfolg beflügelt, versuchte Rolf Boehringer im Frühjahr 1942 auch den BfM für Böhmen und Mähren, Kathke, für weitere Verlagerungen zu gewinnen. Der von ihm herausgestellte allgemeine Nutzen eines Verbotes von Entwicklungsarbeiten für Universalwerkzeugmaschinen in böhmisch-mährischen Betrieben, um anstelle von Neukonstruktionen die »Herstellung bewährter, im Altreich bereits hergestellter Maschinen, die durch die Typnormung nicht mehr weiter fabriziert« würden, zu übernehmen, vermochte Kathke indes nicht zu überzeugen.[144] Vielmehr sah er darin einen vom BfM in Berlin ausgehenden Versuch, ihn vor vollendete Tatsachen zu stellen. So sei ein Verbot der Entwicklung »serienmäßiger Normalmaschinen« vom »Standpunkt der Kriegswirtschaft« zwar durchaus verständlich, antwortete Kathke auf das Schreiben Boehringers, nicht verständlich sei es jedoch, wenn sich dieses Verbot nur auf die Werkzeugmaschinenindustrie des

---

[140] Typen SH3 und SH3e. Firma Boehringer an die Betriebsführung der Firma Hopfengärtner, 7.3.1942. Ebd.

[141] Rolf Boehringer an BfM, 9.3.1942; ebenso in seinem Schreiben an den BfM für Böhmen und Mähren, Kathke, vom 12.3.1942. Ebd.

[142] BfM an Firma Boehringer, 11.3.1942. Ebd.

[143] Rolf Boehringer an die übrigen VDF-Firmen, 9.3.1942. Ebd. Die Frage einer Beteiligung, die zuvor beim »Heid-Projekt« noch im Mittelpunkt gestanden hatte, schien bei den Verhandlungen mit Hopfengärtner hingegen Nebensache zu sein. Zwar hieß es im März 1942, der Direktor habe den involvierten Firmen Boehringer, Braun und Billeter & Klunz ein Vorkaufsrecht auf seine Aktienmajoriät angeboten, ihnen gar anheimgestellt, sich bis zu einer Höhe von 48 Prozent an seinem Unternehmen zu beteiligen. Im Juni 1942 winkte Rolf Boehringer jedoch endgültig ab und erklärte, seine Firma plane »keinerlei Expansionsunternehmungen in dieser Richtung«. Ebd. und Bericht Rolf Boehringers vom 10.8.1942 (Zitat). WABW, B 10, Bü 341.

[144] Rolf Boehringer an BfM für Böhmen und Mähren, Kathke, 12.3.1942. Ebd.

»Protektorates« erstrecken sollte. Kathke warnte vor einer »Schlechterstellung« der Protektoratsfirmen gegenüber den »Reichsfirmen«, welche »zweifellos sofort« die »stärksten Widerstände der hiesigen Industrie bei den amtlichen Stellen« hervorrufen und von den entscheidenden Stellen auch nicht gebilligt werden würde. Deshalb sei zu prüfen, ob Karl Lange bereit sei, »im Interesse der Freimachung von Konstrukteuren« ein entsprechendes Verbot auch im Reich zu erlassen.[145] Um seine Kompetenz zu wahren, vielleicht auch wirklich um »seine« Maschinenindustrie besorgt, versuchte sich der BfM in Böhmen und Mähren mit dem Argument der Gleichbehandlung von Reichs- und »Protektorats«-Firmen Entscheidungen zu widersetzen, die von Berlin aus über seinen Kopf hinweg getroffen wurden. Ein weiteres Argument, das seiner Meinung nach gegen eine im großen Stil geplante Verlagerungswelle vom Reich ins »Protektorat« sprach, war die Erfahrung, daß derartige Verlagerungen nicht zur gewünschten Leistungssteigerung führten, sondern zunächst einen »Leistungsabfall« nach sich zögen.[146]

Nicht nur bei Kathke stieß Boehringers Initiative auf wenig Gegenliebe, auch mit der Firma Hopfengärtner kam es wieder zu Schwierigkeiten. Hatte es nach der mündlichen Vereinbarung vom März 1942 und dem anschließend ausgearbeiteten Vertragsentwurf zunächst so ausgesehen, als seien sich die Vertragspartner einig, verlangte der Direktor des böhmischen Unternehmens wenig später etliche Änderungen zu seinen Gunsten. Vor allem die Regelung des Verkaufs, in den er seine bisherigen Vertreter eingebunden sehen wollte, und die Höhe der Bekoma zufließenden Rabattsätze waren für ihn weiterhin offen. Außerdem verlangte er, im »Protektorat« dürfe ausschließlich seine Firma die gesamte VDF-Palette vertreiben.[147] Für Verstimmung bei der Firmenleitung von Hopfengärtner hatte zudem ein Schreiben des BfM gesorgt, in dem dieser die Unterzeichnung des Vertrages angemahnt hatte. Er sei nicht bereit, »unter Druck« einen Vertrag zu unterschreiben, so der Direktor von Hopfengärtner, der aus seinem Betrieb eine »Filiale Böhringer-Bekoma« machen würde.[148] Der von der Firma Hopfengärtner aufgestellte Forderungskatalog war nicht nur für Rolf Boehringer unannehmbar, auch ein leitender Boehringer-Ingenieur[149] riet nun dringend von einem Vertragsabschluß ab. Längerfristige betriebliche Überlegungen standen für ihn dabei im Vordergrund. So gab der Boehringer-Ingenieur zu bedenken, daß Hopfengärtner das Göppinger Unternehmen während der fünfjährigen Vertragsdauer lediglich »belasten« und die »minderwertigen Ausführungen« der Boehringer-Maschinen durch die böhmische Firma zusätzlich »den Ruf der VDF und von Boehringer schädigen« würden, während Hopfengärtner bis dahin »das Fabrizieren« gelernt hätte und ein ernst-

---

[145] BfM für Böhmen und Mähren, Kathke, an Rolf Boehringer, 8.4.1942. Ebd.
[146] Ebd.
[147] Rolf Boehringer an Direktor der Maschinenfabrik Hopfengärtner, 28.4.1942. Ebd.
[148] Bericht von Rolf Boehringer, 10.8.1942. Ebd.
[149] Dabei handelte es sich um den »Verlagerungsspezialisten« bei der Firma Bekoma, dem bereits die Verantwortung für die Abwicklung des Verkaufs der Erzeugnisse der französischen Verlagerungsbetriebe übertragen worden war.

zunehmender Konkurrent werden könnte.[150] Selbst bei einer vertraglichen Bindung, die der böhmischen Firma nach Ablauf der fünf Jahre die weitere Herstellung der Boehringer-Maschinen verbieten würde, sei es ein Leichtes, an den Maschinen - geringfügige - Veränderungen vorzunehmen, so daß Hopfengärtner anschließend eine Vertragsverletzung nicht nachzuweisen wäre. Wie auch immer die weitere Entwicklung verlaufe, so die Einschätzung des Boehringer-Ingenieurs, die Firma Boehringer hätte bei einem Vertragsabschluß die »selbst großgezogene Konkurrenz von Hopfengärtner« auf jeden Fall »am Halse«. Hinter dem Interesse des Hopfengärtner-Direktors an einer Zusammenarbeit mit dem Göppinger Unternehmen verbarg sich für den Boehringer-Ingenieur lediglich die Absicht, den Betrieb mit Hilfe von Boehringer »fabrikationstechnisch auf die Höhe zu bringen«. Ebenso skeptisch, wie er den Nutzen der Verlagerung beurteilte, stand Rolf Boehringers Mitarbeiter in diesem Fall auch den Möglichkeiten des BfM gegenüber, auf den Hopfengärtner-Direktor Druck auszuüben und ihn so »bei der Stange zu halten«. Dies wäre anders, wäre der Direktor Tscheche, umriß er den dann deutlich größeren, weil rassistisch motivierten Spielraum des BfM.

Bei dem Majoritätsbesitzer der Firma Hopfengärtner handelte es sich jedoch in Person des Generaldirektors der reichseigenen Hermann-Göring-Werke, Werthmann, um einen prominenten Vertreter der NS-Wirtschaftselite. Dieser hatte den böhmischen Betrieb 1939 - wie es Rolf Boehringer nannte - »übernommen«, angeblich um seinem minderjährigen Sohn »ein eigenes Unternehmen zu verschaffen«.[151] Aus Rücksicht auf Werthmanns Person scheute sich Rolf Boehringer bei den Vertragsverhandlungen offensichtlich, dem Direktor von Hopfengärtner sein negatives Urteil über die Einrichtung und die Fertigungsmethode seines Betriebes allzu deutlich und »scharf« mitzuteilen.[152] Trotz der von seinem engen Mitarbeiter vorgebrachten Bedenken unterzeichnete Rolf Boehringer Anfang Juni 1942 den endgültigen Kontrakt. In diesem hatten die Forderungen von Hopfengärtner keine Berücksichtigung gefunden. Von der tschechischen Seite wurde der Vertrag allerdings nie rechtsgültig gegengezeichnet. Mit offensichtlich fadenscheinigen Begründungen wurde zunächst ein zur Vertragsunterzeichnung angekündigter Besuch des Hopfengärtner-Direktors bei der Firma Boehringer abgesagt. Anschließend erklärte man, daß Boehringer die zur Vorkalkulation notwendigen Unterlagen noch nicht vollständig beigebracht hätte. Mit diesem Verhalten war für Rolf Boehringer die Schmerzgrenze erreicht. Er habe seinen guten Willen lange genug unter Beweis gestellt, während die Firma Hopfengärtner »nichts tat, als wie die Sache in die Länge zu ziehen«, lautete sein Fazit im August 1942.[153] Dieser Sichtweise schloß sich der für den

[150] Boehringer-Ingenieur an Rolf Boehringer, 8.5.1942. WABW, B 10, Bü 341. Dort auch die folgenden Zitate.
[151] Rolf Boehringer an die übrigen VDF-Firmen, 9.3.1942. Ebd. Ob es sich bei dieser »Übernahme« um eine Enteignung gehandelt hat, läßt sich anhand der überlieferten Unterlagen nicht feststellen.
[152] Rolf Boehringer an BfM, 29.4.1942. Ebd.
[153] Bericht von Rolf Boehringer, 10.8.1942. Ebd.

Drehbankbau zuständige Referent im Sonderausschuß Werkzeugmaschinen an, und nach Absprache mit diesem erklärte Rolf Boehringer die Verhandlungen mit Hopfengärtner für »endgültig gescheitert und abgebrochen«.[154]

Damit war auch der zweite Versuch fehlgeschlagen, das VDF-Drehbankmodell E1/V1 zu verlagern. Den geplatzten Verhandlungen mit der Firma Hopfengärtner kam dabei jedoch besondere Bedeutung zu. Zum einen stand für die Firma Boehringer weiterhin das Produktionsverbot im Raum, wonach jenes Drehbankmodell ab 1943 von ihr nicht mehr hergestellt werden durfte. Sollten Verhandlungen mit einer anderen Firma aufgenommen werden, so war keine Zeit zu verlieren. Zum anderen war das Scheitern der Verhandlungen für Rolf Boehringer eine persönliche Niederlage, hatte doch sein ehrgeiziger Plan, beweisen zu wollen, daß die Einschaltung von »Protektorats«-Firmen in die »Lizenz«-fertigung möglich und dadurch Konstrukteure freigesetzt werden konnten, Schiffbruch erlitten. Daß er zwischenzeitlich - im April 1942 - zum Leiter des Arbeitsausschusses Drehbänke berufen worden war, hat seinen Plänen offensichtlich auch nicht mehr Durchschlagskraft verleihen können. Hinzu kam, daß der erfolgreichen Verlagerung der E1/V1-Drehbank von seiten des BfM eine über die Herstellerfirmen Boehringer und Braun hinausgehende Bedeutung beigemessen worden war, sollte sie doch gleichsam den Auftakt bilden für weitere Verlagerungen im Drehbankbau.[155] Rolf Boehringer sah sich dadurch offensichtlich zusätzlich in die Pflicht genommen, fühlte sich »gedrängt, ein solches Abkommen mit Hopfengärtner zu schließen«.[156]

### *Die VDF-Drehbänke als »Grundgerippe« der zukünftigen Drehbankproduktion im Deutschen Reich?*

Unmittelbar nach dem Scheitern des »Hopfengärtner-Projekts« stand bereits fest, daß Rolf Boehringer nunmehr unverzüglich mit einer »deutschen Firma« in Verhandlungen treten würde. Wie bei den Firmen Heid und Hopfengärtner zuvor war auch dieses Vorhaben mit dem Drehbank-Referenten im Sonderausschuß Werkzeugmaschinen, Gentzcke, abgesprochen.[157] Nachdem im Dezember 1942 abermals entsprechende Verhandlungen - diesmal mit der Zeulenrodaer Firma Lang - geplatzt waren, konnte Rolf Boehringer seinen VDF-Partnern im Februar 1943 endlich zwei »deutsche« Betriebe präsentieren, welche in Zukunft die vom Produktionsverbot betroffenen Drehbankmodelle E1/V1 und E4/V4 herstellen würden. Der mit den Firmen Dolze & Slotta und Liebert & Gürteler[158] auf Kriegsdauer geschlossene Vertrag, der eine Verlängerung darüber hinaus jedoch nicht grundsätzlich ausschloß, sah vor, daß beide Betriebe

---

[154] Ebd.
[155] Rolf Boehringer an Vorstandsvorsitzenden der VDF-Firma Braun, 10.2.1942. Ebd.
[156] Rolf Boehringer an die übrigen VDF-Firmen, 9.3.1942. Ebd.
[157] Bericht von Rolf Boehringer, 10.8.1942. Ebd.
[158] Dolze & Slotta war eine im sächsischen Coswig ansässige und auf Drehbänke sowie Räummaschinen spezialisierte Maschinenfabrik, bei Liebert & Gürteler handelte es sich ebenfalls um ein auf Drehbänke spezialisiertes und im sächsischen Döbeln beheimatetes Unternehmen. Maschinenbau-Handbuch 1939/40, S. 267 und 280f.

»als reine Unterlieferanten« für die VDF-Firmen arbeiteten und diesen den gesamten Vertrieb überließen. Dafür wurde der VDF-Gruppe ein Wiederverkaufsrabatt von 15 Prozent eingeräumt - also deutlich weniger, als es bei Hopfengärtner der Fall gewesen wäre.[159] Durch den Zugriff auf den Verkauf der Drehbankmodelle, deren Produktion aufgrund der Typnormung bei den eigentlichen Herstellern Boehringer und Braun untersagt worden war, sicherte sich die VDF-Gruppe auch bei diesem Vertragsabschluß ihr vollständiges Verkaufsprogramm.

Daß in so kurzer Zeit ein Vertragsabschluß mit den beiden Betrieben erzielt werden konnte, hing mit einer für die VDF-Gruppe wegweisenden Sitzung des Arbeitsausschusses Drehbänke zusammen, die Ende Januar 1943 in Weimar stattgefunden hatte. Im Verfolg der Typenverminderung und der forcierten Herstellung von Sondermaschinen war beschlossen worden, den Bau von Universaldrehbänken 1943 auf »etwa 25 - 30 % der Stückzahlen von 1942« zurückzuschrauben.[160] Von den im Verlauf des Jahres 1943 zu produzierenden Universalmaschinen hatte Prof. Kiekebusch, dem im Hauptausschuß Maschinen die Lenkung der Werkzeugmaschinenindustrie oblag,[161] eine einheitliche »Konstruktion und Bedienbarkeit« verlangt und die bevorzugte Herstellung von VDF-Drehbänken vorgeschlagen.[162] Rolf Boehringer war als zuständiger Ausschußleiter über diese Pläne im Vorfeld informiert worden. Obwohl es daher seine Aufgabe gewesen wäre, bei der Sitzung in Weimar die in seinem Ausschuß zusammengefaßten Drehbankhersteller über die beabsichtigte »starke Drosselung« in Kenntnis zu setzen, lehnte er dies ab und bat die Herren Kiekebusch und Haverbeck, den Leiter des Sonderausschusses Werkzeugmaschinen, um ihre Teilnahme an der Sitzung. Boehringer befürchtete wohl nicht zu Unrecht, daß gegen ihn, sobald die anderen Hersteller erführen, daß zukünftig »die verschiedenen Größen der VDF-Drehbänke das Grundgerippe für die Fabrikation von normalen Leit- und Zugspindeldrehbänken« bilden sollten, der Vorwurf erhoben würde, als Ausschußleiter »pro domo« zu arbeiten. Davor sollte ihn offensichtlich die Anwesenheit und der Beistand der beiden Herren aus Berlin bewahren.

Solche Vorwürfe waren verständlich, denn der Vorteil der VDF-Gruppe ließ sich nicht übersehen. Sie mußte im Rahmen der Typenbereinigung 1942/43 zwar auf insgesamt vier ihrer Drehbankmodelle verzichten, doch dieses Produktionsverbot bedeutete nicht, daß die Drehbänke überhaupt nicht mehr hergestellt werden durften. Die VDF-Maschinen sollten ganz im Gegenteil das »Grundgerippe«[163] der künftigen Universaldrehbankproduktion darstellen. Die in den VDF-Stammfirmen auslaufenden Typen wurden deshalb von Drittfirmen

---

[159] Rolf Boehringer an die VDF-Firma Braun, 5.2.1943. WABW, B 10, Bü 23.

[160] Bericht Boehringers über die »Voraussetzungen, die zum Vertragsschluß zwischen der Fa. Gebr. Boehringer und den Firmen Dolze & Slotta bezw. Liebert & Gürteler geführt haben«, 13.3.1943. Ebd.

[161] Zu Kiekebusch vgl. Anm. 30 auf S. 200.

[162] Bericht Boehringers (wie Anm. 160). Dort auch alle folgenden Zitate.

[163] Ebd.

hergestellt, und die VDF-Gruppe sicherte sich auch weiterhin den Vertrieb dieser in Lizenz gebauten Maschinen. So baute die Firma Dolze & Slotta die eigentlich von den Firmen Boehringer und Braun hergestellten E1/V1-Modelle, die Firma Liebert & Gürteler übernahm die Produktion der E4/V4-Drehbänke, die bis dahin von Boehringer gebaut worden waren, und das VDF-Mitglied Wohlenberg hatte das E7-Modell bereits frühzeitig nach Belgien verlagert.[164] Indem sich die Firmengruppe das Vertriebsrecht sicherte, konnte sie ihren Kunden auch weiterhin ihr gesamtes Drehbanksortiment anbieten. Die Folgen der Typenbereinigung spürten diese führenden Werkzeugmaschinenherstellern - wenn überhaupt - in stark abgemilderter Form.

Rolf Boehringer sah das allerdings anders. Ausschlaggebend für seine intensiven Bemühungen um geeignete Lizenzhersteller, so erklärte er im März 1943, sei der ihm bereits vor der Weimarer Sitzung bekannt gewesene »Wunsch« Kiekebuschs gewesen, die VDF-Drehbänke in allen Größen produzieren zu lassen[165] - ungeachtet des bestehenden Produktionsverbotes für bestimmte VDF-Modelle bei den bisherigen Herstellerfirmen. Kiekebuschs »Wunsch« sollte also offensichtlich durch Lizenzfertigungen entsprochen werden. Aufgrund der für die VDF-Gruppe damit verbundenen Perspektive einer reichsweit beherrschenden Stellung auf dem Drehbanksektor, die ihnen gleichsam staatlicherseits offeriert wurde, kann es deshalb kaum verwundern, daß es der Unternehmer und Ausschußleiter Rolf Boehringer geradezu als seine »Pflicht« empfand, den Ausfall der durch die Typenverminderung bei den Stammfirmen nicht mehr produzierten Modelle[166] durch »Lizenz«-Fertigungen aufzufangen. Hier zeigt sich deutlich, daß die von den »Selbstverwaltungsorganen« der Wirtschaft durchgeführte Typenbereinigung dem führenden Drehbankhersteller zugute kommen sollte. Die Suche nach geeigneten Herstellern für die vom Produktionsverbot betroffenen Drehbänke konnte Rolf Boehringer daher stets problemlos in den allgemeinen wirtschaftspolitischen Kontext integrieren. Der Vertragsabschluß mit den Firmen Dolze & Slotta und Liebert & Gürteler habe sich »vollkommen in den Richtlinien des BfM für die Typnormung, der Zielsetzung des Leiters des Arbeitsausschusses Sondermaschinen, Herrn Dir. Haverbeck, zur Einführung von Bestfertigungsverfahren und den Wünschen von Heinz Kiekebusch vom Reichsministerium für Bewaffnung und Munition nach einheitlichen Konstruktionen« entwickelt, rechtfertigte er sein Vorgehen im März 1943.[167]

Trotzdem wurde der vorgelegte Vertrag in einigen Punkten, die »zu der Meinung führen könnten, als hätte ich als Leiter des Arbeitsausschusses und zugleich als Betriebsführer der Fa. Gebr. Boehringer meine mir durch diese Tätigkeiten auferlegten Pflichten und Rechte nicht klar getrennt«, beanstandet,

[164] Vgl. WABW, B 10, Bü 23. Nicht geklärt werden konnte, welche Firma die Produktion des E2/V2-Modells übernahm.
[165] Bericht Boehringers (wie Anm. 160). Dort auch das folgende Zitat.
[166] Neben den Drehbänken E1/V1 und E4/V4 waren auch die Modelle E2/V2 und E7/V7 von einem Herstellungsverbot betroffen.
[167] Bericht Boehringers (wie Anm. 160). Dort auch die folgenden Zitate.

und der BfM leitete die erhobenen Vorwürfe an Rolf Boehringer weiter. In einer achtseitigen Stellungnahme wies dieser den Verdacht empört von sich und betonte immer wieder, daß nicht die VDF-Gruppe oder die Firma Boehringer an der Steigerung ihrer Drehbankproduktion das »größte Interesse« habe, sondern Prof. Kiekebusch und die »den Werkzeugbau steuernden Instanzen« allgemein. Rückendeckung erhielt er vom Vorstandsvorsitzenden der VDF-Firma Braun, seinem Geschäftspartner, der es »geradezu unglaublich« fand, daß in dieser Angelegenheit Vorwürfe gegen Rolf Boehringer erhoben wurden.[168] Die VDF-Firmen seien bereits seit Jahren bemüht, ihre Produktion »durch Hinzunahme geeigneter Firmen als Unterlieferanten« zu erhöhen, wies er auf die Kontinuität der Bestrebungen der VDF-Gruppe hin, und wäre der Vertrag beispielsweise mit der Firma Hopfengärtner zustandegekommen, hätte er genauso ausgesehen wie die jetzt mit den deutschen Unternehmen geschlossenen Vereinbarungen. Keinesfalls jedoch sei dieser Gedanke, wie jetzt behauptet würde, erst durch die Tätigkeit des Rolf Boehringer als Ausschußleiter entstanden. Selbstbewußt erklärte der Vorstandsvorsitzende von Braun, daß die jetzige Umsetzung des von der VDF-Firmen seit langem verfolgten Planes »nur ein wiederholter Beweis« dafür sei, »daß der VDF in seiner Arbeitsweise bereits die heute aufgekommenen Ideen vorweggenommen« habe. Daß die seit Ende 1940 nachweisbare Suche nach »Lizenz«-Herstellern für einige Drehbankmodelle »mit den heutigen von amtlicher Seite verfolgten Bestrebungen« übereinstimme und Boehringer dies seit 1942 als zuständiger Ausschußleiter »besonders« fördern und unterstützen konnte, dürfe deshalb weder Boehringer noch der VDF-Gruppe vorgeworfen werden.

Die Kritiker konnten sich jedoch zumindest teilweise durchsetzen. Ein neuer, vom Leiter des Sonderausschusses Werkzeugmaschinen, Haverbeck, entworfener Vertrag, der als »zweifellos wesentlich komplizierter« als der erste Entwurf bezeichnet wurde, sollte wiederum - wie zuvor bei Hopfengärtner - als »Muster-Vertrag für die noch vorzunehmenden Verlagerungen« in der Werkzeugmaschinenindustrie fungieren.[169] Nach diesem wurde die Verlagerung dann offenbar durchgeführt. Obwohl auch der neue Kontrakt der VDF-Gruppe den Alleinverkauf der von den beiden Drittfirmen gefertigten Maschinen sicherte, hatte Rolf Boehringer bei der Ausgestaltung der vertraglichen Vereinbarungen die Federführung abgeben müssen. Das Verlagerungsabkommen empfand er deshalb als »Zwangsverlagerung«, und er hob dagegen die bei einer Einigung nach dem von ihm gestalteten Vertragsentwurf erfolgte Zusammenarbeit auf »freiwilliger Basis« hervor.[170] Diese Unterscheidung war für Rolf Boehringer offensichtlich wichtig, wenngleich unter den Realitäten des NS-Regimes eine derartige Differenzierung Haarspalterei gleichkommt. »Freiwillig« bedeutete für Rolf Boehringer in diesem Zusammenhang ein allein zwischen den betei-

---

[168] Vorstandsvorsitzender der VDF-Firma Braun an Rolf Boehringer, 19.3.1943. WABW, B 10, Bü 23. Dort auch die folgenden Zitate.

[169] »Betriebsführer« der Firma Dolze & Slotta an Rolf Boehringer, o.D. (wahrscheinlich April 1943). Ebd.

[170] Rolf Boehringer an Firma Steirische Gußstahlwerke, 1.6.1943. Ebd.

ligten Unternehmen ausgehandelter Kontrakt. Nachhelfenden Druck staatlicher Stellen zugunsten seiner Vertragsvorstellungen hatte er allerdings nicht verschmäht. Doch die Durchführung der Verlagerung mittels eines neuen, von ihm nicht mehr maßgeblich beeinflußten Vertragswerkes wertete er als eine vom Regime aufoktroyierte Maßnahme. Daß die Verlagerungsbetriebe auch die ihnen von Rolf Boehringer mehr oder minder diktierten Vertragsbedingungen als »Zwang« empfunden hätten, kam dem Göppinger Unternehmer freilich nicht in den Sinn.

Wie massiv Rolf Boehringer vorgehen konnte, zeigen die Fälle der beiden Verlagerungsbetriebe. Im Gegensatz zu den VDF-Firmen galt Dolze & Slotta nicht als »Bestfirma« und mußte 1943 sein gesamtes, seit 1942 ohnehin nur noch aus zwei Modellen bestehendes Drehbankprogramm aus der Hand geben, um in Zukunft nur noch VDF-Drehbänke zu fertigen.[171] Bereits anläßlich der im Sommer 1942 durchgeführten Firmenüberprüfung hatte Rolf Boehringer als zuständiger Ausschußleiter eine Stillegung des Drehbankbaus bei dieser Firma vorgeschlagen mit der Begründung, ihre Maschinen seien »nicht mehr wettbewerbsfähig«.[172] Und schon damals hatte er daran gedacht, diesen Betrieb für die Herstellung der E1/V1-Modelle zu gewinnen.[173] Der Döbeler Firma Liebert & Gürteler hingegen hatte der sie überprüfende Chef der VDF-Firma Braun noch im Januar 1943 gute konstruktive Leistungen bescheinigt und sich gegen ein Produktionsverbot ihrer Drehbänke ausgesprochen.[174] Wenig später wurde jedoch auch dieser Betrieb unter Aufgabe seines eigenen Drehbankprogrammes Unterlieferant für die Firma Boehringer. Die tatsächlichen Beweggründe, welche die beiden Betriebe zur Übernahme der Fremdproduktion bewogen haben mögen, sind in den überlieferten Unterlagen nicht genannt. Die Produktion von VDF-Drehbänken erschien vielleicht als das kleinere Übel, konnte doch so der Zwang zur Übernahme branchenfremder Fertigung umgangen und die Belegschaft eher zusammengehalten werden. Zwar äußerten die Vertreter beider Firmen während der Verhandlungen mit Rolf Boehringer die Befürchtung, durch die vertragliche Bindung an die VDF-Gruppe den Kontakt zu ihren eigenen Kunden zu verlieren und deshalb nach Ablauf des Vertrages - das heißt nach Kriegsende - auf dem Markt mit ihren »alten« Maschinen nur schwer wieder Fuß fassen zu können. Diese berechtigte Angst bewog beide Firmen, sich für eine über das Kriegsende hinausgehende Zusammenarbeit stark zu machen, eine Option, die von Rolf Boehringer ausdrücklich offen gelassen wurde.[175]

Insgesamt läßt sich festhalten, daß die »Typenbereinigung« ausschließlich für die Mehrzahl der kleineren Betriebe der Maschinenindustrie einen tiefen Eingriff bedeutete. Führende Drehbankanbieter wie die VDF-Gruppe konnten hin-

---

[171] Bericht Boehringers (wie Anm. 160). Vgl. Rolf Boehringer an die übrigen VDF-Firmen, 3.12.1942. WABW, B 10, Bü 23.
[172] Prüfbericht über die Firma Dolze & Slotta vom Januar 1942. WABW, B 10, Bü 21.
[173] Ebd.
[174] Prüfbericht über die Firma Liebert & Gürteler vom Januar 1943. WABW, B 10, Bü 22.
[175] Bericht Boehringers (wie Anm. 160).

gegen ihre Marktposition ausbauen und ihr Produktionsprogramm im wesentlichen durchhalten. Ob und inwieweit die von den »Selbstverwaltungsorganen« durchgeführte Typenreduzierung generell zugunsten der führenden Hersteller verlief, können nur weitere Branchenstudien zeigen. Das Beispiel Rolf Boehringers und der VDF-Gruppe scheint in diese Richtung zu weisen. Die Spielräume, die sich ihm als Unternehmer und als Ausschußleiter für Drehbänke boten, hat er für seine Firma und die VDF-Partner genutzt, was offensichtlich im Einklang stand mit den Aufgaben, die ihm mit der Leitung des Ausschusses übertragen wurden.

*Produktionsverbot für Heidenreich & Harbeck in Hamburg*

Erst im Oktober 1944 war auch eine VDF-Firma von einer Stillegungsanordnung betroffen. Wegen der hohen Luftkriegsgefährdung Hamburgs sollte die Heidenreich & Harbeck seine gesamte Drehbankproduktion aufgeben. Bei der Firma traf diese Entscheidung auf völliges Unverständnis, und ein Mitinhaber vermutete, daß hierfür nicht »ausschließlich sachliche Gesichtspunkte« entscheidend gewesen sein könnten.[176] Man fühlte sich vor vollendete Tatsachen gestellt und kritisierte, daß in einer »solch wichtigen Frage« vorher nicht wenigstens das Gespräch gesucht worden sei. Im Zuge der verstärkten Belegung von Werkzeugmaschinenfabriken mit der Produktion von Rüstungsgütern ab August 1944[177] sollten die Kapazitäten von Heidenreich & Harbeck »in ganz erheblichem Maße in eine Heeresendfertigung der höchsten Dringlichkeitsstufe« eingeschaltet werden.[178] Damit war jedoch für die betroffene Firma das Argument des zu stark luftkriegsgefährdeten Standortes, mit dem das Produktionsverbot für Drehbänke begründet worden war, ad absurdum geführt, wäre doch »eine Zerstörung unseres Werkes durch Feindeinwirkung« für diese Rüstungsfertigung noch »viel unheilvoller«.[179]

Für die VDF-Gruppe ergab sich aus dieser Maßnahme die Notwendigkeit zu reagieren. Von der VDF-Firma Braun kam der dringende Appell, sich so schnell wie möglich zu einer gemeinsamen Sitzung zu treffen. Es sei für alle VDF-Firmen von »schwerwiegender Bedeutung, daß gerade die VDF-Firma, die die größte Drehbankfabrikation aufzuweisen hatte, nunmehr den Drehbankbau aufgeben« solle, stellte der Vorstandsvorsitzende von Braun fest.[180] Der an sich naheliegende Gedanke, den VDF-Partner und zuständigen Ausschußleiter Rolf Boehringer um Intervention zu bitten, wurde wegen der sich für ihn daraus ergebenden zwiespältigen Situation erst gar nicht weiter verfolgt. Für weniger

---

[176] Mitinhaber von Heidenreich & Harbeck an Rolf Boehringer, 13.10.1944. WABW, B 10, Bü 23. Dort auch das folgende Zitat.

[177] Nach der Überführung der Steuerung des Werkzeugmaschinenbaus in das Technische Amt des RMfRuK wurde die Werkzeugmaschinenproduktion stark gedrosselt und die Kapazitäten der Rüstungsendgüterfertigung zur Verfügung gestellt. Vgl. S. 278ff.

[178] Firma Heidenreich & Harbeck an Sonderausschuß Werkzeugmaschinen, 6.12.1944. WABW, B 10, Bü 23.

[179] Ebd.

[180] Vorstandsvorsitzender der VDF-Firma Braun an die übrigen VDF-Firmen, 18.12.1944. Ebd.

auffällig hielt es der Chef von Braun daher, gemeinsam als Firmengruppe beim Sonderausschuß Werkzeugmaschinen vorstellig zu werden. Rolf Boehringer seinerseits hatte bereits im Oktober 1944 deutlich gemacht, das über Heidenreich & Harbeck verhängte Produktionsverbot sei »in so kategorischer Form« vorgebracht worden, daß er Widerstand für zwecklos hielt. Es bleibe deshalb »nichts anderes übrig, als uns mit dieser Tatsache abzufinden«, hatte er resigniert geschrieben.[181] Ob es tatsächlich zu der Umstellung bei Heidenreich & Harbeck gekommen ist, läßt sich anhand der überlieferten Unterlagen nicht sagen.

### d. Leiter des Arbeitsringes Flüssigkeitsdruckgetriebe

Nachdem Rolf Boehringer im November 1942 auch noch die Nachfolge des wegen »Arbeitsüberlastung« aus dem Amt scheidenden Wilhelm Fehse[182] als Leiter des Arbeitsringes Flüssigkeitsdruckgetriebe übernommen hatte,[183] stand er damit genau den drei industriellen »Selbstverwaltungsorganen« vor, denen die Steuerung der Boehringer-Haupterzeugnisse oblag: Hobel-, Räum- und Stoßmaschinen, Drehbänke und hydraulische Getriebe. Seine neuerliche Berufung erklärte Rolf Boehringer nach Kriegsende mit dem Umstand, daß zu jener Zeit derartige Getriebe nur von zwei Unternehmen im Reich hergestellt wurden, nämlich von Pittler und Boehringer. Nachdem Fehse ausgeschieden war, sei es »naheliegend« gewesen, nunmehr ihn mit dieser Aufgabe zu betrauen.[184]

Die Getriebefertigung hatte bei dem Göppinger Unternehmen in den Kriegsjahren einen immer größeren Umfang angenommen, und Anfang 1943 wurde vom Oberkommando des Heeres eine Steigerung auf eine monatliche Stückzahl von 500 Getrieben gefordert.[185] Zeitgleich mit dem Produktionsverbot für bestimmte Drehbankmodelle und der daraus resultierenden Suche Rolf Boehringers nach geeigneten »Lizenz«-Herstellern erfuhr somit der zweite Produktionsschwerpunkt des Göppinger Unternehmens einen regelrechten Auftragsboom. Nachgefragt wurde das Boehringer-Getriebe ausschließlich vom Heer,

---

[181] Rolf Boehringer an Mitinhaber der VDF-Firma Heidenreich & Harbeck und per Durchschlag an die beiden anderen VDF-Firmen, 10.10.1944. Ebd.

[182] Wilhelm Fehse war der technische Vorstandsvorsitzende der Leipziger Pittler-Werkzeug-Maschinenfabrik AG und Leiter des Arbeitsausschusses Revolverdrehbänke und Automaten. Vgl. Maschinenbau-Handbuch 1939/40, S. 566, und Gliederung des Hauptausschusses Fertigungseinrichtungen. WABW, B 10, Bü 20. Dieses Unternehmen gehörte bereits 1938 zum umsatzstärksten Unternehmen des Wirtschaftskammerbezirkes Sachsen, 1941 lag sein Umsatz mit fast 35 Mio. RM weit über dem der Firmen Boehringer (16 Mio.) oder Heidenreich & Harbeck (20 Mio.). Dabei beschäftigte es mehr Angelernte (1145) als Facharbeiter (928) und produzierte in einer für den Werkzeugmaschinenbau dieser Zeit unüblichen Großserienfertigung mit Spezialisierung und Standardisierung der Fabrikation. Zur Firma Pittler vgl. Aufstellung über den Umsatz der wichtigsten Maschinenbaufirmen im Jahr 1938. BA/K, R 13/335, und Siegel/Freyberg, Industrielle Rationalisierung, S. 196 (Anm. 26) und 270.

[183] Rolf Boehringer an Askania-Werke, 8.12.1942. WABW, B 10, Bü 26.

[184] Spruch vom 9.8.1948. StAL, EL 902/8 Bü 16/1/15066.

[185] Zur Entwicklung der Getriebefertigung bei der Firma Boehringer vgl. S. 56ff.

wo es zur Steuerung der Turmschwenkwerke bei den Panzern »Tiger« und »Panther« eingesetzt wurde. Damit gehörte die Fertigung in das mit der höchsten Dringlichkeitsstufe ausgestattete »Adolf-Hitler-Panzer-Programm«.[186] Als die Planungen der Gesamtproduktion, die vom Leiter des Arbeitsringes und dem entsprechenden Referat im Heereswaffenamt[187] vorgenommen wurden, im Frühjahr 1943 von einem Bedarf von insgesamt 1500 Getrieben pro Monat ausgingen, war Rolf Boehringer als Ringleiter für die Bereitstellung der zusätzlich benötigten Produktionskapazität verantwortlich. Mit dem Einschalten der VDF-Firma Braun und der Firma Planeta[188] in die Getriebeproduktion konnte Boehringer diesen Auftrag erfüllen, rechnete jedoch bei beiden Betrieben nicht vor Herbst 1943 mit dem Anlaufen der Produktion.[189] Mit einer angestrebten Jahresleistung von 500 Getrieben je Fertigungsstätte war den Planungen Boehringers zufolge der prognostizierte Bedarf der Wehrmacht sicherzustellen. Auf Ablehnung stieß bei ihm deshalb der eigenmächtige Vorstoß des Leiters des Sonderausschusses Panzer III (Getriebefertigung), Blaicher, der im Frühjahr 1943 einen vierten Betrieb in die Getriebeproduktion einschalten wollte. In der Frage, wer denn nun für die Kapazitätsplanung zuständig sei, stellte sich der Rolf Boehringer vorgesetzte Leiter des Sonderringes hinter seinen Arbeitsringleiter. In einem Gespräch mit Blaicher wurde festgelegt, daß allein Rolf Boehringer für die Planung der nötigen Kapazitäten verantwortlich sei.[190] Indem Boehringer den von Blaicher ins Spiel gebrachten vierten Betrieb, die Schnellpressenfabrik Frankenthal,[191] vorläufig mit der Fertigung von einigen Getriebe-Zusatzaggregaten belegte, war ein für beide Seiten akzeptabler Kompromiß gefunden worden. Er bot zudem den Vorteil, daß bei einer eventuellen Erhöhung der Bedarfszahlen der Zugriff auf die Schnellpressenfabrik leichter möglich war und sie relativ schnell in die eigentliche Getriebefertigung eingespannt werden konnte.[192]

Die vom OKH und dem zuständigen Sonderringleiter für Zahnräder und Getriebe befürchteten »Kapazitätsschwierigkeiten« auf dem Gebiet der hydraulischen Getriebe konnten somit von Rolf Boehringer aus dem Weg geräumt werden. Hatten diese Befürchtungen 1942 zur Gründung des Arbeitsringes Flüssigkeitsdruckgetriebe geführt,[193] zeigte sich dessen Leiter Boehringer ge-

---

[186] Rolf Boehringer an Mitarbeiter des BfM, 17.3.1943. WABW, B 10, Bü 26.

[187] Zuständig war die Fabrikationsabteilung der Amtsgruppe Chefingenieure im Heereswaffenamt (WaChefIng4). Vgl. Kroener, Personelle Ressourcen, S. 560.

[188] Ein in Radebeul bei Dresden ansässiger Druckmaschinenhersteller. Maschinenbau-Handbuch 1939/40, S. 705.

[189] Leiter der Boehringer-Getriebeabteilung an Leiter des Sonderausschusses Panzer III, Blaicher, 2.4.1943. WABW, B 10, Bü 26.

[190] Leiter der Boehringer-Getriebeabteilung an Blaicher, 2.4. und 8.5.1943; Rolf Boehringer an Blaicher, 17.4.1943. Ebd.

[191] Dieses Unternehmen war Boehringer nicht unbekannt. Im Jahr 1940 wollten er und seine Firma diesen Betrieb kaufen, die Verhandlungen wurden jedoch von Frankenthaler Seite abgebrochen. Vgl. S. 106ff.

[192] Tätigkeitsbericht des Arbeitsringes vom 22.11.1943. WABW, B 10, Bü 26.

[193] So die Erklärung des Leiters der Boehringer-Getriebeabteilung in einem Schreiben an Blaicher, 2.4.1943. WABW, B 10, Bü 26.

willt und sehr engagiert, seiner zunächst vordringlichsten Aufgabe nachkommen, die insbesondere für das Boehringer-Getriebe »notwendige Kapazität sicherzustellen«.[194] Die Einmischung des Dresdner Wehrkreisbeauftragten war ihm deshalb auch mehr als unwillkommen. Dessen Versuch, im November 1943 den Anlauf der Getriebefertigung bei der Firma Planeta durch die Klassifizierung »betriebsfremd«[195] zu verhindern, stieß bei Boehringer auf erbitterten Widerstand. Von einer betriebsfremden Fertigung könne bei Planeta überhaupt nicht gesprochen werden, wehrte er sich, denn »bekanntlich« würden Flüssigkeitsgetriebe wegen der Ähnlichkeit der Fabrikation »fast ausschließlich in Werkzeugmaschinenfabriken« gebaut.[196] Ein vom Sonderausschuß Panzer VIII in Auftrag gegebenes Gegengutachten entsprach denn auch Boehringers Erwartungen. Das Urteil »betriebsfremd« wurde für nichtig erklärt und der Antrag auf Einstellung der Getriebefertigung bei Planeta abgelehnt.[197] Endgültig zurückgepfiffen wurde der Dresdner WKB durch eine Stellungnahme des OKH, in der ebenfalls die Aufrechterhaltung der Getriebefertigung bei der Firma Planeta »unter allen Umständen« gefordert wurde.[198]

Als Verantwortlicher für die Sicherstellung der geforderten Stückzahlen des Boehringer-Getriebes zeigte sich Rolf Boehringer selbst gegenüber dem VDF-Partner und jetzigen Getriebeunterlieferanten Braun kompromißlos. Sorge bereitete ihm, daß die Monatsproduktion der Firma Braun häufig hinter den geforderten Sollzahlen zurückblieb.[199] Zwar litt die Getriebeabteilung seiner Firma ebenso unter dem Mangel an Arbeitskräften wie die beiden zugeschalteten Betriebe Braun und Planeta,[200] den diesbezüglichen Klagen des Vorstandsvorsitzenden der VDF-Firma Braun brachte er indes nur wenig Verständnis entgegen. Die Firma Planeta arbeite sowohl qualitativ als auch quantitativ besser als Braun, mußte sich der VDF-Partner von Rolf Boehringer ins Stammbuch schreiben lassen. Es gehe aber nicht an, sich als Werkzeugmaschinenfabrik von einer ehemaligen Pressenfabrik »blamieren« zu lassen.[201] Dem VDF-Kollegen empfahl er, seinen Stellvertreter im Vorstand »ruhig jeden Tag seine 10 Stunden« durch den Betrieb zu »hetzen« und daran zu denken, daß heute für das »Jägerprogramm« oder die »Kessler-Aktion« eine Wochenarbeitszeit von 72 Stunden vorgeschrieben sei.[202]

---

[194] Ebd.
[195] Rolf Boehringer an Dresdner Wehrkreisbeauftragten, 3.11.1943. WABW, B 10, Bü 27.
[196] Rolf Boehringer an den Leiter des Hauptringes Produktionsmittel und Maschinenelemente, 3.11.1943. Ebd.
[197] Niederschrift über die Betriebsprüfung bei der Firma Planeta, 15.11.1943. Ebd.
[198] OKH, Abteilung WaChefIng4, u.a. an den Dresdner WKB, die Rüstungsinspektion IVa, das Rüstungskommando Dresden und die Leiter des zuständigen Arbeits- und Sonderringes, 17.11.1943. Ebd.
[199] Vgl. die entsprechenden Berichte der Firma Braun ab Oktober 1943. WABW, B 10, Bü 26.
[200] In diesem Zusammenhang standen seine Bemühungen, zur Wehrmacht eingezogene Ingenieure freizubekommen und die Weigerung, zugewiesene russische Zwangsarbeiterinnen wieder abzugeben. Vgl. S. 58ff.
[201] Rolf Boehringer an Vorstandsvorsitzenden der Firma Braun, 11.4.1944. WABW, B 10, Bü 26.
[202] Ebd.

## 3. Der Bezirksbeauftragte Max Knorr

Seit 1929/1930 Vorstandsmitglied im VDW und seit 1931 zunächst »Vertrauensmann« des Werkzeugmaschinen- und später des gesamten Maschinenbaus in Württemberg und Hohenzollern,[203] avancierte Max Knorr 1938 (bis 1945) zum stellvertretenden Vorsitzenden der Fachgruppe Werkzeugmaschinen und des VDW[204] und war damit auch Beiratsmitglied der Wirtschaftsgruppe Maschinenbau.[205] Innerhalb des von Speer auf die gesamte Rüstungswirtschaft ausgedehnten Ausschuß- und Ringsystems übernahm Max Knorr ab 1942 die Leitung des Arbeitsausschusses Schleifmaschinen innerhalb des Hauptausschusses Maschinen,[206] und im Frühjahr 1942 wurde er außerdem zum württembergischen Bezirksbeauftragten des Hauptausschusses Maschinen ernannt. Zunächst deckte sich sein Zuständigkeitsgebiet mit den Grenzen des Wehrkreises V, ab Oktober 1942 vertrat er den Hauptausschuß Maschinen innerhalb der vom Wehrkreis abweichenden Gaugrenzen.[207] Ausschüsse und Ringe besaßen in diesen Bezirksbeauftragten ihren regionalen Unterbau. In den Produktionsprozeß konnten sie allerdings erst nach Übernahme des Wehrwirtschafts- und Rüstungsamtes beim OKW durch Rüstungsminister Speer im Mai und nach Schaffung der regionalen Rüstungskommissionen[208] im September 1942 eingreifen. Vor allem durch diese Bezirksobmänner im Gaubereich und durch die neu geschaffene Position eines Rüstungsobmannes im Wehrkreis sollte der Kontakt zwischen Speers »Selbstverwaltungsorganen« und den regional tätigen militärischen Stellen sowie der Partei sichergestellt werden.[209]

---

[203] Max Knorr an Spruchkammer, 30.9.1947 und 12.2.1948. StAL, EL 902/20 Bü 37/05/4073.

[204] Kappel, 75 Jahre VDW, S. 94f.

[205] Maschinenbau-Handbuch 1939/40, S. 15ff; Spruchkammerakten Knorr. StAL, EL 902/20 Bü 37/05/4073.

[206] Gliederung des Hauptausschusses Fertigungseinrichtungen 1944. WABW, B 10, Bü 20. In den Firmenunterlagen der Fortuna-Werke finden sich so gut wie keine Akten zu dieser Tätigkeit Knorrs. Einzig der in einem Ordner mit der Aufschrift »Kurbelwellen K-Z 1942-1944« enthaltene Schriftverkehr läßt vereinzelt vage Rückschlüsse zu. So ernannte Max Knorr Anfang September 1942 den Direktor der Firma Naxos-Union zum Obmann für die »Sonderaktion Kurbelwellenschleifmaschinen«, für deren Durchführung der Arbeitsausschuß Schleifmaschinen verantwortlich war. Da es jedoch nur kurze Zeit später zu einem generellen Engpaß bei Kurbelwellen-Sondermaschinen kam, wurde Knorr von Karl Lange, dem Leiter des Hauptausschusses Maschinen, zum Jahreswechsel 1942/43 zusätzlich zum Leiter eines neu geschaffenen Arbeitsausschusses Kurbelwellenmaschinen berufen, in dem nicht nur die Hersteller von Kurbelwellenschleifmaschinen, sondern auch die von Kurbelwellendrehbänken und sonstigen Sondermaschinen zusammengefaßt wurden. Seine Tätigkeit als Arbeitsausschußleiter spielte in seinem Entnazifizierungsverfahren jedoch keine Rolle.

[207] Karl Lange an Max Knorr, 27.4.1942. WABW, Bestand Fortuna, Ordner: BA HA Masch. 1943. Ab Oktober 1942 war der Zuständigkeitsbereich eines Bezirksbeauftragten identisch mit den Gauen. Rundschreiben des Reichsministers für Bewaffnung und Munition, Rüstungslieferungsamt, an die Bezirksobmänner vom 28.10.1942. Ebd.

[208] In ihnen waren Vertreter der regionalen Mittelinstanzen, das heißt militärische und zivile Außenstellen der Rüstungswirtschaft, zusammengefaßt.

[209] Janssen, Ministerium Speer, S. 49ff. Zur Einsetzung der Rüstungskommission und des Rüstungsobmannes im Gau Württemberg-Hohenzollern bzw. im Wehrkreis Va vgl. S. 288f.

Karl Lange ernannte mit Knorr nicht nur einen bewährten, sondern auch einen regional bekannten Vertreter der Maschinenbaubranche zum Bezirksbeauftragten. Er verfügte zudem als stellvertretender Vorsitzender der Fachgruppe Werkzeugmaschinen über genügend Rückhalt in diesem Gremium und war somit in Berlin kein unbeschriebenes Blatt. Mit Einwänden gegen Knorrs Nominierung war also kaum zu rechnen. Einzig die Industrieabteilung der Wirtschaftskammer Baden erhob sofort Einspruch. Die »besonderen Verhältnisse des Wirtschaftskammerbezirks Baden und insbesondere auch des Elsaß« könnten nur von einem Industriellen überblickt werden, »der mit den wirtschaftlichen Plänen des Bezirks eingehend vertraut und in der Lage ist, mit den für Baden/Elsaß zuständigen Stellen der Partei und des Staates laufende Fühlung zu halten«.[210] Dazu war ein Württemberger wie Knorr nach badischer Meinung jedoch offensichtlich nicht in der Lage, weshalb sich die badische Industrieabteilung für einen eigenen Bezirksbeauftragten aussprach.[211] Knorr signalisierte sofort sein Einverständnis mit diesem Vorschlag. In Baden könne »ein Schwabe zur Zeit sowieso nicht produktiv arbeiten«, schrieb er im Juli 1942 an Karl Lange, und es gebe bereits jetzt Schwierigkeiten, weil »die badischen Dienststellen die von uns eingenommene Haltung nicht anerkennen wollen«.[212] Zudem habe ihm der Leiter der badischen Industrieabteilung kurz und bündig erklärt, »daß er es als ein Ding der Unmöglichkeit ansehe, daß ein württ. Betriebsführer die Belange des badischen Maschinenbaues vertrete«.[213] Auf derartige regionale Animositäten und Eifersüchteleien nahm man im Hauptausschuß Maschinen offensichtlich Rücksicht, zumal die bestehende politische Aufteilung des Wehrkreises V in zwei Gaue ein entsprechendes Vorgehen bei der Einrichtung regionaler Außenstellen nahelegte. Zum Bezirksbeauftragten für den Bereich Baden (Wehrkreis Vb) wurde Otto Nagel von der Badischen Maschinenfabrik in Karlsruhe-Durlach[214] ernannt.[215] Auch Ende

---

[210] Industrie-Abteilung der Wirtschaftskammer Baden an Hauptausschuß Maschinen, 16.6.1942. WABW, Bestand Fortuna, Ordner: BA HA Masch. 1943. Vgl. zu diesem in Baden bis in die Gauleitung vertretenen Lokalpatriotismus: Roland Peter, NS-Wirtschaft in einer Grenzregion. Die badische Rüstungsindustrie im Zweiten Weltkrieg, in: Rauh-Kühne/Ruck (Hrsg.), Regionale Eliten, S. 171-193, besonders S. 189ff, und neuerdings Peter, Kriegsindustrie in Baden. Die Rüstungsindustrie der Nationalsozialisten im Südwesten des Reiches, München 1994.

[211] Ebd. Die Einsetzung von zwei Bezirksbeauftragten innerhalb eines Wehrkreises wäre nichts Neues gewesen, hatte Karl Lange doch zuvor bereits im Wehrkreis IX zwei Bezirksbeauftragte - einen für Kurhessen und einen für Thüringen - eingesetzt. Vgl. Karl Lange an Max Knorr, 1.7.1942. Ebd., sowie die Liste der reichsweit amtierenden Bezirksbeauftragten des Hauptausschusses Maschinen. BA/K, R3/289, Heft 1.

[212] Max Knorr an Karl Lange, 7.7.1942. Ebd.

[213] Max Knorr an Fachgruppe Werkzeugmaschinen, 16.12.1944. WABW, Bestand Fortuna, Ordner: Bezirksbeauftragter F-G 1942-1945.

[214] Vgl. Liste der Bezirksbeauftragten des Hauptausschusses Maschinen vom August 1944. BA/K, R3/289, Heft 1.

[215] Karl Lange an Max Knorr, 28.7.1942. WABW, Bestand Fortuna, Ordner: BA HA Masch. 1943. Eine Aufstellung aller Bezirksbeauftragten des Hauptausschusses Maschinen aus dem Jahr 1944 zeigt, daß es in der Folge zu weiteren »Doppelernennungen« gekommen war. Außer in den erwähnten Wehrkreisen V und IX wurden je zwei Bezirksbeauftragte auch im

1944, als Otto Nagel auf Wunsch des für die Lenkung des Werkzeugmaschinenbaus zuständigen Heinz Kiekebusch abgelöst werden sollte und erneut Knorr als Nachfolger ins Spiel gebracht wurde, war Knorr nach wie vor der Ansicht, daß Baden besser von einem badischen Industriellen betreut werden sollte, und lehnte ab.[216]

Als regionale Außenstelle des in Berlin angesiedelten Hauptausschusses Maschinen war Max Knorr in erster Linie für die Durchsetzung und Sicherstellung der »vom Hauptausschuß Maschinen festgelegten Produktionsaufgaben« für die »bezirkseingesessenen Betriebe« verantwortlich, welche in enger Absprache mit den übrigen »bezirklichen Dienststellen«[217] zu erfolgen hatte. Darüber hinaus hatte er beratende Funktion bei »Stillegungs- und Umschaltungsmöglichkeiten« einzelner Betriebe seines Zuständigkeitsbereiches.[218] Ebenso wie es schon Karl Lange in Knorrs Ernennungsschreiben 1942 getan hatte, definierte auch Speers Erlaß »über die Aufgabenverteilung in der Kriegswirtschaft« vom 29. Oktober 1943 die Aufgaben der Bezirksbeauftragten weitgefaßt und wenig präzise. Als Vertreter des Hauptausschusses im Gaubereich obliege es ihnen, die »notwendigen Maßnahmen für die Leistungssteigerung und Rationalisierung, insbesondere hinsichtlich der Bereinigung der Fertigungsprogramme in den Betrieben« zu veranlassen.[219] Läßt die offizielle Sprachregelung auf eine Amtsauffassung schließen, die in den Bezirksbeauftragten ausschließlich die »Transmissionsstelle staatlichen Willens«[220] sah, verstand sich Max Knorr hingegen mehr als eine Art Vermittler zwischen der obersten Ebene der NS-Wirtschaftsorganisation und dem einzelnen Betrieb. Detaillierten Aufschluß über seine Funktionen als Bezirksbeauftragter gibt ein vermutlich aus dem Jahr 1944 stammendes internes Papier aus den Unterlagen Knorrs. Als seine vordringlichste Aufgabe bezeichnete er zu diesem Zeitpunkt die »Verhinderung von Einbrüchen in den Maschinenbau«[221] - ein Hinweis darauf, daß der Maschinenbau ab Ende 1943 in verstärktem Maße zu eher branchenfremder Fertigung wie zum Vorrichtungsbau eingesetzt oder mit Rüstungsendfertigung belegt wurde. Neben der Unterrichtung und Beratung von Betrieben und Dienststellen bei Fragen des »Arbeitseinsatzes«, hinsichtlich neuer Anordnungen und bei Fragen

---

Wehrkreis IV (je einer für die Gaue Sachsen und Sudetenland), VI (je einer für die Gaue Westfalen-Nord und Westfalen-Süd sowie den Gau Essen), VIII (Niederschlesien und Oberschlesien), XI (Südhannover-Braunschweig und Magdeburg-Dessau) und XII (Hessen-Nassau und Westmark) eingesetzt. BA/K, R 3/289, Heft 1.

216 Geschäftsführer der Fachgruppe Werkzeugmaschinen, Fritz Kappel, an Max Knorr, 2.12.1944; Antwortschreiben Knorrs an Kappel, 16.12.1944. WABW, Bestand Fortuna, Ordner: Bezirksbeauftragter F-G 1942-1945.

217 Dazu zählten vor allem: Wehrkreisbeauftragter, Wehrkreiskommando, Rüstungsinspektion und Landesarbeitsamt.

218 Karl Lange an Max Knorr, 27.4.1942. WABW, Bestand Fortuna, Ordner: BA HA Masch. 1943.

219 Erlaß Speers »über die Aufgabenverteilung in der Kriegswirtschaft« vom 29. Oktober 1943. BA/K, R 3/461.

220 Volkmann, Verhältnis, S. 88.

221 Papier »Bezirksbeauftragte«. WABW, Bestand Fortuna, Ordner: S-Sch 1942-1945. Hier auch die folgenden Angaben.

bezüglich der Zuständigkeit von Ringen und Ausschüssen sah es Knorr außerdem als seine Aufgabe an, die Interessen des Hauptausschusses vornehmlich bei Fragen der Produktionslenkung, der Arbeitskräftezuteilung und Dienstverpflichtungen auf regionaler Ebene zu vertreten. Meldungen regionaler Stellen sowie eigene Beobachtungen bei den Betrieben hatte er an die zuständigen Ausschüsse weiterzuleiten. Seine Amtsauffassung erschöpfte sich jedoch keineswegs darin, Anweisungen von oben nach unten weiterzuleiten und ihre Einhaltung zu überwachen. Max Knorr sah sich gleichsam als Sprachrohr der ihm anvertrauten württembergischen Maschinenbauindustrie, um die Interessen der Firmen bei Eingriffen von Dienststellen oder bei Einberufungsaktionen sowohl regional als auch gegenüber dem Hauptausschuß Maschinen zu vertreten. Dabei scheute er - wie im folgenden gezeigt werden wird - weder klare Worte noch handfeste Konflikte.

Kosten und Personal für die Wahrnehmung seiner ehrenamtlichen Aufgaben als Bezirksbeauftragter und als Leiter des Arbeitsausschusses Schleifmaschinen hatte Knorrs Firma Fortuna zu tragen. Sämtliche »Planungs- und Normarbeit« für den Arbeitsausschuß Schleifmaschinen wurde im Fortuna-Konstruktionsbüro erledigt,[222] und in seiner Eigenschaft als Bezirksbeauftragter beschäftigte Knorr im Januar 1945 in seiner Firma einen Ingenieur ganztägig, einen Techniker halbtags, zwei Stenotypistinnen, und an zwei bis drei Tagen pro Woche stand ihm ein Chauffeur zur Verfügung. Erstmals Mitte November 1944, als die Fortuna-Werke wegen starker Zerstörungen und Verlagerung einzelner Betriebsteile hohe Unkosten hatten, empfand das Fortuna-Vorstandsmitglied Knorr die bisherige Regelung als nicht mehr zumutbar. Bei »halbwegs normaler Geschäftslage« und einer entsprechenden finanziellen Situation wäre es für seinen Betrieb auch weiterhin »eine Ehre, all' diese Ausgaben für die Gemeinschaftsarbeit und die Organisation der gewerblichen Wirtschaft zu tragen«, versicherte Knorr in einem Schreiben an Karl Lange, aber angesichts der hohen Belastungen seiner Firma würde er es sehr begrüßen, wenn die Kosten für das Büro des Bezirksbeauftragten nunmehr vom Hauptausschuß übernommen werden könnten.[223]

Zur Wahrnehmung seiner Aufgabe war Max Knorr also zum einen auf die Ressourcen seines Betriebes angewiesen, zum anderen stand ihm nur ein begrenztes Instrumentarium zur Verfügung, mit dem er seinen Vorstellungen Geltung verschaffen und die Anweisungen des Hauptausschusses durchsetzen konnte. Lediglich mittels Betriebsüberprüfungen hinsichtlich des »Arbeitseinsatzes« oder der Typenreduzierung, die er - meist aufgrund der Meldung einer anderen regionalen Instanz - veranlassen konnte, war es ihm möglich, sich vor Ort ein Bild über betriebliche Vorkommnisse oder die Einhaltung bzw. Nichteinhaltung der vom Hauptausschuß verfügten Auflagen zu machen. Wesentlich bedeutsamer für seine Arbeit war deshalb der Informationsfluß aus

---

[222] Max Knorr an Karl Lange, 16.11.1944. WABW, Bestand Fortuna, Ordner: Bezirksbeauftragter HA Maschinen 1942-1945.

[223] Max Knorr an Karl Lange, 24.1.1945. Ebd.

den Betrieben sowie die rechtzeitige und verläßliche Unterrichtung von seiten des Hauptausschusses und der Mittelinstanzen. So war es für Max Knorr unabdingbar, über wichtige Änderungen in der Produktionslenkung unterrichtet zu sein. Über »Programme, die in sein Gebiet kommen«, »alle Änderungen an Belegung seiner Firmen und deren Dringlichkeit« und über »freie Kapazitäten, die enstanden sind oder entstehen werden« müsse ein Bezirksbeauftragter ebenso auf dem laufenden gehalten werden wie über »Schwierigkeiten, die der HA [Hauptausschuß] oder SA [Sonderausschuß] mit Firmen des Bezirks hat« oder über »alle neuen Anordnungen, die geplant sind«.[224] Daß dem nicht so war und es in dem von Speer ausgebauten System der industriellen »Selbstverwaltung« zu erheblichen Reibungsverlusten und organisatorischen Friktionen kam, wird im folgenden zu zeigen sein.

### a. »Arbeitseinsatzfragen«

Neben der Rohstoffbewirtschaftung[225] wurden vor allem die im Verlauf des Krieges an Bedeutung gewinnenden Lenkungsversuche bei der Arbeitskräfteverteilung zum zweiten Hebel staatlicher Produktionslenkung.[226] Bereits zu Kriegsbeginn waren die personellen Ressourcen im Deutschen Reich erschöpft, durch die Einziehung zur Wehrmacht fehlten schon zu diesem Zeitpunkt rund drei Millionen Arbeitskräfte.[227] Zusätzlich zu den Verfahren, welche die Verteilung der Arbeitskräfte zwischen Militär und Industrie zu ordnen suchten,[228] wurden Maßnahmen wie »Reichsausgleich« oder Dienstverpflichtung eingeleitet, welche die Umschichtung von Arbeitskräften zwischen nichtkriegswichtiger und kriegswichtiger Produktion sicherstellen sollten. Da unter anderem auf eine konfliktträchtige Mobilisierung der weiblichen Arbeitskräfte verzichtet wurde,[229] war das NS-Regime in zunehmendem Maße gezwungen, den Einsatz nichtdeutscher Arbeitskräfte und Kriegsgefangener zu verstärken.[230] Obwohl

---

[224] wie Anm. 221.

[225] Dazu: Blaich, Wirtschaft, S. 296-304; Petzina, Vierjahresplan. Zu den Auswirkungen der Eisen- und Stahlkontingentierung auf die Maschinenindustrie und den ab 1942 eingeführten Neuerungen wie »Maschinenauftragszulassungsschein-Verfahren« und »Vormerkschein-Verfahren« vgl. Siegel/Freyberg, Industrielle Rationalisierung, S. 175ff.

[226] Vgl. Dietmar Petzina, Die Mobilisierung deutscher Arbeitskräfte vor und während des Zweiten Weltkrieges, in: VfZ 18 (1970), S. 443-455.

[227] Kroener, Die personellen Ressourcen, S. 758.

[228] Zum Unabkömmlichkeits (uk-) -Verfahren und der Freistellung von Facharbeitern in Mangelberufen (FM-Verfahren) vgl. ebd., S. 759-766.

[229] Petzina, Mobilisierung, S. 450ff; Wagenführ, Die deutsche Industrie, S. 139-158. Daß ideologische Vorbehalte des NS-Regimes einer umfassenden Mobilisierung der weiblichen Arbeitskräfte entgegengestanden hätten, betont Blaich, Wirtschaft, 1987, S. 37f. Dagegen: Dörte Winkler, Frauenarbeit im »Dritten Reich«. Hamburg 1984, Kap. IV und V, sowie Siegel, Leistung und Lohn, S. 169-174. Zur »Irrationalitätsthese«, wonach »Fremdarbeiter« und Zwangsarbeit eine »rationale Arbeitspolitik« des NS-Regimes verhindert hätten: Alan S. Milward, Arbeitspolitik und Produktivität in der deutschen Kriegswirtschaft unter vergleichendem Aspekt, in: Forstmeier/Volkmann (Hrsg.), Kriegswirtschaft, S. 82, 87; Petzina, Mobilisierung, S. 455.

[230] Kroener, Die personellen Ressourcen, S. 774ff.

die zentralen Rüstungssektoren wie die eisen- und metallverarbeitende Industrie ihren Beschäftigtenstand in der Regel erheblich ausbauen konnten und dies auf eine generelle Arbeitskräfteverlagerung in die Rüstungsindustrie schließen läßt, stellte die zunehmende Knappheit an Facharbeitern vor allem in den metallverarbeitenden Berufen die Betriebe des Maschinenbaus vor ernsthafte Probleme. Der Abzug der Facharbeiter orientierte sich dabei vornehmlich am Bedarf der Wehrmacht sowie sogenannter Schwerpunktprogramme innerhalb der Rüstungsproduktion. Den betroffenen Betrieben blieb in der Regel nichts anderes übrig, als zu lernen, in Zukunft mit schlechter qualifizierten Arbeitskräften auszukommen.

Neben der Meldepflicht war im Januar 1943 die Stillegungsverordnung »zur Freimachung von Arbeitskräften für kriegswichtigen Einsatz« die zentrale Maßnahme zur Kräftemobilisierung. Erst im fünften Kriegsjahr sollten damit endlich auch jene Arbeitskraftreserven mobilisiert werden, die bislang verschont geblieben waren.[231] Innerhalb des Maschinenbaus kam es im März 1943 zu einer generellen Umsetzungsanweisung der in »stillzulegende(n) bzw. stark einzuschränkende(n) Fertigungen des Werkzeugmaschinen-, Holzbearbeitungsmaschinen- und Landmaschinenbaues« beschäftigten Facharbeiter zugunsten des sogenannten Engpaßmaschinenbaus.[232] Als zeitlich befristete Aktion gedacht, sollte die Schließungsaktion im industriellen Bereich am 30. September 1943 beendet sein.[233] Die Durchführung der Stillegung oblag den Gauleitern in ihrer Eigenschaft als Reichsverteidigungskommissare, die sich dazu der jeweils zuständigen regionalen Behörden der Wirtschaftsverwaltung bedienten. Offensichtlich gab es aber Unsicherheiten bei der Anwendung dieses Verfahrens. Speer sah sich Mitte September zu einer Klarstellung der Richtlinien gezwungen. In einem Schreiben an Ausschüsse und Ringe, Rüstungs- und Bezirksobmänner machte er darauf aufmerksam, daß das Stillegungsverfahren »irrtümlich« auch von den Ausschüssen und Ringen angewandt worden sei. Um Betrieben die Herstellung bestimmter Produkte zu verbieten, müsse jedoch nicht das Stillegungsverfahren herangezogen werden. Vielmehr habe dies - unter Umgehung der Gauleiter - »direkt in eigner Verantwortung [der Ausschüsse und Ringe] im Wege der Auftragsentziehung nach Anhörung der Bezirksbeauftragten zu erfolgen«.[234] Zu diesem Zeitpunkt waren die Stillegungsmaßnahmen jedoch bereits erheblich modifiziert worden. Martin Bormann, der Leiter der Parteikanzlei, hatte beizeiten dafür gesorgt, daß bei der Schließungsaktion die Parteidienststellen auf allen Ebenen beteiligt wurden,[235] und im September

---

[231] Verordnung »über die Meldung von Männern und Frauen für Aufgaben der Reichsverteidigung«, vom 27. Januar 1943. RGBL I, 1943, S. 67f. Verordnung »zur Freimachung von Arbeitskräften für kriegswichtigen Einsatz« vom 29. Januar 1943. RGBL I, 1943, S. 75f.

[232] Hauptausschuß Maschinen an Max Knorr, 16.3.1943. WABW, Bestand Fortuna, Ordner: BA HA Masch. 1943.

[233] Herbst, Der Totale Krieg, S. 210.

[234] RMfRuK betr. Verfahren bei Abschaltung von Betrieben aus einer Fertigung, 15.9.1943. WABW, Bestand Fortuna, Ordner: BA Reichsminister 1942-1945.

[235] Herbst, Der Totale Krieg, S. 216f.

1943 rief er die ihm unterstellten Gauleiter auf, Speer auch unter den veränderten Bedingungen zu unterstützen. Die »Umsetzung ganzer Gefolgschaften«, im Klartext: Betriebsstillegungen, sollte in Zukunft nur noch erfolgen, wenn deren Übernahme in einen Rüstungsbetrieb gewährleistet sei, wobei kleine und mittlere Betriebe von Schließungen auszunehmen seien; alle »nutzlosen Stillegungen, die der Rüstungswirtschaft nur wenige oder überhaupt keine Arbeitskräfte geben können«, sollten fortan unterbleiben.[236] Damit reagierte das NS-Regime auf den unerwartet starken Widerstand, den die Betroffenen den Stillegungsmaßnahmen und insbesondere dem Trend, vor allem kleine Betriebe zu schließen, entgegenbrachten. Bereits im Juni 1943 zog das Regime die Konsequenzen aus den bisherigen Erfahrungen, indem es das Problem der Mobilisierung von Arbeitskräften nun wieder ausschließlich durch Auskämmen der Betriebe vorzunehmen gedachte, aus denen die verwendungsfähigen Kräfte herausgezogen werden sollten.[237]

So sollten durch die im August 1943 durchgeführte Auskämm-Aktion »Ziviler Sektor« den im Hauptausschuß Maschinen zusammengefaßten Unternehmen Arbeitskräfte zugewiesen werden. Von Berlin über die Zuteilung an württembergische Unternehmen informiert, monierte der Bezirksbeauftragte Max Knorr die ihm übermittelten Bedarfs- und Zuteilungszahlen. Ihm erscheine »verschiedener Bedarf, der in der Liste nicht genannt ist«, aufgrund seiner »täglichen Arbeit im Bezirk dringender (...) als die hundertprozentige Abdekkung verschiedener Zahlen, die in der Liste stehen«.[238] Einmal mehr erwies sich hier die Schwierigkeit, am grünen Tisch in Berlin reichsweit über Bedarf und Zuteilung von Arbeitskräften für die einzelnen Unternehmen zu befinden. Die vom Hauptausschuß Maschinen für Württemberg zusammengestellte Bedarfs- und Zuteilungsliste ging nach Knorrs Dafürhalten an wesentlichen regionalen Gegebenheiten und Engpässen vorbei. Dringend benötige er beispielsweise »5 Mann für Haller in Schwenningen und 5 Mann für Dürr in Zuffenhausen, um das Burkhardt & Weber-Programm[239] endgültig zu sichern«. In den Listen des Hauptausschusses war dies aber nicht berücksichtigt worden. Um eine ent-

---

[236] Reichsleiter Martin Bormann an alle Gauleiter, 14.9.1943. WABW, Bestand Fortuna, Ordner: BA Reichsminister 1942-1945.

[237] Dazu ausführlich Herbst, Der Totale Krieg, S. 218ff. Er betont, daß der Trend, vornehmlich kleinere Betriebe zu schließen, vor allem im selbständigen Mittelstand Befürchtungen um die Aufrechterhaltung einer selbständigen Existenz laut werden ließ und sich insofern der Verdacht, das Regime vollziehe in seiner Wirtschaftspolitik eine grundsätzliche Wende, verstärkte. Dies rief zudem die mittelständische Interessenlobby innerhalb der NSDAP auf den Plan.

[238] Max Knorr an Mitarbeiter des Wehrkreisbeauftragten, 8.9.1943. WABW, Bestand Fortuna, Ordner: Bezirksbeauftragter U-Z 1942-1945. Dort auch die folgenden Zitate.

[239] Die Reutlinger Maschinenfabrik Burkhardt & Weber hatte 1938 ihr gesamtes Produktionsprogramm auf die Fertigung von Sonderbohrmaschinen umgestellt, die ab Mitte 1943 insbesondere für die Bearbeitung von Flugzeugmotoren eingesetzt wurden. Im Zuge der Verlagerung des Schwerpunktes der NS-Luftkriegsführung auf Verteidigung und mit der Einsetzung des »Jägerstabes« Anfang 1944 wurde die Maschinenproduktion von Burkhardt & Weber unverzichtbarer Bestandteil der Luftwaffenrüstung. Vgl. WABW, Bestand Fortuna, Ordner: BA Burkhardt & Weber bis 1943, 1944/45.

sprechende Korrektur zu erreichen, wandte sich Max Knorr jedoch nicht an den Hauptausschuß Maschinen, mit dem es »erfahrungsgemäß keinen Wert« hatte, eine »lange Korrespondenz« über eine derartige Angelegenheit zu beginnen. Vielmehr suchte Knorr die Fehlplanung auf regionaler Ebene aufzufangen, indem er Kontakt mit dem Wehrkreisbeauftragten[240] aufnahm. Wenn er es »also wage, diese Listen hier im Bezirk etwas zu korrigieren«, verteidigte Knorr seinen offenbar ungewöhnlichen Schritt, geschehe dies »bestimmt nur der Sache wegen«, und er betonte, »dies auch nach oben jederzeit verantworten« zu können. Sofern die Auskämmaktion den Maschinenbau betraf oder diesem Arbeitskräfte zugewiesen werden sollten, bat Knorr den WKB dringend darum, konsultiert zu werden, bevor die Listen von dessen Referat »Arbeitseinsatz« abschließend bearbeitet würden. Was die Maschinenbauindustrie betraf, nahm Knorr für sich in Anspruch, regional den besseren Überblick zu haben. Er sah sich deshalb verpflichtet, den drohenden Fehlplanungen durch eine eigenständig eingeleitete Verständigung mit dem Wehrkreisbeauftragten zu begegnen.

Gegenüber den Einberufungsverfahren der Wehrmacht versuchte Knorr ebenfalls, regionale Interessen zu verteidigen. Die Durchführung sogenannter Sondereinziehungs-Aktionen (SE-Aktionen), bei denen die Rüstungsindustrie nach Angaben Speers seit Anfang 1942 insgesamt knapp 700 000 uk-Gestellte verloren hatte,[241] oblag den Rüstungsdienststellen der einzelnen Wehrkreise. Die damit verbundenen Einbrüche in »vordringlichste Fertigung« und die oft kurzfristig erfolgenden Ausnahmeregelungen für bestimmte Produktionsbereiche erschwerten eine Planung der Freistellungen.[242] Für die Betriebe des Maschinenbaus war ein von Rüstungsminister Speer verfügter »Fertigungsschutz«, durch den eine bestimmte Produktion vor Arbeitskräfteentzug geschützt war, oftmals der einzige Weg, ihre Belegschaft zusammenzuhalten. Das »Aufbringungssoll« für die in den Monaten Juni bis September 1943 stattfindende SE II-Aktion betrage »im allgemeinen etwa 14% der Gesamtzahl der uk-Gestellten (...) der Geburtsjahrgänge 01-17 und etwa 80% der uk-Gestellten (...) der Geburtsjahrgänge 18-22«, informierte Karl Lange seine Bezirksbeauftragten, wobei ein besonderer »Fertigungsschutz« für die Produktion von Fertigungseinrichtungen - in erster Linie Werkzeugmaschinen, Werkzeuge, Lehren und Vorrichtungen - gelte.[243] Die Benachrichtigung der diesem »Fertigungsschutz« un-

---

[240] Zur Institution des Wehrkreisbeauftragten und zur Person Ortmanns vgl. Anm. 267 auf S. 249, 288.

[241] Janssen, Ministerium Speer, S. 281.

[242] Vgl. Kriegstagebücher der Rüstungs-Kommandos Stuttgart I und II. BA/MA, RW 21-58/2, I, 1943; RW 21-58/2, III, 1943; RW 21-58/2, IV, 1943.

[243] Leiter des Hauptausschusses Maschinen an seine Bezirksbeauftragten, 5.6.1943. WABW, Bestand Fortuna, Ordner: BA HA Masch. 1943. Vgl. auch das Schreiben vom Hauptausschuß Maschinen, Abt. Fertigungseinrichtungen, an Firma Fritz Müller, 4.6.1943. Ebd. Hier wird präzisiert, daß sich der ausgesprochene Schutz nur auf die in der Produktion von Fertigungseinrichtungen eingesetzten Arbeitskräfte der Jahrgänge 17 und älter sowie auf in Entwicklung, Konstruktion und Forschung eingesetzte Arbeitnehmer gleichen Alters bezog. Er galt nicht für »Hilfskräfte« und mit allgemeinen Verwaltungsaufgaben betraute Arbeitskräfte.

terliegenden Betriebe erfolgte jedoch erst Anfang Juni, als die SE II-Aktion bereits angelaufen war. Deshalb werde es sich nicht vermeiden lassen, kritisierte Knorr die zu spät erfolgte Unterrichtung, daß selbst die geschützten Betriebe Arbeitskräfte in der »Juni-Aktion« verlieren würden.[244] Ende Juni 1943 trat der für den Wehrkreis V zuständige Rüstungsinspekteur Klett an Knorr mit der dringenden Bitte heran, »im Interesse des Wehrkreises und der Fertigungsmittelindustrie im Wehrkreis Va Zahlen darüber zu beschaffen, in welchem Verhältnis die Anzahl der in der SE-Aktion total geschützten Firmen für Fertigungseinrichtungen im Wehrkreis Va gegenüber dem gesamten Reich liege«.[245] Die Intention des Kletts war für Max Knorr offenkundig. Dieser wolle erreichen, informierte Knorr den Hauptausschuß Maschinen, daß das »Einberufungssoll für [den Wehrkreis] Va, das wieder über dem Reichsdurchschnitt« liege, herabgesetzt wird.[246] Die hohen Einberufungszahlen stießen selbst bei den militärischen Dienststellen der Mittelinstanz auf unverhohlene Kritik. Klagen über die überdurchschnittlich hohen Einberufungsquoten im Wehrkreis Va ziehen sich wie ein roter Faden durch die überlieferten Kriegstagebücher der für Stuttgart zuständigen Rüstungskommandos.[247] Im Hauptausschuß Maschinen wollte man hingegen von einer angeblich höheren Belastung des Wehrkreises Va nichts wissen. Auf die von Knorr weitergeleitete Initiative des Rüstungsinspekteurs antwortete der Hauptausschuß Maschinen, daß von insgesamt 1450 geschützten Betrieben allein im Wehrkreis Va 152 Unternehmen dem »Fertigungsschutz« unterlägen und daß deshalb hier »verhältnismäßig erheblich mehr Arbeitskräfte gesichert« seien als in anderen Wehrkreisen.[248]

Im November 1943 bezeichnete auch Max Knorr die »Arbeitseinsatzlage« im Wehrkreis Va als »katastrophal«: 18 000 »Rotzettelanforderungen«[249] seien un-

---

[244] Max Knorr an Hauptausschuß Maschinen, Kolberg, 22.6.1943.Ebd.

[245] Max Knorr an Hauptausschuß Maschinen, Kolberg, 30.6.1943. Ebd.

[246] Ebd.

[247] Vgl. BA/MA, RW 20-5/9, 13.6.1941; RW 20-5/1, 14.7.1943; RW 20-5/9, 14.7.1941; RW 20-5/9, 12.4.1941. Ähnliche Beobachtungen für den Gau Baden bei Peter, Kriegsindustrie.

[248] Hauptausschuß Maschinen, Kolberg, an Max Knorr, 1.7.1943. WABW, Bestand Fortuna, Ordner: BA HA Masch. 1943.

[249] Bei diesem Verfahren handelte es sich offensichtlich zunächst um eine der Maßnahmen, durch die ein Ausgleich der Kräfte zwischen Militär und Industrie erreicht werden sollte. Im letzten Quartal 1942 wurde die Aktion »Rü-43« eingeführt, die vom Rüstungskommando Stuttgart II als Rotzettelverfahren bezeichnet wurde. Damit sollte die Wehrmacht - gleichsam im Tausch gegen Einberufene - bestimmte Gruppen von Arbeitskräften freigeben, die für sie entbehrlich waren wie etwa Verletzte oder sehr junge Männer. BA/MA, RW 21-59/1, IV, 1942; RW 21-61/2, II, 1943. Später bezeichnete dieser Begriff ein Verfahren zur Deckung des vordringlichen - im Gegensatz zum lediglich dringlichen - Bedarfs an Arbeitskräften. Die Betriebe meldeten ihren vordringlichen Bedarf über die zuständigen Sonderausschüsse oder -ringe an die Hauptausschüsse bzw. -ringe. Von dort aus ging die Meldung weiter an die Abteilung »Arbeitseinsatz« des Rüstungsamtes im Ministerium Speer. Wurde der Bedarf von allen Instanzen als vordringlich anerkannt, erfolgte die Zuweisung der Kräfte über das Rüstungsamt, die Haupt- und Sonderausschüsse an die einzelnen Betriebe. Die Zuteilung erfolgte bei diesem Verfahren ohne direkte Beteiligung der Arbeitsämter, des Reichsarbeitsministeriums und des Generalbevollmächtigten für den Arbeitseinsatz (GBA). Vgl. Janssen, Ministerium Speer, S. 81.

erfüllbar, daneben sei bei der SE III-Aktion wieder die »bekannte württ. Erfüllungspolitik« im Gange.[250] Als großen »Bluff« bezeichnete Knorr gar die erwähnte Auskämmung des zivilen Sektors (AzS), die in Württemberg zwar 16 000 Arbeitskräfte freigesetzt hätte, nun aber täglich zu entsprechenden »Entpflichtungen« der gerade erst dienstverpflichteten Arbeitskräfte führe.[251] Ebenso veranlaßte ihn die letzte in seinen Unterlagen dokumentierte SE VI-Aktion Anfang 1945 zu harscher Kritik gegenüber Karl Lange. Nicht nur sei das »Abgabesoll« wiederum »erschütternd hoch«, auch die Tatsache, daß in den ersten drei Monaten 1945 die von den Landeswirtschaftsämtern (LWA) betreuten Betriebe - wie die meisten Unternehmen des Maschinenbaues - pro Monat je 23 Prozent der uk-Gestellten der Jahrgänge 1901 und jünger, die von den Rüstungskommandos betreuten Firmen hingegen nur je 13 Prozent abzugeben hätten, sei in keiner Weise einsichtig. Für Knorr war dies vielmehr eine gravierende Fehlentscheidung, da die von den Landeswirtschaftsämtern gesteuerten Betriebe oftmals die kriegswichtigere Produktion aufwiesen. Das »Echo« auf seine Beschwerde sei aber »bis jetzt gleich null«.[252] Der Dualismus in der Steuerung zwischen Rüstungs- und »ziviler« Industrie hatte also offenbar auch nach der Übernahme des gesamten militärischen Wirtschaftslenkungsapparates durch Speer Bestand. Die ehemals dem Wehrwirtschafts- und Rüstungsamtes beim OKW unterstehenden Rüstungsinspektionen und -kommandos konnten noch 1945 eine Vorzugsbehandlung der von ihnen gesteuerten Betriebe durchsetzen.

Anfang Februar 1945 bezifferte Knorr die Abgabequote für Januar und Februar auf über 40 Prozent. Nachdem ein von ihm vorgeschlagener Verzicht auf die noch ausstehende Märzquote von den zuständigen Wehrdienststellen abgelehnt worden war, wies Knorr seinerseits das gesamte den LWA-betreuten Maschinenbaufirmen auferlegte Einberufungssoll »en bloc« zurück.[253] Dem generellen Zielkonflikt jedoch zwischen verstärktem Bedarf der Wehrmacht an Soldaten bei gleichzeitigem Arbeitskräftemangel in der Industrie stand Max Knorr machtlos gegenüber.

### *Regionaler Arbeitskräfteeinsatz oder Kampf gegen die »Maschinen-Feindlichkeit«*

Der »Erlaß des Führers über die Konzentration der Kriegswirtschaft« vom 2. September und damit zusammenhängend der Erlaß Speers »über die Aufgabenverteilung in der Kriegswirtschaft« vom 29. Oktober 1943[254] brachten eine

[250] Max Knorr an Hauptausschuß Maschinen, Kiekebusch, 29.11.1943. WABW, Bestand Fortuna, Ordner: BA HA Masch. 1943.
[251] Ebd.
[252] Max Knorr an Karl Lange, 24.1.1945. WABW, Bestand Fortuna, Ordner: Bezirksbeauftragter HA Maschinen, HA Fertigungseinrichtungen 1942-1945.
[253] Max Knorr an Karl Lange, 2.2.1945. Ebd.
[254] RGBL I, 1943, S. 529f; BA/K, R3/461. Mit dem »Führer«-Erlaß war auch die Lenkung der zivilen Produktion Speer überantwortet worden, der sich fortan Reichsminister für Rüstung und Kriegsproduktion nannte. Im Funktionszusammenhang der Kriegswirtschaft fiel diese

Neuordnung der Ämter im Rüstungsministerium und erweiterte Zuständigkeiten für Hauptauschüsse und Hauptringe.[255] Damit ging offensichtlich ein ab Januar 1944 geltendes verändertes Verfahren zur Verteilung der Arbeitskräfte einher. Waren durch »die zentrale Steuerung des Kräftekontingents« und die »Verteilung der Rotzettel« durch die Hauptausschüsse und -ringe diese bisher in der Lage gewesen, »wenigstens auf dem Papier« den wichtigsten Maschinenbaufertigungen Arbeitskräfte zuzuweisen, sollten diese Instanzen fortan bei der Verteilung keine Rolle mehr spielen. Die Zuweisung von Arbeitskräften sollten nunmehr die Rüstungsdienststellen im Bezirk übernehmen. Wie Hanns Kolberg, im Hauptausschuß Maschinen für den »Arbeitseinsatz« zuständig, Max Knorr mitteilte, waren bis zum Jahresende 1943 insgesamt mehr als 200 000 bewilligte »Rotzettel-Zuweisungen nicht abgedeckt worden«. Der daraufhin gefaßte Beschluß, alle noch offenen Rotzettelanforderungen zu annullieren und in Zukunft die auf die einzelnen Rüstungsinspektionen entfallenden Kontingente vom Rüstungsministerium festsetzen zu lassen, wies den regionalen Rüstungsdienststellen - und hier insbesondere der Rüstungskommission - die entscheidende Aufgabe der Verteilung des bewilligten Arbeitskräftekontingents auf die Betriebe zu. Lediglich für manches Sonderprogramm und »Führerforderungen« standen den Hauptausschüssen wie bisher ein vom Rüstungsminister bewilligtes Kräftekontingent zur Verfügung.[256]

Hinter der Neuregelung zur Verteilung der Arbeitskräfte witterte der Hauptausschuß Maschinen sogleich Gefahr für seine Branche. Man befürchtete, daß der Maschinenbau aufgrund der niedrigen bzw. unklaren Dringlichkeitseinstufung und des ohnehin schon knappen Angebotes an Arbeitskräften gar keine Arbeiter mehr zugewiesen bekommen würde. Ähnliche Bedenken äußerten bei

---

Neuregelung eindeutig zuungunsten des Reichswirtschaftsministeriums aus, das mit der Lenkung der zivilen Produktion seine bedeutendste Abteilung, die Hauptabteilung II unter Hans Kehrl, an das Speer-Ministerium verlor. Vgl. Herbst, Der Totale Krieg, S. 255ff.

[255] BA/K, R 3/461. Ausschüsse und Ringe waren fortan »für die Planung und Belegung und die Durchführung der Erzeugung in vollem Umfang und ausschließlich verantwortlich«. Sämtliche »Reichsstellen« und ihnen gleichgestellte Lenkungsstellen wurden von ihrer bisherigen Verantwortung für die »Durchführung der Erzeugung« und »Kontrolle der Bewirtschaftungsstellen« im Bereich der Produktion und Belegungsplanung entbunden. Innerhalb des Speer-Ministeriums kam es zur Bildung von drei Hauptgruppen mit unterschiedlichen Aufgabenbereichen. Für »Aufgaben der Koordinierung« war das Zentralamt unter Liebel zuständig; die »Produktionsaufgaben« wurden von sechs Ämtern wahrgenommen (Rohstoffamt unter Kehrl, Rüstungslieferungsamt unter Schieber - diesem war der Hauptausschuß Maschinen untergeordnet -, Produktionsamt für Verbrauchsgüter unter Seebauer, Technisches Amt unter Saur sowie die Ämter Bau und Energie); sogenannte »Querschnittsaufgaben« wurden u.a. vom Rüstungsamt, Technischen Amt, Rüstungslieferungsamt und dem Generalreferat Wirtschaft und Finanzen wahrgenommen. Wirklich neue Ämter wurden aber nur durch das Rohstoff- und das Produktionsamt für Verbrauchsgüter geschaffen. Vgl. Janssen, Ministerium Speer, S. 134ff.

[256] Hauptausschuß Maschinen, Kolberg, an Max Knorr, 11.1.1944. Bestand Fortuna, Ordner: Bezirksbeauftragter HA Maschinen, HA Fertigungseinrichtungen 1942-1945; vgl. auch das entsprechende Rundschreiben des Hauptausschusses Maschinen AKE Nr. 1/44 an die Bezirksbeauftragten und Sonderausschußleiter vom 11.1.1944. Ebd. Zum »Rotzettelverfahren« vgl. Anm. 249.

einer Besprechung im Speer-Ministerium auch Vertreter anderer Hauptausschüsse und -ringe. Auf ihr gemeinsames Drängen hin wurde zugestanden, daß die Bezirksbeauftragten der Ausschüsse und Ringe »bei der Verteilung der in ihrem Bezirk anfallenden Arbeitskräfte maßgeblich mitwirken bezw., daß die Bezirksbeauftragten die Interessen der von ihnen betreuten Fertigungen mit Erfolg vertreten können«.[257] Waren schon die obersten Gremien der »industriellen Selbstverwaltung« an der Verteilung der Arbeitskräfte nicht mehr direkt beteiligt, sollten ihre Interessen wenigstens durch ihre regionalen Außenstellen, die Bezirksbeauftragten, gewahrt werden.

Damit verlagerte sich die Auseinandersetzung um den »Sparstoff Mensch«[258] endgültig auf die Ebene der Mittelinstanzen. Bereits vor Inkrafttreten der neuen Richtlinie hatte Max Knorr den Hauptausschuß Maschinen auf die grundsätzliche Schwierigkeit hingewiesen, »Abzügen aus dem Maschinenbau entgegenzutreten«, wenn bei den regionalen Dienststellen die Meinung herrsche, daß »die reine Rüstungsfertigung wichtiger ist als der Maschinenbau«.[259] So habe ihm die Gruppe »Arbeitseinsatz« der Rüstungskommission auf seinen Ende 1943 gestellten Antrag, bei Personalabzügen aus Betrieben des Maschinenbaus zu branchenfremden Firmen in jedem Fall vorher konsultiert zu werden, die bezeichnende Antwort gegeben, Knorr würde »in all den Fällen zugezogen«, in denen die Gruppe »Arbeitseinsatz« seine Anwesenheit »für wünscheswert« erachte. Im Klartext hieß das für Knorr: Die Gruppe »Arbeitseinsatz« »tut, was sie will.«[260] Eigenständiges Handeln der entsprechenden Abteilung innerhalb der Rüstungskommission in Fragen des »Arbeitseinsatzes«, das auf die Interessen der Maschinenbauindustrie wenig Rücksicht nahm, entsprach jedoch Knorrs generellem Befund, wonach die Geltung der Anordnungen Karl Langes bei den Dienststellen der Mittelinstanz »denkbar gering« war.[261]

Deshalb beurteilte er die neue Situation, die sich angesichts des veränderten Zuteilungsverfahrens für die Maschinenbauindustrie ergeben werde, ähnlich skeptisch wie der Hauptausschuß Maschinen. Auch teilte Knorr die Befürchtung, daß bei der geltenden, für den Maschinenbau ungünstigen Dringlichkeitseinstufung »bei dem geringen zur Verfügung stehenden Arbeitskräftekontingent kaum mit Zuteilungen trotz vorheriger Anerkennung des Bedarfs zu rechnen« sei. »Wenn also heute dringend Maschinen für Infanterie-Munitionsbedarf gebraucht werden und dazu Leute notwendig sind«, beschrieb Knorr die Lage, »dann bekommt nach der Dringlichkeitseinstufung wohl die Firma, die Muni-

---

[257] Hauptausschuß Maschinen, Kolberg, an Max Knorr, 11.1.1944. Ebd.

[258] So der bezeichnende Titel des Aufsatzes von Bernhard R. Kroener, Der Kampf um den »Sparstoff Mensch«. Forschungskontroversen über die Mobilisierung der deutschen Kriegswirtschaft 1939-1942, in: Michalka (Hrsg.), Der Zweite Weltkrieg, S. 402-417.

[259] Max Knorr an Hauptausschuß Maschinen, Kolberg, 5.1.1944. WABW, Bestand Fortuna, Ordner: Bezirksbeauftragter HA Maschinen, HA Fertigungseinrichtungen 1942-1945.

[260] Max Knorr an Hauptausschuß Maschinen, Kolberg, 29.12.1943. WABW, Bestand Fortuna, Ordner: BA HA Masch. 1943.

[261] Max Knorr an Hauptausschuß Maschinen, Kolberg, 7.1.1944. WABW, Bestand Fortuna, Ordner: Bezirksbeauftragter HA Maschinen, HA Fertigungseinrichtungen 1942-1945.

tion macht, Leute, aber nicht die Firma, die die Fertigungsmittel für die Munitionsherstellung schafft.«[262] Max Knorr sah für die Bezirksbeauftragten aber noch eine andere, wenn auch vage Möglichkeit der Einflußnahme auf den regionalen »Arbeitseinsatz«. Durch die im Januar 1944 verfügte Neuregelung war zwar die Verteilung, nicht jedoch das Verfahren zur Anforderung von Arbeitskräften geändert worden. Weiterhin war von den Betrieben der Bedarf für jede Einzelfertigung auf sogenannten »Bedarfsscheinen«, der gesamte Arbeitskräftebedarf auf einer »Anforderungsliste für Arbeitskräfte« beim zuständigen Rüstungskommando einzureichen. Nach Prüfung der Anforderungen leitete das Rüstungskommando die Bedarfsscheine an die zuständigen Sonderausschüsse und -ringe zur Erfassung des Gesamtbedarfs je Fertigungszweig weiter. Diese wiederum meldeten den jeweiligen Gesamtbedarf an Arbeitskräften an den Hauptausschuß Maschinen.[263] Knorrs Vorschlag, bei den Rüstungskommandos zu beantragen, daß nach deren Bearbeitung den Bezirksbeauftragten die Zweitschriften der Anforderungsanträge der Betriebe zugeschickt werden, war deshalb ein weiterer, fast schon hilflos anmutender Versuch der industriellen »Selbstverwaltungsorgane«, das Feld des »Arbeitseinsatzes« nicht gänzlich dem Wehrkreisbeauftragten und den Rüstungskommandos zu überlassen. Den Bezirksbeauftragten sollte wenigstens ermöglicht werden, zu den Entscheidungen der Rüstungskommandos schriftlich Stellung nehmen zu können. Natürlich verband Knorr damit die Hoffnung, »mißliebige« Entscheide korrigieren zu können.[264] Dieses Verfahren setzte sich im Wehrkreis Va dann tatsächlich durch, ohne daß damit freilich etwas über den Erfolg derartiger Interventionen der Bezirksbeauftragten bei den Rüstungskommandos gesagt ist. Im Juli 1944 informierte Max Knorr den Hauptausschuß Maschinen darüber, daß er sich in seinen Stellungnahmen nicht darauf beschränke, die Kräfteanforderungen der Betriebe zu befürworten, einzuschränken oder abzulehnen. Vielmehr nutze er die Gelegenheit, um »jedesmal dem Rüstungskommando in wenigen Sätzen im Telegrammstil zu sagen, welche besonderen Verhältnisse bei der antragstellenden Firma vorliegen und besonders, wie weit die reine Rüstungsfertigung von der Maschinenbaufertigung der antragstellenden Firma« abhängig sei. So verweise er beispielsweise bei Anforderungen der Reutlinger Firma Burkhardt & Weber auf »den Bedarf des Jägerstabes« oder bei der Pumpenfabrik Urach auf die U-Boot-Fertigung.[265]

Um der von ihm vielfach beklagten »Maschinen-Feindlichkeit bei den verschiedenen regionalen Behörden« zu begegnen, schlug Knorr zudem eine Art Schulung vor, welche den Vorsitzenden der Rüstungskommissionen »ein ge-

---

[262] Max Knorr an Hauptausschuß Maschinen, Kolberg, 12.2.1944. Ebd.

[263] Rundschreiben des Hauptausschusses Maschinen AKE Nr. 1/44 vom 11.1.1944. Ebd. Vgl. auch das Rundschreiben AKE Nr. 75/43 vom 16.12.1943. WABW, Bestand Fortuna, Ordner: BA HA Masch. 1943.

[264] Max Knorr an Hauptausschuß Maschinen, Kolberg, 12.2.1944. WABW, Bestand Fortuna, Ordner: Bezirksbeauftragter HA Maschinen, HA Fertigungseinrichtungen 1942-1945.

[265] Max Knorr an Hauptausschuß Maschinen, Kolberg, 19.7.1944. Ebd.

naues Bild über die Verhältnisse im deutschen Maschinenbau« vermitteln sollte.[266] Die Teilnahme an diesem eintägigen Lehrgang sollte den Vorsitzenden zur Pflicht gemacht werden. Außerdem sollten neben dem Rüstungsobmann und den verschiedenen Bezirksbeauftragten auch die übrigen Mittelinstanzen wie Rüstungsinspektion und -kommando, Gauarbeitsamt, Landeswirtschaftsamt sowie die Gauwirtschaftskammer zur Teilnahme aufgefordert werden. Mit Referaten über die »Abhängigkeit der Rü[stungs]-Fertigung von der Maschinenbaufertigung«, die »Durchführung von Sonderaktionen hauptsächlich zugunsten der Rüstungsindustrie« oder »das bisher durch die Typnormung und Typenverteilung Erreichte« wollte Max Knorr zum einen auf die im Vergleich zur Rüstungsindustrie ungünstigen Rahmenbedingungen im Maschinenbau hinweisen, und zum anderen einen Einblick geben in die Leistungen dieser Branche vor allem auf technisch-konstruktivem Gebiet. Eine derartige Aufklärungsarbeit hielt Knorr wohl vor allem im Hinblick auf die Verhältnisse in Württemberg für dringend erforderlich. Solange es bei den Mittelinstanzen, und hier hatte Knorr insbesondere den Wehrkreisbeauftragten und Vorsitzenden der Rüstungskommission, Friedrich Ortmann[267], im Visier, bei der »maschinenfeindlichen« Einstellung bleibe, rechnete er mit weiteren Personalabzügen. Die ein-

---

[266] Max Knorr an Hauptausschuß Maschinen, Kolberg, 18.7.1944. Ebd. Danach auch das Folgende.

[267] Der 1889 geborene Dipl.-Ingenieur Friedrich Ortmann war zunächst als Gewerbeschulleiter tätig, bevor er sich 1932 als beratender Ingenieur selbständig machte. Seit Juni 1932 Mitglied der NSDAP, übernahm Ortmann nach der »Machtergreifung« auf regionaler und lokaler Ebene vielfältige Aufgaben und Posten in NS-Organisationen: Gauhauptstellenleiter im Amt für Technik seit 1934, Technischer Beirat und Ratsherr im Stuttgarter Gemeinderat seit 1935, Vorsitzender des Vereins beratender Ingenieure e.V. in Württemberg seit 1932 und ab 1937 auch in der Nachfolgeorganisation Verein Deutscher Ingenieure (VDI), Abteilungsleiter für technisch-wissenschaftliche Arbeit im NS-Bund Deutscher Techniker in Württemberg u.a. Als langjähriges Parteimitglied und Mitarbeiter in fast allen für Techniker und Ingenieure relevanten Gremien in Württemberg und Stuttgart empfahl sich Ortmann offenbar für das Amt des Wehrkreisbeauftragten, das er ab 1940 bekleidete. Daß Ortmann 1942 auch den Vorsitz der Rüstungskommission übernahm, war auf das Betreiben des Technischen Amtes unter Saur zurückzuführen, während sich das Rüstungsamt bei der Stellenbesetzung generell für einen Vertreter der Rüstungsindustrie ausgesprochen hatte. Nach Kriegsende von Mai 1945 bis August 1946 in Balingen interniert, hob Ortmann in seiner Spruchkammerverhandlung darauf ab, seine Stellung als WKB niemals »zu partei-politischen Maßnahmen« mißbraucht zu haben. Zwar war auch die Spruchkammer der Ansicht, daß eine auf regionaler Ebene so herausgehobene Position wie die des WKB »nur von einem überzeugten Anhänger des Nationalsozialismus« bekleidet werden konnte, trotzdem anerkannte die Kammer Ortmanns Vorbringen, daß seine Ernennung zum WKB ausschließlich auf seine technische Qualifikation zurückzuführen gewesen sei. Der Antrag des Kreisuntersuchungsausschusses Balingen, Ortmann als »Minderbelasteten« einzustufen und ihm eine zweijährige Bewährungsfrist aufzuerlegen, wurde von der IV. Tübinger Spruchkammer abgelehnt. Ihre abschließende Verhandlung verließ Ortmann im Dezember 1948 als »Mitläufer«. Er wurde zu einer Geldstrafe von DM 200 verurteilt, und man entzog ihm für zwei Jahre die Wählbarkeit. Zu Ortmanns Entnazifizierung: StASig, Wü 13, Nr. 2666. Zu seiner Einsetzung als Vorsitzender der Rüstungskommission: Aktennotiz des Rüstungsamtes über eine Sitzung bei Oberbürgermeister Liebel am 7.10.1942. BA/MA, RW 19/964. Zu Ortmann auch Müller, Stuttgart, S. 195f, 201, 203f, 251, 261f, 347, 349 und 461. Zur Entnazifizierung im französisch besetzten Württemberg-Hohenzollern vgl. Vollnhals (Hrsg.), Entnazifizierung, S. 34-42, und Henke, Politische Säuberung.

zig verbleibende Möglichkeit, um Eingriffe des seit Jahresbeginn für den regionalen Arbeitseinsatz verantwortlichen Vorsitzenden der Rüstungskommission in den Personalbestand der Maschinenbaufirmen wirkungsvoll und möglichst bereits im Vorfeld abzubiegen, erblickte Knorr im Sommer 1944 in dieser Art Überzeugungskampagne.

Gegen den Abzug von Facharbeitern aus Maschinenbaufirmen zu branchenfremden Unternehmen legte Max Knorr auch gegenüber dem Gauarbeitsamt Protest ein. Dabei verwies er auf eine entsprechende Anweisung Karl Langes, derzufolge ein derartiger Abzug nur noch mit Zustimmung des Leiters des Hauptausschusses Maschinen erlaubt war. Gegen diese Anweisung hatte das Gauarbeitsamt seiner Meinung nach in letzter Zeit durch entsprechende Dienstverpflichtungen jedoch wiederholt verstoßen. So sei der Anfang Dezember 1943 erfolgte Abzug von 15 Facharbeitern der auf Gewindeschneidwerkzeuge spezialisierten Firma Raster & Bosch in Onstmettingen[268] zu einem Betrieb der reinen Rüstungsfertigung in Bodelshausen ohne vorherige Fühlungnahme mit dem Bezirksbeauftragten und ohne Unterrichtung des Hauptausschusses Maschinen verfügt worden.[269] Da das Gauarbeitsamt die Dienstverpflichtung jedoch erst nach einem entsprechenden Antrag des WKB ausgesprochen hatte, war der eigentlich Verantwortliche der Wehrkreisbeauftragte Ortmann. Eine von seiner Behörde gestellte sogenannte technische Kommission hatte Ende November bei einer Überprüfung des Onstmettinger Betriebes ein Zuviel an Facharbeitern festgestellt, und trotz der Einsprüche Knorrs war von der bei der Rüstungskommission angesiedelten Abteilung »Arbeitseinsatz« daraufhin die sofortige Umsetzung der 15 Facharbeiter angeordnet worden. Wenn »nicht der Sonderausschuß Werkzeuge oder die Abteilung Fertigungseinrichtungen raschestens eingreift und vor allem die vom WKB geforderte Typenbereinigung bei den hiesigen Werkzeugfirmen durchführt«, forderte Knorr die entsprechenden Instanzen im Hauptausschuß Maschinen zum Handeln auf, sei mit weiteren Personalabzügen in der Werkzeugindustrie zu rechnen.[270]

Gegenüber der Rüstungskommission pochte Knorr auf die Zuständigkeit des entsprechenden Sonderausschusses und nannte es ein »Unding«, von dessen Leiter »eine Typnormung und Typenverteilung auf dem Werkzeuggebiet zu verlangen«, ihm aber vorher »durch regionale Entscheidungen der Rü Komm [Rüstungskommission] die Facharbeiter zum Teil abzuziehen«.[271] Ein mindestens ebenso großes »Unding« war es freilich für ihn, daß die zuständigen »Selbstverwaltungsorgane« dem Wehrkreisbeauftragten Ortmann auf einem ihrer ureigensten Gebiete offenbar das Feld zu überlassen bereit waren. Denn durch »Typisierung und Rationalisierung« sei in der Tat bei einem Großteil der

---

[268] Vgl. Maschinenbau-Handbuch 1939/40, S. 684f.

[269] Max Knorr an den Präsidenten des Gauarbeitsamtes, 8.12.1943. WABW, Bestand Fortuna, Ordner: G 1942-1945.

[270] Max Knorr an Hauptausschuß Maschinen, Kolberg, 4.12.1943. WABW, Bestand Fortuna, Ordner: Bezirksbeauftragter N-Sch 1942-1945.

[271] Max Knorr an Rüstungsobmann Otto Fahr, 4.12.1943. Ebd.

württembergischen Werkzeugfirmen eine Leistungssteigerung möglich, bestätigte Knorr, und dies hätten »unsere örtlichen Dienststellen erkannt und wollen es nun auf dem Wege erzwingen, daß sie den Firmen Facharbeiter wegnehmen.«[272] Obwohl er bereits seit Wochen sowohl den Herren vom Hauptausschuß als auch dem Gauarbeitsamt über diesen Zustand berichte, werde von dort nicht entsprechend reagiert. Knorr verlangte hier ein energisches Einschreiten des Rüstungsministeriums sowie ein »eindeutiges Verbot« an die Adresse des WKB, denn ohne entsprechende ministerielle Untersagung, so Knorrs Erfahrung, machten dessen Dienststellen in der Regel, »was sie wollen«.[273] Hanns Kolberg, im Hauptausschuß Maschinen zuständig für den »Arbeitseinsatz«, reagierte wiederum nur mit verbalem Protest auf die Tatsache, von Ortmann nicht vorher über den geplanten Abzug bei der Firma Raster & Bosch informiert worden zu sein. Sollte sich herausstellen, daß auch Max Knorr nicht rechtzeitig unterrichtet worden war, kündigte Kolberg seinen »allerschärfsten Einspruch gegen diesen Eingriff« an und drohte damit, gegebenenfalls auch den Reichsminister für Rüstung und Kriegsproduktion einzuschalten.[274] Das von Max Knorr so heftig angegriffene Gauarbeitsamt berief sich hingegen auf einen gemeinsamen Erlaß des Generalbevollmächtigten für Rüstungsaufgaben im Vierjahresplan und des Generalbevollmächtigten für den Arbeitseinsatz vom 1. Dezember 1942, der »innerbetriebliche Ausgleichsmaßnahmen« und »überbetriebliche Umsetzungen« zur Deckung des vordringlichen Arbeitskräftebedarfs vorsah.[275] Bei Einsprüchen der betroffenen Betriebe oder der sie betreuenden Dienststellen hatte dem Erlaß zufolge der Vorsitzende der Rüstungskommission zu entscheiden. Da im Falle Raster & Bosch die Rüstungskommission die »Umsetzung« davon abhängig gemacht habe, »anlernfähige(n) Ersatzkräfte(n)« bereitzustellen und die Fertigung bei Raster & Bosch somit zu keinem Zeitpunkt gefährdet gewesen sei, sei die Ablehnung des vom Hauptausschuß Maschinen erfolgten Einspruchs durch die Rüstungskommission zu Recht erfolgt, belehrte das Gauarbeitsamt Max Knorr.[276]

Gegenüber derartigen Eingriffen in den Personalbestand eines Betriebes war Max Knorr ohnmächtig. Ebenso empörte ihn, daß Anordnungen des Hauptausschusses Maschinen, die für ihn verbindlichen Charakter besaßen, oftmals bei den regionalen Dienststellen der Wirtschaftsverwaltung mißachtet oder durch andere Verordnungen konterkariert wurden. Unmöglich könne er sich »für jeden Einzelfall stundenlang abmühen«, um den Standpunkt des Hauptausschusses Maschinen darzulegen, schrieb Knorr dem Präsidenten des Gauarbeitsamtes, »um dann zum Schlusse doch erkennen zu müssen, daß das, was ich auf Anordnung meines Hauptausschusses verfechte, durch Entscheidungen des Gauarbeitsamtes anders geregelt wird«.[277] Auf Dauer ebenso untragbar sei es,

[272] Max Knorr an Hauptausschuß Maschinen, Kolberg, 16.12.1943. Ebd.
[273] Ebd.
[274] Hauptausschuß Maschinen, Kolberg, an Max Knorr, 9.12.1943. Ebd.
[275] Gauarbeitsamt an Max Knorr, 30.12.1943. WABW, Bestand Fortuna, Ordner: G 1942-1945.
[276] Ebd.
[277] Max Knorr an Präsidenten des Gauarbeitsamtes, 8.12.1943. Ebd.

daß der Hauptausschuß Maschinen seinen Mitgliedsfirmen Anordnungen erteile, woraus diese ableiteten, daß sie gegen jeden von Berlin nicht bestätigten Arbeitskräfteabzug Einspruch erheben sollten, diese Einsprüche jedoch ohne Begründung von den regionalen Dienststellen abgelehnt würden. Bei einem derartigen Gegen- und Nebeneinander von Behörden und Anordnungen sei es für ihn naheliegend, wenn der Hauptausschuß Maschinen die Verantwortung für die Durchführung der ihm übertragenen Aufgaben ablehnte.

*Fall Steinel*

Ging es um berechtigte Interessen eines Betriebes, scheute Max Knorr nicht den Konflikt mit Parteidienststellen. Entschieden stellte er sich beispielsweise vor den Firmenchef des Schwenninger Betriebes Bernhard Steinel[278], als dieser im Frühjahr 1944 in Auseinandersetzungen mit dem dortigen Kreisleiter Otto Arnold verwickelt war und dem Betrieb daraufhin zur Strafe 70 französische Kriegsgefangene abgezogen wurden.

War die erste, auf Denunziation beruhende Anschuldigung gegen den »Betriebsführer«, er habe sich einige »Unkorrektheiten inbezug auf die Sozialpolitik« in seinem Betrieb zuschulden kommen lassen, noch folgenlos geblieben - bei einer Untersuchung des Falles hatten die Denunzianten von ihren Anschuldigungen wieder Abstand genommen -, hatte ein zweiter Vorwurf weiterreichende Konsequenzen.[279] Diesmal leitete die NSDAP-Kreisleitung von einem innerbetrieblichen Aushang des Parteigenossen und »Betriebsführers« am Schwarzen Brett den Vorwurf ab, er habe die bei ihm eingesetzten »Fremdarbeiter« zu gut behandelt und damit seine deutschen Arbeitskräfte diskreditiert. Ein Parteigerichtsverfahren beließ es jedoch bei einer Verwarnung des »Betriebsführers«. Trotzdem legte dieser gegen dieses relativ milde Urteil Einspruch ein. Kreisleiter Arnold reagierte auf seine zwei »Niederlagen« mit Straf- und Disziplinierungsmaßnahmen gegen den »Betriebsführer« der Firma Steinel. Mit der von ihm unter Einschaltung des Arbeitsamtes Rottweil angeordneten ersatzlosen »Umsetzung« der 70 bei der Firma Steinel eingesetzten französischen Kriegsgefangenen jüdischen Glaubens zur Firma Junghans traf er den Betrieb in einem besonders sensiblen Bereich. Die Gruppe »Arbeitseinsatz« der Rüstungskommission als entscheidende regionale Instanz stimmte der »Umsetzung« zu, die noch im April 1944 durchgeführt wurde. Daß sich der Vorwurf, ausländische Arbeitskräfte unangemessen gut zu behandeln, explizit auf die jüdischen Kriegsgefangenen bezog und diese dann zur Strafe abgezogen wurden, ist - obwohl naheliegend - anhand der Unterlagen nicht zu belegen.

---

[278] Die 1925 gegründete Firma war auf die Produktion von verschiedenen Schneid- und Bohrmaschinen spezialisiert. Maschinenbau-Handbuch 1939/40, S. 752f. 1944 produzierte sie Werkzeugmaschinen hauptsächlich für das »Jägerprogramm« und die »Kugellager-Schnellaktion«. WABW, Bestand Fortuna, Ordner: BA St-T 1942-1945.

[279] Max Knorr an Hauptausschuß Maschinen, Kolberg, 15.6.1944. Ebd. Danach auch die folgenden Angaben und Zitate.

Gegen dieses Vorgehen protestierte der »Betriebsführer« von Steinel entschieden und schaltete den Bezirksbeauftragten Knorr ein. Die Frage, ob Kreisleiter Arnold »über seine Befugnisse hinausgegangen« und »eine dringlichste Fertigung durch den auf das Arbeitsamt ausgeübten Zwang geschädigt« hatte, trug Knorr zunächst Rüstungsobmann Fahr vor. Zwar habe der Schwenninger Betrieb in der Zwischenzeit mit 62 italienischen Landarbeitern zumindest zahlenmäßig Ersatzkräfte zugewiesen bekommen, aber diese könnten die seit über zwei Jahren eingearbeiteten französischen Kriegsgefangenen nur bedingt ersetzen, schilderte Knorr die neueste Lage. Fahr, der das Vorgehen der beteiligten Dienststellen ebenso wie Knorr scharf verurteilte, vermittelte ein Gespräch mit dem Präsidenten der Gauwirtschaftskammer, Rudolf Rohrbach[280]. Knorr beabsichtigte es vor allem zur Klärung der Frage zu nutzen, ob es ihm als Parteimitglied erlaubt war, dem Hauptausschuß Maschinen den Vorfall zu schildern, ohne zuvor die Parteidienststellen im Gau benachrichtigt zu haben. Daß ein Kreisleiter maßgeblich in den Vorfall verwickelt war, veranlaßte Knorr zu entsprechender Vorsicht. Rohrbach konnte ihm auf diese Frage jedoch keine klare Auskunft erteilen, machte aber umso deutlicher, daß er Kreisleiter Arnold sehr schätze und es ihm hoch anrechne, sich, »obwohl aus einfachsten Verhältnissen kommend«, im Leben - und in der Partei - durchgesetzt zu haben. Nach diesem Gespräch unterrichtete Max Knorr den Hauptausschuß Maschinen detailliert über den »Fall Steinel«, und er ließ wissen, daß er »mit der Wiedergabe dieser Meldung (...) keinerlei Hemmungen in meiner Eigenschaft als Parteigenosse« habe, da zuvor Vertreter wichtiger regionaler Dienststellen wie die Parteimitglieder Fahr und Rohrbach unterrichtet worden seien. Aus Knorrs Sicht war der »Fall« auf regionaler Ebene abgeschlossen, ein Eingreifen nur noch von seiten des Hauptausschusses Maschinen aus möglich. Zwar wäre eine »Rückführung der Franzosen nach Schwenningen« zweifelsohne »ein Affront gegen den Kreisleiter«, gab er zu bedenken, bliebe jedoch »ein solcher Fall ganz unwidersprochen«, würde dies die beteiligten regionalen Dienststellen, die sich im vorliegenden Fall »nur als Vollzugsorgan bewiesen« hätten, ermuntern, beim nächsten Mal wieder so zu handeln.

Wenngleich Knorr in diesem Fall persönlich nichts mehr ausrichten konnte, wird seine Haltung deutlich. Die »lasche« Dienstauffassung der beteiligten regionalen Dienststellen der Wirtschaftsverwaltung, die dem Antrag des Kreisleiters auf »Umsetzung« der Arbeitskräfte einfach zustimmten, ohne die ihnen vorgesetzten Stellen zu informieren und ohne den Versuch zu unternehmen, durch ein persönliches Gespräch mit dem betroffenen Kreisleiter oder mit Gauleiter Murr die Angelegenheit gütlich zu klären, war für Knorr mehr als bedauerlich. Ein nicht gerechtfertigter Abzug von Arbeitskräften, der zu einem Produktionsausfall in einem besonders wichtigen Bereich geführt hatte, erhielt für Knorr keine Legitimation dadurch, daß er von einem NSDAP-Kreisleiter verfügt worden war.

280 Leiter des Gauamtes für Technik und seit 1943 Präsident der Gauwirtschaftskammer. Vgl. Müller, Stuttgart, S. 201, 203, 253ff; Paul Sauer, Württemberg in der Zeit des Nationalsozialismus, Ulm 1975, S. 370.

*Fall Hirth*

Ein weiteres Tätigkeitsfeld Knorrs als Bezirksbeauftragter lag in der Bestimmung der Betriebe, die zugunsten einer vordringlichen Fertigung für eine in der Regel befristete Zeit Arbeitskräfte an ein anderes Maschinenbauunternehmen abzustellen hatten. So sollten der Firma Hirth in Zuffenhausen[281] für den Bau von Pumpen im September 1943 50 zusätzliche Arbeitskräfte zur Verfügung gestellt werden. Max Knorr wurde vom Hauptausschuß Maschinen über diesen Befehl des Rüstungslieferungsamtes unterrichtet und zunächst angewiesen, diese Leute bevorzugt aus »Werken der universellen Werkzeugmaschinenfabriken« und der Elektrowerkzeughersteller auszuwählen und dem Arbeitsamt zur Umsetzung zu melden.[282] Einen Tag später wurde präzisiert, daß der Abzug auf keinen Fall zu Lasten der Engpaß- und Sondermaschinenfertigung sowie des allgemeinen Maschinenbaus gehen dürfe. Zugleich wurde eine Betriebsprüfung bei der Firma Hirth als dringend erforderlich angesehen.[283] Diese nahm Knorr noch am selben Tag gemeinsam mit Vertretern der Rüstungsinspektion vor und meldete nach Berlin, daß bei dem Unternehmen tatsächlich ein »Sofortbedarf von 50 Leuten« bestehe, der je zur Hälfte durch den Einsatz von Ausländern und deutschen Facharbeitern gedeckt werden solle.[284] Aus dem württembergischen Maschinenbau würden somit 25 Kräfte bereitgestellt werden. Er habe insgesamt zehn Betriebe zur Abgabe von durchschnittlich zwei Fachkräften bestimmt, deren Dienstverpflichtung vom Wehrkreisbeauftragten bei den zuständigen Arbeitsämtern veranlaßt werden würde, so Knorr weiter. Für die Zuweisung der ausländischen Arbeitskräfte war hingegen allein der WKB verantwortlich.[285]

Sofort erhoben die von Knorr ausgewählten Betriebe gegen die Dienstverpflichtung ihrer Arbeitskräfte Einspruch. Die AEG beispielsweise untermauerte ihre Weigerung, einen Schleifer und einen Dreher abzugeben, mit dem Hinweis, daß in der Fertigung von Elektrowerkzeugen sämtliche Dreh- und Schleifarbeiten von ausländischen Arbeitskräften erledigt würden. Die Firma gab an, die ihnen noch verbliebenen deutschen Dreher als Vorarbeiter und Einrichter eingesetzt zu haben, die schon allein deshalb nicht entbehrt werden könnten, weil sonst die Ausländer ohne Aufsicht wären. Max Knorr gab diese Stellungnahme an den Wehrkreisbeauftragten weiter und bat ihn, »die Möglich-

[281] Das 1923 gegründete Unternehmen Albert Hirth AG war u.a. auf die Herstellung von Rollenlager-Kurbelwellen, Motoren- und Maschinenteile sowie Werkzeugen und Vorrichtungen spezialisiert. Maschinenbau-Handbuch 1939/40, S. 783. Von einer Übernahme des Zuffenhausener Betriebes durch die Heinkel-Werke, von der Roland Müller berichtet, ist in den mir vorliegenden Unterlagen nichts überliefert. Vgl. Müller, Stuttgart, S. 401.

[282] Hauptausschuß Maschinen, Kiekebusch, an Max Knorr, 16.9.1943. WABW, Bestand Fortuna, Ordner Bezirksbeauftragter H 1942-1945.

[283] Hauptausschuß Maschinen, Kolberg, an Max Knorr, 17.9.1943. Ebd.

[284] Max Knorr an WKB, 17.9.1943. Ebd.

[285] Die Index-Werke sollten sechs, die Firmen Boley und Boley & Leinen je drei, Ackermann & Schmitt, Maschinenfabrik zum Bruderhaus, Hesser, Schmid & Wezel, das Stuttgarter Werk der AEG und die Union Special Maschinenfabrik Stuttgart je zwei sowie die Firma Bluthardt einen Facharbeiter abgeben. Max Knorr an Hauptausschuß Maschinen, 17.9.1943. Ebd.

keit einer innerbetrieblichen 'Umsetzung' prüfen zu lassen und eventuell eine solche anzuordnen«.[286] Die Maulbronner Werkzeug- und Werkzeugmaschinenfabrik Schmid & Wezel hingegen erklärte, über keinen Werkzeugschleifer mehr zu verfügen. Ihre Hoffnung, durch den besonderen Schutz, den sie als Produktionsstätte für Fertigungseinrichtungen gegen Einberufungen im Rahmen der SE II-Aktion genieße, würde sie auch eher von anderweitigen Dienstverpflichtungen ihrer Arbeitskräfte verschont bleiben, machte Knorr jedoch zunichte. Bei den »Aufgaben« der Firma Hirth handle es um das »Heimatschutzprogramm«, erklärte er, weshalb »von uns allen, die wir zu den abgebenden Firmen gehören«, Verständnis »für diese besondere Lage« verlangt würde.[287] Den WKB bat er in diesem Fall aber dennoch, durch das zuständige Arbeitsamt prüfen zu lassen, ob die Abgabeverpflichtung rückgängig gemacht werden könnte.[288]

Bis Mitte Oktober 1943 waren bei Hirth erst zehn oder elf der vorgesehenen 25 Mann eingetroffen, ein Umstand, den Knorr vornehmlich auf die zeitintensive Praxis der örtlichen Arbeitsämter zurückführte, jedem einzelnen Einspruch nachzugehen. Sieben der zehn »Abgabefirmen« hatten bis zu diesem Zeitpunkt ihre Auflagen nicht oder nur teilweise erfüllt. Statt sechs hatten die Index-Werke nur drei, die Firmen Boley und Boley & Leinen statt je drei nur je zwei und fünf weitere Betriebe - darunter die AEG und Schmid & Wezel - noch gar keine Arbeitskraft zur Verfügung gestellt. Den WKB forderte Max Knorr auf, »beim Gauarbeitsamt die rasche Umsetzung der noch fehlenden Leute zu bewerkstelligen«.[289] Offensichtlich war Knorr an derartige Verzögerungen gewöhnt, denn es »war bis jetzt bei allen derartigen Umsetzungen, soweit die Firmen regional herausgesucht wurden und nicht von Berlin aus direkt eine Auflage an die Gauarbeitsämter erfolgte, so wie im vorliegenden Fall, daß sie außerordentlich träge durchgeführt wurden«.[290] Anfang November waren es immerhin schon 20 Mann, die zur Firma Hirth dienstverpflichtet worden waren. Darunter befanden sich aber beispielsweise zwei von der Reutlinger Maschinenfabrik zum Bruderhaus gestellte Kräfte, von denen der eine seine Einberufung schon in Händen hatte und der andere sie in den nächsten Tagen erwartete. Eine solche »Umsetzung« habe »keinen Wert« und müsse in jedem Fall »durch andere Leute erfüllt« werden, beanstandete Max Knorr die Praxis des zuständigen Arbeitsamtes, in diesem Fall überhaupt eine Dienstverpflichtung ausgesprochen zu haben.[291]

---

[286] Firma AEG an Max Knorr, 20.9.1943, und Max Knorr an WKB, 21.9.1943 (Zitat). Ebd.

[287] Firma Schmid & Wezel an Max Knorr, 21.9.1943, und Antwort Knorrs, 22.9.1943 (Zitat). Ebd. Angesichts der militärischen Lage im Sommer 1943 hatte Hitler befohlen, die Luftwaffe auf Verteidigung des »Heimatgebietes« umzuschalten. Nunmehr lag der Rüstungsschwerpunkt auf Flakwaffe und Jagdflugzeugen. Vgl. Janssen, Ministerium Speer, S. 177ff.

[288] Max Knorr an Firma Schmid & Wezel, 22.9.1943. Ebd.

[289] Max Knorr an Hauptausschuß Maschinen, Kiekebusch, 13.10.1943. Max Knorr an das Büro des WKB, 20.10.1943 (Zitat). Ebd.

[290] Max Knorr an Hauptausschuß Maschinen, Kiekebusch, 1.11.1943. Ebd.

[291] Max Knorr an Gauarbeitsamt, 8.11.1943. Ebd.

Hatte Knorr die Bereitstellung der 25 Kräfte noch bereitwillig zu erfüllen gesucht, weigerte er sich nur wenig später entschieden, für die Firma Hirth nochmals dieselbe Anzahl Facharbeiter aus dem württembergischen Maschinenbau zur Verfügung zu stellen. Die für den Monat November 1943 angekündigte Anforderung des Zuffenhausener Betriebes auf weitere 25 deutsche Facharbeiter kollidierte nach Ansicht Knorrs mit den zeitgleich stattfindenden Einberufungen im Rahmen der SE III-Aktion. Angesichts der hohen Zahlen, »die in der SE III-Aktion von den hiesigen Firmen gefordert« würden - aus den Jahrgängen 1901 bis 1919 müssten selbst rüstungswichtige württembergische Betriebe wie die Fortuna-Werke 50, Gebr. Boehringer ca. 85 und die Nürtinger Firma Heller 40 bislang uk-gestellte Kräfte abgeben -, sei es ihm in diesem Fall unmöglich, die Firmen zu benennen, die »an Hirth-Motoren event. weitere 25 Leute abzugeben« hätten.[292] Diese Aufgabe sollte nach Knorrs Dafürhalten nunmehr der Hauptausschuß Maschinen selber übernehmen. Bereits die erste »Umsetzungs«-Aktion zur Firma Hirth hatte den Bezirksbeauftragten Knorr vor erhebliche Schwierigkeiten gestellt. Nun war er nicht bereit, die Verantwortung für eine zweite Aktion zu übernehmen, die er weder unter fachlich-technischen Gesichtspunkten noch im Hinblick auf eine einigermaßen ausgewogene regionale »Arbeitseinsatz«-Politik für angebracht hielt. Denn auf der einen Seite »soll ich eifersüchtig darüber wachen, daß der Maschinenbau, vor allem der Werkzeugmaschinenbau, und der Werkzeugbau keine Leute verliert, sondern möglichst viele zusätzlich bekommt«, während auf der anderen Seite »die SE III-Aktion einen solchen starken Eingriff in diese Fertigungen« bedeute, »daß nach meiner Ansicht längere Zeit vergehen wird, bis dieser inbezug auf die Leistung etwas ausgeglichen sein wird«, umriß Knorr sein Dilemma. Deshalb stand er einem Abzug von insgesamt 50 deutschen Arbeitskräften aus dem württembergischen Maschinenbau zugunsten einer »reine(n) Massenfertigung (jetzt 2000 Maihak-Pumpen/Monat)« eigentlich ablehnend gegenüber, betonte aber zugleich, wenn dies befohlen würde, »so wird es durchgeführt«.[293] Anfang Februar 1944 informierte der im Hauptausschuß Maschinen zuständige Referent für »Arbeitseinsatzfragen«, Kolberg, den Bezirksbeauftragten Knorr schließlich darüber, daß die zweite Facharbeiteranforderung der Firma Hirth nicht aus dem Maschinenbau gedeckt würde.[294]

Ähnlich schleppend verlief eine andere »Umsetzung«: Zur Göppinger Firma Boehringer, der württembergischen »Leitstelle« der »Schnellaktion Kessler«[295],

[292] wie Anm. 290.

[293] Ebd.; vgl. Max Knorr an Hauptausschuß Maschinen, Kolberg, 2.11.1943. Ebd.

[294] Hauptausschuß Maschinen, Kolberg, an Max Knorr, 4.2.1944. Ebd.

[295] Die in Schweinfurt konzentrierten Werke der Kugellagerindustrie, eine der Schlüsselindustrien für die Rüstungsproduktion, wurden im August 1943 von US-Bombern angegriffen und schwer getroffen. Um den entstandenen Engpaß bei der Kugellagerfertigung möglichst schnell wieder aufzufangen, wurde Generalkommissar Kessler eingesetzt. Ihm wurde das Wiederanlaufen der Kugellagerfertigung in Schweinfurt sowie die Koordinierung zahlreicher Ausweichmaßnahmen auf andere Fabrikationsstätten überantwortet. Die Wälz- und Kugellagerproduktion lief in der höchsten Dringlichkeitsstufe unter der Bezeichnung »Kugellager-Schnellaktion« oder »Schnellaktion Kessler«. Vgl. Janssen, Ministerium Speer, S. 144f, und S. 136f dieser Arbeit.

sollten im März 1944 von 25 württembergischen Maschinenbaubetrieben Arbeitskräfte für acht Wochen dienstverpflichtet werden. Max Knorr berichtete im April, daß wegen der »mannigfachen Einsprüche« der betroffenen Firmen die »Umsetzung« nur sehr langsam vonstatten gehe. Von der Maschinenbauindustrie hätten bis zu diesem Zeitpunkt 35 Mann dienstverpflichtet werden können, meldete Knorr dem Hauptausschuß Maschinen, den restlichen Bedarf würden Betriebe der Luftfahrtindustrie im Wehrkreis Va decken.[296] Im Rahmen der »Schnellaktion Kessler« war die Firma Boehringer insbesondere mit Reparaturarbeiten an Maschinen der Firma Norma, dem Cannstatter Werk der Vereinigten Kugellagerfabriken (VKF)[297] beauftragt, wobei »es nicht allein mit der Zuweisung von weiteren Arbeitskräften getan« sei, so Max Knorr, sondern auch die Boehringer-Belegschaft »weitestgehend« herangezogen würde.[298] Deshalb war für ihn in dieser Situation die im März 1944 vom OKH veranlaßte Dienstverpflichtung von 14 bei Boehringer beschäftigten Schlossern nach Hannover ein Ding der Unmöglichkeit. Energisch forderte er den Hauptausschuß Maschinen auf, sofort beim OKH zu intervenieren.[299] Dieser sah sich aber außerstande, den Abzug zu verhindern. Die 14 Facharbeiter hätten ursprünglich bereits mit der dritten Rate der SE III-Aktion - im Januar 1944 - zur Wehrmacht eingezogen werden sollen und seien lediglich zur Durchführung eines vordringlichen Programmes für vier Monate zurückgestellt worden, lautete die Erklärung aus Berlin, und im Rahmen dieses vordringlichen Programmes sei nunmehr auch die Dienstverpflichtung nach Hannover ausgesprochen worden. Einen Grund zur Klage gebe es für die Firma Boehringer deshalb nicht, denn sie habe durch die Zurückstellung bereits zwei Monate länger als geplant über die 14 Schlosser verfügen können.[300]

Kurz darauf beschwerte sich Knorr erneut über einen bevorstehenden Abzug von Arbeitskräften aus dem württembergischen Maschinenbau. Denn nun verlangte der »Jägerstab«[301], daß weitere 20 Maschinenschlosser aus Betrieben des württembergischen Maschinenbaues zur Firma Boehringer dienstverpflichtet werden sollten. Knorr hielt dagegen einen »weiteren Abzug aus dem hiesigen

---

[296] Max Knorr an Hauptausschuß Maschinen, Kolberg, 11.4.1944. WABW, Bestand Fortuna, Ordner: Bezirksbeauftragter HA Maschinen, HA Fertigungseinrichtungen 1942-1945.

[297] Das an das Firmengelände der Fortuna-Werke unmittelbar angrenzende Unternehmen war am 25. Februar 1944 von einem Verband der 8. US-Air Force bombardiert worden. Der Angriff war Teil einer Operation, mit der die US-Luftwaffe neben der deutschen Luftwaffen- auch die Wälz- und Kugellagerindustrie ausschalten wollte (»Big Week«). Die Firma Norma, die über 18 Prozent der deutschen Wälzlagerproduktion fertigte und auf kleine Kugellager sowie Rollenlager spezialisiert war, beschäftigte zum Zeitpunkt des Angriffs 3700 Arbeitnehmer. Da wesentliche Teile der Produktion bereits in den Raum Nürtingen-Reutlingen verlagert worden waren, hielt sich der Schaden in Grenzen. Vgl. Müller, Stuttgart, S. 436. Zur Operation »Big Week« und der daraufhin folgenden Gründung des »Jägerstabes«: Janssen, Ministerium Speer, S. 186ff.

[298] Max Knorr an Hauptausschuß Maschinen, Kolberg, 9.3.1944. WABW, Bestand Fortuna, Ordner: A-B.

[299] Ebd.

[300] Hauptausschuß Maschinen an Max Knorr, 11.3.1944. Ebd.

[301] Zum »Jägerstab« vgl. Janssen, Ministerium Speer, S. 186ff.

Maschinenbau für untragbar« und erklärte, daß die 20 Mann viel schneller von Luftwaffenfirmen gestellt werden könnten. Sollte der zuständige Hauptausschuß Fertigungseinrichtungen, dem zu diesem Zeitpunkt die Steuerung des Werkzeugmaschinenbaus oblag, dennoch der Meinung sein, daß die Leute aus diesem Bereich abgezogen werden könnten, erbat sich Knorr eine »Liste der Firmen, die Sie zwingen wollen, Leute abzugeben«.[302] Der für die Lenkung des Werkzeugmaschinenbaus zuständige Heinz Kiekebusch reagierte prompt. Eingriffe von seiten des »Jägerstabes« in die Werkzeugmaschinenindustrie seien unzulässig, und der Abzug von Arbeitskräften aus dieser Branche sei im Wehrkreis Va grundsätzlich nur auf Vorschlag Knorrs möglich. Knorr wurde aufgefordert, die örtliche Stelle des »Jägerstabes« zu veranlassen, die 20 Maschinenschlosser aus den eigenen Reihen zu stellen.[303]

Bemüht, die Anweisungen des Hauptausschusses Maschinen umzusetzen und die Interessen dieses »Selbstverwaltungsorganes« in Württemberg zu wahren - so läßt sich zusammenfassen -, geriet der Bezirksbeauftragte Knorr mehr als einmal zwischen die Fronten. In Fragen des regionalen »Arbeitseinsatzes« konkurrierte auf der Ebene der Mittelinstanzen zunehmend der Wehrkreisbeauftragte und Vorsitzende der Rüstungskommission, Friedrich Ortmann, mit ihm. Aber auch von der obersten Ebene der Wirtschaftsverwaltung erreichten ihn unabgestimmte, nur dem jeweiligen partikularen Ressortinteresse entsprechende Anweisungen, wie es etwa bei dem Beispiel »Jägerstab« deutlich wurde. Als Max Knorr im März 1943 zum ersten Mal seine »Angst vor den Folgen des sich in all' diesen Organisationen abspielenden Neben- und Gegeneinanderarbeiten«[304] äußerte, war dies auf die mangelnde Abstimmung und die organisatorischen Friktionen zwischen Ausschüssen und Ringen sowie den regional tätigen Dienststellen gemünzt. Hier mahnte er dringend Abhilfe an, da sonst »diejenigen, die die Kleinarbeit machen, nämlich die Arbeitsausschußleiter und ihre Helfer, müde« würden und ihren »Glauben an den Willen und die Durchschlagskraft der Lenkung und Steuerung« verlören.[305] Im Herbst 1943 beanstandete Knorr erstmalig die Arbeitsweise des Hauptausschusses Maschinen. Dieser erlasse für Württemberg »Anordnungen und Befehle«, von denen Knorr nicht unterrichtet sei, die aber seine »bisherige Planung und Arbeit über den Haufen« würfen.[306] Jedoch konnte ihn weder die mangelnde Abstimmung zwischen ihm und dem Hauptausschuß noch die zunehmende Aktivität des WKB davor zurückhalten, Partei für den einzelnen Betrieb zu ergreifen, wenn ihm dessen Einwände berechtigt schienen, oder sich für den gesamten württembergischen Maschinenbau einzusetzen, wenn er dessen Substanz bedroht sah.

---

[302] Max Knorr an Kiekebusch, 3.4.1944. WABW, Bestand Fortuna, Ordner: A-B.
[303] Kiekebusch an Max Knorr, 6.4.1944. Ebd.
[304] Max Knorr an Karl Lange, 23.3.1943. WABW, Bestand Fortuna, Ordner: BA HA Masch 1943.
[305] Ebd.
[306] Max Knorr an Hauptausschuß Maschinen, Kolberg, 3.9.1943. Ebd.

## b. Weitere Maßnahmen zur Produktionslenkung

Nicht nur über die Zuteilung bzw. Verweigerung der knappen Ressourcen an Rohstoffen und Arbeitskräften konnte von staatlicher Seite Einfluß auf das Produktionsprogramm der Maschinenhersteller genommen werden. Daneben standen weitere Maßnahmen zur Produktionslenkung zur Verfügung. Durch Stillegung oder Aufträge eher branchenfremder Fertigung wie des Vorrichtungsbaus oder der Rüstungsendgüterfertigung konnte die Produktion im Werkzeugmaschinenbau ebenfalls in eine bestimmte Richtung gelenkt werden.

### *Stillegungsaktionen*

Zu einer ersten Stillegungswelle in der Maschinenbauindustrie kam es mit Speers Amtsantritt im Jahr 1942.[307] Das Herstellungsverbot galt dabei meist für eine bestimmte Fertigung, eher selten war die Schließung des gesamten Betriebes. Im Zuge der Rationalisierungsbestrebungen im Werkzeugmaschinenbau und »um die dem Maschinenbau von der Rüstung gestellten Aufgaben bewältigen zu können«, verfügte der Bevollmächtigte für die Maschinenproduktion, Karl Lange, beispielsweise im Oktober 1942 die Stillegung des Baues von Langdrehautomaten bei der Schwenninger Maschinenfabrik Strohm.[308] Um den Einsatz der freiwerdenden Kapazität gab es in der Folge jedoch erhebliche Diskussionen. Zunächst beauftragte der BfM den Bezirksbeauftragten Knorr, die Firma Strohm entweder mit einer anderen - kriegswichtigen - Fertigung zu belegen oder die freiwerdenden Arbeitskräfte auf andere Betriebe zu verteilen. Sein entschiedenes Veto gegen einen Abzug der Arbeitskräfte begündete Knorr mit längerfristigen wirtschaftspolitischen Interessen der deutschen Industrie und des Staates. Hatte das NS-Regime mit dem im Zuge der Autarkiepolitik erfolgten Aufbau einer eigenen Automatenfertigung - so bei der Firma Strohm - versucht, die bisherige Abhängigkeit der Schwarzwälder Uhrenindustrie von Schweizer Langdrehautomaten möglichst zu beseitigen, war es nach Ansicht Knorrs nicht ratsam, nun die eingearbeitete Belegschaft der Firma Strohm auseinanderzureißen: »Wenn man auch immer wieder gesagt bekommt, die Verhältnisse in der Nachkriegszeit spielen bei den augenblicklichen Entschlüssen keine Rolle, so bin ich doch dafür, daß man die heutige Gefolgschaft der Firma Strohm (...) nicht auseinander lassen sollte, um nach dem Kriege die Weiterentwicklung des Langdrehautomaten in Deutschland sofort wieder aufnehmen zu können.«[309] Damit schien sich Knorr durchgesetzt zu haben. Denn Uneinigkeit und Unschlüssigkeit bestand in der Folge nur über die Verwendung der freigewordenen Fertigungskapazität, die »Umsetzung« der Arbeiterschaft stand hingegen nicht mehr zur Debatte.

---

[307] Vgl. die Rolf Boehringer etwa zur gleichen Zeit übertragene Aufgabe, als Leiter des Arbeitsausschusses Drehbänke Betriebe mit entsprechender Fertigung auf ihre Stillegungsmöglichkeit zu überprüfen, auf S. 208ff dieser Arbeit.

[308] BfM an Firma Strohm, 2.10.1942. WABW, Bestand Fortuna, Ordner: BA St-T.

[309] Max Knorr an Hauptausschuß Maschinen, 8.10.1942. Ebd.

Während die Verantwortlichen des Arbeitsausschusses Revolverdrehbänke und Automaten[310] den Schwenninger Betrieb zur Fertigung von Erzeugnissen der Index-Werke[311] heranziehen wollten, sprach sich der betroffene Betriebsinhaber für die Übernahme einer Sondermaschinenfertigung aus.[312] Als bis Mitte November 1942 immer noch nichts entschieden war, bat Knorr den BfM Karl Lange um eine umgehende Klärung der Angelegenheit, »denn wir können es unmöglich darauf ankommen lassen, daß (...) die Fertigung der Langdrehautomaten ausläuft und die Firma nicht weiß, was sie nun zu tun hat«.[313] Daraufhin erklärte sich der BfM damit einverstanden, »die Firma Strohm für VKF[314] (Sondermaschinen für Kugellager) arbeiten zu lassen«.[315] Dem Wunsch des Firmeninhabers, mit Aufträgen einer Sondermaschinenfertigung belegt zu werden, war also entsprochen worden. Allerdings würde der Schwenninger Betrieb mit dieser Fertigung nach Einschätzung Knorrs nur bis Mitte 1943 ausgelastet sein. Um erneute Diskussionen um die Belegung des Unternehmens von vornherein auszuschließen, erkundigte sich Knorr bereits im Dezember 1942 beim Leiter des Arbeitsausschusses Sondermaschinen, ob der Betrieb ab Mitte 1943 nicht für eine andere Sondermaschinenfertigung eingesetzt werden könnte.[316] Offenbar lastete aber die zugewiesene Fertigung für die Firma VKF die Fertigungskapazitäten bei dem Schwenninger Betrieb bereits zu Beginn des Jahres 1943 nicht aus. Denn zu diesem Zeitpunkt übernahm das Unternehmen einen zusätzlichen Auftrag der Dessauer Junkers Flugzeug- und Motorenwerke und meldete dies gemäß der »Anordnung über die Genehmigungspflicht der Hereinnahme von artfremden Aufträgen im Werkzeugmaschinenbau« vom 5. Februar 1943 der Behörde des BfM - allerdings erst nach Vetragsabschluß.[317] Im Juni 1943 handelte man bei der Firma Strohm erneut eigenmächtig und ohne vorherige Genehmigung durch den Hauptausschuß Maschinen, indem ein Anschlußauftrag der Firma VKF kurzerhand abgelehnt wurde.[318] Wie Max Knorr einem Schreiben der Junkers-Werke entnahm, bewegten sich die Planungen hinsichtlich der Belegung der Strohm-Kapazitäten daraufhin in eine ganz neue Richtung. Nunmehr sollte die gesamte, der Lenkung durch den Hauptausschuß Maschinen unterliegende Fertigungskapazität des Betriebes dem zum Hauptausschuß Motoren- und Getriebebau gehörenden Sonderaus-

---

310 Wilhelm Fehse von der Firma Pittler und Karl Tessky von den Esslinger Index-Werken.

311 Die 1914 in Esslingen unter dem Namen Index Hahn & Kolb gegründete Werkzeugmaschinenfabrik produzierte von Anfang an nur einen Typ Werkzeugmaschinen, den »Hochleistungsrevolverautomat«, und war mit dieser Einschränkung ihrer Produktpalette die große Ausnahme im deutschen Werkzeugmaschinenbau. Vgl. Maschinenbau-Handbuch 1939/40, S. 354, und F. Olk, Spitzenmaschinen für den Austauschbau, in: Der Vierjahresplan 3 (1939), 19. Folge, S. 1138f.

312 Firma Strohm an Max Knorr, 31.10.1942. WABW, Bestand Fortuna, Ordner: BA St-T.

313 Max Knorr an BfM, 13.11.1942. Ebd.

314 Vereinigte Kugellagerfabriken. Hier ist vermutlich das Bad Cannstatter Werk, ehemals Norma, gemeint.

315 Hauptausschuß Maschinen an Max Knorr, 26.11.1942. WABW, Bestand Fortuna, BA St-T.

316 Max Knorr an Leiter des Arbeitsausschusses Sondermaschinen, Hegner, 7.12.1942. Ebd.

317 Firma Strohm an BfM, 19.2.1943. Ebd.

318 Firma Strohm an Max Knorr, 4.6.1943. Ebd.

schuß T 1 (Junkers-Triebwerke) zur Verfügung gestellt werden. In Zukunft sollte der Schwenninger Betrieb vornehmlich Ölrückförderpumpen für Junkers-Motoren in Serienfabrikation herstellen.[319] Wenngleich der Betriebsinhaber von Strohm einer solchen Entwicklung durch die eigenständige Übernahme von Junkers-Aufträgen Vorschub geleistet haben könnte, muß der ausbleibende Protest des Hauptausschusses Maschinen und seines Bezirksbeauftragten doch verwundern, denn die Branche verlor wertvolle Kapazität an eine reine Rüstungsproduktion.[320] In der Übernahme branchenfremder Rüstungsfertigung scheint man bei der Firma Strohm hingegen ab Mitte 1943 die entscheidende Überlebensgarantie für das Unternehmen gesehen haben. Auch die nun folgenden Einzelfälle sind charakteristische Beispiele für die Probleme, die sich bei den Stillegungsaktionen konkret ergaben.

### *Knorrs »Sorgenkind«[321]: die Esslinger Firma Roth & Müller*

Von einer Stillegung ihrer Fräsmaschinenproduktion war 1942 die Esslinger Präzisionswerkzeug- und Maschinenfabrik Roth & Müller[322] betroffen. Wie zuvor bei der Firma Strohm hatte man im Hauptausschuß Maschinen offensichtlich keine klaren Vorstellungen, was mit der freiwerdenden Kapazität bzw. den freigesetzten Arbeitskräfte geschehen sollte. Im Juli 1942 sprach Knorr von »vielerlei sich teilweise widersprechenden Bestimmungen, die inbezug auf die Kapazität der Firma R. & M. seit Kriegsbeginn von verschiedenen Seiten gemacht« worden seien.[323] So hatte zunächst ein Mitarbeiter des BfM die sofortige Stillegung des Fräsmaschinenbaus angeordnet, später jedoch eine Auslaufzeit bis Ende 1943 zugestanden.[324] Bei Roth & Müller hatte man daraufhin verstärkt auf den zuvor eher marginalen Bereich des Werkzeugbaues gesetzt. Zudem war der Betrieb mit Unterlieferungen für die Reutlinger Firma Burkhardt & Weber beauftragt worden. Damit, so Max Knorr im Juli 1942 in einem Schreiben an den BfM, sei die Belegschaft »voll beschäftigt« und eine Stillegung und der damit verbundene Abzug der Arbeitskräfte nicht mehr vertretbar.[325] Mit dieser Auffassung setzte er sich sowohl beim BfM als auch beim Landeswirtschaftsamt durch,[326] wobei der BfM nunmehr sogar anordnete, die Werkzeugproduktion bei der Firma Roth & Müller zu steigern. Kurz darauf ordnete jedoch der Sonderausschuß Werkzeuge die Umstellung auf Spezial-

---

[319] Technisches Hauptbüro der Junkers Flugzeug- und Motorenwerke AG an Max Knorr, 23.6.1942. Ebd.

[320] Max Knorr an Firma Strohm, 26.6.1942. Firma Strohm an Max Knorr, 2.7. und 28.7.1942. Ebd.

[321] Als solches bezeichnete Knorr die Firma 1943. Max Knorr an Sonderausschuß Werkzeugmaschinen, 30.8.1943. WABW, Bestand Fortuna, Ordner: BA Roth & Müller 1942-1944.

[322] Vgl. Maschinenbau-Handbuch 1939/40, S. 355.

[323] Max Knorr an Sonderausschuß Werkzeugmaschinen, 30.8.1943. WABW, Bestand Fortuna, Ordner: BA Roth & Müller 1942–1944.

[324] Ebd.

[325] BfM an Württembergisches Wirtschaftsministerium, 1.7.1942. Max Knorr an BfM, 7.7.1942 und 20.7.1942 (Zitat). Ebd.

[326] Landeswirtschaftsamt an Firma Roth & Müller, 17.7.1942. Ebd.

werkzeuge an, anschließend verlangte der Esslinger Bezirksunterausschuß des Wehrkreisbeauftragten die vornehmliche Fertigung von Massenwerkzeugen.[327]

Trotz dieses »Zick-Zack-Kurses« bei den Produktionsanweisungen war eine Stillegung des Betriebes bis Sommer 1943 kein Thema mehr. Ab Juli allerdings scheint insbesondere das für Esslingen zuständige Rüstungskommando Stuttgart II sowie der Esslinger Bezirksunterausschuß des WKB an einer Schließung interessiert gewesen zu sein. Bei seinem im Juli 1943 bei der Rüstunginspektion gestellten Stillegungsantrag berief sich das Rüstungskommando auch auf Rückendeckung durch einen Mitarbeiter des Hauptausschusses Maschinen. Da sich dieser jedoch nur für die Einstellung des Werkzeugbaues ausgesprochen hatte, der vom Rüstungskommando gestellte Stillegungsantrag aber den gesamten Betrieb betraf, beklagte Knorr die im Hauptausschuß vorherrschende Tendenz zu »Teilentscheidungen«, bei der der Blick fürs Ganze verloren gehe.[328] Wer, so fragte er, solle bei einer Schließung des Betriebes zukünftig beispielsweise die bei Roth & Müller untergebrachten Werkzeugunteraufträge für Burkhardt & Weber übernehmen? Dringend mahnte er beim Sonderausschuß Werkzeugmaschinen an, bei Entscheidungen das gesamte Fertigungsprogramm von Roth & Müller (Werkzeuge, auslaufende Fräsmaschinenfertigung und Unterlieferungen) zu berücksichtigen. Ein »Teilgebiet« - wie geschehen - zu bearbeiten und es dann ihm als Bezirksbeauftragten zu überlassen, »die verfahrene Situation wieder ins Reine zu bringen«, war für Knorr der falsche Weg.[329] Zudem verlangte er, bei Entscheidungen wie der Stillegung eines Unternehmens vorher unterrichtet und um seine Meinung gefragt zu werden. Daß er im vorliegenden Fall übergangen worden war, quittierte er mit der bitteren Bemerkung, er habe mit der Firma Roth & Müller bereits »soviel Ärger und Arbeit« gehabt, daß er nichts dagegen hätte, wenn sie in Zukunft »von Berlin direkt betreut« würde.[330]

Knorr zog sich jedoch nicht aus der Verantwortung zurück. Vielmehr unterbreitete er dem Sonderausschuß Werkzeugmaschinen den Vorschlag, erst nach einer gründlichen Überprüfung des Esslinger Betriebes endgültig über das Schicksal der Firma zu befinden. Die dort getroffene Vereinbarung sollte dann für alle beteiligten Dienststellen verbindlichen Charakter haben, um den nach Knorrs Meinung berechtigten Vorwurf von Roth & Müller, das Vorgehen gegen sie sei »systemlos«, zu entkräften.[331] Aufgrund der am 11. November 1943 durchgeführten Überprüfung, an der zwei für das Gebiet Werkzeuge zuständige Vertreter des Hauptausschusses Maschinen, der Leiter des Esslinger Bezirksunterausschusses, je ein Vertreter des WKB und des Rüstungskommandos Stutt-

---

[327] Max Knorr an Sonderausschuß Werkzeugmaschinen, 30.8.1943. Ebd.

[328] Max Knorr an Sonderausschuß Werkzeugmaschinen, 6.8.1943. Ebd.

[329] Ebd. Der betroffene Mitarbeiter des Hauptausschusses Maschinen hatte Knorr auf Anfrage mitgeteilt, daß er bei seiner Stellungnahme zugunsten der Einstellung der Werkzeugfertigung bei Roth & Müller nicht »an den Fräsmaschinenbau und an die Fertigung von Teilen für Burkhardt & Weber« gedacht habe, »weil er hierfür nicht zuständig sei«. Max Knorr an Sonderausschuß Werkzeugmaschinen, 30.8.1943. Ebd.

[330] Max Knorr an Sonderausschuß Werkzeugmaschinen, 30.8.1943. Ebd.

[331] Ebd.

gart II sowie der Fortuna-Betriebsleiter als Vertreter Knorrs teilnahmen, ergab sich für die Firma Roth & Müller eine neue Variante. Von einer Stillegung wurde zwar Abstand genommen, dafür wurde der Betrieb unter die Obhut einer »Leitfirma«[332] - der Esslinger Firma Fahrion - gestellt, der Betriebsleiter ausgewechselt und eine Bereinigung des Werkzeugprogrammes angeordnet. Außerdem sollte das Unternehmen durch den zuständigen Unterausschuß des WKB überwacht werden, und alle vier Wochen war ein Zusammentreffen einer sogenannten technischen Kommission, bestehend aus der Betriebsleitung von Roth & Müller und Vertretern des WKB, geplant. Damit war ein umfassender Zugriff auf die Firma gewährleistet.

Obwohl der Vertreter des Rüstungskommandos Stuttgart II, Rettenmaier, auf dessen Veranlassung der Stillegungsantrag im Sommer gestellt worden war, auch während der Betriebsüberprüfung weiterhin auf einer Schließung beharrt hatte, da andere Werkzeughersteller die Arbeitskräfte dringender benötigten, setzten sich die Vertreter aus Berlin durch. Das Festhalten am Stillegungsantrag resultierte offenbar aus Spannungen zwischen dem »Betriebsführer« von Roth & Müller einerseits, Rüstungskommando sowie WKB andererseits. Bei der Betriebsüberprüfung im November war auch Knorrs Vertreter ein »gespanntes Verhältnis« zwischen den regionalen Dienststellen und der Firmenleitung aufgefallen, wobei WKB und Rüstungskommando dem »Betriebsführer« von Roth & Müller in erster Linie mangelnde Bereitschaft zur Zusammenarbeit vorwarfen und ihm den notwendigen technischen Sachverstand absprachen.[333] Die Betriebsleitung vermutete jedoch andere Motive hinter dem hartnäckigen Beharren auf einer Stillegung ihres Unternehmens. Nach Kriegsende erklärten sie, daß dahinter »rein politische Gründe« gesteckt hätten, da der damalige »Betriebsführer« als »politisch unzuverlässig und als Gegner der Partei« gegolten habe. In dieser »äußerst bedrohlichen Situation« habe Max Knorr als Bezirksbeauftragter die Firma »in uneigennützigster Weise gegen alle Machenschaften der Parteidienststellen (Wehrkreisbeauftragter, Rüstungskommando) usw.« unterstützt.[334] In seiner Spruchkammerverhandlung gab Max Knorr an, daß zu seinen Aufgaben als Bezirksbeauftragter die »Vertretung der Maschinenbaufirmen bei Eingriffen durch die technische Abteilung des Wehrkreisbeauftragten« gehört habe, die »Widerstand gegen nicht sachliche Entscheidungen« miteingeschlossen habe. Diesen »Widerstand« habe er im Fall Roth & Müller geleistet, so daß eine Stillegung erfolgreich hätte verhindert werden können.[335]

---

[332] Vgl. dazu die Aufgaben und Zuständigkeiten der Firma Werner & Pfleiderer, die für die Reutlinger Maschinenfabrik zum Bruderhaus als »Leitfirma« eingesetzt wurde, auf S. 131ff.

[333] Protokoll der Betriebsüberprüfung bei Roth & Müller am 11.11.1943, verfaßt von Knorrs Vertreter am 17.11.1943. WABW, Bestand Fortuna, Ordner: BA Roth & Müller 1942-1944.

[334] Eidesstattliche Erklärung des ehemaligen »Betriebsführers« von Roth & Müller vom 17.2.1948 sowie die eines Anteileigners des Unternehmens vom 13.2.1948. StAL, EL 902/20 Bü 37/05/4073.

[335] Max Knorr an Spruchkammer, 12.12.1946. Ebd.

Der Fall Roth & Müller hatte für Max Knorr noch in anderer Hinsicht Folgen. Da er neben seiner Funktion als Bezirksbeauftragter auch mit der Leitung des Arbeitsausschusses Schleifmaschinen betraut war, mußte sich Max Knorr im Frühsommer 1942 gegen den Vorwurf zur Wehr setzen, »im Falle Roth & Müller in Esslingen umgefallen« zu sein. Er würde nun gegen eine Stillegung votieren, so wurde gemutmaßt, weil er die Kapazität für Unteraufträge seiner Firma in Anspruch nehmen wolle. Gegen diese Anschuldigung verwahrte sich Knorr energisch.[336] Rückendeckung erhielt er vom BfM Karl Lange, der zunächst bestätigte, daß der Vorwurf auch im Hauptausschuß Maschinen bekannt geworden war. Dort kursiere die Version, daß Knorr die Firma Roth & Müller ebenfalls am liebsten für Unterlieferungen der Fortuna-Schleifmaschinen eingesetzt hätte und darauf lediglich verzichtet habe, um den Eindruck zu vermeiden, durch diesen Schritt den Bau einer Schleifmaschine der Konkurrenz verhindern zu wollen. Dieser Vorwurf sei in seinen Augen aber bloßes »Gerede« und »vollendete(r) Unsinn«, stellte sich Lange hinter seinen Bezirksbeauftragten.[337]

In der Tat hatte 1942 kurzfristig die Überlegung bestanden, bei der Firma Roth & Müller anstelle der vom Herstellungsverbot betroffenen Fräsmaschinen den Bau von Schleifmaschinen aufzunehmen. Dieser Plan war aber schnell wieder aufgegeben worden.[338] Offensichtlich war der Bau einer Schleifmaschine der Stuttgarter Firma Georg Karstens vorgesehen gewesen, eine Konstruktion, die Knorr - in seiner Eigenschaft als Leiter des Arbeitsausschusses Schleifmaschinen - als technisch nicht überzeugend beurteilt hatte. Eine anschließende nochmalige Überprüfung der Firma Karstens durch einen Vertrauensmann Knorrs aus der Firma Schmid & Schaudt[339] bestätigte dies. Gegen diese Bewertung hatte die Firma Karstens beim BfM Protest eingelegt und offenbar sowohl Knorr als auch dem Vertreter von Schmid & Schaudt unterstellt, sich mit diesem Vorgehen unliebsamer Konkurrenz entledigen zu wollen. Im Oktober 1942 hatte Knorr daraufhin den Leiter des Sonderausschusses Werkzeugmaschinen gebeten, ihn im Falle Karstens von seinen Aufgaben als Ausschußleiter zu entbinden.[340] Nach Kriegsende strengte der Inhaber der Firma Karstens gegen Knorr und den Vertreter der Firma Schmid & Schaudt in dieser Angelegenheit einen Prozeß vor dem Stuttgarter Landgericht an, und in der Spruchkammerverhandlung gegen Max Knorr trat er als Kläger auf. Mit seiner Anschuldigung, Knorr habe seine Funktion als Arbeitsausschußleiter zum Schaden einer anderen Firma ausgeübt, konnte er sich allerdings bei diesem Gremium, das insbesondere auf den bereits zuungunsten des Klägers Kar-

---

[336] Max Knorr an BfM, 12.5.1942. WABW, Bestand Fortuna, Ordner: BA Roth & Müller 1942-1944.

[337] BfM an Max Knorr, 21.5.1942. Ebd.

[338] Max Knorr an BfM, 20.7.1942. Ebd.

[339] Ein in Stuttgart-Heslach ansässiger und ebenfalls auf die Fertigung von Schleifmaschinen spezialisierter Betrieb.

[340] In einer vergleichbaren Situation verhielt sich Rolf Boehringer als Ausschußleiter ganz ähnlich. Vgl. S. 213.

stens ausgegangen Prozeß gegen den Vertreter der Firma Schmid & Schaudt verwies, nicht durchsetzen.[341]

*»Aussterbeliste«*[342]

In einer zweiten Stillegungswelle Anfang März 1943 erhielten reichsweit insgesamt 228 Werkzeugmaschinenfabriken die Mitteilung, daß sie mit dem 30. Juni 1943 den Bau von Werkzeugmaschinen einzustellen hatten. In einer sogenannten Liste III waren sie zuvor in vier Kategorien eingeteilt worden. Während den einen die freiwerdenden Arbeitskräfte »für vordringliche Aufgaben des Maschinenbaues entzogen werden« sollten (Kategorie 1), war der Einsatz anderer Unternehmen für Reparaturarbeiten (Kategorie 2), den Vorrichtungsbau (Kategorie 3) oder den Bau von »Forkardt-Futtern«[343] (Kategorie 4) vorgesehen.[344] In einem Schreiben an die »Betriebsführer« der betroffenen Firmen erläuterte der Bevollmächtigte für die Maschinenproduktion, Karl Lange, diese Maßnahme. Wegen der knappen Versorgung mit Rohstoffen und Arbeitskräften sollten diese Ressourcen nach einer Weisung von Rüstungsminister Speer nur noch in sogenannten Bestbetrieben eingesetzt werden. Den vom Herstellungsverbot betroffenen Betrieben war deshalb - wie bei der ersten Stillegungswelle auch - ab sofort die Annahme von Aufträgen für Werkzeugmaschinen verboten. Als letzter Termin für den Auslauf der Werkzeugmaschinenproduktion wurde der 30. Juni 1943 bestimmt. Bereits »angearbeitete« Maschinen durften nur dann fertiggestellt werden, wenn für sie entsprechende »Vormerkscheine«[345] vorlagen, die betriebliche Versorgung mit Rohstoffen dies zuließ und die Fertigstellung bis zum 30. Juni möglich war. Zwar wisse er, hieß es in Langes Schreiben, daß »diese Anordnung mit allen ihren Folgen Ihren Betrieb auf das Schwerste« treffe, sie sei jedoch angesichts der geschilderten Knappheit der Ressourcen nicht zu umgehen gewesen.[346] In den Fällen, in denen eine Aufrechterhaltung des Betriebes infolge dieser Maßnahme unmöglich wurde, war

---

[341] Max Knorr an Leiter des Sonderausschusses Werkzeugmaschinen, Haverbeck, 3.10.1942; Max Knorr an Firma Karstens, 21.9.1942; Protokoll der öffentlichen Sitzung vom 25.2.1948; Spruch vom 14.5.1948. StAL, EL 902/20 Bü 37/05/4073.

[342] Bezeichnung Knorrs für die »Liste III«. Max Knorr an Hauptausschuß Maschinen, Kolberg, 15.2.1943. WABW, Bestand Fortuna, Ordner: A-B.

[343] Hier konnte nicht genau ermittelt werden, um was für Maschinenteile es sich handelte. Es ist jedoch anzunehmen, daß es sich um ein besonders kriegswichtiges Maschinenteil handelte, das von der Firma Forkardt hergestellt wurde.

[344] Hauptausschuß Maschinen an die Arbeitsausschüsse im Sonderausschuß Werkzeugmaschinen und die Bezirksbeauftragten, 26.3.1943. WABW, Bestand Fortuna, Ordner: BA HA Masch. 1943.

[345] Seit 1942 gültiges Verfahren, das den Absatz in der Maschinenindustrie regelte. Der Vormerkschein war ein Bedarfsprüfungspapier, das vom beauftragten Hersteller zum Besteller, anschließend zur Bedarfsprüfungsstelle und, im Falle einer Anerkennung, an die Bewirtschaftungsstelle geschickt wurde. Lag auch die letzte Genehmigung vor, so ging der Vormerkschein zurück an die Maschinenbaufirma. Vgl. Siegel/Freyberg, Industrielle Rationalisierung, S. 179.

[346] Karl Lange an die »Betriebsführer« der betroffenen Firmen (Kategorie 1), o.D. (wahrscheinlich Anfang März 1943). WABW, Bestand Fortuna, Ordner: BA HA Masch 1943.

die Möglichkeit einer freiwilligen Schließung vorgesehen. Hier war Lange bereit, für diesen Betrieb beim zuständigen Landeswirtschaftsamt den Antrag auf Stillegung zu stellen. Unter Umständen war dies für den Betroffenen von Vorteil, da er nun in den Genuß einer Stillegungsbeihilfe - »Beihilfe aus der Gemeinschaftshilfe der Deutschen Wirtschaft« - gelangen konnte.[347]

Im Wehrkreis Va waren rund 16 Betriebe der Werkzeugmaschinenindustrie von der Schließungsaktion im Frühjahr 1943 betroffen. So war unter anderem für die Unterreichenbacher Firma Carl Benzinger die Einreihung in Kategorie 2, für den Schwenninger Betrieb Adelbert Haas in Kategorie 1, für die Ludwigsburger Firma Hestika in Kategorie 3 und für die Tübinger Himmelwerk AG sowie das Esslinger Unternehmen Roth & Müller in Kategorie 1 vorgesehen.[348] Die vom Hauptausschuß Maschinen ausgearbeitete »Liste III« in Händen, wies Knorr jedoch wiederum auf etliche Ungereimtheiten hin. Die Aufnahme der Firma Haas in die »Liste III« beispielsweise führte Knorr auf einen Irrtum zurück, denn ihre Universalwerkzeugschleifmaschinen sollten gemäß einer Entscheidung des Arbeitsausschusses Schleifmaschinen auch nach der Typenbereinigung weiterhin im Programm bleiben. Im Falle des Tübinger Himmelwerkes sollten die freiwerdenden Arbeitskräfte besser im Motorenbau der eigenen Firma eingesetzt werden, und bei der Firma Roth & Müller sei ein Abzug der Arbeitskräfte ebenfalls nicht ratsam, da diese bereits für die Werkzeugfertigung von Burkhardt & Weber eingesetzt seien.[349]

Außer der »Liste III« gab es für die Werkzeug- und Werkzeugmaschinenindustrie die sogenannten Listen II (Betriebe, die keinen »Totalschutz« genossen, deren Fertigung aber nicht stillgelegt werden sollte[350]) und I (gegen Personalabzüge »totalgeschützte« Betriebe). Als im Mai 1943 eine große Anzahl Metallarbeiter in die Kriegsmarinefertigung dienstverpflichtet werden sollte und Betriebe der Liste I (Hersteller von Engpaßwerkzeugen und -werkzeugmaschinen) von der »Umsetzungs«-Aktion auszunehmen waren, stellte Knorr sogleich die in seinem Zuständigkeitsbereich »Totalschutz« genießenden Unternehmen zusammen. Die Liste legte er einem Schreiben an die regionalen Dienststellen der Wirtschaftsverwaltung bei, in dem er diese über die geplanten Dienstverpflichtungen unterrichtete. Eine Benachrichtung etwa des WKB, ohne gleichzeitig die geschützten Betriebe namentlich aufzuführen, schien für Max Knorr ein zu hohes Risiko zu bergen. Einem Arbeitskräfteabzug aus Unkenntnis der in »Liste I« aufgeführten Firmen wollte er so von vornherein einen Riegel vorschieben. Zu den gegen Arbeitskräfteentzug totalgeschützten Fertigungen von insgesamt elf württembergischen Werkzeugmaschinenherstellern gehörte neben der Produktion der Firmen Boehringer (Son-

---

[347] Ebd.

[348] Hauptausschuß Maschinen an die Arbeitsausschüsse im Sonderausschuß Werkzeugmaschinen und die Bezirksbeauftragten, 26.3.1943. Ebd.

[349] Max Knorr an Mitarbeiter des BfM, 5.4.1943. Ebd.

[350] Erklärung Max Knorrs in einem Schreiben an die Firma Bohner & Köhle, 21.5.1945. WABW, Bestand Fortuna, Ordner: A-B.

dermaschinen für Panzer, Munition und Kurbelwellen) und Fortuna (Sondermaschinen für das Kurbelwellen- und »Hermann-Göring-Programm«[351]) unter anderem auch die der Reutlinger Firma Burkhardt & Weber (Sondermaschinen für Panzer und das »Hermann-Göring-Programm«) mit ihren vier Unterlieferanten[352], die Fertigung der Reutlinger Betriebe Wafios (Sondermaschinen für das Kurbelwellenprogramm) und Gustav Wagner (Engpaßmaschinen für das Burkhardt & Weber-Programm) sowie die der beiden Esslinger Unternehmen Boley (Feinstdrehbänke, Kleinrevolver, Werkzeuge) und Index-Werke (Automaten).[353] »Totalschutz« bei den Werkzeugherstellern genossen die Fertigungen von 25 württembergischen Betrieben. Unter der Rubrik »wichtig« hatte Knorr auch diejenigen Betriebe in seiner Zusammenstellung berücksichtigt, die durch Verlagerungen oder Zuschaltungen zu den Totalschutz-Firmen einen fast ebenso hohen Schutz genossen.[354]

*Fall Bluthardt*

Nachdem der Hauptausschuß Maschinen noch im Dezember 1942 von einer Stillegung der Bohrmaschinenfertigung der Nürtinger Firma Bluthardt[355] aufgrund einer nochmaligen Überprüfung durch den zuständigen Leiter des Arbeitsausschusses Abstand genommen hatte, stand das Unternehmen kurz darauf, im Februar 1943, wiederum zur Disposition. Auf einer Sitzung des Sonderausschusses Werkzeugmaschinen war beschlossen worden, den Betrieb »auf die Liste III zu setzen und ihn aussterben zu lassen«.[356] Gegen diesen Beschluß erfolgte jedoch Einspruch von höchster Stelle. Sowohl die Kanzlei des Führers als auch eine Wehrmachtdienststelle verlangten die Übernahme der Firma Bluthardt in die »Liste II«. Während sich Max Knorr gegen ein Nachgeben aussprach,[357] hob der Hauptausschuß Maschinen den Stillegungsantrag auf und reihte das Unternehmen in die »Liste II« ein.[358]

Dieser Kurs, der gegenüber der Firma Bluthardt von seiten der obersten Ebene der NS-Wirtschaftsverwaltung an den Tag gelegt wurde, sorgte bei der Mittelinstanz für entsprechende Verwirrung. Wegen »des dauernden Wechsels in der Ansicht über die Fa. Bluthardt« hätten die regionalen Dienststellen »jeg-

---

[351] Vermutlich ein vordringliches Programm der Luftwaffenrüstung.

[352] Dies waren die Bad Cannstatter Firma Otto Dürr, die Schwenninger Firma Jakob Haller, die Firma Burkhardt in Pfullingen und die Esslinger Firma Roth & Müller.

[353] Außerdem die folgenden Firmen: Heller in Nürtingen, Hüller in Ludwigsburg, die Maschinenfabriken Ravensburg und Weingarten, Schuler in Göppingen und Schmid & Schaudt in Stuttgart.

[354] Max Knorr gleichlautend an Rüstungsobmann, WKB, Gruppe »Arbeitseinsatz« bei der Rüstungskommission und Landesarbeitsamt, 12.5.1943 (mit Listen). WABW, Bestand Fortuna, Ordner: BA HA Masch. 1943.

[355] Vgl. Maschinenbau-Handbuch 1939/40, S. 667.

[356] Max Knorr an Hauptausschuß Maschinen, Kolberg, 15.2.1943. WABW, Bestand Fortuna, Ordner: A-B.

[357] Max Knorr an Mitarbeiter des Hauptausschusses Maschinen, 12.2.1943. Ebd.

[358] Hauptausschuß Maschinen an Max Knorr, WKB und Landeswirtschaftsamt, 19.12.1942. Ebd.

liche Bearbeitung des Falles eingestellt«, berichtete Anfang März 1943 ein sichtlich empörter Knorr, und er forderte den BfM Karl Lange auf, endlich klare Anweisungen zu geben. So wisse nach der jüngsten Entscheidung niemand, ob die Firma Bluthardt nun »auch personell wieder aufgebaut werden« und in welcher Produktionshöhe die Fertigung der Bohrmaschinen erfolgen solle.[359] Die Antwort von Lange war eindeutig. Für die Firma sei weder ein besonderer Schutz gegen den Abzug von Arbeitskräften bei Einberufungen zur Wehrmacht noch eine Aufstockung ihrer Belegschaft vorgesehen. Außerdem sollte der Betrieb nur noch eine einzige Bohrmaschinentype fertigen, wobei der BfM absichtlich davon absah, hierfür »ein bestimmtes Ausbringungssoll vorzuschreiben, da dann mindestens bei Einziehungen von Gefolgschaftsmitgliedern unvermeidbar Arbeiterforderungen geltend gemacht würden«.[360] Zwar war für die Fertigung von Firmen der »Liste II« generell kein »Totalschutz« gegen Einberufungen oder Dienstverpflichtungen vorgesehen, hinter der harten Position des BfM gegenüber dem Nürtinger Betrieb könnte man aber auch die Absicht vermuten, dem nur auf politischen Druck von oben nicht stillgelegten Betrieb keine weitere »Sonderbehandlung« zuzugestehen.

Unstimmigkeit gab es außerdem in der Frage der Aufhebung der Stillegung. Die Mitteilung des Hauptausschusses Maschinen vom Dezember 1942, in der dieser WKB und Landeswirtschaftsamt darüber informiert hatte, daß von einer Stillegung Abstand zu nehmen sei, wurde von beiden Dienststellen nicht anerkannt. Solange ein Stillegungsbescheid aber formal nicht eindeutig aufgehoben war, blieb der betroffene Betrieb von jeglichen Zuweisungen von Arbeitskräften ausgenommen.[361] Die Firma Bluthardt legte dagegen bei Max Knorr im Frühjahr 1943 Protest ein. Sie wies darauf hin, daß einerseits wegen der noch nicht erfolgten Aufhebung der Stillegungsverfügung die dringend benötigte Zuweisung von Arbeitskräften nicht erfolgen könne, sie aber andererseits mit »vordringlichen Rüstungsprogrammen belegt« sei und dem »Führerbefehl des erhöhten Einsatzes« nur deshalb nicht nachkommen könne, weil ihr die dazu nötigen Arbeitskräfte »vorenthalten« würden. Sie lehne deshalb jede weitere Verantwortung für Lieferverzögerungen ab und übertrage diese nunmehr den örtlichen Dienststellen der Wirtschaftsverwaltung.[362] Diese Stellen - und hierbei insbesondere den Esslinger Bezirksunterausschuß des WKB - verdächtigte die Firmenleitung von Bluthardt, gegen ihr Unternehmen den Vorwurf der »rückständigen Betriebseinrichtung« und der zu geringen Produktion nur deshalb erhoben zu haben, um den Betrieb stillzulegen. Ein derartiger Vorwurf sei schon allein deshalb nicht berechtigt, hieß es in einem Schreiben an Max Knorr weiter, weil das Unternehmen seit Kriegsbeginn von rund 75 Belegschaftsmitgliedern bis jetzt knapp 50 verloren hätte, ohne daß ihm dafür Ersatzkräfte zugeteilt worden seien. Für die Firmenleitung war deshalb an der momentan

---

[359] Max Knorr an Hauptausschuß Maschinen, Kolberg, 10.3.1943. Ebd.
[360] Karl Lange an Max Knorr, 12.3.1943. Ebd.
[361] Max Knorr an Mitarbeiter des BfM, 10.3.1943. Ebd.
[362] Firma G. Bluthardt an Max Knorr, 9.3.1943. Ebd.

geringen Produktionsleistung ihres Betriebes einzig und allein die bewußte »Vorenthaltung von Arbeitskräften« schuld, weswegen Max Knorr um Unterstützung und seine »persönliche Bemühung« gebeten wurde.[363]

Als im Mai 1943 der Stillegungsbeschluß formal immer noch nicht aufgehoben war, vermutete der Betriebsinhaber von Bluthardt, daß dies an der Haltung einer dem WKB unterstehenden »Prüfungskommission V« liege. Er bezichtigte diese, an einer Aufhebung gar nicht interessiert zu sein und deshalb die Zustimmung zu verweigern. Inzwischen befürchtete er sogar eine »Aburteilung durch ein Sondergericht«, weil der Betrieb seinen Lieferungsverpflichtungen nicht nachkommen könne, und führte die als nicht gerechtfertigt empfundene Behandlung seines Betriebes auf »eine persönliche Stellungnahme gegen meine Firma« zurück.[364] Knorr bestätigte, daß »zwischen den Entscheidungen der Prüfungskommission V und denen des BfM (...) Meinungsverschiedenheiten« bestünden.[365] Nun sei es die Aufgabe des BfM, im Falle Bluthardt zu einer Lösung zu gelangen, erklärte er, zumal er »durch frühere Meinungsäußerungen in der Angelegenheit vorbelastet« sei.[366] Denn bereits die Rücknahme des ersten Stillegungsbescheides durch den Hauptausschuß Maschinen im Dezember 1942 hatte nicht nur der WKB nicht anerkannt, sondern sie war auch bei Max Knorr auf Unverständnis gestoßen.[367] Ebensowenig Verständnis hatte Knorr der Rücknahme des zweiten Stillegungsbeschlusses im Februar 1943 entgegengebracht.[368]

Ob und wie die Angelegenheit letztlich geklärt wurde, läßt sich aus den Unterlagen nicht entnehmen. Allerdings beschwerte sich die Firma Bluthardt noch ein Jahr später über das beim Esslinger Bezirksunterausschuß des WKB bestehende »beleidigende Urteil« über ihren Betrieb.[369] Erst im November 1944, nachdem ein Mitarbeiter des Rüstungskommandos Stuttgart II den Betrieb erstmalig besichtigt und prompt die Zuweisung von 15 Arbeitskräften veranlaßt hatte, habe der Bezirksunterausschuß sein Urteil endlich zum Teil korrigiert, teilte die Firmenleitung Max Knorr erleichtert mit.[370] Dieser verlangte daraufhin vom Rüstungskommando Stuttgart II Auskunft darüber, ob sich durch die Betriebsbesichtigung an der Auffassung des Bezirksunterausschusses Esslingen, daß die Firma Bluthardt »hinsichtlich der Produktionsweise außerordentlich im Rückstand« sei und »deshalb die Zuweisung von Arbeitskräften für diese Firma nicht infrage« komme, tatsächlich etwas geändert habe.[371] Dies war offensichtlich der Fall. Max Knorr wurde jedenfalls auf seine Anfrage hin mitgeteilt, daß »der Unterausschuß Esslingen heute die Dinge richtig« beurteile

---

[363] Firma G. Bluthardt an Max Knorr, 6.3.1943. Ebd.
[364] Firma G. Bluthardt an Max Knorr, 15.5.1943. Ebd.
[365] Max Knorr an Firma G. Bluthardt, 20.5.1943. Ebd.
[366] Max Knorr an Mitarbeiter des BfM, 20.5.1943. Ebd.
[367] Max Knorr an Rüstungsobmann Otto Fahr, 22.5.1943. Ebd.
[368] Max Knorr an Hauptausschuß Maschinen, 15.2.1943 und 12.2.1943. Ebd.
[369] Firma G. Bluthardt an Max Knorr, 20.11.1944. Ebd.
[370] Ebd.
[371] Max Knorr an Rüstungskommando Stuttgart II, Rettenmaier, 22.11.1944. Ebd.

und die Firma Bluthardt deshalb gebeten werde, künftig von weiteren Beschwerdebriefen Abstand zu nehmen.[372] Auch Max Knorr riet der Firma, »die Angelegenheit ruhen« zu lassen, wenn dadurch eine bessere Betreuung durch den Bezirksausschuß erreicht werden könne.[373]

*Firma Rudolf Kölle*

Von ähnlich widersprüchlichen Anweisungen war die Esslinger Firma Kölle betroffen. Nachdem die Firma gegen die im März 1943 angeordnete Stillegung ihres Bandsägenbaus beim BfM Protest eingelegt hatte, erging an den Bezirksbeauftragten Max Knorr die Frage, ob eventuell die Fertigung einer Stahlbandsägentype doch bei Kölle belassen werden und lediglich ein Austausch von Fachkräften zugunsten der Engpaßwerkzeugmaschinen-Hersteller erfolgen könnte.[374] Vor einer endgültigen Entscheidung wollte der BfM die Stellungnahme Knorrs abwarten. Anfang April wurde der Stillegungsbeschluß gegen die Firma Kölle tatsächlich rückgängig gemacht.[375] Da aber ursprünglich laut »Liste III« die Arbeitskräfte des Betriebes für »vordringliche Aufgaben im Maschinenbau« eingesetzt werden sollten[376] und deshalb eine erste Anweisung zur »Umsetzung« der Kölle-Facharbeiter zur Nürtinger Firma Heller vom Hauptausschuß Maschinen bereits an das Landesarbeitsamt ergangen war,[377] hatte Anfang April Knorr die Aufgabe, die betroffene Firma und das Landesarbeitsamt über die Rücknahme der Stillegung zu informieren und anzuweisen, die bereits in die Wege geleitete »Umsetzung« wieder rückgängig zu machen.[378] Im Hauptausschuß Maschinen scheint man sich auch danach in der Angelegenheit Kölle nicht einig gewesen zu sein. Auf den selben Tag wie das Schreiben, in dem Knorr die Aufhebung der Stillegung mitgeteilt worden war, war eine zweite Mitteilung des Hauptausschusses Maschinen datiert, in der angeordnet wurde, daß nach nochmaliger interner Klärung die Kölle-Arbeitskräfte doch zur Firma Heller dienstverpflichtet werden müßten.[379] Knorr reagierte ungehalten und erklärte, »im Falle Kölle kenne ich mich nun nicht mehr aus«. Gerade erst habe er den Abzug der Kölle-Arbeitskräfte beim Landesarbeitsamt gestoppt, schimpfte er, nun würde die »Umsetzung« doch wieder angeordnet. Daß mit diesem Beschluß die eigentliche Absicht des Hauptausschusses, die Sägenfertigung bei der Firma Kölle zu belassen, konterkariert würde, machte Knorr unmißverständlich deutlich. Denn der jetzt doch angeordnete Abzug von neun Fachkräften bedeute bei dem ohnehin geringen Facharbeiteranteil des Betriebes »doch wiederum Aufgabe der Sägenfertigung bei Kölle«.[380]

[372] Max Knorr an Firma G. Bluthardt, 5.12.1944. Ebd.
[373] Ebd.
[374] BfM an Max Knorr, 10.3.1943. WABW, Bestand Fortuna, Ordner: BA I-L 1942-1945.
[375] Max Knorr an Mitarbeiter des BfM, 29.3.1943. Ebd.
[376] Liste III. WABW, Bestand Fortuna, Ordner: BA HA Masch. 1943.
[377] Max Knorr an Mitarbeiter von BfM, 29.3.1943. WABW, Bestand Fortuna, Ordner: BA I-L 1942-1945.
[378] Max Knorr gleichlautend an Firma Kölle und Landesarbeitsamt, 2.4.1943. Ebd.
[379] Hauptausschuß Maschinen an Max Knorr, 2.4.1943. Ebd.
[380] Max Knorr an Mitarbeiter des BfM, 5.4.1943. Ebd.

Dies war nicht die einzige Unstimmigkeit. Hatte sich der zuständige Arbeitsausschußleiter zunächst für den Verbleib der Sägenfertigung bei der Firma Kölle ausgesprochen und gegenüber dem Betriebsinhaber energisch auf seine alleinige Zuständigkeit in solchen Entscheidungen hingewiesen,[381] gab er diese Position nach einer negativen Beurteilung des Unternehmens durch den Sonderausschuß Werkzeugmaschinen auf. Er habe den Auftragsbestand der drei anderen, nach der Typnormung als Hersteller verbleibenden Bandsägenfirmen nicht gekannt, entschuldigte der Arbeitsausschußleiter seine zuvor vertretene Meinung. Nach den ihm jetzt zur Verfügung stehenden Informationen sei es allerdings »unzweckmäßig, das geringe zur Verfügung stehende Materialkontingent« auf vier Hersteller zu »zersplittern«.[382] Daß es in der Beurteilung dieses Betriebes zwischen dem Arbeitsausschuß Sägemaschinen und der ihm übergeordneten Instanz, dem Sonderausschuß Werkzeugmaschinen, zu unterschiedlichen Auffassungen kommen würde, scheint Max Knorr geahnt zu haben. Vorsorglich hatte er sich deshalb beim BfM erkundigt, ob der Sonderausschuß über die Rücknahme der Stillegung überhaupt informiert sei.[383] Nach dem »Rückzieher« des Arbeitsausschußleiters konnte Knorr seine Kritik nicht zurückhalten. Mit seinem Plädoyer, die Typnormung und Typenverteilung nicht nur - wie dies der Sonderausschuß getan hatte - auf die Frage einer ausreichenden Kontingentierung zu verengen, sondern ebenso Kriterien wie das »technisch beste Fabrikat, das günstigste Einsatzgewicht und die wirtschaftlich beste Fertigung« zu berücksichtigen, rügte er offen die Auffassung des Sonderausschusses.[384] Auch wenn dies natürlich nicht automatisch bedeute, daß »hier alle Vorteile bei Kölle liegen«, war Knorrs Parteinahme für die Firma Kölle deutlich. Er hielt es deshalb für seine »Pflicht«, den Sonderausschuß im Vorfeld darüber zu informieren, »welche Meinung ich im Falle eines erneuten Einspruchs der Firma Kölle beim Bezirksbeauftragten glaube vertreten zu müssen.«

Von einer Stillegung des Esslinger Betriebes wurde letztlich abgesehen. Der Sonderausschuß Werkzeugmaschinen verfügte im Juni 1943 definitiv, daß die Firma Kölle in Zukunft nur noch eine Stahlbandsägentype herstellen sollte. Damit hatten sich der BfM und Max Knorr mit ihren Vorstellungen durchgesetzt.

---

[381] Der Arbeitsausschußleiter habe zu ihm wörtlich gesagt: »Entweder bin ich der Leiter des Arbeitsausschusses für Sägemaschinen, oder bin ich's nicht und bestimme damit, ob die Sägemaschinen bei Ihnen weitergebaut werden.« Betriebsinhaber der Firma Kölle an Max Knorr, 10.4.1943. Ebd.

[382] Sonderausschuß Werkzeugmaschinen an Arbeitsausschußleiter Sägemaschinen, 9.4.1943; Arbeitsausschußleiter an Sonderausschuß Werkzeugmaschinen, 13.4.1943 (Zitat). Ebd.

[383] Max Knorr an Mitarbeiter des BfM, 5.4.1943. Ebd.

[384] Max Knorr an Sonderausschuß Werkzeugmaschinen, 19.4.1943. Ebd. Dort auch die folgenden Zitate.

*Firma Haas*

Die ebenfalls im März 1943 vom Hauptausschuß Maschinen angeordnete Stilllegung der Schwenninger Firma Adelbert Haas stand dagegen in einem offenkundigen Gegensatz zur Entscheidung des Arbeitsausschusses Schleifmaschinen, die Haas-Werkzeugschleifmaschinen in einer Normgröße weiterhin von dieser Firma bauen zu lassen. Als Leiter des Arbeitsausschusses war Knorr über die nunmehr verfügte Schließung mehr als verwundert und verlangte eine umgehende Aufklärung der Angelegenheit.[385] Allerdings war er sich ziemlich sicher, daß die Aufnahme der Firma Haas in die »Liste III« irrtümlich geschehen sei.[386] Auch die betroffene Firma legte gegen ihre Stillegung Beschwerde ein. Sie protestierte nicht nur gegen die in dem Stillegungsbescheid zum Ausdruck kommende Benachteiligung des Universalwerkzeugmaschinenbaus, sondern ebenso gegen das Kriterium der Betriebsgröße, das ihrer Meinung nach bislang allein für die Ernennung zum »Bestbetrieb« ausschlaggebend gewesen sei. In seinem Beschwerdebrief an den BfM erhob der Betriebsinhaber der Firma Haas deshalb für sein Unternehmen den Anspruch, im Hinblick auf Betriebseinrichtung, Leistung und Qualität der Erzeugnisse ebenfalls als »Bestbetrieb« bezeichnet zu werden. Die Stillegungsverfügung führte er darauf zurück, daß »an verantwortlicher Stelle die Verhältnisse nicht bekannt« gewesen seien.[387] Gegenüber Max Knorr beklagte er das Vorgehen des BfM ebenfalls und bezeichnete es als »geradezu betrübend, daß mein, neben der Firma Steinel der älteste Maschinenbaubetrieb [in Schwenningen] stillgelegt werden soll und auf der anderen Seite sind viel, viel kleinere Betriebe da, die bestehen bleiben und die keine eigenen Konstruktionen und nur nachgemachte kleine Maschinen herstellen, vielleicht nur, weil ich das Unglück habe, bei der Wirtschaftsgruppe Maschinenbau nicht zu den Großen zu gehören«.[388] Mit der Befürchtung, unter dem Deckmantel der Kriegsnotwendigkeiten führe der Hauptausschuß Maschinen eine umfassende Branchenbereinigung zugunsten der Großen durch, reihte sich der Schwenninger Unternehmer ein in den großen Kreis mittlerer und kleiner Industrieller, die der Schließungsaktion in der ersten Jahreshälfte 1943 erbitterten Widerstand entgegenbrachten.[389]

Knorr unterstützte die Beschwerde der Firma und beantragte beim BfM die Annullierung der Stillegungsanordnung.[390] Daran hatte er nicht zuletzt als Leiter des Arbeitsausschusses Schleifmaschinen Interesse, denn mit Entscheiden des Hauptausschusses, die seinen Planungen im Arbeitsausschuß zuwiderliefen,

---

[385] Max Knorr an Mitarbeiter des BfM, 13.3.1943. WABW, Bestand Fortuna, Ordner: Bezirksbeauftragter H 1942-1945.

[386] Max Knorr an Mitarbeiter des BfM, 5.4.1943. WABW, Bestand Fortuna, Ordner: BA HA Masch. 1943.

[387] Firma Haas an BfM, 18.3.1943. WABW, Bestand Fortuna, Ordner: Bezirksbeauftragter H 1942-1945.

[388] Firma Haas an Max Knorr, 19.3.1943. Ebd.

[389] Vgl. Herbst, Der Totale Krieg, S. 207ff.

[390] Max Knorr an Firma Haas, 29.3.1943. WABW, Bestand Fortuna, Ordner: Bezirksbeauftragter H 1942-1945.

konnte und wollte er sich nicht einfach abfinden. Auch in diesem Fall wurde von einer Stillegung letztlich abgesehen. Im Oktober 1943 beantragte Knorr die Zuweisung zusätzlicher Arbeitskräfte an die Firma Haas, da auf Anordnung des Hauptausschusses Maschinen nun wieder die Produktion von Universalwerkzeugschleifmaschinen gesteigert werden müsse.[391] Und wenige Monate später sollten gemäß einer Anordnung des OKH im Jahr 1944 insgesamt 120 Werkzeugschleifmaschinen mehr gefertigt werden als ursprünglich geplant, wobei die zusätzlichen Maschinen von der Firma Haas gebaut werden sollten, deren Fabrikat man nunmehr als das beste bestimmt hatte.[392]

Wie die Beispiele gezeigt haben, wurde das Ziel der Stillegungsaktionen im Maschinenbau, möglichst viele Arbeitskräfte für kriegswichtige Zwecke freizusetzen, in Württemberg nur teilweise erreicht. Die ursprüngliche Planung, 1943 alle 16 württembergischen Werkzeugmaschinenhersteller, die in der von Max Knorr bezeichnenderweise als »Aussterbeliste« titulierten »Liste III« aufgeführten Betriebe zu schließen, wurde nicht oder nur zum Teil realisiert. Zwar sei die im Vergleich zum Vorjahr »verringerte Kontingentzuteilung im Werkzeugmaschinenbau« 1943 zumindest teilweise durch Stillegung von »über 200 Werkzeugmaschinenfirmen« aufgefangen worden, so Knorr in einem Schreiben vom Mai 1943, Betriebe in seinem Zuständigkeitsgebiet seien davon jedoch »kaum« betroffen gewesen.[393] In vielen Fällen war es offensichtlich bei der bloßen Ankündigung der Stillegung geblieben. Die durch die industriellen »Selbstverwaltungsorgane« zu steuernde »Abschaltung von Betrieben aus einer Fertigung«[394], wie es in der Bürokratensprache hieß, scheiterte häufig nicht nur am Widerstand der Betroffenen. Ebenso kontraproduktiv wirkten sich die widersprüchlichen Anordnungen der einzelnen Referate des Hauptausschusses Maschinen oder der involvierten Ausschüsse aus. Zudem waren diese oftmals nicht mit den regionalen Dienststellen abgestimmt oder vertraten diese ihre eigene Linie. Zwischen den verschiedenen Stellen und Anordnungen zu vermitteln, war die Aufgabe Knorrs. Hierbei vertrat er konsequent die Belange der württembergischen Maschinenindustrie, und in einigen Fällen konnte er durch seine Fürsprachen den von den »Selbstverwaltungsorganen« der Wirtschaft durchgeführten Eingriff in die unternehmerische Autonomie etwas abfedern.

Trotz der Bemühungen der NS-Wirtschaftsverwaltung um eine »Konzentration der Fertigung im Werkzeugmaschinenbau«[395] vor allem in den Jahren 1942 und 1943 läßt sich eine solche zumindest statistisch nicht nachweisen. Bei einem Vergleich der Branchenstruktur von 1938 mit 1944 stieg zwar die Zahl

---

[391] Max Knorr an die Gruppe »Arbeitseinsatz« bei der Rüstungskommission, 30.10.1943. Ebd.
[392] Max Knorr an Rüstungskommission, 12.2.1944. Ebd.
[393] Max Knorr an Rüstungskommission, Gruppe »Arbeitseinsatz«, 6.5.1943. Ebd.
[394] Rundschreiben des RMfRuK betr. Verfahren bei Abschaltung von Betrieben aus einer Fertigung, 15.9.1943. WABW, Bestand Fortuna, Ordner: BA Reichsminister 1942-1945.
[395] Hauptausschuß Maschinen an alle Arbeitsausschüsse im Sonderausschuß Werkzeugmaschinen und an alle Bezirksbeauftragten, 26.3.1943. WABW, Bestand Fortuna, Ordner: BA HA Masch. 1943.

der größten Betriebe mit einem Jahresabsatz von über 5 Mio. RM bis 1944 um vier Firmen an, gleichzeitig sank aber ihr Anteil am Branchenabsatz von 52 auf 48 Prozent. Dagegen stieg die Zahl der Kleinbetriebe (Jahresabsatz unter 0,5 Mio. RM) von 160 auf 240, ohne daß sich jedoch ihr Anteil am Branchenabsatz nennenswert vergrößert hätte. Die Zahl der Betriebe mit einem jährlichen Absatz zwischen 0,5 und 5 Mio. RM wuchs ebenfalls bis 1944, und zwar um 18 Prozent auf 186, ihr Anteil am Branchenumsatz blieb ebenfalls konstant bei 45 Prozent.[396]

*Branchenfremde Fertigung: Beispiel Vorrichtungsbau*

Im Herbst 1943 wurde der Werkzeugmaschinenbau gezwungen, Kapazitäten für den Vorrichtungsbau[397] freizumachen. Sollte durch diese Maßnahme einerseits der in diesem Bereich bestehende empfindliche Mangel beseitigt werden, der bislang das Anlaufen wichtiger Rüstungsprogramme verzögert hatte, war diese Anordnung andererseits für den Sonderausschuß Werkzeugmaschinen ein Hebel, die Produktionslenkung gezielter vornehmen zu können. Die Belegung mit Aufträgen des Vorrichtungsbaues, hieß es in einem Schreiben an die Bezirksbeauftragten des Hauptausschusses Maschinen, sei »selbstverständlich« nicht »ohne Beeinträchtigung der laufenden Fabrikation in Normalmaschinen« möglich.[398] Um eine möglichst gleichmäßige Verteilung über die Werkzeugmaschinenindustrie zu erreichen und um sicherzustellen, daß jene Firmen geschont würden, die bereits in stärkerem Umfange für den Bau von Sondermaschinen, Aggregaten und Vorrichtungen eingesetzt waren, hatte man im Sonderausschuß bereits im Vorfeld bestimmte Betriebe ausgewählt. Auf einer dem Schreiben des Sonderausschusses beiliegenden mehrseitigen Liste wurden alle betroffenen Werkzeugmaschinenfirmen aufgezählt mit Angabe der monatlich vorgesehenen Stundenzahl für den Vorrichtungsbau, der dafür zurückzustellenden Maschinenart und der Anwenderfirma. Die zu bauenden Vorrichtungen waren ausnahmslos für Unternehmen der Flugzeugindustrie wie Messerschmitt in Augsburg, Junkers in Dessau, Maybach Motoren in Friedrichshafen, Focke-Wulf in Bremen und BMW in München bestimmt.[399] Daß die Vorrichtungen besondere Bedeutung für das »Anlaufen wichtiger Rüstungsprogramme«, und zwar in erster Linie für das »Heimatschutzprogramm« habe, wurde vom Sonderausschuß Werkzeugmaschinen in seinem Monatsbericht für Dezember 1943 nochmals betont.[400]

---

[396] Siegel/Freyberg, Industrielle Rationalisierung, S. 201.

[397] Unter Vorrichtungen versteht man allgemein Bauteile zu Maschinen, mit deren Hilfe die Einsatzbreite der Maschine erweitert oder Teiloperationen automatisiert werden können (z.B. durch Steuerungs- und Meßmittel).

[398] Sonderausschuß Werkzeugmaschinen an Bezirksbeauftragte des Hauptausschusses Maschinen, 7.9.1943. WABW, Bestand Fortuna, Ordner: BA HA Masch. 1943.

[399] Ebd.

[400] Monatsbericht des Sonderausschusses Werkzeugmaschinen für Dezember 1943. BA/K R 3/491. Zum »Heimatschutzprogramm« vgl. Anm. 287.

Im Zuständigkeitsgebiet von Max Knorr waren von dieser Anordnung die Firmen Fritz Müller, Bohner & Köhle und Boley & Leinen in Esslingen, Wafios in Reutlingen, die Maschinenfabrik Weingarten sowie Schuler in Göppingen betroffen. Zurückzustellen war bei der Firma Wafios der Bau von Kurbelwellendrehbänken und Drahtbearbeitungsmaschinen, bei Bohner & Köhle die Fabrikation von Läpp- und Fräsmaschinen, bei Boley & Leinen der Bau von Drehbänken und bei den übrigen der Pressenbau. Die monatlich von diesen Betrieben für den Vorrichtungsbau aufzuwendende Stundenzahl bewegte sich zwischen 3750 (Bohner & Köhle) und 11 000 Stunden (Boley & Leinen). Abgesehen von der Reutlinger Firma Wafios, die an die Junkers Flugzeug- und Motorenwerke zu liefern hatte, waren die Vorrichtungen der anderen Betriebe für Messerschmitt in Augsburg bestimmt.[401]

Während beispielsweise die Firma Bohner & Köhle, ein Betrieb der »Liste II«, dessen Fertigung zwar nicht stillgelegt wurde, aber gegenüber Einberufungen auch keinen »Totalschutz« genoß, die vorgeschriebene Stundenzahl freimachen mußte,[402] gelang es der Firmenleitung von Boley & Leinen, das ihr auferlegte hohe Stundensoll erheblich zu reduzieren. Wegen der von der Firma geltend gemachten nicht gegebenen technischen Einrichtung für den vorgesehenen Schnitte- und Stanzenbau kam ihr auf vier Monate begrenzter Einsatz für den Bau von Vorrichtungen für Messerschmitt erst gar nicht zum Tragen. Allerdings mußte sie dann auf Veranlassung des zuständigen Arbeitsausschusses Verhandlungen mit der Firma Robert Bosch aufnehmen, für die sie aber nur mit 2000 Stunden im Monat Vorrichtungen fertigen sollte.[403]

### *Ein neuer Bezirksbeauftragter*

Durch den im Herbst 1943 angeordneten Vorrichtungsbau, der zunächst auf vier Monate befristet war und bereits im Dezember 1943 um zwei weitere Monate verlängert wurde, waren rund 3000 bis 3500 Arbeitskräfte des Werkzeugmaschinenbaus gebunden, die damit für die »normalen« Fertigungsprogramme ihrer Betriebe ausfielen. Indem der Vorrichtungsbau auf Anweisung des Sonderausschusses Werkzeugmaschinen vorrangig auf Kosten der Normal- bzw. Universalwerkzeugmaschinen ausgedehnt werden sollte, war die angeordnete Einschaltung der Werkzeugmaschinenindustrie in den Vorrichtungsbau zugleich ein Hebel für eine gezieltere Produktionslenkung. Die »Belastungen«, hieß es im Monatsbericht des Sonderausschusses für Dezember 1943, durch das »Hineinpressen von Vorrichtungen in den Werkzeugmaschinenbau«, aber auch »durch den Abzug von Arbeitskräften für den Werkzeugbau, durch die Notwendigkeit der Reparaturen und nicht zuletzt durch die Einziehungen zur

---

[401] Ebd.

[402] Max Knorr an Firma Bohner & Köhle, 21.5.1943; Max Knorr an Sonderausschuß Werkzeugmaschinen, 12.10.1943. WABW, Bestand Fortuna, Ordner: A-B.

[403] Firma Boley & Leinen an Leiter des Arbeitsausschusses Drehbänke, Rolf Boehringer, 12.2.1944. Ebd.

Wehrmacht« seien »in erster Linie auf die Hersteller von Normalmaschinen« verteilt worden. Im Vordergrund sollte jetzt die Entwicklung und Produktion von Spezialwerkzeug- bzw. Sondermaschinen stehen.[404]

Wie wichtig der Vorrichtungsbau für die Rüstungsendgüterfertigung, insbesondere für den Jagdflugzeugbau, im Jahr 1943/44 war, zeigt die Einrichtung eines neuen Hauptausschusses Lehren und Werkzeuge innerhalb des Speerschen Ausschußsystems. Knorr monierte Anfang Februar 1944, daß er über die Aufteilung der neu geschaffenen Amtsgruppe Maschinen und Werkzeuge in drei Hauptausschüsse nicht unterrichtet worden sei. Er befürchtete dadurch »in eine sehr schiefe Situation« zu kommen, denn nach wie vor nehme er zwar »alle Anregungen, Beschwerden, Vorwürfe« entgegen und protestiere, wenn auch »infolge Mangel an Rückhalt in Berlin meist ergebnislos«, »gegen alle Eingriffe«, kenne aber den »wirklichen Willen der Stellen, die den Werkzeug- und Vorrichtungsbau in Württemberg zu steuern und zu betreuen« hätten, im Prinzip »gar nicht«.[405] Für dringend erforderlich hielt er deshalb eine Aufklärung der zur Mittelinstanz zählenden Dienststellen über die neue Lage. Dazu gehörte für Knorr ein genaues Abstecken der Kompetenzen, um zu verhindern, daß insbesondere die Dienststellen des Wehrkreisbeauftragten, die in der »Bearbeitung der Werkzeugfirmen im Wehrkreis Va außerordentlich tätig« seien, in Zukunft auch noch von der technischen Seite in die Lenkung dieser Betriebe eingriffen.[406] Hierbei war ihm insbesondere die bei der Rüstungskommission angesiedelte Abteilung »Fertigung« ein Dorn im Auge, weil diese seit Anfang 1944 eigenständig Überprüfungen der Werkzeuge und Vorrichtungen herstellenden Firmen durchführte. Je nach Ergebnis ihrer Untersuchung verweigerte diese Abteilung den Betrieben anschließend die Zuteilung angeforderter Arbeitskräfte, setzte Kräfte in Rüstungsbetriebe um oder ordnete Programmbereinigungen an. Im Februar 1944 verlangte sie von Max Knorr, daß er einer von ihr angeordneten Programmbereinigung im nachhinein im Namen des Hauptausschusses Maschinen seinen Segen erteilen sollte. Dies lehnte Knorr zwar strikt ab, wartete jedoch auf genaue Instruktionen aus Berlin. Sollte der Hauptausschuß Maschinen »wie in früheren Fällen« keine klare Stellung beziehen, »so würde ich dies dem WKB [und Vorsitzenden der Rüstungskommission] mitteilen, der sich jedoch, was ich klar zum Ausdruck bringen möchte, nicht davon abhalten läßt, auch ohne Mitarbeit des zuständigen Arbeitsausschusses und Hauptausschusses die Bereinigung durchzuführen«. Eindringlich forderte Knorr die zuständigen Arbeitsausschüsse auf, sich bald »im hiesigen Gebiet (...) zu Wort zu melden und die Steuerung ihrer Firmen wieder selbst in die Hand zu nehmen«. Geschehe dies nicht, so übernähmen diese Aufgabe »das Büro des WKB und die Gruppe Fertigung der Rüstungskommission«. Der da-

---

[404]Monatsbericht des Sonderausschusses Werkzeugmaschinen für Dezember 1943. BA/K, R 3/491.

[405]Max Knorr an Leiter des Hauptausschusses Maschinenwerkzeuge, 9.2.1944. WABW, Bestand Fortuna, Ordner: HA Lehren und Werkzeuge 1944-1945.

[406]Ebd.

durch entstehende Verlust an Kapazität und Arbeitskräften im Maschinenbau wäre jedoch »im hiesigen Gebiet nicht mehr aufzuholen«, da der WKB »in erster Linie an die reine Rüstungsfertigung« denke, warnte Knorr.[407]

Der Anfang 1944 neu gegründete Hauptausschuß Lehren und Werkzeuge schuf sich mit der Institution von Bezirksbeauftragten - wie die »etablierten« Hauptausschüsse - einen regionalen Unterbau. Als Bezirksbeauftragter für Württemberg-Hohenzollern wurde der Ingenieur Max Bessey, zugleich Leiter der von Knorr so heftig kritisierten Abteilung »Fertigung« bei der Rüstungskommission, benannt. Diese Funktion übte Bessey von der Aufgabenstellung her im Grunde auch nach der durch den Erlaß Speers »über die Konzentration der Rüstungsfertigungen« vom Oktober 1944 verfügten Zusammenlegung mehrerer Hauptausschüsse - darunter des Hauptausschusses für Lehren und Werkzeuge - zum Hauptausschuß Maschinen aus.[408] Er fungierte seit diesem Zeitpunkt als »Gebietsbeauftragter« der dem Hauptausschuß Maschinen unterstellten Amtsgruppe Lehren und Werkzeuge.[409]

Besseys vordringlichste Aufgabe bestand darin, Arbeitsstunden für den Vorrichtungsbau in seinem Bezirk bereitzustellen. Gemäß einem Erlaß Otto Saurs[410], wonach alle Betriebe der Rüstungsendfertigung verpflichtet waren, zehn Prozent ihrer Kapazität für den Vorrichtungsbau zur Verfügung zu stellen, überprüfte Bessey zunächst die wichtigsten württembergischen Rüstungsfirmen und insbesondere deren Abteilung Werkzeugbau. Aufgrund der angespannten Situation bei diesen Firmen, so Bessey im Dezember 1944, sei die Durchführung der »von Saur befohlenen Aktion im Wehrkreis Va nicht möglich«.[411] Ebenso abschlägig beantwortete er eine Anfrage aus dem angrenzenden Gau Schwaben, ob der Wehrkreis Va nicht bei der Unterbringung von 100 000 Arbeitsstunden für den Bau von Vorrichtungen für die Luftwaffenfertigung behilflich sein könnte. Es sei ihm bislang nicht einmal gelungen, die seinem Bezirk auferlegten mehr als 300 000 Stunden unterzubringen, »ohne in wichtigste Fertigungen irgendwie einbrechen zu müssen«. Die gewünschte Hilfe sei aufgrund dieser Lage unmöglich, zumal nicht nur er, sondern auch Max Knorr, der hiesige Bezirksbeauftragte des Hauptausschusses Maschinen, sich in der »größten Verlegenheit« befinde, da letzterer für das Flak-Programm Kapazitäten bereitzustellen habe, die lediglich durch »radikale Abschaltung seither wichtigster Maschinenbauprogramme« freizustellen seien.[412]

---

407 Max Knorr an Hauptausschuß Maschinen, Abt. Vorrichtungen und Werkzeuge, 1.2.1944. WABW, Bestand Fortuna, Ordner: Bezirksbeauftragter HA Maschinen 1942-1945.

408 Zur Umstrukturierung des Ausschußsystems und des Rüstungsministeriums im Oktober 1944 vgl. S. 278f.

409 Max Knorr an Bezirksbeauftragten Bessey, 8.5.1944; Hauptausschuß Maschinen, Amtsgruppe Lehren und Werkzeuge, an Max Knorr, 20.11.1944. WABW, Bestand Fortuna, Ordner: HA Lehren und Werkzeuge.

410 Otto Saur, im Rüstungsministerium Leiter des Technischen Amtes und damit für die Rüstungsendfertigung verantwortlich, avancierte ab August 1944 zum Stabsschef des Rüstungsstabes. Vgl. S. 278f.

411 Max Bessey an Hauptausschuß Maschinen, 2.12.1944. WABW, Bestand Fortuna, Ordner: HA Lehren und Werkzeuge.

412 Max Bessey an Bezirksbeauftragten des Hauptausschusses Maschinen für den Gau Schwaben, 14.12.1944. Ebd.

### *»Abschaltungsaktion«*[413] *im Werkzeugmaschinenbau im Herbst 1944*

Während der Rüstungsausstoß im Juli 1944 seinen absoluten Höhepunkt erreichte,[414] das Regime im Jahr 1944 die letzten Reserven mobilisierte und zum Äußersten entschlossen schien,[415] beschleunigte die drohende militärische Niederlage und nicht zuletzt das mißglückte Attentat auf Hitler den »Prozeß ideologischer Radikalisierung«, liefen nunmehr Mobilisierung aller Kräfte und nationalsozialistische Revolutionierung als Tendenzen durcheinander.[416] Davon war insbesondere das Rüstungsministerium betroffen. Zwar gelang es Speer mit der Bildung des »Jägerstabes« im Frühjahr und mit der endgültigen Übernahme der Luftwaffenrüstung im Juni 1944, die Lenkung der gesamten Kriegswirtschaft bei sich zu vereinen, aber die Opposition gegen seine Person und das von ihm praktizierte Lenkungssystem verschärfte sich mit der sich abzeichnenden Niederlage. Der nationalsozialisische Vorbehalt gegenüber den Realitäten der Kriegswirtschaft und der Lenkung der Rüstungsproduktion durch Speer institutionalisierte sich im Reichswirtschaftsministerium, das darin von der SS unterstützt wurde. Die persönliche Stellung Speers wurde zunehmend von seiner im kommenden Frieden geplanten Entmachtung überschattet. Im Machtgefüge eines NS-Staates der Nachkriegszeit sollte Speer nur noch eine schwache Position innehaben.[417] In diesem Zusammenhang sind nicht nur die Angriffe gegen Speer aus dem eigenen Haus, sondern auch aus den Reihen der Gauleiter zu sehen.[418] Nachdem das NS-Regime im Juli 1944 zum zweiten Mal den totalen Krieg proklamiert hatte und Goebbels zum »Reichsbevollmächtigten für den totalen Kriegseinsatz« ernannt worden war, jagte eine Mobilisierungsmaßnahme die andere. Durch zahlreiche Auskämmaktionen konnten nochmals Tausende an die Front geschickt werden. Zu einer Absprache oder Koordination zwischen den Verantwortlichen, in erster Linie Goebbels, Himmler und Speer, kam es jedoch nicht.[419]

Hatte sich das Speer-Ministerium seit 1942 auf Kosten etablierter Institutionen eine Kompetenz nach der anderen aneignen können und dies eine ständige Ausweitung des Ausschußsystems nach sich gezogen, folgte dieser Expansion spätestens seit Oktober 1944 ein Schrumpfungsprozeß. Zunächst waren im Zuge des Erlasses Speers »über die Aufgabenverteilung in der Kriegswirtschaft« vom 29. Oktober 1943 aus der neu geschaffenen Amtsgruppe Maschinen und Werkzeuge noch drei Hauptausschüsse[420] hervorgegangen. Doch

[413] Max Knorr an Kiekebusch, 27.9.1944. WABW, Bestand Fortuna, Ordner: Bezirksbeauftragter HA Maschinen 1942-1945.

[414] Vgl. Wagenführ, Die deutsche Industrie, S. 178.

[415] Beispielsweise abzulesen am Erlaß des Führers über den totalen Kriegseinsatz vom 25. Juli 1944. RGBL I, 1944, S. 161f.

[416] Herbst, Der Totale Krieg, S. 343ff. (Zitat: S. 344).

[417] Speer schildert den seit Herbst 1943 wachsenden Widerstand gegen seine Machtposition in seinen Memoiren. Speer, Erinnerungen, S. 339ff.

[418] Janssen, Ministerium Speer, S. 157ff.

[419] Die »Geschichte des totalen Kriegseinsatzes« habe immer mehr »den Charakter einer Auseinandersetzung zwischen Wehrmacht und Wirtschaft bei der Jagd auf Arbeitskräfte« angenommen. Janssen, Ministerium Speer, S. 267ff (Zitat: S. 275).

[420] Diese drei waren: der Hauptausschuß Maschinen und Apparate mit 14 Sonderausschüssen

nur ein Jahr später wurde diese Maßnahme wieder rückgängig gemacht und die drei Hauptausschüsse sowie Teile des Hauptringes Maschinenelemente in einem gemeinsamen Hauptausschuß Maschinen zusammengefaßt, dessen Leiter nach wie vor Karl Lange hieß.[421] Der Apparat im Rüstungsministerium schrumpfte ebenfalls. Im August 1944 setzte Speer einen Rüstungsstab ein, dem alle für kriegsentscheidend erachteten Produktionen wie das Luftwaffen-, Marine- und Flakprogramm überantwortet wurden. In dem Maße, in dem der Stab unter Otto Saur zur Schaltstelle für die gesamte Rüstung wurde, verloren das Rüstungsministerium und das Ausschußsystem an Steuerungsmöglichkeiten. Der Rücktritt von Walther Schieber, Chef des Rüstungslieferungsamtes im Speer-Ministerium, im November 1944 bildete den Anfang einer Serie von Entlassungsgesuchen. Sowohl der Leiter des Rüstungsamtes als auch der Chef des Zentralamtes im Speer-Ministerium baten in der Folge darum, von ihren Aufgaben entbunden zu werden. Als »Vereinfachung der Organisation meines Ministeriums«[422] deklariert, löste Speer das Rüstungslieferungsamt daraufhin kurzerhand auf und schlug bestimmte Abteilungen dem Technischen Amt Saurs, Kehrls Rohstoffamt und Seebauers Produktionsamt für Verbrauchsgüter zu. Anfang 1945 vereinigte er außerdem das Zentralamt mit dem Rüstungsamt und ernannte einen hohen Funktionär der DAF, Theodor Hupfauer, zum Leiter.[423] Die Überantwortung immer weiterer Bereiche der Rüstung an außerhalb seines Ministeriums stehende Industrielle und die damit einhergehende zunehmend dezentrale Steuerung der Kriegsmaschinerie erreichten ihren Höhepunkt mit der Ernennung von Rüstungsbevollmächtigten, denen Speer für bestimmte regionale Bereiche die beinahe absolute wirtschaftspolitische Verantwortung übertrug.[424]

Nach der Einsetzung des Rüstungsstabes Anfang August 1944 informierte Direktor Stamm, der Beauftragte für den Maschinenbau in der neuen Lenkungsinstanz, die Mittelinstanz darüber, daß der Maschinenbau in Zukunft dem Technischen Amt und nicht mehr dem Rüstungslieferungsamt angegliedert sei. Grund für diese Maßnahme sei die kriegsbedingte Notwendigkeit, in der Maschinenbauindustrie zusätzliche Kapazitäten für die Fertigung von Rüstungsendgütern freizumachen. Um ein »ungeregeltes Hereinschleusen« von Rüstungsendfertigungen zu verhindern, sei es Otto Saur, Leiter des Technischen Amtes und Chef des Rüstungsstabes, »vorbehalten, zu bestimmen, welche Fertigungen in erster Linie unterzubringen sind«, während es dem Hauptausschuß Maschinen oblag, hierfür die Betriebe zu bestimmen.[425] Von einem re-

---

unter der Leitung von Karl Lange; der Hauptausschuß Fertigungseinrichtungen mit drei Sonderausschüssen, darunter der Sonderausschuß Werkzeugmaschinen, unter der Leitung von Prof. Heinz Kiekebusch; der Hauptausschuß Lehren und Werkzeuge mit vier Sonderausschüssen unter der Leitung von Leonhardt Schmidt. Vgl. Maschinenbau-Nachrichten Nr.3/44 vom 26.1.1944. BA/K, R 3/112.

[421] Rundschreiben des Reichsministers für Rüstung und Kriegsproduktion, 22.12.1944. BA/K, R 3/100.

[422] Rundschreiben des Reichsministers für Rüstung und Kriegsproduktion, 12.11.1944. Ebd.

[423] Ebd. Vgl. Ludwig, Ingenieure, S. 469f; Janssen, Ministerium Speer, S. 283f.

[424] Janssen, Ministerium Speer, S. 285f; Volkmann, Verantwortung, S. 492.

[425] Rundschreiben des Technischen Amtes, Direktor Stamm, 30.8.1944. WABW, Bestand Fortuna, Ordner: Hauptausschuß Maschinen 1943-1945.

gelrechten »Einbruch in die Maschinenfertigung von seiten der Rüstungsfertigung« sprach in diesem Zusammenhang Rolf Boehringer, und er vermutete, daß mit dieser Maßnahme eine »weitere, weit über dem bisherigen Prozentsatz liegende, Kürzung seiner [des Werkzeugmaschinenbaus] Kontingente« ebenso verbunden sein würde wie die Auflage, in den »freiwerdenden Kapazitäten sofort die Fertigung von Rüstungsmaterial aufzunehmen«.[426] Die vom Leiter des Hauptausschusses Maschinen, Karl Lange, nach Kriegsende herausgestellte »Sonderstellung des Maschinenbaues« innerhalb des Ausschußsystems, die er aus dessen Zugehörigkeit zum Rüstungslieferungsamt - im Gegensatz zu anderen Hauptausschüssen, die von Anfang an dem Technischen Amt zugeordnet gewesen waren - ableitete,[427] hatte somit noch vor Auflösung des Rüstungslieferungsamtes im November 1944 ein Ende gefunden.

Zwar berichtete Max Knorr bereits Anfang 1944 über die Absicht der Berliner Lenkungsstellen, den Werkzeugmaschinenbau im Laufe des Jahres »weitestgehend« zu drosseln,[428] aber zu einer auf breiter Front betriebenen Belegung der Werkzeugmaschinenindustrie mit Rüstungsaufträgen kam es erst angesichts der drohenden militärischen Niederlage im September 1944. Indem dem Hauptausschuß Fertigungseinrichtungen, welchem die Steuerung des Werkzeugmaschinenbaues oblag, zusätzliche Aufgaben wie »Stärkung des Vorrichtungsbaues, Behebung großer Fliegerschäden, Einschleusung wichtiger Rüstungsaufträge und Forcierung der Sofortprogramme« übertragen wurden, sollten große Teile der Kapazitäten der Werkzeugmaschinenindustrie auf diese Produktion umgestellt werden.[429] Die neue Situation und die sich daraus ergebenden Maßnahmen für die Branche wurden im September 1944 bei einer Sitzung des Sonderausschusses Werkzeugmaschinen in Nürtingen besprochen und den Leitern der einzelnen Arbeitsausschüsse die Aufgabe übertragen, eine neue, den aktuellen Bedingungen Rechnung tragende Produktionsplanung für ihr Gebiet zu erstellen. Angesichts dieser großangelegten »Abschaltungsaktion im Werkzeugmaschinenbau« habe die Stimmung der Anwesenden geschwankt zwischen dem ungewissen Gefühl, daß die »Eingriffe außerordentlich einschneidend und vom Standpunkt des Werkzeugmaschinenbauers aus manchmal auch zu weitgehend« seien, und der fatalistischen Haltung, daß Befehl eben Befehl sei, berichtete Knorr.

Während er daraufhin erwartete, daß ihm als Bezirksbeauftragten nunmehr umgehend die Betriebe bekanntgegeben würden, welche Kapazität für die branchenfremde Fertigung zur Verfügung zu stellen hätten, schickte ihm der zuständige Hauptausschuß Fertigungseinrichtungen stattdessen eine Liste der Firmen, deren Werkzeugmaschinenbau unbedingt aufrecht zu erhalten war. Aus

---

[426] Rolf Boehringer an Mitarbeiter im Italienstab des Reichsministers für Rüstung und Kriegsproduktion in Mailand, 18.9.1944. WABW, B 10, Bü 29.

[427] Eidesstattliche Erklärung von Karl Lange, 20.1.1948. StAL, EL 902/8 Bü 16/1/15066.

[428] Max Knorr an Hauptausschuß Maschinen, Kolberg, 18.2.1944. WABW, Bestand Fortuna, Ordner: Bezirksbeauftragter HA Maschinen 1942-1945.

[429] Max Knorr an Leiter des Hauptausschusses Fertigungseinrichtungen, Kiekebusch, 27.9.1944. Ebd. Dort auch alle folgenden Zitate.

diesem offenbar umfangreichen Verzeichnis schloß Knorr, daß »die einschneidenden Maßnahmen für den Werkzeugmaschinenbau nun doch nicht durchgeführt werden sollen«. Daß von den übrigen Sonderausschüssen des Maschinenbaus ebenfalls noch keine Mitteilung über eine Programmeinschränkung erfolgt war, bestärkte ihn in seiner Vermutung, daß auch dort kaum oder nur sehr langsam mit einem Freiwerden der Kapazitäten gerechnet wurde. Sollte es also unmöglich sein, entsprechende Fertigungskapazität im Werkzeugmaschinenbau freizumachen, so Knorrs Meinung, war es sinnlos, ihn als Bezirksbeauftragten weiterhin pausenlos zur Bekanntgabe von Kapazitäten für den Vorrichtungsbau, für Rüstungsfertigung oder Reparaturaufträge zu drängen. Außerdem monierte Knorr auch in diesem Fall Widersprüche zwischen der vom Hauptausschuß vorgelegten Firmenliste und vorherigen Anweisungen. Dies sei etwa bei der Firma Boehringer der Fall, deren Kurbelwellendrehbänke laut Liste unverzichtbar seien, obwohl zuvor eine Fertigungsdrosselung angeordnet worden war. Auch sei ein Großteil der Betriebe in dem Verzeichnis mit ihrem Normalmaschinenprogramm aufgeführt, obwohl doch gerade für den Vorrichtungsbau Kapazität »auf Kosten der Normalmaschinen« gefordert werde.

Besonders erzürnt reagierte Knorr jedoch auf Abänderungen an den Fertigungsplanungen durch den von ihm als nicht kompentent bezeichneten Rüstungsstab. So habe er als Leiter des Arbeitsausschusses Schleifmaschinen die Einstellung des Baues von Rundschleifmaschinen bei der Firma Böhmische Waffen verfügt, anschließend dort zunächst den Nachbau einer Fortuna-Schleifmaschinen ins Auge gefaßt, darauf jedoch letztlich während der Nürtinger Sitzung verzichtet, um die Kapazität für Rüstungsaufträge zur Verfügung zu stellen. In einer weiteren Liste des Hauptausschusses Fertigungseinrichtungen, die er zufällig bei Rolf Boehringer habe einsehen können, seien diese Schleifmaschinen plötzlich vom Rüstungsstab als »nicht so schlecht« bezeichnet worden. Gegen dieses Urteil, das seines einfach »über den Haufen« warf und von Leuten getroffen worden war, die Knorr für einen solchen »Spezialfall nicht als Fachleute« anerkannte, protestierte er aufs schärfste. Kiekebusch, dem Leiter des zuständigen Hauptausschusses, kreidete er an, sich der Auffassung des Rüstungsstabes einfach anzuschließen, ohne die Überlegungen und Entscheidungen der Arbeitsausschußleiter im einzelnen überhaupt zu kennen. Die Folgen eines solchen »Schlingerkurses« standen Knorr bereits vor Augen: »Die Bezirksbeauftragten sind aktionsunfähig, die Firmen können nicht mehr planen, und die Dienststellen und Rüstungsausschüsse werden mit Recht dem Maschinenbau vorwerfen, daß er den Übergang vom Maschinenbau zur Rüstungsfertigung nicht oder nur sehr schleppend zustande bringt.« Deshalb, so teilte er Kiekebusch mit, habe er seine momentane »Dienstauffassung« der Situation angepaßt - »abzuwarten und nichts zu tun« -, denn ein Weiterarbeiten sei infolge mangelnder oder widerspüchlicher Instruktionen zur Zeit unmöglich.

Vorwürfe gegen die Werkzeugmaschinenindustrie wurden von seiten des Rüstungsstabes tatsächlich erhoben. Direktor Stamm, der Beauftragte für den Maschinenbau im Rüstungsstab, warf den Werkzeugmaschinenherstellern im Oktober 1944 vor, Liefertermine nicht einzuhalten, und lobte in diesem Zusammenhang die vorbildliche Haltung des Bereiches »Wehrmachtgerät«. Der derart angegriffene Kiekebusch wies den Vorwurf in scharfem Ton zurück. Schon allein aufgrund der zahlreichen und mit sofortiger Wirkung einsetzenden »Sonderaktionen«, die alle der Rüstungsindustrie zugute gekommen seien, sei ein derartiger Vorwurf haltlos. Wie wolle man den Vorwurf der »Terminuntreue« außerdem auch nur einigermaßen sachlich begründen, fragte Kiekebusch, »wenn man erwartet und verlangt, daß der Werkzeugmaschinenbau mit 35 000 Menschen, die er zur Verfügung stellt, alle die Engpässe überwindet, die Panzer- und Waffenausschuß mit insgesamt über einer Million Arbeitskräften zu überwinden, sich außerstande erklären«?[430] Ein derartiger Vorwurf zeugte für Kiekebusch von der in diesem Gremium offensichtlich üblichen »gedanklichen Gleichsetzung« der Verhältnisse in der Rüstungs- und Produktionsmittelindustrie - eine Auffassung, in der Kiekebusch stets das »Grundübel« der NS-Kriegswirtschaftsführung gesehen hatte. Um diese »Gleichsetzung« in Zukunft zu verhindern, empfahl er Direktor Stamm, einen Mann aus der Produktionsmittelindustrie oder zumindest jemanden, der »jemals die Verantwortung für einen Betrieb oder auch nur eine größere Abteilung« innegehabt hatte, in seinen Mitarbeiterkreis zu berufen.

*Aktion Oberhofen*

Der verstärkte Einsatz der Werkzeugmaschinenhersteller in der Rüstungsfertigung im Jahr 1944 läßt sich deutlich am Produktionsprogramm der Firmen Boehringer, Fortuna und Werner & Pfleiderer ablesen.[431] Sonderaktionen, auch »Stoß«- oder »Blitzaktionen« genannt, wie die »Kugellager-Schnellaktion«, zu deren regionaler »Leitstelle« die Firma Boehringer bestimmt worden war,[432] zeugen ebenfalls von den hektischen Bemühungen des Regimes, die drohende Niederlage abzuwenden. Deshalb belegte man die Fertigungskapazität bei Werkzeugmaschinenherstellern zusätzlich mit Rüstungsproduktion.

Eine weitere »Blitzaktion« unter dem Namen »Gerät Oberhofen II« (8 cm Granatwerfer) lief im November 1944 an. Die Herstellung der vom Hauptausschuß Waffen verlangten 3000 Geräte wurde auf vier Bezirke verteilt, wobei in Berlin und Thüringen je 500, in Sachsen und Württemberg je 1000 Geräte gefertigt werden sollten. Die Verantwortung für die regionale Durchführung lag bei den Bezirksbeauftragten des Hauptausschusses Maschinen. Sie hatten die Fertigung der Granatwerfer »bei den Werkzeugmaschinenfabriken ihres Bezirkes zuzügl. anderer für bestimmte Teile besser geeigneter Maschinenfabriken so unterzubringen, daß die für den betreffenden Bezirk genannten Zahlen Granatwerfer bis spätestens 23. November bei den fertigenden Maschinenfabriken im Bezirk zum Abholen bereit stehen, und zwar vormontiert«. Die Endmontage

[430] Kiekebusch an Direktor Stamm, den Beauftragten für den Maschinenbau im Rüstungsstab, 13.11.1944. WABW, Bestand Fortuna, Ordner: Hauptausschuß Maschinen 1943-1945. Dort auch die folgenden Zitate.
[431] Siehe Kapitel II. 2.
[432] Siehe S. 256f.

sollte anschließend in den vom Hauptausschuß Waffen dafür vorgesehenen »Granatwerfermontagebetrieben« erfolgen.[433]

Für den Bezirksbeauftragten Knorr war es naheliegend, seine eigene Firma zur »Leitstelle« für diese Aktion in Württemberg-Hohenzollern zu machen. Neben den Fortuna-Werken schaltete Knorr weitere zehn Betriebe, darunter die Firma Boehringer, ein und wies diese an, die entsprechenden Maschinenteile bis 22. November in der Montagewerkstätte der Uhinger Spinnweberei Walter Otto - Verlagerungsbetrieb der Fortuna-Werke - abzuliefern.[434] Wie aus der Abrechnung vom März 1945 ersichtlich ist, entfielen von einem Gesamtrechnungsbetrag von knapp 400 000 RM über 87 000 RM allein auf die Firma Boehringer, gefolgt von der Nürtinger Firma Heller mit 41 000 und dem Heilbronner Betrieb Hoffer - ein vornehmlich mit Unteraufträgen der Firma Fortuna belegtes Unternehmen - mit knapp 23 000 RM. Die Forderung des Fortuna-Stammwerkes war hingegen mit knapp 8 000 RM verhältnismäßig bescheiden.[435] Vor Kriegsende war es aber zu keiner Begleichung der Forderungen gekommen, weshalb sich die Fortuna-Werke im März 1948 an das württembergisch-badische Finanzministerium mit der Bitte wandten, sich der Angelegenheit anzunehmen und den Anspruch der Betriebe auf Bezahlung gegenüber dem damaligen Oberkommando des Heeres als berechtigt anzuerkennen.[436] Als ehemalige »Leitstelle« war man bei der Firma Fortuna für die korrekte Abwicklung der »Blitzaktion« verantwortlich - auch noch drei Jahre nach dem Ende der NS-Herrschaft.

### c. Max Knorr im letzten Kriegsjahr: Zwischen Rücktrittsabsicht und weiterer Vereinnahmung

Mangelhafte Einbeziehung und unzureichende Rückendeckung der Bezirksbeauftragten sowie unvollständige Informationen aus Berlin waren die Hauptkritikpunkte, die Max Knorr im April 1944 bewogen, sein Amt als Bezirksbeauftragter des Hauptausschusses Maschinen zur Verfügung zu stellen. Karl Lange hatte im Februar nochmals eindringlich die Mitarbeiter seines Apparates auf die Notwendigkeit einer engen Zusammenarbeit mit den Bezirksbeauftragten hingewiesen. Informationsdefizite hatte er bei seinen regionalen Außenstellen insbesondere bei Maßnahmen und laufenden Arbeiten der Sonder- und Arbeitsausschüsse, die zu »Produktionsumlegungen« oder »Arbeiter-Umsetzungen« führten, festgestellt und zudem gefordert, auch Betriebsüberprüfungen nur nach vorheriger Absprache mit den Bezirksbeauftragten vorzunehmen.[437] Allein

---

[433] Aktenvermerk betr. Blitzaktion November 3000 Stück Gerät Oberhofen II, 4.11.1944. BA/K, R3/1410.

[434] Max Knorr an OKH, 24.11.1944. WABW, Bestand Fortuna, Papiermappe: »Finanzministerum Forderungen aus 'Oberhofen'«.

[435] Theodor Lilienfein an OKH, Befehlshaber des Ersatzheeres, 13.3.1945. Ebd.

[436] Firma Fortuna an Finanzministerium von Württemberg-Baden, Abt. Wehrmachtvermögen, 30.3.1948. Ebd.

[437] Karl Lange an die Leiter und Büros der Sonderausschüsse, 11.2.1944. WABW, Bestand Fortuna, Ordner: Hauptausschuß Maschinen 1943-1945.

die Notwendigkeit einer solchen Anordnung zeigt, daß zuvor die Zusammenarbeit mit den Bezirksbeauftragten offensichtlich zu wünschen übrig gelassen hatte. An diese Dienstanweisung und ein ebenfalls im Februar 1944 geführtes Gespräch anläßlich der Sitzung des Sonderausschusses Werkzeugmaschinen in Heilbronn knüpfte Max Knorr die Hoffnung auf Besserung, mußte jedoch zwei Monate später enttäuscht feststellen, daß sich nichts geändert hatte. Da ihm ein Arbeiten unter diesen Umständen nicht länger möglich erschien, stellte er sein Amt im April 1944 zur Verfügung. In seinem Entlassungsgesuch setzte er Karl Lange die Gründe, die ihn zur Aufgabe bewogen hatten, ausführlich auseinander.

Die hauptsächlich von Knorr beklagte mangelhafte Abstimmung zwischen ihm und dem Hauptausschuß Maschinen sowie die sich daraus ergebenden Reibungsverluste waren für ihn die unvermeidbare Konsequenz des eingeschlagenen Kurses bei der Lenkung der Kriegswirtschaft. Denn je »mehr nun die zentrale Leitung des Maschinenbaues aufgegeben wurde oder werden mußte, je mehr Sondervollmachten oder Zuständigkeiten vergeben wurden, desto öfter zeigte sich in den Bezirken, daß die Bezirksbeauftragten nicht oder nur unvollkommen orientiert wurden«.[438] Es sei sogar vorgekommen, daß von verschiedenen Stellen innerhalb der Organisation des Maschinenbaues die Existenz der Bezirksbeauftragten ganz vergessen worden sei. Mangelhafte Verständigung und Absprachen der einzelnen Referate des Hauptausschusses untereinander sowie die »Nichtbeantwortung meiner Briefe«, die »Nichtbeachtung meiner Anregungen« und die »Übermittlung von Nachrichten an Firmen und Dienststellen, die meiner in Berlin bekannten Stellungnahme zuwiderlaufen«, hätten ein übriges getan, um sein Ansehen bei Firmen und Dienststellen so sinken zu lassen, daß »die Stellung des Maschinenbaues im Bezirk darunter notleidet«. Zu oft hätten er und die regionalen Dienststellen erlebt, daß »nichts und niemand hinter mir stand und steht«. Der Bedeutungsverlust der Wirtschaftsgruppe bzw. des Hauptausschusses Maschinenbau hatte also nach Knorrs Einschätzung auch seine Autorität als Bezirksbeauftragter untergraben. Diesem Befund stellte er das einst hohe Ansehen der Wirtschaftsgruppe Maschinenbau bei allen Dienststellen der regionalen Wirtschaftsverwaltung gegenüber, das es ihm als Bezirksbeauftragten seinerzeit wesentlich erleichtert habe, der in Württemberg wegen der »Aktivität der regionalen Dienststellen (WKB, Rüln usw.) nicht immer leichten Lage« Herr zu werden. Davon konnte im April 1944 offenbar keine Rede mehr sein. Wo ihm aber »Lust und Liebe« an der Aufgabe gründlich vergangen seien, könne er als Bezirksbeauftragter nichts »Ersprießliches« mehr leisten, erklärte Knorr in seinem Schreiben.

Karl Lange signalisierte in einem ausführlichen und sehr persönlichen Antwortschreiben Verständnis für die »außerordentlich« schwierige Zeit, die »alle in der Rüstung leitenden Persönlichkeiten« zur Zeit durchzumachen hätten.[439]

---

[438] Max Knorr an Karl Lange, 19.4.1944. WABW, Bestand Fortuna, Ordner: Bezirksbeauftragter HA Maschinen 1942-1945. Dort auch die folgenden Zitate.
[439] Karl Lange an Max Knorr, 3.5.1944. Ebd. Dort auch die folgenden Zitate.

Auch er führe »nach der Vernichtung meines Privathauses und nach mehrmaliger Ausbombung unseres Büros ein vagabundierendes Dasein mit meinem Haufen«, woraus sich »alle möglichen Schwierigkeiten des richtigen Zusammenhaltes zwischen den Abteilungen meiner Dienststelle« ergäben. Nachdem er Knorr zunächst versichert hatte, er und seine Mitarbeiter legten allergrößen Wert auf eine gute Zusammenarbeit mit den Bezirksbeauftragten, lobte er ihn als den Mann, der »in unserem Hause mit als der wichtigste und mit uns am besten zusammenarbeitende Bezirksbeauftragte« gelte. An seine Aufforderung, einzelne »Mißverständnisse« und »Pannen« in ihrer Auswirkung nicht zu überschätzen, schloß Lange die inständige Bitte an, Knorr möge ihn »und den Maschinenbau gerade jetzt, wo die Verhältnisse durch den Bombenkrieg und die Notwendigkeit fortwährender Stoßaktionen zum Ausflicken von eingetretenen Einbrüchen in unseren Fertigungen besonders schwierig« seien, »nicht im Stich lassen«.

Das Schreiben verfehlte seine Wirkung nicht. Knorr nahm von seinen Rücktrittsplänen Abstand und stand dem Hauptausschuß Maschinen weiterhin als Bezirksbeauftragter zur Verfügung. Seine unverblümte Kritik an der schleichenden Aushöhlung seiner Kompetenzen und der zunehmenden Verlagerung von Zuständigkeiten an außerhalb des Apparates stehende Sonderbevollmächtigte, wie sie in Knorrs Schreiben deutlich wurde, zeigt jedoch, daß er mit dem eingeschlagenen Kurs in der Wirtschaftslenkung nicht mehr einverstanden war. Zugleich drängte sich die Sorge um die Zukunft seines Betriebes in den Vordergrund, wofür Karl Lange Verständnis zeigte. Trotz aller Kritik und düsterer Zustandsbeschreibungen ließ sich Knorr aber wieder in die Pflicht nehmen.

Welch' hohes Ansehen Max Knorr beim Leiter des Hauptausschusses Maschinen genoß, zeigt sich darin, daß Knorr in einem der von Speer im Februar 1945 entworfenen Rüstungsbezirke als »Hauptbezirksbeauftragter« des Maschinenbaues vorgesehen war. Als eine zentrale Steuerung der Wirtschaft aufgrund der Kriegsereignisse seit Ende 1944 zunehmend unmöglich wurde, hoffte Speer auf Abhilfe durch »eine starke wirtschaftliche Selbsthilfe in größeren rüstungswirtschaftlich zusammenhängenden Räumen«.[440] Im Februar 1945 unterteilte er das Reichsgebiet in insgesamt acht Rüstungsbezirke und bestimmte - nach dem Vorbild des im Dezember 1944 ernannten Albert Vögler für das Rhein-Ruhr-Gebiet - in jedem einen »Rüstungsbevollmächtigten«, der in seinem Bezirk »die Rüstungs- und Produktionsaufgaben weitgehend autark (...) leiten und die Maßnahmen der Rüstungskommissionsvorsitzer hinsichtlich der Wiederherstellung und Aufrechterhaltung der Produktion (...) auf den Gebieten Arbeitseinsatz, Verkehr, Kohle, Gas, Wasser, Energie und Nachrichtenmittel« abstimmen sollte. Dies bedeutete eine umfassende Übertragung der Aufgaben und Verantwortung des Speer-Ministeriums an Vertreter der Industrie. Im »Falle eines besonderen Notstandes« waren die Rüstungsbevollmächtigten befugt, alle »notwendig erscheinenden Entscheidungen auf dem Gebiet der Rüstung und

[440] Rundschreiben des Hauptausschusses Maschinen HM Reihe III Nr. 31 bzw. Reihe 1 Nr. 8, vom 27.2.1945. BA/K, R3/1412. Dort auch die folgenden Angaben und Zitate.

Kriegsproduktion in ihrem jeweiligen Rüstungsbezirk im Namen des Rüstungsministers zu treffen«. Für die einzelnen Rüstungsbezirke sollten die Hauptausschüsse und -ringe ihrerseits sogenannte Hauptbezirksbeauftragte benennen. Diesen sollte fortan die Verantwortung für die zu ihrem Hauptausschuß bzw. -ring gehörende Produktion für den gesamten Rüstungsbezirk zufallen. Als Vertreter ihres Hauptausschusses sollten sie zudem gegenüber den Bezirksbeauftragten der einzelnen zum Rüstungsbezirk gehörenden Gaue weisungsberechtigt sein.

Über diese Pläne unterrichtete der Hauptausschuß Maschinen Max Knorr Mitte Februar 1945. Dabei erfuhr Knorr, daß aus den Gauen Württemberg, Baden, Hessen-Nassau, Westmark und Moselland - dies waren die Wehrkreise Va, Vb, XIIa und XIIb - ein Rüstungsbezirk Süd-West unter dem Rüstungsbevollmächtigten Kelchner entstehen sollte.[441] Ende Februar wurde Knorr zum »Hauptbezirksbeauftragten« des Hauptausschusses Maschinen im Arbeitsstab Kelchners ernannt.[442] Für die letzten drei Monate der nationalsozialistischen Herrschaft nahm Max Knorr nicht nur weiterhin seine bisherigen Aufgaben als Bezirksbeauftragter für Württemberg-Hohenzollern wahr, sondern versah auch das neue Amt eines »Hauptbezirksbeauftragten« im Rüstungsbezirk Süd-West. Bei der ersten Besprechung des Arbeitsstabes Kelchner im März 1945 in Heidelberg wurde vereinbart, sich zweimal in der Woche zu einer allgemeinen Lagebesprechung zu treffen. In seiner neuen Funktion lud Max Knorr erstmals für Mitte März die Bezirksbeauftragten der im Rüstungsbezirk Süd-West zusammengeschlossenen Gaue nach Heidelberg, um »sie mit den neuen Aufgaben vertraut zu machen und um selbst ein Bild über den Maschinenbau in ihren Bezirken zu bekommen«.[443]

---

[441] Ebd. sowie Hauptausschuß Maschinen an Max Knorr, 13.2.1945. WABW, Bestand Fortuna, Ordner: Bezirksbeauftragter HA Maschinen 1942-1945. Vgl. Volkmann, Verhältnis, S. 99.

[442] wie Anm. 440.

[443] Max Knorr an Karl Lange, 9.3.1945. WABW, Bestand Fortuna, Ordner: Bezirksbeauftragter HA Maschinen 1942-1945.

## 4. Rüstungsobmann Otto Fahr

Ebenso wie Max Knorr und Rolf Boehringer besetzte der »Betriebsführer« der Feuerbacher Maschinenfabrik Werner & Pfleiderer, Otto Fahr, eine führende Position in der für das Fertigungsprogramm seines Unternehmens wichtigen Fachgruppe innerhalb der Wirtschaftsgruppe Maschinenbau: Von 1934 bis 1945 leitete er die Fachgruppe Maschinen für die Nahrungs- und Genußmittelindustrie.[444] Gleichzeitig wurde er in den Beirat der Wirtschaftsgruppe berufen.[445] Nach dem Amtsantritt von Munitionsminister Todt im März 1940 und der von ihm eingeleiteten wirtschaftlichen Neuorganisation wurde Fahr auch mit Funktionen auf regionaler Ebene betraut. So sollten die von Todt im April 1940 ins Leben gerufenen bezirklichen »Arbeitsgemeinschaften in der Munitionserzeugung« den wirtschaftlichen Ablauf und die Erfüllung des Munitionsprogrammes sicherstellen. Sie wurden in den Grenzen der militärischen Rüstungsinspektionen gebildet und faßten die Betriebe zusammen, denen gleichartige Bestellungen der Wehrmacht vorlagen. Dabei oblag die Optimierung der Kontrolle und der betrieblichen Zusammenarbeit einem übergeordneten regionalen Munitionsausschuß, in dem sich die Vorsitzenden der einzelnen Arbeitsgemeinschaften trafen.[446] Otto Fahr übernahm zunächst den Vorsitz dieses Munitionsausschusses im Wehrbereich V und stand, als nach Beendigung des »Frankreich-Feldzuges« die Munitionsfertigung zugunsten einer allgemeinen Verbreiterung der Rüstungsproduktion in den Hintergrund trat und die regionalen Munitionsausschüsse nunmehr als Rüstungsausschüsse firmierten, auch dem neuen Gremium vor.

Auch wenn Fahrs Ernennung offiziell vom Munitionsminister erfolgte, scheinen die in den Wehrkreisen für die Rüstungslenkung zuständigen Offiziere auf die Nominierung der Kandidaten im Vorfeld erheblichen Einfluß gehabt zu haben.[447] Nach Kriegsende erklärte Rudolf Klett, der damalige Rüstungsinspekteur im Wehrkreis V,[448] er habe Otto Fahr gezielt für dieses Amt ausge-

---

[444] Spruchkammerakten Otto Fahr. StAL, EL 902/20 Bü 37/17/7952.

[445] Beides, Fachgruppenleiter und Beiratsmitglied, konnte nur werden, wer Inhaber oder Vorstandsmitglied einer »allgemein geachtete(n)« und wirtschaftlich prosperierenden Mitgliedsfirma war. Weitere Voraussetzungen waren: »umfassende Fachkenntnisse und persönliches hohes Ansehen (...) unter seinen Berufskollegen«. Karl Lange an Otto Fahr, 21.12.1946. Ebd. Unterlagen, die über Fahrs Tätigkeit als Fachgruppenleiter und Beiratsmitglied Aufschluß geben könnten, sind nicht überliefert.

[446] Ludwig, Ingenieure, S. 352ff; Volkmann, Verhältnis, S. 92.

[447] Dies betont Ludwig, Ingenieure, S. 355.

[448] Der von 1934 bis Ende September 1943 im Wehrkreis V amtierende Rüstungsinspekteur Klett trat weder der NSDAP bei, noch wurde er Mitglied einer ihrer Gliederungen. Er setzte sich nach eigener Aussage »scharf und energisch gegen alle Übergriffe und Anmaßungen der Partei« zur Wehr und sei deshalb bei den Gauleitern Murr und Wagner sowie beim Wehrkreisbeauftragten Ortmann »verhaßt« gewesen. Auch seine Abberufung vom Posten des Rüstungsinspekteurs im September 1943 führte Klett auf das Betreiben Murrs und Ortmanns zurück. Stellungnahme Kletts zur Frage der Wehrwirtschaftsführer vom 9.6.1947. StAL, EL 902/20 Bü 37/17/7952 und Bü 37/05/4073. Als sein Nachfolger wurde Oberst Rudolf Gutscher berufen.

wählt. Neben den für sein Votum entscheidenden Kriterien, daß Fahr »Ansehen und Vertrauen in der Industrie« genoß und »jung und frisch genug« war, um den Forderungen des Munitionsministers gewachsen zu sein, sah der Rüstungsinspekteur in Fahr vor allem den mit der nötigen »Zivilcourage« ausgestatteten Mann, der »ausgefallene Anordnungen und Pläne der Partei« bekämpfen würde.[449] War der mit Lenkungsaufgaben der Rüstungsindustrie betraute Offizier Klett hier offensichtlich bereit, einem Industriellen wie Fahr Mitbestimmungsrechte bei der Steuerung der Rüstungsproduktion einzuräumen, erblickte er hingegen in dem ebenfalls neu unter Todt eingesetzten Wehrkreisbeauftragten Friedrich Ortmann[450] einen seine Befugnisse einschränkenden »politischen Kommissar«[451]. Von der Ernennung Fahrs erhoffte sich Rüstungsinspekteur Klett nach eigener Aussage ein Gegengewicht zu dieser neuen militärisch und industriell weitgehend unabhängigen Kontrollinstanz, die sich Todt mit den Wehrkreisbeauftragten (WKB) geschaffen hatte.[452] In dem dreiköpfigen Munitions- und späteren Rüstungsausschuß, in dem neben dem Vorsitzenden Otto Fahr und Rüstungsinspekteur Klett eben auch der WKB Friedrich Ortmann saß, war Klett, der die Bestellung von Ortmann als »Kampfansage«[453] gegen sich empfand, auf die Unterstützung Fahrs angewiesen, wollte er nicht jeglichen Einfluß verlieren.

In Otto Fahr fand Klett nach eigener Aussage einen »gleichgesinnten Kollegen«,[454] auf den er auch bei der 1942 erfolgten Konstituierung der regionalen Rüstungskommissionen nicht verzichten wollte. Dies galt offenbar um so mehr, als der Wehrkreisbeauftragte den Vorsitz der Rüstungskommission im Wehrkreis Va innehaben und über die alleinige Entscheidungsbefugnis verfügen sollte.[455] Diese insgesamt 26 neuen regionalen Gremien, in denen die dem Rüstungsminister nachgeordnete Dienststellen und die »Selbstverwaltungsorgane«

---

[449] Eidesstattliche Erklärung Kletts, 26.10.1947. StAL, EL 902/20 Bü 37/17/7952.
[450] Zu Ortmann vgl. Anm. 267 auf S. 249.
[451] Eidesstattliche Erklärung Kletts, 26.10.1947. StAL, EL 902/20 Bü 37/17/7952.
[452] Ebd.
[453] Aussage Kletts bei Fahrs Spruchkammerverhandlung im Juni 1948. Protokoll der öffentlichen Sitzung am 17., 18. und 21.6.1948. Ebd.
[454] Eidesstattliche Erklärung Kletts, 26.10.1947. Ebd.
[455] Mitteilungen an die Kammern, Nr. 40, 30. Juni 1947, hrsg. vom Ministerium für politische Befreiung Württemberg-Baden, S. 7. Daß der Wehrkreisbeauftragte zugleich den Vorsitz der Rüstungskommission übernahm, galt jedoch keineswegs für alle Wehrkreise. Eine in den Unterlagen des Speer-Ministeriums überlieferte Aufstellung vom Oktober 1944 zeigt, daß den Vorsitz auch Gauleiter, Rüstungsobmänner, Gauwirtschaftsberater und Rüstungsinspekteure innehatten. BA/K, R 3/289, Heft 1. Eine vom Rüstungsamt angefertigte Aktennotiz über eine interne Besprechung der vier Ämter des Speer-Ministeriums vom Oktober 1942 verdeutlicht, daß es über die Besetzung des Postens Kontroversen gab. Ziel der Besprechung war, Speer eine gemeinsam verabschiedete Vorschlagsliste für Vorsitzende und Stellvertreter der Rüstungskommissionen vorzulegen. Während das Rüstungsamt einen Vertreter der Rüstungswirtschaft als Vorsitzenden verlangte, sprachen sich Rüstungslieferungsamt und Technisches Amt dafür aus, auch Vertreter des Reichswirtschaftsministeriums und des Arbeitsministeriums mit dieser Aufgabe zu betrauen. Letztere setzten sich durch, und die verabschiedeten Vorschläge zur Stellenbesetzung in den einzelnen Rüstungskommissionen erfolgten »entgegen dem Vorschlag des Rü Amtes«. BA/MA, RW 19/964.

der Wirtschaft zusammengefaßt wurden, waren unter Todts Nachfolger Albert Speer im Oktober 1942 ins Leben gerufen worden. Im Mai 1942 hatte Speer bereits den Mittelbau des Wehrwirtschafts- und Rüstungsamtes des OKW - Rüstungsinspektionen und Rüstungskommandos - übernommen, um auf dieser Ebene Einfluß auf die Rüstungsindustrie ausüben.[456] In der neugeschaffenen Rüstungskommission waren - wie zuvor im Rüstungsausschuß - der Rüstungsinspekteur und der WKB vertreten, neu hinzu kamen der Gauwirtschaftsberater, der Leiter des Landeswirtschaftsamtes, die Präsidenten von Gauwirtschaftskammer und Gauarbeitsamt, der regionale Generalbevollmächtigte »Bau« sowie der Rüstungsobmann.[457] Letzterer sollte in diesem Kreis die Interessen der Industrie vertreten, außerdem oblag ihm die Zusammenfassung der Bezirksbeauftragten von Ausschüssen und Ringen »im Sinne einer technischen Koordinierung«.[458] Wiederum war Rüstungsinspekteur Klett sehr daran gelegen, Otto Fahr, nunmehr als Rüstungsobmann, auch in der Rüstungskommission vertreten zu wissen. Denn Klett befürchtete, daß bei dem »Machthunger der Partei« diese - wie es mit der Ernennung von Rudolf Rohrbach[459] als Präsident der Gauwirtschaftskammer bereits geschehen sei - erneut jemanden vorschlüge, der »die Interessen der Partei über die der Wirtschaft« stellen würde.[460] Da Otto Fahr seit 1942 zudem Bezirksbeauftragter des Hauptausschusses Wehrmachtgerät für Württemberg-Hohenzollern war,[461] erfüllte er auch in formaler Hinsicht die Voraussetzung, daß der Rüstungsobmann aus den Reihen der regional tätigen Bezirksbeauftragten zu bestimmen war.[462] Kletts Vorschlag wurde akzeptiert und Otto Fahr im Spätherbst 1942 zum Rüstungsobmann ernannt.[463] Als solcher war Otto Fahr zugleich Leiter der Industrieabteilung der Gauwirtschaftskammer, dessen Apparat er sich zur Durchführung seiner Aufgaben als Rüstungsobmann bedienen konnte.[464] Hier stand ihm ein aus 32 führenden württembergischen Industriellen gebildeter Ausschuß zur Seite, dessen Mit-

---

[456] Willi A. Boelcke, Deutschlands Rüstung im Zweiten Weltkrieg. Hitlers Konferenzen mit Albert Speer 1942-1945, Frankfurt a.M. 1969, S. 16.

[457] Mitteilungen an die Kammern, S. 7.

[458] Eidesstattliche Erklärung Kletts, 26.10.1947. StAL, EL 902/20 Bü 37/17/7952.

[459] Zu Rohrbach vgl. Anm. 280 auf S. 253.

[460] Eidesstattliche Erklärung Kletts, 26.10.1947. StAL, EL 902/20 Bü 37/17/7952.

[461] Noch unter Todt wurde im Januar 1942 die Gründung eines Hauptausschusses Wehrmachtgerät in die Wege geleitet, ein - ebenso wie die Hauptausschüsse Munition, Waffen und Panzerwagen - als »Dachverband« der seit längerem bestehenden Sonderausschüsse, in denen »jeweils für ein Fertigungsgebiet (z.B. Waffen, Panzerwagen, Zünder oder Geschosse bestimmter Art) alle Firmen bezw. Arbeitsgemeinschaften des Gesamtreiches« zusammengefaßt waren, fungierendes Gremium. Mit der Durchführung der erforderlichen organisatorischen Maßnahmen wurde der Leiter der Reichsgruppe Industrie, Generaldirektor Wilhelm Zangen, beauftragt. Rundschreiben Zangens an die Leiter der übrigen Wirtschaftsgruppen, 9.1.1942. BA/MA, RW 19/2178. Vgl. Janssen, Ministerium Speer, S. 46. Zum Bezirksbeauftragten dieses Hauptausschusses für Württemberg-Hohenzollern wurde Otto Fahr ernannt. Aufstellung der Bezirksbeauftragten im Hauptausschuß IV Wehrmachtgerät, o.D. BA/MA, RW 19/2178.

[462] Mitteilungen an die Kammern, S. 7.

[463] Eidesstattliche Erklärung Kletts, 26.10.1947. StAL, EL 902/20 Bü 37/17/7952.

[464] Mitteilungen an die Kammern, S. 7.

glieder zugleich entweder Leiter eines Ausschusses bzw. Ringes oder Bezirksbeauftragte waren. In diesem Ausschuß saß nicht nur Max Knorr, sondern befanden sich auch Unternehmer wie Wilhelm Haspel, Vorstandsvorsitzender der Daimler-Benz AG,[465] Hans Walz, Geschäftsführer bei Robert Bosch, Ludwig Keßler, »Betriebsführer« der Maschinenfabrik Esslingen, Karl Eychmüller, Direktor der Ulmer Wieland-Werke und Bezirksbeauftragter des Hauptausschusses Unterwasserwaffen, oder Jean Raebel, Direktor bei der Friedrichshafener Maybach-Motoren GmbH und Bezirksbeauftragter des Hauptausschusses Panzerwagen und Zugmaschinen.[466]

Hatte Fahr 1940 gegen seine Nominierung als Vorsitzender des Munitionsausschusses noch geltend gemacht, daß sein Betrieb mit der Herstellung von nur einer Flakgranate nicht zu den in der Munitionsfertiung führenden Unternehmen gehöre, und sich gegen die Amtsübernahme »erheblich« gesträubt,[467] waren derartige Bedenken 1942 nicht mehr zu hören. Dazu trug gewiß bei, daß sein Betrieb, die Firma Werner & Pfleiderer, 1942 in zunehmendem Maße mit rüstungsrelevanten Aufträgen ausgelastet war, eine Tendenz, die sich in den Jahren 1943 und 1944 mit der verstärkten Hereinnahme von Rüstungsendgüterfertigung fortsetzen sollte.[468] Gleichwohl zögerte Otto Fahr mit der Annahme der neuen Aufgabe. Da seine Ernennung zum Rüstungsobmann offenbar erfolgt war, ohne daß man vorher sein Einverständnis eingeholt hatte, wandte er sich ratsuchend an Baurat Albrecht Fischer, einen der prominenten württembergischen Vertreter in der Widerstandsbewegung um Carl Goerdeler.[469] Er habe Otto Fahr zur Annahme des neuen Amtes geraten, erklärte Fischer 1946, weil er der Ansicht gewesen sei, nur »über die Position des Rüstungsobmanns

---

[465] Die ablehnende Haltung des Nichtparteimitglieds Haspel zum Nationalsozialismus betonen Hans Pohl/Stephanie Habeth/Beate Brüninghaus, Die Daimler-Benz AG in den Jahren 1933 bis 1945. Eine Dokumentation, Stuttgart 1986, S. 31-35.

[466] Rundschreiben R2/1943 der Industrieabteilung der Gauwirtschaftskammer Württemberg-Hohenzollern vom 9.3.1943. WABW, Bestand Fortuna, Ordner: BA I-L 1942-1945.

[467] Eidestattliche Erklärung Kletts (wie Anm. 463).

[468] Ihn dürfte auch seine Tätigkeit als Vorsitzender des Munitions- und späteren Rüstungsausschusses für das Amt des Bezirksbeauftragten empfohlen haben, ging doch generell die bisher den »Arbeitsgemeinschaften obliegende bezirkliche Betreuung ihrer Mitgliederfirmen (...) auf die Bezirksbeauftragten der zuständigen Hauptausschüsse und Hauptringe über«. 5. Entwurf eines Erlasses des Reichsministeriums für Bewaffnung und Munition und Generalbevollmächtigten für Rüstungsaufgaben im Vierjahresplan über das Zusammenwirken der Dienststellen in der Mittelinstanz untereinander und mit den Selbstverantwortungsorganisationen der Industrie, 17.4.1942. BA/MA, RW 19/538.

[469] Vgl. Albrecht Fischer, Erlebnisse vom 20. Juli 1944 bis 8. April 1945, in: Otto Kopp (Hrsg.), Widerstand und Erneuerung. Neue Berichte und Dokumente vom inneren Kampf gegen das Hitler-Regime, Stuttgart 1966, S. 122-166. Zu Fischer: Klaus Eisele, Die »Aktion Goerdeler«. Mitverschwörer des 20. Juli 1944 im deutschen Südwesten. Biographische Skizzen, in: Rudolf Lill/Michael Kißener (Hrsg.), 20. Juli 1944 in Baden und Württemberg, Konstanz 1994, S. 155-207, besonders S. 173-175; Joachim Scholtyseck, Der »Stuttgarter Kreis« - Bolz, Bosch, Strölin: ein Mikrokosmos des Widerstands gegen den Nationalsozialismus, in: ebd., S. 61-123; Müller, Stuttgart, S. 510ff; Sauer, Württemberg, S. 439 (hier irrtümlich als Albert Fischer bezeichnet); ders., Von Unbotmäßigkeit bis zu Widerstand. Stuttgart 1939-1945, in: Marlene P. Hiller (Hrsg.), Stuttgart im Zweiten Weltkrieg. Begleitband zur gleichnamigen Ausstellung, Gerlingen 1989, S. 231-254, S. 238.

in Verbindung mit der Industrieabteilung konnte gehofft werden, das Nebeneinander der Ausschüsse, Ringe, Wirtschaftsgruppen, Fachgruppen usw. erträglich zu gestalten« und zugleich »die Bestrebungen der Partei auf immer stärkere Einflußnahme auf die Wirtschaft« zurückzudrängen. Deshalb durfte - hierin stimmte Fischer mit Rüstungsinspekteur Klett überein - unter keinen Umständen »ein von der Partei lenkbarer Mann« den Posten übernehmen.[470]

Von verschiedener Seite wurde Otto Fahr nach Kriegsende bescheinigt, das Amt des Rüstungsobmannes im Interesse der Industrie und damit in Konfliktfällen gegen die gegenläufigen Ambitionen von Rüstungskommandos, Rüstungskommission und Wehrkreisbeauftragten ausgeübt zu haben. Fahr habe sich »vor die berechtigten Interessen insbesondere der mittleren und kleinen Betriebe gestellt« und sich dadurch persönlich »sehr weit« exponiert, erklärte etwa Wilhelm Haspel, ehemaliger Vorstandsvorsitzender der Daimler-Benz AG, 1947.[471] Max Knorr führte aus, daß er in den unter Fahr in regelmäßigen Abständen abgehaltenen Treffen aller Bezirksbeauftragten das »einzige Gremium« gesehen habe, »in dem noch wirkliche und kräftige Kritik geübt wurde und auch Wege gefunden wurden, um den politischen Einfluß in unserer Industrie einzudämmen«.[472] Fahr habe es durch »seine ausgezeichnete Kenntnis der württembergischen Industrie« und durch »persönliche Geschicklichkeit« in seiner Funktion als Rüstungsobmann verstanden, einen für die Unternehmen »erträglichen modus vivendi« zu schaffen und die »diktatorischen Methoden abzubiegen«, beschrieb Haspel Fahrs Amtsauffassung.[473] Dies bestätigte auch Max Knorr. Gegen »die Härten und Eingriffe von politischer Seite« habe Fahr eindeutig und konsequent die Belange der Unternehmen vertreten und darauf hingewirkt, daß die »sehr rigorosen Anordungen und Befehle der Parteidienststellen« eine Auslegung fanden, in der sachliche ebenso wie »menschliche und soziale Gesichtspunkte« berücksichtigt worden seien. Die Arbeit der unter der Ägide des Rüstungsobmannes Fahr stehenden Bezirksbeauftragten sei deshalb von den NSDAP-Kreisleitungen zunehmend »als störend« und kontraproduktiv empfunden worden.[474]

Wenngleich es nach Kriegsende triftige Gründe für Unternehmer wie für ehemalige Funktionäre in der Organisation der gewerblichen Wirtschaft gab, den eigenen Anteil am Funktionieren der NS-Rüstungswirtschaft herunterzuspielen und für diktatorische Eingriffe in die Wirtschaft allein die Partei verantwortlich zu machen, trifft es doch zu, daß der Einfluß der NSDAP auf das wirtschaftliche Geschehen vor allem im Verlauf des Jahres 1944 zugenommen hat.[475] Für die Zeitgenossen aus der württembergischen Unternehmerschaft

---

470 Bescheinigung von Baurat Albrecht Fischer, 13.6.1946. StAL, EL 902/20 Bü 37/17/7952.
471 Eidesstattliche Erklärung von Wilhelm Haspel, Ebd.
472 Eidesstattliche Erklärung von Max Knorr, 7.11.1945. Ebd.
473 Eidesstattliche Erklärung Haspels, 30.8.1947. Ebd.
474 Eidesstattliche Erklärung Knorrs, 7.11.1945. Ebd.
475 Zur Opposition gegen die technokratische Lenkung der Rüstungsproduktion durch Speer und zu dem Bemühen um eine nationalsozialistisch geprägte Wirtschaftsordnung vgl. Herbst, Der Totale Krieg, S. 255ff.

zählte dazu vor allem die verstärkte wirtschaftspolitische Aktivität des Wehrkreisbeauftragten (WKB) und Vorsitzenden der Rüstungskommission, Friedrich Ortmann, den sie nach Kriegsende als »parteimäßig gebundene(n) Mann«[476], als »politischen Kommissar«[477] oder als »politischen Vertreter des Gauleiters«[478] bezeichneten. Verschiedene Zeugen bestätigten, daß der WKB insbesondere ab der zweiten Jahreshälfte 1943 - nachdem das NS-Regime zum zweiten Mal den totalen Krieg proklamiert hatte - über die bei den NSDAP-Kreisleitungen angesiedelten Kreiskommissionen versuchte, seinen Einfluß auf dort gefällte Entscheidungen zu vergrößern. Um in diesen Gremien ebenfalls präsent zu sein und die Interessen der Betriebe vertreten zu können, setzte Rüstungsobmann Otto Fahr die Teilnahme von Vertrauensleuten seiner Wahl an den Besprechungen der Kreiskommissionen durch. Da es bei den Sitzungen vornehmlich um für Betriebe existentielle »Fragen des Arbeitseinsatzes, der Einberufungen, der Betriebsstillegungen, der Erhaltung der Friedensfertigung usw.«[479] ging, hatte sich Otto Fahr mit diesen Verbindungsmännern einen »verlängerten Arm« geschaffen, über den er wichtige Informationen aus den Kreisen bezog und an die ihm unterstehenden Bezirksbeauftragten weitergeben konnte. Außerdem waren damit er und seine V-Männer in der Lage, auf die als stark parteipolitisch gebunden beschriebenen Beratungen und Beschlüsse der Kreiskommissionen vor Ort und ohne Zeitverlust Einfluß zu nehmen. Mit Rüstungsinspekteur Klett war Fahrs Initiative nicht nur abgesprochen, sie wurde von diesem nachdrücklich befürwortet. Auch war die Auswahl der Verbindungsleute zum größten Teil noch in Absprache mit Klett erfolgt.[480] Als »Bollwerke« der Industrie, die »gegen die Partei hinzustehen« und sich »gegenüber allen Übergriffen oder parteilichen Maßnahmen zur Wehr zu setzen« hatten,[481] bezeichneten sich nach dem Krieg Fahrs Verbindungsmänner. Aus »rein politischen Gesichtspunkten diktierte« und das »Ansehen der Industrie« schädigende Maßnahmen sollten möglichst verhindert, die »württembergische Wirtschaft auch für die Zukunft (...) gesund« erhalten werden, beschrieb ein ehemaliger Verbindungsmann nach Kriegsende seine Aufgabe.[482]

Die Bestellung von Verbindungsmännern des Rüstungsobmannes in den Kreisen scheint eine auf Otto Fahr zurückgehende Einrichtung gewesen zu sein, die in der geltenden NS-Wirtschaftsorganisation nicht vorgesehen war, und die es in dieser Form wohl nur im Gau Württemberg-Hohenzollern gab.[483]

[476] Eidesstattliche Erklärung Haspels, 30.8.1947. StAL, EL 902/20 Bü 37/17/7952.
[477] Eidesstattliche Erklärung Kletts, 26.10.1947. Ebd.
[478] Eidesstattliche Erklärung von Fahrs Verbindungsmann für die Bezirksausschüsse Ravensburg, Friedrichshafen und Wangen, Ebd.
[479] Eidesstattliche Erklärung von Fahrs ehemaligem Verbindungsmann im Kreis Esslingen, 23.2.1948. Ebd.
[480] Also noch vor Oktober 1943, denn Klett schied Ende September 1943 aus seinem Amt als Rüstungsinspekteur aus. Eidesstattliche Erklärung von Rudolf Klett, 26.10.1947. StAL, EL 902/20 Bü 37/17/7952.
[481] wie Anm. 479.
[482] wie Anm. 478.
[483] Übereinstimmende Erklärungen von Klett sowie Fahrs Verbindungsmann im Kreis Esslingen. StAL, EL 902/20 Bü 37/17/7952.

Wenngleich Rüstungsobmann Fahr mit dem bei der Industrieabteilung der Gauwirtschaftskammer angesiedelten und ihm zur Seite gestellten Ausschuß sowie den ihm unterstehenden Bezirksbeauftragten über zwei Unternehmerkreise verfügte, aus denen er seine Verbingungsmänner rekrutieren konnte, befanden sich unter den von ihm im Mai 1943 vorgeschlagenen Verbindungsmännern nur zwei Ausschuß-Mitglieder und ein Bezirksbeauftragter.[484] Bei den übrigen müssen andere Kriterien für die Nominierung ausschlaggebend gewesen sein. So mögen bei Rolf Boehringer, der als Verbindungsmann für den Bezirksausschuß Göppingen auf Fahrs Liste stand,[485] seine Tätigkeit als Ausschußleiter und sein damit verbundener Bekanntheitsgrad eine Rolle gespielt haben. Inwieweit indes eine generelle oppositionelle Einstellung gefragt war, muß offen bleiben. Zwar erklärte Fahr im Entnazifizierungsverfahren von Boehringer, daß dessen Parteilosigkeit ausschlaggebend für seine Nominierung als V-Mann gewesen sei,[486] daraus jedoch eine widerständige Gesinnung aller Verbindungsmänner ableiten zu wollen, erscheint nicht gerechtfertigt. Vielmehr hat es den Anschein, als hätten sich die V-Leute als parteipolitisch neutral verstanden und wirtschaftlicher sowie technischer Sachverstand für die Nominierung als Fahrs Verbindungsmann den Ausschlag gegeben.

Deutlich zeigt sich hier die Schwierigkeit, anhand der vorhandenen Quellen zu einer klaren Aussage über die Einschätzung Fahrs und seines Kreises zu kommen. Nicht zufällig sticht Fahr gegenüber Knorr und Boehringer als »unbefleckter Held« hervor. Dies dürfte jedoch weniger seiner politischen Haltung oder Persönlichkeit als vielmehr der Überlieferungssituation zuzuschreiben sein. Um sein Wirken als Rüstungsobmann zu untersuchen, ist man ausschließlich auf Unterlagen angewiesen, die im Rahmen seiner Spruchkammerverhandlung vorgelegt wurden und deren Zweck es war, ihn zu entlasten. Bei Knorr und Boehringer hingegen stehen in den jeweiligen Firmenarchiven Dokumente aus der NS-Zeit zur Verfügung. Daraus ergibt sich, daß man es im Falle Fahrs und seiner Verbindungsleute ausschließlich mit der Selbstwahrnehmung dieser Männer zu tun hat. Diese bestand vor allem in dem Gefühl, der Wirtschaft gedient zu haben. Wie das Wirken von Fahrs Verbindungsmännern aber auch empfunden werden konnte, zeigt das Beispiel des Direktors einer bekannten Reutlinger Maschinenfabrik. Ihm bescheinigte die Säuberungskommission im Bezirk der Handelskammer Reutlingen im Juli 1946: Der Betroffene sei zwar erst 1940 der Partei beigetreten und habe kein Parteiamt bekleidet. »Er hat sich jedoch sehr aktiv für die Ziele der Partei betätigt (...) In seiner Eigenschaft als Verbindungsmann zum Rüstungsobmann trat er vielfach - in der bei Nationalsozialisten bekannten Weise - herrisch und überheblich in den von ihm besuchten Betrieben auf, kritisierte diese zum Teil in unsachgemäßer Weise und war bald wegen seines Auftretens und seiner nicht objektiven Haltung gefürchtet.

---

[484] Ersichtlich aus dem Vergleich einer Max Knorrs Schreiben an die Industrieabteilung der Gauwirtschaftskammer vom 21.5.1943 beiliegenden Vorschlagsliste mit der Aufstellung der Ausschußmitglieder. WABW, Bestand Fortuna, Ordner: BA I-L 1942-1945.

[485] Ebd.

[486] Protokoll der mündlichen Verhandlung, 9.8.1948. StAL, EL 902/8 Bü 16/1/15066.

Der zweifellos sehr kluge, tüchtige und erfahrene Ingenieur Dr. Sch. hat sich bei dem ihm übertragenen Amt durch die von ihm bejahte nationalsozialistische Mentalität zu einer Auffassung und Haltung verführen lassen, welche durch ihre Schärfe und Rücksichtslosigkeit die Zusammenarbeit erschwerte, wenn nicht unmöglich machte.«[487] Diese Außenwahrnehmung unterscheidet sich erheblich von der Selbstbeurteilung der Männer des sogenannten »Fahr-Kreises«. Dennoch - und dies macht die Beurteilung so schwierig - mußten die durch das herrische NS-Gehabe gekennzeichnete Außenwahrnehmung und die Selbsteinschätzung kein Gegensatz sein.

*Der »Fahr-Kreis«*

Neben den regelmäßig stattfindenden Besprechungen Fahrs mit den unter seiner Leitung zusammengefaßten Bezirksbeauftragten traf er sich auch alle zwei bis drei Monate mit »seinen« Verbindungsmännern. Während die Zusammenfassung der Bezirksbeauftragten unter der Leitung des Rüstungsobmannes dem Erfahrungsaustausch und dem Festlegen »von Richtlinien für die gemeinsame Arbeit« sowie der »Unterrichtung über zu erwartende Maßnahmen« und der Besprechnung »besonders wichtiger Fälle« diente,[488] hatten die Treffen mit den Verbindungsmännern vor allem den Zweck, diese immer wieder auf ihre vordringlichste Aufgabe, »in den Kreiskommissionen mit Nachdruck die Firmeninteressen und die ihrer Belegschaften im Gegensatz zum Frontinteresse« zu vertreten, hinzuweisen.[489] Bei diesen Zusammenkünften wurde die weitere Zusammenarbeit der Verbindungsmänner mit den Bezirksbeauftragten besprochen und koordiniert, und die Bezirksbeauftragten erhielten ihrerseits über sie vertrauliche Informationen über in den Kreisen geplante Maßnahmen.[490]

Darüber, wer dem »Fahr-Kreis« angehörte, herrschte indes nach Kriegsende Unklarheit. Während einige ehemalige Bezirksbeauftragte die Bezeichnung »Fahr-Kreis« nur auf ihre Gruppe bezogen,[491] bezeichneten ehemalige Verbindungsmänner ihre Treffen mit Fahr ebenfalls als »Oppositions-Club«,[492] und der

[487] 7. Sitzung des Säuberungsausschusses vom 15.7.1946. StASig, Wü 15, Bü 315. Daß dieser Mann als Fahrs Verbindungsmann für den Bezirksausschuß Reutlingen vorgesehen war, geht auch aus der Max Knorr im Mai 1943 vorgelegten Vorschlagsliste hervor. Vgl. Max Knorr an Industrieabteilung der Gauwirtschaftskammer, 21.5.1943. WABW, Bestand Fortuna, Ordner: BA I-L 1942-1945.

[488] Aussage Fahrs bei Knorrs Spruchkammerverhandlung, 14.5.1948. Protokoll der öffentlichen Sitzung vom 14.5.1948. StAL, EL 902/20 Bü 37/05/4073.

[489] Fahrs Anwalt an Spruchkammer, 18.5.1948. StAL, EL 902/20 Bü 37/17/7952. Wie oben dargestellt, sah man es in den betroffenen Firmen anders.

[490] Aussage Fahrs bei Knorrs Spruchkammerverhandlung, 14.5.1948. Protokoll der öffentlichen Sitzung vom 14.5.1948. StAL, EL 902/20 Bü 37/05/4073.

[491] So der ehemalige Luftwaffenbeauftragte und Bezirksbeauftragte des Hauptausschusses Motoren für den Wehrkreis V, Paul Eberspächer, in einem Schreiben vom 2.9.1947. StAL, EL 902/20 Bü 37/17/7952; ebenso die Spruchkammer bei der Urteilsbegründung für Max Knorr, 14.5.1948. StAL, EL 902/20 Bü 37/05/4073.

[492] Eidesstattliche Erklärung des ehemaligen V-Mannes für die Bezirksausschüsse Ravensburg, Friedrichshafen und Wangen vom 28.11.1946; ähnlich äußerte sich Fahrs ehemaliger V-Mann für den Kreis Aalen am 2.1.1947. StAL, EL 902/20 Bü 37/17/7952.

»Fahr-Kreis« wurde als Zusammenschluß dieser Verbindungsleute angesehen.[493] Schließlich konnte auch gemeint sein, daß sich Vertreter der württembergischen Bezirksbeauftragten und der Verbindungsmänner in einem neuen Kreis, eben diesem »Fahr-Kreis«, zusammenfanden. Für diese Annahme spricht, daß sich sowohl Rolf Boehringer als Verbindungsmann als auch Max Knorr als Bezirksbeauftragter zum »Fahr-Kreis« zählten.[494]

Welche Maßnahmen hat der »Fahr-Kreis« konkret ergriffenen? Otto Fahr hob unter anderem »Widerstand gegen Betriebsschließungen«, Vereiteln parteipolitischer Maßnahmen wie das Einsetzen von Kommissaren in mißliebigen Betrieben und »Verhinderung von Maßnahmen der Parteistellen gegen die Selbstverantwortungsorganisation« hervor.[495] Als herausragende Leistung des »Fahr-Kreises« wurde nach Kriegsende jedoch stets der in der letzten Kriegsphase erfolgte »Widerstand gegen die Zerstörungsbefehle der Partei«[496] und gegen »den beabsichtigten Abtransport der ausländischen Arbeitskräfte im Fußmarsch«[497] gewertet.[498] Nach dem am 19. März 1945 erfolgten Befehl Hitlers zur Zerstörung aller militärischen, Verkehrs-, Nachrichten-, Industrie- und Versorgungsanlagen[499] oblag es den Gauleitern in ihrer Eigenschaft als Reichsverteidigungskommissare, diese Zerstörungen durchzuführen. Codewörter wie »Cäsar«, »Nero« und »Schwabentreue« sollten die Evakuierung der Bevölkerung, die Räumung sowie die Zerstörung aller militärischen, industriellen und Versorgungsanlagen auslösen.[500] Spätestens seit diesem Zeitpunkt mußte die Unternehmerschaft die Zerstörung ihrer Werksanslagen befürchten. Daß sie an einer Vernichtung ihrer Existenzgrundlage kein Interesse haben konnte, liegt auf der Hand. Dies räumte 1947 selbstkritisch auch Wilhelm Haspel, ehemaliger Vorstandsvorsitzender der Daimler-Benz AG, ein, als er feststellte, daß »sicherlich der größere Teil der verantwortlichen Betriebsleiter in letzter Minute ihre Betriebe nicht zerstört hätte«.[501] In dieser Situation, als das Regime zum Äußersten bereit schien, trat Otto Fahr sowohl bei »SS-Obergruppenführer

---

[493] Urteilsbegründung in Fahrs Entnazifizierungsverfahren. Ebd.

[494] Spruchkammerakten Knorr und Boehringer. StAL, EL 902/20 Bü 37/05/4073 und EL 902/08 Bü 16/1/15066.

[495] Fahrs Rechtsanwalt an Spruchkammer, 18.5.1948. Ebd. In Fahrs Verfahren wurden diese »Aktivitäten« von verschiedenen Seiten, meist von ehemaligen V-Männern, bestätigt. Die ließen sich allerdings umgekehrt von ihm »entlasten«.

[496] Eidesstattliche Erklärung Haspels, 30.8.1947. StAL, EL 902/20 Bü 37/17/7952.

[497] Fahrs Rechtsanwalt an Spruchkammer, 18.5.1948. Ebd.

[498] Dies beschränkte sich nicht nur auf die in der unmittelbaren Nachkriegszeit stattfindende Spruchkammerverhandlung, Fahr erntete dafür auch noch in den sechziger und siebziger Jahren viel Lob und Anerkennung. Vgl. S. 313f.

[499] Percy Ernst Schramm (Hrsg.), Die Niederlage 1945. Aus dem Kriegstagebuch des OKW, München 1962, S. 407.

[500] Am 27. März 1945 verkündete Murr diese »geheime Reichssache«. Chronik der Stadt Stuttgart 1945-1948, Stuttgart o.J., S. 15.

[501] Eidesstattliche Erklärung Haspels, 30.8.1947. StAL, EL 902/20 Bü 37/17/7952. Wie Klaus-Dieter Henke gezeigt hat, zielte spätestens seit dem Scheitern der Ardennen-Offensive im Januar 1945 das Verhalten fast aller Industrieller darauf ab, den Betrieb heil über das Kriegsende hinweg zu retten. Vgl. Henke, Die amerikanische Besetzung Deutschlands, München 1995, S. 419, 421-435.

Hoffmann, dem höchsten polizeilichen Organ«[502], als auch beim Stuttgarter Standortkommandanten Marbach[503] für die Belange der Betriebe und für das Verbleiben der Zwangsarbeiter in ihren Lagern ein. Zwar scheint nirgendwo der »Nero«-Befehl durch Industrielle vollstreckt worden zu sein, gleichwohl wird man Fahrs engagiertes Auftreten bei hohen Repräsentanten des NS-Regimes als ein Zeichen von Zivilcourage werten dürfen. Daß auch bloßes Stillhalten die Ausführung des Zerstörungsbefehls verhindern würde, konnte er damals nicht wissen. Er hatte sich dafür entschieden, in eigener Verantwortung zu handeln. Wie ohne sein Engagement in Württemberg der Krieg für die »Fremdarbeiter« geendet hätte, kann niemand wissen. Gemeinsam mit Wilhelm Haspel von Daimler-Benz erreichte Otto Fahr in einem Gespräch bei SS-Obergruppenführer Hoffmann im April 1945, daß die »Fremdarbeiter« entgegen der anderslautenden Befehle in ihren Lagern bleiben konnten.[504] Dem Standortkommandanten konnten Fahr und der ihn begleitende Alfred Knoerzer, Vorstandsmitglied bei der Firma Robert Bosch, immerhin die Zusage abringen, sich bei Gauleiter Murr für den Verbleib von »Kernmannschaften« in den Betrieben einzusetzen und sie vom Volkssturm freizustellen. Erfolglos blieb hingegen ihr Vorstoß für den Erhalt der Stuttgarter Neckarbrücken.[505]

Wie sich die anderen, die sich zum »Fahr-Kreis« zählten, in den letzten Kriegstagen verhielten, läßt sich mangels anderer Quellen nur den Unterlagen der Entnazifizierungsverfahren entnehmen. Daß diese Selbstaussagen mit besonderer quellenkritischer Vorsicht betrachtet werden müssen, ist selbstverständlich. Alle betonen, bei ihnen seien die Absichten des NS-Regimes, »beim weiteren Vorrücken des Feindes die Kg. und ausländischen Zivilarbeiter ohne festes Ziel nach Osten zurückzuführen und Industrieanlagen und öffentliche Versorgungsbetriebe bis herunter zu den Bäckerein zu zerstören«, auf einhellige Ablehnung gestoßen.[506] Ende 1944 hätten sich Unternehmer des »engeren

---

[502] Hiermit könnte möglicherweise General Kurt Hoffmann, Kommandeur der 465. Ersatzbrigade in Ludwigsburg und Vorgesetzter des Stuttgarter Standortkommandanten, gemeint sein. Zu Hoffmann: Müller, Stuttgart, S. 530.

[503] Zu Marbach: Ebd.

[504] »Was es bedeutet hätte, wenn es zu dem Irrsinn gekommen wäre, daß die vielen tausende von Fremdarbeitern in Fußmarsch Richtung Ulm, wie befohlen, abtransportiert worden wären, mag man sich selbst ausmalen. Sicher ist, daß nach wenigen Tagen die Verpflegung ausgegangen wäre, daß diese Menschen sich plündernd über die Dörfer ergossen hätten, einfach aus Hunger, daß sie mit der zurückflutenden Wehrmacht zusammengeraten wären, daß hier eine Katastrophe entstanden wäre, die in größtem Umfange Todesopfer zur Folge gehabt hätte.« Eidesstattliche Erklärung Haspels, 30.8.1947. StAL, EL 902/20 Bü 37/17/7952. Fahrs Engagement für den Verbleib der »Fremdarbeiter« in den Lagern bestätigte auch Alfred Knoerzer von der Firma Robert Bosch in einer Bescheinigung vom 19.12.1946. Ebd.

[505] Bescheinigung von Alfred Knoerzer, 19.12.1946. StAL, EL 902/20 Bü 37/17/7952. Zusammen mit Alfred Knoerzer hatte Fahr bereits zuvor einen Vorstoß bei Stuttgarts Oberbürgermeister Strölin unternommen, um ein Aussetzen der Zerstörungsbefehle zu erreichen. Vgl. Müller, Stuttgart, S. 529. Zu Knoerzer: Eisele, Die »Aktion Goerdeler«, S. 182f, und Scholtyseck, Der »Stuttgarter Kreis«, S. 80f.

[506] Eidesstattliche Erklärung des ehemaligen »Betriebsführers« der Maschinenfabrik Esslingen, 18.5.1948. StAL, EL 902/20 Bü 37/17/7952.

Fahr-Kreises« in einem abhörsicheren Zimmer der Maschinenfabrik Esslingen getroffen und beschlossen, entschieden gegen derartige, als sinnlos erachtete Vorhaben vorzugehen. Zunächst sollte Otto Fahr als ihr Vertreter im Namen der Industrie bei den in Frage kommenden Stellen Einspruch erheben. Sollte dies ergebnislos bleiben, sei man sich darin einig gewesen, »die Durchführung etwaiger Befehle von oben unter entsprechender Tarnung so weit als möglich zu hintertreiben«.[507] Als Beispiel nannte der ehemalige »Betriebsführer« der Maschinenfabrik Esslingen, daß man die Umsetzung des »Lähmungsbefehls«, demzufolge alle wichtigen Industrieanlagen zwar nicht zerstört, jedoch durch den Ausbau von Maschinenteilen funktionsunfähig gemacht werden sollten, »vorsätzlich so lange hingezogen« habe, bis »für den Fortgang des civilen Lebens nach dem Zusammenbruch keine Gefahr mehr erwachsen konnte«.[508] Daß die württembergischen Bezirksbeauftragten beschlossen hätten, die von Reichsverteidigungskommissar und Gauleiter Murr befohlene »Lähmungs«-Aktion »nur dem Namen nach zu starten« und die von ihnen betreuten Unternehmen entsprechend zu instruieren, sagte 1947 auch Paul Eberspächer, ehemaliger Bezirksbeauftragter des Hauptausschusses Motoren, aus.[509]

Die im »Fahr-Kreis« beschlossene »Sabotage des Nero-Befehls«[510], der ursprünglich die Räumung auslösen sollte, von den Unternehmern jedoch stets mit der Zerstörung der Industrieanlagen in Verbindung gebracht wurde,[511] betrachteten sowohl Max Knorr als auch Rolf Boehringer nach Kriegsende als »aktiven Widerstand« gegen den Nationalsozialismus im Sinne des »Befreiungsgesetzes«.[512] Dabei rechnete die Spruchkammer Rolf Boehringer 1948 als Verdienst an, daß er - in seiner Eigenschaft als »Verbindungsmann des Reichsverteidigungskommissars« - den ihm am 20. April 1945 von der Göppinger Kreisleitung übermittelten »Nero«-Befehl nicht an die Betriebe weitergegeben und so dazu beigetragen habe, Göppingen und seiner Umgebung einen weiteren Substanzverlust zu ersparen.[513] In der vom Bezirksbeauftragten Max Knorr im Herbst 1944 in Nürtingen einberufenen Sitzung der Maschinenbaufirmen[514], an der auch Rolf Boehringer und Rüstungsobmann Otto Fahr teil-

---

[507] Ebd.

[508] Ebd. Von einer im »Fahr-Kreis« beschlossenen »Milderung der Lähmung« sprach auch Max Knorr. Knorr an Spruchkammer, 12.2.1948. StAL, EL 902/20 Bü 37/05/4073.

[509] Eidesstattliche Erklärung von Paul Eberspächer, 2.9.1947. StAL, EL 902/20 Bü 37/17/7952.

[510] Max Knorr an Spruchkammer, 12.2.1948. StAL, EL 902/20 Bü 37/05/4073.

[511] Von einer besonderen »Vernichtungsabsicht unter dem Stichwort 'Nero' « sprach Otto Fahr, und laut Rolf Boehringer sollte auf das Codewort hin die »Lähmung und Zerstörung der Industrieanlagen« erfolgen. StAL, EL 902/20 Bü 37/17/7952 und EL 902/8 Bü 16/1/15066. Vgl. Willi A. Boelcke, Hitlers Befehle zur Zerstörung oder Lähmung des deutschen Industriepotentials 1944/45, in: Tradition 13 (1968), S. 301-316. Der »Nero«-Befehl vom 30. März 1945 ist abgedruckt in: Gerd R. Ueberschär/Rolf-Dieter Müller, Deutschland am Abgrund. Zusammenbruch und Untergang des Dritten Reiches 1945, Konstanz 1986, S. 61f.

[512] Max Knorr an Spruchkammer, 12.2.1948. StAL, EL 902/20 Bü 37/05/4073. Spruch und Protokoll der mündlichen Verhandlung im Verfahren gegen Rolf Boehringer, 9.8.1948. StAL, EL 902/8 Bü 16/1/15066.

[513] Spruch und Protokoll der mündlichen Verhandlung vom 9.8.1948. StAL, EL 902/8 Bü 16/1/15066.

[514] Ob es sich bei dieser Zusammenkunft um die Sitzung des Sonderausschusses Werkzeug-

nahmen, wurde - so die Aussagen vor der Spruchkammer - eine weitere, den Interessen des NS-Regimes zuwiderlaufende Maßnahme beschlossen. Der vom NS-Regime befohlene und in Württemberg von Gauleiter und Reichsverteidigungskommissar Murr angewiesene Bau des sogenannten Volksgewehres[515] durch die württembergischen Maschinenbauindustrie sollte unterbleiben. Für Knorr selbst entsprach dieser maßgeblich auf seine Initiative zurückzuführende Beschluß der mit Rüstungsobmann Fahr abgesprochenen Aufgabe, als Bezirksbeauftragter »Stillegungen (...) und solche Dispositionen zu verhindern, die einseitig der Rüstung gedient und die württ. Industrie um die Erhaltung ihrer Friedensfertigung gebracht hätten«.[516] Darüber hinaus dürfte Max Knorr wie den anderen Industriellen auch die Aussichtslosigkeit bewußt gewesen sein, mit dem »Volkssturmgewehr«[517] gegen die militärische Überlegenheit der Alliierten ankämpfen zu wollen. Mit der Begründung, die württembergische Maschinenbauindustrie sei für eine derartige Fertigung nicht eingerichtet,[518] konnte offenbar die Belegung der Betriebe mit der Volksgewehr-Fertigung in Württemberg-Hohenzollern verhindert werden.[519]

Während das Regime 1944 die letzten Reserven mobilisierte und zum Äußersten entschlossen schien, wurde doch immer offensichtlicher, daß der Krieg seinem Ende entgegen ging. Garantierte die Industrie auf der einen Seite das Weiterfunktionieren der Rüstungsproduktion,[520] drängte sich andererseits die Sorge um die Zukunft und die Furcht vor den sozialen und gesellschaftspolitischen Risiken der Demobilisierungsphase immer stärker in den Vordergrund. Rettung der industriellen Substanz vor der Zerstörungswut Hitlers und die Vorbereitung auf die Nachkriegszeit waren die Motive für führende Industrielle, sich in der letzten Kriegsphase der Mithilfe der NS-Behörden zu versichern. Denn innerhalb des NS-Regimes wurde zur gleichen Zeit die Frage der zukünftigen Wirtschaftsordnung aufgeworfen, so daß sich Industrie und Vertreter des NS-Regimes hier gleichsam auf halbem Wege trafen. Auf oberster Reichsebene

---

maschinen handelte, die im September 1944 ebenfalls in Nürtingen abgehalten wurde und in deren Verlauf bekannt wurde, daß die Werkzeugmaschinenbranche künftig verstärkt zur Rüstungsendgüterfertigung herangezogen werden würde, geht aus den Unterlagen nicht eindeutig hervor.

[515] Die Fertigung des »Volksgewehres«, einem »Volkskarabiner« 98 mit 10 Schuß Einsteckmagazin des Selbstladegewehres 43, lief im November/Dezember 1944 langsam an; im Januar 1945 wurden 8400, im März 1945 knapp 25 000 Volksgewehre hergestellt. Boelcke, Deutschlands Rüstung, S. 422 und 440f. Daß dieses Gewehr Teil der Ausrüstung des Volkssturms war, bestätigt Henke, Besetzung, S. 134f. Vgl. auch BA/K, R 3/456.

[516] Max Knorr an Spruchkammer, 12.12.1947. StAL, EL 902/20 Bü 37/05/4073.

[517] Als solches bezeichnete es zu Recht Rolf Boehringer. Protokoll der mündlichen Verhandlung, 9.8.1948. StAL, EL 902/8 Bü 16/1/15066.

[518] Boehringers Rechtsanwalt an Spruchkammer, 4.8.1948. Ebd.

[519] Das »Volksgewehr« scheint in Württemberg-Hohenzollern tatsächlich nicht gebaut worden zu sein. Vgl. Entnazifizierungsunterlagen Knorr und Boehringer. StAL, EL 902/20 Bü 37/05/4073 und 902/8 Bü 16/1/15066.

[520] Der Index der gesamten Rüstungsendfertigung erreichte im Juli 1944 mit 322 seinen absoluten Höhepunkt während des Zweiten Weltkrieges (Januar/Februar 1942 = 100), und selbst im Januar 1945 lag er mit 227 höher als der Jahresdurchschnitt von 1943. Wagenführ, Die deutsche Industrie, S. 178.

kam es so zur Zusammenarbeit des Reichswirtschaftsministeriums mit führenden Vertretern der Großindustrie.[521] Wagten führende Großindustrielle erst angesichts des bevorstehenden Zusammenbruchs und der beginnenden Auflösung des Regimes, sich vorsichtig aus dem Zwang des Regimes zu lösen, gilt dies für Unternehmer wie Boehringer, Knorr und Fahr, die kleineren Betrieben vorstanden, gleichermaßen. Dafür sprechen die Ende 1943 und verstärkt im Verlauf des Jahres 1944 zu beobachtenden Aktivitäten und Maßnahmen des Rüstungsobmannes Otto Fahr, die sich vor allem gegen die Bestrebungen des Wehrkreisbeauftragten richteten, ebenso wie das in etwa zur gleichen Zeit einsetzende Bemühen Max Knorrs um die Bewahrung der württembergischen Maschinenbausubstanz und Rolf Boehringers Tätigkeit als Fahrs Verbindungsmann im Kreis Göppingen. Aufgrund ihrer Funktionen in der industriellen »Selbstverwaltung« konnten insbesondere Fahr und Knorr als Fürsprecher der württembergischen Industrie auftreten. Die Bewahrung der betrieblichen Substanz - dazu zählte die Erhaltung der Gebäude und Anlagen ebenso wie das Zusammenhalten der Belegschaften - stand dabei ganz oben auf ihrer Prioritätenliste. Es galt, die »württembergische Wirtschaft auch für die Zukunft (...) gesund zu erhalten«,[522] über sie auch nach Kriegsende verfügen zu können. Je aussichtsloser der Krieg wurde, desto stärker setzten sich auch Otto Fahr und Max Knorr für die stillschweigende Sabotage der sinnlosen Kriegsanstrengungen ein. Auf Reichsebene verhinderten seit November 1944 namhafte Teile der Großindustrie in enger Zusammenarbeit mit Reichsministern wie Speer oder Funk, daß Hitlers Politik der verbrannten Erde zur Ausführung kam.[523] Im Gau Württemberg-Hohenzollern waren es die im »Fahr-Kreis« zusammengeschlossenen Industriellen, die Ende 1944 beschlossen hatten, nicht nur die Zerstörungswut der obersten NS-Führungsclique zu durchkreuzen, sondern auch den Befehlen, die »Fremdarbeiter« abtransportieren zu lassen oder die Betriebe bis zum Einrücken der Alliierten ohne Führungspersonal zu belassen, nicht nachzukommen. Abgelehnt wurde von den unter Max Knorr zusammengefaßten württembergischen Maschinenbaufirmen auch der Bau des Volksgewehres, dessen Einsatz man keine kriegsentscheidende Wende mehr zumaß und dessen Herstellung für die Maschinenbaubetriebe eine weitere Belegung ihrer Kapazitäten mit branchenfremder Fertigung bedeutet hätte.

### *Verbindung zum Goerdeler-Kreis*

Wenngleich alle den Intentionen des NS-Regimes zuwiderlaufenden Maßnahmen, die von den NS-Wirtschaftsfunktionären Boehringer, Knorr und Fahr ab Ende 1944 ergriffen und im »Fahr-Kreis« koordiniert worden waren, nicht losgelöst vom unmittelbaren Eigeninteresse der Unternehmer Boehringer,

---

[521] Vgl. Herbst, Der Totale Krieg, S. 343ff.

[522] Eidesstattliche Erklärung des ehemaligen Verbindungsmannes für die Bezirksausschüsse Ravensburg, Friedrichshafen und Wangen, 28.11.1946. StAL, EL 902/20 Bü 37/17/7952.

[523] Vgl. Speer, Erinnerungen, S. 350f, 440ff; Hans Kehrl, Krisenmanager im Dritten Reich, 2. Aufl. Düsseldorf 1973, S. 411ff. Siehe auch Boelcke, Hitlers Befehle, S. 301ff.

Knorr und Fahr am Erhalt der Betriebssubstanz und an einer Verbesserung ihrer Wettbewerbsfähigkeit in Friedenszeiten betrachtet werden können, schmälert dies doch keineswegs ihren über den persönlichen Wirkungsbereich hinausgehenden Einsatz. Angesichts der Unberechenbarkeit des NS-Regimes gerade im letzten Kriegsjahr blieb selbst eine versteckt betriebene Sabotage der sinnlosen Kriegsanstrengungen mit einem hohen persönlichen Risiko verbunden. Insbesondere für Otto Fahr verschärfte sich die Situation nach dem mißglückten Attentat auf Hitler vom 20. Juli 1944. Seit Sommer 1942 in Kontakt mit führenden Vertretern der Goerdeler-Bewegung wie Baurat Albrecht Fischer - dieser sah in Fahr einen geeigneten »Stützpunkt in der Industrie«[524] - und Paul Hahn,[525] wurde Fahr im September 1944 in Zusammenhang mit dem Attentat von der württembergischen Gauleitung verhört.[526] Im selben Monat informierte Gauleiter Murr den Wehrkreisbeauftragten Ortmann, daß »Dr. Fahr eine Korsettstange« benötige, und forderte ihn auf, Fahr diese bei Gelegenheit anzulegen.[527] Anlaß des Schreibens war ein Murr »von zuverlässigen Leuten« vorliegender Bericht, in dem das innerbetriebliche Verhalten Fahrs als nicht den nationalsozialistischen Gepflogenheiten entsprechend bezeichnet worden war. Statt mit »Heil Hitler« grüße Fahr seit einiger Zeit mit »Grüß Gott«, und in den innerbetrieblichen Verlautbarungen der Firmenleitung am Schwarzen Brett sei nicht mehr von »Arbeitskameraden«, sondern ganz nüchtern von »GA«, also Gefolgschaftsangehörigen, die Rede.[528] Aus Angst, abgehört und denunziert zu werden, versammelte Fahr Mitglieder des »engeren Fahr-Kreises« Ende 1944 in einem abhörsicheren Raum der Maschinenfabrik Esslingen. Für derartige Aktivitäten war ihm Stuttgart offensichtlich zu unsicher und gefährlich geworden.[529] Auch Max Knorr verlegte aus Angst vor Bespitzelung seine Besprechungen mit Vertretern der württembergischen Maschinenbauindustrie deshalb immer häufiger in Räume der befreundeten Nürtinger Firma Heller.[530] Verhören durch den SD konnte Knorr dadurch allerdings nicht entgehen.[531]

Durch seine Verbindungen zum Widerstandskreis um Goerdeler und zum Hause Robert Bosch, die nach Kriegsende sowohl von Fischer als auch von Hahn bestätigt wurden,[532] befand sich Otto Fahr nach dem 20. Juli 1944 in einer wesentlich exponierteren Lage als Knorr und Boehringer. Unbestritten gehörte

---

[524] Bescheinigung von Albrecht Fischer, 13.6.1946. StAL, EL 902/20 Bü 37/17/7952.

[525] Zur Rolle der Stuttgarter Firma Robert Bosch und ihrer Mitarbeiter Fischer, Hahn, Knoerzer und Walz in der Widerstandsbewegung vgl. Scholtyseck, Der »Stuttgarter Kreis«, S. 61ff; Sauer, Von Unbotmäßigkeit, S. 237ff. Die Bekanntschaft Fahrs mit Paul Hahn rührte noch aus dem Ersten Weltkrieg her, als Fahr Hahns Adjutant war. Aussage von Paul Hahn am 21.6.1948 in Fahrs Spruchkammerverhandlung. StAL, EL 902/20 Bü 37/17/7952.

[526] Fahrs Rechtsanwalt an Spruchkammer, 18.5.1948. Ebd.

[527] Gauleitung der NSDAP in Württemberg-Hohenzollern an Wehrkreisbeauftragten Ortmann, 8.9.1944. Ebd.

[528] Ebd.

[529] Eidesstattliche Erklärung des ehemaligen »Betriebsführers« der Maschinenfabrik Esslingen, 18.5.1948. StAL, EL 902/20 Bü 37/17/7952.

[530] Max Knorr an Spruchkammer, 12.2.1948. StAL, EL 902/20 Bü 37/05/4073.

[531] Protokoll der öffentlichen Sitzung, 25.2.1948. Ebd.

[532] StAL, EL 902/20 Bü 37/17/7952.

unter den Bedingungen des NS-Regimes »wesentlich mehr persönlicher Mut« dazu, um »sich gegen die sich überschlagenden Parteibefehle (...) zu stemmen im Interesse der Industrie, der Arbeiterschaft, im Hinblick auf das Weiterleben im Frieden«, als »im vertrauten Kreise zu schimpfen«.[533] Nach der Einschätzung Wilhelm Haspels, des ehemaligen Vorstandsvorsitzenden von Daimler-Benz, könne der Einfluß einer derartig »vorbildlichen Haltung einer Einzelpersönlichkeit« wie Otto Fahr gar nicht hoch genug veranschlagt werden. Vor allem in Situationen, in denen »viele schwankend« gewesen seien und nicht den Mut zu offener Kritik bis hin zur Sabotage gehabt hätten, habe Fahr als Vorbild gewirkt und seine »Person in die Waagschale geworfen«.[534] Sich dem staatlichen Zwang zu entziehen, wagte gleichwohl auch Fahr erst, als die Zeichen der militärischen Niederlage und der Auflösung des Regimes unübersehbar geworden waren.

Sowohl die unter seiner Leitung stehende Gruppe der Bezirksbeauftragten als auch den Kreis seiner Verbindungsmänner wollte Otto Fahr in seinem Entnazifizierungsverfahren 1948 als ein von ihm bewußt konzipiertes »Gegengewicht gegen das stark politisch ausgerichtete Amt des Wehrkreisbeauftragten« verstanden wissen.[535] Nach Einschätzung seines Rechtsbeistandes habe er damit ein »einmaliges, rein württembergisches Widerstandszentrum der Industrie« geschaffen.[536] Diese Einschätzung teilend, anerkannte die Spruchkammer in ihrer Urteilsbegründung den »Fahr-Kreis« als »Widerstandszentrum der Industrie« und - verkürzt auf diesen Aspekt - wurde Otto Fahr seine Tätigkeit als NS-Rüstungsobmann als entlastendes Moment angerechnet.[537]

---

[533] Eidesstattliche Erklärung Haspels, 30.8.1947. Ebd.
[534] Ebd.
[535] Aussage Fahrs bei Knorrs Spruchkammerverhandlung, 14.5.1948. Protokoll der öffentlichen Sitzung. StAL, EL 902/20 Bü 37/05/4073.
[536] Fahrs Rechtsanwalt an Spruchkammer, 18.5.1948. StAL, EL 902/20 Bü 37/17/7952.
[537] Spruch vom 21.6.1948. Ebd.

# V. Unternehmer und Betriebe nach Kriegsende

## *Entnazifizierung*

Zunächst schien der Zusammenbruch des NS-Regimes schwerwiegendere Folgen für die drei Unternehmer Boehringer, Knorr und Fahr zu haben als dessen mehr als zwölfjährige Herrschaft. Im Herbst 1945 wurden die drei Industriellen - und mit ihnen die gesamten Firmenleitungen - von der amerikanischen Besatzungsbehörde aufgrund des am 26. September 1945 erlassenen Gesetztes Nr. 8[1] als politisch belastet entlassen. Max Knorr, der Mitte Oktober 1945 entlassen worden war, machte anschließend sofort von seinem Recht Gebrauch, ein Vorstellungs- (das heißt Berufungs-) verfahren zu beantragen. Dabei konnte er sich auf ein positives Gutachten des Entnazifizierungskomitees[2] seines Betriebes, der Fortuna-Werke, stützen, in dem ihm bescheinigt wurde, daß die im Gesetz Nr. 8 genannten Kennzeichen eines »aktiven Nationalsozialisten« auf ihn nicht zuträfen.[3] Deshalb wurde Knorr von seiner alten Firma bis zur Entscheidung des zuständigen Prüfungsunterausschusses mit »gewöhnlicher Arbeit« im Betrieb weiterbeschäftigt.[4] Der Prüfungsunterausschuß jedoch lehnte Knorrs Be-

---

[1] Zu Vorgeschichte, Inhalt und Folgen dieses Gesetzes vgl. Niethammer, Mitläuferfabrik, S. 229ff.

[2] Für das Entlassungsverfahren gemäß des Gesetzes Nr. 8 wurden in allen Gemeinden erstinstanzliche Entnazifizierungskomitees eingerichtet. Betriebe mit über 150 Beschäftigten mußten ihre eigenen Komitees bilden, die sich paritätisch aus Vertretern der Arbeitgeber und Arbeitnehmer zusammensetzten. Die Entnazifizierungskomitees waren damit beauftragt, Entlassungen vorzuschlagen, über entlassene Parteimitglieder, die ein Vorstellungsverfahren beantragt hatten, ein Gutachten anzufertigen, und zu prüfen, ob ein entlassener Pg. gegebenenfalls in gewöhnlicher Arbeit weiterbeschäftigt werden könne. Zur Behandlung der Vorstellungsverfahren wurden als Erstberufungsinstanzen Prüfungsausschüsse eingerichtet. Diesen wiederum war ein Hauptprüfungsausschuß - in der Stadt Stuttgart angesiedelt beim Oberbürgermeister - übergeordnet. Das letzte Wort hatte die amerikanische Militärregierung.

[3] Protokoll über das Ergebnis der vorbereitenden Besprechung des Entnazifizierungs-Komitees der Firma Fortuna-Werke AG am 1.11.1945 und Gutachten vom 8.11.1945 (Zitat). Archiv des Fortuna-Betriebsrates, Ordner: Entnazifizierung der Fortuna-Werke AG.

[4] Das Fortuna-Entnazifizierungskomittee stellte sechs von sieben entlassenen und ehemals leitenden Angestellten ein solches positives Gutachten aus, und es begründete seine Unterstützung der Berufungsanträge mit der wirtschaftlich äußerst schwierigen Situation des Betriebes, die ein Verbleiben der Männer in ihren alten Positionen unabdingbar mache. Fortuna-Entnazifizierungskomitee an den unterstützenden Untersuchungsausschuß Bad Cannstatt, 9.11.1945. Archiv des Fortuna-Betriebsrates, Ordner: Entnazifizierung der Fortuna-Werke AG. Die Arbeitnehmervertreter im Komitee verweigerten jedoch ihre Unterschrift unter das entlastende Gutachten für den ehemaligen Betriebsleiter. Gutachten vom 8.11.1945. Ebd. Vgl. Notizen über die Betriebsversammlung vom 13.2.1946, in der es die Arbeitnehmervertreter erneut ablehnten, den ehemaligen Betriebsleiter wieder einzustellen, obwohl sich der Prüfungsunterausschuß und die Fortuna-Firmenleitung für seinen Verbleib ausgesprochen hatten. Archiv des Fortuna-Betriebsrates, Ordner: Betriebsversammlungen. In einer anschließend angesetzten geheimen Abstimmung sprachen sich die Fortuna-Mitarbeiter jedoch

rufung ab,[5] woraufhin Knorr im Februar 1946 erneut entlassen wurde und wiederum Berufung einlegte.[6] Der Hauptprüfungsausschuß, die höchste Berufungsinstanz, gab dem Einspruch Knorrs gegen seine Entlassung im Februar 1946 zwar statt,[7] in seinen angestammten Betrieb kehrte Knorr aber nicht zurück. Denn obwohl sich im Mai 1946 der Stuttgarter Oberbürgermeister Klett bei der amerikanischen Militärregierung, die in Berufungsverfahren das letzte Wort hatte, für ihn einsetzte,[8] und die Fortuna-Betriebsleitung für ihren ehemaligen »Betriebsführer« einen Antrag auf vorläufige Beschäftigungserlaubnis stellte,[9] scheint beides ohne Erfolg geblieben zu sein. Auch eine Knorr nicht belastende Beurteilung durch den Fortuna-Betriebsrat von 1947 änderte daran nichts. Deutlich wird indes, wie schwierig es für den Betriebsrat gewesen wäre, Beweise gegen den Betroffenen zusammenzutragen, selbst wenn es diese gegeben hätte. Aus der Belegschaft sei kein Belastungsmaterial gekommen, erklärte der Fortuna-Betriebsrat 1947, weil »das Zutrauen zur Entnazifizierung als solche nicht besonders groß« sei. Deshalb fürchteten die meisten Mitarbeiter »die Vorladung und das öffentliche Auftreten als Zeuge bei der Spruchkammer«, und schließlich würde »schon aus Angst vor der Rückkehr des Direktors in den Betrieb niemand etwas Belastendes vorbringen«.[10] Bis zur Urteilsverkündung in seinem Spruchkammerverfahren im Mai 1948 konnte Max Knorr nicht in die Firma Fortuna zurückkehren und schlug sich zunächst als Bauhilfsarbeiter, später als technischer Angestellter bei einer Stuttgarter Firma durch.[11]

Auch bei Otto Fahr hatte es zunächst den Anschein, als würde der Zusammenbruch des nationalsozialistischen Regimes für ihn ernsthafte Folgen haben. Unmittelbar nach Kriegsende hatte sowohl die französische wie anschließend auch die amerikanische Militärregierung ihn, da er Vorsitzender der Geschäftsleitung der Firma Werner & Pfleiderer war, auch als »Custodian«, also als Treuhänder, für das wegen seiner hohen britischen Beteiligung unter Vermögenskontrolle fallende Unternehmen eingesetzt.[12] Doch im Herbst 1945 wurde er von dieser Funktion entbunden, nachdem er auf Weisung der amerikanischen Besatzungsbehörde Ende Oktober als politisch belastet aus seinem Betrieb entlassen worden war.[13] Während entsprechende Schriftstücke von Max Knorr und

mit 70 Prozent der gültigen Stimmen für eine Wiedereinstellung des Betroffenen als Betriebsdirektor aus. Wahlergebnis vom 19.2.1946. Ebd., Ordner: Bekanntmachungen BD und BL 1946.

5 Spruchkammerakten Max Knorr. StAL, EL 902/20 Bü 37/05/4073. Notizen über die Betriebsversammlung vom 13.2.1946. Archiv des Fortuna-Betriebsrates, Ordner: Betriebsversammlungen.

6 Firma Fortuna an den beim Oberbürgermeister der Stadt Stuttgart angesiedelten Hauptprüfungsausschuß, 28.1.1946. Ebd., Ordner: Spruchkammer.

7 Spruchkammerakten Max Knorr. StAL, EL 902/20 Bü 37/05/4073.

8 Oberbürgermeister der Stadt Stuttgart an US-Military Government, 22.5.1946. Ebd.

9 Firma Fortuna an Oberbürgermeister Klett, 18.5.1946. Ebd.

10 Anlage zum Arbeitsblatt vom 28.5.1947. Archiv des Fortuna-Betriebsrates, Ordner: Spruchkammer.

11 Protokoll der mündlichen Verhandlung am 25.2.1948. StAL, EL 902/20 Bü 37/05/4073.

12 WABW, B 11, Bü 314, und Spruch vom 21.6.1948 (Zitat). StAL, EL 902/20 Bü 37/17/7952.

13 Protokoll der öffentlichen Sitzung der Spruchkammer am 17.,18. und 21.6.1948. Ebd.

von einem der beiden ebenfalls suspendierten persönlich haftenden Gesellschafter der Firma Werner & Pfleiderer überliefert sind, mit denen sie gegen ihre Entlassung Berufung einlegten,[14] sucht man diese bei Otto Fahr vergeblich. Es ist jedoch anzunehmen, daß auch er gegen seine Entlassung juristische Mittel einlegte. Offensichtlich ohne Erfolg, denn allem Anschein nach teilte er in den ersten Nachkriegsjahren das Schicksal Knorrs und konnte bis zu seinem Spruchkammerurteil im Juni 1948 nicht mehr in seinem angestammten Unternehmen tätig sein. Ende November 1945 wurde ein neuer Treuhänder für die Firma Werner & Pfleiderer eingesetzt,[15] und Otto Fahr verdiente sich seinen Lebensunterhalt als Monteur im Betrieb eines Vetters.[16]

Wesentlich glimpflicher kam hingegen Rolf Boehringer davon. Auch er legte gegen seine Mitte November 1945 wirksam gewordene Entlassung Berufung ein, da er »nie aktiver Nazi« gewesen sei.[17] Nachdem der gemäß Gesetz Nr. 8 im Kreis Göppingen eingerichtete Unter- sowie Hauptprüfungsausschuß seinem Einspruch stattgegeben und für seine Wiedereinsetzung als Geschäftsführer der Firma Boehringer plädiert hatte,[18] erteilte ihm das Göppinger Landratsamt eine ab 1. Februar 1946 geltende, zunächst auf sechs Monate befristete »Arbeitslizenz«,[19] worauf Rolf Boehringer wieder als Geschäftsführer in seinen Betrieb zurückkehren konnte.[20] Nach Inkrafttreten des Gesetzes zur Befreiung von Nationalszialismus und Militarismus am 5. März 1946[21] konnte Rolf Boehringer für sich wiederum eine Befreiung vom Tätigkeits- und Beschäftigungsverbot für politisch belastete Unternehmer erreichen und von April 1947 bis zum Vorliegen des endgültigen Spruchkammerentscheids im August 1948 in seinem Betrieb als Geschäftsführer tätig sein.[22]

---

[14] Der Berufung einlegende Gesellschafter war Parteimitglied gewesen. StAL, EL 902/20 Bü 37/913445 und Bü 37/1512677.

[15] WABW, B 11, Bü 288. Schreiben der Firma W&P vom 10.5.1946. WABW, B 11, Bü 314.

[16] Dies erwähnte Karl Lange in seiner Laudatio anläßlich des 60. Geburtstages Fahrs 1952. WABW, B 11, Bü 306. Ansonsten fehlt jeglicher Hinweis auf die Tätigkeit Fahrs in den drei Jahren zwischen Herbst 1945 und Herbst 1948.

[17] Rolf Boehringer an seine Firma, 22.11.1945. WABW, B 10, Bü 324.

[18] Schreiben des Unterstützenden Prüfungsausschusses II, Göppingen, 4.2.1946, und Schreiben des Hauptausschusses für die Entnazifizierung im Kreis Göppingen, 26.3.1946. StAL, EL 902/8 Bü 16/1/15066.

[19] Firma Boehringer an das Göppinger Arbeitsamt, 9.2.1946. WABW, B 10, Bü 324.

[20] Aufstellung der entlassenen und wiedereingestellten Mitarbeiter bei der Firma Boehringer, 10.4.1947. Ebd.

[21] Zur Vorgeschichte, Inhalt und Folgen des im folgenden kurz »Befreiungsgesetz« genannten Gesetzes vgl. Niethammer, Mitläuferfabrik, S. 260ff.

[22] Von seinem Betrieb wurde Rolf Boehringer nach Ablauf der sechsmonatigen Arbeitserlaubnis im August 1946 mitgeteilt, daß er aufgrund des Säuberungsgesetzes Nr. 104, Art. 58 - Weiterbeschäftigung in gewöhnlicher Arbeit im gleichen Betrieb nach dem 4.3.1946 - wiederum aus dem Unternehmen auszuscheiden hatte. Bekanntmachung der Firma Boehringer vom 5.8.1946. WABW, B 10, Bü 324. Die Zeit zwischen August 1946 und Frühjahr 1947 ist in den Unterlagen nicht dokumentiert. Der nächste Vorstoß der Göppinger Firmenleitung erfolgte im März 1947, als sie für Rolf Boehringer über das Göppinger Bürgermeisteramt beim württembergisch-badischen Ministerium für politische Befreiung eine einstweilige Befreiung vom Tätigkeits- und Beschäftigungsverbot nach Art. 60 des »Befreiungsgesetzes« beantragte. Dabei argumentierte sie mit dem hohen Alter von Rolf Boehringers Vater, des

Zunächst schien also das Ende der nationalsozialistischen Herrschaft für die drei Vertreter der württembergischen Wirtschaftselite das Ende ihrer Unternehmerkarriere zu bedeuten. Doch auch an ihrem Entnazifizierungsschicksal läßt sich ablesen, daß es der wirtschaftlichen Funktionselite ermöglicht wurde, nach dem Auferlegen einer eher symbolischen Strafe ihre berufliche Karriere fast bruchlos fortzusetzen.[23] Die drei Unternehmer Boehringer, Fahr und Knorr hatten sich nach Inkrafttreten des »Befreiungsgesetzes« einem Spruchkammerverfahren in der amerikanischen Zone zu unterziehen. Nach dessen Bestimmungen mußten sie mindestens mit einer Einstufung als »Belastete« rechnen, gegen die bis zu fünf Jahre Arbeitslager, vollständige oder teilweise Vermögenseinziehung, Verbot jeglicher leitenden Tätigkeit und Entzug der staatsbürgerlichen Rechte als Sühnemaßnahmen verhängt werden konnten.[24] Denn ebenso wie Knorr erfüllten Boehringer und Fahr das Kriterium, einem »Geschäftsunternehmen der freien Wirtschaft« vorgestanden zu haben, das wegen »des investierten Gesellschaftskapitals, der Anzahl der Beschäftigten« oder der »Art der Produktion« laut »Befreiungsgesetz« als »an sich bedeutend und wichtig« eingestuft wurde.[25] Alle »Inhaber, Eigentümer und (...) Gesellschafter« sowie »Vorsitzenden des Vorstands oder Aufsichtsrates oder sonstige Personen, die auf die Geschäftsleitung maßgebenden Einfluß« hatten, galten nach dem Wortlaut des Gesetzes bis zum Beweis des Gegenteils durch die Betroffenen[26] als »Belastete«, sofern diese »Mitglieder der NSDAP oder einer ihrer Gliederungen« gewesen waren.[27]

Über ihre unmittelbare Unternehmertätigkeit hinaus galten zumindest Otto Fahr und Max Knorr im Sinne des »Befreiungsgesetzes« als zusätzlich belastet. Denn als Rüstungsobmann und Leiter der Industrieabteilung der Gauwirtschaftskammer Württemberg-Hohenzollern erfüllte Otto Fahr ein weiteres Kriterium, das automatisch zur Einstufung in die Gruppe der »Belasteten« führte,[28]

---

augenblicklichen Interims-Geschäftsführers, und der wirtschaftlich schwierigen Lage des Unternehmens. Vor allem letzteres erfordere einen Mann an der Spitze des Betriebes, der »die Betriebsverhältnisse in ihrer Gesamtheit« (Antrag der Firma Boehringer vom 14.3.1947) zu überblicken in der Lage sei. Dem Antrag wurde Anfang April entsprochen, und die zunächst auf zwei Monate befristete Befreiung im Juni 1947 bis zum Vorliegen eines rechtsgültigen Spruchkammerentscheids verlängert. Antrag der Firma Boehringer vom 14.3.1947 und vom 22.5.1947 sowie Ministerium für politische Befreiung an Firma Boehringer, 3.6.1947. Ebd.

[23] Dazu grundlegend: Niethammer, Mitläuferfabrik. Zur Entnazifizierung in Südwestdeutschland vgl. Henke, Politische Säuberung; Manfred Bosch, Der Neubeginn. Aus deutscher Nachkriegszeit. Südbaden 1945-1950, Konstanz 1988, S. 304-342; Reinhard Grohnert, Die Entnazifizierung in Baden 1945-1949. Konzeptionen und Praxis der »Epuration« am Beispiel eines Landes der französischen Besatzungszone, Stuttgart 1991. Speziell zur Entnazifizierung von Unternehmern: Rauh-Kühne, Unternehmer und Entnazifizierung.

[24] »Befreiungsgesetz«, Art. 4, S. 19; Anlage M, Ziffer 10, S. 423; Art. 14 (Sühnemaßnahmen), S. 67ff.; Art. 10, S. 56.

[25] Ebd., Anlage M, Ziffer 10, S. 423.

[26] Ebd., Art. 10, S. 56.

[27] Ebd., Anlage M, Ziffer 10, S. 423.

[28] Spruch vom 21.6.1948. StAL, EL 902/20 Bü 37/17/7952. »Befreiungsgesetz«, Art. 10, K (Regierungsbeamte), 3g, S. 58; Anlage M, Klasse II, 2, S. 423.

während Max Knorr wegen seiner Ernennung zum Wehrwirtschaftsführer, die nach dem 1. Januar 1942 erfolgt war,[29] gar mit einer Einreihung in die Gruppe der »Hauptschuldigen« rechnen mußte.[30] Als ehemaliger Bezirksbeauftagter des Hauptausschusses Maschinen und damit ehrenamtlicher »Amtsträger« in der industriellen »Selbstverwaltung« war Knorr nach dem Wortlaut des Gesetzes ein »nachgeordneter Amtsinhaber«, der auf keinen Fall einer höheren automatischen Belastung unterliegen dürfe als der ihm übergeordnete Leiter des Hauptausschusses, welcher als »Belasteter« galt.[31] Trotzdem stufte ihn der öffentliche Ankläger im Spruchkammerverfahren als einen der »leitenden Beamten« einer Wirtschaftsgruppe ein, die zunächst einmal als »Belastete« galten.[32] Weder für Knorr noch für Boehringer oder Fahr ergab sich hingegen aus ihrer

---

[29] Alle nach diesem Stichtag zum Wehrwirtschaftsführer ernannten Unternehmer galten laut »Befreiungsgesetz« als »präsumtive Hauptschuldige«, da der Titel von Hitler persönlich an diejenigen Industrielle vergeben worden sei, die »vermöge ihrer Stellung in der Wehrwirtschaft (...) und ihres Vermögens einen entscheidenden Einfluß auf die Maschinerie des Hitlerkrieges (...) und letzten Endes auf die Aufrechterhaltung und Verlängerung der natiolnalsozialistischen Gewaltherrschaft« gehabt hätten. Alle vor diesem Stichtag Ernannten galten, wenn die Ernennung durch das Reichswirtschaftsministerium erfolgt war, lediglich als »Belastete«. Ebd., Anlage M, Klasse I, 1 und Klasse II, 1. Für Otto Fahr, dessen Ernennung zum Wehrwirtschaftsführer bereits Anfang April 1941 und zwar durch die Wehrmacht erfolgt war, ergab sich aus diesem Titel keine weitere Belastung. StAL, EL 902/20 Bü 37/17/7952. Da es gemäß dem »Befreiungsgesetz« als erwiesen galt, daß bei nach dem Stichtag erfolgten Ernennungen sowohl Gauleitung, Gestapo als auch der SD zuvor konsultiert werden mußten, vermutete es hinter einem derartigen Wehrwirtschaftsführer einen zuverlässigen Repräsentanten des NS-Regimes. Aus diesem Grund war es laut Gesetz auch unerheblich, ob die Ernennung durch das Reichswirtschaftsministerium oder einen der drei Wehrmachtteile erfolgt war. Mit dem Titel sei auf jeden Fall ein Prestigegewinn verbunden gewesen, und dem Träger hätten sich »erhebliche Einflußmöglichkeiten« eröffnet. Für Württemberg und Baden wurde festgestellt, daß Ernennungen durch das Reichswirtschaftsministerium generell erst ab 1942 erfolgt waren. Vgl. Mitteilungen an die Kammern, S. 10. Der ehemalige Rüstungsinspekteur Klett, der bis zu seinem Ausscheiden im September 1943 für Vorschlag und Ernennung von Wehrwirtschaftsführern im Namen der Wehrmacht im Wehrkreis V zuständig gewesen war, bezeichnete den Stichtag hingegen als »willkürlich« und »sachlich unberechtigt«, weil vom Datum der Ernennung und nicht vom Datum des Vorschlages ausgegangen würde. So habe er, von »der Wertlosigkeit dieses aufgebauschten Titels« überzeugt, während seiner Amtszeit die Vorschläge »meist sehr dilatorisch« behandelt: »Es wäre also ausschließlich meiner verzögerten Bearbeitung zuzuschreiben, wenn ein bereits im Frühjahr 1941 Vorgeschlagener erst im Frühjahr 1942 ernannt worden wäre und dadurch - also durch meine 'Schuld' - ohne jedes Zutun seinerseits aus einem Unbelasteten zu einem Hauptschuldigen würde.« Rudolf Klett, Äußerung zur Frage der Wehrwirtschaftsführer, 9.6.1947. StAL, EL 902/20 Bü 37/17/7952 und Bü 37/05/4073. Im Falle Max Knorrs bestätigte Karl Lange, daß Knorr Anfang 1941 vom Hauptausschuß Maschinen beim Reichswirtschaftsministerium für den Titel vorgeschlagen, aber nicht berücksichtigt worden sei. Deshalb sei der Antrag ein Jahr später wiederholt und Knorr im Frühjahr 1943 zum Wehrwirtschaftsführer ernannt worden. Auch für Lange war es unverständlich, weshalb nach Kriegsende »solch Wesens mit diesem Titel« gemacht wurde, da er »praktisch (...) doch gar nichts zu bedeuten« gehabt hätte. Vielmehr sei das Ganze »doch weiter nichts als eine schlechte Nachahmung des Kommerzienrat-Titels der Vergangenheit« gewesen. Schreiben Karl Langes an Max Knorr, 18.12.1946. StAL, EL 902/20 Bü 37/05/4073. Vgl. auch Erker, Industrie-Eliten, S. 95-103.

[30] »Befreiungsgesetz«, Anlage M, Klasse I, 1, S. 423.

[31] Ebd. Anlage M, Klasse II, 6, S. 423; Mitteilungen an die Kammern, S. 11.

[32] StAL, EL 902/20 Bü 37/05/4073.

Tätigkeit in den fachlichen Untergliederungen der NS-Wirtschaftsorganisation (Arbeitsausschuß- und Arbeitsringleiter) eine automatische Belastung.[33]

Trotz ihrer formalen Belastung konnten die drei Unternehmer die Spruchkammern überzeugen, daß sie sich zur NSDAP und ihren Organisationen stets auf Distanz gehalten hätten, ihr - relativ später - Parteieintritt eher ein »formaler Akt«[34] als ein politisches Glaubensbekenntnis gewesen sei und sie sich auch als »Betriebsführer« stets einwandfrei und niemals propagandistisch im Sinne des Nationalsozialismus verhalten hätten. Wenn Rolf Boehringer »nicht noch in letzter Stunde Parteimitglied geworden wäre«, urteilte die Spruchkammer Göppingen, »könnte er ohne Zweifel als vom Gesetz nicht betroffen angesehen werden.«[35] Auch aus der »Innehabung der vielen ehrenamtlichen Stellen« des Göppinger Unternehmers ergab sich für die Spruchkammer kein Anhaltspunkt dafür, daß »er diese zu politischen oder eigennützigen Zwecken ausgenützt« habe.[36] Da sie neben seiner politischen Passivität auch die von ihm vorgebrachten Entlastungsmomente als aktive Widerstandshandlungen gemäß Artikel 13 des »Befreiungsgesetzes« anerkannte,[37] war der Weg frei, Rolf Boehringer in die Gruppe der »Entlasteten« einzustufen. Denn nach dem »Befreiungsgesetz« galt als »enlastet«, wer »trotz einer formellen Mitgliedschaft oder Anwartschaft (...) sich nicht nur passiv verhalten, sondern nach dem Maß seiner Kräfte aktiv Widerstand gegen die nationalsozialistische Gewaltherrschaft geleistet und dadurch Nachteile erlitten« hatte.[38]

War die Göppinger Spruchkammer bei Rolf Boehringer von derartigen Nachteilen, die ihm sein widerständiges Verhalten tatsächlich »brachte, oder zumindest bringen konnte«, ausgegangen,[39] scheiterte Max Knorrs Einreihung in die Gruppe der »Entlasteten« daran, daß die zuständige Spruchkammer in seinem Fall keine nachweislichen Nachteile erkennen konnte. Zwar sah die Spruchkammer keinen Grund mehr, Knorr als »Hauptschuldigen« oder »Belasteten« einzustufen. Politisch sei er nicht hervorgetreten, befand man, und die vom Betroffenen vorgebrachten widerständigen Handlungen[40] seien »mehr oder we-

[33] Ebd.; StAL, EL 902/8 Bü 16/1/15066 und EL 902/20 Bü 37/17/7952. Vgl. Mitteilungen an die Kammern, S. 11.

[34] Als solchen bezeichneten Knorrs Rechtsanwälte den Parteieintritt ihres Mandanten in einem Schreiben vom 26.4.1947. StAL, EL 902/20 Bü 37/05/4073.

[35] Spruch vom 9.8.1948. StAL, EL 902/8 Bü 16/1/15066.

[36] Ebd.

[37] Er habe die Schließung der Firma Reichart & Scheuffelen verhindert und sich geweigert, einen in seinem Betrieb beschäftigten »Halbjuden« zu entlassen. Als Widerstandsakt im Sinne des »Befreiungsgesetzes« erkannte die Spruchkammer sogar an, daß Boehringer es abgelehnt hatte, seinen Betrieb »auf die Fertigung von Waffen umzustellen«. Als besonders »krass« stufte die Spruchkammer seinen »Widerstand (...) als Verbindungsmann zum Rüstungsobmann« ein. Dazu gehörte ihrer Auffassung nach der von Boehringer mitgetragene Beschluß, das Volksgewehr nicht zu bauen, und die Nichtweitergabe des »Nero«-Befehls. Spruch vom 9.8.1948. StAL, EL 902/8 Bü 16/1/15066.

[38] »Befreiungsgesetz«, Art. 13, S. 65ff.

[39] Spruch vom 9.8.1948. StAL, EL 902/8 Bü 16/1/15066.

[40] Hierzu zählte Knorr u.a. die Wiedereinstellung von drei Belegschaftsangehörigen, die 1934 aus politischen Gründen zu mehrjährigen Gefängnisstrafen verurteilt worden waren, die »Verhinderung der Durchführung des Nero-Befehls«, seinen Einsatz für zahlreiche württem-

niger als Widerstand gegen die NS.- Gewaltherrschaft anzusehen«. Knorr habe jedoch wegen »seines Widerstandes keine Nachteile erlitten«, und es sei auch nicht sicher, daß »er bei Bekanntwerden dieses Widerstandes Nachteile zu erleiden gehabt hätte«. Im Gegensatz zu Boehringers Urteil stufte diese Spruchkammer Knorr als »Mitläufer« ein. Als Sühnemaßnahme hatte er 2000 RM - die »Höchstsühne« - zu bezahlen und die Kosten des Verfahrens zu tragen.[41]

Ähnlich wie für Rolf Boehringer verlief das Spruchkammerverfahren gegen Otto Fahr. Weder in seinem Verhalten als »Betriebsführer« noch als Rüstungsobmann fand die Spruchkammer Anhaltspunkte, die eine Einstufung in die Gruppe der »Belasteten« rechtfertigten. Der von Fahr vorgebrachten Entlastungsmomente gemäß Artikel 13 des »Befreiungsgesetzes« stimmte die Spruchkammer vorbehaltlos zu, wobei sie den Tatbestand des »aktiven Widerstandes«[42] vor allem durch die Gründung und die Maßnahmen des »Fahr-Kreises« sowie seine Verbindung zum Umfeld von Carl Goerdeler als erfüllt ansah. Die »Voraussetzungen des Art. 13«, hieß es in der Urteilsbegründung der Spruchkammer abschließend, habe Fahr »in mehr als einer Beziehung erfüllt«, und besonderer Wert wurde darauf gelegt, »in vollem Maße die Haltung anzuerkennen, die der Betr. in seinem Konflikt zwischen den Forderungen des Staates und denjenigen des eigenen Gewissens eingenommen« hatte.[43]

Zweifellos kam allen drei Unternehmern zugute, daß die Zeitgenossen - auch die Mitglieder der Spruchkammern - in jenen Jahren noch unter dem Eindruck der chaotischen letzten Kriegswochen standen, so daß die zu beurteilende Person stark an ihrem Verhalten gerade in dieser letzten Phase der nationalsozialistischen Herrschaft gemessen wurde. Vor allem aber hatte die Entnazifizierung 1948, als die Fälle Boehringer, Knorr und Fahr vor den Spruchkammern verhandelt wurden, ihren Charakter bereits grundlegend gewandelt. Der anfängliche Säuberungselan, der sich noch im Wortlaut des »Befreiungsgesetzes« vom 5. März 1946 niedergeschlagen hatte, auf das sich die Spruchkammerverfahren stützten, hatte in der Praxis inzwischen einer Großzügigkeit Platz gemacht, die den Spruchkammern den Beinamen »Mitläuferfabriken« einbrachte.[44] Die Behandlung der Vertreter der Wirtschaftselite macht diesen Wandel besonders augenfällig. Nicht nur daß durch eine rigorose Anwendung der anfänglich formal gehandhabten Bestimmungen des »Befreiungsgesetzes« die Mehrheit der Funktionselite aus ihren Positionen in Wirtschaft und Gesellschaft verbannt worden wäre. Auch weil das Entnazifizierungsverfahren durch seine ausufernden Bestimmungen insgesamt immer stärker in Mißkredit geriet,[45] konzentrierten sich die Kammern zunehmend auf ihre im »Befreiungsgesetz« verankerte

---

bergische Maschinenbauunternehmen und seine Zugehörigkeit zum »Fahr-Kreis«. Spruch vom 14.5.1948. StAL, EL 902/20 Bü 37/05/4073. Dort auch die folgenden Zitate.

[41] Ebd. »Befreiungsgesetz«, Art. 18, S. 88f.

[42] »Befreiungsgesetz«, Art. 13, S. 65ff.

[43] Spruch vom 21.6.1948. StAL, EL 902/20 Bü 37/17/7952.

[44] Vgl. den von Niethammer bezeichnenderweise für die zweite Auflage seines Buches gewählten Titel.

[45] Vgl. Rauh-Kühne, Unternehmer und Entnazifizierung, S. 305-308.

Aufgabe, die Beurteilung des einzelnen »in gerechter Abwägung der individuellen Verantwortlichkeit und der tatsächlichen Gesamthaltung« vorzunehmen.[46] Dies war freilich eine faktisch kaum lösbare Aufgabe. Artikel 13 wurde in der Folgezeit zur juristischen Handhabe für ein bald massenhaft praktiziertes Entlastungsverfahren. Von dieser Entwicklung profitierten die drei Unternehmer Boehringer, Knorr und Fahr. Ihnen kam außerdem zustatten, daß manche ihrer Entlastungsargumente von anderen - regionalen und überregionalen - Angehörigen der Wirtschaftselite bezeugt wurden, während sie für die Spruchkammern kaum nachprüfbar waren: Weil die Unternehmer konspirative Tätigkeiten für sich beanspruchten, konnten und brauchten sie dafür keine Dokumente vorweisen. Rehabilitiert durch die Sühnebescheide, die auf »Entlastete« bzw. »Mitläufer« im Sinne des »Befreiungsgesetzes« lauteten, kehrten die drei Unternehmer 1948/49 in ihre alte Position in den Betrieben zurück[47] - Otto Fahr wurde nach der Währungsreform 1948 sogar persönlich haftender Gesellschafter von Werner & Pfleiderer[48] -, wo sie bis in die 1960er Jahre an vorderster Stelle in der Geschäftsleitung wirkten.[49]

### *Fortsetzung der Verbandsarbeit*

So wie sie ihre berufliche Laufbahn - nach einer kurzen Unterbrechung - in den Betrieben wieder aufnehmen konnten, so setzten die drei württembergischen Unternehmer auch ihr Engagement in den Wirtschaftsorganisationen des Maschinenbaus fort. Schon im Winter 1945/46 waren in den drei westlichen Besatzungszonen erste Wirtschaftsverbände des Maschinenbaus entstanden, und Mitte 1948, nach Bildung der amerikanisch-britischen Bi-Zone, hatten die

---

[46] »Befreiungsgesetz«, Art. 2, S. 12f.

[47] Max Knorr kehrte vermutlich im Herbst 1948 zu den Fortuna-Werken zurück. Erstmals ist ein Bericht der Geschäftsleitung vom 14.9.1948 wieder von ihm unterzeichnet. Archiv des Fortuna-Betriebsrates, Ordner: Protokolle der Betriebsratssitzungen. Der Zeitpunkt, zu dem Otto Fahr seine Tätigkeit bei der Firma Werner & Pfleiderer wieder aufnehmen konnte, differiert in den überlieferten Unterlagen. Während er in der Firmenzeitschrift auf Herbst 1948 datiert wird (Aus unserer Welt. W&P-Zeitschrift 11 (1967), Nr. 17), kehrte Fahr laut Firmenchronik von 1979 erst Anfang 1949 zurück. Geschichte der Maschinenfabrik Werner & Pfleiderer Stuttgart 1879-1979. 100 Jahre Arbeit für den Fortschritt, hrsg. anläßlich des hundertjährigen Bestehens der Maschinenfabrik Werner & Pfleiderer, Stuttgart 1979, S. 41. Bei Rolf Boehringer, der ja seit 1946 im Besitz einer bis zum endgültigen Kammerentscheid gültigen Arbeitserlaubnis in seiner alten Firma war, ist anzunehmen, daß er nach der Spruchverkündung im August 1948 nahtlos seine zuvor noch unter Vorbehalt stehende Geschäftsführerfunktion fortsetzen konnte.

[48] Gespräch mit Johannes Werner am 8.2.1995.

[49] Max Knorr schied zum Jahresende 1963 aus dem Vorstand der Fortuna-Werke aus und übernahm den Vorsitz im Aufsichtsrat. Archiv des Fortuna-Betriebsrates. Wir bei Fortuna. Werkszeitschrift, Heft 64 (1969), S. 21f. Otto Fahr übernahm nach seinem Ausscheiden aus der Geschäftsleitung am 1. Juli 1968 den Vorsitz im Verwaltungsrat der Firma Werner & Pfleiderer. WABW, B 11, Bü 307. Ein Jahr später, zum Jahresende 1969, zogen sich Rolf Boehringer und sein Cousin Werner aus der Geschäftsleitung der Firma Gebr. Boehringer zurück. Rolf Boehringer übernahm anschließend das Amt des Aufsichtsratsvorsitzenden seiner Firma. Stadtarchiv Göppingen, Das Boehringer-Werk 19 (1969), Heft 5/6, S. 4f, und Neue Württembergische Zeitung, Göppinger Kreisnachrichten, 30. Jg., Nr. 235, 11.10.1975.

dortigen Verbände die Erlaubnis erhalten, sich zu einer »Arbeitsgemeinschaft der Verbände Deutscher Maschinenbauanstalten« (AVDMA) mit Sitz in Frankfurt am Main zusammenzuschließen. Zugleich war es Anfang Juni 1948 im Hause der Firma Gebr. Boehringer und unter dem Vorsitz von Kommerzienrat Boehringer, Rolf Boehringers Vater, zur Gründung eines bizonalen Fachausschusses Werkzeugmaschinen gekommen,[50] dessen Geschäftssitz ebenfalls in Frankfurt am Main angesiedelt wurde. Dessen vorläufiger, zunächst siebenköpfiger Vorstand, dem sowohl Rolf Boehringer als auch Max Knorr angehörten, wurde Anfang Januar 1949 von einem größeren, nunmehr 25 Mitglieder umfassendem Gremium abgelöst. Mit dieser Entscheidung, den Vorstand des Fachaussschusses Werkzeugmaschinen aus den zwölf Leitern der Fachabteilungen und ihren Stellvertretern sowie dem Vorsitzenden zu bilden, knüpfte man bewußt an die offenkundig als positiv erlebten Erfahrungen an, die mit der Leitung der Fachgruppe Werkzeugmaschinen während der nationalsozialistischen Herrschaft gemacht worden waren. Mit der Wiedergründung des Vereins Deutscher Maschinenbauanstalten (VDMA) im September 1949, der den AVDMA ablöste und mit seinen zwölf Fachgemeinschaften »im wesentlichen die Aufgaben der (ehemaligen) Wirtschaftsgruppe Maschinenbau mit deren Fachgruppen« übernahm[51], erfolgte auch die Umbenennung des Fachausschusses in Fachgemeinschaft Werkzeugmaschinen. Gegen die ursprünglich vorgesehene Bezeichnung, nämlich Fachgruppe Werkzeugmaschinen, waren dann doch Bedenken geäußert worden, sie »erinnere zu sehr an die Vergangenheit«.[52]

Gänzlich ungebrochen verlief die Entwicklung beim Verein Deutscher Werkzeugmaschinen (VDW). Dieser war seit der Gründung der Fachgruppe Werkzeugmaschinen 1934/35 nur noch für das Ausstellungswesen und die Zusammenarbeit mit Wissenschaft und Lehre zuständig gewesen, und darin sah man auch nach dem Ende der NS-Herrschaft die wichtigsten Aufgabengebiete des Vereins. Mit den beiden Organisationen, dem selbständigen VDW und der unselbständigen Fachgemeinschaft als Teil des VDMA, existierten damit wie

---

[50] Daß man sich zur konstituierenden Sitzung bei der Firma Boehringer versammelte, scheint kein Zufall gewesen zu sein, hielten sich dort doch bereits während des letzten Kriegsjahres und über den Zusammenbruch hinaus leitende Herren des Sonderausschusses Werkzeugmaschinen auf. Im Frühjahr 1944 hatte es Überlegungen gegeben, etliche Referate des Sonderausschusses Werkzeugmaschinen in württembergische Betriebe zu evakuieren. So waren die Firmen Wafios und Burkhardt & Weber in Reutlingen, Gebr. Boehringer in Göppingen und die Nürtinger Firma Heller als »Aufnahmebetriebe« für die Referate Bente und Witzig, Gentzcke/Bandell und Haase vorgesehen (Kiekebusch an Max Knorr, 5.4.1944. WABW, Bestand Fortuna, Ordner: Bezirksbeauftragter Hauptausschuß Maschinen), und Rolf Boehringer hatte im August 1945 darüber berichtet, daß sich die Herren Bandell und Gentzcke zu diesem Zeitpunkt noch stets in seiner Firma aufhielten (Rolf Boehringer an Martin Harbeck, 20.8.1945. WABW, B 10, Bü 23), was daraufhin deutet, daß die Evakuierung der Referate tatsächlich stattgefunden hat. Dieser Umstand könnte das Zusammentreffen im Jahr 1948 im Hause Boehringer im württembergischen Göppingen erleichert haben.

[51] Mit diesen Worten wird in der VDW-Jubiläumsschrift der erste Nachkriegsvorsitzende der Fachgemeinschaft Werkzeugmaschinen, Gerhard Schaudt, zitiert. Glunk, Ein Jahrhundert VDW, S. 129.

[52] Ebd., S. 112.

zur Zeit des Nationalsozialismus in der Nachkriegszeit zwei Gremien, in denen die Werkzeugmaschinenhersteller organisiert waren. Auf diese augenfällige Kontinuität wurde vom VDW ausdrücklich hingewiesen. Damit sei »praktisch die alte Organisation, wie sie sich durch die Zwangslage der Gleichschaltungsgesetze ergeben hatte, mit all ihren strategischen Vorteilen wiederhergestellt«, hieß es in der 1991 erschienen Jubiläumsschrift des Vereins.[53] Die Verbindung beider Organisationen sicherte man wie schon in den Jahren 1934/35 bis 1945 durch Personalunion der Vorstände.[54]

Als Fachabteilungsleiter in der neugegründeten Fachgemeinschaft Werkzeugmaschinen knüpften Boehringer und Knorr nahtlos an ihre Aufgabengebiete zur Zeit des Nationalsozialismus an. Wie schon in den Jahren 1935 bis 1945 leitete Rolf Boehringer ab 1949 die Fachabteilung Hobel-, Stoß- und Räummaschinen, für die Fachabteilung Drehbänke war er jedoch nicht mehr zuständig. Max Knorr war aufs neue zum Leiter der Fachabteilung Schleifmaschinen ernannt worden.[55] Als Fachabteilungsleiter gehörten beide automatisch dem Vorstand der Fachgemeinschaft und aufgrund des Grundsatzes der Personalunion zwischen beiden Organisationen auch dem Vorstand des VDW an.[56]

Zwar behielt Max Knorr nach 1945 nicht das Amt des stellvertretenden Vorsitzenden der Fachgruppe Werkzeugmaschinen und des VDW, das er von 1938 bis Kriegsende bekleidet hatte,[57] seine Karriere im VDMA, der Spitzenorganisation des deutschen Maschinenbaus, konnte er aber ungehindert fortsetzen. 1938 war Max Knorr in den Beirat der Wirtschaftsgruppe Maschinenbau berufen worden,[58] 1957 war er Vizepräsident des VDMA[59] und von 1959 bis 1962 dessen Vorsitzender.[60] Im VDMA der Nachkriegszeit wurde auch das ehemalige Mitglied im Beirat der Wirtschaftsgruppe Maschinenbau Otto Fahr[61] wieder aktiv. Seit 1949 war er im Hauptvorstand und im Engeren Vorstand des

[53] Ebd., S. 113. Zu den Aufgaben des VDW während der NS-Zeit vgl. Kappel, 75 Jahre VDW, S. 85f. Zur Entwicklung der beiden Organisationen nach Kriegsende vgl. Glunk, Ein Jahrhundert, S. 107ff.

[54] Der in Berlin ansässige eigentliche VDW existierte nach dem Zusammenbruch des NS-Regimes als eingetragener Verein weiter, konnte jedoch aufgrund der rechtlichen Sonderstellung Berlins keine Wirksamkeit über die Stadt hinaus entwickeln. Deshalb wurde 1949 ein »westlicher«, vorerst nur »ruhender« - das heißt ohne Mitgliedsaufnahme -, aber mit der Fachgemeinschaft vorstandsgleicher »neuer« VDW gegründet. Der Berliner VDW wurde 1963/64 endgültig aufgelöst. Vgl. Glunk, Ein Jahrhundert VDW, S. 107ff, 128f.

[55] Kappel, 75 Jahre VDW, S. 106ff.

[56] Ebd. Rolf Boehringer gehörte dem Vorstand des VDW bis zu seinem Tod im Jahre 1975 an, Max Knorr hingegen gab mit seinem Ausscheiden aus dem Vorstand der Fortuna-Werke 1963 auch seine Vorstandstätigkeit im VDW auf. Ebd., S. 191, 194.

[57] Ebd., S. 207.

[58] Karl Lange an Max Knorr, 20.12.1946. StAL, EL 902/20 Bü 37/05/4073; Maschinenbau-Handbuch 1939/40, S. 15ff.

[59] Bei der Feierstunde anläßlich des 65. Geburtstages von Otto Fahr 1957 nahm Max Knorr als Vizepräsident des VDMA teil. WABW, B 11, Bü 306.

[60] Handbuch der Deutschen Maschinen-Industrie. Die Mitgliedsfirmen des VDMA, hrsg. vom Verein Deutscher Maschinenbau-Anstalten e.V., Frankfurt a.M. 1975, S. XV.

[61] Maschinenbau-Handbuch 1939/40, S. 15ff.

VDMA vertreten. Seine von 1934 bis 1945 währende Tätigkeit als Leiter der Fachgruppe Maschinen für die Nahrungs- und Genußmittelindustrie nahm Fahr hingegen nach dem Zusammenbruch des Nationalsozialismus nicht wieder auf.[62] Ebenso gehörte Rolf Boehringer nach 1945 jahrzehntelang sowohl dem Vorstand des VDMA als auch des VDW an, neun Jahre lang war er außerdem Mitglied des Europäischen Komittees für die Werkzeugmaschinen-Industrie in Brüssel.[63]

Es läßt sich festhalten, daß weder für die betriebliche noch die außerbetriebliche Karriere der drei württembergischen Unternehmer das Ende der NS-Herrschaft eine tiefgreifende Zäsur bedeutete. Vielmehr konnten die drei Unternehmer ihre Tätigkeit im Verbandswesen des deutschen Maschinen- bzw. Werkzeugmaschinenbaus - nunmehr unter demokratischen Verhältnissen - problemlos fortsetzen. Dies mag darauf hindeuten, daß ihre Tätigkeit im wirtschaftlichen Lenkungsapparat des NS-Regimes von ihren Unternehmer-Kollegen trotz der Klagen, die es bis Kriegsende gegeben hatte, als insgesamt fair beurteilt wurde. Vor allem Max Knorr bekleidete als Präsident des VDMA in der Nachkriegszeit eine herausgehobene Position, doch auch Fahr und Boehringer zählten als Vorstandsmitglieder des VDMA bzw. VDW zu den einflußreichen Industriellen in der Bundesrepublik. Dies schlug sich nicht zuletzt in den vielfältigen Ehrungen und Auszeichnungen nieder, welche insbesondere Fahr und Knorr im Nachkriegsdeutschland erfuhren. Bereits 1952 wurde Otto Fahr anläßlich seines sechzigsten Geburtstages für seinen »Einsatz beim Neuaufbau der Bundesrepublik« das große Verdienstkreuz des Verdienstordens der Bundesrepublik verliehen,[64] 1968 kam anläßlich seines fünfundsiebzigsten Geburtstages die Verleihung des Sterns zum Großen Verdienstkreuz hinzu.[65] Ernennungen zum Ehrensenator (1952) und Ehrenbürger (1961) der Technischen Hochschule Stuttgart sowie zum Ehrensenator der Universität Tübingen (1957) zeugen von der Wertschätzung Fahrs in Wissenschaft und Forschung ebenso wie die Verleihung der Ehrendoktorwürde der Technischen Hochschule Aachen (1963).[66] Er wurde als »Vorbild schwäbischer Art und schwäbischer Arbeit«[67] gepriesen und als sozial eingestellter Unternehmer, dessen Einstellung »vorbildlich für unser Land, für die anderen Betriebe in unserem Land und für die Bundesrepublik« sei,[68] oder als »bahnbrechende(r) Forscher auf dem Gesamtgebiet der reinen und angewandten Chemie«[69] gelobt. Darüber hinaus wurde

[62] Lebenslauf Fahrs, o.D. WABW, B 11, Bü 306.
[63] Neue Württembergische Zeitung. Göppinger Kreisnachrichten, 30. Jg., Nr. 235, vom 11.10.1975.
[64] Aus unserer Welt. W&P-Werkszeitschrift 11 (1967), Nr. 17. WABW, B 11, Bü 307.
[65] Pressemitteilung des baden-württembergischen Staatsministeriums, 1.3.1968. Ebd.
[66] WABW, B 11, Bü 306 und 307.
[67] Ansprache des Stuttgarter Wirtschaftsreferenten in Vertretung von Oberbürgermeister Klett, 19.8.1952. WABW, B 11, Bü 306.
[68] Ansprache des baden-württembergischen Wirtschaftsministers und stellv. Ministerpräsidenten, Dr. Hermann Veit, anläßlich des 65. Geburtstages von Fahr 1957. Ebd.
[69] Ansprache des Rektors der Universität Tübingen, Prof. Dr. Rosenkranz, zum selben Anlaß. Ebd.

bei allen Ehrungen stets Fahrs Einsatz für die württembergische Industrie vor allem während der letzten Kriegswochen herausgestellt. Als »einer der wenigen Männer« sei Fahr »mannhaft und mit Erfolg in der Zeit der tiefsten Not unseres Landes« dafür eingetreten, daß »nicht sinnlos alles zerstört wurde, was noch übrig geblieben war«, sondern daß »vieles erhalten geblieben ist, was dann im Wiederaufbau eingesetzt werden konnte«, weshalb sein Name »mit dem Wiederaufbau unseres Landes und unserer Wirtschaft unauslöschlich verbunden« sei, lobte ihn 1957 der Vizepräsident der IHK Stuttgart und überreichte Fahr die höchste Auszeichnung seiner Organisation, die Große Ehrenplakette.[70] Für Karl Lange, der anläßlich des sechzigsten Geburtstages von Otto Fahr als Geschäftsführer des VDMA das Wort ergriff, lag das »ganze tragische Schicksal unseres Vaterlandes« in jenen Jahrzehnten beschlossen, während derer Otto Fahr »im Beirat und Vorstand des Vereins Deutscher Maschinenbau-Anstalten, der Wirtschaftsgruppe Maschinenbau und dann wieder im neugegründeten Verein Deutscher Maschinenbau-Anstalten« mit ihm zusammengearbeitet hatte.[71] Gerade während der NS-Zeit habe sich Fahr »bewährt«. Indem er dafür gekämpft habe, »das wahre Wesen der Wirtschaft zu erhalten«, es »abzuschirmen gegenüber Übergriffen« und die »Industrie zu schützen vor Machenschaften und Zwangseingriffen«, habe er sich »ein bleibendes, ein ständiges Verdienst in der Geschichte erworben«. Dazu habe auch die Gründung eines »Ringes« in Württemberg beigetragen, »der dafür sorgte, daß die Dinge hier, wenn auch unter schweren Kämpfen und Zuckungen, doch in einer Weise verliefen, die nachher einigermaßen erträglich waren«. Besonders hob Lange Fahrs »Verdienste gegen Schluß des Krieges vor dem Zusammenbruch« hervor, als es »vor allen Dingen« er gewesen sei, der dazu beigetragen habe, daß »Zerstörungen unserer Industrie verhindert wurden«.

Am Bild des widerständigen Unternehmers, der dazu beigetragen hatte, daß der Industrie im Stuttgarter Raum weitere Wert- und Substanzverluste erspart und damit eine materielle Grundlage über die Niederlage hinaus erhalten geblieben war, arbeiteten auch die Firma Werner & Pfleiderer sowie Otto Fahr selbst tatkräftig mit. Nicht nur wurde in Pressemitteilungen des Unternehmens ein entsprechendes Bild Fahrs gezeichnet, er selbst ergriff gerne die Gelegenheit der vielfältigen Jubiläen und Ehrungen, um auf seinen »Widerstand« einzugehen. Damals, kurz vor dem Zusammenbruch, sei »tatsächlich (...) ein Kreis von Männern« beieinander gewesen, »dem eine gewisse Zusammenfassung geben zu dürfen, Gottes unerforschlicher Ratschluß gewesen« sei, erklärte Fahr 1957.[72] Die Mitglieder des »Fahr-Kreis« hätten »wirklich für unser württembergisches Leben und für unsere Menschen Einiges« getan. Und durch die damals herrschende »Verschworenheit« des »Fahr-Kreises« habe sich beispielsweise zu Max Knorr, »einer der ersten in diesem Kreise«, eine bis heute andauernde »tiefe Freundschaft« entwickelt.[73]

[70] Ansprache des Vizepräsidenten der IHK Stuttgart zum selben Anlaß. Ebd.
[71] Ansprache Karl Langes anläßlich Fahrs 60. Geburtstages 1952. Ebd. Dort auch die folgenden Zitate.
[72] Dankesrede Fahrs anläßlich der Ehrungen, die ihm zu seinem 65. Geburtstag 1957 zuteil geworden waren. Ebd.
[73] WABW, B 11, Bü 306.

Zwar konnte sich Max Knorr nicht auf einen solchen Nimbus stützen, aber auch ihm wurden in der Nachkriegszeit viele Ehrungen zuteil. 1953 wurde er zum Ehrensenator der Technischen Hochschule Stuttgart ernannt, 1962 mit dem Großen Verdienstkreuz des Verdienstordens der Bundesrepublik ausgezeichnet und zum Ehrendoktor der Technischen Hochschule München ernannt. Max Knorr konnte also ebenfalls eine erfolgreiche und in der Öffentlichkeit entsprechend anerkannte Nachkriegskarriere als Unternehmer vorweisen.[74] Dagegen verlief die außerbetriebliche Karriere Rolf Boehringers, zumindest was Auszeichnungen und Ehrungen betraf, nach 1945 weniger spektakulär. Doch auch er wurde geehrt. Die Technische Universität Stuttgart verlieh ihm 1961 die Ehrensenatorwürde,[75] und der VDW überreichte ihm als langjährigem Vorstandsmitglied im VDW (1933-1975) und Vorsitzenden des Technischen Ausschusses des Vereins (1949-1960) als siebtem Titelträger der Nachkriegszeit 1966 - ein Jahr nach Max Knorr - den Goldenen Brief des VDW.[76] Mit Max Knorr war er auch freundschaftlich verbunden, wie seine Berufung in den Aufsichtsrat der Fortuna-Werke im Jahr 1963 zeigt.[77]

*Die Betriebe*

Auch was die Entwicklung der drei Unternehmen nach 1945 betraf, läßt sich von einer Zäsur durch den Zusammenbruch des NS-Regimes nur für die unmittelbaren Nachkriegsjahre sprechen. Seit den fünfziger Jahren entwickelten sie sich wiederum zu prosperierenden Betrieben, die ihr traditionelles Fertigungsprogramm erfolgreich behaupteten.

Die am 10. April 1945 geschlossenen Fortuna-Werke in Stuttgart-Bad Cannstatt boten zunächst ein Bild der Verwüstung. Durch die alliierten Luftangriffe vom Februar und Oktober 1944 waren die meisten Produktionsanlagen zerstört oder stark beschädigt worden, und Fertigung sowie Verwaltung hatte man im Laufe des Jahres 1944 an mehrere Orte in Württemberg verlagert.[78] Allein durch den Rücktransport der ausgelagerten Produktionsanlagen und Maschinen sowie durch die Räumung der Verlagerungsbetriebe waren bis Ende 1945 Kräfte gebunden.[79] Die auf 115 Mitarbeiter reduzierte Fortuna-Belegschaft[80], die am 21. April die Produktion in Bad Cannstatt wiederaufnehmen konnte, führte zunächst die dringendsten Aufräumungs-, Reparatur- und Bauarbeiten im Be-

---

[74] Archiv des Fortuna-Betriebsrates. Wir bei Fortuna. Werkszeitschrift Nr. 64 (1969); Stuttgarter Zeitung, Nr. 300, vom 30.12.1970.

[75] Neue Württembergische Zeitung. Göppinger Kreisnachrichten, 30. Jg., Nr. 235, vom 11.10.1975.

[76] Glunk, Ein Jahrhundert VDW, S. 208, 210.

[77] Archiv des Fortuna-Betriebsrates. Wir bei Fortuna. Werkszeitschrift Nr. 44 (1964).

[78] Zu den verlagerten Erzeugnissen und den neuen Produktionsstandorten vgl. S. 136ff.

[79] Max Knorr, Was wir nicht vergessen wollen, in: Wir bei Fortuna. Werkszeitschrift Nr. 44 (1964).

[80] Die durchschnittliche Belegschaftsstärke in den Monaten Januar bis März 1945 hatte bei rund 960 Beschäftigten gelegen. Fortuna-Betriebsrat an Spruchkammer Brackenheim, 28.5.1947. Archiv des Fortuna-Betriebsrates, Ordner: Fragebogen.

trieb durch, bevor sie vornehmlich mit Reparaturarbeiten an Maschinen von landwirtschaftlichen Betrieben und von Firmen der Lebensmittel-, Textil-, Bekleidungs- und Lederindustrie beschäftigt wurde. Das Unternehmen baute aber auch neue Maschinen, die speziell für den Bedarf in der Reifen- (Cordmanschetten-Schärfmaschine) oder der optischen Industrie (Brillenglas-Facettierautomaten) konstruiert wurden. Im Donzdorfer Verlagerungsbetrieb fertigte man darüber hinaus Messer und Kämme für Schafschurmaschinen sowie zusammenschraubbare Wischstöcke zur Gewehrreinigung für die amerikanische Besatzungstruppe.[81] Mit dieser als »Füllarbeiten«[82] bezeichneten Notproduktion waren die Fortuna-Werke bis in das Spätjahr 1946 ausgelastet und beschäftigten im April 1946 wieder 330 Arbeitnehmer.[83]

1946 war der Wiederaufbau eingeleitet worden, und bis 1950 waren die gravierendsten Kriegsschäden an Anlagen und Maschinen behoben. 1946 hatte die Firma Fortuna die erste Lizenz zum Bau von monatlich vier Schleifmaschinen erhalten, ein Jahr später konnten die ersten Verbindungen zum Ausland geknüpft werden. Seit 1948 zeigten Umsatz, Belegschaftszahl und Exportgeschäft steigende Tendenz, und zwei Jahre später - also keine fünf Jahre nach Kriegsende - lief bereits wieder »die alte Fortuna-Fertigung auf vollen Touren«.[84] Seither fabrizierte das Unternehmen wieder ausschließlich Schleifmaschinen, Meß- und Steuereinrichtungen für Rundschleifmaschinen, Meßgeräte (Hirth-Minimeter) und Schleifspindeln. Neben diesen Maschinen für die Metallbearbeitung, die das Unternehmen auch während des Nationalsozialismus angeboten hatte, bauten die Fortuna-Werke wieder die Maschinen, die während des Nationalszialismus von einem Herstellungsverbot betroffen gewesen waren. Indem sie ihre Lederschärf-, Bandmesserspalt- oder Flaschen-Plombier- und Etikettiermaschinen in ihr Produktionsprogramm aufnahmen, boten die Fortuna-Werke seit Anfang der fünfziger Jahre wieder ihre gesamte Maschinenpalette an.[85] Ob allerdings die in der NS-Zeit vorgenommene Typenreduzierung, von der vor allem die Schleifmaschinen betroffen gewesen waren,

[81] Fortuna 1903-1953, S. 139ff; Knorr, Was wir nicht. Die amerikanische Militärregierung, die am 8. Juli 1945 Stuttgart übernommen hatte, gab Mitte Juli ihre Genehmigung zur Wiederaufnahme der Produktion dieser zivilen Erzeugnisse. Württembergische Landesverwaltung für Wirtschaft an Firma Fortuna, 17.7.1945. WABW, Bestand Fortuna, Karton: Vorstandsangelegenheiten. Zum Vorgehen der US-Besatzungsbehörde bei Firmenanträgen auf Wiederaufnahme der Produktion vgl. Michael Fichter, Arbeiterbewegung unter der Besatzung. Bedingungen ihrer Rekonstruierung am Beispiel Stuttgarts 1945-1946, in: Rolf Ebbighausen/Friedrich Tiemann (Hrsg.), Das Ende der Arbeiterbewegung in Deutschland? Ein Diskussionsband zum sechzigsten Geburtstag von Theo Pirker, Opladen 1984, S. 189-215; Harald Winkel, Geschichte der württembergischen Industrie- und Handelskammern Heilbronn, Reutlingen, Stuttgart-Mittlerer Neckar und Ulm 1933-1980. Zum 125jährigen Bestehen, Stuttgart 1981, S. 225ff.

[82] Fortuna 1903-1953, S. 140.

[83] Ebd.; Schreiben des Fortuna-Betriebsratsvorsitzenden an Hauptprüfungsausschuß, 10.4.1946. Archiv des Fortuna-Betriebsrates, Ordner: Entnazifizierung der Fortuna-Werke AG.

[84] Fortuna 1903-1953, S. 141ff. Vgl. Rede Max Knorrs anläßlich des 50jährigen Jubiläums der Fortuna-Werke. WABW, Bestand Fortuna, Ordner: Reden am 50jährigen Jubiläum 1953.

[85] Fortuna 1903-1953, S. 148ff.

bleibende Wirkung hatte, läßt sich anhand der Akten nicht überprüfen. Fest steht, daß sich auch Mitte der siebziger Jahre am Produktionsprogramm dieses Unternehmens wenig geändert hatte. Nach wie vor stellte es hauptsächlich Schleifmaschinen, Schleifspindeln, Meßgeräte und Lederschärfmaschinen her. Mit knapp 1000 Beschäftigten blieb aber die Mitarbeiterzahl selbst 1975 unter der, die in den Jahren 1942 bis 1944 erreicht worden war.[86]

Wie die Firma Fortuna stellte sich die Firmenleitung von Boehringer unmittelbar nach Kriegsende rasch auf »Notprodukte« ein. Nachdem der Betrieb am 20. April geschlossen worden war, fanden in der am 10. Mai 1945 wiedereröffneten Fabrik lediglich 80 Angestellte und 230 Arbeiter eine Anstellung, obwohl die Produktionsanlagen vollständig intakt waren. Unmittelbar vor der Schließung hatte das Unternehmen noch 1277 Menschen beschäftigt. Bis Juli 1945 hatte man sich bereits von knapp 500 Mitarbeitern getrennt, weitere rund 270 Beschäftigte waren zu diesem Zeitpunkt beurlaubt.[87] Hatte der Betrieb anfangs vor allem Reparaturaufträge übernommen, fertigte man im Sommer 1945 Besteckschleifmaschinen, Spezialausrüstungen an Drehbänken zum Plandrehen von Kochtöpfen, Dosenschließmaschinen und Handwagen. Die Firma Boehringer baute außerdem, wenn auch in reduziertem Umfang, ihre traditionellen Werkzeugmaschinen, und Rolf Boehringer berichtete im August 1945, daß gerade das »Drehbankgeschäft sehr lebhaft« sei.[88] Seine im Sommer 1945 angestellte Überlegung, das zur Firma Dolze & Slotta verlagerte kleine Drehbankmodell E 1 aufgrund der großen Nachfrage wieder bei sich herzustellen, erfuhr gegen Ende des Jahres durch die Nachricht von der vollständigen Demontage des einstigen Verlagerungsbetriebes durch die sowjetischen Besatzungstruppen einen herben Dämpfer. Für die Firma Boehringer bedeutete dies den Verlust sämtlicher Modelle, Zeichnungen und Vorrichtungen für das VDF-Modell E 1. Wesentlich härter traf die Firma jedoch das im November 1945 durch die amerikanische Militärregierung verhängte generelle Herstellungsverbot für ihre Werkzeugmaschinen.[89] Dadurch zur Umstellung des Produktionsprogrammes gezwungen, sicherte die Firma Boehringer ihre Existenz vor allem durch die Herstellung von Textilmaschinen (Cottonmaschinen zur Strumpfherstellung), sie baute aber auch Prothesengelenke, Pressen für Zahngebisse und Schuhe.[90] Ob der damit bezeugte Wille der Firmenleitung, sich »nahezu 100 % vom Werkzeugmaschinenbau« zu lösen, um »künftig ausschließlich ihre ge-

---

[86] Handbuch der Deutschen Maschinen-Industrie, 1975, B 456. So waren bei den Fortuna-Werken 1942 durchschnittlich rund 1100, 1943 über 1200 und 1944 wiederum knapp 1100 Beschäftigte eingesetzt gewesen. Fortuna 1903-1953, S. 147.

[87] Von den noch unmittelbar vor der Schließung eingesetzten Arbeitskräften waren 678 deutscher Nationalität, 262 waren zivile Ausländer und 59 Kriegsgefangene. Bericht der Firma Boehringer an die amerikanische Besatzungsbehörde, 23.7.1945. WABW, B 10, Bü 329; Rolf Boehringer an Martin Harbeck, 20.8.1945. Ebd., Bü 23.

[88] Rolf Boehringer an Firma Osenberg, 18.8.1945 (Zitat), und an Martin Harbeck, 20.8.1945. WABW, B 10, Bü 23.

[89] Rolf Boehringer an Martin Harbeck, 20.8.1945 und 12.12.1945. Ebd.

[90] Firma Boehringer an amerikanische Militärregierung in Stuttgart, 13.9.1946. WABW, B 10, Bü 321.

samten Kapazitäten der Friedensfertigung zur Verfügung« zu stellen,[91] mit dazu beigetragen hat, daß die im Jahr 1946 beabsichtigte Schließung des Unternehmens unterblieb, läßt sich anhand der Akten nicht überprüfen. Entscheidend war sicher die generelle Umorientierung der alliierten Politik im Zeichen des Kalten Krieges und der Marshallplan-Hilfe. Zunächst hatte jedoch die Demontage des Werkes gedroht, gegen die neben dem Arbeitsministerium Nord-Württemberg Nord-Baden und der Göppinger Ortsverwaltung des Württembergischen Gewerkschaftsbundes auch der Göppinger Oberbürgermeister Sturm liefen.[92] Es hätte für seine Stadt nicht nur den Ausfall des größten gewerblichen Steuerzahlers bedeutet, sondern auch, daß sie für die Versorgung der ehemaligen Boehringer-Belegschaft und ihrer Familien hätte aufkommen müssen. Da dies jedoch die finanziellen Möglichkeiten der Stadt Göppingen bei weitem übersteige, richtete der Oberbürgermeister »den dringendsten Notschrei und die dringendste Bitte« an die verantwortlichen Stellen: »laßt die Firma Gebr. Boehringer weiterleben und weiter bestehen«![93]

Wie letztlich die Demontage der Firma Boehringer unterblieb, wurde auch das Herstellungsverbot für ihre Werkzeugmaschinen aufgehoben. Die Firmenleitung konnte zum Jahreswechsel 1950/51 wieder ganz auf ihr »ureigenes Arbeitsgebiet«[94] - Werkzeugmaschinen und Ölgetriebe - setzen. Darüber hinaus behielt sie die als Notproduktion aufgenomme Herstellung der Cottonmaschinen bei. Die Produktion der schweren Revolverdrehbank und des Einspindelautomaten, von der man sich Anfang der fünfziger Jahre getrennt hatte, wurde anschließend in Lizenz von zwei Unterlieferanten - den Maschinenfabriken Diedesheim und Schule in Hamburg - übernommen. Daß hier an Praktiken der NS-Zeit angeknüpft wurde, verrät die Wortwahl, mit der dieser Entschluß in der Boehringer-Werkszeitschrift bekanntgegeben wurde. Diese Maschinen würden »verlagert«, hieß es dort in Anlehnung an die während des Nationalsozialismus übliche Terminologie zutreffend.[95] Hingegen wurde der Bau des seit 1943 an eine Drittfirma »verlagerten« VDF-Drehbankmodells E 1 endgültig aufgegeben.

Mit diesem Maschinenprogramm - Anfang der fünfziger Jahre ging zudem eine neue Modellreihe von VDF-Drehbänken in Serie - erzielte das Göppinger Unternehmen insbesondere ab dem Jahr 1950 steigende Umsätze. Hatte die Umsatzkurve zwei Jahre nach Kriegsende mit deutlich weniger als fünf Mio. RM ihren Tiefpunkt erreicht, kletterte sie bis 1950 auf über 17 Mio. DM und erreichte 1952 über 23 Mio. DM. Parallel dazu entwickelte sich die Beleg-

---

[91] Arbeitsministerium Nord-Württemberg Nord-Baden an die amerikanische Militärregierung in Göppingen, 10.4.1946. Ebd.

[92] Ebd.; Ortsverwaltung Göppingen des Württembergischen Gewerkschaftsbundes an die amerikanische Militärregierung in Göppingen, 10.4.1946; Abschrift eines Briefes des Göppinger Oberbürgermeisters vom 10.4.1946. WABW, B 10, Bü 321.

[93] Abschrift eines Briefes des Göppinger Oberbürgermeisters vom 10.4.1946. Ebd.

[94] Stadtarchiv Göppingen, Das Boehringer-Werk. Werkszeitschrift der Gebr. Boehringer, Nr. 1 (1951).

[95] Ebd., Werkszeitschrift Nr. 2 (1952). Danach auch die folgenden Angaben.

schaftszahl. Sie stieg von 885 Mitte 1948 auf 1840 Ende 1950 und hatte sich damit mehr als verdoppelt. Ein Blick auf das Boehringer-Fertigungsprogramm aus dem Jahr 1975 bestätigt die wiedergewonnene Kontinuität. Auch Mitte der 1970er Jahre produzierte das Unternehmen neben VDF-Maschinen (Drehbänken und Waagerecht-Tiefbohrmaschinen) vornehmlich Kurbelwellendrehbänke, Hobelmaschinen, Ölgetriebe und Cottonmaschinen.[96] Kontinuität über das Ende der NS-Herrschaft hinweg bestand auch bei den langjährigen Geschäftsverbindungen. So wie die Zusammenarbeit innerhalb der VDF-Firmen nach Kriegsende weitergeführt wurde - nach der Demontage der Franz Braun AG in Zerbst bestand der Zusammenschluß allerdings nur noch aus den drei Westfirmen -,[97] hatte auch die Hobelmaschinenvereinigung mit der Firma Billeter weiterhin Bestand.[98] Fortgesetzt wurde außerdem die zwischen den VDF-Partnern abgestimmte Rationalisierungspolitik. Sie hatte in der Weimarer Republik begonnen, behauptete sich unter den Bedingungen des NS-Regimes und erreichte 1962 eine neue Entwicklungsstufe. Damals beantragten die drei VDF-Firmen Boehringer, Heidenreich & Harbeck und Wohlenberg beim Bundeskartellamt die Erlaubnis für ein Rationalisierungskartell.[99]

Der ehemalige »Betriebsführer« und Teilhaber der Firma Werner & Pfleiderer Otto Fahr bemühte sich nach der Wiedereröffnung des Betriebes am 24. April 1945 erfolgreich um eine Betriebserlaubnis für seine Firma. Am 25. Mai konnte er von der französischen Besatzungsbehörde eine vorläufige Produktionserlaubnis für Maschinen und Backöfen für die Lebensmittelindustrie, Reparaturarbeiten und einen Ersatzteildienst sowie für sogenannte Sparherde für Privathaushalte erreichen. Daneben durfte das Unternehmen Arbeiten für das Stuttgarter Gaswerk ausführen.[100] Noch 1945 kam die Genehmigung zur Herstellung von geländegängigen Hand- und Anhängerwagen hinzu,[101] und das Unternehmen belieferte Anfang August auch wieder die chemisch-pharmazeutische Industrie mit ihren Öfen und Maschinen.[102] Von der amerikanischen Militärregierung, welche die französische Besatzungsbehörde im Sommer ablöste, wurde die Produktionserlaubnis im August 1945 bestätigt.[103] Mit Betriebsanlagen, die nur zu 25 Prozent zerstört oder schwer beschädigt worden waren, einem zu 80

---

[96] Handbuch der Deutschen Maschinenbau-Industrie, 1975, B 178.

[97] Stadtarchiv Göppingen, Das Boehringer-Werk. Werkszeitschrift der Gebr. Boehringer Nr. 1 (1951).

[98] Die bis Kriegsende in Aschersleben ansässige Firma Billeter ließ ihre Maschinen anschließend in den Frankfurter Vereinigten Werkzeugmaschinenfabriken (VWF) herstellen. Ebd.

[99] Das VDF-Fertigungsprogramm sollte dergestalt aufgeteilt werden, daß Heidenreich & Harbeck die kleinen und leichten Modelle der Drehbänke, Boehringer die mittleren und Wohlenberg die schweren Typen herstellt. Bei den Revolverdrehbänken sollte Boehringer die kleinen und Heidenreich & Harbeck die größeren Typen bauen. Frankfurter Allgemeine Zeitung, Nr. 130, vom 6.6.1962, S. 18.

[100] Bericht der Firma Werner & Pfleiderer an das Wirtschaftsamt Stuttgart, 3.8.1945; Otto Fahr an französische Militärregierung in Stuttgart, 27.6.1945. WABW, B 11, Bü 314.

[101] Württembergische Landesverwaltung für Wirtschaft an Firma Werner & Pfleiderer, 10.7.1945. Ebd.

[102] Bericht der Firma Werner & Pfleiderer an das Wirtschaftsamt Stuttgart, 3.8.1945. Ebd.

[103] Initial Property Report, 5.10.1945. Ebd.

Prozent einsatzfähigen Maschinenpark und einer Belegschaftsstärke von über 900 - im März 1945 hatte das Unternehmen noch über 1200 Beschäftigte[104] - war das Unternehmen Anfang August 1945 jedoch nur mit einem Viertel seiner Kapazität ausgelastet.[105]

Nach dem Ausscheiden des größten Teils des Führungspersonals des Unternehmens aufgrund des Gesetzes Nr. 8 und der Bestellung eines Treuhänders im Herbst 1945,[106] versank das Unternehmen laut Firmenchronik in eine Art »Dornröschenschlaf«[107]. Zwar habe der hohe Nachholbedarf der Kunden die Beschäftigung sichergestellt, und der Geschäftsgang sei auch »ganz gut« gewesen,[108] die notwendige Weiterentwicklung der Produkte und der eigentliche Wiederaufbau der Firma habe aber erst Anfang 1949 in die Wege geleitet werden können, nachdem Otto Fahr in den Betrieb zurückgekehrt sei. Die Wiederaufbauphase der fünfziger und sechziger Jahre sei geprägt gewesen »durch die überragende Persönlichkeit von Otto Fahr, unter dessen energischer und weitblickender Führung sich das Unternehmen außerordentlich erfolgreich entwickelte und erneut Weltgeltung erlangte«, vermeldete man in der Firmenchronik von 1979 stolz.[109]

Das traditionell breite Produktionsprogramm des Unternehmens kam Fahr beim Wiederaufbau zweifelsohne zugute. Zu den Anwendern seiner Maschinen gehörten auch in den Jahrzehnten nach 1945 Bäckereien und Brotfabriken sowie die chemische und pharmazeutische Industrie. Dem Produktbereich Lakkier- und Trockentechnik eröffneten sich neue Marktchancen durch die schnell wachsende Automobil- und Haushaltsgeräteindustrie, die Produktgruppe Hydraulik partizipierte am Ausbau der Stahlindustrie. Als Investition in die Zukunft erwies sich für Werner & Pfleiderer das während des Nationalsozialismus erprobte Feld der Maschinen für die sogenannte Ersatzstoffproduktion. Denn mit dem Beginn des Kunststoffzeitalters in den fünfziger Jahren eröffnete sich für sie ein neuer, expandierender Markt. Ein 1952 mit der Münchner Firma Wacker-Chemie und ein 1953 mit der Bayer AG abgeschlossener Lizenzvertrag zur Herstellung einer Maschine für die Granulierung von Weich-PVC bzw. einer Doppelschnecke mit Knetscheiben für die Kunststoffaufbereitung war für das Unternehmen gleichbedeutend mit dem »Eintritt in die Kunststoffindustrie«[110]. Bereits 1957 lohnte es sich, einen eigenen Produktbereich Kunststoff

[104] Davon waren 864 Deutsche, 72 Kriegsgefangene, 137 »Ostarbeiter« und 194 andere zivile Ausländer. Fragebogen der amerikanischen Militärregierung o.D (entweder von 1945 oder 1946). WABW, B 11, Bü 313.

[105] Bericht der Firma Werner & Pfleiderer an das Wirtschaftsamt Stuttgart, 3.8.1945. WABW, B 11, Bü 314. Ein knappes Jahr später, im Mai 1946, war die Belegschaftsstärke mit 190 Angestellten und 440 Arbeitern jedoch deutlich gesunken. Amendments as effective May 10th 1946 to Initial Property Report. Ebd.

[106] Ebd.

[107] Geschichte der Maschinenfabrik Werner & Pfleiderer, S. 41.

[108] Ebd. Nachdem der Umsatz im Jahr 1945 auf rund 4,1 Mio. RM und im folgenden Jahr unter die Vier-Millionen-Marke gesunken war, brachte das Jahr 1947 mit rund 4,8 Mio. RM einen ersten Anstieg. Aufstellung der Auftragseingänge und Fakturenumsätze von 1909/10 bis 1964 vom 23.3.1965. WABW, B 11, Bü 191.

[109] Geschichte der Maschinenfabrik Werner & Pfleiderer, S. 41.

[110] Ebd.

zu schaffen, der sich in der Folge zum wichtigsten und gewinnbringendsten Sektor des Unternehmens entwickelte.[111] Nach 1945 wurden die Produkte - insbesondere Maschinen und Anlagen für den Bäckereibedarf sowie Öfen - wieder hauptsächlich in der traditionellen Einzelfertigung hergestellt. Dies schloß nicht aus, daß man bestimmte Maschinenteile auch in kleineren Reihen produzierte.[112] Der insbesondere während der Kriegsjahre ausgegangene Zwang, die personalintensive Einzelfertigung zugunsten von Reihen- oder Serienfertigung aufzugeben, hat also bei Werner & Pfleiderer keine bleibende Wirkung gehabt.

Mitte der siebziger Jahre umfaßte das Produktionsprogramm Werner & Pfleiderers neben Maschinen und Apparaten für das Bäckerhandwerk, die Brot-, Back- und Süßwarenindustrie sowie für die Kunststoff-, Gummi- und chemische Industrie auch Anlagen für die Oberflächentechnik, die in Industrie und Handwerk eingesetzt wurden, und für Beschichtungen aller Art. Mit Erzeugnissen seiner Produktgruppe Hydraulik belieferte der Betrieb in erster Linie die Stahlindustrie.[113] Von der prosperierenden Entwicklung, die das Unternehmen ab 1948 nahm, zeugen auch die Umsatzzahlen. 1948 wurden rund 9,3 Mio., ein Jahr später bereits rund 16 Mio. und 1952 über 31 Mio. DM an Umsatz erreicht. Die 60-Millionen-Grenze wurde 1956, die 70-Millionen-Grenze zwei Jahre später überschritten.[114] Parallel dazu stieg die Zahl der Beschäftigten von rund 1250 im Jahr 1949 auf über 1600 1953 und über 2500 im Jahr 1958.[115]

Von den vier Tochtergesellschaften[116], über die das Feuerbacher Unternehmen bei Kriegsende verfügte, war nur die Zweigfabrik in Wien gänzlich unbeschädigt geblieben. Während die Mannheimer Draiswerke zumindest in einer »working condition«[117] waren, hatte die Firmenleitung im Oktober 1945 keine genaue Kenntnis über den Zustand ihrer Prager und Berliner Betriebe. Im Mai 1946 stand dann fest, daß der Besitz in Prag verloren war und die Berliner Firma Karl Seemann nicht nur schwer beschädigt, sondern auch sämtliche Maschinen und Anlagen demontiert worden waren.[118] Dagegen konnte der Besitz in Österreich gehalten werden. Die nach dem »Anschluß« Österreichs 1938 von einer Aktiengesellschaft in eine Kommanditgesellschaft umgewandelte und als Zweigniederlassung der Firma Werner & Pfleiderer geführte Wiener Maschinenfabrik stand zwar seit Kriegsende bis 1946 unter öffentlicher Verwaltung, wurde aber anschließend wieder in eine Werner & Pfleiderer AG umgewandelt, an der das deutsche Mutterhaus erneut maßgeblich beteiligt war.[119] Ende der

[111] Aus unserer Welt. W&P-Werkszeitschrift 11 (1967), Nr. 17.
[112] Gespräch mit Johannes Werner, 8.2.1995.
[113] Handbuch der Deutschen Maschinenbau-Industrie, 1975, B 464f.
[114] Zusammenstellung der Auftragseingänge und der Fakturenumsätze von 1909/10 bis 1964 vom 23.3.1965. WABW, B 11, Bü 191.
[115] Stand der Gesamtbelegschaft jeweils zum 31.12. WABW, B 11, Bü 296.
[116] Zweigfabriken in Wien und Prag, die Mannheimer Draiswerke und die Berliner Firma Karl Seemann.
[117] Amendments as effective May, 10th 1946 to Initial Property Report. WABW, B 11, Bü 314.
[118] Ebd.
[119] Handbuch der Deutschen Maschinenbau-Industrie, 1975, B 465; 75 Jahre WP Wien, o.O. 1965.

fünfziger Jahre gelang es dem Unternehmen durch die Gründung einer für den Verkauf von Maschinen für die chemische Industrie zuständigen Tochtergesellschaft in New York, wieder auf dem US-amerikanischen Markt Fuß zu fassen.[120] Bestand über das Kriegsende hinweg hatte auch die Verbindung zur englischen Firma Baker Perkins Ltd. Sie blieb weiterhin bei Werner & Pfleiderer beteiligt. Daß sich in den überlieferten Unterlagen keinerlei Hinweis auf das Fortbestehen der englischen Beteiligung findet,[121] die Verbindung zwischen beiden Firmen also nicht publik wurde, war von beiden Unternehmen so gewollt. Aus Konkurrenzgründen habe man das britische Engagement bei Werner & Pfleiderer verschwiegen, und erst als das deutsche Unternehmen Ende der siebziger Jahre rote Zahlen geschrieben habe, sei es offengelegt worden.[122]

[120] Dr. Otto Fahr zum 75. Geburtstag, in: Aus unserer Welt. W&P-Werkszeitschrift 11 (1967), Nr. 17.

[121] Weder in den Unterlagen des Firmenarchivs noch in Firmenfestschriften oder im Handbuch der Deutschen Maschinenbau-Industrie wird die Beteiligung von Baker Perkins Ltd. erwähnt.

[122] Gespräch mit Johannes Werner, 8.2.1995. 1950 habe man sich grundsätzlich darauf verständigt, die durch Anwendung der »Kriegsklausel« 1939 geschaffenen Beteiligungsverhältnisse nach Kriegsende beizubehalten. Werner & Pfleiderers Beteiligung an Baker Perkins Ltd. war und blieb also liquidiert, während Baker Perkins Ltd. auch nach 1945 in Höhe der Vorzugskommanditeinlage bei dem deutschen Unternehmen beteiligt war.

# VI. Unternehmer und nationalsozialistische Wirtschaftspolitik: Fazit einer vergleichenden Fallstudie

»Wenn ich Aufgaben übernommen oder mir selbst gestellt habe, habe ich diese in sittlicher Verpflichtung erfüllt. Angesichts des Unausdenkbaren, was in Deutschland geschehen ist, bin ich bestrebt, Wahrhaftigkeit zu üben um zur Wahrheit beizutragen. In dieser Selbstkritik und Wahrhaftigkeit komme ich zu dem Schluß, daß ich wieder so handeln würde, weil ich nicht anders handeln konnte.«[1] Zu dieser Selbsteinschätzung kam Otto Fahr anläßlich seiner Spruchkammerverhandlung 1948. Doch bleibt die Frage: Wie lassen sich Handeln und Verhaltensweisen der drei Unternehmer abschließend bewerten?

Der wirtschaftspolitische Rahmen, in dem sich das Agieren Boehringers, Knorrs und Fahrs vollzog, war geprägt von dem Neben- und Ineinander von Organisationen der Industrie, öffentlichen Dienststellen und dem Wirtschaftsapparat der NSDAP. Dies führte auch in diesem gesellschaftlichen Bereich zu der für die NS-Zeit charakteristischen polykratischen Desorganisation mit hohen Reibungsverlusten. Neben den klassischen Wirtschaftsressorts - Reichswirtschaftsministerium und die ihm untergeordnete Selbstverwaltungsorganisation der Wirtschaft - wirkte auch die NSDAP u.a. durch SS, DAF, Partei-Kanzlei und Gauleiter in verschiedener Weise auf die Wirtschaft ein. Infolge von Aufrüstung und Krieg kamen weitere wirtschaftspolitische Entscheidungsträger hinzu. Für die Vorkriegszeit ist hier insbesondere die Vierjahresplanbehörde zu nennen. Im Krieg spielte das Reichsministerium für Bewaffnung und Munition (seit September 1943 Reichsministerium für Rüstung und Kriegsproduktion) die zentrale Rolle. Ihm gelang es letztlich, die Konkurrenz der rüstungswirtschaftlichen Dienststellen der Wehrmacht auszuschalten. Der Befund einer durch »Wildwuchs« von Behörden und Dienststellen und dem daraus entstehenden Kompetenzwirrwarr geprägten Kriegswirtschaft gilt indes nicht nur für die Reichsebene, sondern ebenso für die der territorialen Partikulargewalten. Auch hier überwogen Kompetenzgerangel und organisatorische Friktionen. Dazu kam, daß die Wirtschaftspolitik des Regimes zu Zwangseingriffen wie Preisregulierung und Devisenbewirtschaftung führte. Die durch Aufrüstung und Kriegswirtschaft angeheizte Konjunktur brachte den Unternehmern zwar einerseits hohe Gewinne, andererseits schuf sie zusätzliche Probleme wie den Kampf um Rohstoff- und Materialzuteilungen oder die Auseinandersetzungen um Arbeitskräfte.

---

[1] Aussage von Otto Fahr. Protokoll der mündlichen Verhandlung der Spruchkammer am 17., 18. und 21.6.1948. StAL, EL 902/20 Bü 37/17/7952.

Für Boehringer, Knorr und Fahr brachte die nationalsozialistische Wirtschaftspolitik erhebliche Einschränkungen ihres unternehmerischen Handlungsspielraums vor allem durch die staatlichen Lenkungsversuche bei der Rohstoffversorgung und der Arbeitskräfteverteilung. Erwartungsgemäß kam es deshalb insbesondere in diesen Bereichen zu Konflikten mit Organen des Regimes. Der intensive Briefwechsel Boehringers mit dem Bevollmächtigten für die Maschinenproduktion Karl Lange und dessen Mitarbeitern anläßlich der Bauvorhaben der Firma Boehringer im Jahr 1939/40 und die Schwierigkeiten, denen sich die Leitung der Fortuna-Werke bei ihrem Werkstättenneubau in Losheim gegenübersahen, zeigen deutlich, wie ohnmächtig ein Unternehmer war, wenn es um die Beschaffung der notwendigen Baustoffe oder die Bauausführung ging. Die politische Befehlswirtschaft des NS-Regimes sorgte auch in einem anderen Bereich, dem Export, für Konflikte. Zwar hatten die Firmen Boehringer und Fortuna an dem von der gestiegenen Binnennachfrage getragenen Konjunkturaufschwung kräftig teil, sie waren aber nicht bereit, auf ihr Exportgeschäft zu verzichten. Dies belegt der Kampf Boehringers um den Erhalt des für seine Firma überaus wichtigen italienischen Exportmarktes ebenso wie die Auseinandersetzungen der Firma Fortuna mit anderen Betrieben, die von ihnen unter dem drohenden Hinweis auf Rüstungsinteressen die Bevorzugung der Inlandsaufträge verlangten. Deutlich wird auch, daß für die Betriebe während des Krieges starke Anpassungszwänge von der Arbeitskräftepolitik des NS-Regimes ausgingen. Die Belegschaften wuchsen stetig, doch das war verbunden mit einem tiefgreifenden Umbruch der bisherigen Belegschaftsstrukturen. Einberufungswellen und erzwungene Arbeitskräfteverschiebungen in Zweig- und Auslagerungswerke zerrissen die gewachsenen Beziehungen. Die Betriebe mußten lernen, in Zukunft mit schlechter qualifizierten Arbeitskräften auszukommen. Auch die - vor allem während des Krieges - anschwellende Hektik von Prioritäten und Schwerpunktprogrammen beschränkte und verunsicherte die Unternehmer in ihrer Dispositionsfreiheit.

All dies führte zu Konflikten. Gleichwohl erfüllten sowohl Boehringer als auch Knorr und Fahr ihre »Pflicht« als Rüstungsindustrielle bereitwillig. Sie kamen während der gesamten NS-Herrschaft den auf Autarkie, Aufrüstung und schließlich Krieg ausgelegten ökonomischen Anforderungen an ihre Betriebe nach. Anordnungen zur Produktionssteigerung wurden befolgt, und die Produktion wurde bis zum Vorabend der Kapitulation aufrecht erhalten. Welche Alternative er als Unternehmer denn gehabt hätte, fragte Max Knorr in seiner Spruchkammerverhandlung, etwa die »Bude zumachen und die Hände in den Schoß legen?«[2] Es wäre in der Tat zu kurz gegriffen, die drei Industriellen als bloße Konjunkturritter zu charakterisieren. Dies würde den Blick auf das komplizierte Verhältnis von kriegsökonomischen Anpassungszwängen sowie rüstungspolitischen Eingriffen einerseits und den vielfachen Versuchen der Unternehmer andererseits, die eigenen traditionellen Geschäftsinteressen gegen

[2] Aussage Max Knorrs. Protokoll der öffentlichen Sitzung der Spruchkammer Degerloch, 14.5.1948. StAL, EL 902/20 Bü 37/05/4073.

Einflußnahmen des NS-Regimes zu verteidigen, verstellen. Das Regime war auf die Produktionskapazitäten und technologischen Ressourcen der drei Maschinenbaubetriebe angewiesen. Deshalb konnten sich die Unternehmensleitungen eine beträchtliche Eigenständigkeit bewahren. Erkennbar wird dieser Handlungsspielraum, wenn die in den Vereinigten Drehbankfabriken zusammengeschlossenen Betriebe die vom Hauptausschuß Maschinen vorgeschlagene Aufnahme eines fünften Betriebes in das Firmenkartell erfolgreich ablehnten, oder auch bei ihrem Nein zur Errichtung einer weiteren VDF-Produktionsstätte.

Dienlich zur Wahrung der eigenen Unternehmensziele war Boehringer, Knorr und Fahr zweifelsohne, daß sie im Bereich des Maschinenbaus Leitungsfunktionen in den von Speer aufgebauten Arbeitsausschüssen und Ringen zur Konzentration der Entwicklungs- und Produktionskapazitäten auf die Rüstungsanforderungen erhielten. Einen Informationsvorsprung gegenüber anderen Unternehmern hatten Knorr und Fahr darüber hinaus auf regionaler Ebene durch ihr Amt als Bezirksbeauftragter bzw. Rüstungsobmann. Wie das Beispiel der Typenreduktion bei den Drehbänken zeigt, verstand es beispielsweise Rolf Boehringer meisterlich, die Interessen seiner Firma und der Vereinigten Drehbankfabriken in Einklang mit den wirtschaftspolitischen Zielsetzungen des Regimes zu bringen und diese für die eigenen Unternehmensziele nutzbar zu machen. Dies gilt auch für die von Boehringer an den Hauptausschuß Maschinen gerichteten Empfehlungen, den Drehbankbau bei diesem oder jenen Betrieb stillzulegen. Bei der Firma Werner & Pfleiderer, die von einem Herstellungsverbot für einige ihrer Bäckereimaschinen betroffen war und der für andere Maschinen nur niedrige Produktionsmengen zugestanden worden waren, nutzte man die Möglichkeit der Fertigungsverlagerung in die besetzten Weststaaten, um diese Maschinen dort weiterhin herstellen zu können. Dieses Vorgehen entsprach einerseits der vom NS-Regime intendierten Integration der europäischen Staaten in die von NS-Deutschland beherrschte »Großraumwirtschaft«. Andererseits konnte das Unternehmen auf diese Weise sein traditionelles Fertigungsprogramm während des Krieges behaupten.

Die traditionellen Erzeugnisse auch während des Krieges herzustellen, gehörte zu den zentralen Unternehmenszielen. Man stellte sich auf die neuen, vom NS-Regime bestimmten Verhältnisse ein, doch das war verbunden mit dem Versuch, den eigenständigen Kurs der Unternehmenspolitik fortzusetzen. Was sich bewährt hatte, sollte nicht aufs Spiel gesetzt werden. Dazu gehörte die Überlegung, für die Zeit nach dem Krieg - mit welchem Ergebnis auch immer er enden sollte - planen zu müssen. Deshalb waren die Unternehmer bemüht, ihre finanzielle Selbständigkeit zu wahren und möglichst keine Reichsanleihen in Anspruch nehmen zu müssen. Diese Haltung entsprang klugem unternehmerischen Kalkül, wurde aber nach 1945 bemüht, um die eigene Distanz zum NS-Regime zu belegen. Wie erfolgreich die traditionellen Unternehmensziele unter den Bedingungen des NS-Staates angesteuert werden konnten, hing nicht in erster Linie von der politischen Einstellung der Firmenleitung, sondern vom Produktionsprofil des jeweiligen Unternehmens ab. Die beiden Werkzeugmaschinenhersteller Boehringer und Fortuna waren dabei erfolgreicher als die Firma Werner & Pfleiderer, da diese in den letzten Kriegsjahren auch unternehmensfremde Produkte, nämlich reines Kriegsgerät, herstellte. Doch selbst Werner & Pfleiderer blieb überwiegend im vertrauten Produktionsbereich. Auch deshalb zog die Umstellung von der Friedens- auf die Aufrüstungs- bzw. Kriegswirtschaft für keines der drei Unternehmen eine produkttechnische Programmänderung nach sich. Stammproduktion und Rüstungsgeschäft konnten über weite Strecken miteinander in Einklang gebracht werden. Die Getriebe der Firma Boehringer beispielsweise, ursprünglich zum Antrieb von Werkzeugmaschinen entwickelt, wurden während des Krieges zur Turmsteuerung von Panzern gebraucht und konnten später wieder im zivilen Bereich eingesetzt werden. Die leichte Umstellbarkeit vom Friedens- auf den Kriegsbedarf gilt dabei für Werkzeugmaschinen, welche die Stammproduktion der Firmen Boehringer und Fortuna bildeten, in noch höherem Maße.

Die Eroberung der westlichen Industriestaaten sowie der ost- und südosteuropäischen Länder und die nationalsozialistische Vision einer europäischen »Großraumwirtschaft« eröffneten den Unternehmern neue Möglichkeiten zu expandieren. Sie nutzten diese, um die Position ihrer Firmen in einem künftigen, wirtschaftlich von Deutschland dominierten Europa entscheidend zu verbessern. Von den neuen Möglichkeiten machten die Firmen Boehringer und Werner & Pfleiderer regen Gebrauch. Eine Ausweitung der deutschen Produktionsanlagen über die eigenen Planungen hinaus ließ sich so vermeiden, und die europäische Konkurrenz konnte durch entsprechende Auflagen gezwungen werden, für den deutschen »Paten« zu produzieren oder ihre Fertigungspalette so zu beschneiden, daß sie anschließend keine ernsthafte Konkurrenz mehr darstellte. Die Verträge, die Rolf Boehringer im Namen seiner Firma mit Betrieben im besetzten Frankreich abschloß, zeigen nicht nur die großen Handlungs- und Ermessenspielräume, welche den Industriellen in diesem Bereich zugebilligt wurden, sondern auch, wie weitreichend die Eingriffe in die unternehmerischen Entscheidungsstrukturen der französischen Firmen waren, die von der Firma Boehringer in »Patenschaft« genommen wurden. Von vergleichbaren rüstungspolitischen Eingriffen konnten aber auch deutsche Unternehmen betroffen sein. Wie an der Reutlinger Maschinenfabrik zum Bruderhaus, welche ab 1944 die Firma Werner & Pfleiderer als »Patenfirma« aufgenötigt bekam, zu erkennen ist, blieb ein solches als minder-kriegswichtig eingestuftes deutsches Unternehmen von einer derartigen unternehmerischen Entmündigung nicht verschont, und erst recht zeigen dies die zwangsweisen Stillegungen.

Gerade der Erfolg von Unternehmern, in zentralen Bereichen die Zusammenarbeit mit dem NS-Regime und den Organen des Wirtschaftslenkungsapparates so zu gestalten und zu beeinflussen, daß sie für die eigenen Interessen nutzbar gemacht werden konnte, verweist auf ihre Mitverantwortung für die Auswirkungen der kriegerischen und menschenverachtenden Politik des Nationalsozialismus. Die in allen Bereichen der Unternehmenspolitik sichtbar werdende Orientierung der drei Unternehmer an rein ökonomischen Kategorien verdeckt allerdings das militaristische und rassistische Grundkonzept der nationalsozialistischen Politik. Richtschnur für das Handeln von Boehringer, Knorr und Fahr scheinen ökonomische Zweckrationalität und strikter Utilitarismus gewesen zu sein. Ideologische Linientreue war jedoch nicht notwendig, um zum Funktionieren des NS-Regimes beizutragen. Es genügte, das fortzusetzen, was man immer schon getan hatte. Deshalb konnten Unternehmer subjektiv überzeugt gewesen sein, ihre Eigenständigkeit gewahrt zu haben, obwohl sie damit zugleich die Effizienz des NS-Staates steigerten. Für die Kollaborationsbereitschaft der ausländischen Unternehmer gilt dies ebenfalls: Sie sicherten ihrem Betrieb das Überleben und stärkten damit zugleich NS-Deutschland.

Trotz ihrer Distanz zur NSDAP und ihren Organisationen wurden Boehringer, Knorr und Fahr auch im betrieblichen Alltag zu Mittätern des Regimes. Kein Wort wurde laut gegen die Indienstnahme ihrer Unternehmen für Propagandazwecke etwa durch das DAF-Amt »Schönheit der Arbeit« oder durch den »Leistungskampf der deutschen Betriebe«. Die rassistische bzw. »rassenhygienische« Fundierung der nationalsozialistischen Sozialpolitik wurde stillschweigend akzeptiert und im Betrieb umgesetzt. Über die vielen Konsensbereiche in der vom NS-Regime propagierten betrieblichen Sozialpolitik können auch die vereinzelten Konflikte nicht hinwegtäuschen, wie es sie etwa mit der DAF gab, als die Firma Boehringer ihren Ausbildungsleiter zu einer von der Reichsgruppe Industrie veranstalteten Fortbildung entsandt hatte. Zur Regimestabilisierung trug schließlich die Tätigkeit der drei Unternehmer als ehrenamtliche Funktionäre im NS-Wirtschaftslenkungsapparat erheblich bei. Hier fiel ihnen die Aufgabe zu, die Wirtschaftspolitik des Regimes konkret auszugestalten, hier übernahmen sie die Mitverantwortung für Stillegungen, Produktionsbeschränkungen und Arbeitskräfteentzug. Daß sie dabei eigene Sichtweisen, Ideen und Verbesserungsvorschläge einbringen konnten und nicht nur ausführten, was »von oben« befohlen wurde, war offensichtlich erwünscht. Denn bei der konkreten Umsetzung der Weisungen und Befehle, in dieser »Praxis des Aneignens« ergaben sich »notwendigerweise Interpretationsspielräume«,[3] welche Mehrdeutigkeiten zuließen und deshalb die »eigenständige Anwendung spezialisierter Erfahrung und spezialisierten Wissens« ebenso duldete, wenn nicht sogar verlangte, wie die »kreative Weiterentwicklung von Vorgaben«.[4] Hieraus scheinen sich durchweg ambivalente Verhaltensformen entwickelt zu haben, die von Adaption und Ablehnung, von Konsens und Dissens gleichermaßen geprägt waren. Als bloßer »Empfehlsempfänger« hat sich keiner von ihnen verstanden.[5] Unter den Bedingungen der Autarkie- und Rüstungswirtschaft, analysierte Martin Broszat, sei die entscheidende wirtschaftliche Rolle in zunehmendem Maße jenen leitenden Angestellten von Großunternehmen zugefallen, die »ihre Rolle als Industrieführer erfolgreich mit der gleichzeitigen Rolle von wirtschaftspolitischen Funktionären des Regimes zu verbinden wuß-

---

[3] Lüdtke, Funktionseliten, S. 585.

[4] Ebd., S. 567.

[5] Als Vertreter des »Typus des kritiklosen Befehlsempfängers« hatte sich Speer in seinem Schlußwort bei den Nürnberger Prozessen beschrieben. Vgl. Speer, Erinnerungen, S. 522.

ten«.[6] Die Beispiele Boehringers, Knorrs und Fahrs als Vertreter von Firmen, die zwischen mittelständischem Betrieb und Großunternehmen angesiedelt waren, bestätigen dieses Urteil.

Die hier vorgelegten Fallstudien spüren der Frage nach, warum das NS-Regime trotz aller internen Kritik auf die Unterstützung der wirtschaftlichen Funktionselite bis zum letzten Augenblick rechnen konnte. Sie machen anschaulich, was in der Forschung abstrakt Polykratie genannt wird. Besonders deutlich konnte an der Tätigkeit Knorrs als Bezirksbeauftragter des Hauptausschusses Maschinen gezeigt werden, wie sich die verschiedenen Instanzen des Wirtschaftslenkungsapparates gegenseitig blockierten und wie ständige interne Zuständigkeitsstreitigkeiten, Kompetenzrangeleien und Machtumschichtungen zu Verzögerungen und Leerlauf, zu unzähligen Besichtigungen von Betrieben durch verschiedene Organe, zu Rücknahmen von Entscheiden und zu teilweise chaotischen Verhältnissen in den betroffenen Betrieben führten. Daß es infolge des internen Kompetenzenwirrwarrs, der quasi hausgemachten Streitigkeiten im institutionellen Dschungel des NS-Regimes zu Konflikten kam, kann kaum verwundern. Die Konfliktanlässe waren also in der Regel in den polykratischen Dauerkonflikten des NS-Regimes zu suchen, und diese wiederum resultierten aus jenem stetigen Wucherungsprozeß alter und neuer Instanzen, die sich hinsichtlich ihrer Kompetenzen ins Gehege kamen. Wenn der NS-Staat dennoch weiterhin funktionierte, »verdankte« er dies auch den wirtschaftlichen Funktionseliten.

Das Handeln der drei Unternehmer war in der Regel von kühlem Kalkül und ökonomischer Zweckrationalität geprägt. Zu Konflikten mit Organen des NS-Regimes kam es zwar häufiger, als man zunächst vermuten würde, aber es handelte sich durchweg um momentanen, situationsgebundenen und unorganisierten Dissens innerhalb einer grundsätzlichen Regimebejahung. Erst im letzten Kriegsjahr, als eine militärische Wende aussichtslos erschien, wurde der ökonomisch motivierte Dissens im »Fahr-Kreis« organisiert und konnte eine höhere Wirksamkeit im Sinne von Herrschaftsbegrenzung und Verzögerung der Rüstungsprogramme entfalten. Der Bestand der nationalsozialistischen Herrschaft war durch derart ambivalente Verhaltensformen jedoch niemals bedroht, im Gegenteil: Durch ihre kritisch-konstruktive Mitarbeit auf den verschiedenen Ebenen trugen Boehringer, Knorr und Fahr mit dazu bei, der NS-Herrschaft Stabilität und eine zwölfjährige Dauerhaftigkeit zu verleihen. Als Vertreter jener neuen Elite aus »aufstrebenden jungen Fachleuten«, deren ideologische Bindung an das NS-Regime in der Mehrzahl nur schwach gewesen war, die es aber verstanden hatten, unter den »unkonventionellen Bedingungen« der nationalsozialistischen Herrschaft die eigenen Fähigkeiten zu entfalten und neue Betätigungs- und Karrieremöglichkeiten in den diversen Organen des NS-Wirtschaftslenkungsapparates zu finden,[7] waren Boehringer, Knorr und Fahr auch

---

[6] Martin Broszat, Grundzüge der gesellschaftlichen Verfassung des Dritten Reiches, in: ders./Horst Möller (Hrsg.), Das Dritte Reich. Herrschaftsstruktur und Geschichte, 2. Aufl. München 1986, S. 38-63, S. 50.

[7] Ebd., S. 54f.

im Nachkriegsdeutschland begehrte Fachleute. Konnte schon das NS-Regime auf ihre Mitarbeit nicht verzichten, so war auch unter demokratischen Verhältnissen ohne den Sachverstand von Unternehmern ein zügiger Neuaufbau undenkbar. An ihre betriebliche wie außerbetriebliche Karriere während der NS-Zeit konnten die drei Unternehmer deshalb nach 1945 bruchlos anknüpfen.

# Verzeichnis der Tabellen

# Abkürzungsverzeichnis

| | |
|---|---|
| AfS | Archiv für Sozialgeschichte |
| AG | Aktiengesellschaft |
| Anm. | Anmerkung |
| AOG | Gesetz zur Ordnung der nationalen Arbeit |
| AVDMA | Arbeitsgemeinschaft der Verbände Deutscher Maschinenbauanstalten |
| AzS | Auskämmung ziviler Sektor |
| BA | Bezirksbeauftragter |
| BA/K | Bundesarchiv Koblenz |
| BA/MA | Bundesarchiv/Militärarchiv Freiburg i.Br. |
| BDC | Berlin Document Center |
| Bd./Bde. | Band/Bände |
| Betr. | Betroffener |
| BfM | Bevollmächtigter für die Maschinenproduktion |
| Bü | Büschel |
| DAF | Deutsche Arbeitsfront |
| Datag | Deutsche Allgemeine Treuhand-Aktiengesellschaft |
| DM | Deutsche Mark |
| DVP | Deutsche Volkspartei |
| ERFA | Erfahrungsaustausch |
| e.V. | eingetragener Verein |
| Fa. | Firma |
| frz. | französisch |
| GBA | Generalbevollmächtigter für den Arbeitseinsatz |
| GB Bau | Generalbevollmächtigter für die Bauwirtschaft |
| GG | Geschichte und Gesellschaft |
| GmbH | Gesellschaft mit beschränkter Haftung |
| GWU | Geschichte in Wissenschaft und Unterricht |
| HA | Hauptausschuß |
| HJ | Hitlerjugend |
| i.Br. | im Breisgau |
| IHK | Industrie- und Handelskammer |
| IMT | International Military Tribunal |
| KdF | Kraft durch Freude |
| Kg. | Kriegsgefangener |
| KG | Kommanditgesellschaft |
| Ltd. | Limited |
| LWA | Landeswirtschaftsamt |

| | |
|---|---|
| N.F. | Neue Folge |
| NPL | Neue Politische Literatur |
| NS | Nationalsozialismus/nationalsozialistisch |
| NSDAP | Nationalsozialistische Deutsche Arbeiterpartei |
| NSKK | Nationalsozialistisches Kraftfahrerkorps |
| Nr. | Nummer |
| o.D. | ohne Datum |
| OHG | Offene Handelsgesellschaft |
| o.J | ohne Jahr |
| OKH | Oberkommando des Heeres |
| OKL | Oberkommando der Luftwaffe |
| OKM | Oberkommando der Marine |
| OKW | Oberkommando der Wehrmacht |
| Pg. | Parteigenosse |
| PVC | Polyvinylchlorid |
| PVS | Politische Vierteljahresschrift |
| RABL | Reichsarbeitsblatt |
| rd. | rund |
| RGBL | Reichsgesetzblatt |
| RM | Reichsmark |
| RMfRuK | Reichsministerium für Rüstung und Kriegsproduktion |
| Rpf. | Reichspfennig |
| Rü In | Rüstungsinspektion |
| Rükdo/Rüko | Rüstungskommando |
| russ. | russisch |
| SA | Sonderausschuß |
| Schitag | Schwäbische Treuhand-Aktiengesellschaft |
| SE-Aktionen | Sondereinziehungs-Aktionen |
| SD | Sicherheitsdienst |
| SPD | Sozialdemokratische Partei Deutschlands |
| SS | Schutzstaffel |
| StAL | Staatsarchiv Ludwigsburg |
| Stalag | Stammlager |
| StASig | Staatsarchiv Sigmaringen |
| techn. | technisch |
| TH | Technische Hochschule |
| uk | unabkömmlich |
| VDF | Vereinigte Drehbankfabriken |
| VDI | Verein Deutscher Ingenieure |
| VDMA | Verein Deutscher Maschinenbau-Anstalten |
| VDW | Verein Deutscher Werkzeugmaschinenfabriken |
| VfZ | Vierteljahrshefte für Zeitgeschichte |
| VKF | Vereinigte Kugellagerfabriken |
| VSWG | Vierteljahrschrift für Sozial- und Wirtschaftsgeschichte |
| VWF | Vereinigte Werkzeugmaschinenfabriken |

| | |
|---|---|
| WABW | Wirtschaftsarchiv Baden-Württemberg, Stuttgart-Hohenheim |
| WKB | Wehrkreisbeauftragter |
| W&P | Werner & Pfleiderer |
| ZfG | Zeitschrift für Geschichtswissenschaft |
| zit. | zitiert |
| ZL | Zweigwerk Losheim |
| ZWLG | Zeitschrift für württembergische Landesgeschichte |
| z.Zt. | zur Zeit |

# Quellen und Literatur

## 1. Ungedruckte Quellen

Wirtschaftsarchiv Baden-Württemberg (WABW)
B 10 Bestand Firma Gebr. Boehringer
B 11 Bestand Firma Werner & Pfleiderer
Bestand der Firma Fortuna-Werke (unverzeichnet)
A 5 Bestand IHK Ravensburg
A 7 Bestand IHK Reutlingen

Staatsarchiv Ludwigsburg (StAL)
PL 502/13 NSDAP-Kreisleitung Göppingen (unverzeichnet)
PL 515/13 DAF-Kreiswaltung Göppingen (unverzeichnet)
Spruchkammerakten:
EL 902/8 Bü 16/1/13881, EL 902/8 Bü 16/1/15066, EL 902/8 Bü 16/1/31365, EL 902/8 Bü 16/1/16766, EL 902/8 Bü 16/1/12237, EL 902/8 Bü 16/1/6266, EL 902/20 Bü 37/1512677, EL 902/20 Bü 37/913445, EL 902/20 Bü 37/17/7952, EL 902/20 Bü 37/7/10089, EL 902/20 Bü 37/17/6606, EL 902/20 Bü 37/05/4073, EL 902/20 Bü 37/18/11685, EL 902/20 Bü 37/05/4890, EL 902/20 Bü 37/13/20687, EL 902/7 Bü 14/40/59

Staatsarchiv Sigmaringen (StASig)
Wü 13 /18/7271, Nr. 2416
Wü 13 Bü 284 und 2666
Wü 15 Bü 315

Berlin Document Center (BDC)
Verschiedene Unterlagen zu Boehringer, Knorr und Fahr.

Bundesarchiv Koblenz (BA/K)

| | |
|---|---|
| R 3 | Reichsministerium für Rüstung und Kriegsproduktion |
| W 13 III | Wirtschaftsgruppe Maschinenbau |
| R 87/1177 und 1178 | Reichskommissariat für die Behandlung feindlichen Vermögens - Akten betr. Firma Werner & Pfleiderer |
| R 123, Paket Nr. 183, 5. Ser., XL 226 (1940) | Reichswirtschaftsgericht - Akten betr. Firma Gebr. Boehringer |

Bundesarchiv/Militärarchiv Freiburg i.Br. (BA/MA)

| | |
|---|---|
| RW 20 - 5/1 bis 5/10 | Kriegstagebücher der Rüstungsinspektion V |
| RW 20 - 5/4 bis 5/5 | Geschichte der Rüstungsinspektion V |
| RW 21 - 58/1 bis 58/3 | Kriegstagebücher des Rüstungskommandos Stuttgart I |
| RW 21 - 59/1 bis 59/3 | Kriegstagebücher des Rüstungskommandos Stuttgart II |
| RW 21 - 61/1 bis 61/3 | Kriegstagebücher des Rüstungskommandos Ulm |

Archiv des Betriebsrates der Fortuna-Werke, Stuttgart-Bad Cannstatt
Verschiedene Firmenunterlagen (unverzeichnet); Werkszeitschrift des Unternehmens »Wir bei Fortuna«, Nr. 1 (1953) ff. (unvollständig)

Stadtarchiv Göppingen
Das Boehringer-Werk. Werkszeitschrift der Firma Gebr. Boehringer, Nr. 1 (1951) ff.

Maschinenfabrik Müller-Weingarten AG, Weingarten
August Wachter: Orientierung. Wie eine 34jährige Lebensarbeit mit unwahren Argumenten vernichtet wurde.

Interview: mit Johannes Werner am 8. Februar 1995.

## 2. Gedruckte Quellen und Literatur

August, Jochen/Hamann, Matthias/Herbert, Ulrich u.a.: Herrenmensch und Arbeitsvölker. Ausländische Arbeiter und Deutsche 1939-1945 (Beiträge zur nationalsozialistischen Gesundheits- und Sozialpolitik, Bd. 3), Berlin 1986.

Backes, Uwe/Jesse, Eberhard/Zitelmann, Rainer: Die Schatten der Vergangenheit. Impulse zur Historisierung des Nationalsozialismus, Frankfurt a.M./Berlin 1990.

Dies.: Was heißt: »Historisierung« des Nationalsozialismus?, in: dies., Die Schatten, S. 25-57.

Bardua, Heinz: Stuttgart im Luftkrieg 1939-1945 (Veröffentlichungen des Archivs der Stadt Stuttgart, Bd. 35), 2. Aufl. Stuttgart 1985.

Ders.: Stuttgart unterm Bombenhagel, in: Hiller (Hrsg.), Stuttgart im Zweiten Weltkrieg, S. 389-396.

Barkai, Avraham: Das Wirtschaftssystem des Nationalsozialismus. Der historische und ideologische Hintergrund, Köln 1977.

Bästlein, Klaus: Die Akten des ehemaligen Sondergerichts Kiel als zeitgeschichtliche Quelle, in: Zeitschrift der Gesellschaft für Schleswig-Holsteinische Geschichte 113 (1988), S. 157-211.

Beitel, Werner/Nätzold, Jürgen: Deutsch-sowjetische Wirtschaftsbeziehungen in der Zeit der Weimarer Republik, Baden-Baden 1979.

Berghahn, Volker: Unternehmer und Politik in der Bundesrepublik, Frankfurt a.M. 1985.

Blaich, Fritz: Die Wirtschaftskrise 1925/26 und die Reichsregierung. Von der Erwerbslosenfürsorge zur Konjunkturpolitik, Kallmünz 1977.

Ders.: Die bayerische Industrie 1933-1939. Elemente von Gleichschaltung, Konformismus und Selbstbehauptung, in: Broszat u.a. (Hrsg.), Bayern in der NS-Zeit, Bd. 2, München/Wien 1979, S. 237-280.

Ders.: Wirtschaft und Rüstung im Dritten Reich, Düsseldorf 1983.

Ders.: Wirtschaft und Rüstung in Deutschland 1933-1939, in: Bracher u.a. (Hrsg.), Nationalsozialistische Diktatur, S. 285-316.

Bluhm, Gabriele, »Wirtschaft am Pranger«: Die Berichterstattung des württembergischen »Kampfblatts« »Flammenzeichen« über unangepaßtes Verhalten von Gewerbetreibenden, in: Rauh-Kühne/Ruck (Hrsg.), Regionale Eliten, S. 247-262.

Blum, Arno/Rosenbaum, Max: The Law Relating to Trading with the Enemy, London 1940.

Blumberg-Ebel, Anna: Sondergerichtsbarkeit und »Politischer Katholizismus« im Dritten Reich (Veröffentlichungen der Kommission für Zeitgeschichte, Reihe B: Forschungen, Bd. 55), Mainz 1990.

Boehringer, Rolf: Spezialisierung, Normung und Typung im deutschen Werkzeugmaschinenbau, in: Der Vierjahresplan 3 (1939), 18. Folge, S. 1067-1069.

Ders.: Die Drehzahlnormung und ihre wirtschaftliche Auswirkung in Drehbanken, Sonderdruck der gleichnamigen Dissertation, Berlin 1939.

Bock, Gisela: Frauen und ihre Arbeit im Nationalsozialismus, in: Annette Kuhn/Gerhard Schneider (Hrsg.), Frauen in der Geschichte I, Düsseldorf 1979, S. 113-152.

Dies.: Zwangssterilisation im Nationalsozialismus. Studien zur Rassenpolitik und Frauenpolitik, Opladen 1986.

Boelcke, Willi A.: Hitlers Befehle zur Zerstörung oder Lähmung des deutschen Industriepotentials, in: Tradition 13 (1968), S. 301-316.

Ders.: Deutschlands Rüstung im Zweiten Weltkrieg. Hitlers Konferenzen mit Albert Speer 1942-1945, Frankfurt a.M. 1969.

Ders.: Die deutsche Wirtschaft 1930-1945. Interna des Reichswirtschaftsministeriums, Düsseldorf 1983.

Ders.: Industrieller Aufstieg im mittleren Neckarraum zwischen Konjunktur und Krise. Das Beispiel der Werkzeug-, Maschinen- und elektrotechnischen Industrie, in: ZWLG 43 (1984), S. 287-326.

Bohn, Willi: Stuttgart: Geheim! Widerstand und Verfolgung 1933-1945, 3. Aufl. Frankfurt a.M. 1978 (1. Aufl. 1969 unter dem Titel: Stuttgart: Geheim! Ein dokumetarischer Bericht).

Bosch, Manfred: Der Neubeginn. Aus deutscher Nachkriegszeit. Südbaden 1945-1950, Konstanz 1988.

Boye, R.: Die Maschinenindustrie im Wirtschaftsaufschwung, in: Maschinenbau, 14 (1935), Heft 13/14, S. 393-395.

Brady, Robert A.: The Rationalization Movement in German Industry. A Study in the Evolution of Economic Planing, Berkeley 1933.

Bracher, Karl Dietrich/Funke, Manfred/Jacobsen, Hans-Adolf (Hrsg.): Nationalsozialistische Diktatur. Eine Bilanz (Schriftenreihe der Bundeszentrale für politische Bildung, Bd. 192), Bonn 1986.

Dies. (Hrsg.): Deutschland 1933-1945. Neue Studien zur nationalsozialistischen Herrschaft (Bonner Schriften zur Politik und Zeitgeschichte, Bd. 23), Düsseldorf 1992.

Bräutigam, Petra/Schuster, Andrea/Welck, Astrid: Drei württembergische Unternehmer während des Nationalsozialismus: Rolf Boehringer, Ernst Stütz, Richard Schweizer, in: Rauh-Kühne/Ruck (Hrsg.), Regionale Eliten, S. 222-246.

Broszat, Martin/Fröhlich, Elke/Grossmann, Anton u.a. (Hrsg.): Bayern in der NS-Zeit. Bd. 1: Soziale Lage und politisches Verhalten der Bevölkerung im Spiegel vertraulicher Berichte, München/Wien 1977; Bde. 2-6: Herrschaft und Gesellschaft im Konflikt, München/Wien 1979-1983.

Broszat, Martin: Nationalsozialistische Polenpolitik 1939-1945 (Schriftenreihe der VfZ, Bd. 2), Stuttgart 1961.

Ders.: Nationalsozialistische Konzentrationslager 1933-1945, in: Buchheim u.a. (Hrsg.), Anatomie des SS-Staates, S. 323-445.

Ders.: Soziale Motivation und Führer-Bindung des Nationalsozialismus, in: VfZ 18 (1970), S. 392-409 (wiederabgedruckt in: ders.: Nach Hitler, S. 11-33.)

Ders.: Resistenz und Widerstand. Eine Zwischenbilanz des Forschungsprojektes, in: ders. u.a (Hrsg.), Bayern in der NS-Zeit, Bd. 4, München/Wien 1981, S. 691-709 (wiederabgedruckt in: ders.: Nach Hitler, S. 136-161).

Ders.: Der Staat Hitlers. Grundlegung und Entwicklung seiner inneren Verfassung, 10. Aufl. München 1983.

Ders.: Plädoyer für eine Historisierung des Nationalsozialismus, in: Merkur 39 (1985), S. 373-385 (wiederabgedruckt in: ders.: Nach Hitler, S. 266-281).

Ders./Möller, Horst (Hrsg.): Das Dritte Reich. Herrschaftsstruktur und Geschichte, 2. Aufl. München 1986.

Ders.: Grundzüge der gesellschaftlichen Verfassung des Dritten Reiches, in: ders./Möller (Hrsg.), Das Dritte Reich, S. 38-63.

Ders.: Zur Sozialgeschichte des deutschen Widerstandes, in: VfZ 34 (1986), S. 293-309.

Ders.: Nach Hitler. Der schwierige Umgang mit unserer Geschichte, hrsg. von Hermann Graml und Klaus-Dietmar Henke, München 1988.

Ders./Schwabe, Klaus (Hrsg.): Die deutschen Eliten und der Weg in den Zweiten Weltkrieg, München 1989.

Ders./Henke, Klaus-Dietmar/Woller, Hans (Hrsg.): Von Stalingrad zur Währungsreform. Zur Sozialgeschichte des Umbruchs in Deutschland, 3. Aufl. München 1990.

Buchheim, Hans: Die Lebensbedingungen unter totalitärer Herrschaft, in: Karl Forster (Hrsg.), Möglichkeiten und Grenzen für die Bewältigung historischer und politischer Schuld in Strafprozessen, Würzburg 1962, S. 89-106.

Ders./Broszat, Martin/Jacobsen, Hans-Adolf u.a. (Hrsg.): Anatomie des SS-Staates, 6. Aufl. München 1994 (Erstauflage 1967 in 2 Bänden).

Budraß, Lutz: Unternehmer im Nationalsozialismus: Der »Sonderbevollmächtigte des Generalfeldmarschalls Göring für die Herstellung der Ju 88«, in: Werner Plumpe/Christian Kleinschmidt (Hrsg.), Unternehmen zwischen Markt und Macht. Aspekte deutscher Unternehmens- und Industriegeschichte im 20. Jahrhundert (Bochumer Schriften zur Unternehmens- und Industriegeschichte, Bd. 1), Essen 1992, S. 74-89.

Burth, Wolfgang/Link, Stephan/Rettich, Birgit u.a.: Nationalsozialistische Wirtschaftslenkung und württembergische Wirtschaft, in: Rauh-Kühne/Ruck (Hrsg.), Regionale Eliten, S. 195-219.

Bower, Tom: »Alle Industriellen saßen auf der Anklagebank«. Die Nürnberger Nachfolgeprozesse gegen Krupp, Flick und die IG Farben, in: Eisfeld/Müller (Hrsg.), Gegen Barbarei, S. 239-256.

Campbell, Joan: Joy in Work, German Work. The National Debate 1800-1945, Princeton 1989.

Chronik der Stadt Stuttgart 1945-1948 (Veröffentlichungen des Archivs der Stadt Stuttgart, Bd. 30), Stuttgart o.J.

Czichon, Eberhard: Der Primat der Industrie im Kartell der nationalsozialistischen Macht, in: Das Argument 10 (1968), Heft 47, S. 168-192.

Das Deutsche Reich und der Zweite Weltkrieg, hrsg. vom Militärgeschichtlichen Forschungsamt, 6 Bde., Stuttgart 1979-1990.

Der Vierjahresplan. Zeitschrift für nationalsozialistische Wirtschaftspolitik mit den amtlichen Mitteilungen des Beauftragten für den Vierjahresplan Ministerpräsident Reichsmarschall Göring, Berlin 1 (1937) - 8 (1944).

Die Maschinen-Industrie im Deutschen Reich (Maschinenbau-Handbuch) 1939/40, bearbeitet von Dr. Herbert Patschan, hrsg. von der Wirtschaftsgruppe Maschinenbau, Berlin 1939.

Die Westdeutsche Industrie und ihre führenden Männer, Bd. 2: Land Baden-Württemberg, Teil 2: Südlicher Teil, Frankfurt a.M. 1960.

Dlugoborski, Waclaw (Hrsg.): Zweiter Weltkrieg und sozialer Wandel. Achsenmächte und besetzte Länder (Kritische Studien zur Geschichtswissenschaft, Bd. 47), Göttingen 1981.

Düwell, Kurt: Die regionale Geschichte des NS-Staates zwischen Mikro- und Makroanalyse. Forschungsaufgaben zur »Praxis im kleinen Bereich«, in: Jahrbuch für westdeutsche Landesgeschichte 9 (1983), S. 287-344.

Eisele, Klaus: Die »Aktion Goerdeler«. Mitverschwörer des 20. Juli 1944 im deutschen Südwesten. Biographische Skizzen, in: Lill/Kißener (Hrsg.), 20. Juli 1944, S. 155-207.

Eisfeld, Reiner/Müller, Ingo (Hrsg.): Gegen Barbarei. Essays Robert M.W. Kempner zu Ehren, Frankfurt a.M. 1989.

Eisfeld, Reiner: Von Raumfahrtpionieren und Menschenschindern. Ein verdrängtes Kapitel der Technikentwicklung im Dritten Reich, in: ders./Müller (Hrsg.), Gegen Barbarei, S. 206-238.

Erker, Paul: Industrie-Eliten in der NS-Zeit. Anpassungsbereitschaft und Eigeninteresse von Unternehmen in der Rüstungs- und Kriegswirtschaft 1936-1945, Passau 1994.

Falter, Jürgen W.: Warum die deutschen Arbeiter während des »Dritten Reiches« zu Hitler standen. Einige Anmerkungen zu Gunther Mais Beitrag über die Unterstützung des nationalsozialistischen Herrschaftssystems durch Arbeiter, in: GG 13 (1987), S. 217-231.

Fehse, Wilhelm: Entwicklung der Werkzeugmaschinen unter Berücksichtigung des Facharbeitermangels, in: Werkstatt und Betrieb. Zeitschrift für Maschinen-, Schnitte- und Werkzeugbau 72 (1939), Heft 5/6, S. 57f.

Ders.: Serien- und Einzelfertigung im Werkzeugmaschinenbau, in: Der Vierjahresplan 3 (1939), 18. Folge, S. 1075-1077.

Ders.: 75 Jahre Pittler. Zusammenbruch und Wiederaufbau, München 1963.

Fichter, Michael: Arbeiterbewegung unter der Besatzung. Bedingungen ihrer Rekonstruierung am Beispiel Stuttgarts 1945-1946, in: Rolf Ebbighausen/Friedrich Tiemann (Hrsg.), Das Ende der Arbeiterbewegung in Deutschland? Ein Diskussionsband zum sechzigsten Geburtstag von Theo Pirker (Schriften des Zentralinstituts für Sozialwissenschaftliche Forschung der Freien Universität Berlin, Bd. 43), Opladen 1984, S. 189-215.

Ders.: Von der Volksgemeinschaft zur Sozialpartnerschaft: Betriebe und Betriebsvertretungen im Raum Stuttgart 1945-1950, in: 1999. Zeitschrift für Sozialgeschichte des 20. und 21. Jahrhunderts 5 (1990), Heft 3, S. 80-97.

Ders.: Aufbau und Neuordnung: Betriebsräte zwischen Klassensolidarität und Betriebsloyalität, in: Broszat u.a. (Hrsg.), Von Stalingrad, S. 469-549.

Fischer, Albrecht: Erlebnisse vom 20. Juli 1944 bis 8. April 1945, in: Otto Kopp (Hrsg.), Widerstand und Erneuerung. Neue Studien und Dokumente vom inneren Kampf gegen das Hitler-Regime, Stuttgart 1966, S. 122-166.

Formen des Widerstandes im Südwesten 1933-1945, hrsg. von der Landeszentrale für politische Bildung Baden-Württemberg und dem Haus für Geschichte Baden-Württemberg, Ulm 1994.

Forstmeier, Friedrich/Volkmann, Hans-Erich (Hrsg.): Kriegswirtschaft und Rüstung 1939-1945, Düsseldorf 1977.

Dies. (Hrsg.): Wirtschaft und Rüstung am Vorabend des Zweiten Weltkrieges, Düsseldorf 1975.

Förster, Jürgen: Hitlers Entscheidung für den Krieg gegen die Sowjetunion, in: Das Deutsche Reich und der Zweite Weltkrieg, Bd. 4: Der Angriff auf die Sowjetunion, Stuttgart 1983, S. 3-37.

Ders.: Das Unternehmen »Barbarossa« als Eroberungs- und Vernichtungskrieg, in: Das Deutsche Reich und der Zweite Weltkrieg, Bd. 4: Der Angriff auf die Sowjetunion, Stuttgart 1983, S. 413-447.

Fortuna 1903-1953. Beitrag zur Geschichte eines schwäbischen Fabrikunternehmens, zusammengestellt und bearbeitet von Dr. Max Löffler, Stuttgart 1953.

Frankenstein, Roger: Die deutschen Arbeitskräfteaushebungen in Frankreich und die Zusammenarbeit der französischen Unternehmen mit der Besatzungsmacht 1940-1944, in: Dlugoborski (Hrsg.), Zweiter Weltkrieg, S. 211-223.

Frankfurter Allgemeine Zeitung für Deutschland, Nr. 130, vom 6.6.1962.
Free, J.: Maschinen, Organisation und Kriegspotential. Ein kurzer Rückblick auf 50 Jahre Entwicklung und ein Ausblick, in: Maschinenbau 22 (1943), Heft 1, S. 1-4.
Frei, Norbert: Wie modern war der Nationalsozialismus?, in: GG 19 (1993), Heft 3, S. 367-387.
Frese, Matthias: Zugeständnisse und Zwangsmaßnahmen. Neuere Studien zur nationalsozialistischen Arbeits- und Sozialpolitik, in: NPL 32 (1987), S. 53-74.
Ders.: Vom »NS-Musterbetrieb« zum »Kriegsmusterbetrieb«: Zum Verhältnis von Deutscher Arbeitsfront und Großindustrie 1936-1944, in: Michalka (Hrsg.), Der Zweite Weltkrieg, S. 382-401.
Ders.: Betriebspolitik im »Dritten Reich«. Deutsche Arbeitsfront, Unternehmer und Staatsbürokratie in der westdeutschen Großindustrie 1933-1939 (Forschungen zur Regionalgeschichte, Bd. 2), Paderborn 1991.
Friemert, Chup: Produktionsästhetik im Faschismus. Das Amt »Schönheit der Arbeit« von 1933 bis 1939, München 1980.
Fröbe, Rainer: »Wie bei den alten Ägyptern«. Die Verlegung des Daimler-Benz-Flugmotorenwerkes Genshagen nach Obrigheim am Neckar 1944/45, in: Das Daimler-Benz-Buch. Ein Rüstungskonzern im »Tausendjährigen Reich«, hrsg. von der Hamburger Stiftung für Sozialgeschichte des 20. Jahrhunderts (Schriften der Hamburger Stiftung für Sozialgeschichte des 20. Jahrhunderts, Bd. 3), Nördlingen 1987, S.
Ders.: Der Arbeitseinsatz von KZ-Häftlingen und die Perspektive der Industrie 1943-45, in: Herbert (Hrsg.), Europa und der »Reichseinsatz«, S. 351-383. 392-470.
75 Jahre WP (1879-1954). Zur Feier des 75jährigen Bestehens der Firma Werner & Pfleiderer (...) zusammengestellt von Otto Werner, Stuttgart 1954.
75 Jahre WP Wien, o.O. 1965.
Funke, Manfred (Hrsg.): Hitler, Deutschland und die Mächte. Materialien zur Außenpolitik des Dritten Reiches, Düsseldorf 1976.
Geer, Joh. Seb.: Der Maschinenbau in der Staatskonjunktur, in: Maschinenbau 15 (1936), Heft 13/14, S. 365f.
Ders.: Der deutsche Maschinenbau im Jahre 1936, in: Maschinenbau 16 (1937), Heft 1/2, S. 3f.
Gehrig, Astrid: Ein Unternehmer im»Dritten Reich« - das Beispiel Rolf Boehringer, in: Göppingen unterm Hakenkreuz, S. 254-273.
Geschichte der Maschinenfabrik Werner & Pfleiderer Stuttgart 1879-1979. 100 Jahre Arbeit für den Fortschritt, hrsg. anläßlich des hundertjährigen Bestehens der Maschinenfabrik Werner & Pfleiderer, Stuttgart 1979.
Gesell, Heinrich: Typenabrüstung in der Maschinenindustrie, in: Der Vierjahresplan 6 (1942), Heft 8/9, S. 379 und S. 426f.
Geyer, Martin H.: Soziale Sicherheit und wirtschaftlicher Fortschritt. Überlegungen zum Verhältnis von Arbeitsideologie und Sozialpolitik im »Dritten Reich«, in: GG 15 (1989), S. 382-406.

Glunk, Fritz R.: Ein Jahrhundert VDW 1891-1991. Zeitgeschichte, Vereinsgeschichte, Werkzeugmaschinengeschichte, München 1991.

Göppingen unterm Hakenkreuz. Begleitbuch zur gleichnamigen Ausstellung (Veröffentlichungen des Stadtarchivs Göppingen, Bd. 32), Göppingen 1994.

Grohnert, Reinhard: Die Entnazifizierung in Baden 1945-1949. Konzeptionen und Praxis der »Epuration« am Beispiel eines Landes der französischen Besatzungszone, Stuttgart 1991.

Grosser, Dieter: Die nationalsozialistische Wirtschaft, in: Das Argument 7 (1965), Heft 32, S. 1-11.

Haas, Gerhart/Schumann, Wolfgang (Hrsg.): Anatomie der Aggression. Neue Dokumente zu den Kriegszielen des faschistischen deutschen Imperialismus im zweiten Weltkrieg, Berlin (Ost) 1972.

Haase, Karl: Aufgaben des deutschen Werkzeugmaschinenbaues, in: Werkstatt und Betrieb. Zeitschrift für Maschinen-, Schnitte- und Werkzeugbau 70 (1937), Heft 5/6, S. 57-59.

Hachtmann, Rüdiger: Lebenshaltungskosten und Reallöhne während des »Dritten Reiches«, in: VSWG 75 (1988), S. 32-73.

Ders.: Industriearbeit im »Dritten Reich«. Untersuchungen zu den Lohn- und Arbeitsbedingungen in Deutschland 1933-1945 (Kritische Studien zur Geschichtswissenschaft, Bd. 82), Göttingen 1989.

Ders.: Die Arbeiter der Gutehoffnungshütte 1933 bis 1939, in: Tenfelde (Hrsg.), Arbeiter, S. 105-141.

Ders.: Industriearbeiterinnen in der deutschen Kriegswirtschaft 1936 bis 1944/45, in: GG 19 (1993), Heft 3, S. 332-366.

Hallgarten, George W.H./Radkau, Joachim: Deutsche Industrie und Politik von Bismarck bis in die Gegenwart, Reinbek 1981.

Handbuch der deutschen Maschinen-Industrie. Die Mitgliedsfirmen des VDMA, hrsg. vom Verein Deutscher Maschinenbau-Anstalten e.V., Darmstadt 1975.

Hamann, Matthias: Erwünscht und unerwünscht. Die rassenpsychologische Selektion der Ausländer, in: August u.a. (Hrsg.), Herrenmensch, S. 143-180.

Hegner, K.: Normung im Werkzeugmaschinenbau, in: Maschinenbau 20 (1937), Heft 5/6, S. 169.

Henke, Klaus-Dietmar: Politische Säuberung unter französischer Besatzung. Die Entnazifizierung in Württemberg-Hohenzollern (Schriftenreihe der VfZ, Bd. 42), Stuttgart 1981.

Ders. (Hrsg.): Politische Säuberung in Europa. Die Abrechnung mit Faschismus und Kollaboration nach dem Zweiten Weltkrieg, München 1991.

Ders.: Die Trennung vom Nationalsozialismus: Selbstzerstörung, politische Säuberung, »Entnazifizierung«, Strafverfolgung, in: ders. (Hrsg.), Politische Säuberung, S. 21-83.

Ders.: Die amerikanische Besetzung Deutschlands (Quellen und Darstellungen zur Zeitgeschichte, Bd. 27), München 1995.

Hennig, Eike: Regionale Unterschiede bei der Entstehung des deutschen Faschismus. Ein Plädoyer für »mikroanalytische Studien« zur Erforschung der NSDAP, in: PVS 21 (1980), S. 152-173.

Henschel, Volker: Geschichte der deutschen Sozialpolitik 1880-1980. Soziale Sicherung und kollektives Arbeitsrecht, Frankfurt a.M. 1983.

Herbert, Ulrich: Fremdarbeiter. Politik und Praxis des »Ausländer-Einsatzes« in der Kriegswirtschaft des Dritten Reiches, 2. Aufl. Bonn 1986.

Ders.: Arbeiterschaft im »Dritten Reich«. Zwischenbilanz und offene Fragen, in: GG 15 (1989), S. 320-360.

Ders. (Hrsg.): Europa und der »Reichseinsatz«. Ausländische Zivilarbeiter, Kriegsgefangene und KZ-Häftlinge in Deutschland 1938-1945, Essen 1991.

Ders.: Arbeit und Vernichtung. Ökonomisches Interesse und Primat der »Weltanschauung« im Nationalsozialismus, in: ders. (Hrsg.), Europa und der »Reichseinsatz«, S. 384-426.

Ders.: Der »Ausländereinsatz«. Fremdarbeiter und Kriegsgefangene in Deutschland 1939-1945 - ein Überblick, in: August u.a.: Herrenmensch, S. 13-54.

Herbst, Ludolf: Der Totale Krieg und die Ordnung der Wirtschaft. Die Kriegswirtschaft im Spannungsfeld von Politik, Ideologie und Propanganda 1939-1945 (Studien zur Zeitgeschichte, Bd. 21), Stuttgart 1982.

Ders.: Der Krieg und die Unternehmensstrategie deutscher Industrie-Konzerne in der Zwischenkriegszeit, in: Broszat/Schwabe (Hrsg.), Die deutschen Eliten, S. 72-134.

Herf, Jeffrey: Reactionary Modernism. Technology, Culture and Politics in Weimar and the Third Reich, Cambridge u.a. 1984.

Hetzer, Gerhard: Unternehmer und leitende Angestellte zwischen Rüstungseinsatz und politischer Säuberung, in: Broszat u.a. (Hrsg.), Von Stalingrad, S. 551-591.

Heuel, Eberhard: Der umworbene Stand. Die ideologische Integration der Arbeiter im Nationalsozialismus 1933-1939, Frankfurt a.M. 1989.

Hildebrand, Klaus: Das Dritte Reich (Oldenbourg Grundriß der Geschichte, Bd. 17), 3. Aufl. München 1987.

Hiller, Marlene P.: Stuttgart im Zweiten Weltkrieg. Begleitband zur gleichnamigen Ausstellung, Gerlingen 1989.

Hirschfeld, Gerhard/Marsh, Patrick: Kollaboration in Frankreich. Politik, Wirtschaft und Kultur während der nationalsozialistischen Besatzung 1940-1944, Frankfurt a.M. 1991.

Hirschfeld, Gerhard/Kettenacker, Lothar (Hrsg.): Der »Führerstaat«. Mythos und Realität (Veröffentlichungen des Deutschen Historischen Instituts London, Bd. 8), Stuttgart 1981.

Hofmann, Hanns Hubert/Franz, Günther (Hrsg.): Deutsche Führungsschichten in der Neuzeit. Eine Zwischenbilanz (Deutsche Führungsschichten in der Neuzeit, Bd. 12), Boppard a.Rh. 1978.

Hopmann, Barbara/Spoerer, Mark/Weitz, Birgit u.a.: Zwangsarbeit bei Daimler-Benz (Zeitschrift für Unternehmensgeschichte, Beiheft 78), Stuttgart 1994.

Hortleder, Gert: Das Gesellschaftsbild des Ingenieurs. Zum politischen Verhalten der Technischen Intelligenz in Deutschland, 3. Aufl. Frankfurt a.M. 1974.

E. Huhn: Der wirtschaftliche Erfolg der Normung, in: Maschinenbau 5 (1926), Heft 4, S. 89f.

Huck, Gerhard (Hrsg.): Sozialgeschichte der Freizeit, Wuppertal 1982.

Hüttenberger, Peter: Die Gauleiter. Studie zum Wandel im Machtgefüge der NSDAP (Schriftenreihe der VfZ, Bd. 19), Stuttgart 1969.

Ders.: Nationalsozialistische Polykratie, in: GG 2 (1976), S. 417-442.

Ders.: Heimtückefälle vor dem Sondergericht München 1933-1939, in: Broszat u.a. (Hrsg.), Bayern in der NS-Zeit, Bd. 4, S. 435-526.

IMT (Der Prozeß gegen die Hauptkriegsverbrecher vor dem Internationalen Militärgerichtshof Nürnberg, 14.11.1945-1.10.1946), 42 Bde., Nürnberg 1947-1949.

Irtenkauf, Josef: Die Drehzahlnormung. Anwendung und Auswirkung bei spanabhebenden Werkzeugmaschinen, in: Maschinenbau 12 (1933), Heft 2, S. 39-43.

Ders.: Die Vorschubnormung bei den spanabhebenden Werkzeugmaschinen, in: Werkstattstechnik und Werksleiter 33 (1939), Heft 2, S. 25-32.

Ders.: Die Bearbeitungseinheiten für das Drehen, in: Werkstattstechik und Maschinenbau 39 (1949), Heft 3, S. 65-71.

Janssen, Gregor: Das Ministerium Speer. Deutschlands Rüstung im Krieg, Berlin/Frankfurt a.M./Wien 1968.

Jäckel, Eberhard: Frankreich in Hitlers Europa. Die deutsche Frankreichpolitik im Zweiten Weltkrieg, Stuttgart 1966.

Kannapin, Hans-Eckhardt: Wirtschaft unter Zwang. Anmerkungen und Analysen zur rechtlichen und politischen Verantwortung der deutschen Wirtschaft unter der Herrschaft des Nationalsozialismus, besonders im Hinblick auf den Einsatz und die Behandlung von ausländischen Arbeitskräften und Konzentrationslagerhäftlingen in deutschen Industrie- und Rüstungsbetrieben, Köln 1966.

Kappel, Fritz: Die Exportbedeutung der Werkzeugmaschine, in: Der Vierjahresplan 3 (1939), 20. Folge, S. 1192.

Ders.: 75 Jahre VDW 1891-1966, hrsg. vom Verein Deutscher Werkzeugmaschinenfabriken e.V., Frankfurt a.M. 1966.

Karny, Miroslav: Der »Reichsausgleich« in der deutschen Protektoratspolitik, in: Herbert (Hrsg.), Europa und der »Reichseinsatz«, S. 26-50.

Kater, Michael H.: The Nazi Party. A Social Profile of Members and Leaders 1919-1945, Oxford 1983.

Kehrl, Hans: Krisenmanager im Dritten Reich. 6 Jahre Frieden - 6 Jahre Krieg, 2. Aufl. Düsseldorf 1973.

Kershaw, Ian: Der Hitler-Mythos. Volksmeinung und Propaganda im Dritten Reich (Schriftenreihe der VfZ, Bd. 41), Stuttgart 1980.

Ders.: »Widerstand ohne Volk?« Dissens und Widerstand im Dritten Reich, in: Schmädecke/Steinbach (Hrsg.), Widerstand, S. 779-798.

Ders.: Der NS-Staat. Geschichtsinterpretationen und Kontroversen im Überblick. Aus dem Englischen von Jürgen Peter Krause, Reinbek 1988.

Klee, Ernst: »Euthanasie« im NS-Staat. Die Vernichtung »lebensunwerten Lebens«, Frankfurt a.M. 1983.

Kollmer, Gert: Entwicklungstendenzen der südwestdeutschen Industrie in der Zeit des Nationalsozialismus, in: Franz Quarthal/Wilfried Setzler (Hrsg.), Stadtverfassung, Verfassungsstaat, Pressepolitik. Festschrift für Eberhard Naujocks zum 65. Geburtstag, Sigmaringen 1980, S. 204-229.

Könke, Günter: »Modernisierungsschub« oder relative Stagnation? Einige Anmerkungen zum Verhältnis von Nationalsozialismus und Moderne, in: GG 20 (1994), Heft 4, S. 585-608.

Körner, Paul: Straffste Lenkung der Kriegswirtschaft, in: Der Vierjahresplan 4 (1940), 1. Folge, S. 2f.

Kranig, Andreas: Lockung und Zwang. Die Arbeitsverfassung im Dritten Reich (Schriftenreihe der VfZ, Bd. 47), Stuttgart 1983.

Ders.: Arbeitnehmer, Arbeitsbeziehungen und Sozialpolitik unter dem Nationalsozialismus, in: Bracher u.a. (Hrsg.), Deutschland 1933-1945, S. 135-152.

Kratzsch, Gerhard: Der Gauwirtschaftsapparat der NSDAP. Menschenführung - »Arisierung« - Wehrwirtschaft im Gau Westfalen-Süd. Eine Studie zur Herrschaftspraxis im totalitären Staat (Veröffentlichungen des Provinzialinstituts für westfälische Landes- und Volksforschung des Landschaftsverbandes Westfalen-Lippe, Bd. 27), Münster 1989.

Kroener, Bernhard R.: Die personellen Ressourcen des Dritten Reiches im Spannungsfeld zwischen Wehrmacht, Bürokratie und Kriegswirtschaft 1939-1942, in: Das Deutsche Reich und der Zweite Weltkrieg, Bd. 5/1: Kriegsverwaltung, Wirtschaft und personelle Ressourcen 1939-1941, Stuttgart 1988, S. 693-1001.

Ders.: Der Kampf um den »Sparstoff Mensch«. Forschungskontroversen über die Mobilisierung der deutschen Kriegswirtschaft 1939-1942, in: Michalka (Hrsg.), Der Zweite Weltkrieg, S. 402-417.

Kugler, Anita: Die Behandlung feindlichen Vermögens in Deutschland und die »Selbstverantwortung« der Rüstungsindustrie. Dargestellt am Beispiel der Adam Opel AG von 1941 bis Anfang 1943, in: 1999. Zeitschrift für Sozialgeschichte des 20. und 21. Jahrhunderts 3 (1988), Heft 2, S. 46-78.

Lange, Karl: Die Verschärfung der Wirtschaftskrise und die Wege zu ihrer Überwindung, in: Maschinenbau 5 (1926), Heft 1, S. 29-32.

Ders.: Bilanz und Kritik der deutschen Wirtschaftskrise unter besonderer Berücksichtigung der Maschinenindustrie, in: Maschinenbau 6 (1927), Heft 9, S. 444f.

Ders.: Werkzeugmaschinen als Grundlage der Produktionssteigerung, in: Der Vierjahresplan 3 (1939), 19. Folge, S. 1133f.

Ders.: Produktionslenkung im kriegswichtigen Maschinenbau, in: Der Vierjahresplan 6 (1942), Heft 8, S. 372.

Langewiesche, Dieter: Der »Historikerstreit« und die »Historisierung« des Nationalsozialismus, in: Klaus Oesterle/Siegfried Schiele (Hrsg.): Historikerstreit und politische Bildung (Didaktische Reihe der Landeszentrale für politische Bildung Baden-Württemberg), Stuttgart 1989, S. 20-41.

Lauber, Heinz/Rothstein, Birgit: Der 1. Mai unter dem Hakenkreuz, Gerlingen 1983.

Lepsius, M. Rainer: Strukturen und Wandlungen im Industriebetrieb. Industriesoziologische Forschung in Deutschland, München 1960.

Lill, Rudolf/Kißener, Michael (Hrsg.): 20. Juli 1944 in Baden und Württemberg, Konstanz 1994.

Lindner, Stephan H.: Das Reichskommissariat für die Behandlung feindlichen Vermögens im Zweiten Weltkrieg. Eine Studie zur Verwaltungs-, Rechts- und Wirtschaftsgeschichte des nationalsozialistischen Deutschlands (Zeitschrift für Unternehmensgeschichte, Beiheft 67), Stuttgart 1991.

Lüdtke, Alf: Funktionseliten: Täter, Mit-Täter, Opfer? Zu den Bedingungen des deutschen Faschismus, in: ders. (Hrsg.), Herrschaft als soziale Praxis. Historische und anthropologische Studien, Göttingen 1991, S. 559-590.

Ludewig, Hans-Ulrich: Zwangsarbeit im Zweiten Weltkrieg: Forschungsstand und Ergebnisse regionaler und lokaler Fallstudien, in: AfS 31 (1991), S. 558-577.

Ludwig, Karl-Heinz: Technik und Ingenieure im Dritten Reich, Düsseldorf 1974.

Mager, Harald: Gewerbetreibende als Angeklagte vor dem Sondergericht Mannheim, in: Rauh-Kühne/Ruck (Hrsg.), Regionale Eliten, S. 263-282.

Mai, Gunther: Die Nationalsozialistische Betriebszellen-Organisation, in: Erich Matthias/Klaus Schönhoven (Hrsg.), Solidarität und Menschenwürde. Etappen deutscher Gewerkschaftsgeschichte von den Anfängen bis zur Gegenwart, Bonn 1984, S. 271-290.

Ders.: »Warum steht der deutsche Arbeiter zu Hitler?« Zur Rolle der Deutschen Arbeitsfront im Herrschaftssystem des Dritten Reiches, in: GG 12 (1986), S. 212-234.

Mallmann, Klaus-Michael/Paul, Gerhard: Resistenz oder loyale Widerwilligkeit? Anmerkungen zu einem umstrittenen Begriff, in: ZfG 41 (1993), S. 99-116.

Mantelli, Brunello: Von der Wanderarbeit zur Deportation. Die italienischen Arbeiter in Deutschland 1938-1945, in: Herbert (Hrsg.), Europa und der »Reichseinsatz«, S. 51-89.

Maßolek, Inge (Hrsg.): 100 Jahre Zukunft. Zur Geschichte des 1. Mai, Frankfurt a.M./Wien 1990.

Margairaz, Michel: Deutschland, Vichy und die ökonomische Kollaboration, in: Hirschfeld/Marsh (Hrsg.), Kollaboration, S. 109-129.

Martin, Josef: Vom Rohwerkstoff zur fertigen Boehringer-Werkzeugmaschine, in: Werkstattstechnik und Werksleiter 33 (1939), Heft 5, S. 122-126.

Mason, Timothy W.: Der Primat der Politik - Politik und Wirtschaft im Nationalsozialismus, in: Das Argument 8 (1966), Heft 41, S. 473-494.

Ders.: Primat der Industrie? Eine Erwiderung, in: Das Argument 10 (1968), Heft 47, S. 193-209.

Ders.: Sozialpolitik im Dritten Reich. Arbeiterklasse und Volksgemeinschaft, Opladen 1977.

Ders.: Zur Entstehung des Gesetzes zur Ordnung der nationalen Arbeit vom 20. Januar 1934: Ein Versuch über das Verhältnis »archaischer« und »moderner« Momente in der neuesten deutschen Geschichte, in: Hans Mommsen/Dieter Petzina/Bernd Weisbrod (Hrsg.), Industrielles System und politische Entwicklung in der Weimarer Republik, Düsseldorf 1977, S. 322-351.

Ders.: Arbeiteropposition im nationalsozialistischen Deutschland, in: Peukert/Reulecke (Hrsg.), Die Reihen, S. 293-314.

Ders.: Die Bändigung der Arbeiterklasse im nationalsozialistischen Deutschland. Eine Einleitung, in: Sachse u.a., Angst, S. 11-53.

Megerle, Klaus: Württemberg im Industrialisierungsprozeß Deutschlands. Ein Beitrag zur regionalen Differenzierung der Industrialisierung, Stuttgart 1982.

Mehrtens, Herbert/Richter, Steffen (Hrsg.): Naturwissenschaft, Technik und NS-Ideologie. Beiträge zur Wissenschaftsgeschichte des Dritten Reiches, Frankfurt a.M. 1980.

Michalka, Wolfgang (Hrsg.): Der Zweite Weltkrieg. Analysen. Grundzüge. Forschungsbilanz, München/Zürich 1989.

Milward, Alan S.: Die deutsche Kriegswirtschaft 1939-1945 (Schriftenreihe der VfZ, Bd. 12), Stuttgart 1966.

Ders.: The New Order and the French Economy, Oxford 1970.

Ders.: Der Zweite Weltkrieg. Krieg, Wirtschaft und Gesellschaft 1939-1945, München 1977.

Ders.: Arbeitspolitik und Produktivität in der deutschen Kriegswirtschaft unter vergleichendem Aspekt, in: Forstmeier/Volkmann, Kriegswirtschaft, S. 73-91.

Ders.: Der Einfluß ökonomischer und nicht-ökonomischer Faktoren auf die Strategie des Blitzkrieges, in: Forstmeier/Volkmann, Wirtschaft, S. 189-201.

Mitteilungen an die Kammern, Nr. 40, 30. Juni 1947, hrsg. vom Ministerium für politische Befreiung Württemberg-Baden.

Mollin, Gerhard: Montankonzerne im Dritten Reich. Der Gegensatz zwischen Monopolindustrie und Befehlswirtschaft in der deutschen Rüstung und Expansion 1936-1944 (Kritische Studien zur Geschichtswissenschaft, Bd. 78), Göttingen 1988.

Mommsen, Hans: Nationalsozialismus, in: Sowjetsystem und demokratische Gesellschaft. Eine vergleichende Enzyklopädie, Freiburg u.a. 1971, Bd. 4, Sp. 695-713.

Ders.: Der Nationalsozialismus. Kumulative Radikalisierung und Selbstzerstörung des Regimes, in: Meyers Enzyklopädisches Lexikon, Bd. 16, 1976, Sp. 785-790.

Ders.: Ausnahmezustand als Herrschaftstechnik des NS-Regimes, in: Funke, Hitler, S. 30-45.

Ders.: Nationalsozialismus als vorgetäuschte Modernisierung, in: Pehle (Hrsg.), Der historische Ort, S. 31-46.

Ders.: Der Nationalsozialismus und die deutsche Gesellschaft, Frankfurt a.M. 1991.

Ders./Willems, Susanne (Hrsg.): Herrschaftsalltag im Dritten Reich. Studien und Texte, Düsseldorf 1988.

Müller, Roland: Stuttgart zur Zeit des Nationalsozialismus, Stuttgart 1988.

Ders.: Lokalgeschichte und Herrschaftssystem - Stuttgart 1930-1945. Ein Überblick, in: ZWLG 49 (1990), S. 343-392.

Müller, Rolf-Dieter: Von der Wirtschaftsallianz zum kolonialen Ausbeutungskrieg, in: Das Deutsche Reich und der Zweite Weltkrieg, Bd. 4: Der Angriff auf die Sowjetunion, Stuttgart 1983, S. 98-189.

Ders.: Die Mobilisierung der deutschen Wirtschaft für Hitlers Kriegsführung, in: Das Deutsche Reich und der Zweite Weltkrieg, Bd. 5/1: Kriegsverwaltung, Wirtschaft und personelle Ressourcen 1939-1941, Stuttgart 1988, S. 349-689.

Ders.: Die Mobilisierung der Wirtschaft für den Krieg - eine Aufgabe der Armee? Wehrmacht und Wirtschaft 1933-1942, in: Michalka (Hrsg.), Der Zweite Weltkrieg, S. 349-362.

Ders.: Die Konsequenzen der »Volksgemeinschaft«: Ernährung, Ausbeutung und Vernichtung, in: Michalka (Hrsg.), Der Zweite Weltkrieg, S. 240-248.

Ders.: Grundzüge der deutschen Kriegswirtschaft 1939 bis 1945, in: Bracher u.a (Hrsg.), Deutschland 1933-1945, S. 357-376.

Nebelin, Manfred: Deutsche Ungarnpolitik 1939-1941, Opladen 1989.

Neue Württembergische Zeitung. Göppinger Kreisnachrichten, 30, Nr. 235, vom 11.10.1975.

Niethammer, Lutz: Die Mitläuferfabrik. Die Entnazifizierung am Beispiel Bayerns, 2. Aufl. Berlin/Bonn 1982 (zuerst 1972 unter dem Titel: Entnazifizierung in Bayern. Säuberung und Rehabilitierung unter amerikanischer Besatzung).

Olk, F.: Spitzenmaschinen für den Austauschbau, in: Der Vierjahresplan 3 (1939), 19. Folge, S. 1138f.

Overy, Richard J.: Göring's Multi-National Empire, in: Alice Teichova/P.L. Cottrell (Hrsg.), International Business and Central Europe, Leicester 1983, S. 269-298.

Ders.: »Blitzkriegswirtschaft«? Finanzpolitik, Lebensstandard und Arbeitseinsatz in Deutschland 1939-1942, in: VfZ 36 (1988), S. 379-436.

Pehle, Walter (Hrsg.): Der historische Ort des Nationalsozialismus. Annäherungen, Frankfurt a.M. 1990.

Peter, Roland: NS-Wirtschaft in einer Grenzregion. Die badische Rüstungsindustrie im Zweiten Weltkrieg, in: Rauh-Kühne/Ruck (Hrsg.), Regionale Eliten, S. 171-193.

Ders.: Kriegsindustrie in Baden. Die Rüstungsindustrie der Nationalsozialisten im Südwesten des Reiches (Beiträge zur Militärgeschichte, Bd. 44), München 1994.

Petzina, Dietmar: Autarkiepolitik im Dritten Reich. Der nationalsozialistische Vierjahresplan (Schriftenreihe der VfZ, Bd. 16), Stuttgart 1968.

Ders.: Die Mobilisierung deutscher Arbeitskräfte vor und während des zweiten Weltkrieges, in: VfZ 18 (1970), S. 443-455.

Ders.: Vierjahresplan und Rüstungspolitik, in: Forstmeier/Volkmann, Wirtschaft, S. 65-80.

Ders.: Soziale Lage der deutschen Arbeiter und Probleme des Arbeitseinsatzes während des zweiten Weltkrieges, in: Dlugoborski (Hrsg.), Zweiter Weltkrieg, S. 65-86.

Peukert, Detlev/Reulecke, Jürgen, unter Mitarbeit von Adelheid Gräfin zu Castell Rüdenhausen: Die Reihen fast geschlossen. Beiträge zur Geschichte des Alltags unterm Nationalsozialismus, Wuppertal 1981.

Peukert, Detlev: Arbeitslager und Jugend-KZ. Die »Behandlung Gemeinschaftsfremder« im Dritten Reich, in: ders./Reulecke, Die Reihen, S. 413-434.

Ders.: Volksgenossen und Gemeinschaftsfremde. Anpassung, Ausmerze und Aufbegehren unter dem Nationalsozialismus, Köln 1982.

Ders.: Das »Dritte Reich« aus der Alltagsperspektive, in: AfS 26 (1986), S. 533-556.

Pingel, Falk: Häftlinge unter SS-Herrschaft. Widerstand, Selbstbehauptung und Vernichtung im Konzentrationslager, Hamburg 1978.

Ders.: Die Konzentrationslagerhäftlinge im nationalsozialistischen Arbeitseinsatz, in: Dlugoborski (Hrsg.), Zweiter Weltkrieg, S. 151-163.

Pohl, Hans/Habeth, Stephanie/Brüninghaus, Beate: Die Daimler-Benz AG in den Jahren 1933 bis 1945 (Zeitschrift für Unternehmensgeschichte, Beiheft 47), Stuttgart 1987.

Pohl, Manfred: Die Finanzierung der Russengeschäfte zwischen beiden Weltkriegen, Frankfurt a.M. 1975.

Priese, Johannes/Pokorny, Karl: Kommentar zum Gesetz zur Befreiung von Nationalsozialismus und Militarismus nebst Ausführungsbestimmungen, Durchführungsverordnungen, Nebengesetzen, einem Schlagwortregister und Organisationstafeln, Frankfurt a.M 1946.

Prinz, Michael: Vom neuen Mittelstand zum Volksgenossen. Die Entwicklung des sozialen Status der Angestellten von der Weimarer Republik bis zum Ende der NS-Zeit (Studien zur Zeitgeschichte, Bd. 30), München 1986.

Ders.: Die soziale Funktion moderner Elemente in der Gesellschaftspolitik des Nationalsozialismus, in: ders./Zitelmann, Nationalsozialismus, S. 297-327.

Ders./Zitelmann, Rainer (Hrsg.): Nationalsozialismus und Modernisierung, Darmstadt 1991.

Rauh-Kühne, Cornelia: Katholisches Milieu und Kleinstadtgesellschaft. Ettlingen 1918-1939, Sigmaringen 1991.

Dies.: Die Unternehmer und die Entnazifizierung der Wirtschaft in Württemberg-Hohenzollern, in: dies./Ruck (Hrsg.), Regionale Eliten, S. 305-331.

Dies.: Mittelständische Unternehmer in Konflikt mit Partei und Staat, in: Formen des Widerstandes, S. 105-113.

Dies.: Die Entnazifizierung und die deutsche Gesellschaft, in: AfS 35 (1995), S. 35-70.

Dies./Ruck, Michael (Hrsg.): Regionale Eliten zwischen Diktatur und Demokratie. Baden und Württemberg 1930-1952 (Nationalsozialismus und Nachkriegszeit in Südwestdeutschland, Bd. 1), München 1993.

Rebentisch, Dieter/Teppe, Karl (Hrsg.): Verwaltung contra Menschenführung im Staat Hitlers. Studien zum politisch-administrativen System, Göttingen 1986.

Recker, Marie-Luise: Nationalsozialistische Sozialpolitik im Zweiten Weltkrieg (Studien zur Zeitgeschichte, Bd. 29), München 1985.

Reichardt, Werner: 25 Jahre Deutscher Normenausschuß, in: Maschinenbau 25 (1942), Heft 11, S. 485-490.

Reulecke, Jürgen: Die Fahne mit dem goldenen Zahnrad: Der »Leistungskampf der deutschen Betriebe« 1937-1939, in: Peukert/ders.: Die Reihen, S. 245-269.

Riemenschneider, Michael: Die deutsche Wirtschaftspolitik gegenüber Ungarn 1933-1944. Ein Beitrag zur Interdependenz von Wirtschaft und Politik unter dem Nationalsozialismus, Frankfurt a.M./Bern 1987.

Ritschl, Albrecht: Wirtschaftspolitik im Dritten Reich - Ein Überblick, in: Bracher u.a. (Hrsg.), Deutschland 1933-1945, S. 118-134.

Rosenberg, Hans: Große Depression und Bismarckzeit. Wirtschaftsablauf, Gesellschaft und Politik in Mitteleuropa, Berlin 1967.

Ruck, Michael: Vom Demonstrations- und Festtag der Arbeiterbewegung zum nationalen Feiertag des deutschen Volkes. Der 1. Mai im Dritten Reich und die Arbeiter, in: Marßolek (Hrsg.), 100 Jahre Zukunft, S. 171-188.

Sachse, Carola/Siegel, Tilla/Spode, Hasso u.a.: Angst, Belohnung, Zucht und Ordnung. Herrschaftsmechanismen im Nationalsozialismus. Mit einer Einleitung von Timothy W. Mason, (Schriften des Zentralinstituts für sozialwissenschaftliche Forschung der Freien Universität Berlin, Bd. 41), Opladen 1982.

Sachse, Carola: Hausarbeit im Betrieb. Betriebliche Sozialpolitik unter dem Nationalsozialismus, in: dies. u.a., Angst, S. 209-274.

Dies.: Betriebliche Sozialpolitik als Familienpolitik in der Weimarer Republik und im Nationalsozialismus. Mit einer Fallstudie über die Firma Siemens, Berlin/Hamburg 1987.

Sauer, Paul: Württemberg in der Zeit des Nationalsozialismus, Ulm 1975.

Ders.: Von Unbotmäßigkeit bis Widerstand. Stuttgart 1939-1945, in: Hiller (Hrsg.), Stuttgart, S. 231-254.

Schlesinger, Georg: Die Arbeitsstätten des deutschen Werkzeugmaschinenbaues, in: Werkstattstechnik 20 (1926), Heft 5, S. 129-175; Teil 2 in: ebd. 21 (1927), Heft 5, S. 121-152.

Schmädecke, Jürgen/Steinbach, Peter (Hrsg.): Der Widerstand gegen den Nationalsozialismus. Die deutsche Gesellschaft und der Widerstand gegen Hitler, München/Zürich 1985.

Schmalhausen, Bernd: Berthold Beitz im Dritten Reich. Mensch in unmenschlicher Zeit, Essen 1991.

Schmidt, Matthias: Albert Speer. Das Ende eines Mythos. Speers wahre Rolle im Dritten Reich, Bern/München 1982.

Schnabel, Thomas (Hrsg.): Die Machtergreifung in Südwestdeutschland. Das Ende der Weimarer Republik in Baden und Württemberg 1928-1933 (Schriften zur politischen Landeskunde Baden-Württemberg, Bd. 6), Stuttgart/Berlin/Köln/Mainz 1982.

Ders.: »Warum geht es den Schwaben besser?« Württemberg in der Weltwirtschaftskrise 1928-1933, in: ders. (Hrsg.), Machtergreifung, S. 184-218.

Ders.: Die NSDAP in Württemberg 1928-1933. Die Schwäche einer lokalen Parteiorganisation, in: ders. (Hrsg.), Machtergreifung, S. 49-81.

Ders.: Württemberg zwischen Weimar und Bonn. 1928 bis 1945/46 (Schriften zur politischen Landeskunde Baden-Württemberg, Bd. 13), Stuttgart/Berlin/Köln/Mainz 1986.

Schneider, Michael: Nationalsozialistische Durchdringung von Staat, Wirtschaft und Gesellschaft. Zur Sozialgeschichte des »Dritten Reiches«, in: AfS 31 (1991), S. 514-557.

Ders.: Nationalsozialismus und Modernisierung? Probleme einer Neubewertung des »Dritten Reiches«, in: AfS 32 (1992), S. 541-545.

Schramm, Percy Ernst (Hrsg.): Die Niederlage. Aus dem Kriegstagebuch des OKW, München 1962.

Scholtyseck, Joachim: Der »Stuttgarter Kreis« - Bolz, Bosch, Strölin: ein Mikrokosmos des Widerstands gegen den Nationalsozialismus, in: Lill/Kißener (Hrsg.), 20. Juli 1944, S. 61-123.

Schoenbaum, David: Die braune Revolution. Eine Sozialgeschichte des Dritten Reiches. Mit einem Nachwort von Hans Mommsen, München 1980.

Schröter, Verena: Die deutsche Industrie auf dem Weltmarkt 1929-1933, Frankfurt a.M. 1984.

Seebold, Gustav Hermann: Ein Stahlkonzern im Dritten Reich. Der Bochumer Verein 1927-1945 (Düsseldorfer Schriften zur Neueren Landesgeschichte und zur Geschichte Nordrhein Westfalens, Bd. 3), Wuppertal 1981.

Seidler, Franz W.: Fritz Todt. Baumeister des 3. Reiches, erw. u. aktualisierte Ausgabe, Frankfurt a.M. 1988.

Siegel, Tilla: Lohnpolitik im nationalsozialistischen Deutschland, in: Sachse u.a., Angst, S. 54-139.

Dies.: Rationalisierung statt Klassenkampf. Zur Rolle der Deutschen Arbeitsfront in der nationalsozialistischen Ordnung der Arbeit, in: Mommsen/Willems (Hrsg.), Herrschaftsalltag, S. 97-224.

Dies.: Leistung und Lohn in der nationalsozialistischen »Ordnung der Arbeit«, Opladen 1989.

Dies./Freyberg, Thomas von: Industrielle Rationalisierung unter dem Nationalsozialismus (Forschungsberichte des Instituts für Sozialforschung Frankfurt a.M), Frankfurt a.M./New York 1991.

Sikinger, Jürgen/Ruck, Michael: »Vorbild treuer Pflichterfüllung«? Badische Beamte vor dem Sondergericht Mannheim 1933-1945, in: Rauh-Kühne/Ruck (Hrsg.), Regionale Eliten, S. 103-124.

Smelser, Robert: Robert Ley. Hitler's Labor Front Leader, Oxford 1988.

Sörgel, Werner: Metallindustrie und Nationalsozialismus, Frankfurt a.M. 1965.

Speer, Albert: Erinnerungen, Frankfurt a.M. u.a. 1969.

Ders.: Der Sklavenstaat. Meine Auseinandersetzungen mit der SS, Stuttgart 1981.

Spode, Hasso: Arbeiterurlaub im Dritten Reich, in: Sachse u.a., Angst, S. 275-328.

Ders.: »Der deutsche Arbeiter reist«. Massentourismus im Dritten Reich, in: Huck (Hrsg.), Sozialgeschichte, S. 281-306.

Spohn, Wolfgang: Betriebsgemeinschaft und innerbetriebliche Herrschaft, in: Sachse u.a., Angst, S. 140-208.

Ders.: Betriebsgemeinschaft und Volksgemeinschaft. Die rechtliche und institutionelle Regelung der Arbeitsbeziehungen im NS-Staat, Berlin 1987.

Spree, Reinhard: Wachstumstrends und Konjunkturzyklen in der deutschen Wirtschaft von 1820 bis 1913, Göttingen 1978.

Statistisches Handbuch von Deutschland 1928-1944, hrsg. vom Länderrat des Amerikanischen Besatzungsgebietes, München 1949.

Strölin, Karl: Stuttgart im Endstadium des Krieges, Stuttgart 1950.

Storr, Matthias: Zwangsarbeit. »Ausländereinsatz« in Göppingen 1939-1945 (Veröffentlichungen des Stadtarchivs Göppingen, Bd. 30), Göppingen 1993.

Stuttgarter Zeitung, Nr. 300, vom 30.12.1970.

Sundhausen, Holm: Wirtschaftsgeschichte Kroatiens im nationalsozialistischen Großraum 1941-1945. Das Scheitern einer Ausbeutungsstrategie (Studien zur Zeitgeschichte, Bd. 23), Stuttgart 1983.

Syrup, Friedrich: Das Gesetz zur Regelung des Arbeitseinsatzes, in: RABL (N.F.) 14 (1934), Teil II, Nr. 15, S. 175-178.

Ders.: Arbeitseinsatz der Metallarbeiter, in: RABL (N.F.) 17 (1937), Teil II, Nr. 7, S. 97-100.

Teichert, Eckart: Autarkie- und Großraumwirtschaft in Deutschland 1930-1939. Außenwirtschaftspolitische Konzeptionen zwischen Weltwirtschaftskrise und Zweitem Weltkrieg (Studien zur modernen Geschichte, Bd. 30), München 1984.

Tenfelde, Klaus: Proletarische Provinz. Radikalisierung und Widerstand in Penzberg/Oberbayern 1900-1945, in: Broszat u.a., Bayern in der NS-Zeit, Bd. 4, S. 1-382.

Ders.: Soziale Grundlagen von Resistenz und Widerstand, in: Schmädekke/Steinbach (Hrsg.), Widerstand, S. 799-812.

Ders. (Hrsg.): Arbeiter im 20. Jahrhundert, Stuttgart 1991.

Thomas, Georg: Geschichte der deutschen Wehr- und Rüstungswirtschaft 1918-1943/45, hrsg. von Wolfgang Birkenfeld, Boppard a.Rh. 1966.

Treue, Wilhelm: Hitlers Denkschrift zum Vierjahresplan, in: VfZ 3 (1955), S. 184-210.

Ders.: Die Einstellung einiger Großindustrieller zu Hitlers Außenpolitik, in: GWU 17 (1966), S. 491-507.

Turner, Henry A.: Faschismus und Antimodernismus, in: ders.: Faschismus und Kapitalismus in Deutschland. Studien zum Verhältnis zwischen Nationalsozialismus und Wirtschaft, Göttingen 1972, S. 157-182.

Ders.: German Big Business and the Rise of Hitler, New York 1985.

Ueberschär, Gerd R./Müller, Rolf-Dieter: Deutschland am Abgrund. Zusammenbruch und Untergang des Dritten Reiches 1945, Konstanz 1986.

Ullmann, Hans-Peter: Interessenverbände in Deutschland, Frankfurt a.M. 1988.

Ders.: Wirtschaftsverbände in Deutschland, in: Zeitschrift für Unternehmensgeschichte 35 (1990), Heft 2, S. 95-115.

Umbreit, Hans: Der Kampf um die Vormachtstellung in Westeuropa, in: Das Deutsche Reich und der Zweite Weltkrieg, Bd. 2: Die Errichtung der Hegemonie auf dem europäischen Kontinent, Stuttgart 1979, S. 235-327.

Ders.: Auf dem Weg zur Kontinentalherrschaft, in: Das Deutsche Reich und der Zweite Weltkrieg, Bd. 5/1: Kriegsverwaltung, Wirtschaft und personelle Ressourcen, Stuttgart 1988, S. 3-345.

Volkmann, Hans-Erich: Politik, Wirtschaft und Aufrüstung unter dem Nationalsozialismus, in: Funke (Hrsg.), Hitler, S. 269-291.

Ders.: Außenhandel und Aufrüstung in Deutschland 1933-1939, in: Forstmeier/ders., Wirtschaft, S. 81-131.

Ders.: Die NS-Wirtschaft in Vorbereitung des Krieges, in: Das Deutsche Reich und der Zweite Weltkrieg, Bd. 1: Ursachen und Voraussetzungen der deutschen Kriegspolitik, Stuttgart 1979, S. 117-368.

Ders.: Zum Verhältnis von Großwirtschaft und NS-Regime im Zweiten Weltkrieg, in: Dlugborski (Hrsg.), Zweiter Weltkrieg, S. 87-116.

Ders.: Die nationalsozialistische Aufrüstung und Kriegswirtschaft, in: Militärgeschichtliche Mitteilungen 47 (1990), Heft 1, S. 133-178.

Vollnhals, Clemens (Hrsg.): Entnazifizierung. Politische Säuberung und Rehabilitierung in den vier Besatzungszonen 1945-1949, München 1991.

Wagenführ, Rolf: Die deutsche Industrie im Kriege 1939-1945, hrsg. vom Deutschen Institut für Wirtschaftsforschung, Berlin 1954.

Wagner, Wilfried: Belgien in der deutschen Politik während des Zweiten Weltkrieges (Militärgeschichtliche Studien, Bd. 18), Boppard a.Rh. 1974.

Wendt, Bernd-Jürgen: Südosteuropa in der nationalsozialistischen Großraumwirtschaft. Eine Antwort auf Alan S. Milward, in: Hirschfeld/Kettenacker (Hrsg.),»Führerstaat«, S. 414-428.

Ders.: Großdeutschland. Außenpolitik und Kriegsvorbereitung des Hitler-Regimes, München 1987.

Werner, Wolfgang Franz: Bleib übrig! Deutsche Arbeiter in der nationalsozialistischen Kriegswirtschaft, Düsseldorf 1983.

Winkel, Harald: Geschichte der württembergischen Industrie- und Handelskammern Heilbronn, Reutlingen, Stuttgart-Mittlerer Neckar und Ulm 1933-1980. Zum 125jährigen Bestehen, Stuttgart 1981.

Winkel, Harald: Die »Ausbeutung« des besetzten Frankreich, in: Forstmeier/Volkmann (Hrsg.), Kriegswirtschaft, S. 333-374.

Winkler, Dörte: Frauenarbeit im »Dritten Reich«, Opladen 1989.

Wuescht, Johann: Jugoslawien und das Dritte Reich. Eine dokumentarische Geschichte der deutsch-jugoslawischen Beziehungen von 1933 bis 1945, Stuttgart 1969.

Yano, Hisashi: Hüttenarbeiter im Dritten Reich. Die Betriebsverhältnisse und soziale Lage bei der Gutehoffnungshütte Aktienverein und der Fried. Krupp AG 1936 bis 1939 (Zeitschrift für Unternehmensgeschichte, Beiheft 34), Stuttgart 1986.

10 Jahre VDF, hrsg. von den Vereinigten Drehbankfabriken, o.O., o. J.

Zitelmann, Rainer: Nationalsozialismus und Moderne. Eine Zwischenbilanz, in: Werner Süß (Hrsg.), Übergänge. Zeitgeschichte zwischen Utopie und Machbarkeit. Beiträge zu Philosophie, Gesellschaft und Politik. Festschrift für Hellmuth Bütow zum 65. Geburtstag, Berlin 1990, S. 195-223.

Ders.: Die totalitäre Seite der Moderne, in: Prinz/ders. (Hrsg.), Nationalsozialismus, S. 1-10.

Zollitsch, Wolfgang: Arbeiter zwischen Weltwirtschaftskrise und Nationalsozialismus (Kritische Studien zur Geschichtswissenschaft, Bd. 88), Göttingen 1990.

# Personen- und Firmenregister[1]



[1] Rolf Boehringer, Max Knorr und Otto Fahr sowie die Firmen Gebr. Boehringer GmbH, Fortuna-Werke AG und Werner & Pfleiderer KG erscheinen nicht im Personen- und Firmenregister.

# Sachregister

FSC
www.fsc.org
MIX
Papier | Fördert
gute Waldnutzung
FSC® C083411

Kolibri 360 GmbH
Ferdinand-Jühlke-Straße 7
99095 Erfurt, Deutschland
produktsicherheit@kolibri360.de